Peter Ostermann
Unterwegs mit Einstein und dem Esel

Peter Ostermann

Unterwegs mit Einstein und dem Esel

Zur
Befreiung
von den Fesseln
der Urknall-Kosmologie

 digIT Verlag

Die Deutsche Nationalbibliothek verzeichnet diese Publikation
in der Deutschen Nationalbibliografie;
detaillierte bibliografische Daten sind im Internet über
http://dnb.de abrufbar.

3 Cartoons © *dr bob enterprises,*
by courtesy of Robert T. Jantzen

© **digIT Verlag GmbH, Bruttig-Fankel / Mosel 2015**

ISBN 978-3-941550-26-1

INHALT

1 Ich und der Esel

Es ist eigentlich ungerecht, in dieser Überschrift den Esel nicht zuerst zu nennen. Denn selbst mancher Hornochse wäre nach den Regeln der Höflichkeit meiner eigenen Person voranzustellen, falls er nur einen Namen hätte. Ganz nebenbei will ich aber ein kleines Loblied singen auf das treue Tier. Manche mögen ja sagen, der Esel sei stur. Ich sage, er ist eigenwillig. Wenn es nicht anders geht, macht er sich auch einmal selbständig, und ich bewundere ihn dafür. Es wäre also überhaupt kein Problem zu schreiben 'Der Esel und ich'. Wie jedes Kind jedoch weiß, heißt es: ich und der Esel.

Mlle Bleu de Ley – die einst die Philologin *Borromea Worthswerd* eine Logophile genannt hat – wird sagen, das fange ja gut an. Hoffentlich nicht schon wieder einer, der uns mittels Honig ums Maul die Tatsache schmackhaft machen will, dass wir alle es sind, die für so manches Schlaraffenland fortwährend bezahlen. Doch nein, der Anfang geht nicht anders. Mehr als nur bloße Höflichkeit gebietet, sich zunächst kurz vorzustellen.

Denn dieses Buch ist eine Zumutung. Es lebt von Einsteins Ideen, ist aber keine Biographie in üblichem Sinne. Es will nichts beweisen, manches mag vorläufig sein. Es wird nicht versucht, die Erwartung zu wecken, die „Entschlüsselung der letzten Rätsel des Universums" stehe unmittelbar bevor. Was das Buch aber will, ist befreien von den physikalisch engstirnigen Vorstellungen einer schlagartigen Entstehung samt Raum und Zeit aus dem Nichts. Es will endgültig befreien von den Fesseln der gegenwärtigen Urknall-Kosmologie.

Für ernsthafte Menschen ist es einfach unmöglich, länger die Zumutungen zu ertragen, mit denen die Öffentlichkeit bedient oder, besser gesagt, abgespeist wird. Wie einst im alten Rom die Auguren, so lächeln die heutigen Kosmologen in stillem Einverständnis, besonders wenn sie einander bei Podiumsdiskussionen,

Talkshows oder wechselseitigen Preisverleihungen begegnen. Einige von ihnen könnten auch unverhohlen grinsen.

Nun gibt es nicht wenige, darunter sehr gute Bücher, die von einem ähnlichen Sachverhalt ausgehen. Warum also noch eins? Es liege vielleicht daran, vermutet *Borromea Worthswerd*, dass sich jemand fühlen könne wie ein alter Baum, der im Herbst unter der Last reifer Früchte zusammenzubrechen drohe. Das Märchen wisse, er wolle sie loswerden, rufen „schüttel mich" in der Hoffnung, dass ein Glückskind vorbeikomme wie bei Frau Holle.

Im Unterschied zu anderen Büchern, welche die hanebüchenen bis haarsträubenden Unterstellungen der Big-Bang-Kosmologie beklagen, bietet dieses hier eine Alternative. Nicht etwa nur hinsichtlich einiger inakzeptabler Schnörkel, sondern radikal schon vom Ansatz her.

Meine alles entscheidende Voraussetzung ist: Ein zeitlicher Beginn des Universums – wenn es ihn gäbe – ließe sich nicht physikalisch beschreiben. Als Physiker bleibt mir also nur eines, ich entwickle ein entsprechendes mathematisches Konzept und suche Anhaltspunkte für ein ewiges Universum. Es wird sich ganz von selbst als jung erweisen. Und zwar in dem Sinne, dass aus allem, was darin vergeht, immer wieder neues entsteht. Gerade der Tod von Sternen, Planeten, Galaxien und mehr, schafft die Voraussetzungen für weiteres Leben. Es kann auch nicht anders sein.

Machen wir uns also gemeinsam auf den Weg, den niemand allein gehen kann. Was hat die überwältigende Fülle wunderbarer astronomischer Beobachtungen der letzten Jahrzehnte tatsächlich zu bedeuten, wenn wir in einem ewigen Universum leben? Natürlich sind wir darauf vorbereitet, dass dabei so manches Rätsel offen bleiben wird selbst hier, wo es nur um diejenige Wirklichkeit geht, die grundsätzlich mathematisch fassbar ist. Das schöne deutsche Wort Wirklichkeit beinhaltet dabei allerdings mehr als das Wort Realität. Es bezeichnet nicht nur die Ansammlung einzelner Dinge, sondern zusätzlich deren natürliches

Zusammenspiel samt den Gesetzmäßigkeiten, die dieses Zusammenspiel vermitteln.

Doch das wird eben nicht das Ende der Reise sein. Wir wollen zuerst einmal sehen, wie weit wir kommen, schon heute. Das Genie Einstein wird seit langem bedauert, weil er die Kopenhagener Deutung der Quantenmechanik nicht akzeptiert hat. Doch bedauert von wem! Wer von den vielen Besserwissern hätte ihm je das Wasser reichen können? Umgekehrt aber wird Einstein gefeiert – gerade heute nach *Einhundert Jahre allgemeine Relativitätstheorie* – für das, was er später selbst als die 'größte Eselei' seines Lebens erkannt und bezeichnet hat.

Und mit dieser Eselei sind wir wieder bei dem nur von Dummen unterschätzten Grautier. Auf dieses hatte sich Einstein schon viel früher bezogen, und dann viel später noch einige Male mehr. Auch das dicke Fell und Meister Buridan werden eine Rolle spielen.

Lange habe ich gewartet, Rechenschaft abzulegen von Einsichten, die mir zugänglich geworden sind, und von Irrtümern, auf die ich gestoßen bin, darunter wertvolle selbstgemachte. Denn was mich zusammen mit dem eigentlichen Gegenstand schon immer fasziniert hat, ist die nicht-mathematische Quintessenz des Ganzen. Dieses Interesse zielt keineswegs ab auf eine wohlfeile Wischi-Waschi-Metaphysik, sondern auf experimentell überprüfbare Naturphilosophie. Ich werde versuchen, überzeugend zu begründen, was mir andernfalls allerdings niemand glauben würde.

Dabei soll es ein Anliegen sein, mich in diesem Buch durchgängig einer allgemein verständlichen Sprache zu bedienen und doppeldeutige Begriffe zu vermeiden. Es gibt viel zu viele davon, die in der Fachliteratur etwas ganz anderes bezeichnen als im allgemeinen Sprachgebrauch. Ob absichtlich oder nicht, letzten Endes verführen sie dazu, das Vertrauen von Leserinnen und Lesern zu missbrauchen. Gerade federführende Physiker sollten in der Lage sein, unverwechselbare Begriffe zu benutzen oder im Bedarfsfall zu prägen. Wem es aber trotzdem beliebt, mit Doppel- und Mehrdeutigkeiten sich und sein Umfeld einzunebeln wie ein Tintenfisch, setzt sich dem Verdacht aus, sein Publikum für dumm verkaufen zu wollen.

Hier wird nicht der Versuch gemacht, mit Geraune um unausgegorene Konzepte wie beispielsweise die String-'Theorie' Eindruck zu machen, die nur als mathematische Science-Fiction in zehn und mehr Dimensionen imponieren kann. Andeutungen von ultimativen Super-, Hyper-, Ultra-Versionen werden allerdings immer Aktualität vorspiegeln, doch sind sie physikalisch oft ziemlich das Letzte. Ganz im Gegenteil kommt es darauf an, vernünftige Ansätze, die es gibt, von naturwissenschaftlichem Non-Sense zu unterscheiden.

Ich weiß wohl, dass Science-Fiction Millionen Menschen fasziniert, sei es als Literatur oder im Kino. Mich nicht. Warum? Weil schon die nackte Wirklichkeit so voller Geheimnisse ist. Der Versuch ihrer Ergründung ist viel zu aufregend, als dass ein künstlicher Nervenkitzel am Ende nicht langweilig würde.

Die Darstellung eines Gegenstands hängt erheblich davon ab, zu wem man spricht oder für wen man schreibt. Ich schreibe hier für eine offene Gesellschaft, die interessiert ist zu erfahren, was es mit der modernen Kosmologie aus Sicht eines Betrachters auf sich hat, der viele ihrer Formeln versteht.

Obwohl das im Hinblick auf Physik und Kosmologie noch nicht selbstverständlich scheint, ist dies ausdrücklich auch ein Buch für Frauen und Mädchen. Sollte ich es also einmal versäumen, weibliche Wortformen den männlichen voran oder zur Seite zu stellen, so sei hier ein für allemal klargestellt, dass es sich – wo nicht aus Höflichkeit wie bei 'Angeber' ohne 'in' – um ein bloßes Versehen handelt.

Leserinnen und Leser also mögen sich darauf einstellen, dass sie am Ende des Buches vielleicht mehr von den Grundlagen verstehen werden als mancher Experte, der sich in den mathematischen Stockwerken seines luftigen Elfenbeinturms verstiegen hat. Ich sage hier allerdings ausdrücklich verstehen, ich sage nicht wissen oder können.

So manche der vielen in den letzten Jahren erschienenen populärwissenschaftlichen Titel zur Kosmologie sind mir bekannt. Sie wurden nicht selten von renommierten Experten geschrieben, in viele Sprachen übersetzt und teilweise in Millionenauflagen verkauft. Hat man aber nicht längst genug von einer zufälligen Entstehung der ganzen Welt, von 'Parallel-Universen' – schizo – oder 'eingerollten Dimensionen' – spinny – bis hin zu 'Wurmlöchern der Raumzeit' – guten Appetit, sagt *Mlle Bleu de Ley* – samt all den damit verbundenen fantastischen Möglichkeiten? Die angebliche Flucht der Spiralnebel steht in direkter Verbindung zu einer fatalen Flucht aus der Realität. Sensationsgeilheit kann die vielen Ersatzwelten brauchen, in denen alles gleichzeitig in Erfüllung geht, was hier einfach nicht will. Aber Physik?

Gemäß Abwandlung eines Ausspruchs Georg Christoph Lichtenbergs sollten alle Autoren ein Motto beherzigen: *Wenn wir nur Leserinnen und Leser dahin bringen könnten, dass ihnen alles Undeutliche völlig unverständlich wäre!*

In Verkennung der Situation bemühen sich manche Verfasser populärwissenschaftlicher Bestseller, Geduld mit ihrem Publikum zu haben. Mir persönlich würde es schon genügen, wenn umgekehrt Leserinnen und Leser Geduld mit mir als Verfasser haben. Dass ihnen nun trotz Verzichts auf billige Effekthascherei und ohne Attraktionen vom Jahrmarkt pseudo-physikalischer Eitelkeiten nicht langweilig werden soll, dafür zu sorgen, ist allerdings vornehmste Aufgabe des Autors. Und da komme jetzt ein Maverick-Physiker als Spielverderber daher – fragt *Hypolite Van Tast* – der in der etablierten Szene der Kosmologie kaum eine Rolle spiele. Warum nur?

Gerade deshalb. Der No-Name-Autor hat als freier Physiker vielleicht mehr Zeit in die Auseinandersetzung mit den unterschiedlichsten mathematischen Aspekten von Relativitätstheorie, Quantenmechanik und Kosmologie investiert, als ein akademisch eingebundener, professioneller Experte angesichts vieler lästiger, aber karrierefördernder Verpflichtungen überhaupt haben kann. Gemäß Einsteins Motto „*Meine wissenschaftliche Ar-*

beit wird durch ein unwiderstehliches Verlangen vorangetrieben, die Geheimnisse der Natur zu verstehen, und durch nichts sonst", betreibt er seine Wissenschaft nach dem Vorbild dieses Mannes allein aus Liebe zur Physik. Ein hohes Lied solcher Liebe hat Einstein zu Plancks 60. Geburtstag gesungen, auch hier unübertrefflich.

Dabei gilt es heute als schick, Einstein nicht mehr ernstzunehmen. Ich finde das in Bezug auf fundamentale Fragen oft unsäglich dumm und bemühe mich nach Kräften selbst da, wo es nicht anders geht, in seinem Sinne zu argumentieren, auch wenn es auf den ersten Blick nicht immer so aussieht. Schon ein solcher Ansatz wird aus der Sicht akademischer Denkmalswächter als unerträglich empfunden. Doch niemand, der versucht, dem lebendigen Genie Einstein gerecht zu werden, ist vor Überraschungen sicher.

Trotz nüchterner – stellenweise auch ernüchternder – Betrachtung manch aufregender Hypothesen habe ich mich redlich bemüht, die gegenwärtige Kosmologie ernstzunehmen. Klartext tut not. Nicht wenige angebliche Beweise der 'Konkordanz'-Kosmologie entpuppen sich bei kritischer Betrachtung als mysteriöse Glaubensbekenntnisse. Diese werden garniert mit Verheißungen 'noch nicht' überprüfbarer Theorien für kommende Generationen. Statt aus bewährter Physik und unschätzbaren Beobachtungsergebnissen auf ein vernünftiges Bild vom Universum zu schließen, wird heute innerhalb einer hermetisch geschlossenen Vorstellung argumentiert. *Mlle Bleu de Ley* würde Zwangsvorstellung sagen.

Im Sinne einer Arbeitshypothese mag das ja angehen. Auch als vorläufiges spekulatives Konzept hat sich das Urknall-Universum, obwohl physikalisch von Anfang an inakzeptabel, immerhin teilweise als fruchtbar erwiesen. So etwas wird ein *heuristisches Prinzip* genannt. Man sollte sich aber immer darüber im Klaren sein, dass es bei dessen heutiger quasi-dogmatischer Voraussetzung eben nicht um Wissen geht, sondern um eine Art von Ersatzglauben.

Nachdem nämlich die Religionen ins intellektuelle Hintertreffen geraten sind, wird nirgendwo sonst noch so viel geglaubt wie gerade in den angeblich exakten Naturwissenschaften und in der Kosmologie. Es kommt nur darauf an, was. Denn niemand kann nichts glauben. Unentbehrlich sind Überzeugungen, schlimm ist das Dogma. Es wäre ein allerdings großer Irrtum zu meinen, dass radikal neue Ideen es inzwischen leichter hätten als beispielsweise zu Zeiten Galileo Galileis oder Giordano Brunos. Die Verhaltensmuster der heute als 'Scientific Community' bezeichneten Szene bei der Verteidigung der jeweils etablierten Konkordanzkosmologie gleichen sich. Die Abwehrmechanismen verschworner Gemeinschaften bleiben letztlich immer die gleichen, ob es sich im ausgehenden Mittelalter um irregeleitete Gläubigkeit handelt oder aber in der Gegenwart um maßlose Erwartungen an die Naturwissenschaft. Selbstverständlich wird niemand mehr verbrannt, doch lassen sich Ideen auch anders töten. Nicht zuletzt durch das Schweigen derer, die solche Ideen eigentlich verstehen müssten, und zwar wegen ihres der Gesellschaft gegenüber erhobenen Anspruchs.

Am Urknallmodell der Kosmologie wird zwar aktuell wieder einmal herumgeflickt, dass sich die himmlischen Balken biegen. Doch der physikalische Non-Sense einer Entstehung aus dem Nichts ist zu einer Art Dogma erhoben, wenn auch mit der gelegentlichen Einschränkung, dass dieses Nichts in der Physik heute vielleicht doch nicht mehr nur nichts sei, sondern ein Etwas. Ein anfängliches Vakuum sei gar nicht leer, argumentiert *Hypolite Van Tast*, das Universum sei eben nicht alles.

Es würde mir keine Freude machen, lediglich zu kritisieren, ohne etwas Konstruktives entgegenzusetzen. Und zwar Physik. Wenn also der Kosmos in einer Art 'Urknall' entstanden, und dieses Ereignis wissenschaftlich beschreibbar ist, dann kann unser Kosmos nicht das sein, was alle Welt als Universum bezeichnet. Vielmehr zeichnet sich im Hintergrund das physikalisch stimmige Bild einer ewigen unendlichen und doch gleichzeitig in ständiger Veränderung begriffenen – mit einem Wort: stationären – Gegebenheit ab. Diese aber ist keineswegs statisch wie Einstein zuerst dachte, sondern im Gegenteil höchst lebendig. Der Unterschied zwischen stationär und statisch liegt dabei darin, dass im ersten Fall ein gleichbleibendes Geschehen vorliegt, im zweiten Fall gar keines. Doch wie alle anderen Strukturen auch, entstehen und vergehen Sterne und Galaxien wieder und wieder. Die Geschichte scheint sich zu wiederholen. Solange man glaubte, die Erde sei eine Scheibe, konnte man sie für die Welt halten, über der sich ein eigengesetzliches ewiges Firmament erstreckte. Nachdem die Kugelgestalt erkannt war, konnte später niemand mehr auf jene Idee verfallen, die Erde mit der Welt zu verwechseln. Heute aber geschieht genau das mit Kosmos und Universum. Dagegen schreibe ich an.

In seiner Autobiographie stellte Max Planck einst fest, eine neue wissenschaftliche Wahrheit pflege sich nicht in der Weise durchzusetzen, dass ihre Gegner überzeugt würden und sich als belehrt erklärten, sondern vielmehr dadurch, dass die Gegner allmählich ausstürben, bis eine heranwachsende Generation von vornherein mit der Wahrheit vertraut gemacht sei. Es ist bemerkenswert, dass sich bereits Darwin mehr als ein halbes Jahrhundert zuvor in gleichem Sinn geäußert und dabei ebenfalls ausdrücklich auf nachkommende junge Generationen Bezug genommen hat.

Da ich nun weder Lust noch Zeit habe, in meinem Fall das Aussterben etwaiger Unbelehrbarer abzuwarten, deren Einfluss groß genug wäre, die Verbreitung der neuen Ideen in akademischen Fachkreisen für eine lange Weile zu blockieren, wende ich mich mit diesem Buch unmittelbar an selbständig denkende Menschen, die – was nicht immer bequem ist – Berichte aus erster Hand zu schätzen wissen.

Das Buch wird zeigen, wohin die Reise geht, ohne auf unnötige Hypothesen zurückzugreifen oder auf solche, deren alleinige Rechtfertigung darin läge, dem Urknallmodell aus fatalen Verlegenheiten zu helfen. Dass dessen heutige Variante als Konkordanzmodell bezeichnet wird, gibt natürlich jedem Esel zu denken. Das wohl erfolgreichste auf Konkordanz gestützte kosmologische Modell ist zuletzt das Ptolemäische gewesen, das behauptete, die Sonne drehe sich um die Erde, und das über viele Jahrhunderte vor Kopernikus die Astronomie beherrschte.

Eine Mitte des vergangenen Jahrhunderts so genannte 'Steady-State Theory' – Versuch eines trotz angeblich ständiger Expansion gleichbleibenden Zustands des Universums – ist aus verschiedenen Gründen längst gescheitert. Aus diesem Fehlschlag wurde irrtümlich geschlossen, dass die Relativitätstheorie überhaupt keine stationäre Lösung erlaubt. Nun wird im Folgenden nicht nur begründet, warum der alte Ansatz scheitern musste, vielmehr wird eine andere, oben bereits angedeutete stationäre Lösung in Grundzügen entwickelt und erklärt. Die Aussagen über das neue Modell – SUM für 'Stationary Universe Model' – resultieren aus teilweise englischen Originalarbeiten des Autors, die soeben als eigenes Buch erscheinen wie auch im Internet frei zugänglich und damit für jeden Experten mathematisch überprüfbar sind. Wer will, findet dort alle relevanten Formeln und Diagramme. Hier aber werden zum Lesen keinerlei mathematische Fähigkeiten vorausgesetzt, ebensowenig wie es eine Zumutung wäre, von Konzertbesuchern die Beherrschung sämtlicher Instrumente des Orchesters zu verlangen.

Als Autor kann ich Irrtümer nicht ausschließen, die bei meiner Arbeitsweise immer eigene sein werden. Ich möchte vielmehr betonen, dass ich mir über eine gewisse Wahrscheinlichkeit im klaren bin, der einen oder anderen Fehleinschätzung zu unterliegen. Deshalb soll hier ein für allemal ausdrücklich festgehalten sein, dass es sich im Zweifelsfall immer um meine persönliche Auffassung handelt. Diesen Vorbehalt bei jeder Gelegenheit zu wiederholen, wäre ermüdend. Aber ich kann versprechen, von dem unermesslichen Schatz fertig vorgefundener Erkenntnisse, Konzepte, Theorien der Physik nur solche zu vertreten, von deren Berechtigung ich nach kritischer Auseinandersetzung persönlich überzeugt bin. Einige davon erstmals ohne überflüssige Schlacken, die in *Borromea Worthswerds* Poesie erst den

Hammer des Schmieds und dann die abschreckende Wirkung des Ölbads brauchen, bevor ein edler Stahl geläuterter Erkenntnis in vollem Glanz erstrahlen könnte. Andere Dinge habe ich selbst gefunden, wo es keine fertigen Antworten oder nicht einmal die entsprechenden Fragen gab. Mit all diesen habe ich mich jahre- oder auch jahrzehntelang herumgeschlagen, ohne allerdings jedes Mal den Mund aufzureißen, wenn ich einen Schritt weitergekommen war.

Dass ich nicht beabsichtige, mich hinter Autoritäten zu verstecken, hat man vielleicht schon bemerkt. Bei Abwägung möglicher Konsequenzen entscheide ich mich im Interesse von Wahrhaftigkeit und Klarheit grundsätzlich dafür, Irrtümer oder Fehler als solche zu bezeichnen ohne falsche Höflichkeit oder Diplomatie, die in der Physik nichts zu suchen haben. Es ist also vorauszusehen, dass dieses Buch auch auf Widerspruch stoßen wird. Schließlich sei es eine kleine göttliche Komödie mit nicht ganz so kleinem Unterschied zum gängigen Einstein-Bild, harter Stoff, strahlt *Mlle Bleu de Ley*, doch wer hier eintrete, der fasse Hoffnung zu erfahren.

Ansonsten fühlt sich der Autor nichts und niemandem verpflichtet, als nur der allgemeinen menschlichen Vernunft und seinen jungen und jung gebliebenen Leserinnen und Lesern, die er mitnehmen möchte auf die Reise. Dabei denke ich keineswegs nur an jene tapferen Gegner des Urknallmodells, die nach dem Scheitern der alten Steady-State Theory samt deren ewig gleicher Expansion in Ermangelung einer besseren Alternative inzwischen verstummt sind. Im Vergleich zu jener 'Theorie' ist der hier vorgestellte neue Ansatz viel radikaler, indem er die Rotverschiebung der Galaxien ohne jede Expansion als grundsätzlich bekannte Auswirkung der Gravitation zu erklären erlaubt.

Vor allem aber geht es darum, die Möglichkeit eines ewig jungen Universums zu zeigen. Natürlich hat es einen Beginn unseres evolutionären Kosmos gegeben, doch das ist eben nicht alles. Der Kosmos ist nicht das Universum, wo im Jungbrunnen eines lebendigen Wechselspiels von Quantenphysik und Gravitation aus sterbenden Strukturen neue Sterne entstehen. Vergessen sei also das Gespenst Schwarzer Löcher, in denen angeblich alles für immer verschwindet und die anderen Gruselmärchen, die man üblicherweise verkauft um zu verschleiern, dass dahinter nicht viel mehr als fehlende Einsicht steht. Ich möchte zeigen, in welche Richtung eine und einer gehen könnten, die oder der mit Einsteins Esel heute endlich wieder den Weg zu einem vernünftigen Verständnis der physikalischen Welt einschlagen wollen. Das All wird naturgemäß viele seiner Geheimnisse bewahren. Wer aber aus diesem Grund abwarten wollte, bis er etwas Endgültiges zu sagen hätte, der müsste für immer schweigen.

Von einem der auszog die Relativitätstheorie zu verstehen

Angefangen hat alles mit der Geschichte vom zurückgebliebenen Raumfahrer und seinem jung gebliebenen Zwilling. Es war so, dass mich eines Tages zu frühen Schülerzeiten ein Freund auf den Beitrag in dem damals jährlich erscheinenden Buch „Das neue Universum" hingewiesen hat. Darin ging es um einen Astronauten, der nach 2000 Jahren auf die Erde zurückkehrt, und lediglich um 20 Jahre gealtert sein sollte, falls er nur mit nahezu Lichtgeschwindigkeit unterwegs war. Das sei Relativitätstheorie.

Nun hat mich Raumfahrt und Technik – sicher im Unterschied zu den meisten anderen – eigentlich nicht weiter interessiert. Deshalb habe ich mir um den armen Raumfahrer keine Sorgen gemacht, der bei der Beschleunigung auf eine derartige Geschwindigkeit ja nicht für den Bruchteil einer Sekunde auch nur die geringste Überlebenschance gehabt hätte, geschweige denn nach 2000 Jahren zurückgekehrt wäre.

Was mich aber sofort gepackt hat, war die Aussage über die verschiedenen Zeiten. Mein spontaner Gedanke war: Wenn an dieser als Dilatation bezeichneten Zeit-Dehnung etwas dran ist, dann will ich sie verstehen.

Es waren nicht die Möglichkeiten einer technischen Umsetzung, faszinierend waren grundlegende Fragen. Sie waren damals kaum mit einer festen Absicht verbunden, entsprachen eher einer auftauchenden Sehnsucht. Was kann ich verstehen? Aber nicht in Bezug auf ungewisse Spekulationen, sondern genauer: *Was von dem, was wir tatsächlich wissen, können wir auch verstehen?* Im Unterschied zu Sätzen mancher Geisteswissenschaft, von denen Einstein sagt, sie seien „wie in Honig geschrieben", führt diese Frage zu einer mathematischen Naturphilosophie. Von dem, was wir wissen wollen, betrifft ein Teil das Leben, der andere die sogenannte unbelebte Natur. Für ersteres haben wir unsere Muttersprache, die uns in Fülle zur Verfügung steht, für das zweite mathematische Symbole. Damit meine ich ein wahres 'Gedicht' klarer Formeln, die im besten Fall für sich selber sprechen, wobei sich der Kontext zur Mathematik verhält wie die Prosa zur Lyrik. Über deren Interpretation lässt sich immer trefflich streiten, gerade auch in den als exakt bezeichneten Naturwissenschaften.

Speziell interessiert hat mich unter solchen Aspekten das Verhalten der angeblich nüchtern und objektiv urteilenden Experten gegenüber neuen Wahrheiten oder unerwarteten Tatsachen. So etwas wie beispielsweise die wundersame Geschichte des Poissonschen Flecks gibt es eben nur in der Physik. Um die damals stark aufkommende Wellentheorie des Lichts zu widerlegen, hatte Poisson herausgefunden, dass ihr zufolge hinter einem undurchsichtigen kreisrunden Objekt genau mitten im tiefsten Schatten ein heller Lichtfleck erscheinen müsse, was ja absurd sei. Diesen Fleck kennt heute jede Schülerin und jeder Schüler, sofern sie naturwissenschaftlich interessiert sind. Anders als in reinen Geisteswissenschaften scheint es hier also einen *objektiv unbestreitbaren* Fortschritt zu geben.

Doch wie kommt der oft zustande! Thomas S. Kuhn hat in einem außerordentlichen Buch über die Struktur wissenschaftlicher Revolutionen erläutert, was nach dem Tod des Kopernikus geschah. Dessen neues Weltbild ließ erwarten, dass beispielsweise die Oberflächen benachbarter Himmelskörper ähnlich aussehen könnten wie die der Erde, dass außerdem auch die Venus – wie der Mond – Phasen zeigen sollte, und manch anderes mehr.

Als dann Jahrzehnte später Galilei mit seinem Fernrohr genau diese Phänomene entdeckt habe, hätten sich durch tatsächliche Beobachtungen viele Menschen zu der neuen Theorie bekehren lassen, und zwar *besonders unter den Nicht-Astronomen*. Diese letzten Worte muss man sich einmal auf der Zunge zergehen lassen. Dann wird man – ohne jede naive Parallele – verstehen, warum ich mich mit diesem Buch gezielt auch an Nicht-Physikerinnen und Nicht-Physiker wende.

Wo nicht ausdrücklich anders vermerkt, handelt es sich im Folgenden oft um Phänomene der speziellen und der allgemeinen Relativitätstheorie wie gehabt. Solche lassen sich deshalb auch lesen im Sinne einer Zwischenbilanz dessen, was als unbestreitbar erwiesene Tatsachen vorlag, als ich daran ging, diese noch einmal von Grund auf zu überprüfen. Meine Motivation nämlich ist und war, in einer vielleicht besser aufgefassten, gegebenenfalls zu erweiternden Relativitätstheorie die Ursache dafür zu finden – und wenn möglich zu beheben – dass die Quantenmechanik nach beinahe hundert Jahren noch immer als unverständlich gilt.

Denn um soviel gleich vorwegzunehmen, nicht alles, was mit dem Aufkleber 'Relativitätstheorie' allgemein akzeptiert ist, hält einer kritischen Überprüfung stand. Das betrifft keineswegs nur spitzfindige Rechthabereien, sondern beispielsweise eine vielbeschworene – und dennoch nicht haltbare – *unbedingte* Konstanz der Lichtgeschwindigkeit. Selbst die Definition der physikalischen Basiseinheit Meter, die aus einem einzigen Satz besteht, ist bisher fehlerhaft, solange nicht eine unnötige Menge kleingedruckter Umständlichkeiten zu Hilfe genommen wird.

Meine wissenschaftliche Arbeitsweise hat sich von Anfang an aus dem Ziel ergeben, die grundsätzlichen Dinge der Physik zu verstehen statt einfach zu glauben. Es war mir immer unmöglich, aus Lehrbüchern und Vorlesungen auch unverstandenen

'Stoff' gewissermaßen auswendig zu lernen, was allerdings für Überflieger im Interesse eines schnellen Studienabschlusses unumgänglich ist. Natürlich ist es nicht nur legitim, sondern vernünftig, unverständliche Inhalte nach Kenntnisnahme wenn nötig in der Schublade 'Was-Solls' abzulegen. Doch obwohl mir das keineswegs klar war, muss es an Einsteins Esel gelegen haben, dass ich bei jedem wiederholten Anlauf vor den gleichen unüberwindlichen Hindernissen stehengeblieben bin, ohne einen eleganten Bogen zu machen.

Die erste Konsequenz meiner Arbeitsweise konnte deshalb nicht sehr überraschen. Dadurch dass ich mich mit unverständlichen – oder unverständlich vorgetragenen – Darstellungen nicht abfinden wollte, war es mir unmöglich, etwa ein überdurchschnittlich guter Student zu werden. Geheimnisvoll bis mysteriös klingenden Ausführungen abgehobener Experten, die erfahrungsgemäß geeignet sind, ein Publikum geradezu in Ehrfurcht erstarren zu lassen, haben mich noch nie beeindruckt.

Die zweite Konsequenz meiner Arbeitsweise war, dass sich daraus mein persönliches Forschungsprinzip entwickelt hat. Das aber ist das genaue Gegenteil dessen, was gerade von intelligenten jungen Menschen erwartet wird. Erwartet wird nämlich, dass man lernt, heikle Probleme grundsätzlicher Natur zu umgehen oder – noch besser – zu beweisen, dass sie unlösbar sind. Mir fehlt noch heute die Gabe, bei ernsthafter Auseinandersetzung systematisch um einen Gegenstand 'darum herum' zu denken.

Aus meiner Sicht hat sich die Sturheit nachträglich gelohnt. Von manchem Sachverhalt, den ich trotz teilweise auch exzellenter Lehrbücher und jahrelanger Anstrengung nicht verstehen konnte, hatte ich ursprünglich angenommen, das fehlende Verständnis läge bei mir, bevor ich nicht selten später erkannte, dass dies ein Irrtum war. Man kann seine Kräfte auch an größeren Steinbrocken stärken, die anfangs zu schwer sind, sie zu heben. Ein schneller Student wird man mit dieser Methode nicht.

Als ehemaligem Lehrer ist es mir später zur zweiten Natur geworden, die Gedankengänge einer Rechnung selbst bei auftretenden Fehlern zu Ende zu denken. Nach derartigen Fingerübungen bestand meine wissenschaftlicher Arbeitsweise bald darin, immer wieder noch einmal wesentliche Sachverhalte zu studieren, die ich verstehen wollte, aber nicht verstand. Dabei leistete ich mir den Luxus, mich nicht mit Glasperlen zu begnügen, ich wollte die Diamanten. Allerdings konnte es mit diesem Ansatz zuerst nur darum gehen, Schritt für Schritt selbst aus eigenen Fehlern zu lernen. Grundlegende Wahrheiten sind einfach, komplizierte Wirklichkeit entsteht daraus durch Kombination. Um das zu sehen, braucht jemand bloß einmal an drei Knöpfen eines Geräts gleichzeitig zu drehen. Die grundlegenden Einsichten aber bleiben keinesfalls irgendwelchen Experten vorbehalten.

Ich war dann also lernender Lehrer. Werner Heisenberg hat in anderem Zusammenhang gesagt, Wissenschaft entstehe im Gespräch. Tatsächlich habe ich viel gelernt bei dem über Jahre hin täglich erneuten Versuch, teilweise hochintelligenten Schülerinnen und Schülern auch die Grundlagen der Physik redlich zu vermitteln. Denn um dieses Ziel ohne Drill, Dressur oder Glaubensanspruch zu erreichen, bleibt einem nichts anderes übrig als mit der Zeit die Dinge tatsächlich selbst zu verstehen.

Was mich dann unterwegs mit Einstein und dem Esel immer wieder ermutigt hat, war ein Phänomen, auf das ich ebenfalls als Lehrer gestoßen bin. Nennen wir es das Schulbuchprinzip. Es ist eine schlichte Tatsache und dennoch erstaunlich: Jede Theorie von fundamentaler Bedeutung, und sei sie einst noch so revolutionär gewesen, findet sich früher oder später im Schulbuch wieder, und zwar oft endlich in verständlicher Form. Umgekehrt heißt das: Wenn sich eine große Erkenntnis nicht mit der Zeit an intelligente Schülerinnen und Schüler vermitteln lässt, dann ist es keine.

Aus dieser Einsicht schöpfte ich regelmäßig Vertrauen, sobald es mir wieder einmal einfiel zu fragen, warum ausgerechnet ich mit einigen Problemen weiterkommen sollte, die einst von Giganten zurückgelassen worden waren. Es hat lange Zeit gedauert, so etwas für möglich zu halten. Natürlich komme ich nicht daran vorbei, mich hier wieder auf die Hartnäckigkeit des Esels zu berufen.

Allerdings, ohne Computer wäre es nicht gegangen. Dabei könnte ich davon profitiert haben, dass ich vorher viele Jahre mit Bleistift und Papier an meine physikalischen Ideen herangegangen bin, so dass ich genau wusste, wie und wozu das neue Werkzeug nun einzusetzen war. Vor allem die Möglichkeit, hiermit sehr vieles sehr schnell auszuprobieren, was wenige Jahre zuvor noch undenkbar war, hat sich als überaus nützlich erwiesen. Ich habe den Eindruck, mit wunderbaren technischen Mitteln wird heute manchmal umgekehrt zu viel zu schnell gemacht, bevor sich dann herausstellt, dass man darüber zuerst hätte gründlicher nachdenken sollen. Vielleicht würde es hier deshalb besser vordenken heißen, meint *Mlle Bleu de Ley*.

Erstaunlich, wohin die Reise gehen kann, wenn man sich unterwegs Zeit nimmt. Allerdings nicht unbedingt mitten in der Scientific Community. Wenn überhaupt, dann viel eher als ein 'Maverick', wie das ungebrannte Rindvieh heißt, das zu keiner Herde, geschweige denn zu einem Stall gehört. Manch eines davon ist auch noch stolz darauf. *Aladin Adamson* sagt, im Freien sei die Luft besser, wir werden sehen.

Der in Bezug auf unvorhergesehene Entwicklungen von dem erwähnten Thomas S. Kuhn geprägte Begriff Paradigmenwechsel ist durch inflationären Gebrauch inzwischen weit heruntergekommen und längst in kleine Münze gewechselt. Doch in der Sache bleibt es dabei. Bahnbrechende Leistungen, vor allem, wenn nicht von einem förmlich dazu berufenen Mitglied der jeweiligen Gesellschaft erzielt, werden zu Lebzeiten in der Regel nicht verziehen. Doch mit der Gefahr könne ich getrost leben, versichert mir *Hypolite Van Tast*.

Ich weiß ich nicht, was aus mir geworden wäre, hätte Einstein nicht deutsch geschrieben, und ich nicht deutsch verstanden. Jedenfalls wäre ich heute ein anderer. In Einsteins Muttersprache aufgewachsen zu sein, war für mich ein entscheidender Glücksfall. Deutsch ist die Sprache Einsteins.

Denn obwohl er sich bereits lange vor dem Naziterror niemals im politischen Sinn vorbehaltlos als Deutscher gesehen hätte, fühlte sich Einstein doch sein Leben lang in dieser Sprache zuhause. Die für immer bleibende Schande unsäglicher Barbarei hat nicht nur zur Ermordung seiner – wie er sagte – 'Stammesgenossen' geführt, sondern wurde nicht zuletzt auch unserer Muttersprache angetan, die gerade von seinen Brüdern und Schwestern ganz besonders gepflegt worden ist und zusätzlich mit jiddischer Ausdruckskraft bereichert war.

Im Vorwort zur amerikanischen Originalausgabe seiner überaus wertvollen Einstein-Biographie hat Abraham Pais darauf hingewiesen, dass dieser seine Schriften stets in deutscher Sprache verfasste. In der deutschen Ausgabe des gleichen Buchs ergänzt er, dass Einstein bis zum Ende seines Lebens sogar dann an dieser Vorgehensweise festhielt, wenn dies anschließend eine Übersetzung ins Englische notwendig machte. Pais schreibt, dass seines Erachtens die Lektüre der Schriften Einsteins im Original Grund genug sei, die deutsche Sprache zu erlernen. Kann es ein schöneres Zeugnis für den Wert dieser Sprache geben, gerade auch in der Physik?

Natürlich ist es eine internationale Selbstverständlichkeit, dass über Einsteins Werk im Sinne einer *lingua franca* englisch gesprochen und geschrieben wird, und das habe ich für meinen Teil in einigen *Talks* und *Papers* samt eMail-Korrespondenz auch getan, zuletzt in einem ebenfalls gerade erscheinenden Buch. Aber ist es nicht beschämend, dass die Kommunikation sogar zwischen deutschsprachigen Experten an unseren öffentlich finanzierten Instituten heute ausschließlich in Englisch zu geschehen hat – selbst an den Einrichtungen, die ihre Daseinsberechtigung größtenteils Einsteins in dieser Sprache nicht nur geschriebenem, sondern auch gedachtem Werk verdanken? Eine solche sprachliche Unterwürfigkeit wäre in meinen Augen unerträglich, wenn sie nicht ihre Wurzeln in der unseligen selbstverschuldeten deutschen Geschichte hätte. Man beneidet nicht nur die sprachtapferen französischen Nachbarn um ein diesbezüglich intakt gebliebenes Selbstbewusstsein. Was ich angesichts solcher Anmerkungen allerdings um keinen Preis haben will, wäre Beifall von der falschen Seite.

Hinsichtlich der Kosmologie soll mir niemand vorwerfen können, ich hätte es nicht ehrlich versucht, obwohl ich von Anfang an wusste, dass ein hierarchisch strukturiertes System naturgemäß starke Abwehrreaktionen zeigen würde. Nun aber zu dem Menschen, der mich mit seinen Schriften überhaupt auf den Weg gebracht hat.

Einstein!

Weil es ganz unmöglich ist, ihn in einer einzigen Überschrift beschreiben zu wollen, sei diese auf den Namen beschränkt. Sogar der Vorname wäre hier überflüssig. Aus der Vielfalt und Fülle seiner Gedanken will ich von dem berichten, was mich erreicht und beeinflusst hat. Die Perspektive dabei ist naturgemäß meine. Einstein! Wer ist Einstein?

Wie von allen anderen nicht leibhaftig erlebten Menschen mögen wir uns aus Schriften, Bildern, Erinnerungen oder Assoziationen zwar eine gewisse Vorstellung machen, letztlich jedoch jeder seine eigene. Außerdem ist die uns zugängliche Vergangenheit mit der Zeit veränderlich.

Bekanntlich schrieb Einstein in seinem Wunderjahr 1905 vier bahnbrechende Arbeiten, darunter *Zur Elektrodynamik bewegter Körper* und einen Nachtrag, der jene kurze Formel enthält, die jeder kennt. Mit diesen fundamentalen Arbeiten hat Einstein zwei Jahre später zunächst vergeblich um die Lehrbefugnis an der Universität Bern nachgesucht, was dann im darauffolgenden Jahr 1908 mit Vorlage einer eigenen Habilitationsschrift schließlich gelang. Einen ersten Dissertationsversuch an der Universität Zürich hatte er 1902 zurückgezogen. Im Jahr 1903 schrieb er aus Bern an seinen Freund Michele Besso, er habe sich neuerdings entschlossen unter die Privatdozenten zu gehen, vorausgesetzt nämlich, dass er's durchsetzen könne. „Den Doktor werde ich hingegen nicht machen, da mir das doch wenig hilft und die ganze Komödie mir langweilig geworden ist." Zwei Monate später ergänzt er von dort, die „hiesige" Universität sei ein Schweinestall. Nachdem dann Einstein Anfang 1906 mit Abschluss aller erforderlicher Formalitäten doch noch „Herr Doktor" geworden war, wurde er im gleichen Jahr am Patentamt befördert. Woraufhin er seinen Vorgesetzten gefragt hat: „Was soll ich denn mit soviel Geld anfangen?" Dass er dort durch Vermittlung seines Freundes Marcel Grossmann einige Jahre zuvor als Experte III. Klasse überhaupt eine Anstellung gefunden hatte, war von ihm selbst als „Lebensrettung" bezeichnet worden.

Wie so viele andere, von denen allerdings die meisten nachträglich so tun, als wäre er damals mit einem Zertifikat am Revers herumgelaufen 'ich werde der gefeierte Einstein sein', war ich natürlich als Schüler von der entwaffnenden Respektlosigkeit fasziniert, mit der er sich von Anfang an über Vorgesetzte und Autoritäten hinweggesetzt und sogar lustig gemacht hat.

Doch ohne mit seinen eingereichten Arbeiten später an den souveränen und über jeden Zweifel erhabenen Max Planck zu geraten, wäre er vielleicht nur ein Original unter harmlosen Spinnern oder nervtötenden Querulanten geblieben, von denen es viele gibt, allerdings ganz sicher nicht mit solch einzigartigen Fähigkeiten.

Für mich ist Einstein von Anfang an der Leitstern am Himmel der Physik gewesen. Ich habe mich immer wieder an ihm orientiert. Das geschah nicht nur anhand seiner Formeln, sondern auch intuitiv aus dem jeweiligen Zusammenhang, so dass ich oft erst viel später – vor allem aus seiner Korrespondenz in den *Collected Papers of Albert Einstein* – weiteres erfuhr, aus dem beinahe regelmäßig hervorging, dass ich ihn richtig verstanden hatte. Bei oberflächlicher Betrachtung mag das in Bezug auf teilweise kritische Abschnitte dieses Buchs seltsam klingen. Aber es ist wahr, und es wird wahr bleiben auch über das vorläufige Ende dieser Geschichte hinaus.

Glücklicherweise haben wir in den erwähnten Collected Papers – obwohl die Herkulesaufgabe ihrer Herausgabe noch lange nicht vollendet ist – eine geradezu unerschöpfliche Fundgrube. In der Fülle seiner Korrespondenz erscheint mir der Mensch Einstein als beinahe biblische Figur. Das ist allerdings nicht dasselbe wie ein Heiliger, obwohl viele Aspekte dem manchmal auch nahekommen. Was nun den Physiker Einstein betrifft, so lässt sich seine Interpretation der späteren allgemeinen Relativitätstheorie nicht verstehen, wenn man die folgende Geschichte nicht kennt.

„M.H.!" (Meine Herren!) „... Von Stund' an sollen Raum für sich und Zeit für sich völlig zu Schatten herabsinken und nur noch eine Art Union der beiden soll Selbständigkeit bewahren." Dies verkündete mit dem Pathos von Pickelhaube und Kaiserzeit der Mathematiker Hermann Minkowski auf der Versammlung Deutscher Naturforscher und Ärzte 1908 in Köln. Einstein war nicht dort. Als nach wie vor angestellter Experte, inzwischen II. Klasse, am Patentamt in Bern hatte er keine Zeit.

Was dann folgt, muss unter verschiedenen Aspekten betrachtet werden. Die damals vorgestellte mathematische Einkleidung der Relativitätstheorie ist auch aus heutiger Sicht nicht nur von beeindruckender Eleganz, sondern hat sich später für die Entwicklung der allgemeinen Relativitätstheorie als außerordentlich bedeutend erwiesen. Wenn nur die heute entsetzlich großmäulig klingenden Übertreibungen nicht wären. Es sollte dem hervorragenden Mathematiker Minkowski zweifellos möglich gewesen sein, weniger schwülstige Begriffe zu prägen als 'Weltpunkt', 'Weltlinie', 'Weltpostulat', von denen in Einsteins Originalarbeiten keine Rede war. In meinen Augen ein peinlicher Beleg dafür, dass zwischen Intelligenz und Charakter keine direkte Verhältnismäßigkeit besteht.

Das erwähnte Pathos gleich mit Beginn der Rede mag noch verzeihlich sein, denn er war ein Kind seiner Zeit. Was jedoch zum Schluss kommt, kann nur noch als Unverschämtheit bezeichnet werden: „ ... der wahre Kern eines elektromagnetischen Weltbildes, der von Lorentz getroffen, von Einstein weiter herausgeschält, nachgerade vollends am Tage liegt." Poincaré, der die vierdimensionale Darstellung der speziellen Relativitätstheorie längst vorher begründet hatte, wird nicht einmal erwähnt.

Hätte Minkowski hier vom Ausbau der mathematischen Formulierung Poincarés gesprochen, so wäre die zitierte Aussage nicht zu beanstanden. Was aber den „wahren Kern" der Sache betrifft, so ist es die dreiste Anmaßung, die es war. Und es ist in meinen Augen der erste unverhohlene Versuch einer Bemächtigung, wie sie ein paar Jahre später von Minkowskis Freund David Hilbert in Göttingen noch einmal versucht wurde. Aus beiden glücklicherweise fehlgeschlagenen Versuchen ist, nicht nur für mich, eines klar erkennbar. Dieses System versuchter Aneignung fremden geistigen Eigentums – das in anderem Zusammenhang von dem scharfzüngigen Physiker Max Abraham als 'Nostrifizierung' bezeichnet worden war – hatte unverkennbar Methode, die auch heute noch aus der Arroganz etablierter akademischer Instanzen gegenüber ungebetenen 'Eindringlingen' leicht entsteht. Beim ersten Mal ging es um die Grundlagen der speziellen, beim zweiten Mal – nun gerade vor einhundert Jahren – um die der allgemeinen Relativitätstheorie. Man hat hier versucht, Einstein zu behandeln wie einen dummen Jungen.

Der Gerechtigkeit halber ist anzumerken, dass ein solches Phänomen keineswegs nur das Verhältnis zwischen Mathematikern und Physikern betrifft. Immer wieder und überall auf der Welt wird von Vertretern übermächtiger Institutionen versucht, gutgläubigen Individuen ihre Entdeckungen zu stehlen. Und nicht wenige Diebe bringen es anschließend auch noch fertig, sich hinzustellen und zu behaupten, dass eine solche Aneignung zum Wohle der Menschheit notwendig gewesen sei. Beispielsweise auch Cardanos Verhalten gegenüber dem stotternden Nicolo, deshalb Tartaglia genannt, scheint dem zu entsprechen. Wie oft wurden Menschen um Rohdiamanten erleichtert und mit Glasperlen für Eitelkeit abgespeist?

Einstein war zeitweilig ein Getriebener. Die ihn trieben, waren – neben dem mächtigen inneren Antrieb – vor allen anderen

Minkowski und Hilbert. Das ging so weit, bis er in mathematischen Spekulationen Zuflucht suchte und schließlich gefunden zu haben glaubte, oder in meinen Augen eher: glauben wollte. Bereits 1921 aber, als er den bis heute offensichtlich weithin unverstandenen Artikel *Geometrie und Erfahrung*[1] schrieb, war es zu spät. Hier bescheinigte er zwar dem „tiefen" Poincaré, grundsätzlich recht zu haben – „sub specie aeterni" nämlich – doch haben seine Worte an manchen Stellen den Charakter beschwörender Selbstbesänftigung. Die berühmten gerufenen Geister hatten sich in dieser Sache längst seiner Gedanken bemächtigt. Er wurde sie nie wieder endgültig los.

Einstein soll einmal gesagt haben: *„Seit die Mathematiker über meine Theorie hergefallen sind, verstehe ich sie selbst nicht mehr"*. Ich wusste schon als Schüler, das war keine Koketterie. Wie ich allerdings aus seiner Korrespondenz erst später konkret erfuhr, war das echte Sorge, und die war berechtigt. Dass er auf die von Hilbert versuchte Nostrifizierung der allgemeinen Relativitätstheorie mit den Worten reagierte, er habe *„kaum je die Jämmerlichkeit der Menschen besser kennen gelernt"*, ist in den Collected Papers heute bequem nachzulesen.

Hätte aber mein Freund in der Schule damals von Minkowskis 'vierdimensionalen' Weltlinien statt von Einsteins Uhren erzählt, ich wäre vielleicht nie im Leben auf die Idee gekommen, die Geheimnisse der Relativitätstheorie verstehen zu wollen. Der mathematische Kunstgriff einer imaginären Zeiteinheit, mit der Minkowski nach dem Vorbild Poincarés die drei realen Dimensionen des Raumes mit der völlig wesensverschiedenen Dimension der Zeit nun unverständlicherweise zu einer 'Art Union der beiden' zusammengefasst hat, ist in dieser Form längst überflüssig geworden. Die missbräuchliche Vermischung des eigentlich wohlvertrauten Begriffs *Dimension* mit dem dummerweise gleichlautenden, fiktionalen Begriff aus der mathematischen Fachsprache hat aber genügt, alle Welt verrückt zu machen. Nicht einmal Einstein konnte sich dieser 'Verstrickung' im weiteren Verlauf letztlich entziehen.

Der Trick, wie bei wie manch anderem Gespinst neuer Kleider, war ja, dass nur hinreichend kluge Leute diese angeblich sehen konnten. Und die Experten waren sich doch bald einig. Der Stoff war so fein gesponnen – ja, gesponnen, betont *Mlle Bleu de Ley*. Und die Autoritäten des Kaisers waren über jeden Zweifel erhaben. Doch keine Bange, ich will kein Märchen erzählen, ganz im Gegenteil. Ich berichte lediglich, was ich sehe und – wie das Kind im Märchen – was ich eben *nicht* sehe. Möge darüber lachen, wer will. Es wird sich nicht vermeiden lassen, auf die universale Methode aller Hochstapler im weiteren Verlauf wieder zu sprechen zu kommen.

„Nun bin ich also auch ein offizieller von der Gilde der Huren", schrieb Einstein im Mai 1909, als er nach langem Hin und Her endlich zum Professor in Zürich berufen worden war. Und das war – wie so viele andere oft missverstandene Äußerungen – kein Zeugnis liebenswerter Verschrobenheit eines schusseligen Genies, sondern alles andere als lustig gemeint. Er sprach aus Erfahrung. Wen sollte er mit der unumwundenen Bezeichnung anders gemeint haben als die, die es für Geld tun, und damit für Dünkel, Macht und Karriere.

In Abwandlung eines bekannten Zitats über Lichtquanten ist man versucht zu schreiben: Heute glaubt jeder Lump zu wissen, was es mit Einstein auf sich hat. Natürlich geht es mit dieser Feststellung nicht darum, irgendeinen Experten beleidigen zu wollen. Andererseits kann ich nicht ohne weiteres erwarten, dass mir von solchen geglaubt wird, was ich berichten will, schon gar nicht auf Anhieb.

Hilft ja alles nichts, aber Tatsache ist: es lässt sich anhand des Ehrenfest'schen Paradoxons beweisen, dass Einstein mit der Auffassung eines 'gekrümmten Raums' nicht notwendigerweise recht hatte. Gerade dafür wird er heute am lautesten gefeiert. Umgekehrt aber wird er recht gehabt haben mit dem Traum von einer verständlichen Quantenmechanik, für den er andererseits seit vielen Jahrzehnten bemitleidet wird. Es ist mir ein Vergnügen zuzugeben, dass mich dieses hochnäsige Bedauern schon immer an das Mitleid der Mäuse mit dem Elefanten erinnert hat, der eine zur Ausleihe angebotene Badehose ablehnt.

Es ist leider bezeichnend und spricht für sich selbst, dass neben dem in diesem Fall zu Recht unbeirrbaren Einstein auch so herausragende Väter der Quantenmechanik wie Louis de Broglie und Erwin Schrödinger in eine Art wissenschaftlicher Isolation geraten konnten. Dass Niels Bohr die Argumente Einsteins gegen die Kopenhagener Deutung der Quantenmechanik vermeintlich allesamt entkräftet hat, beweist nicht, dass Einstein – der sich von seiner überragenden Intuition leiten ließ – hier grundsätzlich unrecht gehabt hätte. Es spräche gegebenenfalls gegen seine damalige Begründung.

Wenn es gemäß einer Argumentation Niels Bohrs beispielsweise richtig gewesen wäre, dass sich ein Einstein'scher Einwand gegen die Unschärfe-Relation nur mit Hilfe der allgemeinen Relativitätstheorie widerlegen lässt, dann müssten beide Theorien entgegen der heute gebetsmühlenartig wiederholten Behauptung des Gegenteils offensichtlich miteinander verträglich sein und sogar mehr als das.

Wahrscheinlich bin ich einer von wenigen Physikern, die auch den älteren Einstein noch ernst nehmen. Wobei, relativ gesehen, in so manchen seiner Briefe und Arbeiten für mich heute dieser ältere der jüngere ist.

Einstein sagte einmal, der Erwachsene denke nicht über Raum-Zeit-Probleme nach. Alles, was darüber nachzudenken sei, habe er bereits in der frühen Kindheit getan. Er selbst dagegen habe sich so langsam entwickelt, dass er erst angefangen habe, sich darüber zu wundern, als er bereits erwachsen war. Naturgemäß sei er dann tiefer in die Problematik von Raum und Zeit eingedrungen als ein gewöhnliches Kind. Bezogen auf meine Person hat es annähernd dreißig Jahre gebraucht, bis ich mir nach dem Studium in einer Befreiung aus akademischer Unmündigkeit darüber klar geworden bin, welche Ironie des Schicksals in Einsteins vergeblichen Anstrengungen um eine einheitliche Theorie liegt, und zwar bis heute. Dabei hat ihn eine

„maultierhafte Starrnäckigkeit" ausgezeichnet, die – wie er schreibt – Gott ihm gegeben habe. Im Hinblick auf die Relativitätstheorie ist es mir auch später darum gegangen, diese zu verstehen. Jetzt allerdings radikal, ohne Zugeständnisse an überflüssiges romantisches Beiwerk. Es klinge in diesem Zusammenhang plausibel, stimme aber nicht, berichtet *Borromea Worthswerd*, dass sich der Experimentalphysiker *Frank U.* *Frey* später an die nüchtern gebliebenen Theoretiker mit der Frage gewandt haben solle: „Freundinnen und Freunde der Physik! … Wann werden Raum für sich und Zeit für sich endlich wieder ins rechte Licht gerückt und aus dem Schattendasein herausgeholt, in das sie ein zeitweilig dem Größenwahn verfallener Mathematiker für immer verbannen wollte?"

Obwohl ich keineswegs versucht habe, ein Haar in der Suppe zu finden, scheint das Ergebnis meiner Arbeit nun ziemlich paradox und wird verknöcherten Experten ganz inakzeptabel erscheinen. Doch gerade Einsteins Ideen haben es nicht nötig, von berechtigter Kritik verschont zu bleiben, oder gar mit falschen Versicherungen überschüttet zu werden. Lobhudelei wäre in meinen Augen die Besudelung eines Denkmals, das er gar nicht haben wollte. Nicht umsonst hat er seine Zunge herausgestreckt. Ich bin überzeugt, ihm in ehrlicher Auseinandersetzung am ehesten gerecht zu werden. Und das will ich tun, so gut ich kann.

Tatsächlich kann es einem um seine Würdigung angst und bange werden, wenn man manchmal sieht, wie von einigen akademischen Lobrednern sein Götzenbild geradezu poliert wird, um dieses dann mit viel Geschrei zur Mehrung eigener Reputation zu nutzen. Das scheint mir im Grunde genommen nicht besser als umgekehrte Versuche, Einsteins gigantische Leistungen mit grotesken, einst allerdings viel schlimmer als nur dümmlichen, Argumenten zu verunglimpfen. Eine Verärgerung auf Seiten Einsteins, mit seinem Eingeständnis jener – oft zitierten, nie geglaubten – größten Eselei nicht mehr ernstgenommen zu werden, wäre nach meiner Überzeugung heute jedenfalls groß und vollkommen berechtigt. Selbst *Mlle Bleu de Ley* sieht das ähnlich, wie nämlich diese fatale Missachtung seine Haare gesträubt habe, sei auf Fotos von damals leicht zu erkennen.

Einsteins Relativitätstheorie – und zwar die allgemeine in Verbindung mit der speziellen – ist eine gigantische Errungenschaft der Naturwissenschaften, die wohl nur mit Newtons Aufbau der klassischen Physik verglichen werden kann. Doch der weit verbreitete Eindruck trügt, dass es sich dabei um eine längst abgeschlossene Theorie handle, die nun selbst wieder der klassischen Physik zuzurechnen wäre. Im Hinblick darauf, dass sie einerseits weit darüber hinausgeht, andererseits aber bis heute keinen befriedigenden Anschluss an die Quantenmechanik gefunden hat, kann sie – was er selbst am meisten beklagt hat – bisher nicht als vollendet betrachtet werden. Es ist deshalb kein Wunder, dass sie noch mit Unklarheiten und einigen unnötigen Hypothesen behaftet ist. Diese betreffen meines Erachtens zwar 'nur' die erwähnte Interpretation und das Verständnis, nicht aber Einsteins Formelwerk selbst. Doch dieser Mangel – so unbedeutend er in Anwendung auf gewöhnliche Gravitationsfelder auch sein mag – hat bisher genügt, eine grundlegende Weiterentwicklung in Richtung Quantentheorie zu verhindern.

Sowohl das Dilemma eines fiktiven Urknalls des gesamten Universums samt Raum und Zeit als auch jene vermeintliche Unvereinbarkeit der allgemeinen Relativitätstheorie mit der Quantenmechanik haben ihren Ursprung in Einsteins unnötiger geometrischer Auffassung seiner wunderbaren Gleichungen. Das heißt, sie haben ihren gemeinsamen Ursprung in der letztlich unhaltbaren Behandlung von Raum und Zeit als physikalische Größen.

Angesichts der gegenwärtigen Kosmologie mit einer angeblichen Entstehung des Universums aus dem Nichts und teilweise haarsträubenden Phantastereien von erwähnten Parallel-Universen, Wurmlöchern der Raumzeit und Dutzenden eingerollter Dimensionen, die sich auf Entwicklungen im Sinne der geometrischen Interpretation Einsteins berufen, liegt es auf der Hand, dass es so nicht weitergehen kann. Was bitte solle vor einem Urknall gewesen sein, fragt *Mlle Bleu de Ley*, wenn da kein Pulver gewesen sei, das hätte hochgehen können. Nicht einmal eine Lunte. Und von einem Feuerteufel, der da gezündelt haben könnte, ganz zu schweigen.

Nahezu alle Urknall-Kosmologen haben inzwischen verstanden, als Physik geht das nicht länger durch. Deshalb rettet sich wer kann, zur Zeit mit Vorliebe in schaumige Vorstellungen von einem Quantenvakuum voller Fluktuationen. Und zwar Fluktuationen von Nichts. Das Nichts aber soll nicht nichts sein in einem Vakuum, das nicht leer ist. Niemand von den Big-Bang-Experten scheint zu merken, dass einem solchen Unding, wenn es das gäbe, jedenfalls eine Energiedichte entsprechen müsste, die wiederum eine mathematische Erfassung durch die allgemeine Relativitätstheorie verlangen müsste, was dem Modell dieser Leute sofort die theoretische Grundlage entzieht.

Wenn man sich nämlich zunächst einmal unter Weglassung unnötiger Spekulationen auf diese – abgesehen von jeder hypothetischen Urknall-Entstehung – physikalisch notwendig vorhandene Energiedichte im Hintergrund konzentriert, dann ist es allein Einsteins im lokalen Gravitationsfeld ausnahmslos experimentell bestätigte allgemeine Relativitätstheorie, auf deren Grundlage sich quantitative Aussagen zur Kosmologie überhaupt ableiten lassen. Es ist höchst erstaunlich, dass diese nun den konkreten Beobachtungstatsachen tatsächlich nahe kommen.

Die Erfahrung hat gezeigt, dass Einsteins unvergleichliche Intuition es verdient, ernst genommen zu werden. Es wird sich herausstellen, dass es ein Fehler war, Einsteins spätes Eingeständnis hinsichtlich seiner kosmologischen Konstanten zu ignorieren, ebenso wie seine spontane Reaktion auf Georges Lemaîtres Einfall einer Expansion des Universums, die er vom physikalischen Standpunkt aus als „abscheulich" bezeichnet hat. In intensiver Beschäftigung und vielen eigenen Berechnungen habe ich mich von der Berechtigung seiner Einwände überzeugt bis hin zur Entwicklung des Konzepts SUM als das eines ewig jungen Universums, und zwar auf Basis seiner bisher teilweise missverstandenen Gleichungen. Außer der inzwischen jahrzehntelangen Gewöhnung aufgrund des Fehlens einer besseren Alternative aber gibt es keine überprüfbaren Fakten, die das mathematische Modell eines expandierenden Universums, insbesondere nach Anwendung von Ockhams Rasiermesser, notwendig machen.

Trotz unterschiedlicher Auffassung hinsichtlich der Interpretation seiner allgemeinen Relativitätstheorie, aber in Übereinstimmung sowohl mit seinen Gleichungen als auch mit der konstruktiven Kritik an der Kopenhagener Deutung der Quantenmechanik ist es insbesondere und vor allem das Werk dieses Mannes, ohne dessen jahrzehntelanges Studium die Arbeiten des Autors weder begonnen, geschweige denn fertiggebracht worden wären.

In *Physik und Realität* hat Einstein 1936 mit Bezug auf die linke und rechte Seite seiner Gravitationsgleichungen geschrieben, die allgemeine Relativitätstheorie gleiche einem Gebäude, dessen einer Flügel aus vorzüglichem Marmor, dessen anderer Flügel aber aus minderwertigem Holze gebaut sei. Die phänomenologische Darstellung der Materie sei nämlich nur ein roher Ersatz für eine Darstellung, welche allen bekannten Eigenschaften der Materie gerecht würde.

Wenn es mir also notwendig geworden ist, Einsteins romantische Interpretation seiner über jeden vernünftigen Zweifel erhabenen – allein hinsichtlich seines phänomenologischen Energie-Impuls-Tensors noch nicht vollständigen – Gleichungen letztlich zugunsten einer im ebenfalls erwähnten Artikel *Geometrie und Erfahrung* diskutierten Alternative aufzugeben, so kann ich zu meiner Rechtfertigung nur sagen, dass ich das, was zu einer solchen Ausarbeitung nötig war, durch Beschäftigung mit seinen Ideen und Schriften gewissermaßen von ihm selbst gelernt habe. Die Hochachtung des Autors vor dem unvergleichlichen Physiker Albert Einstein lässt sich nicht deutlicher zum Ausdruck bringen als durch die Feststellung, dass die wissenschaftlichen Grundlagen dieses Buches auf dem Privileg jahrzehntelanger, fast immer stillschweigender Auseinandersetzung mit dessen faszinierendem Werk beruht.

Dieses wiederum hat seine Wurzeln im Wirken großer Naturwissenschaftler und Mathematiker, von denen hier stellvertretend nur Hendrik Antoon Lorentz und vor allem der 'tiefe' Henri Poincaré genannt seien.

Während ich das schreibe, bin ich in einer wunderbaren Sammlung von Shmuel Sambursky auf den Text des mir bis dahin weitgehend unbekannten persischen Naturphilosophen Rhazes gestoßen, der mir – nicht nur mit diesen Worten – geradezu aus der Seele spricht, wenn es heißt, er wisse sehr wohl, dass die Tatsache, dass er dieses Buch verfasst habe, viele dazu bringen werde, ihn der Unwissenheit zu bezichtigen oder ihn gar zu tadeln und hart über ihn zu urteilen. So als ob das Buch darauf abziele, dem eine günstige Rolle zuzuweisen, der sich vornehme, den Widersprecher eines bedeutenden Mannes zu spielen und daraus Nutzen und Vergnügen zu ziehen. Doch „Gott weiß es, ich habe mir Rechenschaft darüber abgelegt, dass es eine Notwendigkeit war, die sich mir auferlegte." Wenn aber der, um den es dabei gehe, noch unter uns lebte, so hätte dieser geniale Mensch den Autor nicht getadelt, und er hätte es ihm nicht übel genommen, dass er dieses Buch verfasst habe, weil er nämlich die Wahrheit liebte und es selbst gerne sah, wenn man Untersuchungen gründlich vorantrieb, bis sie zu ihrem Abschluss gebracht werden konnten.

Zwar kann von einem Abschluss hier nicht die Rede sein, aber ein Stück weiter bin ich auf Einsteins Weg mit dem Esel wohl doch gekommen. Es ist gelungen, das ein oder andere Problem zu lösen, das von der heutigen Physik überhaupt nicht mehr als solches gesehen wird. Kaum jemand hat bisher etwas davon zur Kenntnis genommen. Und – nachträglich keine Überraschung – das ist der wohl unvermeidliche Preis für den eigenen Weg, für den Luxus nahezu ungestörter Konzentration auf die eine Sache, den auch schon ganz andere zu ihren Lebzeiten zu zahlen hatten. Dabei ist es ein Glück, dass ich immer noch naiv genug bin, stur wie – man ahnt es – Einsteins Esel weiter meinen Weg zu verfolgen.

Neben der Liebe zur Physik brauche man ein unerschütterliches Grundvertrauen in die menschliche Vernunft, um angesichts der Herausforderungen nicht mutlos zu werden. Und sich nicht in Aussicht auf den wohlig warmen Stall selbst als Maverick einer erwartungsfroh blökenden Herde anzuschließen, *Mlle Bleu de Ley* kann das Lästern nicht lassen. Ob ihr denn rein gar nichts heilig sei, fragt *Prof. em. Blasius J. E. Pabst*. Doch, Kants reine Vernunft vielleicht, antwortet sie.

So wunderbar es allerdings tatsächlich sein kann, dem Meer der Unwissenheit hin und wieder ein kleines Stück Neuland abzugewinnen, so bleibt doch immer auch das Bewusstsein, dass der Ozean dadurch nicht kleiner wird.

Es lebe die Freiheit

Fest steht, dass viele Genies Außenseiter waren, zumindest anfänglich. Natürlich aber ist umgekehrt nicht jeder Spinner ein Genie.

Einer der größten physikalischen Außenseiter war zweifellos Einstein selbst, und zwar erst der junge und dann wieder der alte, bei dem ich anhand seiner Schriften schon ab ungefähr vierzehn in die Lehre gegangen bin. Max v. Laue war einer der wenigen in Deutschland verbliebenen Physiker, dessen treue Freundschaft auch nach dem Krieg von Einstein nicht nur stillschweigend akzeptiert, sondern ausdrücklich erwidert wurde. Jener weise Mann bemerkte nach Einsteins Tod, dieser habe die Anlage zum eigenwilligen Genie mit auf die Welt gebracht und damit die Anwartschaft auf Schwierigkeiten im Dasein.

Über Newton wird heute spekuliert, er sei zeitweilig paranoid gewesen. Sofern Ranglisten hier überhaupt angebracht sind, könnte er aber vielleicht auch der Größte gewesen sein, was soll's. Auf einer Schulbank im Physiksaal stand mit spitzem Werkzeug eingraviert 'Newton ist tot, Einstein ist tot, und mir ist auch schon ganz schlecht'. Der Schüler, scheint mir, hatte Humor. Umso mehr, sollte es eine Schülerin gewesen sein.

Von Einstein ist bekannt, dass er während seines Studiums die Mathematik bis zu einem gewissen Grad vernachlässigte. Er fand, dass diese Wissenschaft in viele Spezialgebiete gespalten war, deren jedes vielleicht die ganze kurze Lebenszeit wegnehmen könnte. So sah er sich „in der Lage von Buridans Esel, der sich nicht für ein besonderes Bündel Heu entschließen konnte." Sehr früh also kam hier bei Einstein ein Esel ins Spiel, und zwar zunächst ein philosophischer. Was durchaus kein Wunder sein muss, bemerkt *Mlle Bleu de Ley*.

Zu Zeiten meines Studiums war es eine Zumutung so mancher Professoren, Studenten mit eigenen 'Skripten' zu traktieren, anstatt sie im Sinne von Einsteins „heiligem Eifer" zum Lesen der großen Physiker anzuleiten oder sie systematisch zur geistigen Auseinandersetzung mit deren Theorien hinzuführen. Ganz anders muss die Atmosphäre im 'Stall' begnadeter Lehrer gewesen sein, wie es Bohr in seiner Kopenhagener Schule einst war, oder auch Born mit seiner 'Filiale' in Göttingen.

Einem Studenten, der die theoretische Physik liebt, kann es zutiefst widerstreben, sich von einem im Vergleich zu den großen Meistern durchschnittlichen Professor ein Dissertationsthema vorgeben zu lassen. Ja, wäre jeder Hochschullehrer ein Sommerfeld oder würde er sich diesen zumindest zum Vorbild nehmen! Als ich zufällig nach dem Diplom eine einzige Vorlesung bei dessen Nachfolger Fritz Bopp an der benachbarten Universität gehört hatte, wusste ich, dass in meinem Fall die Technische Hochschule ein Missverständnis gewesen war.

Frustriert hatte mich der strikte Lehrbetrieb, der hier ganz darauf ausgerichtet war, junge Menschen abzufüttern mit Stoff, den sie in der zur Verfügung stehenden Zeit unmöglich verdauen konnten. Dabei ging es offensichtlich in erster Linie darum, Nachwuchs zur späteren Verwendung als Physik-'Techniker' fit zu machen. Dagegen ist grundsätzlich nichts einzuwenden, ich war eben bloß an der falschen Hochschule. Noch dazu war allerdings die Mehrzahl der Vorlesungen einfach zu schlecht, als dass es nicht besser gewesen wäre, sich auf große Lehrbücher zu konzentrieren.

Was mir zusätzlich erhebliche Schwierigkeiten machte, war ein intuitiv empfundener Widerwille, durch die Festlegung auf eine bestimmte Tätigkeit alle anderen Möglichkeiten auszuschließen. In diesem Sinne – von vielen jungen Menschen zu allen Zeiten empfunden – machen Entscheidungen alt, selbst positive. Doch so oder so, es hilft ja nichts, weil einen auf Dauer *keine Entscheidung* zu treffen, vielleicht noch viel schneller alt aussehen ließe.

Später, nach Beginn meiner Diplomarbeit, hatte ich so etwas wie ein Pfingsterlebnis. Ich ahnte plötzlich Zusammenhänge zwischen Elektrodynamik, Gravitation samt unverstandener Quantenmechanik und geriet für einige Tage in eine gewisse Euphorie. Die Physik war mir plötzlich in viel Licht erschienen, ohne dass ich die Zusammenhänge hätte festhalten können. Nach ein paar Tagen hatte sich die verwirrende Hochstimmung gelegt. Doch das Feuer war nicht erloschen und brannte still weiter. Ich machte mir danach einen bekannten Wahlspruch zu eigen: immer daran denken, nie davon sprechen. Und mit einer kleinen Unterbrechung habe ich mich die nächsten dreißig Jahre daran gehalten.

Bis ich soweit war. Ich habe *Time is on my side* manchmal noch heute im Ohr. Obwohl ich nicht ahnen konnte, wie sehr sich dieser natürlich ganz anders gemeinte Titel aufgrund der Entwicklung von Computer und Internet für mich persönlich bewahrheiten würde. Wen interessieren heute noch akademische Autoritäten, wenn sie nichts Verständliches zu bieten haben? Längst ist niemand mehr abgeschnitten von der Wissenschaft, bloß weil er keine Institutsbibliothek zur Verfügung hat. Im Gegenteil, die inflationär angewachsene Flut wissenschaftlicher Publikationen ist unwiderruflich dabei, sich im Internet zu verlieren. Gedruckte Fachzeitschriften werden weiter ins Hintertreffen geraten.

Nach Fertigstellung einer Diplomarbeit wurde von meinen Betreuern ein entsprechender Artikel veröffentlicht. Ich sollte eine Doktorarbeit beginnen und wurde ohne mein Zutun noch ein halbes Jahr vom Institut für Radiochemie weiterbezahlt, obwohl ich ihnen gesagt hatte, dass ich nicht zurückkommen würde. Es ging um zerstörungsfreie Bestimmung von Bor in Glas mithilfe prompter Gammastrahlung, die durch Neutronenbeschuss mittels einer leicht transportablen Quelle aus Natrium und Beryllium ausgelöst wurde. Um weiter nötiges Geld zu verdienen, hatte ich in Absprache mit dem Institut zwischenzeitlich eine gleichartige Apparatur für den marktführenden Glühlampenhersteller aufgebaut und wurde, nachdem diese Vorrichtung hinreichend erprobt und getestet war, hier ebenfalls eindringlich zum Bleiben ermutigt. Auch dort habe ich verzichtet, obwohl ich dankbar war.

Stattdessen ging ich zu einem der wenigen Professoren, die sich damals mit allgemeiner Relativitätstheorie beschäftigten. Ich fragte ihn nach der Möglichkeit einer Doktorarbeit über eine Theorie von Gustav Mie. Daraufhin wurde mir sehr höflich klar gemacht, dass solch ein Ansinnen mir nicht zustehe. Erst viel später mit 50 oder 60 – wenn ich im Verlauf eines akademischen Werdegangs zuerst hinreichende Verdienste erworben hätte – komme die Beschäftigung mit solchen Themen vielleicht einmal in Frage. Vorläufig aber seien Gravitationswellen ein vielversprechendes Thema. Auf diese Wellen, die inzwischen weniger gehalten haben als nach allgemeinem Verständnis versprochen, werde ich noch einmal zurückkommen.

Was den vorsichtigen Professor betrifft, so hat sich nachträglich herausgestellt, dass er an einem Max-Planck-Institut damals gerade dabei war, sich als eine Art 'Pate' der Relativistengemeinde in Deutschland zu etablieren. Er hätte mich wohl unter seine Fittiche genommen. Doch unter dem Eindruck, dass mir mein vorgeschlagenes Thema aus der Hand genommen worden wäre, stieß mich zusätzlich der Begriff 'Doktorvater' ab. Ich hatte also die Wahl, ein von anderen vorgegebenes physikalisches Thema zu akzeptieren oder mich für eine – hinsichtlich der Entwicklung meiner eigenen Ideen – ungewisse, aber freie Zukunft zu entscheiden. Fehlende Promotion bedeutete fehlende Unterwerfung, fehlende Initiation und fehlenden Titel. Akademische Freiheit aber ist unvereinbar mit einem Dünkel so mancher, die damit effektiv ihre Karriereansprüche erworben haben. Einsteins Appelle wider die „Autoritätsduselei" haben gerade auch bei vielen von denen kaum etwas bewirkt, die ihn so gern öffentlich feiern.

Ich fühlte den Unterschied eher intuitiv, es lief darauf hinaus, dass ich mich im ersten Fall hätte Spielregeln unterwerfen müssen, auf die ich keinen Einfluss hatte. Hinzu kam, dass ich von den Varianten dieses Spiels damals so gut wie nichts verstand. Im zweiten Fall aber hatte ich für meine Ideen keinerlei Unterstützung zu erwarten, keine wissenschaftliche Karriere, keine persönliche Anregung während der bevorstehenden langjährigen Arbeit. Dafür aber die vollkommene – oder realistisch: die brotlose – geistige Freiheit. Ich wusste also von Anfang an, dass ich auf diesem Weg keine akademische Anerkennung finden würde, es sei denn, es würde mir ein wissenschaftlicher Durchbruch gelingen.

Doch wie sich nachträglich an zwei ansonsten ziemlich belanglosen aktuellen Beispielen zeigt, war meine grundsätzliche Skepsis für einen selbstbewussten jungen Menschen durchaus angebracht. Heute geht es dabei einmal um anscheinend jahrelanges unseriöses Geschäftsgebaren bei Führungselite und Spitzenforschern der seit damals als gemeinnütziger Verein auftretenden Max-Planck-Gesellschaft. Einem Medienbericht zufolge sorgt das in den unteren Hierarchien für Frustration und müsse den dortigen Doktoranden sowie anderen wissenschaftlichen Mitarbeitern angesichts ihrer Arbeitsbedingungen wie Hohn erscheinen. Auf das andere Beispiel werde ich im Anhang kurz einmal zurückkommen.

In dieser heiklen Situation fand ich Zuversicht und willkommene Stärkung meines Selbstvertrauens in einem Satz, für den allein man schon Einstein lieben muss: *„Gott schuf den Esel* *und gab ihm ein dickes Fell.*" Und damit sind wir wieder bei dem Begleiter, den ich mir als Wappentier wählen würde, wenn dazu ein Anlass bestünde.

Zum Glück machte ich damals einen gewaltigen Fehler, ich hätte sonst den Versuch nicht gewagt. Wie mir erst viel später klar wurde, war es völlig naiv zu erwarten, dass neue Erkenntnisse eines Außenseiters akzeptiert würden, falls sie nur vernünftig und richtig seien. Ich hätte prompte Akzeptanz für einem solchen Fall nicht unbedingt erwartet in Bereichen wie Kunst, Philosophie, Psychologie oder gar Politik. Aber in der Physik, wo sollte da ein Problem sein?

Sehr einfach. Das Problem liegt darin, dass sich an den archetypischen Verhaltensmustern der Menschen nahezu nichts geändert hat, und nach meiner Überzeugung auch künftig nicht viel ändern wird. Über die Borniertheit der Inquisition im Fall Galilei können ja *Prof. Hintz* und *Dr. Kunzt* samt Institutsassistentin *Lisa Müller-Mona* je nach Temperament nachträglich die Nase rümpfen, sich aufregen, lustig machen oder auch promovieren. Aber glaubt irgendjemand wirklich, eine weltweite Institution würde heute grundsätzlich anders reagieren, wenn sie bei einer fundamentalen Ignoranz ertappt wird? Hätte ich aber so etwas nicht über lange Jahre für möglich gehalten, wäre mir unterwegs vielleicht die Motivation auf der Strecke geblieben.

In Bezug auf Grundlagenforschung soll Einstein sinngemäß gesagt haben, ein junger Wissenschaftler, der einen praktischen Beruf ergreife, um sein Auskommen zu sichern, sei gegenüber demjenigen, der unter dem Druck stehe so schnell wie möglich Ergebnisse vorlegen zu müssen, in einer viel besseren Lage. Vorausgesetzt, dass der Beruf ihm genügend Zeit und Energie lasse für die Forschung.

Um also gemäß Einsteins Empfehlung meine Gedankenfreiheit zu erhalten, wurde ich Lehrer. Ahnungslos, wie ich damals war, hielt ich diesen Beruf für so etwas wie einen Halbtagsjob. Nach zwei Jahren schloss ich die Referendarzeit ab mit einer Seminararbeit über die spezielle Relativitätstheorie. Dieser Stoff war gerade erst in den vorläufigen Lehrplan einer neu einzuführenden Kollegstufe aufgenommen worden. Ein hervorragender dortiger Physiklehrer hatte sich nun geweigert, dieses Thema in seinem Leistungskurs zu behandeln, da er nicht über etwas sprechen wolle, was er nicht gründlich verstand. Im Unterricht habe ich dann am Beispiel der Ätherproblematik die überraschende Erfahrung gemacht, dass es oft viel schwerer ist, eine wissenschaftshistorische Problemstellung zu vermitteln als eine im Nachhinein so selbstverständlich klingende Lösung.

Na, und? fragten manche Schüler schließlich, und was daran so umwerfend sein solle. Die Ironie der Geschichte liegt heute darin, dass es inzwischen handfeste Gründe dafür gibt, das ganze Problem in einem neuen Licht zu bewerten. Es ist auch deshalb mein Ziel, die Grundlagen der Kosmologie so vernünftig aufzuklären wie möglich. Vielleicht wird man sich rückblickend später kaum noch vorstellen können, welch eine peinliche Verwirrung hier einmal geherrscht hat.

Weg also mit allem Spuk und faulem Zauber, es lohnt sich. Unter dem Titel *Ludus Mathematicus* habe ich versucht, die Physik als das faszinierendste Spiel überhaupt zu zeigen. Auf dem täglichen Fußweg zur Schule hatte ich viel Zeit zum Nachdenken. Ich fühlte mich dort lange Zeit zuhause und konnte in Ruhe meine Ansätze entwickeln. Es war beim Abschied nach zwölf Jahren keine Koketterie, als ich meinen damaligen Kolleginnen und Kollegen sagte, ich hätte in meinem Unterricht selbst am meisten gelernt. Die Bemerkung löste allerdings bei einigen Altphilologen einen Anflug von Befremden aus, obwohl doch – docendo discimus – gerade ihnen das Lernen durch Lehren hätte geläufig sein sollen. Aber Theorie und Praxis! Speziell von dieser Fachschaft war ich in Ehren aufgenommen, nachdem ich einem schwer an seinen Büchern tragenden Mitglied auf dem Schulweg begegnete und auf seine Frage, wo denn meine Tasche sei, wie aus der Pistole geschossen antwortete: 'omnia mea mecum porto'. Tatsächlich trug ich wie einst ein Philosoph alles bei mir, was ich an Wissen besaß, ohne dass es dazu mehr als meines Kopfes bedurft hätte. Das allerdings besagt wenig, solange nicht klar ist, ob das vielleicht nur an der Kleinheit meines Wissens lag.

Als angehender Lehrer bin ich sehr bald auf ein fundamentales Problem gestoßen, das mich in seiner Einfachheit verblüfft und danach nicht mehr losgelassen hat. Dabei geht es um Phänomene, die ich später als *dynamische Paradoxa* bezeichnet habe.[2] Man stelle sich vor, dass beispielsweise in der Mitte einer schwerelos schwebenden Kiste zwei gleichartige Kugeln elastisch zusammenstoßen und nach dem Auseinanderfliegen gleichzeitig an den Seitenwänden reflektiert werden. Nach der klassischen Physik könnte sich ein solcher Vorgang im Idealfall unbegrenzt wiederholen. Die Erhaltungssätze für Energie und Impuls sind erfüllt. Im Rahmen der speziellen Relativitätstheorie aber ergibt sich die paradoxe Situation, dass die auseinanderfliegenden Kugeln aus der Sicht eines bewegten Beobachters nicht mehr gleichzeitig an die Seitenwände stoßen, sondern zeitweilig sogar in die gleiche Richtung fliegen. Wie um Himmels willen soll hier der gesamte Impuls von Kiste und Kugeln erhalten bleiben?

Auch bei anderen stationären Bewegungsabläufen wie im Falle zweier umeinander rotierender und durch einen 'masselosen' Faden verbundener Objekte gab es scheinbare Verletzungen der Erhaltungssätze. Das aber waren gerade die Prototypen der Quantentheorie, denen – wie mir auffiel – im Rahmen der klassischen Physik trotz zumindest zeitweilig ungleichförmiger Bewegung bezeichnenderweise keine potentielle Energie zugeordnet war. Ich spürte damals sofort – ich wusste es einfach – dass die Beantwortung dieser Fragen einen völlig neuen relativistischen Zugang zur so genannten Wellenmechanik mit sich bringen würde. Ein verständlicher Zugang aber galt als unmöglich, seit Einstein die letzten Jahrzehnte seines Lebens unbeirrbar aber vergeblich danach gesucht hatte. Seither ist es geradezu verpönt, eine solche Möglichkeit überhaupt noch in Erwägung zu ziehen.

Nachdem mir trotz aller Anstrengungen keine allgemeine Lösung gelingen wollte, entschied ich mich nach einigen Jahren, wenigstens die Problematik anhand entsprechender Beispiele vorzustellen und die weitreichenden Konsequenzen zumindest andeutungsweise aufzuzeigen. Zu diesem Zweck beabsichtigte ich eine Arbeit für *Physik und Didaktik* und setzte mich daraufhin mit demjenigen Professor in Verbindung, der mir seinerzeit freundlich aber bestimmt die Berechtigung zum Nachdenken über allzu anspruchsvolle Themen hatte absprechen wollen. Der Grund dafür war, dass gerade er hier zu den Herausgebern gehörte und für solch eine Arbeit der entscheidende Ansprechpartner war.

Nach zwei persönlichen Gesprächen und einem langwierigen Hin und Her trafen wir uns in der Redaktion der genannten Zeitschrift zu einer letzten Besprechung. Nachdem ich mich eine Stunde lang noch einmal gegen alle möglichen Einwände verteidigt hatte, teilte er mir mit, dass er in der festen Absicht hierhergekommen sei, die Arbeit endgültig abzulehnen. Dazu sehe er sich nun aber außerstande, da meine Argumente leider zu überzeugend seien.

Der Artikel wurde gedruckt und erschien unter dem Titel *Zur relativistischen Behandlung einfacher Bewegungsabläufe in abgeschlossenen Systemen.* Der übervorsichtige Professor aber sah sich veranlasst, einen Kommentar hinzuzufügen, der beinahe vollständig an der Sache vorbeiging. In dem ersten unserer beiden Gespräche zu diesem Thema nämlich hatte ich erwähnt, dass Max v. Laue einen einfachen allgemeinen Beweis für die Nichtexistenz starrer Körper im Rahmen der Relativitätstheorie gegeben hatte. Dieser Beweis war ihm – Bruder im Geiste jenes *Prof. em. Blasius J. E. Pabst* – unbekannt, und er fragte sichtlich überrascht, woher ich die Arbeit kenne. In zwei, drei Sätzen erklärte ich v. Laues Argumentation. Außerdem nannte ich den Namen der Zeitschrift und das Erscheinungsjahr. Er griff zum Kugelschreiber und notierte beides.

Nun plötzlich fand sich als Kernstück seines Kommentars gerade v. Laues Beweis, über den er mitsamt Jahreszahl die Leser gönnerhaft informierte. Dabei war diese Information für einen aufmerksamen Leser meines Artikels aufgrund darin enthaltener anderer Zitate ganz überflüssig und trivial. Mir gefiel das alles absolut nicht, und ich habe deshalb den Kontakt wieder abgebrochen, obwohl er mir im Anschluss noch ein anderes Thema angeboten hatte. Im Vergleich zu meinem eigenen wäre dieses allerdings von 'untergeordneter' Bedeutung gewesen. Und im Sinne einer von ihm gewünschten Unterordnung und Akzeptanz seiner 'Autorität' war es wohl auch gemeint.

Als Kind hat mich die goldene Legende von Reprobus überzeugt, der zum Christophorus wurde. Er wollte sich keinem Herren unterordnen, der nicht der mächtigste war. Unabhängig von jeder religiösen Position habe ich die Botschaft von Anfang an so verstanden, dass es unwürdig sei, sich überhaupt irgendeiner Person oder Organisation jemals intellektuell zu unterwerfen. Es gibt keine irdische Instanz, welche die mächtigste von allen wäre, es kann – und darf! – sie nicht geben. Obwohl es sich ursprünglich um ein christliches Motiv handelt, ist diese Legende also bestens geeignet, jedem Dogmatismus den Boden zu entziehen, ganz gleich um welche Konfession es sich handelt. Toleranz sollte ein selbstverständliches Gebot sein für die Gläubigen aller Kirchen, die Mosesgläubigen, die Christgläubigen, die Islamgläubigen, die Buddhisten oder auch – und gerade – für die Wissenschaftsgläubigen. Die zuletzt genannten, darunter angebliche Nihilisten, laufen Gefahr, in Ermangelung eines Sinns hinter dem Ganzen stattdessen Götzenbilder anzubeten, die im banalen Sinn des Wortes nichts als goldene Kälber sind. Meistens nur vergoldet und oft nicht einmal das, ergänzt *Mlle Bleu de Ley*. In einer Technik auf Basis blinder Naturwissenschaft werde nur zu leicht die Arglosigkeit vieler Menschen umgemünzt zu schierem Profit.

Es gibt heilige Orte, an denen nichts herrschen sollte als Schweigen. Natürlich muss es in jeder Gemeinschaft Gespräche geben. Alles aber, was laut wird, gehört in den jeweiligen 'Pfarrsaal': Gratulationen, Diskussionen, Streitereien und Feiern, vor allem Applaus. Wo aber applaudiert wird, muss es auch erlaubt sein zu pfeifen. Ich selbst allerdings würde niemals auf die Idee kommen, in einem Gotteshaus zu pfeifen, ob das nun Kirche heißt, Synagoge, Tempel, oder Moschee. Es sei denn, *Frank U. Frey* macht einen Vorbehalt, wo von Kanzeln der Wissenschaft herab unerträglich geschwindelt würde, gelogen, oder gar eine gutgläubige Hörer- oder Leserschaft wieder einmal für dumm verkauft.

Eine nahezu dogmatische Intoleranz ist weit verbreitet unter denen, die sich – inzwischen allerdings in abnehmender Zahl – einen Urknall aus dem Nichts auf die Fahnen schreiben. Um nun Missverständnissen vorzubeugen, möchte ich schon an dieser Stelle betonen, dass ich nicht etwa eine Entstehung unseres Kosmos für inakzeptabel halte, wohl aber ein damit üblicherweise gemeintes nichtig punktförmiges Ereignis in Bezug auf das gesamte Universum mitsamt Raum und Zeit.

Meine persönliche Konsequenz aus dem Christophorus-Prinzip also: ich akzeptiere keine irdische Instanz als unfehlbar, halte es im Zweifelsfalle mit Einstein samt Esel und lasse mir eben nichts sagen. Bloß weil eine Autorität sprechen will, muss niemand das Denken einstellen, um zuzuhören. Doch habe ich allmählich eingesehen, dass solch ein Verhalten, obwohl defensiv und weit entfernt von irgendeiner Aggression, jeden akademischen Eselstreiber auf die Palme bringt. Im Sinne eines ehrlichen Berichts ist es hier unvermeidlich, mich wiederholt auch kritisch zu äußern, und zwar ohne falsche Zurückhaltung. Was eine solche angehe, könne es sich immer lohnen, wie Diogenes bescheiden zu sein – *Aladin Adamson* ist praktisch veranlagt – falls es nur jeweils gelänge, Alexander aus der Sonne zu schieben.

Nachdem ich zehn Jahre lang Lehrer war, begann ich neben der Schule Lernprogramme zu entwickeln, zunächst für Mathematik, dann auch für Fremdsprachen. Ich hatte Weihnachten 83 davon erfahren, dass es den ersten für Schülereltern erschwinglichen und aufgrund unglaublicher Verkaufszahlen revolutionären Heimcomputer gab, dessen Kapazität derjenigen unserer gleichzeitig angeschafften zwanzigmal teureren Schulrechner gleichkam. Ich hatte schon einmal mit dem Gedanken gespielt, das schrittweise Auflösen von Gleichungen, das an der Tafel bekanntlich nach festen Regeln abläuft, in ein Programm umzusetzen. Jetzt waren plötzlich die passenden Geräte verfügbar. Zu den Osterferien kaufte ich mir also einen C64 mit Kassettenlaufwerk, um meine Idee zu realisieren. Drei bis vier Monate später, noch vor Beginn der großen Ferien, hatte ich die ersten Zehntausend Programme verkauft. Das stand insofern nicht zu erwarten, als ich vorher noch nie eine Zeile programmiert hatte. Weiter ging es dann neben meinem Beruf als Lehrer in einer zu diesem Zweck gegründeten Firma.

Der Erfolg meines Lernsoftware-Konzepts beruhte neben sehr viel Arbeit auf einigen einfachen Einsichten. Für die Mathematik gab es bis dahin natürlich Computerprogramme, die Gleichungen numerisch lösten, indem sie nichts anderes anzeigten als ein – zwar oft mit sinnlos vielen Dezimalstellen – nur genähertes Endergebnis. Was aber in der Schule gebraucht wird, ist die schrittweise Umformung, Zeile für Zeile, bis hin schließlich zur Lösung. Es geht um die Vermittlung der Methode, nicht um das einzelne Resultat. Genau das konnte dann ALI. Der Name spielte einerseits an auf die Bezeichnung Algebra und andererseits auf die Tatsache, dass diese zu einem großen Teil aus dem arabischen Raum als ein in meinen Augen geradezu märchenhaftes Geschenk nach Europa gekommen war.

Auch Lernprogramme für Fremdsprachen waren damals zu haben, es gab zwei Varianten. Die Vokabeltrainer fragten nur Wortgleichungen ab, und wenn eine Eingabe die kleinste Abweichung in der Schreibweise enthielt, wurde sie, selbst wenn sie sinngemäß richtig war oft in bildschirmfüllender Schrift als 'falsch!' abgelehnt. Auf der anderen Seite gab es höchst anspruchsvolle Programme, die Schülerinnen und Schüler zusätzlich zu ihrem Schulstoff mit abgehobenem fremdsprachlichem Expertenwissen belästigten, was niemanden außer die Verfasser selbst interessierte, aber vielleicht ihre Kollegen beeindrucken konnte. Die Sache war für mich deshalb ganz einfach. Neue Vokabeln sind zu lernen, sobald sie im Schulbuch erstmals auftreten. Die einfache Idee war, innerhalb ein und desselben Programms die Vokabeln wohl als Wortgleichungen, aber zusätzlich auch im Satzzusammenhang abzufragen, und zwar im selbstverständlichen Bezug auf die jeweilige Lektion. An einem der folgenden Tage schrieb ich außerdem nach der Schule ein kleines Testprogramm, das in der Lage war, Tastatureingaben auf Ähnlichkeit mit den richtigen Antworten zu überprüfen. Abweichungen wurden buchstabengenau markiert, und eine Korrektur durch Überschreiben angeboten. Mir war klar, dass solche Programme eine Marktlücke eröffnen würden, und ich nahm Verbindung zu einem großen Schulbuchverlag auf.

Angesichts beider genannten Alleinstellungsmerkmale stand einem Erfolg nichts im Wege, nachdem man mir dort im Unterschied zu den sonstigen Gepflogenheiten gestattet hatte, mich nicht wie üblich zuerst an die Lehrer, sondern unmittelbar an Schülerinnen, Schüler und Eltern zu wenden.

Mir blieb nun nichts anderes übrig, als meine physikalische Arbeit auf unbestimmte Zeit zu unterbrechen, und es war durchaus nicht klar, ob und wann ich jemals dahin zurückkehren könnte. Nicht dass ich meine diesbezüglichen Ziele verabschiedet hätte. Es kostete mich seinerzeit keine besondere Anstrengung, entsprechende Ideen in der Schwebe zu halten. Erst später dann zeichnete sich aufgrund der geschäftlichen Entwicklung die Chance ab, für den Rest meines Lebens wirtschaftlich unabhängig zu werden, um mich nun voll auf die Physik konzentrieren zu können. Endlich frei. Bis dahin hatte jeder Tag allerdings beinahe zwei mal acht Arbeitsstunden und das wurde lange Jahre so beibehalten.

Der treue Max v. Laue sagt, es gereiche Einstein zur Ehre, dass er sich nicht der Majorität der Fachgenossen unterworfen, sondern tapfer seine eigene Überzeugung verteidigt habe. Er meint, was er sagt. Doch wenn andere sich ähnlich äußern, ist Vorsicht angebracht. Sie könnten, wenn sie 'tapfer' sagen, damit auf Überforderung oder Unbelehrbarkeit anspielen. Eine zweifelhafte Ehre jedenfalls. Wer bin denn ich, dass ich versuche gegen den Strom zu schwimmen, wo doch mit dieser Strategie selbst der Gigant Einstein in Schwierigkeiten geriet? Die Antwort ist, es geht nicht anders. Dabei sei daran erinnert, dass am Beginn unseres menschlichen Lebens das Zusammentreffen einer Eizelle mit einem Spermafaden steht. Und der ist angekommen, weil er eben gegen den Strom schwimmen *musste*. Eben nicht nur der Weg ist hier das Ziel. Zurückhaltung muss man sich erst einmal leisten können. Jederfraus wie jedermanns Leben beginnt höchst natürlich mit dieser gewissen Aufdringlichkeit. Wir alle sind immer noch unterwegs.

Bewundernswert hat Wilhelm Busch in „Eduards Traum" unter anderem auf die Möglichkeit einer vierten räumlichen Dimension angespielt und „die leeren Gestalten dieser eingebildeten Welt" schnell satt bekommen. Neben dem einschlägigen Gemälde in „Maler Klecksel" scheint er Picasso auch hinsichtlich derartiger Ideen vorweggenommen zu haben. Er beschließt seine autobiographischen Notizen mit einer Zeichnung. Anders aber als das bekannte Foto Einsteins, auf dem dieser die Zunge herausstreckt, zeigt jene Zeichnung einen Mann in gebückter Stellung mit heruntergelassenen Hosen, und zwar von hinten. Ich würde ein solches Bild nie benutzen, besänftigt *Frank U. Frey*. Höchstens gegenüber Autoritäten, die sich einbilden, selbständiges Denken erlauben oder verbieten zu können. Am besten dann aber – fährt er fort – nicht erst am Ende, sondern gleich zur Begrüßung. Kleinere Geister wären vielleicht in der Lage gewesen, dies weniger unhöflich auszudrücken, entschuldigt ihn *Mlle Bleu de Ley*.

Planck soll Einstein gewarnt haben, als dieser daranging, seine ganze Kraft auf die Fertigstellung der allgemeinen Relativitätstheorie zu verwenden: Als alter Freund müsse er ihm davon abraten, weil Einstein einerseits nicht durchkommen werde; und wenn er durchkomme, würde ihm niemand glauben.

Max Planck selbst hingegen war und blieb voll etabliert, als er seine alle Erwartungen über den Haufen werfende Quantenbeziehung fand. Doch das nur weil er das Glück hatte, dass niemand die Konsequenzen verstand, bis fünf Jahre später Einstein kam und die Existenz von Photonen entdeckte.

Vergleicht man die elektromagnetische Energie des Lichts mit einer Flüssigkeit, so glaubte jeder zu wissen, dass diese beliebig verfügbar sei. Planck entdeckte, dass dem nicht so war, sondern die vermeintliche Flüssigkeit nur in ganz bestimmten kleinen Einzelportionen abgegeben werden konnte, allerdings auch in vielen davon auf einmal. Man darf in Analogie daraus schließen, dass im Falle von 'Licht'-Bier dieses vielleicht nur in gleichen Portionen aus dem Hahn gezapft werden könnte. Einstein aber kam zu dem Schluss, dass diese Vorstellung nicht genügte. Er fand, dass dieses Bier – um im Bild zu bleiben – sobald aus dem Sudhaus herausgekommen, überhaupt nur in quantisierter Form existieren kann, nämlich als Inhalt ganzer Flaschen und Fässer. Die Physiker haben inzwischen jeden Versuch aufgegeben zu begreifen, wie diese Flüssigkeit dann immer nur stückweise konsumiert wird. Dabei sollten sie doch wirklich verstehen, erklärt *Sigismund Sörgli*, dass man leicht genau zwei oder genau drei Flaschen leer trinken könne, ohne sich jeweils an deren ganzem Inhalt auf einmal zu verschlucken.

Einstein hat sich mit der selbstauferlegten Bescheidenheit der Physiker im Hinblick auf die Lichtteilchen nie zufriedengegeben, obwohl sie von beinahe allen anderen bis heute als der Weisheit letzter Schluss verkündet wird. Es ist eine außerordentlich aufschlussreiche Ironie der Geschichte, dass Planck glaubte – mehr als zehn Jahre nach seiner eigenen epochalen Entdeckung – Einstein dafür in Schutz nehmen zu müssen, dass dieser mit seinen Photonen leider über das Ziel hinausgeschossen sei. Ungefähr weitere zehn Jahre später hat Einstein gerade dafür, und nicht etwa für seine Relativitätstheorie, den Nobelpreis bekommen. Trotzdem schrieb er noch kurze Zeit vor dem Tod an seinen Freund Michele Besso: *„Die ganzen 50 Jahre bewusster Grübelei haben mich der Antwort auf die Frage: Was*

sind Lichtquanten? nicht näher gebracht. Heute glaubt zwar je-
der Lump, er wisse es, aber er täuscht sich".

Nach meinem Beruf befragt, wäre dieser am ehesten als der eines freischaffenden theoretischen Physikers zu bezeichnen. Doch würde ich eine solche Beschäftigung nicht allein nach dem Motto *l'art pour l'art* um der reinen Kunst willen betreiben. Obwohl es mir durchaus darum geht, an einem Bild mitzuarbeiten, dem der Welt nämlich. Dabei liegt meine Motivation nicht darin, irgendwelche Instanzen zu beeindrucken, sondern in der Liebe zur Sache. Niemand hat eine solche Haltung glaubwürdiger vertreten als eben Einstein.

Es gibt vielleicht nicht sehr viele theoretische Physikerinnen und Physiker dieser Art. Nicht weil niemand das wollte, sondern weil sich kaum jemand so etwas leisten kann. Ich selbst habe nie versucht, für mein Vorhaben öffentliche Mittel zu beantragen. Es wäre aussichtslos gewesen, weil ich weder gewillt noch in der Lage gewesen wäre, mich akademischen Karrierezwängen oder damit verbundenen Verpflichtungen zu unterwerfen und damit meine geistige Unabhängigkeit aufzugeben oder doch empfindlich einzuschränken. Ohne akademisches Netz und doppelten Boden aber werden wenige es wagen, ihre gesamte Arbeitskraft über Jahre auf die mathematischen Grundlagen von Relativitätstheorie, Quantenmechanik und Kosmologie zu verwenden. Ich tue das, weil es für mich nichts Schöneres gibt, solange jedenfalls, wie man sich nicht in missgünstige Rechthabereien verstricken lässt.

Natürlich habe ich mich, als sich meine eigenen Untersuchungen mit der Zeit zugleich vertieften und ausweiteten, schließlich selbst gefragt, ob es nicht ein, zwei Nummern kleiner geht. Die Antwort ist nein. Ich weiß, es wäre eine besondere Kunst, doch welcher Vogel käme schon auf die Idee, aus voller Kehle *leise* zu singen? Vom frechen Zwitschern auf grünem Zweig ganz zu schweigen, noch dazu in Freiheit und mit Frühling im Herzen.

51

Die mathematische Visitenkarte

Wie aus einem nachträglich veröffentlichten Brief in den Collected Papers zu erfahren war, hatte Einstein einmal eine Formulierung vom „blöden Doktortitel" verwendet, die er danach allerdings durchgestrichen hat. Ich verstehe sowohl, dass er es geschrieben, als auch, dass er es durchgestrichen hat. Wer möchte nicht zu einer schönen Aufgabe berufen werden? Mein Weg hatte mich aber dahin geführt, irgendwann vielleicht selbst rufen zu müssen. Sogar wenn es um etwas anderes ginge, wäre das allerdings aussichtslos, solange einen niemand hören kann. Die Position des Außenseiters war mir bald klar, natürlich nicht als eine hinreichende, wohl aber eine notwendige Voraussetzung für meinen weiteren Weg. Doch sollte dieser Zustand – obwohl für lange Zeit froh akzeptiert – hoffentlich nur vorübergehend sein.

Nun plötzlich aber trat die Kehrseite meines Verzichts auf einen Doktortitel deutlich zu Tage. Ich musste einsehen, dass es alles andere als einfach ist, sich als No-Name-Physiker in der Community Gehör zu verschaffen, selbst wenn man außergewöhnliche Ergebnisse hat. Vielleicht sogar gerade dann. Ich hatte nicht gezweifelt, mit meiner Arbeit überzeugen zu können, sobald ich nur selbst damit zufrieden war. Das denke ich heute noch. Doch in meiner Naivität bin ich nie auf die Idee gekommen, dass gute Arbeit erst einmal lange blockiert werden könnte. Was nicht gelesen wird, hat naturgemäß keine Chance. Und selbst wenn es durch dazu 'berufene' Gutachter doch einmal gelesen wird – in der Regel von der Öffentlichkeit bezahlt – bleibt immer noch die Möglichkeit, eine unbequeme Wahrheit totzuschweigen. Jedenfalls in den einschlägigen Mainstream-Journalen, in denen nur stromlinienförmige Beiträge eine Chance haben, außer wenn von längst anerkannten Autoritäten einmal andere kommen. Das heiße nicht, dass es in diesen Gewässern keine Strudel geben könne – *Frank U. Frey* dazu sarkastisch – aber es müsse, wie es derzeit aussehe, erst noch weiter den Bach hinunter. Anstatt als 'Hauptströmung' einer Entwicklung würde sie den Mainstream viel lieber übersetzen im Sinne des Treibens einer Rinderherde, schlägt *Mlle Bleu de Ley* ungefragt vor.

Ich dachte später nur kurz daran, eine Doktorarbeit nachzuholen, bevor ich diese Möglichkeit als geschmacklos verwarf. Einerseits konnte ich mir beim besten Willen nicht vorstellen, jenes in meinen Augen unwürdige Rollenspiel nachträglich zu akzeptieren, das ich viel früher bereits abgelehnt hatte. Andererseits wollte ich ja nichts 'werden'. Titel oder Posten interessieren mich bis heute nicht. Inzwischen werde ich, obwohl von mir in jeder – notorisch englischsprachigen – Anmeldebox korrekt als 'Mr' angemeldet, beinahe regelmäßig als 'Dr', oft sogar als 'Professor' angesprochen. Offensichtlich soll damit die Peinlichkeit überspielt werden, einen Beitrag abzulehnen, der keinen Fehler hat außer vielleicht den, dass er samt Autor nicht in den Kram passt. Die heute übliche falsche Höflichkeit samt oft widersinniger Political Correctness wird eingesetzt wie jene übertrieben fürsorglichen Beipackzettel, die nicht selten mehr schaden als nützen. Unvorteilhaft berechtigte Warnungen lassen sich nicht besser verstecken als in einer Flut überflüssiger 'Informationen'.

Was ich seinerzeit hätte brauchen können, um mich bei Bedarf gegenüber wissenschaftlichen Fachorganen auszuweisen, war so etwas wie eine physikalische Visitenkarte. Ein passendes Motiv hatte sich längst ergeben, als ich Jahre zuvor auf ein verblüffendes Detail gestoßen war. Das geschah, nachdem ich zwei, drei Wochen lang vergeblich versucht hatte, einen Fehler in damaligen Berechnungen zu finden. Dieser hatte sich schließlich als Benutzung einer von Einstein, Pauli, Landau und Lifschitz wie anderen verwendeten, in ihrer originalen Form aber untauglichen Formel herausgestellt, wobei diese Autoren sonst über jeden derartigen Zweifel erhaben sind. Es lässt sich sogar im einzelnen nachvollziehen, wie und warum es Einstein gelang, trotzdem die richtigen Gleichungen aufzustellen. Denn dem Schöpfer der allgemeinen Relativitätstheorie war es natürlich möglich, solch einen Stolperstein zu umgehen, nachdem es nicht gelungen war, diesen restlos aus dem Weg zu räumen. Als das Problem weitgehend geklärt war, hatte ich zunächst lediglich vor, es irgendwann einmal in einer Fußnote zu erwähnen. Dann plötzlich fiel mir etwas ein. War es nicht früher durchaus gebräuchlich – etwa zu Zeiten Galileo Galileis oder des stotternden Genies Nicolo Tartaglia – sich durch wissenschaftliche Herausforderungen auszuweisen?

Entsprechende Demonstrationen gab es wohl auch in anderen Künsten als der Mathematik. Eine Geschichte erzählt, dass Dürer in einer Gesellschaft einmal freihändig einen Kreis gezeichnet habe. Er soll in die Mitte einen Punkt gesetzt haben, bevor die Nachmessung mit dem Zirkel seine souveräne Kunstfertigkeit erwies. Als er dies tat, hatte er damit zwar noch nicht bewiesen, dass er ein großer Künstler war, aber er hatte von seiner einzigartigen Kunstfertigkeit überzeugt. Man sollte also sein Handwerk beherrschen.

Nun kannte ich seit Jahren jenen rein technischen Mangel in der vermeintlich elegantesten Ableitung der Grundgleichungen der allgemeinen Relativitätstheorie, wie diese von Einstein selbst, dem Mathematiker Hilbert und einigen Nobelpreisträgern gegeben worden war, und wie sie bis heute gegeben wird. Andererseits ist damit zu rechnen, dass das nun unverhofft auftauchende neue Modell eines stationären Universums auf erhebliche Akzeptanzschwierigkeiten stoßen wird. Vor allem natürlich, wenn es stimmt. Andernfalls nämlich würde es überhaupt keine Schwierigkeiten haben, sondern sang- und klanglos in der Versenkung verschwinden.

Es war deshalb meine Absicht, in Anlehnung an Dürer wenn möglich zu überzeugen durch das Aufzeigen und Beheben eines soeben hundert Jahre alt werdenden formalen Makels. Erst dadurch wird im Sinne einer 'runden Sache' Einsteins elegante Ableitung zu einem perfekten Kreis.

Ein Merkmal von Visitenkarten ist, dass sie auf engstem Raum die wesentlichen Informationen enthalten. Ich hatte bei einer der renommiertesten physikalischen Fachzeitschriften eine

Arbeit zur Kosmologie eingereicht, auf die ich noch zu sprechen komme. Um die Herausgeber von der Qualifikation des seltsamen Autors zu überzeugen, der keinem einschlägigen Institut und keiner Hochschule angehörte, bot ich ihnen eine Wette an. Ich sei in der Lage, auf einer einzigen Seite zu zeigen, dass in einem von Einstein vorgeschlagenen Ansatz zur Ableitung seiner Gravitationsgleichungen ein mathematischer Formfehler enthalten sei, der eine praktische Durchführbarkeit verhindere.

Also habe ich damals eine einzige Seite geschrieben. Es war ziemlich hoch konzentrierter Stoff.[3] Meines Erachtens wäre es legitim, hier im Sinne des Wortes von einem Gedicht zu sprechen, denn noch dichter ließen sich die enthaltenen Informationen nicht packen. Jedes Wort darin war mehrfach gedreht und gewendet, jeder Buchstabe gezählt, um die selbst gewählte ursprüngliche Begrenzung auf eine einzige Seite nicht zu überschreiten.

Das mathematische Problem hat sich dabei als an einigen Verwicklungen beteiligt entpuppt. Ich habe deshalb später eine größere Arbeit unterbrochen und die ursprünglich noch 'einseitige' Note zunächst um eine zweite Seite ergänzt. Doch wie ist dieses wissenschaftshistorische Dilemma überhaupt entstanden?

Das so genannte Variationsprinzip gilt in der mathematischen Physik als Königsweg zu verschiedenen anspruchsvollen Theorien, wobei bisher für jede von ihnen ein eigenes aufgestellt werden muss. Erfüllung aller wissenschaftlichen Träume wäre es, endgültig nur ein einziges zu finden, aus dem sich dann sämtliche fundamentalen Gleichungen ergeben sollten, insbesondere die der Gravitation zugleich mit denen der Quantenmechanik. Dieser Sachverhalt steckt hinter dem leider oft nur großmäuligen Gerede von der 'Weltformel' oder einer 'Theory of Everything' (ToE).

Bisher wird weithin angenommen, dass sich die Behandlung eines Variationsprinzips immer auf einen so genannten Euler-Lagrange-Formalismus zurückführen lässt. Ohne hier auf mathematische Einzelheiten einzugehen, genügt es zu wissen, dass übergeordnet im Hintergrund das berühmte *Prinzip der kleinsten Wirkung* steht, das verschiedene Wurzeln hat. Das Wort 'Wirkung' dieser Bezeichnung darf übrigens nicht mit dessen umgangssprachlicher Bedeutung verwechselt werden, im Endeffekt ist viel eher der kleinstmögliche Aufwand gemeint. Ich persönlich möchte es einfach *Integralprinzip* nennen, welches zwischen zwei beliebigen Situationen einer physikalischen Entwicklung einen minimalen Aufwand oder auch in gleichem Sinne umgekehrt eine maximale Wirkung voraussetzt.

Das mathematische Genie Hilbert hatte es nun in Anlehnung an Einstein fertiggebracht, erstens ein zum Teil brauchbares Variationsprinzip der allgemeinen Relativitätstheorie aufzustellen, zweitens einen praktisch undurchführbaren Lösungsweg aufzuzeigen, drittens diesen Weg zu ignorieren und viertens am Ende sinngemäß richtige Gravitationsgleichungen „leicht ohne Rechnung" zu präsentieren.

Wenn ich hier sage in Anlehnung an Einstein, so sei bereits an dieser Stelle darauf hingewiesen, dass es darüber – um es milde auszudrücken – unterschiedliche Meinungen gibt. Und wenn ich sage sinngemäß richtige, so heißt das, dass deren einer Teil im Hinblick auf die aus Spin-Teilchen aufgebaute Materie eine aus heutiger Sicht unzutreffende, bereits damals aber unbewiesene Behauptung enthält, wohin Einstein seinen mächtigen phänomenologischen Energie-Impuls-Tensor setzte, der sich seither in allen experimentell überprüften Situationen als anwendbar erwiesen hat.

Die unvollkommene mathematische Behandlung des Variationsprinzips aber, von der ich hier spreche, wird nach wie vor selbst in ausgezeichneten Lehrbüchern der allgemeinen Relativitätstheorie als gangbarer Weg zu Einsteins Gravitationsgleichungen vorgestellt. Ich gestehe, es ist schwer zu glauben, dass daran etwas zu bemängeln sein könnte. Und trotzdem ist das der Fall. Buchstäblich genommen führt Hilberts aber auch Einsteins Weg nicht zum Ziel. Was hier 'buchstäblich' heißt, stellt sich spätestens dann heraus, wenn man – wie ebenfalls geschehen – die

Rechnung mittels mathematischer Software am Computer überprüft.

Ich selbst konnte es zunächst kaum glauben, merkte dann aber bald, dass von all den großen Autoren, die sich darauf bezogen haben, keiner diesen speziellen Weg wirklich gegangen ist. Niemand hatte die mühselige Rechnung jemals konkret ausgeführt. Auch ich wäre nie ohne besonderen Anlass auf die Idee gekommen, das zu tun, denn das Ergebnis – Einsteins Gravitationsgleichungen – stand doch längst fest.

Dass ich es trotzdem getan habe, kam so. Im Anschluss an eine intensive Beschäftigung mit Gustav Mies Theorie der Materie – auch in den Darstellungen von Max Born und Hermann Weyl – war ich selbst viele Jahre auf der Suche nach einem einheitlichen Variationsprinzip von Elektrodynamik, Gravitation und Quantenmechanik. Diese Suche hat schließlich auch zu einem vorläufigen Ziel geführt. Aber das ist eine andere Geschichte, die ich in einem eigenen Abschnitt über das Orakel der Physik berichten will. Jedenfalls bin ich dabei zwischenzeitlich in eine widersprüchliche Situation geraten. Für den, der als Einzelgänger in der Physik vorwärtskommen will, ist es ganz unverzichtbar, jedes Ergebnis – auch Zwischenergebnisse – Schritt für Schritt zu überprüfen. Die beste Probe besteht darin, auf verschiedenen Wegen zum gleichen Ergebnis zu gelangen. Und genau das hat bei der oben erwähnten Suche plötzlich nicht mehr funktioniert.

Ich hatte zwei mühselige Berechnungen, die zum selben Ziel führen sollten, aber verschiedene Ergebnisse lieferten. Natürlich habe ich die Rechnungen wieder und wieder überprüft, um irgendwo einen Fehler zu finden. Doch was ich nach wochenlanger Schinderei akzeptieren musste: in beiden Rechnungen war *kein* Fehler. Ab dann war alles ganz einfach. Jede solche Berechnung beginnt mit einer ersten Zeile. Zwei Berechnungen beginnen mit zwei ersten Zeilen. Werden beide Berechnungen korrekt durchgeführt und führen zu verschiedenen Ergebnissen, so ist klar, dass die beiden ersten Zeilen miteinander unvereinbar sind.

Die eine dieser beiden ersten Zeilen war aber jene bereits erwähnte exakt übernommene mathematische Formel, von deren Lösung Einstein, Pauli und andere große Physiker bis hin zu Landau und Lifschitz behauptet hatten, sie stelle den so genannten Einstein-Tensor dar, der die linke rein mathematische Seite der Gravitationsgleichungen bildet. Auch Hilberts Lösungsweg enthielt – trotz eines in diesem Zusammenhang nicht relevanten Unterschieds im Detail – den gleichen grundsätzlichen Fehler.

Die Tatsache, dass Einstein, Hilbert und andere, obwohl sie allesamt auf die konkrete Durchrechnung ihrer Ausgangsformel 'verzichteten', im Ergebnis trotzdem die gesuchten Gleichungen angeben konnten, legt es hinsichtlich des aufgetauchten Problems nahe, hier allzu großzügige mathematische Höhenflüge zu vermuten.

Wie erst später klar geworden ist, hat dieses Detail tatsächlich aber mehr Verwirrung gestiftet als zunächst vermutet. Selbst Einstein war in diesem Punkt zeitweilig ratlos und hat eigene Anstrengungen auf diesem Weg schließlich aufgegeben. Umgekehrt haben andere große Autoren eingesehen, dass die Sache nicht sauber war, und intelligenterweise einen anderen Weg gewählt.

Die kleine Geschichte zeigt also, dass selbst Einstein damals nicht jedes mathematische Detail seiner allgemeinen Relativitätstheorie restlos beherrscht hat. Allerdings handelt es sich dabei um mehr als die gewöhnliche Mathematik, nämlich um einen von ihm nicht nur entdeckten, sondern erstbestiegenen Gipfel höchster Physik. Zudem war Einstein auch nur ein Mensch – allerdings was für einer!

Ebenfalls damals vor einhundert Jahren hatte es im Vorfeld eine freundschaftliche Kontroverse mit dem liebenswert großzügigen italienischen Mathematiker Tullio Levi-Civita gegeben. Die Collected Papers enthalten dazu elf Briefe Einsteins und einen Brief Levi-Civitas. Einstein beharrte irrtümlich auf einer mathematischen Eigenschaft der gleichen Formel, um die es hier geht, und die er in einem anderen Zusammenhang bewiesen zu haben glaubte. Doch stellte sich seine Beweisführung als ungültig heraus. Er sah sich von dem stets mehr als höflichen, aber hartnäckigen Levi-Civita mathematisch so weit in die Enge getrieben, dass er hier – und meines Wissens niemals sonst – auf eine abenteuerlich schwache Argumentation verfiel.

Er schrieb am 8. April des entscheidenden Jahres 1915, sein Beweis versage im allgemeinen nicht, sondern nur in gewissen Spezialfällen. Das ist natürlich Unfug, doch so etwas passiert nur denen nicht, die als ausgewiesene 'Experten' lebenslang dünne Bretter bohren, noch dazu am liebsten immer die gleichen. Jeder Schüler aber lernt, dass ein einziges Gegenbeispiel genügt, um einen mathematischen Satz zu entkräften. Das entsprechende Verfahren ist von fundamentaler Bedeutung und heißt Widerspruchsbeweis.

Ich habe wie gesagt keine einzige Stelle gefunden, an der Einstein eine vergleichbare Panne noch einmal passiert wäre. Dass ihm diese überhaupt jemals unterlaufen konnte, lässt sich nur verstehen im Hinblick auf den sofort überzeugenden Erfolg seiner zweifellos richtigen Gravitationsgleichungen, die nach jahrelangem mühevollem Suchen dann wenige Monate später aus diesen Ansätzen resultierten. Eine so interessante Korrespondenz habe er noch nicht erlebt, schrieb er an Levi-Civita und: *„Sie sollten sehen, wie ich mich immer auf Ihre Briefe freue."*

Konkret genutzt hat meine Note allerdings nicht mehr als eine Visitenkarte in Hieroglyphen. Natürlich sind die oben erwähnten Herausgeber auf die angebotene Wette nicht eingegangen, sondern haben lediglich angemerkt, sie wären doch sehr erstaunt, sollte sich herausstellen, dass einschlägige Lehrbücher ein solches Versehen enthalten.

Diese Reaktion ist einerseits sehr verständlich, da es auch heutzutage noch verwirrte Gemüter gibt, die in der Relativitätstheorie samt Einsteins Aussagen darüber Fehler entdeckt haben wollen da, wo nie welche waren. Hätte ich als Autor Sorgen, so wäre eine davon, böswillig mit solchen Leuten verwechselt zu werden. Auch unter diesem Aspekt ist es für mich kein Luxus zu schreiben. Allerdings ist kein noch so vielseitiges Buch davor gefeit, abgestempelt und falsch etikettiert zu werden.

Andererseits sollte ein kompetenter Fachredakteur in der Lage sein, in zehn übersichtlichen Formeln einen Fehler zu erkennen und konkret zu benennen, wenn es einen solchen gäbe. Ich hatte eine Gallone Old Bourbon Whiskey angeboten für den Fall, dass ich nicht in der Lage wäre, meine Behauptung also auf einer einzigen Seite zu beweisen. Das war allerdings voreilig, aus der einen sind erst zwei und am Ende dann acht Seiten geworden.

Zunächst aber wollte niemand glauben – von den Redakteure jener führenden Fachzeitschrift, die nichts verstanden hatten – dass meine seltsamen Formeln etwas bedeuten könnten. Auch im weiteren Verlauf fand sich vom Gutachter eines hochrenommierten Journals, das für sich in Anspruch nimmt, anerkanntermaßen das weltweit führende in klassischer Relativitätstheorie zu sein, auf meiner Autorenseite nach einigen Tagen sein aus ganzen drei Wörtern bestehender Eintrag, er sei nicht in der Lage zu berichten („unable to report"). Ein zweiter Gutachter lehnte den Beitrag dann ab, ohne dass ein üblicherweise als Peer-review bezeichneter entsprechender Prozess überhaupt stattgefunden hätte. Auf diese Weise wird effektiv Zensur ausgeübt. Dem arglosen Publikum wird weisgemacht, alles werde nach fairen Maßstäben gemessen. In der Realität aber werden unliebsame Beiträge längst vorher abgefangen und mit teilweise peinlichen Textbaustein-Begründungen aussortiert. Diese sind oft an politisch korrekter Scheinheiligkeit nicht zu überbieten, wie ich aus eigener Erfahrung weiß und auf meinen Internetseiten bei Bedarf gelegentlich im Interesse junger Idealisten belegen werde. Es ist im Auge zu behalten, dass es hier um theoretische Physik geht ohne jede praktische Anwendungsmöglichkeit, unter marktwirtschaftlichen Aspekten also um rein gar nichts.

Zwischenzeitlich hatte ich den zwei Seiten noch eine weitere hinzugefügt und dabei einen ganz unnötigen Fehler gemacht. Dies geschah, als ich nach weiteren Jahren ein neu gegründetes wissenschaftsgeschichtliches Journal entdeckte. Immerhin wurde der Artikel nun gelesen, was sich bei den mittlerweile drei Seiten über Monate hinzog. Ich habe den in diesem Fall verantwortlichen Herausgebern für einen entsprechenden Einwand gedankt und einen zuvor nachträglich hinzugefügten überflüssigen Kontext zu Levi-Civita verbessert, was an der Berechtigung meines ursprünglichen Anliegens nichts änderte. Leider aber waren sie trotz detailliertem mathematischem Zusatzmaterial – das sie zu 'herausfordernd' fanden – nicht in der Lage, den zentralen Punkt zu verstehen, blieben skeptisch und lehnten ab. Nachdem ich mich daraufhin mit einer dritten Version an die arXiv-Leserschaft gewandt hatte, bekam ich einige eMail-Resonanz, darunter den Hinweis auf eine stellenweise tatsächlich inkonsequent angewandte Formel, was mich veranlasste die endgültige vierte Version zu schreiben, die sich nun wie die anderen nicht nur bei arXiv, sondern auch auf meinen eigenen Internet-Seiten findet. Obwohl also die Existenz des von mir lange vorher gefundenen seltsamen Details von Anfang an außer Frage stand, hatte es doch einige Verbesserungen gebraucht, um diese abschließende Version zu erreichen.

Angesichts der buchstäblich genommen irreführenden Ansätze der genannten Autoritäten sowie der bis dahin in der gesamten Literatur fehlenden konkreten Durchführung scheint solch eine schrittweise Lösung des Problems im Nachhinein keineswegs unverständlich. Diese Autoren haben nämlich bezüglich eines kniffligen Rätsels einst so etwas wie ein 'Werk im Entstehen' hinterlassen, das einen speziellen Zugang zu dem übergeordneten Prinzip der kleinsten Wirkung betrifft, der in vielen anderen Fällen unmittelbar zum Ziel führt. Nicht also die Schlussfolgerung jener Autoren, sondern ihre – wegen der bei üblicher Handhabung scheinbar geforderten, in Wirklichkeit hier aber nicht zutreffenden – Voraussetzung war falsch. Schade, dass ich nicht zuerst die endgültige Version eingereicht hatte. Aber es sei auch ihm dummerweise schon öfter passiert, tröstet *Frank U. Frey*, dass er nicht gleich mit dem Ende habe anfangen können.

So habe ich es vorläufig aufgegeben, die Experten endgültig überzeugen zu wollen und den Herausgebern umgekehrt wegen teilweise berechtigter Einwände für ihre andauernde Skepsis gedankt, was diese wahrscheinlich falsch verstehen werden. Ich befürchte, besser können sie es vielleicht auch nicht.

Andere von denen aber, die bisher damit in Berührung gekommen sind und den Inhalt zumindest hätten lesen können, nehmen sie erst gar nicht zur Kenntnis oder tun jedenfalls so. Was sollten die aber auch sagen, die sich seit Beginn ihrer Karriere als Spezialisten für allgemeine Relativitätstheorie feiern lassen, und nun nach all den Jahren plötzlich damit konfrontiert werden, dass sich in Einsteins, Hilberts, Paulis elegantesten Ableitungen der Gravitationsgleichungen ein und dasselbe 'Versehen' befindet, das ihnen längst hätte auffallen müssen, wenn sie so souverän wären, wie sie fortwährend: angeben?

Trotzdem hat die Note schließlich auf einem unverhofften Umweg ihren Zweck erfüllt. Sie hat mich zu den wunderbaren Marcel Grossmann Meetings in Berlin und Paris geführt, wo ich in den letzten Jahren drei kleine Vorträge gehalten habe. Dabei konnte es zwar nicht darum gehen, fertige Bilder von den beiden großen Theorien der Physik oder gar eines naturwissenschaftlich akzeptablen Universums auszustellen.

Es kam mir allein darauf an, einige Nägel einzuschlagen, an denen diese Bilder später hängen könnten, und die Stellen mit kleinen Täfelchen zu markieren, aus denen zu ersehen ist, um welches Motiv es gehen wird und mit welcher Technik eine Umsetzung gelingen kann.

Ich hatte in meinem Studium kaum Gedanken daran verschwendet, aber eigentlich war es von Anfang an klar. Eines Tages würde ich jeweils eines von beiden als Zeugnis jahrzehntelanger Beschäftigung an solch einen Nagel hängen müssen: Entweder ein, zwei Bilder der physikalischen Welt oder ein belanglos gebliebenes Hobby.

Zwar ist das in meinem Fall nur ein theoretischer Aspekt, doch eines habe ich früh verstanden. Wenn man als einzelner einer Wand gegenübersteht und alle Türen verschlossen sind, dann kommt es eben darauf an, seine Kräfte auf einen Punkt zu konzentrieren, um einen Durchbruch zu erzielen. Ich glaube das ist die Idee der der Kung-Fu-Technik, die in Bezug auf alle möglichen Wände immer auf ein paar Nägel hinausläuft. Doch so spitz die Nägel auch sein mögen, ganz ohne Hammer geht es auch nicht.

Hat nicht jemand beim Flicken eines anderen Zugangs gesungen: „And it really doesn't matter if I'm wrong, I'm right where I belong, I'm right where I belong …"?[4] Falls am Ende nun doch noch ein Experte glaubt, die Existenz des seltsamen Details im Variationsprinzip der allgemeinen Relativitätstheorie ignorieren zu können – die Wette steht.[5]

Willkommen im Wespennest

Der arglose Liebhaber der Naturwissenschaften – wenn zugleich Verehrer deren nach eigener Beteuerung stets nüchtern sachlichen Repräsentanten – mag es vielleicht nicht glauben, aber auch hier gibt es Theater. Dabei liegt es doch in der Natur der Sache, dass man sich als dort Beteiligter zweifellos aufführen oder gar, schlimmstenfalls, auch aufspielen muss. Weniger lustig wird das Stück, wenn es durch Anschuldigungen und Unterstellungen zur Schmierenkomödie gerät.

An dieser Stelle ist ein Bericht einzuschieben, wie ich, obwohl bis dahin nur Zuschauer, vorübergehend in eine Neuinszenierung des Prioritätsstreits um die Gravitationsgleichungen geriet. Zwar nur ganz am Rande, doch wollte ich mich auch nicht stillschweigend mit der Rolle eines Zuschauers begnügen.

Hundert Jahre nach Einsteins *annus mirabilis*, seinem Wunderjahr also, wurde – wie nicht anders zu erwarten – ein Gedenken 2005 samt einem Medienhype veranstaltet, der sich, wie ebenfalls nicht anders erwartet, als mit viel heißer Luft angefachtes Strohfeuer erwies. Alle möglichen Spektakel wurden ausgerichtet und dabei manche Platitüden aufgewärmt. Selbst grober

Unfug wurde verbreitet, auch in Publikationen von Autoren, die es eigentlich hätten besser wissen müssen. Das *Physik Journal* ist als Nachfolger der *Physikalischen Blätter* die Mitgliederzeitschrift der Deutschen Physikalischen Gesellschaft. Man fragt sich, wie es möglich war, dass dort beispielsweise ein amerikanischer Professor ausgerechnet für Wissenschaftsgeschichte behaupten konnte, Einstein habe erzählt, er hätte mit Freunden ein Buch Poincarés Zeile für Zeile über Wochen studiert. Das leider ist eine Verdrehung der Tatsachen. Diese Verdrehung liegt nicht etwa in dem berichteten Sachverhalt selbst, sondern in der Zuschreibung eines falschen Erzählers. Denn wie spätestens seit Abraham Pais' wissenschaftlicher Biographie jeder wissen kann, hat sich Einstein selbst seltsamerweise erst sehr spät und eher beiläufig über die hier angesprochenen Aktivitäten seiner 'Akademie Olympia' geäußert. Denn es war der damals lebhaft beteiligte Freund Maurice Solovine, der nachträglich berichtete, dass man dort Henri Poincarés *La Science et l'Hypothèse* wochenlang diskutiert habe. Was hier für arglose Leserinnen und Leser vielleicht belanglos klingen mag, hat Konsequenzen, die – wie wir sehen werden – bis zu fundamental unterschiedlichen Antworten auf Fragen nach Schwarzen Löchern und Urknall reichen.

Noch irreführender im Hinblick auf Poincaré und Lorentz ist aber die im gleichen Heft an prominenter Stelle zitierte groteske Bemerkung des Physikers und Nobelpreisträgers Hans Bethe, die spezielle Relativitätstheorie habe keine Vorläufer gehabt.

Geradezu ein Gipfel der Ironie war es dann zu lesen, dass bei einer Podiumsdiskussion in der Max-Planck-Gesellschaft unter dem Titel „Einstein – eine Provokation" ausgerechnet ein mir Altbekannter auftrat, der sich nach Einschätzung des leider allzu polemischen *Frank U. Frey* als Relativitätspapst, Hirte und Hüter der Physik unentbehrlich zu machen versuchte. Das habe er getan, indem er seinen ganzen Einfluss – der scheine im Kontrast zu anderen, durchschnittlichen Qualitäten beträchtlich gewesen zu sein – dafür einsetzte, ausschließlich ihm ergebene Schäfchen der Herde, neudeutsch 'Community', zu fördern und zu schützen. Bis zuletzt habe er den Eindruck vermittelt, dass man gut daran täte, ihn als Nicht-Etablierter um sein Einverständnis zu bitten, bevor man anfing, sich mit einem Problem der Relativitätstheorie zu befassen.

Er habe seit langem 'in Einstein' gemacht – *Frank U. Frey* fährt fort – und sei dabei einer von der Sorte Physik-Funktionäre mit Autoritätsdünkel gewesen, die gerade Einstein ignoriert oder einfach ausgelacht hätte. Wen hätte der aber seinerzeit um Erlaubnis gefragt? Der Witz sei, dass die nun etablierte 'Instanz' in seinen, *Frank U. Freys*, Augen so ziemlich alle Eigenschaften verkörperte, die Einstein *nicht* hatte, wie beispielsweise musterschülerhafte Konventionalität, Portiersgehabe, an Unterwürfigkeit grenzende peinliche Bescheidenheit gegenüber hochstapelnden Stringtheoretikern gepaart mit gehörnter Arroganz gegenüber selbständig denkenden hinzu Kommenden, die es noch dazu verweigerten, der gerade angesagten Mode nachzulaufen. Das Übliche halt. Wie andere auch, habe er mit glänzenden Augen davon erzählt, wie Einstein als einziger keine Doktorandenstelle bekommen hatte. Er habe gar nicht gemerkt, dass so ein Einstein gerade bei Leuten wie ihm tatsächlich nie eine Chance gehabt hätten, auf üblichen akademischen Wegen jemals etwas zu werden. Ich selbst hatte mein erwähntes erstes Gespräch mit ihm bereits zu Zeiten der Diplomarbeit, als er mir sinngemäß empfahl, jedem originellen Gedanken bis zum Vorruhestand abzuschwören.

Bei der Frühjahrstagung der Deutschen Physikalischen Gesellschaft 2007 in Heidelberg habe ich etwas mehr als ein Jahr später an der Mitgliederversammlung des Fachverbands Gravitation und Relativitätstheorie teilgenommen. Dabei war zu erleben, dass die dort geäußerte rückwirkende 'Würdigung' des Einstein-Jahres 2005 mit einem allgemeinen Seufzer der Erleichterung zur Kenntnis genommen wurde: „Gott sei Dank, dass alles vorbei ist". Welch geistige Armut, wenn 100 Jahre Relativitätstheorie – anstatt diese Gelegenheit zu nutzen, sich einmal mehr mit Einsteins gigantischem Werk auseinanderzusetzen und auch seine späteren Anstrengungen ernstzunehmen – in großer Einhelligkeit solcher Experten als Belästigung empfunden werden.

Gegen Ende des Einstein-Jahres aber hatte sich unversehens die Gelegenheit ergeben, selbst auch etwas zur öffentlichen Diskussion beizusteuern. Auch das noch.

Wer sich darauf einlässt, in einem Streit Stellung zu beziehen, in dem es keine eindeutig feststellbare Wahrheit gibt, und deshalb einen ausgewogenen Vergleich anstrebt, der mag weise sein wie Salomon. Wer aber leichtfertig einen Kompromiss nahelegt – wie das in Politik und Gesellschaft viel zu oft geschieht – wo eine Sachlage mit angemessenem Aufwand geklärt werden könnte, der verdirbt die Sitten und ist ein Feigling.

Zu meiner Verwunderung war eines Tages der Süddeutschen Zeitung zu entnehmen, dass offenbar eine erneute Diskussion über die Priorität an den Gravitationsgleichungen aufgebrochen war. Einige Herausgeber der Collected Papers hatten, wie ich nun beiläufig erfuhr, wenige Jahre zuvor überzeugend argumentiert – Corry, Renn, Stachel in einer Ausgabe von *Science* 1997 – dass es Einstein und nicht Hilbert war, der diese Gleichungen als erster veröffentlicht hatte.

Die entsprechende Arbeit war seinerzeit am 25.11.1915 bei den Annalen der Physik eingegangen. Nun war einige Verwirrung dadurch entstanden, dass Hilbert später, doch unter dem früheren Datum vom 20.11.1915 eine eigene Formulierung der allgemeinen Relativitätstheorie veröffentlicht hatte, welche ebenfalls die richtigen Gravitationsgleichungen zu enthalten schien. Für mich persönlich war die Frage der Priorität allerdings längst zugunsten Einsteins geklärt, seit ich mir nach dem Studium – neben vielen anderen auch – die Originalarbeit Hilberts hatte fotokopieren lassen, was übrigens damals noch teuer war.

In der unter dem Eingangsdatum vom 20. November veröffentlichten Arbeit Hilberts wird nämlich – man möchte es nicht glauben – Einsteins Arbeit vom 25. November ausdrücklich zitiert, und zwar mehr als einmal. Bei aller Arglosigkeit bin ich schon damals davon ausgegangen, dass selbst der mathematisch geniale Hilbert kein Hellseher gewesen sein konnte, obwohl ihm diese Rolle sicher gefallen hätte. Es lag deshalb klar auf der Hand, dass die Arbeit nachträglich ohne Anpassung des Datums verändert worden war. Eine solche Vorgehensweise aber ist als höchst fragwürdig, um nicht zu sagen als unseriös zu bezeichnen. Für mich war dementsprechend die Frage der Priorität bereits eindeutig entschieden, lange bevor Korrekturabzüge mit Hilberts handschriftlichen Veränderungen tatsächlich aufgetaucht sind. Nun aber entstand zusätzliche Verwirrung dadurch, dass darin eine halbe Seite fehlte. Wer hatte sie abgeschnitten und warum?

Eine Gruppe von Verschwörungstheoretikern behauptete nun, diese halbe Seite des Korrekturabzugs habe bereits die Gravitationsgleichungen enthalten und sei abgeschnitten worden, um Einsteins Priorität zu schützen. Unausgesprochen bleibt der latente Vorwurf, dies sei das Werk der zuletzt genannten Autoren, nachdem einer von ihnen ein paar Jahre vorher die Korrekturfahne in der Göttinger Handschriftenabteilung überhaupt erst aufgestöbert hatte.

In der Süddeutschen wurde nun ein Physiker zitiert, der behauptete, Hilbert habe die explizite Form der Einstein'schen Gleichungen als Erster gehabt, weil er sie bei rechnerischer Durchführung seines Ansatzes aus dem vorderen Teil der Fahne zwangsläufig gefunden hätte.

Eben nicht! Denn ich hatte ja vor Jahren, ohne eine solche Verwicklung zu ahnen, mit der Aufdeckung der verwirrenden Ungenauigkeit in der Behandlung des relativistischen Variationsprinzips das Gegenteil dieser Behauptung gezeigt. Es ist also durchaus möglich, dass Hilbert gerade deshalb die Rechnung nicht nur nicht „fehlerlos weitergeführt", sondern bezeichnenderweise den strittigen Einstein-Tensor überhaupt nie ausgerechnet hat. Ganz im Gegenteil, dieser war für ihn ja bezeichnenderweise „ ... leicht ohne Rechnung" gefolgt.

Doch wie Corry, Renn und Stachel gezeigt hatten, ist diese letzte Behauptung nicht haltbar. Abgesehen von allen anderen stichhaltigen Argumenten weist alleine schon die Tatsache, dass Hilbert gerade an dieser heiklen Stelle seiner Arbeit noch einmal ausdrücklich Einstein zitiert hat, überdeutlich auf die Quelle hin, aus der er offensichtlich geschöpft hat.

Beim Lesen des oben genannten Artikels in der Süddeutschen – sowie eines dort erwähnten Aufsatzes, dessen Bewertung eines inzwischen berühmten 'zwei wirkliche Kerle'-Schreibens Einsteins an Hilbert in meinen Augen eine geradezu groteske Verdrehung offensichtlicher Tatsachen darstellt – war mir klar geworden, dass ich meine ursprünglich auf eine Seite beschränkte Note doch mit einer zweiten Seite erweitern sollte. Und zwar um deutlicher aufzuzeigen, dass speziell auch Hilbert aus seinem Ansatz – der von dem Einsteins etwas abweicht – bei strikter Durchführung einer Rechnung nicht ohne weiteres auf das richtige Ergebnis gekommen wäre. Einen entsprechenden Abschnitt hätte ich bereits der ursprünglichen Version hinzugefügt, wenn ich nicht den Umfang dieser Note – in Ermangelung höherer akademischer Weihen zunächst, wie erwähnt, als 'Visitenkarte' gedacht – ursprünglich auf genau eine Seite begrenzt hätte.

Somit war nun noch einmal durch konkrete Ausrechnung bestätigt, dass in der trotz Eingangsdatums vom 20.11.1915 tatsächlich aber erst 1916 veröffentlichten Hilbert-Arbeit zwar das Ergebnis seinerzeit sinngemäß richtig schien, doch die dort vorgeschlagene mathematische Behandlung eine formale Ungereimtheit in der Voraussetzung enthält, die gerade bei „fehlerlos weitergeführter" Rechnung ein falsches Resultat erbracht haben würde.

Doch damit nicht genug. Wie ich ohne Collected Papers nie erfahren hätte, hat Einstein das Originalmanuskript seiner abschließenden großen Arbeit von 1916 um eine Passage gekürzt, in der er vergeblich versucht hatte, eine entsprechende Berechnung konkret durchzuführen. Nach meinen Ergebnissen konnte sie in dieser Form eben nicht gelingen. Wegen des darin steckenden 'kleinen' mathematischen Formfehlers – aus dem gleichen Grund wie bei Einstein also – könnte sehr wohl auch Hilbert sein ursprüngliches Manuskript nachträglich selbst verkürzt haben. Dies scheint mir die wahrscheinlichste Möglichkeit für das Verschwinden der halben Seite und lässt sich jedenfalls nicht ausschließen.

Die oben erwähnte Verschwörungshypothese gegenüber den verdienstvollen Herausgebern der Collected Papers aber, von einigen offenbar sensationshungrigen Leuten ins Spiel gebracht, finde ich gerade als Deutscher aus historischer Sicht unerträglich. Meine persönliche Schlussfolgerung ist, dass Hilbert wirklich versucht hat, Einsteins allgemeine Relativitätstheorie zu 'nostrifizieren'. Diesen Vorwurf müsste er sich meines Erachtens selbst dann gefallen lassen, wenn er die ohne Einsteins physikalische Begründung der 'rechten Seite' praktisch inhaltsleeren Formeln tatsächlich als erster gehabt hätte.

 Daran kann nicht einmal die wahrscheinliche Tatsache etwas ändern, dass andererseits auch Einstein selbst seinerzeit im Hinblick auf Poincaré nicht immer ein Heiliger war. Aber wer ist schon immer ein Heiliger? Aus der Position eines langjährig Außenstehenden glaube ich auch zu begreifen, warum Einstein in seiner fundamentalen Arbeit zur speziellen Relativitätstheorie keinerlei Literaturangaben gemacht hat. Er wird sich gedacht haben, hier habt ihr die Lösung eurer vieldiskutierten Probleme! Ihr Experten auf euren Lehrstühlen mit all euren wunderbaren Möglichkeiten, Fachliteratur zu beschaffen und zu studieren, die mir eben nicht zur Verfügung stehen, da ihr mir nach dem Studium nicht einmal eine Assistentenstelle gönnen wolltet. Wozu also sollte ich Eulen nach Athen tragen? Mit Hilfe meines treuen Freundes Michele Besso habe ich das Problem vollständig gelöst und dazu in meiner Arbeit an Vorleistungen nur benutzt, was jeder von euch ebensogut oder besser kannte oder zumindest gekannt haben sollte.

Trotz seines Beweises für vier identisch erfüllte Gleichungen kann Hilbert damals auch die sogenannten Bianchi-Identitäten nicht gekannt haben, sonst hätte er nicht unzutreffenderweise behauptet, dass die elektromagnetischen Gleichungen eine Folge der Gravitationsgleichungen seien. Einstein spricht hier von *„Verschleierung der Methoden"*, was auch durch Felix Kleins „zu kompliziert" bestätigt wird. Davon abgesehen, gibt es noch mindestens zwei weitere ungerechtfertigte Behauptungen in Hilberts ohne eigene physikalische Verankerung auf der mathematischen Oberfläche schwimmenden Nostrifizierungsversuch, den peinlich anmaßenden Titel „Die Grundlagen der Physik" nicht einmal mitgerechnet.

Insbesondere sein Anspruch, dass diese in dem von ihm angegebenen Variationsprinzip enthalten seien, ist in Ermangelung irgendwelcher über Mie und Einstein hinausgehender physikalischer Konsequenzen ungefähr genauso berechtigt wie der spekulative Satz: Es wird sich irgendwann zeigen, dass sich alle Naturkräfte auf Gravitation und Elektrodynamik zurückführen lassen. Ob das so ist, könnte zwar heute niemand begründen, aber für alle Fälle wäre ein solches Ergebnis schon einmal als historischer Weitblick reklamiert.

Einstein hat als der gigantische Physiker, der er war, seine Gleichungen unabhängig von jedem Variationsprinzip auf handfeste Argumente aufgebaut. Diese gingen vernünftigerweise über einen bloßen mathematischen Formalismus wie Hilberts „axiomatische Methode" hinaus. Davon ganz abgesehen, haben die Einstein'schen Gleichungen *zwei* Seiten. Bisher ging es beinahe immer nur um die rein mathematische linke. Hilbert hatte auf der rechten nicht viel mehr zu bieten als bloße Spekulation, die allerdings auf sehr schönen Arbeiten des heute ganz zu Unrecht beinahe vergessenen Gustav Mie basiert. Bei Einstein steht stattdessen der phänomenologische Energie-Impuls-Tensor der Materie, der sich seither in allen konkreten Situationen geradezu wundersam bewährt hat.

Einstein hat Hilbert schon bald nach dessen Nostrifizierungsversuch – mit später darauf folgender Richtigstellung – in dem oben erwähnten Schreiben ein großzügiges Friedensangebot gemacht, das von diesem auch angenommen wurde. Darin steht am Ende zu lesen, es sei „*objektiv schade, wenn sich zwei wirkliche Kerle (...) nicht gegenseitig zur Freude*" gereichten. In der Anfang 1916 erschienenen Version seiner Arbeit hat Hilbert dann Einsteins Leistung als Begründer der allgemeinen Relativitätstheorie ausdrücklich anerkannt.

Gerade diese Geschichte zeigt deutlich, warum ich es nie riskieren wollte, mit 'einnehmenden' Professoren und ähnlichen Autoritäten über meine Ideen zu sprechen, solange ich Gefahr lief, dass ein solcher – in *Mlle Bleu de Leys* Ausdrucksweise 'Ex'-perte – mir mathematisch überlegen sein könnte. Denn nicht alle sind ohne Fehl und Tadel, die da wandeln in Einsteins heiligem Tempel der Physik.

Als Lehrer ist mir aufgefallen, dass beinahe in jeder Klasse an jeder Schule vom Streber bis zum Clown jede Rolle besetzt ist, obwohl nicht jede und jeder die jeweilige Rolle bewusst übernimmt, sondern sich zum Glück ansonsten nach eigenen Anlagen entwickelt. Ähnlich verhält es sich mit den Lehrern selbst. Was nun Professoren und andere akademische Eliten betrifft, so ist meine Ansicht, dass es – verkürzt gesagt und aus der Hochschule geplaudert – darunter anteilsmäßig genauso viele anständige Menschen oder leider Lumpen gibt wie in allen anderen gesellschaftlichen Gruppierungen auch.

In Abwandlung eines dummen Spruchs handeln immer wieder einige nach dem Motto, in der Karriere sei eben alles erlaubt. Ich bin nicht dieser Ansicht, aber es wäre weltfremd anzunehmen, die Physik bilde eine Ausnahme. Gold zu finden, ist schon manchem schlecht bekommen. Und das ist eher nicht nur in der Sierra Madre die Regel. Abgesehen von Minkowskis und Hilberts „jämmerlichen" Anmaßungen gegenüber Einstein, kann ich mich des Eindrucks nicht erwehren, dass es gerade auch kleinere akademische Autoritäten mit seriösen Gepflogenheiten nicht immer so genau nehmen. Dies gilt ganz besonders Außenseitern gegenüber, wofür es genug Beispiele gibt. Was mich selbst betrifft, so habe ich mir von Anfang an Mühe gegeben, gar keine diesbezüglichen Begehrlichkeiten aufkommen zu lassen. Für einen, der sich seit Schülerzeiten am Leitstern Einstein orientiert hat, sind tatsächlich viele Autoritäten von sehr überschaubarer Größe. So habe ich immer darauf geachtet, mir mein mathematisches Spielzeug nicht aus der Hand nehmen zu lassen, dessen möglichen Wert ich wohl kannte. Ich sichere mich noch heute ab, und zwar durch sorgfältige Dokumentation. So dumm es wäre, anmaßend aufzutreten, so selbstverständlich sollte jeder berechtigte Anspruch sein. Manch einer, der seine wahre 'Größe' hinter einem akademischen Titel versteckt, reagiert schon aufgebracht, wenn ihm plötzlich klar wird, dass in der selbstverständlichen Höflichkeit, mit der man ihm begegnet, unverschämterweise keine Bereitschaft zur Unterordnung steckt.

Zwischenzeitlich hatte ich zum Thema Einstein-Hilbert auf der Frühjahrstagung der Deutschen Physikalischen Gesellschaft 2006 im Anschluss an einen diesbezüglichen Vortrag auch öffentlich knapp Stellung bezogen. Ich habe dort Einsteins Priorität unter Hinweis auf meine arXiv-Note verteidigt. Auf die Entgegnung der Referentin, dass ich damit wohl ziemlich allein dastehe, habe ich sinngemäß geantwortet, ich sei auch noch stolz darauf, und die Möglichkeit erwähnt, dass besagter 'Scherenschnitt' Hilbert selbst zuzuschreiben sei.

Meines Erachtens beweist seine nachträgliche Ergänzung „3 Blätter" in einem Brief an Klein, dass er die Korrekturfahne seiner Note in voller Absicht nur unvollständig an diesen abgeschickt haben kann, da es ursprünglich offenbar 3 Bögen *plus* 1 loses Blatt (= 4 Blätter) gewesen sind.

Zu dieser Veranstaltung war ich überhaupt nur gegangen um zu sehen, wie es jemand fertigbringt, eine unseriöse Unterstellung als Thema eines Hauptvortrags auf der Frühjahrstagung der Deutschen Physikalischen Gesellschaft durchzusetzen. Man mag daraus auch ersehen, warum mich das akademische Treiben oft wenig oder gar nicht beeindruckt. In diesem Vortrag wurde so armselig argumentiert, wie man es sonst vielleicht von Winkeladvokaten kennt. Ich weiß, es gilt vielen als vornehm, über inakzeptable Unterstellungen einfach hinwegzugehen. Für den einen oder anderen mag ein derartiges Verhalten taktisch auch klug sein. Doch das hier sollte schließlich mehr sein als eine Talkshow, und angesichts eigener diesbezüglicher Ergebnisse hätte ich es als feige empfunden zu schweigen. Ich wollte mir nicht später einmal nachsagen lassen, wider besseres Wissen den Versuch einer Verunglimpfung Einsteins vor meiner eigenen Haustür unwidersprochen hingenommen zu haben.

Angesichts des denkwürdigen Artikels in der Süddeutschen hatte ich vorher keine Sekunde gezögert, mich an einen deutschen Mitherausgeber der Collected Papers zu wenden, der von den im Raum stehenden Vorwürfen mitbetroffen war. Ich teilte ihm das seltsame Detail mit, auf das ich ein paar Jahre zuvor gestoßen war, und das meines Erachtens geeignet sei, allen diesbezüglichen Unterstellungen den mathematischen Boden zu entziehen. Er hat spontan kurz und sehr freundlich geantwortet. Ein halbes Jahr später hat er mir dankenswerterweise die aktive Teilnahme am 11. Marcel Grossmann Meeting on General Relativity 2006 (MG11) in Berlin nahegelegt und mir sehr zuvorkommend für die Dauer der Veranstaltung den Aufenthalt an seinem Institut angeboten.

Marcel Grossmann war nicht nur der Studienfreund Einsteins, der ihm die Stelle am Patentamt vermittelt hatte, sondern auch derjenige, den er zu Hilfe rief, als es darum ging, die allgemeine Relativitätstheorie mathematisch zu formulieren. Gegründet von Remo Ruffini und Abdus Salam wurde im Namen dieses großartigen Mannes erstmals 1975 und dann seit 1979 alle drei Jahre ein Meeting veranstaltet. Erklärtes Ziel war von Anfang an, Entwicklungen in Gravitationstheorie und allgemeiner Relativität zu verfolgen, wobei besondere Schwerpunkte jeweils auf den mathematischen Grundlagen sowie auf physikalischen Vorhersagen lagen. Die Widmung an Marcel Grossmann soll auch das Zusammenfließen der mathematischen Ideen von Ricci und Levi-Civita mit der Physik feiern, wie das vor inzwischen gerade einhundert Jahren im Werk Albert Einsteins möglich wurde.

Für ein paar Tage des Sommers 2006 war also in Berlin so ziemlich alles versammelt, was in der Relativistengemeinschaft Rang und Namen hatte. In einer der parallel veranstalteten Arbeitsgruppen habe ich einen Vortrag über Grundgleichungen einer einheitlichen Theorie von Elektrodynamik, Gravitation und Quantenmechanik gehalten. In diesen Gruppen hatte jeder zwanzig Minuten. Die später als *Proceedings* erschienenen Tagungsberichte enthalten eine kompakte Version dieses *Talks*, und zwar wie üblich auf drei Seiten. In jeder der drei Seiten steckten zehn Jahre Arbeit.

Zu meiner großen Freude war in der gleichen Gruppe als Referent auch der unter Physikern wohlbekannte amerikanische Professor Carroll O. Alley vertreten. Er hatte 1975/76 mit seinem Team das berühmte Maryland-Experiment durchgeführt, bei dem der relativistische Einfluss von Geschwindigkeit und Gravitationspotential auf den Gang von Uhren in glänzender numerischer Übereinstimmung mit Einsteins Vorhersagen bestätigt wurde. Man hatte Atomuhren teilweise am Boden stationiert und teilweise in Flugzeugen aufsteigen lassen, um dann viele Runden zu fliegen. Gerade in der Beschreibung dieses Experiments, das endgültig alle Zweifel an der Realität der relativistischen Zeiteffekte ausräumte, war mir als Lehrer klar geworden, dass die überprüfbaren Aussagen der Relativitätstheorie im Kern gar nicht Raum und Zeit, sondern ganz konkret Uhren und Maßstäbe betreffen. Wer Lust hat, mag selbst feststellen, dass man kein Wort über irgendwelche Konzepte von Raum und Zeit verlieren muss, sondern dass es genügt, vom seltsamen Verhalten gleichbeschaffener Uhren in unterschiedlichen Situationen zu sprechen. Für speziell Interessierte könnte es sich lohnen, dazu die klare Darstellung jener Experimente in einem kurzen Abschnitt von Roman Sexls „Raum-Zeit-Relativität" nachzulesen. Entbehrlich sind allerdings die Seiten davor und dahinter, den Ballast unnötiger Interpretationen kann man sich sparen. Es reicht, zur Kenntnis zu nehmen, dass bewegte Uhren im Gravitationspotential ebensowenig eine einheitliche Zeit anzeigen können wie temperaturabhängige Maßstäbe eine wahre Entfernung. Ich werde den Einfluss von Gravitationspotential und Geschwindigkeit in einem eigenen Abschnitt besprechen.

Wo sind die 'Peers'?

Es muss eine ärgerliche Geschichte gewesen sein. Alles am Himmel schien bestens geregelt in jener Zeit, die nach vielen Jahrhunderten sorgfältiger astronomischer Beobachtung damals die neue war, obwohl aus heutiger Sicht weit in der Vergangenheit liegend. Was sollte nun das denn?

Man kann manch aufgeregte Experten beinahe hören. Sind wir uns nicht alle darüber einig, dass sich die Sonne um die Erde dreht wie auch Planeten, Mond und Sterne? Jeder weiß das, es ist längst bewiesen durch die Vielzahl unterschiedlichster und bester Gründe. Stimmen nicht in all den vielen Messungen die theoretischen Berechnungen der jeweiligen Konstellationen mit der Realität überein, wieder und wieder? Welchen Sinn soll es also haben, all das in Frage zu stellen? Wer bloß kommt auf die abwegige Idee, uns etwas Neues erzählen zu wollen, und wer schon sind diese Narren, die sich herausnehmen, den größten Autoritäten der Naturwissenschaft zu widersprechen? – Wie jedes Kind kenne ich die Antwort auf die letzte dieser Fragen: mein lieber Aristarch! Mein lieber Kopernikus! Mein lieber Bruno! Meine lieben Kepler, Galilei und dann Newton! Und warum? – Um Himmels willen!

Der erste musste sich verunglimpfen lassen. Der zweite hielt sein buchstäblich revolutionäres Buch zurück, bis er auf dem Sterbebett lag. Der dritte wurde verbrannt, nachdem er den Spruch des Heiligen Offiziums mit den unsterblichen Worten erwidert hatte: „Mit größerer Furcht verkündet Ihr vielleicht das Urteil gegen mich, als ich es entgegennehme". Der vierte hatte sich von Anfang bis Ende mühselig durchs Leben zu schlagen. Der fünfte wurde zum Meineid gezwungen. Dem sechsten wird heute ein zeitweilig paranoides Verhalten nachgesagt.

Dem unfassbaren Giordano Bruno soll man gar die Zunge festgebunden haben, damit er nicht zum Volk sprechen konnte, als er für seine Einsichten schließlich ins Feuer ging. Doch statt vom Scheiterhaufen möge man lieber von einem Siegeshaufen sprechen, bemerkt *Mlle Bleu de Ley.* Vorher hätten sie lange versucht, ihn mit inquisitorischen Fallstricken zu binden, um dann – alles andere als vornehm wie immer – mit vergiftetem, dünn geschliffenem Florett im Rudel anzugreifen. Da habe er die Fesseln des Dogmas zerrissen und innerlich winselnde Heuchler wortgewaltig aufs Haupt geschlagen.

Was leben wir heute dagegen in herrlichen Zeiten. Jeder darf sagen, denken und glauben, was er will. Die naturwissenschaftliche Finsternis des Mittelalters ist längst aufgeklärt. Also alles in Ordnung, endlich! Nur noch ein paar Fragen.

Wie bitte? Sind sich denn nicht alle dazu berufenen Naturwissenschaftler längst darüber einig, dass das Universum vor dreizehn bis vierzehn Milliarden Jahren im Urknall entstanden ist? Spricht nicht eine Vielzahl unterschiedlichster und bester Gründe dafür? Ist nicht wieder und wieder die Übereinstimmung unserer theoretischen Voraussagen mit der Realität durch viele Messungen erwiesen? Welchen Sinn sollte es also haben, diese Tatsache jetzt noch in Frage stellen? Wer ist denn das, der sich herausnehmen will, den größten Autoritäten der Naturwissenschaft zu widersprechen? Wie kommt einer auf die abwegige Idee, uns etwas anderes erzählen zu wollen? Warum überhaupt?

Um Himmels willen, ich bin's nur. Doch ist der Urknall eben keine physikalische Tatsache, kann es im Sinne des gesamten Universums mit Raum und Zeit gar nicht sein. Obwohl das Gegenteil der Öffentlichkeit gebetsmühlenartig – nicht selten wohl auch wider bessere Einsicht – erzählt wird. Nach Überzeugung der maßgeblichen Experten muss es angeblich so sein, wie sie daraus messerscharf schließen, dass ihnen nichts besseres einfällt.

Natürlich aber versteht diesen angeblichen Urknall in Wirklichkeit kein einziger von ihnen, jeder macht sich privat seinen eigenen Reim und nicht einmal alle nur insgeheim. Würden alle diejenigen Kosmologen verstummen, die das betrifft, es wäre eine himmlische Stille. Kein ernsthafter Physiker, geschweige denn eine ernsthafte Physikerin, der oder die etwas auf sich hält, würde eine physikalische Entstehung aus dem Nichts auch nur mit einem einzigen Wort verteidigen.

Wäre aber das Universum wunderbarerweise dennoch mitsamt Raum und Zeit entstanden, so sprächen wir dabei nicht mehr über Physik. Doch das wäre eine andere Geschichte.

In einem seinerzeit Aufsehen erregenden Streit unter Gelehrten hat *Borromea Worthswerd* schließlich festgestellt, Kalauern mache frei, verbissene Unfehlbarkeit nie. Eigentlich heiße es ja 'errare humanum est'. Aber nein: Irren sei Mist. Und auf diesem Boden wachse und gedeihe auch das zarte Pflänzchen naturwissenschaftlicher Einsicht wie das jeder anderen auch. Sie habe den Zusammenhang ihrerzeit bald verstanden und nun deshalb eine von *Mlle Bleu de Ley* formulierte zwar naheliegende, aber nicht ganz freiwillige Abwandlung in Übersetzung aufgegriffen.

Dass Irren platterdings menschlich sei, scheint mir persönlich eine ziemlich langweilige Feststellung für jemanden, der sein Leben lang aus Fehlern gelernt hat und weiter zu lernen gedenkt. Die keineswegs immer nur lustige Tatsache hingegen, dass Irrtümer für die wissenschaftliche Erkenntnis so wertvoll seien wie Mist für das Blumenbeet, leuchtet jedenfalls unmittelbar ein. Das weithin bekannte e-Print-Archiv 'arXiv' ist ein schönes Beispiel dafür. Was Astronomie und speziell Kosmologie betrifft, so findet sich dort, wie im Internet überhaupt, neben wahren Perlen in bunter Mischung eben auch ein Haufen Mist. Die letztere Bezeichnung wählt *Frank U. Frey* jedenfalls für die meisten der zahlreichen Beiträge des später als gefeierter Konkordanzkosmologe berühmt gewordenen *Hypolite Van Tast*, woraufhin *Mlle Bleu de Ley* diesen kühnen Wissenschaftler cool verteidigt mit den hier endlich zitierten Worten 'errare humus est'. ArXiv hatte seine Chance.

In Bezug auf das Phänomen, Irren sei Mist, gab es in einer Begegnung mit unerwarteten Messwerten ein privates Schlüsselerlebnis, allerdings fernab von Kosmologie und Relativitätstheorie.

Bald nachdem ich angefangen hatte, die gerade entwickelte Heureka-Lernsoftware damals auch selbst zu vertreiben, musste ich feststellen, dass der leider notwendige Schutz gegen Raubkopien nichts mehr taugte. Das Angebot immer besserer Kopierprogramme wuchs rasant. Wenn diese Programme inzwischen in der Lage waren, jede magnetische Information auf der Diskette zu kopieren, dann sollte ein wirksamer Schutz also andere Informationen verarbeiten. Alle Disketten mussten zuerst formatiert werden, das heißt sie wurden aufgeteilt in Spuren und Sektoren, in die dann vom Laufwerk hineingeschrieben wurde. Meine Idee war, lediglich die Lage, nicht aber den Inhalt der Sektoren auf ihren jeweiligen Spuren so zu beeinflussen, dass der Kopierschutz daraus ablesen konnte, ob es sich um ein Original handelte oder nicht.

Also setzte ich mich mit einem von mehreren hochintelligenten Schülern, die mir als kleines Heureka-Team damals halfen, eines frühen Abends an den Computer. Dieser Schüler war in der Lage, das Floppy-Laufwerk des C64 mittels einiger Befehle in Maschinensprache auszulesen. Wir versuchten die Zeit zu messen, die zwischen zwei Zugriffen auf benachbarte Sektoren in verschiedenen Spuren verging. Die vorausgegangene Abschätzung hatte auf eine sehr kurze Zeitspanne hingedeutet, die gerade eben noch im Bereich der Messgenauigkeit liegen sollte. Doch es wollte einfach nicht gelingen. Die Streuung der Meßergebnisse war viel zu groß.

Nach etwa zwei Stunden begann mein junger Helfer verständlicherweise die Lust zu verlieren und forderte mich auf, wir sollten doch vielleicht endlich etwas Vernünftiges tun. Ich hatte damals nicht im entferntesten die Hartnäckigkeit eines Esels im Sinn, doch wir blieben dran. Nach einer weiteren Stunde hatten wir einen perfekten Kopierschutz gefunden. Zwar verstand ich nicht auf Anhieb, warum die Messwerte plötzlich viel größer waren als die eigentlich gesuchten. Aber das war mir gleich. Sie waren reproduzierbar und – wie ich als Physiker wusste – darauf kommt es letzten Endes an.

Was war passiert? Wir hatten systematisch den Abstand zwischen den angesteuerten Sektoren vergrößert. Solange dieser Abstand noch sehr klein war, waren die Messwerte unbrauchbar. Beim Überschreiten eines gewissen Abstands änderte sich das schlagartig. Natürlich war das genau der Abstand, bei dem der Lesekopf den angesteuerten Sektor innerhalb derselben Drehung gerade nicht mehr erreichen konnte. Die Messwerte waren nun entweder ungefähr Null oder aber entsprachen etwa der Zeit einer vollen Umdrehung, je nachdem, wie die Sektoren zueinander lagen. Diese Lage zueinander aber konnten wir durch nachträgliche Neuformatierung gewisser freigelassener Spuren auf der vorher beschriebenen Diskette steuern. Denn verschiedene Kopierprogramme hatten ihre eigenen Formatierungsroutinen mit jeweils anderen Positionen der Sektoren, und jedes Formatierungsprogramm hatte so seinen individuellen Fingerabdruck. Damit war es später leicht, Raubkopien als solche zu entlarven und deren Ausführung zu verhindern.

Seither weiß ich aus eigener Erfahrung, dass man bei physikalischen Messungen die schönsten reproduzierbaren Ergebnisse erzielen kann, ohne zunächst wirklich zu verstehen, was man gefunden hat. Und genau so etwas scheint heute für die mit dem Nobelpreis 2011 gefeierten, überaus wertvollen Supernova-Daten zu gelten.

Kühne Behauptung das, und von wem? Würden die Bezeichnungen 'Dilettant' und 'Amateur' im ursprünglichen Sinne dieser Worte verwendet, so ließe ich mich gerne so nennen. Da sich jedoch die Bedeutung gewandelt hat, möchte ich jedem Experten empfehlen, meine physikalischen Arbeiten mathematisch zu überprüfen, bevor er mich in eine solche Schublade stecken will. Falls tatsächlich jemand einen entscheidenden Fehler zu finden glaubt, so ist dieser Skeptiker dringend eingeladen, bitte konkret vorzurechnen anstatt gescheit daherzureden: hic Rhodos, hic salta! Auf den Tanz dürfe man sich freuen, vermutet *Mlle Bleu de Ley*.

Wer aber umgekehrt keinen Fehler in meiner Rechnung nachweisen kann, sondern lediglich mit der Autorität noch so großer Physiker oder Mathematiker argumentiert, dass nicht sein kann, was nicht sein darf, der sollte – um sich für seine von Einstein so genannte Autoritätsduselei nicht auslachen zu lassen – besser den Mund halten. Ansonsten bin ich selbst sehr gerne bereit, jedem konkreten mathematischen Einwand meine detaillierte Berechnung entgegen zu stellen und mögliche Auseinandersetzungen darüber auch auf den eigenen Webseiten wortgetreu und vollständig zu dokumentieren. Zu jeder 'freundlichen Kontroverse' gehört natürlich wechselseitiger Respekt.

Ein hoffnungsvoller junger Mann, Professor für theoretische Physik am Anfang seiner besten Jahre, dynamisch, Autor vieler Veröffentlichungen und einiger Bücher, leitete beim 12. Marcel Grossmann Meeting 2009 (MG12) in Paris eine der beiden Parallel-Sitzungen, bei denen ich im Keller des UNESCO-Hauptquartiers gesprochen hatte.[6] Nachdem ich von Paris zurückgekommen war, schrieb ich ihm ein eMail, um seine skeptische Frage nach der Lichtgeschwindigkeit zu beantworten, die er im Anschluss an meinen Vortrag gestellt hatte. Ich hatte dabei den zwar unschönen, aber keineswegs ganz ungebräuchlichen Fachbegriff 'Koordinatenlichtgeschwindigkeit' benutzt, auf Englisch 'coordinate speed of light'. Das allein hatte offenbar genügt, ihn aus der Fassung zu bringen. Deshalb schrieb ich ihm ein paar Sätze, um zu präzisieren, was damit gemeint ist, und definierte diesen Begriff noch einmal mathematisch exakt. Nach ein paar Tagen kam eine in freundlichem Ton gehaltene Antwort. Er wies darauf hin, dass dieser Begriff nicht zum gängigen Sprachgebrauch unter Relativisten gehöre und ermahnte mich nachdrücklich, die Definition eigener Begriffe zu unterlassen. Offenbar hatte man ihm im Verlauf seiner Karriere zum jungen Professor solches verboten.

Nun wird aber kein vernünftiger Mensch bestreiten, dass es erlaubt ist, einem mathematischen Ausdruck einen Begriff zuzuordnen, solange diese Zuordnung eindeutig ist. Es geht gar nicht anders. Seine Mahnung zeigt also folgendes: Entweder hat er für sich ein partielles Denkverbot akzeptiert und fordert das jetzt auch für Kollegen. Das wäre Selbstzensur mit versuchter Ansteckung anderer. Oder er fordert es überhaupt nur für andere wie mich, das wäre Anmaßung. Letzteres ist eher wahrscheinlich, denn er fügt hinzu, dass er sich mit meiner Arbeit nicht weiter beschäftigen wolle, denn aus Publikationslisten habe er ersehen, dass ich in den üblichen Fachzeitschriften nichts veröffentlicht habe. Das stimmt. Er hätte allerdings erfahren können warum, bevor er Schlüsse daraus zog. Doch diese haben ihm dann wohl auch wieder nicht gefallen.

Er bestand darauf, die Lichtgeschwindigkeit sei immer und überall konstant. Daraufhin schickte ich ihm ein Zitat Einsteins aus dessen 'allgemeinverständlichem' Buch *Über die spezielle und die allgemeine Relativitätstheorie*, worin klipp und klar festgestellt wird, dass die Lichtgeschwindigkeit im Gravitationsfeld keineswegs konstant ist. Er antwortete sinngemäß, dass anscheinend Einstein selbst leider schlampige Erklärungen zu dieser Frage abgegeben habe. Er wusste erstaunlicherweise offenbar nicht, dass es genau die Verletzung der Konstanz der Lichtgeschwindigkeit war, die Einstein keine Ruhe gelassen hatte. Sie hatte diesen dazu gebracht, den mühseligen Weg zur allgemeinen Relativitätstheorie zu gehen, obwohl Gunnar Nordström eine elegante Gravitationstheorie vorgelegt hatte, die allen Ansprüchen der speziellen Theorie einschließlich der Konstanz der Lichtgeschwindigkeit zu genügen schien. Gerade das aber war für Einstein inakzeptabel, weil ihm längst vorher eine einfache Überlegung gezeigt hatte, dass sich Lichtstrahlen in einem beschleunigten Aufzug nicht geradlinig ausbreiten könnten. Infolge seines berühmten Äquivalenzprinzips gilt das dann auch für das Gravitationsfeld. Eine Krümmung von Lichtstrahlen schließlich aber beweist, dass dort die Lichtgeschwindigkeit eben nicht konstant sein kann. Hier wird übrigens sogleich erkennbar, dass es bei der berühmten 'Krümmung' um Lichtstrahlen und Maßeinheiten geht, und nicht etwa um eine ominöse 'Raumzeit', von der dabei gar keine Rede war.

Ich habe den hitzigen jungen Experten daraufhin gefragt, wer er denn sei, Einstein in dieser fundamentalen Frage Schlamperei vorzuwerfen, und ihm eine Denkpause vorgeschlagen. Obwohl niemand den Gong geschlagen hatte und es eigentlich zu früh war für eine Ringpause, schien es mir doch an der Zeit innezuhalten, um ihm die Chance zu geben, zur üblichen Coolness zurückzufinden. Ich versuchte ihm auch klarzumachen, dass es nicht seine persönliche Niederlage sein würde, sondern lediglich die einer unnötig komplizierten Auffassung der mathematisch einwandfreien allgemeinen Relativitätstheorie. Er scheine einen heroischen Kampf stellvertretend für alle Anhänger der bisher üblichen Interpretation zu führen, von der Einstein selbst bereits 1921 – nur sechs Jahre nach deren Fertigstellung – in *Geometrie und Erfahrung* geschrieben hatte, Henri Poincaré habe mit einer ganz entgegengesetzten Auffassung unter dem Blickwinkel der Ewigkeit recht.

Außerdem habe ich ihm ein Buch geschickt, in welchem meine damals zugrundeliegenden Arbeiten zusammengestellt waren[7], damit er sich in weiteren kritischen Anmerkungen bequem darauf beziehen könne. Aber welcher Spezialist hat denn noch Zeit, andere Arbeiten zu lesen als seine eigenen und die seiner gleichgesinnten Kollegen? Man hat den Eindruck, sie alle seien selbst nur noch mit Schreiben beschäftigt.

Im allgemeinen hat ein junger Professor der theoretischen Physik oft um die hundert und mehr 'Papers' verfasst, bevor er nach Studium und Promotion das wurde, was er nun endlich ist. Man kann leicht überschlagen, wieviel Zeit durchschnittlich in jeden dieser Artikel investiert sein mag.

Wenn man außerdem bedenkt, welche Verpflichtungen er ständig eingehen musste, um seine Karriere voranzutreiben, dann erübrigt sich in vielen Fällen jeder weitere Kommentar zum durchschnittlichen Gehalt an neuen Erkenntnissen. Hauptsächlicher Zweck der Übung und nicht selten der einzige ist es, im Gespräch – oder besser: in Kontakt – zu bleiben. Auch dazu dient das so genannte Peer-review-Verfahren. Dabei werden eingereichte Arbeiten an ausgewählte Kollegen des jeweiligen Autors zur Begutachtung weitergegeben. Viele Fachzeitschriften bieten an, vom Einsender vorgeschlagene Rezensenten zu berücksichtigen. Und da beißt sich die Katze eben in den Schwanz. Mit einigem Geschick kann eine Handvoll Leute genügen, sich wechselseitig zu begutachten und so – verteilt über diverse Zeitschriften – innerhalb weniger Jahre eine Vielzahl von Artikeln zu platzieren, selbst wenn diese bar jedes kritischen Inhalts oft das 'Papier' nicht wert wären, auf das sie gedruckt sind. Ein echter Fortschritt aber ist, dass es heute unter dem Stichwort Open Access zunehmend e-Journale gibt, für die wenigstens keine Wälder mehr abgeholzt werden müssen.

Der junge Einstein hatte seinerzeit großes Glück. Als er soweit war, hat er seine – drei plus eine – Arbeiten an die *Annalen der Physik* geschickt und ist dort auf Max Planck getroffen, und zwar nachdem diesem längst klar war, dass sich seine eigene Entdeckung der Energiequanten als von historischer Bedeutung erweisen würde. Es muss dessen nicht zuletzt daraus erwachsene Souveränität gewesen sein, die es ihm erlaubte, das dicke Fell des von Einstein einst beschworenen, nun aber tatsächlich gerittenen Esels nicht übelzunehmen.

Inzwischen wird allgemein vermutet, dass selbst Einstein als akademischer Garniemand heute keine Chance mehr hätte, seine bahnbrechenden Arbeiten bei einer renommierten Fachzeitschrift unterzubringen. Alle Einsendungen durchlaufen in der Regel das erwähnte Verfahren. Dabei sollen ja, wie es dessen Bezeichnung sagt, die Arbeiten eines Autors durch gleichrangige Kollegen begutachtet werden. Nun ist in den letzten hundert Jahren die Anzahl der physikalischen Fachzeitschriften samt Anzahl der eingereichten Beiträge, vor allem aber die der benötigten Gutachter um einen gigantischen Faktor gestiegen. Die Anzahl der Plancks eher nicht. Das wiederum fällt nur deshalb kaum auf, weil auch die Anzahl der Einsteins klein geblieben ist.

Daraus folgt, dass das Peer-review-Verfahren bei der Bewertung von Durchbrüchen in der theoretischen Physik leicht versagen wird, weil die dazu benötigten Gleichrangigen als Peers entsprechenden Kalibers gerade nicht im Angebot sind. Was in der Praxis davon effektiv bleibt, ist eine Aussortierung vorab, und zwar nach längst überwunden geglaubten Kriterien. Es ist mir in diesem Zusammenhang unverständlich, warum bei dem trotzdem hartnäckig so genannten Peer-review-Prozess 'gläserne' Autoren nach wie vor auf anonyme Gutachter treffen. Eine entsprechende Offenlegung beteiligter Namen müsste jedenfalls für beide Seiten gelten.

Dabei sollte es auch nicht notwendig sein, erst noch einmal erklären zu müssen, dass es nicht auf den akademischen Status einer Autorin oder eines Autors ankommt, sondern auf den Inhalt ihrer und seiner Arbeit. Was denken sich eigentlich all diejenigen, die sich – wie Bienen in seinem Klee und nicht selten weniger lieb als teuer – gerade mit dem ehemaligen Noname-Autor Einstein und seinem Werk in öffentlich geförderten Institutionen beschäftigen? Diese rhetorische Frage kann und werde ich ihnen nicht ersparen, wobei ich mich mit einer aus dem Englischen zurückübersetzten Wendung appetitlicher ausdrücke als es in Einsteins Muttersprache in Bezug auf Speck anstatt Klee geklungen hätte.

Hinzu kommt, dass es kaum noch jemanden gibt, der bereit wäre, Verantwortung zu übernehmen. Nicht nur in der Physik, die ganze globalisierte Welt krankt an Haftungsschieberei. Inkompetente Herausgeber können sich heute sicher fühlen, lieber zehn wertvolle Beiträge abzulehnen als auch nur einen einzigen Fehlgriff zu riskieren. Das wäre vielleicht noch zu verstehen, würde nicht gleichzeitig der Anspruch erhoben, über Wert und Unwert von Einsendungen zu entscheiden. Dabei kann selbst – oder gerade – auch in den angeblich so objektiven Naturwissenschaften niemand die Unanfechtbarkeit eines Inhalts oder umgekehrt die Wertlosigkeit eines Beitrags jemals garantieren.

In welchem Jahrhundert und in welchem Kulturkreis leben wir denn, dass Herausgeber rein wissenschaftlicher Fachzeitschriften ganz nach Geschmack und Belieben heute Alibi-Gutachter als angeblich gleichrangige 'Peers' zur schieren Profitoptimierung einzusetzen pflegen? *Borromea Worthswerd* hält fest, das englische 'submission' bedeute ja neben Einreichung nicht umsonst auch Unterwerfung. Dieser feine Unterschied drücke dem heutigen Verhältnis zwischen Wissenschaftsverlagen und Autoren zwar noch nicht den ganzen Stempel auf, sei aber hinreichend, um die Einstellung an heikler Stelle zu prägen.

Wer wäre in der Lage, sich innerhalb weniger Wochen von der vollständigen Richtigkeit einer neuen Kosmologie zu überzeugen, die es als endgültige Wahrheit ja gar nicht geben kann? Derartige Behauptungen wären dreiste Hochstapelei. Wo bitte sind die 'Peers' für den, der gegen den Strom schwimmt? In der Physik muss es genügen – und das kann gar nicht anders sein – dass innerhalb eines angemessenen Zeitraums umgekehrt niemand einen mathematischen Fehler findet.

Nachdem die Herausgeber des besagten Journals für Wissenschaftsgeschichte die als 'supplementary material' mitgelieferten detaillierten Berechnungen also zu 'herausfordernd' fanden, verlor ich die Lust, sie weiter von einer Sache überzeugen zu wollen, die sie offensichtlich nicht verstanden. Stattdessen kündigte ich einen anderen Artikel an mit den Worten, wenn es bisher um einen Penny gegangen sei, dann ginge es nun um ein Pfund. Ich hatte damit eine zurückhaltende Umschreibung gewählt. Für Gläubige der Raumzeit-Interpretation von Einsteins wunderbaren Gleichungen nämlich, die sich allerdings im Sinne Henri Poincarés und Nathan Rosens wesentlich einfacher verstehen lassen, ist es wohl ein Hammer.

Jedenfalls reagierten sie peinlich berührt. Sie flüchteten sich in heilloses Textbaustein-Geschwafel über Rahmen und Ziele ihres Journals, wobei sie sich insofern blamierten, als genau diese Vorgaben eindeutig erfüllt waren, was ich in wenigen Zeilen zeigen konnte. Keine Antwort. Der betreffende Artikel '*A natural vierbein approach to Einstein's non-Euclidean line element in view of Ehrenfest's paradox*' ist ebenfalls im Internet leicht zu finden, wo ich gelegentlich auch eine *Einsicht* in die offizielle Korrespondenz dazu ermöglichen möchte.

Die Herausgeber dieses und anderer Mainstream-Journale scheinen zu glauben, irgendwelche vorgeblichen Gutachter hinter einseitiger Anonymität verstecken zu können.

Um die Sache im Sinne einer endgültigen Klärung schließlich auf die Spitze zu treiben, schickte ich '*A Strange Detail Concerning the Conceptualization of the Hubble Constant*' als dritte Einreichung ab, so dass man es bei dem erwähnten Journal jetzt inhaltlich mit drei völlig eigenständigen Arbeiten zu tun hatte, wobei die dritte eine unmittelbare Brücke zur Gegenwart schlägt. Dabei ging es um die historische Fehlkonzeption eines *Hubble-Parameters*, die niemand bestreiten kann. Das gefiel ihnen erst recht nicht. Ich wundere mich, wie sie die Ablehnung der verschiedenen Artikel jemals nachträglich rechtfertigen wollen. Insbesondere für den zweiten und dritten konnte keine und keiner von ihnen auch nur die geringfügigste sachliche Begründung angeben, im Gegenteil.

Bei dem letztgenannten wurde stattdessen nun eine ehrenwerte Mitherausgeberin für ein Alibi-Gutachten benutzt. Die Autorenseite des Journals ließ von vornherein deutlich erkennen, dass man sich bei Bedarf darüber hinwegsetzen würde. Das taten sie dann auch, wodurch sich diese tapfere Frau, die sich dem Vorurteil vorsichtig, aber deutlich widersetzte, zuletzt bloßgestellt fand. Der Clou aber lag darin, dass ich zuvor sinngemäß aufgefordert worden war, meinem Konzept eines stationären Hintergrunduniversums gewissermaßen abzuschwören. Peinlich genug, haben sie daraufhin anscheinend nicht einmal gemerkt, dass ich in einer zu diesem Zweck von ihnen angeforderten Überarbeitung Formulierungen aus Osianders beschwichtigendem Vorwort zu Kopernikus übernommen hatte. Diesem entsprechend bezeichnete ich mein Konzept sinngemäß als Spielzeug-Modell, das keinerlei Anspruch auf Wahrheit erhebe, und mehr noch, das nicht einmal wahrscheinlich sei. Was aus heutiger – in diesem Zusammenhang allerdings 'vernebelter' – Sicht tatsächlich stimmen würde. Doch auch das hat ihnen nicht genügt. Die erwähnte zunächst verantwortliche Herausgeberin hat zuletzt ausdrücklich bestätigt, dass sie ohne weitere Vorbehalte einverstanden sei und eine Veröffentlichung empfehlen werde, es sei denn, dass ihre Chefs im Hintergrund – und zwar genau die, welche vorher auf Überarbeitung gemäß ersten Anmerkungen derselben Mitherausgeberin bestanden hatten – dies ablehnten, was sie ohne Angabe nur eines einzigen sachlichen Grunds schließlich auch taten.

Dabei versäumte man bei diesem Journal die Einholung eines Zweitgutachtens, das die klar positive Bewertung der kompetenten Mitherausgeberin entweder hätte bestärken, widerlegen oder aber zumindest neutralisieren können. Für letzteres haben sie offenbar keine Chance gesehen und deshalb auf die Einhaltung seriöser Spielregeln und Gepflogenheiten lieber verzichtet. Darüberhinaus haben sie sich schließlich nicht geschämt zu argumentieren, sie handelten in meinem Interesse. Vielleicht! *Borromea Worthswerd* versucht, die Angelegenheit positiv zu Ende zu denken. Vielleicht hatten sie damit ja recht, anders nämlich wäre dieses Buch nicht entstanden. Etwas Ähnliches kenne sie nur aus der Muppet-Show, wirft *Mlle Bleu de Ley* beiläufig ein, doch seien die zwei alten Narren dort wohl kaum je als solch infame Heuchler erwischt worden. In diesem Zusammenhang aber – entgegnet *Borromea Worthswerd* wiederum – an zwei Puppenmephistos auch nur zu denken, wäre bereits eine Überhöhung dieser Figuren bei gleichzeitig unverzeihlicher Herabwürdigung jenes teuflisch schlauen Doktorvaters aller Schlawiner.

Die Rolle des verantwortlichen Redakteurs war in diesem Fall vorher dreimal verschoben worden, bis besagte Professorin gefunden war, um für die spätere Ablehnung den Kopf hinzuhalten. Das Journal versucht offenbar, sich auf die Behandlung solcher historischer Entwicklungen zu beschränken, die endgültig abgeschlossen sind, und auf diese Weise die Publikation neuer Ergebnisse auszuschließen. Wenn es aber wie im vorliegenden Fall um einen nicht abgeschlossenen, weil bisher falschen und erst jetzt richtiggestellten Sachverhalt geht, dann stellt eine solche Verweigerung nach meiner Überzeugung die Existenzberechtigung historischer Journale und Institute grundsätzlich in Frage. Denn wozu wären diese teuren Einrichtungen dann anders nütze, als einen jeweils vorübergehenden, quasi-dogmatisch verteidigten 'Stand der Kunst' am Leben zu halten und damit ungünstigenfalls weitere Entwicklungen zu erschweren oder gar zu verhindern. L'art poor l'art! bedauert *Mlle Bleu de Ley.*

Es ist schade, über die Kompetenz dieser Herausgeber und die anderer angeblich führender physikalischer Fachzeitschriften nichts Besseres berichten zu können. Sie hatten ihre Chance, ich habe es ehrlich versucht, und das nicht nur einmal. Die betreffenden, sich in ihrer Würde nun vielleicht insgeheim gekränkt fühlenden Experten werden sich selbstverständlich vornehm zurückhalten, alles weitere nach bewährtem Muster ignorieren und schweigen. Natürlich könnten sie auch die eine oder andere Ungenauigkeit in meinen Arbeiten oder gar den ein oder anderen Fehler finden und leicht Stellen, die sich aus dem Zusammenhang gerissen am ehesten angreifen lassen. Doch gerade diese Experten würden dabei vergessen haben, wie bei gleicher Argumentation Einstein effektiv zu einem solchen Narren erklärt werden konnte, dass man den bedauernswerten Mann im Original heute wirklich nicht mehr ernstnehmen müsse. Oder hatte er die kosmologische Konstante der derzeit als Wolke am Himmel der Physik vorüberziehenden 'dunklen Energie' nicht längst vorher als die größte Eselei seines Lebens erkannt? Nach Meinung der vielen Drohnen – *Mlle Bleu de Leys* Bezeichnung – in seinem Klee hat er ja noch nicht einmal die Quantenmechanik richtig verstanden. Prompt fallen *Borromea Worthswerd* dazu Einsteins

Worte ein, jeder Lump glaube heute zu wissen, was Lichtquanten seien, aber der täusche sich.

Fest steht, dass der angeberisch proklamierte Anspruch führender Fachjournale die Verpflichtung einschließen würde, Leserinnen und Leser über die einzige heute in Frage kommende Lösung von Einsteins originalen Gravitationsgleichungen ohne kosmologische Konstante zu informieren. Was sonst könnte dort von größerem Interesse sein als ein vernünftiges kosmologisches Konzept, das ohne die unphysikalischen Fiktionen von dunkler Energie und kosmischer Inflation auskommt. Universale Aufblähung, geht's noch? fragt *Mlle Bleu de Ley*. Wobei diese Inflation sich in einem angeblich sinnlosen Universum abgespielt haben solle, zufällig entstanden samt Raum und Zeit aus dem Nichts.

Eine radikale Abkehr von 'seinem' mit Vorurteilen aufgeladenen Konkordanzmodell aber wird – wie schon Darwin, Planck und Kuhn grundsätzlich wussten – für manch einen Experten inakzeptabel bleiben. Ob sich nicht trotzdem das physikalisch wohlbegründete und von fundamentalen Beobachtungstatsachen wie den Supernova-Daten untermauerte Bild eines ewig jungen Universums durchsetzen kann, wird die Zukunft erweisen.

Eigentlich lohnt es ja nicht, sich hinsichtlich Borniertheiten aufzuhalten. Wer aber von Erlebnissen mit der schönen Kultur erzählen will – das Wort hat sich tatsächlich in Bezug auf die Landwirtschaft entwickelt – der muss eben auch von dem bereits erwähnten Misthaufen berichten, ohne den es nicht gehe. Schlimm werde es erst, *Sigismund Sörgli* rümpft die Nase, wenn dieser, von Experten fachkundig bearbeitet, als Gülle zum Himmel stinke. Im Sinne der zuerst vorgeschobenen, dann zuletzt peinlich überstimmten, immer aber diplomatischen Mitherausgeberin unterbricht hier *Mlle Bleu de Ley*. Sie versucht zu besänftigen, selig seien die Armen im Geiste. Das treffe hier durchaus nicht zu, und mit diesem Satz mache er keine Witze, scharf reagiert ein entfernter *Nachfahre Giordano Brunos*. Sie gestehe, es müsse in diesem Fall allerdings auch richtig heißen: unselig, die arm sind an Geiste, aber das genaue Gegenteil für sich in Anspruch nähmen, fügt *Mlle Bleu de Ley* wie aus der Pistole geschossen hinzu.

In diesem Zusammenhang hat sich die kenntnisreiche *Borromea Worthswerd* spontan bereit erklärt, unter dem Pseudonym Virginia Osiandle das Geleitwort zu diesem Buch zu schreiben. Darin würde es heißen, nein, nicht ein Reiseschriftsteller habe das physikalische Bild gezeichnet, sondern der Entwickler von SUM[8] erzähle hier von der Reise zur Entdeckung eines ewig jungen Universums. Und wenn er neben seinen Begleitern Einstein und dem Esel gelegentlich auch Randfiguren zu Wort kommen lasse, dann dürften Leserin und Leser davon ausgehen, dass es sich dabei keineswegs um billige Scherze handle. Für Urknalldogmatiker könne es in seltenen Fällen sogar zu schockartiger Erstarrung führen, wenn ihnen plötzlich bewusst werde, dass sich dahinter auch Geistesblitze verbergen, teilweise teuer in Raten erkauft. Solche Verkünder der gegenwärtigen Konkordanzkosmologie seien aufgefordert endlich einzugestehen, dass niemand etwas Sicheres von ihnen erwarten dürfe – das könnten sie ja nicht liefern – auf dass sie nicht etwa ihre Ideen für wahr hielten, und so diese Studien als größere Narren denn vorher beenden müssten. Doch andererseits könne die Lektüre des Buchs selbst für überzeugte Anhänger der bisher herrschenden Lehre zum Vergnügen werden, wäre es doch eine Überraschung, wenn es ihnen nicht gelänge, ihr eigenes mehrfach überholtes Modell des vergangenen Jahrhunderts einmal zu beleben. Dessen Hypothesen müssten ja nicht unbedingt wahr sein, sie brauchten nicht einmal wahrscheinlich zu sein. Vielleicht reiche es vielen vollkommen, wenn eine Anpassung an das neue Konzept geschehe. Der Autor spreche hier ausdrücklich auch Leserinnen an. Die Selbstverständlichkeit dieser Einstellung komme in einer kleinen Begebenheit zum Ausdruck. Als ihm nämlich die herzerfrischende *Mlle Bleu de Ley* einmal zum Versuch einer stärkeren Einbeziehung weiblicher Vernunft in die Kosmologie habe Glück wünschen wollen, sei seine Antwort gewesen, darin liege kein Verdienst. Es sei ihm ja gar nicht möglich, nicht an Frauen zu denken. Im Mai des Jahres Einhundert nach Einsteins Gravitationsgleichungen habe er sie selbst daraufhin mit einem Frühlingsstrauß und vierundzwanzig mathematischen Perlen beschenkt.

Leserinnen und Leser seien trotz allem gewarnt: Mit eingefleischten Urknall-Dogmatikern lässt sich ebensowenig streiten wie mit engstirnigen Kreationisten. Ich frage mich, wo überhaupt ein wesentlicher Unterschied zwischen beiden Weltanschauungen liegt. Bei eifrigen Verfechtern der gegenwärtigen Konkordanzkosmologie wird das in diesem Buch vorgestellte Konzept eines ewig jungen Universums wohl auf Ablehnung stoßen, weil sie immer noch an die Entstehung des Universums mitsamt Raum und Zeit glauben *wollen*, selbst um den Preis ihrer Vernunft. Für denjenigen aber, der lediglich nach sekundären Merkmalen eines primär einfach vorausgesetzten Urknalls fragt, ist jede grundsätzliche Alternative eben „nicht einmal falsch".

Diese vernichtende Formulierung, etwas sei nicht einmal falsch – heute von *Prof. Hintz, Dr. Kunzt* samt Institutsassistentin *Lisa Müller-Mona* mit ihrer Vorliebe für erschwingliche intellektuelle Originalität regelmäßig missbraucht – wurde übrigens in einem ganz anderen Zusammenhang vom scharfzüngigen Physiker Wolfgang Pauli geprägt. Dabei ist nicht zu vergessen, dass es derselbe große Pauli war, der die Veröffentlichung der Entdeckung des Elektronen-Dralls ursprünglich geblockt und verhindert hat. Auch hier wieder eine prächtige Ironie des Schicksals: Ohne den halbzahligen Spin entsprechender Teilchen nämlich könnte es das nach ihm benannte Pauli-Prinzip schlicht gar nicht geben, und er selbst wäre trotz herausragender Leistungen ohne Nobelpreis geblieben.

Lange Zeit zuvor hatte derselbe Pauli, ein Patenkind Ernst Machs, noch als Student des begnadeten Physikers und Lehrers Arnold Sommerfeld den Auftrag erhalten, für die „Encyklopädie der mathematischen Wissenschaften" einen Artikel über die Relativitätstheorie zu schreiben. Dieser 'Artikel', der dann eine vollständige Übersicht über die gesamte einschlägige Literatur der damaligen Zeit beinhaltete, zeugt noch heute von unglaublicher mathematischer Souveränität eines Einundzwanzigjährigen. Max Born – ehemals Assistent Hermann Minkowskis – merkte zu Paulis Genialität später einmal an, „... dass er rein wissenschaftlich vielleicht noch größer war als Einstein". Nach Göttinger Maßstäben – nicht zuletzt leider auch dazu gemacht, handfeste Physik einer anmaßenden Mathematik einzuverleiben – wäre diese Einschätzung verständlich.

Doch in bemerkenswerter Analogie zur Situation der Relativitätstheorie sagt dies meines Erachtens mehr aus über deformierte historische Maßstäbe als über den eigentlichen Adressaten dieser Würdigung.

Lange bevor ich mir über die prinzipielle Relativität jeder Messung klar geworden bin, hatte ich das zugrunde liegende Prinzip erfasst, dessen Bedeutung weit über die Physik hinausreicht. Und zwar war das während meiner Schulzeit, als wir „Über die allmähliche Verfertigung der Gedanken beim Reden" lasen. Seit Heinrich von Kleist ist ja unübersehbar, dass jedes Urteil niemals nur ein Urteil über den Be- oder Verurteilten sein kann, dass es vielmehr immer auch ein Urteil über den Urteilenden ist und über die Maßstäbe, die er anlegt. Klar, dass diese Auffassung jede Autorität – insbesondere institutionelle oder die an Repräsentanten aller möglichen Organisationen 'verliehene' – zunächst einmal grundsätzlich in Frage stellt.

Mit diesem Buch lege ich meine Karten offen auf den Tisch, wobei allerdings hinsichtlich mancher Details kein Anspruch auf Vollständigkeit erhoben werden kann. Vieles wird hier weder besprochen noch überhaupt erwähnt, ohne dass damit eine Abwertung verbunden sein soll. Jeder hat andererseits die Möglichkeit, sich selbst zu überzeugen. Doch wie heißt es so schön unter einem Cartoon von F. K. Waechter: „Wahrscheinlich guckt wieder kein Schwein!" – sei's drum. Doch der hermetischen 'Glaubensbruderschaft vom Urknall aus dem Nichts' seien die Worte Einsteins von außen an die Wand ihrer Klause geschrieben: *„Unter 'Akademischer Freiheit' verstehe ich das Recht, nach der Wahrheit zu suchen und das für wahr gehaltene zu publizieren und zu*

lehren. Mit diesem Recht ist auch eine Pflicht verbunden, näm-
lich, nicht einen Teil des als wahr erkannten zu verschweigen."
Bevor wir uns nun ins Getümmel stürzen, möchte ich hier
darauf hinweisen, dass einige wichtige physikalische Sachverhalte in einem Glossar am Ende des Buches stichwortartig zusammengestellt sind. Die meisten davon dürften den Leserinnen und
Lesern in der einen oder anderen Form schon begegnet sein. Die
gewählte Reihenfolge ist dabei alphabetisch, der logisch-his-
torische Zusammenhang wird dort für Interessierte durch Quer-
verweise hergestellt. In dieser Aufstellung enthaltene neue Erkenntnisse und Folgerungen des Autors sind über viele Jahre aus
dessen physikalischen Arbeiten entstanden. Sie werden bei eingeschworenen Urknall-Kosmologen zum Teil auf heftigen, wenn
nicht wütenden Widerspruch stoßen. Mögen also die berufenen
'Fachgenossen' – Einsteins Ausdruck – alles, was falsch ist, im
Sinne einer vernünftigen Weiterentwicklung der Kosmologie
konkret widerlegen und am besten endgültig klären.

Am Start

Feiert die Urknall-Kosmologie nicht einen triumphalen Erfolg nach dem anderen? Sind nicht die dunkle Energie samt be-
schleunigter Expansion des Universums nachgewiesen, nicht die
Unregelmäßigkeiten der Hintergrundstrahlung restlos verstanden? Ich sage: nein.

Doch es kann nicht genügen, bei grundsätzlichen Einwänden stehen zu bleiben, sondern es wird gelingen, das lebendige
Bild eines ewig jungen Universums zu entwerfen, das sich als
überraschende Alternative erweist. Diese ergibt sich auf Basis der
wunderbaren Gleichungen Einsteins, die er zwar einst mit dem
dicken Fell eines Esels gesucht, doch ursprünglich ganz ohne die
'größte Eselei' seines Lebens gefunden hat: vor 100 Jahren in der
allgemeinen Relativitätstheorie.

Die überwältigenden Beobachtungstatsachen der beiden
letzten Jahrzehnte werden nun aber in einen neuen Zusammen-

hang gestellt. Niemand sollte glauben, dass gerade heute die historische Entwicklung zu Ende sei. Stattdessen führt der Weg zu einer Befreiung von den Fesseln der gegenwärtigen Kosmologie. Unser eigener evolutionärer Kosmos kann nicht das allumfassende Universum sein.

Denn es gibt keinen Urknall im Sinne einer physikalischen Entstehung des gesamten Universums mitsamt Raum und Zeit, es kann ihn nicht geben. Es gibt keine als primordiale Nukleosynthese bezeichnete allererste Bildung der Elemente samt Atomen und Kernen, es kann sie nicht geben. Es gibt keine alles für immer verschlingenden Schwarzen Löcher, es kann sie nicht geben. Es gibt kein als Wärme- oder Kältetod bezeichnetes erbärmliches Ende des Universums in Leere, so etwas kann es nicht geben. Es gibt keine nicht umkehrbare Unordnung, kein Ende aller Tage, es kann sie nicht geben. Es gibt keine zeitliche Entwicklung des Universums insgesamt, es kann sie nicht geben. Es gibt keine Notwendigkeit, einen Beginn des ganzen Universums zur Erklärung des dunklen Nachthimmels heranzuziehen, es kann sie nicht geben.

Das ist die Richtung, in welche mit Einstein und dem Esel die Reise gehen soll. *Frank U. Frey* behauptet gar, jeder Experte, der das nicht bald verstehe, sei nur zu dumm oder zu faul, um als mündiger Mensch an der Aufklärung über das ewige Universum teilzunehmen, das nicht zuletzt doch ihn selbst hervorgebracht habe. *Mlle Bleu de Ley* gibt allerdings zu bedenken, dass eine ähnliche Argumentation leider auch von des Kaisers Schneidern benutzt worden sei. Erst *Borromea Worthswerd* sieht ein, dass diesen Fragen nicht allein mit mathematischen Kunststücken beizukommen sei, wobei sie zitiert „armselige Logik, erbärmliche Rechenkunst". Was hier entscheide, sei die Vernunft und ein klarer Blick wie der jenes Kindes.

Von der Hartnäckigkeit eines Einstein samt Esels ganz abgesehen, ist es nichts als falsche Anmaßung zu behaupten, dass Relativitätstheorie und Quantenmechanik für alle Zeiten unvereinbar seien außer in x-zählig vielen y-dimensionalen 'parallelen'

Universen mit jeweils z-beliebigen Naturgesetzen. Fiktive 'Schwarze Löcher' existieren allein im Rahmen einer unvollständigen 'Relativitäts- ohne Quantentheorie'. *Frank U. Frey* fährt fort, wahr sei, die allermeisten Experten wüssten nicht nur nicht wie das gehen solle, sie hätten nicht einmal eine Ahnung. Was nämlich existiere, sei der Jungbrunnen aus dem Zusammenspiel von Gravitation und Quantenmechanik mit Geburt, Tod und wieder neuem Leben. Nichts und niemand sei aus dem Nichts gekommen, nichts und niemand gehe für immer verloren.

Schon bevor wir nun starten, haben sich aus dieser Position solch fundamentale Zusammenhänge ergeben, die – so einfach sie auch sein mögen – jedem auf Basis falsch verstandener Gleichungen dogmatisch vertretenen Unfug ins Gesicht schlagen. Was von Gläubigen der gegenwärtigen Konkordanzkosmologie als Frevel empfunden werden muss, können Menschen, die davon verschont geblieben sind, im Sinne eines ewigen, unendlichen Universums leicht verstehen.

Ich will darauf verzichten, hier zu begründen, was ohnedies jedermann einleuchtet. Die Kosmologie kommt nicht daran vorbei, sich auf naturphilosophische Grundlagen zu besinnen und daraus geeignete Voraussetzungen abzuleiten. Solche Voraussetzungen sind naturgemäß unbeweisbar. Sie dürfen keine überflüssigen Einschränkungen enthalten. Neben der erforderlichen Verträglichkeit mit bekannten – und in diesem Fall sogar mit zukünftigen – Beobachtungstatsachen sollen sie die entscheidenden Kriterien der Einfachheit, Zweckmäßigkeit und Klarheit erfüllen. Selbst die mathematische Schönheit spielt eine Rolle, es kommt allerdings darauf an, wer diesen Maßstab anlegt. Manche Zeitgenossen schienen selbst die verwickelt hinfrisierte längliche Formel der gegenwärtigen Konkordanzkosmologie 'schön' zu finden, wohingegen sich wahre Schönheit kurz und bündig zeigen werde, erwartet *Frank U. Frey*. In der graphischen Darstellung – siehe Buchumschlag – lasse sich die mathematische Schönheit des SUM-Linienelements geradezu als Zerteilung eines kosmologischen Knotens erkennen.

Man kann sich die Mitte eines Schachbretts als Nullpunkt eines Koordinatensystems vorstellen und die Berandungen der einzelnen Felder als Einheitsabschnitte senkrecht zueinander verlaufender Koordinatenlinien. Theoretisch könnten nun beliebig viele Schachbretter von außen an das erste so angelegt werden, dass davon ein unendlich großer ebener Tisch lückenlos bedeckt würde. Geradeso könnte man mit acht zusammengefügten Würfeln beginnen, deren Mittelpunkt – in dem alle acht zusammenstießen – als Koordinatenursprung zu wählen wäre, und sich dann den ganzen unendlichen Raum mit solchen fiktiven Einheitswürfeln erfüllt denken.

Auf diese Weise lassen sich zwei- oder dreidimensionale 'kartesische' Koordinatensysteme denken, die nach dem Naturphilosophen René Descartes so genannt werden. Sind nun die Koordinaten zweier beliebiger Punkte gegeben, so lässt sich mittels Schulmathematik daraus ihr Abstand berechnen. Demgegenüber aber genügt ein Blick in den Atlas um zu zeigen, dass es offenbar unmöglich ist, die gesamte Erdoberfläche mit einem zusammenhängenden Netz kartesischer Koordinaten zu bedecken. Um nun beispielsweise aus den Koordinaten 39° nördlicher Breite, 9° westlicher Länge von Lissabon sowie 11° nördlicher Breite, 67° westlicher Länge von Caracas den Abstand dieser beiden Städte als kürzeste Entfernung auf der gekrümmten Erdoberfläche zu berechnen, braucht man ein *Linienelement*. Wegen der Krümmung der Erdoberfläche tritt hier zum ersten Mal gleich ein *nichteuklidisches* auf. Dies meint eine Formel, die zunächst nur zur Berechnung von kleinen Abständen geeignet ist, welche zu kleinen Koordinatendifferenzen gehören. Dass eine solche Formel tatsächlich notwendig ist, lässt sich leicht einsehen, wenn man bedenkt, dass der Unterschied von einem Längengrad in der Nähe der Pole einen viel kleineren Abstand bedeutet als am Äquator. Das Linienelement berücksichtigt diese Abhängigkeit. Um jetzt aus den genannten Koordinaten die Entfernung zwischen Lissabon und Caracas zu berechnen, ist es außerdem erforderlich, die als *geodätisch* bezeichnete kürzeste Linie zwischen den beiden Städten zu bestimmen. Wird dann das Linienelement als mathematische Formel auf jedes kleine Teilstück dieser geodätischen Linie angewandt, und am Ende alles zusammengezählt, so erhält man das richtige Ergebnis von etwa 6500 Kilometern. Ein gleiches Ergebnis ließe sich jedoch dadurch finden, würde an einer senkrechten Wand das Schattenbild eines Drahtglobus mit entsprechend gestauchten Schattenmaßstäbchen vermessen, ohne dass diese Projektionsfläche selbst irgendeine reale Krümmung aufwiese. Die Mehrdeutigkeit ein und desselben Linienelements beruht hier darauf, dass es sich um zweidimensionale Flächen handelt, die entweder im dreidimensionalen Raum gekrümmt sein können oder nicht. Für den dreidimensionalen Raum selbst aber gibt es keine höhere räumliche Dimension, worin er sich krümmen könnte. Ein nichteuklidisches Linienelement läuft hier eindeutig auf längenveränderliche Einheitsmaßstäbe anstatt reale Krümmung hinaus. Die Mathematiker machen da keinen Unterschied, ich als Physiker schon.

Gemäß Einsteins als *allgemeine Gravitationstheorie* verstandener Relativitätstheorie wird das gesamte Universum näherungsweise durch solch ein Linienelement beschrieben, das allerdings neben drei räumlichen Koordinaten zusätzlich diejenige der Zeit einschließt und sich aus der durchschnittlichen Verteilung von Materie und Strahlung ergibt. Dementsprechend gehört zu einem Urknall-Universum mit einem einzigartigen Anfall von Aufblähung sowie einigen unmotiviert erscheinenden Brems- und Beschleunigungsphasen ein unschön komplizierteres Linienelement, zu einem über hinreichend große Distanzen gesehenen ewig jungen unendlichen Universum aber nicht. Ganz im Gegenteil ist das zu SUM gehörende Linienelement von denkbar größter Eleganz. Dann im Falle der Konkordanzkosmologie trotzdem von 'Das elegante Universum' zu sprechen, könne nur als unverschämte Hochstapelei bezeichnet werden, schimpft *Mlle Bleu de Ley*. Andererseits gebe es noch größere Bestseller mit noch mehr Flunkerei, wendet *Borromea Worthswerd* dazu ein. Aber nirgendwo sonst als ausgerechnet zu diesem Thema, stellt *Frank U. Frey* schließlich fest.

Die Stärke des Kriteriums möglichster Einfachheit ist bereits im Vergleich der eleganten Ellipsen Keplers mit den exzentrisch als Epizykel aufgesetzten Kreisen des Ptolemäus deutlich zum Ausdruck gekommen. Ohne Rückgriff auf vernünftige Kriterien aber wäre aus den Planetenbewegungen nicht einmal eine Entscheidung möglich gewesen zwischen dem heliozentrischen und dem alten geozentrischen System, wie sich gerade als Konsequenz der allgemeinen Relativitätstheorie durch bloße Koordinatentransformation beweisen lässt.

Im Klartext hier eine Frage: Wer ist in der Lage, aus Einsteins Gravitationsgleichungen ohne Bezug auf ein ausgezeichnetes System die Tatsache abzuleiten, dass sich die Erde um die Sonne dreht und nicht umgekehrt? Die Antwort: Niemand. Niemand kann allein aus der allgemeinen Relativität ableiten, dass sich die Erde – natürlich! – um die Sonne dreht, anstatt mathematisch auch umgekehrt. Eine gerade von Einstein legitimierte Koordinatentransformation genügt, um vom heliozentrischen zum geozentrischen Weltbild zurückzuwechseln. Doch was bliebe aus dieser Sicht von der großen Umwälzung unseres gesamten Weltbildes durch Kopernikus, wenn dessen Koordinaten keinerlei physikalische Bedeutung zukäme? Hätte sich Galilei den ihm nachgesagten letzten Satz sparen können, 'und sie bewege sich doch'?

Die physikalisch richtige Antwort ist ohne jeden Zweifel im Sinne des Kopernikus ausgefallen, weil sich allein dessen Sichtweise – ursprünglich herrührend von Aristarch – als fruchtbar und richtungsweisend gezeigt hat, indem sie über Galilei und Kepler zu Newton und der klassischen Physik führen konnte, ohne welche zuletzt auch die allgemeine Relativitätstheorie undenkbar wäre. In Bezug auf Newtons 'absoluten Raum' aber – den ich begrifflich durch das System handfester universaler Gravitation ersetzt habe – war einst alles klar. Andererseits ebenso klar ist, dass sich Newtons mathematische Formeln der Schwerkraft seit nun gerade einhundert Jahren in den allgemeinen Gleichungen Einsteins als Näherung wiederfinden. Dennoch ist und bleibt es ein Fehler, das Kind mit dem Bade auszuschütten. Und in diesem Fall ist das Kind ziemlich groß, nämlich das gesamte Universum.

Ich denke, die prinzipielle Lösung beinahe aller Rätsel der gegenwärtigen Kosmologie liegt in der Unterscheidung zwischen Kosmos und Universum. Ich sage, das ist nicht dasselbe. Schon der Blick in ein gutes Wörterbuch zeigt, dass sich, im Unterschied zum Universum als Welt-All, der Kosmos als Welt-Ordnung verstehen lässt. Nicht nur *Borromea Worthswerd* fragt, warum die Chance dieser Unterscheidung nicht längst genutzt wird. Doch die von der Doktrin eines allumfassenden Urknalls verdorbenen mathematischen Modellbauer wissen leider nicht, was sie tun. Sie verpassen so die eine Antwort auf viele Fragen. Aber sie wollen doch bloß spielen, reagiert bissig *Hypolite Van Tast*.

Den Begriff 'Universum' verwende ich also im Sinne des Wortes für die Gesamtheit all dessen, was in der Vergangenheit war, in der Gegenwart ist und in der Zukunft sein wird. Demgegenüber sei unter dem Begriff 'Kosmos' die Wirklichkeit zunächst einmal nur insoweit verstanden, wie sie unserer Beobachtung zugänglich ist. Dann aber stellt sich die Frage, ob beide Begriffe das gleiche bedeuten könnten. Ich werde im Folgenden davon ausgehen, dass dies nicht der Fall ist. Unter dem Begriff Kosmos sei hier dementsprechend jede jeweils größte Struktur in einem stationären Universum zu verstehen, die eine von einem gemeinsamen Ursprung ausgegangene evolutionäre Entwicklung genommen hat. *Unser* Kosmos meint demzufolge diejenige größte Struktur gemeinsamen Ursprungs, die zumindest unser Sonnensystem einschließt, höchstwahrscheinlich aber die Milchstraße mitsamt ihrer Verwandtschaft in der 'Lokalen Gruppe' und dem Virgo-Superhaufen.

Im ersten Widerstreit der Gesetze der reinen Vernunft – dort Antinomie genannt – hat Immanuel Kant in seiner berühmten

„*Kritik…*" die beiden einander ausschließenden Aussagen 'bewiesen', dass nämlich zum einen die Welt einen Anfang hat in der Zeit, und zum anderen, dass umgekehrt die Welt keinen Anfang haben kann. Beide Beweisketten enthalten in der jeweiligen Argumentation tatsächlich keinen Fehler. Wohl aber in einer stillschweigenden Voraussetzung.

Die Auflösung des Paradoxons, das also in eine anderweitig als Aporie bezeichnete Ausweglosigkeit zu führen scheint, wird sehr einfach, wenn man mit Galilei daran festhält, dass zwei Wahrheiten einander niemals widersprechen. Dann kann der Gegenstand der einen richtigen Aussage nicht derselbe sein wie derjenige der entgegengesetzten anderen.

Hier nun ist das kinderleicht zu verstehen: Das, was einen Anfang hatte, ist unser evolutionärer Kosmos; das, was keinen Anfang hatte, das ewige Universum. Wie gerade erläutert, ist beides eben nicht dasselbe. Bestenfalls unser Kosmos wäre also nach heutiger Anschauung das, was in jenem angeblichen 'Urknall' entstanden ist. Das Universum aber wäre das, worin die Entwicklung dieses Kosmos eingebettet ist und einst begonnen hat.

Kants dort benutzter Begriff macht noch keinen derartigen Unterschied. Dessen Wort 'Welt' sollte aber eher im Sinne von 'Kosmos' verwendet werden, wenn überhaupt anders als für unseren Lebensraum Erde.

In diesem Zusammenhang bedarf der wiederholte Bezug auf ein ewig junges Universum einer gewissen Erklärung. Natürlich ist ein ewiges Universum in Bezug auf nicht gegebene Phasen von Anfang und Ende weder jung noch alt. Und dennoch ist es für immer jung, indem es vermöge der Gravitation über einen unvergänglichen Jungbrunnen verfügt, so dass sich ausgebrannte alte Strukturen nicht in trostloser Leere verlieren werden, sondern dass daraus neue Sterne hervorgehen, wieder und wieder, für alle Zeiten.

Bereits vor jeder messenden Beobachtung braucht die Kosmologie eine *angemessene* Naturphilosophie. Jede Auswahl von

Voraussetzungen ist nichts anderes als deren konkrete Ausübung. Das gilt unabhängig davon, ob sich Physikerinnen und Physiker dessen bewusst sind oder nicht. Überhaupt alle Wissenschaftler wären gut beraten, der Natur endlich wieder mit gebotener Bescheidenheit, Ehrfurcht, ja Demut zu begegnen, um dankbar und staunend von ihr zu lernen, nicht aber um sie in völliger Verblendung gewissermaßen belehren oder gar widernatürlich 'verbessern' zu wollen.

Im Sinne des Wortes ist das Universum die Gegebenheit all dessen, was ist, was war und was sein wird; nichts also ist außerhalb. Unter physikalischen Aspekten ist dieses Universum als zusammenhängend zu betrachten – erfüllt vor allem von Licht, Materie und Gravitation – sowie außerdem als ewig und unendlich. In Bezug auf hinreichend große Skalen bedeutet das, alles ist richtungsunabhängig gleichmäßig verteilt, oder alles in allem ist es *stationär*, *homogen* und *isotrop*. Und zwar deshalb, weil es ehrlicherweise keinen Sinn hätte, ihm Eigenschaften zuzuschreiben, die auch andere sein könnten. Denn selbst wenn es sich um astronomische Beobachtungstatsachen handelte, die sich über Tausende von Jahren immer wieder bestätigt hätten, so würde doch niemand jemals davon ausgehen können, das gesamte Universum überblickt zu haben. *Borromea Worthswerd* stellt fest, es sei seltsam, dermaßen schlichte Feststellungen heutzutage ausdrücklich treffen zu müssen, die doch jedem vernünftigen Menschen sofort einleuchten müssten. Sofern er nicht als *Prof. Hintz* oder *Dr. Kunzt* ein studierter Experte sei, *Mlle Bleu de Ley* kann es nicht lassen.

Physikalische Abläufe sind nach Voraussetzung wiederholbar, denn sonst wären es keine. Nach Wiederherstellung jeweils gleicher Anfangsbedingungen beschreibt die Physik nichts als prinzipiell reproduzierbare Abläufe der Natur. Dass es solche überhaupt gibt, ist das fundamentale Geheimnis. Es hat deshalb wenig Sinn, innerhalb dieser vielleicht schönsten aller Naturwissenschaften nach einem Beginn des gesamten Universums zu fragen. Eine zeitliche Entwicklung des gesamten Universums im

Sinne der heutigen Kosmologie aber wäre – wenn es sie so gäbe – grundsätzlich eben nicht wiederholbar. Gerade ihr Beginn würde sich einer physikalischen Beschreibung entziehen, solange man nicht bereit ist, das als *Kausalitätsprinzip* bezeichnete Gesetz von Ursache und Wirkung sowie fundamentale Erhaltungssätze zumindest für vorübergehende Zeitspannen preiszugeben.

Grundsätzlich sollten sich alle Beobachtungen – auch zukünftige – sinnvoll in ein offenes naturphilosophisches Konzept einfügen lassen. Was aber wären geeignete Voraussetzungen für eine diesem Anspruch genügende relativistische Kosmologie? Das Konzept eines stationären Universums ist prinzipiell nicht widerlegbar. Allen konkreten Beobachtungen, die einem solchen Modell zu widersprechen schienen, ließe sich, wie bereits angedeutet, mit dem Einwand begegnen, dass es sich dabei um lokale Abweichungen handle, die über hinreichend große Skalen von Raum und Zeit nicht mehr auftreten werden. So ist von Anfang an klar, dass sich quantitative Aussagen über das Universum als Ganzes grundsätzlich weder beweisen, noch widerlegen, ja, letztlich nicht einmal endgültig überprüfen lassen. Hielte man nun an der in allen anderen Fällen berechtigten Auffassung fest, dass jedes vernünftige physikalische Modell falsifizierbar sein müsse, dann könnte es ein solches in Bezug auf das Universum überhaupt nicht geben. Wenn man so will, ist also das Kriterium der Widerlegbarkeit in diesem Fall nicht anwendbar. Und somit von keinem Anfang an, meint kurz wegen der Würze *Mlle Bleu de Ley*.

Die Kosmologie braucht stattdessen Grundlagen und Voraussetzungen, wie zunächst das eigentlich selbstverständliche Prinzip einfachster Eigenschaften: Das Hintergrunduniversum, soweit es allein durch seine räumlich gemittelten Dichten von Materie und Energie gegeben ist, sollte durch das denkbar einfachste Modell beschrieben werden, das sich aus möglichst wenigen, aber klaren Voraussetzungen ableiten lässt und durch echte Naturkonstante bestimmt ist.

Ziel aller Bemühungen einer widerspruchsfreien Kosmologie kann es daher nur sein, die jeweiligen physikalischen Erkenntnisse und Theorien dahingehend zu erweitern, dass sie nicht nur mit sämtlichen einschlägigen Beobachtungstatsachen bestmöglich in Einklang stehen – diesen jedenfalls nicht widersprechen – sondern auch mit einem im Sinne einer prinzipiell vollständigen Beschreibbarkeit geradezu vorgegebenen stationären Universum. Dass sich letzteres tatsächlich erreichen lässt, ist weder beweisbar noch widerlegbar, dennoch aber erstrebenswert. Das physikalische Konzept eines stationären Universums hat trotz – oder vielleicht auch wegen – der Nicht-Falsifizierbarkeit seinen Wert. Denn eine endgültige, vollständige Kosmologie kann es natürlich ebensowenig geben wie eine endgültige, allumfassende physikalische Theorie.

Nicht-stationäre Modelle des Universums jedoch, die einen zeitlichen Anfang beinhalten, verzichten von vornherein auf die prinzipielle Möglichkeit einer durchgängigen Beschreibung des Naturgeschehens. Unabhängig von der Bereitschaft – Notwendigkeit in den Augen vieler – an Wunder zu glauben, kann also die physikalische Frage nur lauten, ob der unserer Beobachtung zugängliche evolutionäre Kosmos selbst stationär oder aber Teil eines ewigen, unendlichen Universums ist.

In diesem Sinne ist es durchaus denkbar, dass zwar unser Kosmos seinen Anfang hatte, nicht aber das Universum selbst oder gar Raum und Zeit. Vergessen wir einmal deren angebliche Entstehung, und erinnern uns stattdessen an die natürliche Tatsache, dass alle makroskopischen Strukturen entstehen und vergehen. Berücksichtigen wir, dass die 'natürliche' Zeit – die gemäß der Relativitätstheorie allerdings einen Anfang hätte – wie wir sehen werden nur lokale Phänomene betreffen kann, dann wird aus dem Alter des Universums sehr einfach das größtmögliche Alter lokaler Strukturen wie eben der unsrigen. Eine solche Auffassung ist mit einem stationären universalen Gleichgewicht vereinbar, das aber keineswegs statisch sein kann.

Was vermag nun die Einstein'sche Relativitätstheorie, oder richtig: was vermögen die Einstein'schen Gleichungen über das Universum im Hintergrund zu sagen? Es lässt sich nicht vermeiden, eine solche Unterscheidung zwischen der Theorie und ihren Gleichungen zu treffen, denn aufgrund einer fatalen Überinterpretation des so genannten Raumzeit-Konzepts können beide Fragestellungen zu wesentlich verschiedenen Antworten führen.

Es stellt sich heraus, dass der denkbar einfachste Ansatz SUM nicht nur zum Bild eines über hinreichend große Skalen stationären, sondern zugleich auch lebendigen Universums führt. Vor allem diese Konsequenz des neuen Modells – die das alte 'Big Bang'-Konzept am Ende aufbrechen wird – verdient es, ausdrücklich angesprochen zu werden. Sie erwächst aus der sich ständig selbst wiederherstellenden Gültigkeit der speziellen Relativitätstheorie in lokalen Umgebungen.

In einem nach Voraussetzung stationären Universum aber ist der jeweilige Anteil aller materiellen Komponenten dadurch bestimmt, dass diese im Einklang mit den Gesetzen der Quantenmechanik in originären Prozessen wiederhergestellt werden – und zwar im gleichen Verhältnis, wie sie zuvor in den dafür verantwortlichen Gravitationszentren extremer Stärke verschwunden sind.

Dies bedeutet auch, dass die materiellen Komponenten eines stationären Universums in annähernd den gleichen Proportionen existieren müssen, wie sie ursprünglich aus dem Big-Bang-Modell abgeleitet worden sind. Die Berechnung benutzt an keiner Stelle, dass es außerhalb des dort ins Auge gefassten Bereichs extremer Temperaturen und Dichten nicht weitere solcher Ereignisse in anderen Bereichen geben könnte. Im Gegenteil scheint das hier skizzierte Geschehen trotz jeweils vorübergehender lokaler Verletzung des Entropiesatzes physikalisch weit weniger unwahrscheinlich als eine Entstehung des gesamten Universums aus dem Nichts. Unter Verletzung des wichtigsten Erhaltungssatzes 'ex nihilo nihil fit' – aus nichts entsteht nichts – würde ein solcher Ursprung jeder physikalischen Vernunft widersprechen.

Als Entropie wird seit Ludwig Boltzmann der Grad statistischer Unordnung bezeichnet, der gemäß zweitem Hauptsatz der Thermodynamik in allen tatsächlich ablaufenden Prozessen unserer Umwelt nie abnimmt, sondern bestenfalls gleich bleibt. In der Regel aber nimmt die Entropie sich selbst überlassener abgeschlossener Systeme stets zu, sofern nämlich überhaupt etwas geschieht.

Als Beispiel dafür werden häufig Schreibtische oder Arbeitszimmer angeblich schlampiger Genies herangezogen, wo die Unordnung auch immer nur zuzunehmen scheine. Allerdings sollten diese Genies die Analogie sofort dadurch widerlegen, dass sie gleichzeitig in ihren Köpfen eine wunderbar harmonische Ordnung herstellten, *Mlle Bleu de Ley* regt das an. Auf diese Weise könnte am Ende doch noch mehr gewonnen sein als verloren.

Ein schlichtes Beispiel für die Zunahme der Entropie ist ein Kasten mit zwei getrennten Bereichen, dessen einer mit Gas gefüllt ist, der andere nicht. Wird nun die Trennwand entfernt, so verteilt sich das Gas sofort über den ganzen zur Verfügung stehenden Raum. Durch diesen als Diffusion bezeichneten Vorgang hat die Unordnung in der Kiste zugenommen, und es wäre ohne äußere Eingriffe praktisch nicht möglich, alle Gasmoleküle wieder ordentlich in der einen Hälfte zu versammeln, wo sie vorher hingehörten. Wäre das wirklich absolut unmöglich?

Der große James Clerk Maxwell hat eigens einen kleinen Dämon erfunden, der in der Kiste sitzen soll und einen Schieber in der Trennwand betätigt. Immer wenn ein Molekül aus der zu leerenden Hälfte heranfliegt, wird dieser für einen winzigen Augenblick geöffnet und sofort wieder verschlossen. Mit der Zeit sollten sich alle Moleküle wieder in ihrer ursprünglichen Hälfte versammelt haben, ohne dass auf sie irgendeine Kraft ausgeübt worden wäre außer bei den Zusammenstößen von den Wänden des Kastens. Der körperlose Dämon wird dabei mitsamt dem beliebig leichtgängigen Schieber als vernachlässigbarer Teil des abgeschlossenen Systems betrachtet, der Kraft seines Willens Ordnung schafft. Einfach göttlich! mit hinreißendem Augenaufschlag seufzt *Mlle Bleu de Ley.*

In der Tatsache, dass die Gravitation im Unterschied zu den anderen Naturkräften nach aller experimentellen Erfahrung immer nur anziehend wirkt, sehe ich einen gewissen Widerstreit mit der Entropiezunahme bei statistischer Diffusion.

Zu Zeiten Ludwig Boltzmanns machte einerseits ein Wiederkehreinwand und andererseits ein anscheinend unvermeidlicher Wärmetod des Universums den Gelehrten zu schaffen. Ersterer besagt, dass in einem geschlossenen System frei beweglicher, ansonsten aber unveränderlicher Teilchen selbst unwahrscheinliche Zustände nach Ablauf einer endlichen Zeitspanne in beliebiger Näherung wieder erreicht werden müssen. Letzterer schien eine Konsequenz des erwähnten zweiten Hauptsatzes, aufgrund dessen irgendwann ein Höchstmaß an statistischer Unordnung erreicht sein würde, was bei dann überall gleichmäßiger Temperatur jede Form von Leben unmöglich mache.

Doch nach meinem Verständnis ergibt sich eine Überwindung des Wärmetods durch die Gravitation. Unter der Voraussetzung eines stationären Universums folgt durch bloßes Nachdenken nämlich die Einschränkung des Satzes von der unumkehrbaren Zunahme der Entropie auf evolutionäre Prozesse. Dies ist eine weitere Konsequenz der Einsicht Galileo Galileis, dass sich zwei Wahrheiten nie widersprechen, wobei hier die eine Wahrheit für das stationäre Universum stehen mag, die andere für die Beobachtungstatsache alltäglich zunehmender Entropie. Und es stimmt ja, dass eine Umkehrung in Form abnehmender Entropie von niemandem je beobachtet werden kann, wenn jeder völlige Neuanfang nur dort stattfindet, wo Gravitation und Quantenmechanik in Explosionen gigantischer, super-massereicher Objekte hart aufeinandertreffen.

Freilich hat seinerzeit ja niemand ahnen können, was am Himmel alles geschieht. Damals galten die Sterne als ewig. Mittels moderner Teleskope wie insbesondere dem Hubble-Space-Telescope kann heute aber jede und jeder sehen, wie nicht nur alte Sterne sterben, sondern gerade dadurch immer wieder neue entstehen. Es ist eine Schande, wie die Mainstream-Kosmologie trotz dieses offensichtlich universalen Wechselspiels von Geburt und Tod krampfhaft an der Vorstellung einer einzigen Big-Bang Entstehung des gesamten Universums aus dem Nichts festhalten will. Koste es, was es wolle, und sei es um den Preis des Verrats an den Grundsätzen seriöser Wissenschaft.

Im Einklang mit allen von Menschen überprüfbaren Naturgesetzen sind aus meiner Sicht sogar Ereignisse gravitativer Neuschöpfung denkbar, vor deren Eintreten fiktive Uhren rückwärts gingen, wenn unter solchen Bedingungen überhaupt da noch Uhren wären. Das klingt auf Anhieb vielleicht sehr spekulativ, ist aber physikalisch plausibel. Ganz im Gegensatz zu den oft eingebildeten Raumschiffen, die samt Besatzung über den Rand Schwarzer Löcher rutschen und darin für immer verschwinden. Jedes einzelne Atom wäre längst vorher zerrissen. Und zwar wieder wegen extremer Gravitation.

Mathematische Naturphilosophie statt blinder Naturwissenschaft, eine Aufklärung gelingt nur über einen vernünftigen Zugang zur Kosmologie. Fundamentale Beobachtungstatsachen erscheinen in neuem Licht. „Sapere aude! Habe Mut, dich deines eigenen Verstandes zu bedienen!" *Borromea Worthswerd* staunt, was sei das doch für ein junger Kerl gewesen, der alte Kant. Oft gerade umgekehrt zu heute, meint *Mlle Bleu de Ley*.

Mich beschäftigt die Frage: wie sollen sich Menschen, die einerseits mit Vernunft begabt, doch andererseits ohne spezielle mathematische Kenntnisse sind, aus einer Unmündigkeit in Bezug auf die gegenwärtige Kosmologie befreien? Wobei eine derartige 'Unmündigkeit' sicher nicht als 'selbstverschuldet' zu bezeichnen wäre. Ich bin davon überzeugt, dass ein theoretischer Physiker, der sich mit fundamentalen Fragen beschäftigt, die seiner Meinung nach jeder verstehen *sollte*, darauf auch Antworten zu geben hat, die jeder verstehen *kann*. Ansonsten fällt mir spontan nichts Besseres ein als der altbewährte Ratschlag: trau, schau, wem!

Aufklärung braucht meines Erachtens heute nicht mehr das Volk, sondern in erster Linie so manche Elite. Im Bereich populärwissenschaftlicher Kosmologie sind das also weniger Leserinnen und Leser als manch schreibender Experte, Bestsellerautoren keineswegs ausgenommen. *Frank U. Frey* stellt fest, wenn ihnen jemand etwas erzählen wolle von 'parallelen Universen', dann möge er ein glänzender Mathematiker sein, doch sprachlich sei er jedenfalls ein Narr.

Und wenn Menschen gegenüber, die selbst keine Physikerinnen und Physiker seien, gefaselt werde von 'eingerollten Dimensionen', dann versuche jemand, diese für dumm zu verkaufen. Der Autor müsse wissen, dass der physikalische Begriff 'Dimension', so wie dieser unvoreingenommen verstanden werde, eine Bedeutung habe, die derjenigen des gleichlautenden mathematischen Fachbegriffs nicht entspreche. Denn es sei klar, dass es sich in der Mathematik dabei lediglich um ein Hirngespinst handele, und zwar genau im Sinne des Wortes. Bei dem berühmten gespannten Faden, der von gefeierten Bestsellerautoren sowie von manchen beflissenen Wissenschaftsjournalisten als Beleg dafür angepriesen werde, dass aus der Ferne betrachtet zwei seiner drei Dimensionen eingerollt erschienen, handele es sich lediglich um einen schlechten Witz auf Kosten der Leserschaft. Eingewickelt sei zuletzt diese, ganz im Unterschied zu den Dimensionen des Fadens. Und zwar durch einen billigen Trick wortführender akademischer 'Zauberer', die sich offenbar nicht scheuten zu argumentieren wie Winkeladvokaten und womöglich inzwischen längst selbst auf ihr eigenes Geschwätz hereingefallen seien.

Auch aus großer Entfernung betrachtet handelt es sich bei der Wäscheleine um ein dreidimensionales Gebilde, sonst könnten keine Hemden daran hängen oder Vögel darauf sitzen. Vor allem aber wird wieder einmal ein Verwirrspiel mit zweideutigen Begriffen aufgeführt. In der Alltagssprache kann selbstverständlich von klein dimensionierten Gegenständen die Rede sein, doch damit sind immer nur kleine Ausdehnungen realer dreidimensionaler Objekte gemeint. Die drei mathematischen

Dimensionen des Raums hingegen, in dem sich die physikalische Realität abspielt, haben selbst keine Länge, bleiben unbegrenzt und von der Größe der darin befindlichen Gegenstände vollständig unberührt.

Umgekehrt handelt es sich bei allem, was eine messbare Ausdehnung hat, um einen physikalischen Gegenstand. Selbst wenn ein fiktives Experiment am LHC damit erfolgreich wäre, eine über Jahrzehnte als Theorie verkaufte Stringspekulation zu beweisen, so wären die Meßergebnisse zuletzt als Ereignisse im dreidimensionalen Raum erfasst und nur als solche konkret zu beschreiben.

Die Ausführungen der Wissenschaftspropagandisten werden nicht selten garniert mit vagen Versprechungen derart, zur Zeit sei zwar vielleicht noch nichts an der Theorie überprüfbar, aber „… wir erwarten … in zwanzig, dreißig Jahren … oder spätestens … allerdings braucht es erst noch einmal Investitionen!" Derartige Koryphäen mögen argumentieren, ich sei trotz durchaus anerkennenswerter Bemühungen für ihre genialen Gedankengänge einfach zu dumm. Nicht wenige Leserinnen und Leser aber werden längst selbst festgestellt haben, dass in heutigen Naturwissenschaften argumentiert und verkauft wird wie von allzu beflissenen Bankberatern. Für einen Naiven wie mich, der die Physik liebt, weckt soviel Professionalität allerdings nur Assoziationen an ein öffentlich gefördertes Freudenhaus.

Ich will mich hier keineswegs über langfristig angelegte Projekte in Forschungsanlagen und die dazu erforderlichen Mittel lustig machen, im Gegenteil. Eine bessere Investition als beispielsweise in das Hubble-Space-Telescope und anderes hat es in der Astronomie wohl kaum je gegeben. Das gleiche gilt für die Finanzierung zugehöriger Forschungsteams. Interessanterweise aber hat die Beobachtung und Messung extrem weit entfernter Supernova-Ausbrüche eben nicht die erwartete Bestätigung für das seinerzeit allgemein akzeptierte Modell gebracht. Ich werde darauf zurückkommen. Trotzdem hat dieser Durchbruch bisher noch nicht die Augen für eine verblüffend einfache Alternative geöffnet, sondern zunächst nur zu blinder Spekulation über eine 'dunkle' Energie geführt.

Die moderne Kosmologie hatte lange vorher endgültig begonnen mit dem Paradoxon von Wilhelm Olbers, der sich – nach Vorüberlegungen von Johannes Kepler, Edmond Halley und insbesondere Jean-Philippe Loys de Chéseaux Mitte des 18. und Anfang des 19. Jahrhunderts – „über die Durchsichtigkeit des Weltraumes" verwunderte.

Hier nun fragen wir nicht, aufgrund welch fertiger Vorstellungen der Nachthimmel dunkel ist, sondern was für uns daraus folgt, dass er ist, wie er ist – und zwar in einem für alle Zeiten unendlichen Universum.

Bereits von Olbers wurde geschlossen, dass das Sternenlicht über hinreichend große Entfernungen absorbiert werde. Gegen diese These wurde und wird immer noch der falsche Einwand erhoben, dass sich ein absorbierendes Medium so weit aufheizen müsse, dass es selbst Sterntemperatur erreiche. Tatsächlich aber ist dieser Einwand nicht stichhaltig und stellt keine Widerlegung dar, ganz im Gegenteil. Denn eine solche wäre nur gegeben, würde jeder Stern ewig strahlen. Dies ist natürlich nicht der Fall, da Sterne entstehen und vergehen. Gerade umgekehrt wird ein Schuh daraus: Wenn es keine entsprechende Absorption des Sternenlichts gäbe, wie könnten sich dann in einem stationären Universum immer wieder neue Sterne bilden, die im Vergleich zu den früheren wieder in gleicher Helligkeit erstrahlen?

Es ist nun die Frage, inwieweit sich die hier angestellten Überlegungen auf der Reise mit Einstein und dem Esel durch konkrete Berechnungen haben bestätigen lassen oder im Sinne vernünftiger Alternativen zumindest mathematische Stützung erfuhren. Doch bevor ich über das neue Modell SUM eines stationären Universums und den Weg dahin weiter berichte, erst einmal zu jenem heute die Kosmologie beherrschenden Konkordanzmodell. Diesem zufolge gilt das Universum als nach 'seltsamem Rezept' angerührt. Doch bin ich zu alt, eine Suppe mit Haar zu akzeptieren, und gleichzeitig zu jung, um die Köche zu schonen.

110

2 Was ist dran am Konkordanzmodell?

Auch wenn wir manches nicht verstünden, wir müssten es einfach glauben. *Hypolite Van Tast* sagt das, schließlich habe er Beweise satt und genug, die in der aktuellen Fachliteratur oft sogar 'Evidence' genannt würden. Nach Ausführungen der Philologin *Borromea Worthswerd* ist allerdings kaum ein anderes Wort auf dem Weg vom Lateinischen in den amerikanisch-englischen Sprachgebrauch so weit heruntergekommen wie gerade dieses. Es bezeichnet nun eher umgekehrt das, was eben nicht gebraucht würde, wenn ein Sachverhalt wirklich 'einleuchtend' wäre.

Andererseits kann kein Zweifel bestehen, dass das so genannte Konkordanzmodell aktuelle Beobachtungstatsachen der Kosmologie überaus erfolgreich zusammenfasst. Zwar beruhen die als glänzend bestätigt geltenden, nicht selten allerdings nachträglichen 'Voraussagen' noch teilweise auf einem mittlerweile dreißig Jahre alten ersten Inflationsmodell, das in dieser Version längst als untauglich gilt. Und doch hat sich das damit schlagartig erweiterte Konzept eines heißen Urknalls als durchaus fruchtbar erwiesen, indem es – als ein vorläufiges, ansonsten mit dem Wort heuristisch bezeichnetes Prinzip – zu den überwältigenden kosmologischen Beobachtungen der letzten Jahre beigetragen hat. Durch geeignete Anpassung oder Hinzunahme diverser Parameter werden sich gegebenenfalls auch zukünftige Entdeckungen in dieses Bild einpassen lassen. Aber trotz beeindruckender zahlenmäßiger Übereinstimmung werden wesentliche Aspekte des Konkordanzmodells von Insidern als „skandalös" empfunden.

Die Physik beruht als mathematische Naturwissenschaft nicht nur auf der Möglichkeit falsifizierbarer – also widerlegbarer – Aussagen, sondern vor allem auf dem Wunder reproduzierbarer – also wiederholbarer – Abläufe. Gerade damit jedoch kann die Kosmologie nicht dienen, soll es um eine Entstehung des gesamten Universums gehen. Darin liegt die große Gefahr, dass solch eine Kosmologie unter Missbrauch auch handfester Physik zur Science-Fiction gerät. Und sie kann schließlich zum Ärgernis werden, wenn sie wie derzeit als weit überzogener Mythos einen naturwissenschaftlichen Wahrheitsanspruch erheben will, was nicht nur von *Frank U. Frey* als dreiste Anmaßung empfunden wird.

Sowohl Stärke als auch Schwäche der gegenwärtigen Kosmologie beruhen dabei auf einer nahezu beliebigen Anpassungsfähigkeit, die unter Einbeziehung nur zu diesem Zweck – *ad hoc* also – erdachter unbewiesener Hypothesen immer wieder zur Übereinstimmung mit neuen astronomischen Tatsachen verhelfen kann. Trotz erstaunlich präziser Anpassungen ist dieses Modell im Sinne eines Happenings kaum widerlegbar, jedenfalls nicht, solange das Universum als kosmologisches Event ohne Manager betrachtet wird, dessen bisher verborgen gebliebene kritische Phasen und 'zufällige' Eigenschaften es durch künftige astronomische Beobachtung erst noch zu ergründen gilt. Oder anders gesagt, solange es als Aufgabe der astronomischen Beobachtung akzeptiert wird, ein in unklarer Entwicklung begriffenes 'All' zu rekonstruieren. Diese allzu trickreiche Anpassungsfähigkeit unter Hinzuziehung physikalischer Fabelwelten ist es, die unwillkürlich an das einst überaus erfolgreiche System des Ptolemäus denken lässt.

Wegen der vielen Angleichungen des *Konkordanzmodells* trägt die damit angesprochene numerisch außerordentlich erfolgreiche Kombination diesen bemerkenswerten Namen. Die Bezeichnung sagt einiges. Sie weckt die Assoziation, dass hier der Versuch gemacht wird, das richtige Bild des Universums gewissermaßen per Abstimmung zu finden. Solch eine zweifellos diplomatische Vorgehensweise ist in der Physik allerdings von peinlicher Fragwürdigkeit. Und zwar spätestens dann, wenn im Ergebnis dem Universum als Ganzem so seltsame Eigenschaften wie unregelmäßig abwechselnde Beschleunigungs- und Bremsphasen zugeschrieben werden müssen. Im Unterschied zu dem

112

einen und einzigen, ewigen unendlichen, in sich selbst ruhenden Universum scheint einer Studie *Borromea Worthswerds* zufolge inzwischen allerdings der Non-Sense beschleunigt zu expandieren.

Doch leider sieht es so aus, als ob sich wie zu Zeiten Galileis immer noch alles um die Deutungshoheit dreht. Und gerade in diesem Zusammenhang ist es nicht sehr ermutigend, dass das Ptolemäische System seinerzeit das durch Übereinstimmung der Experten akzeptierte kosmologische Modell gewesen ist – und noch dazu numerisch nicht weniger überzeugend als dann das erste Modell des Kopernikus! Einige Verschrobenheiten der heutigen Kosmologie erinnern peinlich an die dort als Epizykel bezeichneten Schnörkel der Planetenbahnen.

Das hochspekulative aktuelle Modell aber ist inzwischen etwas ganz anderes als diejenige Urknall-Theorie, die sich mit der Bestätigung einer größenordnungsmäßig richtig vorhergesagten Hintergrundstrahlung einst durchgesetzt hat. Doch dass diese Strahlung nichts endgültig beweisen kann, ergibt sich unter anderem daraus, dass sie bereits auch aus dem 'Steady-State'-Ansatz gefolgert wurde, dessen erklärtes Ziel es war, ohne einen 'Big Bang' auszukommen. Es ist allerdings dort bisher nie überzeugend gelungen, einen Prozess für die Thermalisierung der richtig abgeschätzten Energiedichte zu finden.

Statt aber aus den Beobachtungsergebnissen im Einklang mit den Grundlagen bewährter Physik auf den uns zugänglichen Teil des Universums zu schließen, wird seit Jahrzehnten gerade umgekehrt argumentiert, nämlich von einem dogmatisch vorgegebenen Big-Bang ausgehend, wie ihn die kirchlichen Autoritäten des Mittelalters nicht hätten wirksamer durchsetzen können.

Abbé Georges Lemaître, dessen mathematische Leistungen auf dem Gebiet der allgemeinen Relativitätstheorie höchste Anerkennung verdienen, hat sich allerdings später gegen eine Vereinnahmung seines Modells vom „Ur-Atom" durch die Kirche gewandt, da es auch anders verstanden werden könne. Viel früher, am Rande der berühmten Solvay-Konferenz von 1927, hatte

Einstein Lemaîtres Idee eines expandierenden Universums trotz dessen mathematisch einwandfreien Konzepts sinngemäß als vom physikalischen Standpunkt aus abscheulich bezeichnet.

Nach meiner persönlichen Auffassung wird sich die Missachtung dieser spontanen Reaktion Einsteins wie auch die spätere im Falle seiner kosmologischen Konstanten als grobe Fahrlässigkeit derjenigen beinahe massenhaft auftretenden Kosmologen herausstellen, die von der bewundernswerten Hartnäckigkeit seines Esels nichts verstanden haben.

Nicht wenige Wissenschaftler suchen inzwischen nach Wegen aus den Zumutungen der gegenwärtigen Kosmologie und wollen sich durchaus nicht mit den üblichen Ausreden zufrieden geben. Ein Beispiel ist die kunstfertige Berufung auf ein *anthropisches Prinzip*, das erklären will, dass wir ausgerechnet heute in der einzigen kurzen Epoche dieses Universums lebten, die dafür geeignet sei. Mag sich ein solcher Zufall auch in einer entsprechenden Argumentation begründen lassen, so schiene es im Sinne vernünftiger Voraussetzungen doch viel eher angebracht, dieses Prinzip auf unseren 'lokalen' – das heißt: gegebenenfalls örtlich und zeitlich begrenzten – Kosmos anzuwenden, nicht aber auf das unermessliche Universum insgesamt.

Sokrates muss in den Augen vieler Zeitgenossen ein komischer Heiliger gewesen sein. Der Ausspruch 'ich weiß, dass ich nichts weiß' klingt so bescheiden. Dabei stellt dieser Satz noch heute eine schwer erträgliche Herausforderung dar. Man braucht nur das erste Wort etwas stärker zu betonen, und schon wird die eigentliche Bedeutung klar. Es ist die ironische Auszeichnung dessen, der sich seiner Grenzen bewusst ist gegenüber jedem 'Experten', der sich in uneingestandener Beschränktheit feiern lässt oder wenigstens damit kokettiert. Selbstverständlich wurde diese Provokation nicht verziehen, dem braven Mann der Prozess gemacht, und er musste den Schierlingsbecher trinken. Kommen wir also zurück zu der Frage: Was ist dran am Konkordanzmodell der gegenwärtigen Kosmologie, was wissen die Experten wirklich?

Gemäß Standard-Modell der Teilchenphysiker ergänzt mit höchstwahrscheinlich fiktiven Teilchen der höchstwahrscheinlich realen 'dunklen Materie', sei hier in Kürze zusammengefasst, worauf sich die theoretischen Modellbauer der Welt inzwischen verständigt haben. Es gibt vier Wechselwirkungen – elektromagnetische, starke, schwache, Gravitation – und, von Antimaterie abgesehen, 24 elementare Teilchen mit halbzahligem Eigendrehimpuls. Das sind 18 Quarks – je drei davon in Baryonen wie Proton und Neutron – und 6 Leptonen samt vermittelndem Photon und einigen anderen seit langem nachgewiesenen Bosonen. Der größere Teil einer in der Umgebung lokaler Strukturen wie Galaxien verdichteten dunklen Materie könnte entgegen heutiger Vorstellungen ansonsten großräumig verteilt sein, denn möglicherweise tritt bisher nur der indirekt beobachtete Dichtekontrast in Erscheinung. Hinzu kommt ein Higgs-Partikel, das angeblich den anderen ihre Masse verleiht. O Gott, hoffentlich will es sie nicht bald wieder zurückhaben, seufzte einst die sonst so souveräne *Mlle Bleu de Ley*, und wohl seither heißt es Gottesteilchen.

Die beiden wichtigsten Informationsquellen für die selbsternannten Götter eines physikalischen Spielzeug-Universums sind heute die kosmische Hintergrundstrahlung und die als Standardkerzen herangezogenen Supernova-Ia-Ausbrüche. Im Anschluss an die Entdeckung der ersteren hat sich das so euphorisch gefeierte Urknallmodell aufgrund fundamentaler innerer Widersprüche längst als unbrauchbar erwiesen, allerdings bisher nur in seiner ursprünglichen Form.

Als ich damals zum ersten Mal von der Relativitätstheorie hörte, ging es um die Uhren des Raumfahrers, jetzt soll es gleich um das Universum gehen, ganz und gar, mitsamt Raum und Zeit. Doch gibt es Zweifler, deren Stimmen aber im Chor feierlicher Lobgesänge unterzugehen drohen.

Auf grandiose Weise haben Physikerinnen und Physiker es gelernt, die Gleichungen der Relativitätstheorie richtig anzuwenden, solange es um reproduzierbare Tatsachen geht. Doch was das Verständnis des Universums betrifft, so springen zu viele andere dabei von Widerspruch zu Widerspruch, indem sie sich verschiedener Erklärungsmuster bedienen, die miteinander zum Teil unvereinbar sind. Und das tun sie so, wie sie es gerade brauchen. Ich weiß, diese Behauptung wäre eine Frechheit, wenn ich sie nicht belegen könnte.

Als fundamentale Einsicht der gerade deshalb so genannten Relativitätstheorie gilt, dass es keine besonderen Bezugssysteme gebe, die hinsichtlich eines gleichförmigen Bewegungszustands in irgendeiner Weise bevorzugt wären. Diese Vorstellung hat sich historisch aus vielen fehlgeschlagenen Versuchen entwickelt, die Bewegung der Erde gegen einen lichttragenden Äther nachzuweisen. Im weiteren Verlauf hat dies Einstein keine Ruhe gelassen, bis es ihm endlich gelungen ist, eine gewisse Relativität allgemeiner Bewegungszustände nachzuweisen. Daher der Name.

Doch indem Physikerinnen und Physiker aufgrund einer weiteren genialen Arbeit desselben Mannes seit langem Gravitationswellen suchen, die heute immerhin indirekt als experimentell bestätigt gelten dürfen, setzen sie umgekehrt die Existenz ausgezeichneter gleichförmig gegeneinander bewegter Bezugssysteme voraus. Denn anders wäre es unmöglich, aus der allgemeinen Relativitätstheorie lineare Näherungsgleichungen abzuleiten, die überall gelten und allein die Ausbreitung solcher Wellen beinhalten. Von dort aus ist es mit einem Blick zu den Sternen nur noch ein einziger Schritt zu dem vorher geleugneten universalen Ruhsystem.

Bei seinem gigantischen Ringen um die richtigen Gravitationsgleichungen war Einstein seinerzeit in unfreiwilligen Verstrickungen befangen, die – wie gesehen – bis zur Abwehr unanständiger Nostrifizierungsversuche gingen. Kein Wunder, dass er sich dabei mit Fragen einer damals unstrittigen Interpretation nicht lange aufhalten wollte. Nachdem einmal die Periheldrehung des Merkur aus seinen Gleichungen gefunden war, berichtet er von einem Gefühl, dass in ihm vor Freude etwas zersprungen sei. Nicht ausgeschlossen, dass dieses Erlebnis mit dem Aneurysma in Zusammenhang stehen könnte, an dem er viele Jahre später gestorben ist.

Kaum ein Experte scheint zu sehen, dass die Existenz von Einsteins Gravitationswellen die Auffassung einer wörtlich genommenen allgemeinen Relativität in demselben Augenblick widerlegen würde, in welchem ein direkter experimenteller Nachweis gelänge.

Trotz aller angeblichen Relativität, aus der doch das Bild vom Urknall-Universum hervorgegangen ist, hat man sich inzwischen längst wieder an die Existenz eines ausgezeichneten Bezugssystems gewöhnt. Dieses wird heute – seltsam stillschweigend – in der kosmischen Hintergrundstrahlung gesehen. Offenbar sind die gefeierten Experten blind für die Tatsache, dass diese Vorstellung allem widerspricht, was einst zu Einsteins Entwicklung der speziellen Relativitätstheorie geführt hat. Wie passt das zusammen? Es gibt eine geniale Lösung, und zwar auf Basis einer mathematischen Formulierung der allgemeinen Relativitätstheorie durch Nathan Rosen, die auf Ideen verschiedener Autoren bis hin zu dem gleichen Tullio Levi-Civita zurückgeht, von dem ich oben bereits im Zusammenhang mit der berühmten freundschaftlichen Kontroverse berichtet habe. Ich werde auf diese Lösung noch zu sprechen kommen.

Hier aber geht es zunächst nicht darum zu entscheiden, ob derjenige Einstein recht hat, der die allgemeine Relativität verteidigt, oder der Einstein, der die Gravitationswellen vorausgesagt, später allerdings vorübergehend in Zweifel gezogen hat. Es mag fürs erste genügen, unmissverständlich darauf hinzuweisen, dass unsere gegenwärtige Kosmologie auf widersprüchlichen Vorstellungen beruht, obwohl die Gravitationsgleichungen selbst unstrittig sind.

Ich bin davon überzeugt, dass es viel mehr Menschen gibt, die sich für eine kritische Auseinandersetzung mit Physik und Kosmologie interessieren als solche, die wieder und wieder höchst zweifelhafte Verheißungen hören wollen. Im Hinblick auf weitere Beschleuniger, die noch viel besser 'den Urknall simulieren' sollen – was rauchen die da? fragt *Mlle Bleu de Ley* – werden gar Bücher geschrieben, um die Investitionsbereitschaft von Politikern und Bevölkerung zu fördern. *Hypolite Van Tast* sei ja eigentlich ein netter Kerl, der eben nichts anderes könne, aber wie langweilig dürften seine Überredungsversuche sein und wie leer die Versprechungen?

Viel interessanter scheint es mir, zunächst auf ungelöste Probleme, auf offene Fragen, auf die teilweise haarsträubenden Hypothesen hinzuweisen, die selbst zahlenmäßig erfolgreichen Modellen zugrundeliegen können. Gerade diese laufen Gefahr, schließlich an ihrer eigenen mathematischen Präzision zu scheitern, besonders wenn einmal die Geduld mit endlos neuen Ausreden nachlässt.

Es wäre anmaßend, das physikalische Bild des Universums aus unserem zwar zunehmenden, aber doch immer begrenzt bleibenden Wissen und dem Stückwerk unserer vorläufigen Theorien zusammensetzen zu wollen. Geschweige denn, ein solches Bild aus dem schieren Nichts abzuleiten und mit den Worten eines gefeierten Gurus dabei zu fragen, ob der Schöpfer eine andere Chance gehabt hätte. Noch origineller war wohl nur der Schachweltmeister, der einmal Gott herausgefordert haben soll und ihm einen Bauern vorgeben wollte.

Es ist zwar logisch möglich, meines Erachtens aber ein Zeichen von Größenwahn, aus den Diskrepanzen zwischen unseren vorläufigen, teilweise unvereinbaren Theorien mit den kosmologischen Beobachtungen die Beschaffenheit des Universums oder gar inakzeptable Voraussetzungen folgern zu wollen. Dass dieser Wahnsinn Methode hatte, wird einst – wie in anderen berüchtigten Branchen – wieder die erbärmliche Entschuldigung derjenigen Experten sein, die es hätten besser wissen müssen, wären sie nur annähernd so intelligent – oder ehrlich? – wie sie sich verkaufen.

Die einzig angemessene Haltung des Wissenschaftlers gegenüber der Natur ist allerhöchster Respekt, um nicht zu sagen heilige Ehrfurcht, selbst und gerade auch da, wo wir diese Natur nicht verstehen. Wir sollten die Gegebenheit dessen, was ist, als Geschenk annehmen. Nicht wir haben das Universum gemacht, sondern das Universum hat uns gemacht. Jeder Kosmologe außer Münchhausen selbst möge sich das vor Augen halten, bevor er sich vielleicht schon bald die Haare rauft. Naturgemäß ist unsere Perspektive die menschliche, wir haben keine andere. Ausgangspunkt jeder physikalischen Beschreibung ist das Hier und das Heute. Das Konzept einer Kosmologie folgt daraus zunächst einmal im Rückblick, eingeschränkt auf die überschaubare Vergangenheit, offen in der Bereitschaft, von der Natur zu lernen und sich gleichzeitig frei zu halten von dem Ballast überflüssiger Hypothesen.

Die damit verbundene Vorgehensweise ist zweifellos optimal zur Erkundung der Eigentümlichkeiten unserer sehr weit ausgedehnten kosmischen Umgebung – die aber eben nicht das gesamte Universum sein kann. Einige seltsame, im englischen Sprachraum als 'coincidences' bezeichneten Zufälligkeiten – ob längst bekannt oder neu – sind jedenfalls Motivation genug, die grundlegenden Voraussetzungen einer sorgfältigen Überprüfung zu unterziehen. Denn bei nicht wenigen Physikerinnen und Physikern ist inzwischen der Eindruck entstanden, dass die Konkordanzkosmologie längst mehr fundamentale Fragen aufwirft als Antworten liefert.

Das Weltsystem des Ptolemäus gilt für die Physiker seit Kopernikus, Galilei, Kepler – und erst recht seit Newton – geradezu als Paradebeispiel einer grundsätzlich falschen, dennoch aber mathematisch brauchbaren Theorie. Denn diese Theorie gehört zu den langlebigsten und erfolgreichsten, die es jemals gegeben hat. Und das nicht etwa vollkommen zu Unrecht.

Ausgerechnet Einstein hätte die Auffassung vertreten, wenn man seine Relativität wörtlich nimmt, es sei völlig unerheblich darüber zu streiten, ob sich die Erde um die Sonne, oder aber umgekehrt die Sonne um die Erde dreht. Nicht nur dass sich diese Frage nicht zwingend entscheiden ließe, vielmehr sei sie sogar ganz sinnlos, weil allein eine Frage des frei wählbaren Koordinatensystems. Diese Ansicht allerdings teile ich nicht, weil die Wirklichkeit mehr ist als das Glasperlenspiel einer Gravitation ohne den realen universalen Zusammenhang. Innerhalb einer ohne Eigendrehung schwebenden Raumkapsel ist zwar keine Bewegung gegen ein bevorzugtes System feststellbar. Doch wer will mich daran hindern, aus dem Fenster nach den Sternen zu blicken.

Ende der Vierziger des vergangenen Jahrhunderts hatte sich die Situation der Kosmologie zugespitzt. Damals erschien der 'Aprilscherz' von Alpher, Bethe, Gamow, bei dem um des berühmt gewordenen Alpha-Beta-Gamma-Wortspiels willen der Name des ursprünglich kaum beteiligten Bethe eingesetzt worden war. In dieser Arbeit wurde zum ersten Mal ein Szenario für eine 'primordiale' Entstehung der Elemente vorgeschlagen und in der Folge auch die Existenz einer kosmischen 'Rest'-Strahlung des Urknalls in einem auseinanderfliegenden Universum vorausgesagt.

Doch nicht nur die Spiralnebel schienen zu fliehen. Beinahe zur gleichen Zeit hat es damals auch einen 'Flucht'-Versuch dreier Physiker aus dem Dilemma einer ersten Entstehung gegeben, der daraufhin allerdings in dieser Form gescheitert ist. Daran beteiligt war neben Hermann Bondi mit Thomas Gold auch Fred Hoyle, der dem durch Georges Lemaîtres Modell beschriebenen Anfang den ironisch gemeinten Namen 'Big Bang' gegeben hat. Diese Autoren haben sich darauf besonnen, dass eine Schöpfung des gesamten Universums aus dem Nichts im Rahmen einer physikalischen Beschreibung inakzeptabel sei.

Unter dem Namen Steady-State Theory, die angeblich also einen beständigen Zustand beschreibt, präsentierten sie ein Modell, das entweder als leeres Universum oder aber nach mathematischer Anpassung durch Hoyle als von konstanter Materiedichte erfüllt anzusehen war, und zwar bei betragsmäßig gleichem negativen Druck. Erst in allerjüngster Zeit ist bekannt geworden, dass bereits Einstein selbst im Jahr 1931, viel früher also,

das Konzept dieser Steady-State Theory wesentlich vorweggenommen hat. Sein kurzes unveröffentlichtes Manuskript enthielt
zwar einen Rechenfehler, doch scheint er schließlich einfach keine Lust gehabt zu haben, sich auf eine ständige Neuschöpfung
von Materie aus dem Nichts einzulassen. Diese wäre dort Konsequenz seiner kosmologischen Konstanten gewesen, die er
selbst kurz darauf als 'größte Eselei' verworfen hat, und die heute im Un-Sinne einer 'dunklen Energie' gedeutet wird. Das zeigt
mir nachträglich, dass ich mit meiner eigenen Einschätzung jener
Theorie von Anfang an auf seiner Linie gelegen habe. *Mlle Bleu
de Ley* fragt sich, wie es kommt, dass solch ein Unfug in jüngster
Zeit teilweise – vergleichsweise maultierhaft also – wiederbelebt
werden konnte.

Die Steady-State Theory – vom naturphilosophischen Ansatz
her eigentlich vernünftig – ist dann bald an Konflikten mit Beobachtungstatsachen gescheitert. Ihr fataler Fehler aber liegt
meines Erachtens bereits darin, dass sie von Anfang an ihren eigenen Ansprüchen nicht genügt. Denn sie beschreibt keineswegs
ein Universum in gleichbleibendem Zustand – was sie im Sinne
ihres Namens zu leisten hätte – sondern in einem solchen Universum würden sich beispielsweise die Werte der Rotverschiebung kosmischer Objekte mit der Zeit derartig verändern, dass
irgendwann überhaupt keine der heute beobachteten Galaxien
mehr sichtbar wären. Stattdessen müssten sich ständig neue bilden, um die sich – aufgrund der auch in diesem Fall unterstellten
Expansion – bildenden Lücken zu füllen. Eine Urknall-Entstehung des gesamten Universums schien nur um diesen Preis
zu verhindern, dass auch hier Materie aus dem Nichts kommen
müsste, und genau da beißt sich natürlich auch diese Katze in
den Schwanz. Alle an die Rotverschiebung gekoppelte Größen
wären veränderlich mit der Zeit, so dass von einem 'gleichbleibenden Zustand' ohne inakzeptable Zusatzhypothesen gar keine
Rede sein kann.

Bei der Entwicklung ihrer Theorie formulierten die Autoren
ausdrücklich ein von ihnen so genanntes Vollständiges Kosmo-

logisches Prinzip, das ursprünglich bereits in Newtons 'Principia' wie auch in Einsteins erstem Entwurf einer relativistischen Kosmologie als eine Selbstverständlichkeit angelegt war und besagt, dass sich in Bezug auf Durchschnittswerte über hinreichend große Skalen an jedem beliebigen Ort im Universum ein gleiches Bild bieten sollte, und zwar zu allen Zeiten das gleiche. Also immer und überall. Bis Anfang der zwanziger Jahre des vergangenen Jahrhunderts wurde das stillschweigend vorausgesetzt. Im Gegensatz dazu aber benutzt die etablierte – seit Jahrzehnten nahezu alles beherrschende – relativistische Urknall-Kosmologie eine Verstümmelung dieses vernünftigen Ansatzes. Die zugrunde liegende Voraussetzung wird in Bezug auf die Möglichkeit einer angeblichen zeitlichen Entwicklung des Universums dahingehend eingeschränkt, dass sich zwar an jedem beliebigen Ort ein gleiches Bild bieten soll, doch immer nur zum jeweiligen Zeitpunkt. Deshalb wird die erstgenannte Auffassung zur Unterscheidung als *vollständiges* kosmologisches Prinzip bezeichnet. Doch hätte man die ursprüngliche Bedeutung besser in Ruhe gelassen und stattdessen die zweite, eingeschränkte Voraussetzung ein *unvollständiges* kosmologisches Prinzip genannt. Denn konsequenterweise gilt ein kosmologisches Prinzip entweder ganz oder gar nicht – entweder vollständig oder weder in Bezug auf den Raum noch in Bezug auf die Zeit. Die Verfechter der Urknall-Theorie aber halten bestenfalls noch am *überall* fest, nicht jedoch mehr am *immer*. Ich werde noch verschiedentlich auf die Steady-State Theory zurückkommen.

Lange Zeit akzeptierte 'Beweise' für einen Urknall des Universums haben nie etwas getaugt, weil sie die Quantenstruktur der Materie außer acht ließen. Doch klassische Medien orientieren sich im Zweifelsfall immer noch an Mainstream-Autoritäten, die sich in der Regel nicht nachträglich korrigieren wollen. Wohl darf man über alle möglichen – und auch unmöglichen – Varianten spekulieren, aber das Urknall-Konzept selbst ist längst drauf und dran, sich als universales Dogma aufzuspielen, das umso mehr Zweifel weckt, je kompromissloser es vertreten wird. Wem hätte sich beim Lesen versprochener physikalischer Offenbarung nicht selbst schon der Eindruck aufgedrängt, der Kaiser im Kleid der gegenwärtigen Kosmologie könnte nackt sein? Die Situation bedarf offensichtlich der Aufklärung. Kant stellte einst fest, Faulheit und Feigheit seien die Ursachen, warum ein großer Teil der Menschen zeitlebens unmündig bleibe. Doch hier sind es nicht 'die Menschen', hier geht es um akademische Eliten, die es doch eigentlich besser wissen sollten! Schlimmer noch, ein gewisser Verdacht drängt sich auf, dass nämlich so manche Autoritäten und Würdenträger ihren nach außen hin dogmatisch vertretenen 'Glauben' im Hinblick auf Karriere, Einfluss und öffentliche Fördermittel missbrauchen, wie es einst diejenigen im Interesse schieren Machterhalts taten, die Galilei zum Schweigen verdammten und Bruno ins Feuer schickten. Viel zu viele in Feigheit und Faulheit sehr gerne unmündig bleibende Politiker unterwerfen sich der Hochstapelei gefeierter Experten – leider nicht selten samt einem Tross beflissener Journalisten – deren Anerkennung auf kaum mehr beruht als auf wechselseitigen Bescheinigungen ihrer Souveränität. Feige und faul ist dabei jeder, der unliebsamer Arbeit systematisch aus dem Weg geht, selbst wenn er bei randvollem Terminplan rund um die Uhr mit Ersatzhandlungen beschäftigt wäre.

Der angebliche Beginn des Universums mitsamt Raum und Zeit im Sinne einer radikalen Urknall-Kosmologie würde jeder vernünftigen physikalischen Beschreibung spotten, die selbstverständlich voraussetzen muss, aus Nichts entsteht nichts. Nichts als nichts und wieder nichts. Sogar wer mit Quantenfluktuationen eines immer noch so genannten 'Vakuums' argumentiert, setzt etwas voraus, das nicht leer ist, sondern dem eine mittlere Energiedichte entspricht. Trotzdem hat das Nobelpreis-Preiskomitee im Jahr 2011 völlig überflüssigerweise angemerkt, es stehe in den Sternen geschrieben: *„Beides begann damals, Raum und Zeit".* An anderer Stelle allerdings heißt es in herzerfrischender Klarheit, die Entdeckungen der Preisträger hätten dazu beigetragen, ein Universum zu enthüllen, das "*... der Wis-*

senschaft zu einem großen Teil unbekannt ist". Wie wahr! Es ist dermaßen unbekannt, dass sich die Urknall-Kosmologie mit ihren bisherigen Aussagen von Anfang an auf einem Holzweg befindet. Trotzdem seinerzeit zu Recht dieser Nobelpreis – für die Supernova-Daten!

Die federführenden Kosmologen scheinen viel zu stark damit beschäftigt, ein Universum nach ihren Vorgaben zu modellieren. Seit Jahrzehnten erheben sie den Wahrheitsanspruch für eine Urknall-Entstehung aus dem Nichts, der die Grundlagen seriöser Naturwissenschaft außer Kraft setzt und vielen ihrer Voraussetzungen geradezu ins Gesicht schlägt. Die dem Menschen angemessene Haltung aber ist, in ehrfürchtigem Staunen das Universum so zu nehmen wie es ist.

Bei der folgenden Auseinandersetzung mit problematischen Aspekten des Konkordanzmodells, die nach Auffassung vieler ohnehin längst unvermeidlich ist, mag es nun zunächst darum gehen, von weiteren Vorurteilen zu befreien, die leicht den Blick verstellen. Doch ist es nicht allein das Ziel zu zeigen, was aus physikalischer Sicht keinen Sinn macht, sondern daran anschließend zu entwickeln, was sich möglicherweise als zutreffend erweisen wird, nämlich das Bild eines lebendigen Universums, in dem sich die Menschen – jung erst oder geblieben – samt Eselinnen und Eseln zuhause fühlen können.

Der Sündenfall der relativistischen Kosmologie

Wo Raum und Zeit ihren Anfang haben, da ist die Physik am Ende. Ein unverzeihlicher – und vielleicht noch schlimmer: unnötiger – Sündenfall der relativistischen Kosmologie geschah durch leichtsinniges Aufgeben bewährter physikalischer Prinzipien.

Anlässlich einer Bemerkung zur Entwicklung einer vorläufigen Gravitationstheorie durch Max Abraham hat Einstein einmal die Unterscheidung des logischen vom psychologischen Aspekt zu Hilfe genommen. Alle kritischen Anmerkungen zu physikalischen Entwicklungen – wegen Klartext stellenweise hart – sind im Sinne dieser Unterscheidung zu verstehen. Um das hier deutlich zu machen, sei ausdrücklich ergänzt, dass sich die Missachtung fundamentaler Prinzipien unter rein logischen Aspekten als leichtsinnig erwiesen hat, insbesondere im Rückblick. Unter psychologischen und wissenschaftsgeschichtlichen Gesichtspunkten glaube ich sehr wohl zu verstehen, wie und warum die Entwicklung so verlief, wie sie verlaufen ist. Man könnte es also mit der Binsenweisheit bewenden lassen, nachher sei man immer klüger, wenn es in Bezug auf die Konkordanzkosmologie nicht genau umgekehrt wäre.

Einerseits bestand der Sündenfall darin, zunächst unnötig komplizierte theoretische Konstrukte einzuführen, um ein Modell des Universums nach eigenen Vorstellungen zu schaffen, wobei dieses sich hinsichtlich der gewünschten Stabilität schon bald als mangelhaft erwies.

Aus meiner Sicht hat Einstein in seinem ersten Versuch einer relativistischen Kosmologie – kurze Zeit nach den beinahe übermenschlichen Anstrengungen der vorausgegangenen Jahre – die Unendlichkeit des Universums gewissermaßen aufs Spiel gesetzt, ohne damit eine brauchbare Lösung zu gewinnen. Bald zeigte nämlich Willem de Sitter, dass die um das kosmologische Glied erweiterten Gleichungen auch eine leere Welt ohne jede Materie erlauben würden. Vor allem aber war es ursprünglich Einsteins Ziel, den fundamentalen mathematischen Ausdruck seiner Theorie so an die Energiedichte des Universums zu koppeln, dass es ohne Materie auch keine als Metrik bezeichnete Maßbestimmung gegeben hätte. Beide Ziele waren also verfehlt, und die Enttäuschung muss groß gewesen sein. Dass er sich hatte hinreißen lassen, seine schönen Gleichungen abzuändern – im Rückblick betrachtet nun ohne Grund – hat später dann zu seinem berühmten Ausspruch von der größten Eselei geführt.

Als Mathematiker *kann* ich mir Einsteins ersten kosmologischen Ansatz denken. Warum aber *sollte* ich? Mit dem Anspruch, mehr zu sein als mathematische Spinnerei gehörte er zur

Physik. Wenn er aber Physik sein soll, dann kann ich darüber nicht spekulieren, ohne die physikalischen Konsequenzen zu bedenken. Dabei aber stellte sich heraus, Einsteins Modell-Universum war instabil. Im Sinne der gegenwärtigen Kosmologie allerdings ließe sich einwenden, das sei ein Fehler gewesen, der auf jeden Fall gemacht werden musste, wenn auch nur, um zu erkennen, dass es eben ein Fehler war. Überspitzt ausgedrückt: Einstein hätte sich eines wissenschaftlichen Versäumnisses schuldig gemacht, wenn er diese mathematisch denkbare – in Bezug auf das Universum allerdings unzutreffende – Option von vorneherein außer Acht gelassen hätte.

Doch unglücklicherweise war mit dieser Fiktion wildesten Spekulationen Tür und Tor geöffnet. So wurde beispielsweise auch das Unding eines – aufgrund der 'Krümmung' des Raums – geschlossenen Universums mit Gespensterbildern und Wiedergängern in Betracht gezogen. Ich gestehe, dass mir zum Bild eines geschlossenen Universums unwillkürlich das der geschlossenen Anstalt einfällt, glaube aber nicht, dass sehr viele heute noch verrückt genug wären, um gerne in einem von beiden zu leben. Die nach diversen Modellwechseln schließlich aus diesen Anfängen resultierenden Verschrobenheiten der gegenwärtigen Konkordanzkosmologie erinnern an die Schnörkel längst vergangen geglaubter Zeiten.

Andererseits aber – und das vor allem – bestand der Sündenfall darin, die Möglichkeit einer Entstehung des gesamten Universums mitsamt Raum und Zeit aus dem Nichts überhaupt als physikalische Option zu akzeptieren. Georges Lemaître war auf die Idee gekommen, dass alles aus einem Ur-Atom entstanden, und seither in Expansion begriffen sei. Zwar hat er damals noch nicht von einem ausdehnungslosen Punkt gesprochen. Doch ist es aus meiner Sicht jedenfalls widersinnig anzunehmen, dass daraus das Universum entstanden sei. Denn hätte es vorher kein Universum gegeben – wo, wie, was wäre das Ur-Atom gewesen?

Dieser Ansatz hat zum Modell eines Urknalls geführt, bei dem aus einer Singularität – die mathematisch hier einen ausdehnungslosen Punkt bezeichnet – angeblich nicht nur das Universum, sondern auch Raum und Zeit selbst erst entstanden sind. Es wäre also sinnlos, nach einem *davor* zu fragen. Es ist aber nicht sinnlos, diese einfache Frage zu stellen, sinnlos sind nur bisherige Antworten darauf.

Heutzutage mag Einsteins „abscheulich" zu Lemaîtres Konzept eines expandierenden Universums für viele beinahe borniert klingen. Doch solange die Physik an einem eindeutigen Begriff der Geschwindigkeit festhalten will, der inzwischen zweideutig mit oder ohne einen entsprechenden Anteil gebraucht wird, kann es sich bei der angeblichen universalen Expansion des Universums nur um buchstäblichen Non-Sense handeln. *Frank U. Frey* fragt: Mit welcher Geschwindigkeit bewegt sich die Galaxis NGC 4860 im Coma-Haufen? Meint er mit oder ohne den als Hubble-Fluss bezeichneten Expansionsanteil, muss *Hypolite Van Tast* zunächst wissen um zu entscheiden, was die Bewegungsenergie sei. Welchen Sinn kann es überhaupt haben, sich ein Schisma konsistenter Physik einzuhandeln und einen Keil zu treiben mitten in ursprünglich eindeutige Konzepte? *Borromea Worthswerd* stellt fest, dass schon vom rein sprachlichen Standpunkt offensichtlich eine gelehrte Schizophrenie hier Blüten treibe.

Und wo kämen die Naturgesetze her, wenn vor dem Urknall ein Nichts gewesen wäre, nie, nirgendwo, noch nicht einmal leer – warum gibt es sie dann überhaupt? Natürlich kann *Mlle Bleu de Ley* den offenbar Ahnungslosen ihren Kommentar nicht ersparen, dass wenn nie und nirgendwo Nichts gewesen sei, dann doch immer und überall ein Etwas. Es ist eine abenteuerliche Entwicklung, welche die Urknall-Kosmologie genommen hat. Doch trotz aller numerischen Erfolge, gemessen an der überwältigenden Fülle neuer Beobachtungen und Messdaten in den letzten Jahren scheint mir die Kosmologie noch längst nicht am Ziel, solange sie unseren eigenen evolutionären Kosmos mit dem gesamten Universum verwechselt.

Die außerordentliche Qualität der zahlenmäßigen Ergebnisse und ihrer Sortierung steht meines Erachtens in keinem vernünftigen Verhältnis zur Qualität der bisherigen theoretischen Erklärung. Beispielsweise schreit die Lücke zwischen den wunderbaren Supernova-Ia-Daten und ihrer Erklärung durch Schluss auf eine beschleunigte Expansion des Universums mitsamt eigens dazu erfundener dunkler Energie im Sinn des Wortes einfach zum Himmel.

Über so genannte Horizonte, welche Teilbereiche der Realität angeblich unüberwindlich voneinander abgrenzen, lässt sich vielleicht diskutieren, solange es um die Fiktion Schwarzer Löcher oder andere exotische Modellvorstellungen geht. Dabei wäre es allerdings seriös, das dahinterstehende hypothetische Konzept jeweils von den mit gleichem Namen bezeichneten Objekten zu unterscheiden. So bezweifle ich keineswegs, dass sich auch im Zentrum unserer Milchstraße ein super-massereiches hochkompaktes Objekt befindet. Doch ich bezweifle sehr wohl, dass die davon verschluckte Materie für alle Zeiten verschwunden bleibt, wie *Hypolite Van Tast* das behauptet. Ganz inakzeptabel von Anfang an aber scheinen mir irgendwelche 'Horizonte', die angeblich das gesamte Universum betreffen. Dass es sich hierbei höchstwahrscheinlich um faulen Zauber handelt, wird schon aus dem widersprüchlichen Sprachgebrauch erkennbar. In der Diskussion sind urplötzlich jene 'Parallel-Universen' aufgetaucht, die in einem 'Multiversum' nebeneinander existieren sollen, ohne dass jemals in Vergangenheit oder Zukunft zwischen ihnen irgendeine Verbindung außer durch die erwähnten Löcher in der Raumzeit möglich wäre. Welch arme Würmer, die ernsthaft an so etwas glauben, sorgt sich *Mlle Bleu de Ley*. Wahrscheinlich müssten sie aber einfach dran glauben, selbst *Borromea Worthswerd* kann daran nichts ändern.

Wer die Bezeichnung Non-Sense dafür zu hart findet, die oder der lasse sich solch eine Unverschämtheit einmal von einem

Experten erklären. Gähnende Leere im Kopf wird das Ergebnis sein. Etwas, das prinzipiell und für immer in keinerlei Verbindung zu unserer Wirklichkeit steht und dementsprechend darauf nicht den geringsten Einfluss hätte, ist physikalisch ein Unding. *Frank U. Frey* stellte einst fest, wenn trotzdem so etwas existiere, dann nur als Hirngespinst. Seit wann aber seien Hirngespinste Gegenstand der Physik? Wer partout auf wissenschaftlich behaupteten Horizonten des Universums bestehe, der scheine eigene Beschränktheiten auf das Universum zu projizieren. Durch fortgesetzte Verringerung des Horizontdurchmessers gelange man am Ende sogar zu einem unwiderlegbaren Standpunkt, denn so zitierte einst ein wunderbarer Deutschlehrer noch dazu namens Kreis: „… ein Standpunkt ist ein Horizont mit dem Radius Null."

Man könnte den Eindruck gewinnen, an einigen Features des gegenwärtigen kosmologischen Modells hätten Trick-Spezialisten aus Hollywood mitgearbeitet. Was ich mit vielen anderen in der Physik suche, ist aber 'Science' pur und nicht 'Fiction'.

Die Wellenmechanik der Quantentheorie wäre nie gefunden worden, hätte Erwin Schrödinger auch nur annähernd so großzügig die Verletzung fundamentaler, physikalisch wohlbegründeter Voraussetzungen akzeptiert, die dort als 'Standardbedingungen' unentbehrlich sind, wie dies leider – eine nüchterne, aber auch ernüchternde Feststellung – selbst exponierte theoretische Kosmologen seit Einstein tun. Das betrifft eine zeitweilige Inkaufnahme fehlender Eindeutigkeit in kartesischen Koordinaten aufgrund hypothetischer Pole, eine angebliche Krümmung des dreidimensionalen Raums sowie eben die behauptete physikalische Entstehung des Universums mitsamt Raum und Zeit. Dafür, dass es sich dabei um nichts anderes als Science-Fiction handelt, sprechen die konkret von den Supernova-Beobachtungsdaten gestützten Berechnungen eines neuen Modells genannt SUM, das auf Basis eines einleuchtenden naturphilosophischen Konzepts mathematisch entwickelt werden konnte.

Trotz Einsteins unvergleichlicher Intuition – oder gerade deshalb – sei die subjektive Anmerkung erlaubt, dass es sich bei dessen ursprünglichem kosmologischen Ansatz eines durch 'Krümmung' geschlossenen dreidimensionalen Raumes in meinen Augen um eine allzu romantische Vorstellung gehandelt hat. *Hypolite Van Tast* erklärt aufgeregt, dass gerade diese erst die spätere Fiktion eines Beginns von Raum und Zeit habe für viele glaubhaft werden lassen.

Obwohl es manchmal viele Generationen von Astronomen und Physikern gebraucht hat – wie eben bei dem zahlenmäßig so erfolgreichen und anpassungsfähigen System des Ptolemäus – so haben fundamentale Fragen schließlich doch oft zu vernünftigen Antworten geführt. Anhand einiger Rechnungen habe ich mich selbst davon überzeugt, dass sich die so genannte Krümmung geschlossener Modelle in Bezug auf hinreichend große Skalen eines unendlichen Universums immer auch näherungsweise als räumlich begrenztes Phänomen verstehen ließe.

Machen wir also mit allen Unklarheiten erst einmal reinen Tisch und starten – *tabula rasa* – von einem unbeschriebenen Blatt. Wie man sich dieses nun grenzenlos ausgedehnt denken kann, ebenso kann man sich auch einen unendlichen leeren Raum denken, frei von jeder anderen Eigenschaften als der einen, unbegrenzt zur Verfügung zu stehen. Das ist höchst einfach, selbst wenn man von dem Mathematiker Euklid noch nie etwas gehört hätte. Nun betrachte ich das Universum als die eine und einzige allumfassende Wirklichkeit und erkläre genau das zum unendlichen Euklidischen Raum, was in meiner Vorstellung übrigbleibt, nachdem sämtliche Dinge daraus entfernt wären. Es ist schlicht unmöglich, dieses Konzept zu widerlegen. Der dreidimensionale Raums ist ohne physikalische Eigenschaften, also auch ohne all das, was von den leider oft sprachfaulen Mathematikern – in 'bewusstseinserweiternder' Abwandlung des ursprünglich jedem Kind einleuchtenden Worts – Krümmung genannt werden könnte. Natürlich darf die Bedeutung eines Begriffs mit der Zeit einen Wandel erfahren, Sprache lebt. Aber wie sollen wir die Krümmung reifer Gurken von einer fiktiven Krümmung unausgegorener mathematischer Assoziationen unterscheiden, solange beide mit dem selben Wort bezeichnet werden. *Frank U. Frey* sagt, die Mathematiker und erst recht die Physiker sollten sich gefälligst mehr Mühe geben, sich unmissverständlich auszudrücken für diejenigen, auf deren Kosten viele von ihnen leben. Neue eindeutige Begriffe ließen sich prägen, dabei könnte sich allerdings herausstellen, dass nicht alles Gold ist, was glänzend Eindruck gemacht hat.

Ein geradezu überwältigendes Beispiel dafür ist, dass in Bezug auf die Schwerkraft heutzutage immer und überall von einer Krümmung der Raumzeit geschwindelt wird. Ich sage 'geschwindelt', weil es sich dabei um nicht mehr handelt als um eine bloße mathematische Analogie! Jeder Fachmann sollte das wissen, und sich ernsthaft darum bemühen, der Öffentlichkeit gegenüber irreführende Bezeichnungen zu vermeiden. Doch in der Realität verhält es sich oft leider umgekehrt, insofern nicht selten gerade von Experten versucht wird, mit mysteriös klingenden Fachbegriffen eben Eindruck zu schinden.

Würden in sämtlichen Mathematikbüchern auf der Welt die Begriffe 'gerade' und 'ungerade' durch die Wörter 'blau' und 'rot' ersetzt, dann bliebe die Mathematik davon wesentlich unberührt und absolut richtig. Blau mal blau wäre dann wieder blau, ebenso wie blau mal rot. Nur rot mal rot wäre rot, und so weiter. Käme nun aber ein mathematischer Hochstapler auf die Idee, diese Regeln als Beweis zu verkaufen, dass gerade Zahlen tatsächlich von blauer Farbe seien und ungerade eben rot, so würden zwar nicht alle, aber doch hinreichend viele intelligente Menschen hoffentlich dafür sorgen, diesen Scharlatan nicht weiter zum Zug kommen zu lassen.

In der 'modernen' Physik liegt die Sache genau umgekehrt. *Prof. Hintz* und *Dr. Kunzt* reden von Krümmung der Raumzeit, wenn sie Gravitationskräfte meinen, die sich allerdings nicht mehr durch Newtons einfaches Gesetz beschreiben lassen. Doch auch bei Einsteins wunderbaren Gleichungen geht es nach wie vor um Tatsachen der Gravitation und keineswegs um unwirkliche Begriffe wie 'gekrümmter Raum', die nicht nur überflüssig, sondern irreführend sind.

Entsprechendes gilt für die generationenverdummende Erklärung der Schwerkraft mittels einer eingedellten Gummimembran, auf der Metallkugeln ihre gebogenen Bahnen ziehen. Ohne die Wirkung genau derselben Schwerkraft nämlich, die hier doch allein aus der Krümmung der Membran erklärt werden soll, würden die Bahnen sich selbst überlassener Kugeln einfach geradeaus verlaufen. In einer rotationsfrei schwebenden Raumstation ausgeführt, würde ein solcher Versuch selbst vertrauensseligsten Gemütern zeigen, dass ihnen hier ein Bär aufgebunden wird, wie ihn nicht einmal Münchhausen aus dem Sumpf fauler Vergleiche je an den Haaren hätte heranziehen können. Würden aber – um bei dem obigen Beispiel zu bleiben – die Kugeln durch einen speziellen Klebstoff gezwungen, sich nur auf der Oberfläche der eingedellten Membran zu bewegen, dann wäre die Schwerkraft noch immer nicht auf eine Krümmung reduziert, denn was sollte das für ein seltsamer Kleber sein, der Kugeln uneingeschränkt rollen lässt? Das eine unverstandene Phänomen würde durch ein anderes noch viel unverständlicheres 'erklärt'. Eine solche Erfindung gravitativer Adhäsion sei fauler Zauber, *Frank U. Frey* ist davon nicht eben beeindruckt.

Spielen wir also das Spiel – anstatt mit blau oder rot für gerade und ungerade – nun einfach mit Gravitationspotential für Raum und Schwerkraft für Krümmung, dann wird ein leicht tragbarer Schuh daraus. Das gesellschaftliche Problem der heutigen Physik liegt darin, dass alltägliche Begriffe unnötig missverständlich als Fachbegriffe verwendet werden und umgekehrt. Mathematiker dürfen das, weil jeder weiß, dass sie bloß 'spinnen'. Doch seriöse Physikerinnen und Physiker dürfen das nicht. Denjenigen, die es der gesellschaftlichen Öffentlichkeit gegenüber trotzdem tun, spreche ich das Recht ab, sich überhaupt Physiker zu nennen. Wortverdrehende Illusionskünstler sollten sie heißen. Doktorhütchen-Spieler, flüstert *Mlle Bleu de Ley*. Ach wie schwer hätten es doch diese phantastischen Helden der Spekulation, die sich stellvertretend für uns alle mit zehn und mehr Dimensionen herumschlügen sowie mit garantiert unverständlichen Problemen, die jede physikalische Vorstellung überstiegen, *Frank U. Frey* zeigt sich überwältigt von Mitleid. Von den vielen Fantastillionen paralleler Universen ganz zu schweigen, zu denen wir nie gelangen könnten, wenn es den Experten nicht bald gelänge, endlich Wurmlöcher in die Raumzeit zu bohren. Ja, Pfeifendeckel, flötet *Mlle Bleu de Ley*, es sei doch schon der pure Luxus, von Berufs wegen über ernsthafte Fragen der theoretischen Physik nachdenken zu dürfen. Was denn noch? Was so unverschämt wie hier darüber hinausgehe, gehöre bestenfalls in die Traumfabrik Hollywood – und auch das nur vielleicht.

Bevor in den nächsten Abschnitten auf das Konkordanzmodell näher eingegangen werden soll, ist ein weiteres Schlaglicht auf die kosmologische Konstante und Einsteins damit in die Welt gesetzte 'größte Eselei' angebracht, weil beide darin eine Rolle spielen.

Bei dem Sündenfall, der zu Einsteins Einführung einer kosmologischen Konstanten in seine Gravitationsgleichungen geführt hat, ist es jedoch nicht geblieben. *„Wenn schon keine quasistatische Welt, dann fort mit dem kosmologischen Glied“*, schrieb er bereits 1923 an Hermann Weyl. Danach schien dieser mathematische Zusatz tatsächlich in Vergessenheit zu geraten, bis er – wie das bei flüchtigen Modeerscheinungen nicht unüblich – in den letzten Jahren wieder auftauchte, und zwar in einer verunstalteten Form, die Einstein hätte die Haare zu Berge stehen lassen. Das kann ich nicht beweisen, aber ich bin mir sicher. Er hat einmal eine Theorie, die ihm vom Ansatz her widersprüchlich schien, als Missgeburt bezeichnet. So weit würde ich nicht gehen, diese Formulierung gefällt mir gar nicht. Doch seine späte Einsicht „… größte Eselei meines Lebens“ sollte endlich ernst genommen werden, allerdings nicht nur in Bezug auf die kosmologische Konstante selbst. Sie betrifft viel mehr auch das dahinterstehende – physikalisch unsinnige – Konzept eines geschlossenen Universums mit 'gekrümmtem Raum', in welchem gegebenenfalls zwei einander 'gegenüberliegende' Koordinaten-Tripel ein und demselben Raum-Punkt entsprechen könnten. Es ist erst die Wiederbelebung fundamentaler Voraussetzungen, die solchen Verirrungen den Boden entzieht.

So halte ich es nicht nur für möglich, sondern sogar für wahrscheinlich, dass Einstein mit dem Aufgeben der kosmologischen Konstanten indirekt auch seine Auffassung von einer realen Krümmung des dreidimensionalen Raums in Frage gestellt, wenn nicht insgeheim aufgegeben hat. Für diese Einschätzung spricht seine Arbeit *Geometrie und Erfahrung* von 1921, in der er in einem unverkennbaren Ton höchster Bewunderung auf die entgegenstehenden Ideen desjenigen Mannes zur nichteuklidischen Geometrie eingeht, von dem er nach meiner Überzeugung zwar am wenigsten gesprochen, doch höchstwahrscheinlich am meisten gelernt hat. Und das ist „... *der scharfsinnige und tiefe Poincaré*", dem er hier sogar ausdrücklich recht gibt. Doch wen interessiert das noch ernsthaft? Mich jedenfalls, und ich werde auf diese in ihrem Kern heute weithin verdrängte Einsicht Einsteins zurückkommen. Meines Erachtens hat er später zutiefst bedauert, eine solche Science-Fiktion überhaupt jemals in die Welt gesetzt zu haben. Doch o weh: Die Geister, die er rief ... !

Es ist zwar nicht hypothetisch unmöglich aber realexistierender Nonsens, dem Universum physikalische Eigenschaften zuschreiben zu wollen, die auch anders hätten ausfallen können. Wer so etwas wie das gegenwärtige Konkordanzmodell in seiner radikalen Version überhaupt nur für möglich hält, ist in meinen Augen für jede ernsthafte Naturwissenschaft wohl leider verdorben. Er sollte sich der reinen und feinen Mathematik zuwenden und dort spinnen, was er kann. Dem Kaiser samt Volk aber sollte er nicht länger einreden wollen, dass seine Kunst auch nur das geringste mit Kleidern zu tun hätte.

In Schweden gibt es nicht erst seit Alfred Nobel manches zu gewinnen. Anlässlich eines Preisausschreibens durch König Oskar II. erhoffte man sich neue Einsichten in die Stabilität des

Sonnensystems. Das Vielkörper-Problem der Newton'schen Mechanik wurde als außerordentlich schwere Aufgabe angesehen. Poincaré reichte eine große Arbeit ein und gewann.

Ein Mitglied des Preiskomitees schrieb, man müsse zugeben, dass in dieser Arbeit, wie auch in seinen übrigen Untersuchungen, Poincaré den Weg vorzeige und Ideen vorgebe, aber dass er es anderen überlasse die Lücken zu füllen und damit die Arbeit zu vollenden. Er sei in ähnlichen Fällen oft nach Erklärungen und Ausführungen gefragt worden, ohne dass er irgendeine Antwort gegeben hätte außer, das sei evident. So erscheine er wie ein Prophet, für den die Wahrheit offensichtlich sei, aber eben nur für ihn.

In diesem Fall aber – um einige Erläuterungen gebeten – entdeckte Poincaré einen gravierenden Fehler, den er sofort mitteilte und durch Überarbeitung vor der endgültigen Veröffentlichung behob. Außerdem übernahm er die Kosten für Druck und Korrektur, die insgesamt das Preisgeld um mehr als 1000 Kronen überstiegen.

Das Ende vom Lied – ein Loblied auf jede ehrliche Anstrengung – war einerseits die Erkenntnis, dass nicht einmal das Dreikörperproblem exakt lösbar ist, sondern dass es letztes Endes mitten in die Chaos-Theorie hineinführt. Andererseits, dass sich selbst überragende Naturwissenschaftler auch einmal in wesentlichen Fragen irren, zumindest vorübergehend. Und schließlich, dass es teuer werden kann für den, der einen Wettbewerb gewinnt. Für mich auf dem Weg mit Einstein und dem Esel gibt es kaum eine größere Ermutigung als die Tatsache, dass Poincaré offenbar aus seinem Fehler viel mehr gelernt hat, als er jemals hätte lernen können ohne ihn. In der Theorie gibt es Fehler, die muss man vielleicht machen. Im praktischen Leben allerdings gibt es Fehler, die darf man gerade umgekehrt nicht machen.

So manche derselben Aspekte, die aus meiner Sicht inakzeptabel sind, solange sie das gesamte Universum betreffen sollen, könnten sich schlagartig von purem Nonsens in handfeste Physik verwandeln, soweit sie sich unserem Kosmos zuschreiben lassen, der als größte zusammenhängende Struktur eines gemeinsamen Ursprungs in das ewige unendliche Universum eingebettet ist. Andererseits aber, da eine vollständige, allumfassende Theorie der Physik naturgemäß für alle Zeiten unerreichbar bleiben wird, wäre es ebenso unmöglich, diesen Kosmos aus einem Urknall perfekt zu rekonstruieren, ohne mit diversen unbewiesenen oder unbeweisbaren Hypothesen die Lücken dahin zu überbrücken. Unabhängig von der Größe jener Skalen, auf denen unser evolutionärer Kosmos in das stationäre Universum übergeht, verabschiede ich mich hiermit von dem unphysikalischen Konzept eines punktuellen physikalischen Beginns von Raum und Zeit, wohingegen ein dem vermeintlichen Urknall ähnliches Ereignis seine Rolle bei der Entstehung unserer eigenen überirdisch großen und möglicherweise doch alles in allem 'kleinen' Welt gespielt haben könnte.

Ich will hier nicht langweilen mit weitschweifigen Erklärungen über Sachverhalte, die viele Leserinnen und Leser dieses Buches vielleicht längst kennen. Das übliche Hantieren mit Lichtstrahlen und Spiegeln und allerlei Beschwörungen – 'allgemein unverständlich' wie der große Meister das nannte – stiftet oft überflüssige Verwirrung. Wer es wirklich genau wissen will, den darf ich neben den Originalarbeiten vor allem Einsteins sowie Fachbüchern großer und größter Autoren auch auf meine am Ende aufgelisteten eigenen Beiträge hinweisen, und zwar aus dem Grund, weil ich für deren Ernsthaftigkeit, die Überprüfung verwendeter und die Berechnung vieler eigener Formeln persönlich geradestehen kann. Diese haben sich über vierzig Jahre entwickelt, in anzahlmäßig nur wenigen Schritten, angefangen von einer Seminararbeit, die ich als angehender Lehrer für Schülerinnen und Schüler geschrieben habe, mit steigendem mathematischen Anspruch hin zu einem jüngsten Buch über die neue Alternative zur heutigen Konkordanzkosmologie. Die folgende kleine Geschichte erzähle ich in diesem Zusammenhang, weil sie zeigt, dass Einsteins Relativitätstheorie selbst von Missionaren der gegenwärtigen Lehre bis heute nicht zu Ende gedacht ist.

Diese sollten doch als ausgewiesene Experten die Öffentlichkeit von Amts wegen seriös informieren.

Zweiunddreißig Jahre nach Hafele und Keatings Reisen um die Welt – bei denen sie als erste den Einfluss von Gravitationspotential und Geschwindigkeit auf Atomuhren direkt messen konnten, worauf ich später noch ausführlich zu sprechen kommen werde – machte ein als Bestsellerautor gefeierter Physiker den ihn befragenden Reporter darauf aufmerksam, dass die Zeit für ihn beim Überqueren des Campus langsamer vergehe als für ein Paar, das in der Nähe auf einer Bank saß. Der Effekt lasse sich erkennen, indem man später die Uhren vergleiche, falls diese nur genau genug gingen. Das sei die 'Macht der Relativität'. O si tacuisses, hättest du nur geschwiegen, *Borromea Worthswerd* bedauert, dass sich der vielversprechende Professor verplappert hat, denn mit dem letzten Satz sei nicht nur unsinniges Zeug gesagt, sondern viel schlimmer, er rede arglose Menschen dumm.

Dazu gibt es einen Fernsehfilm, in den auch andere berühmte Physiker mit kurzen Stellungnahmen hineingeschnitten sind. Selber schuld, möchte man sagen. Das ganze für arglose Laien allerdings keineswegs klar durchschaubare Lügenmärchen ist geschickt untermischt mit unbestreitbaren Tatsachen, die als Beleg für teilweise unsäglichen Mist herhalten müssen. Der ausgewiesene Experte soll für das damals eigentlich beworbene Buch über Stoff und den Kosmos die größte Honorarvorauszahlung aller Zeiten erhalten haben, der Ärmste, weiß *Mlle Bleu de Ley*, vergisst dabei das Geld und denkt, dass der Beruf eines bezahlten Schwätzers auch nicht immer einfach sein könne.

Um zu verstehen, was oben tatsächlich gesagt wurde, lohnt es sich, die Situation etwas genauer unter die Lupe zu nehmen. Welche Uhren also? Vergleicht er seine Uhr beim Start mit den Uhren des Paars auf der Bank und nach Überqueren des Campus mit der Uhr in der Empfangshalle, dann hat er recht, seine Uhr ginge nach, doch nur falls die Uhren des sitzenden Paars zuvor mit der Uhr in der Empfangshalle im Sinne des Einstein'schen Verfahrens gestellt, das heißt *lokal* synchronisiert waren. Bei *glo-*

baler Synchronisation allerdings würde er feststellen, dass seine Uhr vorginge, wenn nämlich die Empfangshalle westlich von seinem Ausgangspunkt läge.

Er hat auch sicher recht, dass seine Uhr nachginge, falls er sich von dem Paar auf der Bank erst entfernt und dann auf genau dem gleichen Weg zu diesem zurückkehrt, ohne dass Hin- und Rückweg eine Fläche einschließen.

Sollte er aber wie Phileas Fogg auf die Idee verfallen, per Kutsche, Eisenbahn und Schiff rund um die Erde zu reisen, bevor er zu dem Paar auf der Bank zurückkehrt, dann würde seine Uhr nur bei östlicher Umrundung nachgehen, bei westlicher aber vor. Und zwar beide Male um einen Betrag von bis zu etwa einhundertsechzig Nanosekunden – das sind Milliardstel Sekunden – je nachdem, wo das Institut mit Campus auf der Erde angesiedelt wäre.

Doch wo bleibt hier die Macht der Relativität? Käme es wirklich nur auf die relative Bewegung zur Parkbank auf dem Campus an, so dürften solche Komplikationen doch gar nicht auftreten. Und das hat noch nicht einmal etwas mit dem Einfluss der unterschiedlichen Flughöhen auf die von Hafele und Keating benutzten Atomuhren zu tun. Wir wollen ja mit unserer Überlegung auf dem Boden der Tatsachen bleiben, hofft *Sigismund Sörgli.*

Die winzige Zeitdifferenz, die nur mit Atomuhren festgestellt werden kann, ist natürlich nicht mit Phileas Foggs gewonnenem Tag zu verwechseln, der sich bekanntlich daraus ergeben hat, dass für ihn auf seiner Reise einmal weniger die Sonne aufging als für die daheim Gebliebenen zuhause, was aber auf die Anzahl angezeigter Stunden einer exakt gehenden Uhr keinen Einfluss hat.

Zusammenfassend bleibt also festzuhalten, dass mit der 'Macht der Relativität' hier bestenfalls leeres Stroh gedroschen wird. Jener Physiker, der gerade dabei war, ein neues populärwissenschaftliches Buch vorzustellen, wird natürlich einwenden, dass er damit eigentlich etwas ganz anderes sagen wollte. Aber darauf kommt es gar nicht an. Als Autor hat er sich zu überlegen, wie etwas verstanden wird. Hätte er aber sein Buch voller unausgegorener Spekulationen überhaupt schreiben dürfen, fragt *Mlle Bleu de Ley*. Natürlich durfte er es – der routinierte Sprecher *Niesbert Nasswaitz* lässt so etwas nicht sitzen, ganz gleich auf wem – alle Welt tue es doch, selbst Diplomaten, Werbetexter, Politiker, Banker und die Herausgeber führender Fachverlage, die Wissenschaft profitiere doch nur davon. Und wie! das könne man wohl sagen, noch einmal *Mlle Bleu de Ley*.

Dass ein Zwilling bei seiner Rückkehr nach einer Reise etwas jünger geblieben sein wird, stimmt allgemein nur unter der Voraussetzung, dass sich der andere während der ganzen Zeit in einem Zustand geradlinig gleichförmiger Bewegung befunden hat. Und das ist eine ziemlich unrealistische Vorstellung, wenn man nicht gerade auf dem Nordpol oder dem Südpol wohnt, und dann auch nur, wenn wegen des Umlaufs der Erde um die Sonne die Reise nicht länger als ein paar Tage dauert.

Genaugenommen tritt eine mit Sicherheit vorhersagbare Gangverzögerung bewegter Uhren immer nur auf im Vergleich zu solchen, die in einem Inertialsystem ruhen. Wer aber den Gang von Atomuhren wirklich berechnen will, wie es für die Betreiber der heute alltäglichen Navigationssysteme erforderlich ist, der pfeift längst auf jede Macht der Relativität. Er wird den Arbeitsplatz gedanklich in den Schwerpunkt von Erd- oder Sonnensystem verlegen und seine Rechnungen in Bezug darauf ausführen. Dann aber sind die Geschwindigkeiten bei Ostreisen und Westreisen wegen der Erddrehung ganz unterschiedlich, falls sie in Bezug auf die Oberfläche die gleichen sind.

Wenn schon, denn schon! Ob und wie sich die Sonne bewegt, spielt nur so lange keine Rolle, bis dies nicht mehr hinreichend geradlinig gleichförmig geschieht. Das kann dauern, aber es tritt ein, auch weil sich die Sonne in einem Arm der rotierenden Milchstraße befindet. Und wenn sich die Milchstraße bewegt, mitsamt unserer lokalen Gruppe vielleicht? Ich denke, das reicht. Nicht der oben erwähnte Campus ist im Zustand der Ruhe, nicht die Erde, nicht die Sonne, nicht einmal unsere Milchstraße selbst. Am Ende lande ich beinahe zwangsläufig bei einem universalen Bezugssystem – entgegen Einsteins ursprünglichen Absichten, sonst hätte er die Bezeichnung Relativitätstheorie nicht akzeptiert – in welchem die Galaxien statistisch ruhen, und das sich theoretisch widerspruchsfrei synchronisieren lässt. Eine pauschale Feststellung in dem Sinne, dass 'die Zeit' für bewegte Objekte langsamer vergehe, stimmt einfach nicht. Der Autor, der sich hier entweder in sinnentstellender Schlampigkeit geäußert hat, oder es einfach nicht besser weiß, gilt als junges Genie. Mit seinen eifrigen Beteuerungen jener 'Macht der Relativität', einer 'Krümmung der Raumzeit' und ähnlich leerer Phrasen bewegt er sich immer noch ganz auf den festgefahrenen und nach wie vor weithin akzeptierten Gleisen des vergangenen Jahrhunderts. Doch gerade das Zusammenspiel der speziellen mit der allgemeinen Theorie ist nicht verstanden, solange die Kosmologie nicht einsieht, dass hier die erstgenannte für lokale Quantenmechanik in einem kreativen Widerstreit zur zweiten für universale Gravitation steht.

Was Hafele und Keating als erste experimentell direkt bewiesen haben, war – um in der Sprache jenes Autors zu bleiben – nicht etwa die Macht, sondern die Ohnmacht der Relativität. Fundamentale Konzepte wurden geprägt im Rahmen der speziellen Relativitätstheorie, bei der es sich genaugenommen aber um eine unrealistische Fiktion handelt, weil es unendlich ausgedehnte gravitationsfreie Inertialsysteme natürlich nicht gibt. Doch für reale Uhren und Maßstäbe kommt es eben nicht mehr nur auf relative Geschwindigkeiten an. Deshalb spreche ich gerade im Falle der leider immer noch so genannten allgemeinen Relativitätstheorie lieber von Einsteins Gravitationstheorie und seinen wunderbaren Gleichungen.

Wenn aber schon Spezialisten im Sinne des Wortes 'schwindelig' werden – die Philologin *Borromea Worthswerd* erkennt einen Hintersinn – sollten wir, um uns vor unseriösen Spekulationen zu schützen, immer nur über den Gang von Uhren und das

Verhalten von Maßstäben sprechen, anstatt über fragwürdige physikalische Eigenschaften von Zeit und Raum. Um die Vermittlung wesentlicher Zusammenhänge der Relativitätstheorie durch ihr Wissen zu hoch stapelnde Experten – man sieht, *Frank U. Frey* nimmt kein Blatt vor den Mund – wäre es dann besser bestellt.

Zwei Uhren gehen synchron, wenn ihre Anzeigen ständig miteinander übereinstimmen. Dem eben zitierten Experten aber seien Christian Morgensterns Zeilen ans Herz gelegt: „Selbst als Uhr, mit ihren Zeiten, will sie nicht Prinzipien reiten ...". Im ' Hinblick auf dieses Gedicht „Palmströms Uhr" vermutet *Borromea Worthswerd* eine direkte Abstammung der Erklärung, die Einstein seiner Sekretärin Helen Dukas einst als Sprachregelung zur Beantwortung entsprechender Anfragen gegeben hat: Eine Stunde mit einem hübschen Mädchen vergehe wie eine Minute, aber eine Minute auf einem heißen Ofen scheine eine Stunde zu dauern. Denn in demselben Gedicht Morgensterns, fährt *Borromea Worthswerd* verständnisvoll fort, befänden sich ja auch die Zeilen „...eine Stunde, zwei, drei Stunden, je nachdem sie mitempfunden".

Wenn wir tatsächlich, allein indem wir uns bewegten, die Zeit veränderten, zitiert *Mlle Bleu de Ley* weiter, dann frage sie: Welche Zeit, etwa die des Universums? Bewege sich aber nicht jede Person anders, gibt sie vorlaut zu bedenken, oder lebe etwa jeder in einem anderen Universum? Wenn aber das Universum keine einheitliche Zeit hätte, was sei dann bitte mit dessen angeblichem Alter von knapp vierzehn Milliarden Jahren, welches Universum, deins, meins? *Borromea Worthswerds* sensibler Kollege *Sigismund Sörgli* fürchtet, jener Best-Seller als vorschussgeplagter Fan der Comicfamilie Simpson – die mindestens ebenso elegant gezeichnet sei wie ein physikalisches Bild der Stringtheorie – glaube mittlerweile tatsächlich, was er hier sage. Gerade akademisch bestens versorgte Autoren aber sollten sich der Verantwortung bewusst sein, die aus dem Privileg erwächst, sich mit schöner Physik hauptberuflich beschäftigen zu dürfen.

Immer noch nicht genug wird von besagtem Physiker behauptet, die Stringtheorie könne eines Tages womöglich alle Naturkräfte und Bausteine der Materie schlüssig beschreiben – Zwischenruf *Mlle Bleu de Leys*: das könnte ich auch! sie will den Mund nicht halten, wer wolle ihr denn das Gegenteil beweisen? – vom Anfang des Universums bis an sein Ende, samt Paralleluniversen mit all den ungezählten Dimensionen versteht sich.

Jetzt aber muss *Mlle Bleu de Ley* endgültig passen, selbst *Hypolite Van Tast* ist eine Beklemmung anzumerken bei dem Gedanken, durch unappetitliche Wurmlöcher kriechen zu sollen. Und Sie wollen Profi sein, schimpft sein Herausgeber *Ethan Fools*, verstehen Sie denn nicht: so dünn wie dieser Faden sehen Sie doch auch aus von ferne! Mit seinen eigenen allerdings ohnehin eingerollten Dimensionen dürfe das ja kein Schwierigkeiten machen.

Mlle Bleu de Ley schreibt später dazu aus dem Urlaub, Genies gebe es eben nicht gerade wie Sand am Meer, aber immerhin wie der Ein- oder andere Stein darin. Ein Genie zu sein rechtfertige allerdings noch lange nicht, so dumm von der Relativitätstheorie daherzureden! *Frank U. Frey* springt ihr bei, es wäre schön, wenn solche Autoren endlich einmal begreifen könnten, dass es geradezu unverantwortlich sei, dem arglosen Publikum durch fachsprachliche Zweckentfremdung umgangssprachlich wohlvertrauter Begriffe den Verstand zu vernebeln. Niemand dürfe stillschweigend hinnehmen, dass ernsthaft interessierte Leser – und damit letztlich die Gesellschaft, auf deren Kosten die Elite in ihrem Elfenbeinturm logiere – derart für dumm verkauft werde. Je unverständlicher, umso intelligenter? Der Zweck heilige nicht die Mittel, auch nicht der Geldbeschaffung, fährt *Borromea Worthswerd* fort. Man könne sich des Eindrucks kaum erwehren, der moderne Jargon theoretischer Physiker diene so manchem von ihnen zur eigenen Beweihräucherung in beinahe gleicher Funktion wie seinerzeit das mittelalterliche Kirchenlatein. Kaum jemand im Volk habe es verstanden. Wo bitte bleibe die intellektuelle Redlichkeit? – Dumme Frage! blafft der Herausgeber *Ethan Fools*.

Das Fatale an derartigem Stoff ist, dass jede falsche 'Belehrung' – wenn scheinbar ernsthaft vorgebracht – die Unschuld hochbegabter junger Menschen kosten kann. Sie sollten möglichst früh aufgeklärt werden, damit sie in Übertragung von Hans Christian Andersens genialem Märchen auch andere neue Kleider bald durchschauen, um mündige Physikerinnen und Physiker zu werden.

Würden von zwei Nachfahren Phileas Foggs mit hinreichend genau gehenden Atomuhren am Handgelenk der eine östlich, der andere westlich, beide per Zug und Schiff gleichmäßig rund um die Erde reisen, dann würde ein Uhrenvergleich beim Wiedersehen am Ausgangspunkt unterschiedliche Zeiten zeigen. Die östlich gereiste Armbanduhr würde tatsächlich nachgehen, und zwar sowohl der westlich gereisten gegenüber als auch gegenüber der zuhause gebliebenen, die westlich gereiste aber würde vorgehen. Bei Reisen mit Flugzeugen oder Raketen müsste man genau rechnen, weil dann ein zusätzlicher Effekt unterschiedlichen Gravitationspotentiale zu berücksichtigen ist. Na, sowas! meint *Mlle Bleu de Ley*. Humorlos bemerkt *Frank U. Frey*, wer auf einen richtigen Weg führen wolle, der müsse zunächst einmal die falschen Wegweiser demontieren.

Treffen sich zwei Uhren. Staunt die eine: „Du tickst ja nicht richtig." – Darauf die andere: „Sehe ich umgekehrt."

Eckpfeiler einer wackeligen Urknall-Theorie

Frage an *Hypolite Van Tast*: Hätten Sie ein gutes Gefühl, Wand an Wand neben einem Nachbarn mit Gasheizung zu wohnen, der sich selbst für das Produkt eines zufälligen Urknalls hält? – Gegenfrage an *Dr. Dr. Ernst Hafft*: Hätten Sie ein gutes Gefühl, neben einem Nachbarn mit geladenen Gewehren zu wohnen, der sich selbst für das eigentliche Ziel aller Schöpfung hält? Kommentar *Mlle Bleu de Ley* aus dem Oberstübchen: Was bitte macht für mich den Unterschied?

Einstein ist bei der ersten Einführung einer relativistischen Kosmologie nicht auf die Idee gekommen, eine andere Lösung zu suchen als die für ein statisches Universum, bei dem die Zeit gar keine Rolle spielt. Doch dies erwies sich bald als Fehler. Meines Erachtens wäre es nun konsequent gewesen, als nächstes eine stationäre statt statische Lösung zu suchen.

Obwohl zum neuen kosmologischen Konzept SUM keine unmittelbare Verbindung besteht, ist Einsteins versuchte Vorwegnahme der Steady-State Theory eines dynamisch in Expansion begriffenen Universums außerordentlich aufschlussreich, indem er hier offenbar zum ersten Mal anerkannte, dass auch im Falle des Universums 'stationär' etwas ganz anderes sein kann als 'statisch'. Ohne so etwas aber bis dahin überhaupt ernsthaft zu erwägen, *Mlle Bleu de Ley* berichtet aus ihrer Sicht, seien zunächst zögerlich, dann plötzlich – ist das denn die Möglichkeit? – auch Modelle unmöglich 'knalligen' Ursprungs in Betracht gezogen worden, die sich in immer neu aufgeputzten Formen seither in den Köpfen gefälliger 'Modeschöpfer' festgesetzt hätten.

Was lässt heute denn überhaupt auf einen Urknall schließen? Zuallererst eine als Doppler-Effekt missverstandene Rotverschiebung der Galaxien und ihrer Gruppierungen, als hätte es nicht längst vor dem allerdings grandiosen Abbé Georges Lemaître bereits Einsteins gewöhnliche Gravitationsrotverschiebung gegeben.

Lemaître scheint mit seiner Idee eines aus einem Ur-Atom geborenen expandierenden Universums wohl unwissentlich auf der Fährte des Jahrhunderte früheren Bischofs Robert Grosseteste gewandelt zu sein.

Natürlich hat Galilei weitgehend recht, wenn er sagt, das Buch der Natur sei in mathematischen Zeichen geschrieben. Doch auch wenn sich auf einer Tastatur alle erforderlichen Buchstaben finden, bringt beileibe nicht jeder, der sich ihrer bedient, einen sinnvollen Text zustande. Es genügt nicht einmal, schönste fertig vorgefundene Wörter zu benutzen, selbst nach allen Regeln der Grammatik wäre das allein noch lange keine Kunst. Tatsächlich stellte die Rotverschiebung in den Spektrallinien weit entfernter Spiralnebel auf den ersten Blick ein starkes Indiz für eine Fluchtbewegung dar. Denn es war seit der Entdeckung des Doppler-Effekts klar, dass die Wellenlänge von Licht eines sich entfernenden Objekts im Vergleich zu der einer ruhenden Quelle beim Beobachter vergrößert ankommt. Spektrallinien größerer Wellenlängen aber erscheinen im sichtbaren Bereich des Farbspektrums zum roten Ende hin verschoben, kleinere dagegen zum blauen. Der entsprechende Effekt ist auch bei Schallwellen wohlbekannt. Sämtliche Geräusche, die beispielsweise von fahrenden Autos oder Zügen ausgehen, kommen bei Fußgängern als höhere oder tiefere Töne an, je nachdem ob sich die Fahrzeuge nähern oder entfernen. Am deutlichsten ist der Unterschied jeweils im Augenblick der Vorbeifahrt zu hören.

Die davon grundsätzlich verschiedene Rotverschiebung der Galaxien wurde in den zwanziger Jahren des vergangenen Jahrhunderts entdeckt und gilt als erste Säule der Urknall-Theorie. Allerdings wurde ihre Deutung als Doppler-Effekt vor uns 'fliehender' Objekte von Edwin Hubble einst nur unter Vorbehalt mitgeteilt. Das Hubble'sche Gesetz besagt aber eigentlich nur, dass die Rotverschiebung umso größer ist, je weiter entfernt sich die kosmische Strahlungsquelle befindet. Würden nun die Galaxien tatsächlich allesamt auseinander fliegen, so wären sie natürlich früher näher beieinander gewesen. Verfolgt man diesen hypothetischen Vorgang in Gedanken immer weiter rückwärts, so scheint man bei einiger Neigung zur Übertreibung und hinreichender Naivität unausweichlich zu dem Schluss zu gelangen, dass einst das ganze Universum in einem Punkt konzentriert gewesen sei.

Die Idee eines – später wie erwähnt als Big-Bang bezeichneten – Urknalls wurde aufgegriffen und hinsichtlich einer vermuteten Temperaturentwicklung sowie einer vermeintlichen ersten Entstehung der Atomkerne durchgespielt. Keineswegs zufällig wurde das Ergebnis an einem 1. April veröffentlich. George Gamow war zweifellos ein außergewöhnlich anregender und kreativer Physiker, von dem ich als Schüler mit großer Begeisterung zwei oder drei seiner populärwissenschaftlichen Bücher gelesen hatte. Was aber steckt hinter der angeblichen Expansion des Universums? Dass es sich hier im Sinne des Wortes um Science-'Fiction' handelt, geht aus folgender Überlegung[9] hervor:

Entgegen jeder heute beschworenen Interpretation ist die Deutung der kosmischen Rotverschiebung als Doppler-Effekt infolge irgendeiner realen Bewegung von Spiralnebeln keineswegs zwingend, für harmlose Gemüter allerdings immer noch suggestiv. Doch bereits lange zuvor war sich Einstein grundsätzlich über das allgemeine Phänomen einer *Gravitationsrotverschiebung* klar geworden. Diese führt beispielsweise dazu, dass Licht aufgrund des unterschiedlichen Schwerepotentials an der Spitze eines Turms mit größerer Wellenlänge ankommt, als es am Boden ausgesendet worden ist. Dieser Effekt gehört zu den fundamentalen Konsequenzen der allgemeinen Relativitätstheorie, und ist beinahe seit ihren Anfängen astronomisch gesichert, inzwischen aber – und zwar erstmals von Robert Pound und Glen A. Rebka Jr. – experimentell längst auch auf der Erde. Kein Mensch aber ist hier jemals auf die Idee gekommen, diese Rotverschiebung beweise, dass sich die Spitze des Turms vor dessen Fuß auf der Flucht befindet.

Natürlich weiß ich, das eine betrifft einen Effekt im lokalen – also räumlich begrenzten – Gravitationspotential beispielsweise der Erde, das andere einen Effekt im Gravitationspotential des Universums. Doch liegt es auf der Hand, dass es sich in beiden Fällen um zuvor unbekannte Auswirkungen der Gravitation handelt, deren Bedeutung sich nicht aus dem Doppler-Effekt der klassischen Physik ableiten lässt.

Gerade die allgemeine Relativitätstheorie also lehrt, dass die Gravitation ohne jede Bewegung irgendeines Objekts in der Lage ist, eine Rotverschiebung von Spektrallinien zu bewirken. Abgesehen von der bisherigen Unkenntnis einer besseren Alternative ist es mir völlig schleierhaft, wo hier auch nur ein einziger physikalisch überzeugender Grund für die Notwendigkeit eines Modells real auseinanderfliegender Galaxien zu erkennen sein soll. Ja, wohin fliegen sie denn? *Mlle Bleu de Ley* schlägt vor, zehn Euro für einen Blick durchs Ofenrohr in den Himmel.

Historische Tatsache aber ist, dass die – auch kosmisch genannte – universale Rotverschiebung in ihrer naiven Deutung als Doppler-Effekt zur Akzeptanz der Urknalltheorie geführt hat. Und zwar nicht, wie es vielleicht hätte richtig sein können, zunächst in Bezug auf unsere eigene kosmische Umgebung, sondern in altbekannter Anmaßung gleich in Bezug auf das Universum insgesamt. *Prof. em. Blasius J. E. Pabst* gähnt bei der Frage, ob es nicht auch eine Nummer kleiner gut gewesen wäre.

Nach meinem Verständnis handelt es sich bei der ungerechtfertigterweise oft allein Hubble zugeschriebenen[10] Entdeckung – auch im Sinne eines nach Ockham benannten Prinzips der Sparsamkeit an neuen Hypothesen – einfach um eine bis dahin unbekannte Variante der Gravitationsrotverschiebung. Nichts expandiert hier, das wird in einem eigenen Abschnitt erklärt. Wem es dann immer noch lieber ist, mag etwas anderes glauben, sollte allerdings nicht vergessen, sich dabei vielleicht zum ersten Mal kritisch zu fragen wem, seit wann, und warum.

Als zweite Säule des Konkordanzmodells gilt die als Nukleosynthese bezeichnete Verschmelzung von Protonen und Neutronen zu Kernen, bei der während der Abkühlung eines ursprünglich unvorstellbar heißen und dichten Plasmas die leichten Atomkerne entstanden seien. Unmittelbar nach dem Urknall soll es neben Photonen und drei Arten Neutrinos eine solche Nukleosynthese der Atomkerne von Helium, Deuterium und anderer leichter Elemente gegeben haben, wohingegen die Bildung schwerer Elemente erst später bei Supernova-Explosionen in den Sternen stattgefunden hätte, wo sie andererseits in einem stationären Universum immer wieder geschieht, nachdem entsprechende Mengen in super-massereichen Objekten vor deren gewaltigen – bisher nur unvollständig verstandenen – Ergüssen von Materie und Energie in den intergalaktischen Raum zeitweilig verschwunden sind. Die relative Häufigkeit von Lithium will allerdings bisher nicht recht ins Bild passen.

Tatsächlich aber haben Modellrechnungen der Teilchenphysiker trotz einiger Irrtümer und Umwege schon bald Häufigkeiten für das Auftreten von Wasserstoff, Helium und anderer Elemente ergeben, die eine beeindruckende Übereinstimmung mit den auftretenden kosmischen Anteilen zeigen. Kehrseite dieser glänzenden Medaille aber ist eine baryonische Asymmetrie. Beim einem Big-Bang müsste eigentlich – wenn überhaupt – in einem Nullsummen-Spiel aus dem Nichts insgesamt ebensoviel Materie wie Antimaterie entstanden sein. Entgegen aller experimentellen Erfahrung bis hin zu den Messungen am *Large Hadron Collider* aber gibt es im Universum einen Baryonen-Überschuss, das heißt die Materie überwiegt im Vergleich zur Antimaterie, sonst würde alles zerstrahlen.

Insgesamt aber entfällt in diesem Modell auf die gewöhnliche Materie, die also baryonisch genannt wird und sich aus Atomen und ihren Bestandteilen zusammensetzt, nur ein Anteil von wenigen Prozent. Und selbst davon zählt wiederum nur etwa ein Zehntel zur so genannten leuchtenden Materie. Das bedeutet, dass wir selbst unter einem absolut klaren Sternenhimmel nur einen winzigen Bruchteil dessen sehen, was da oben so alles existiert.

Die Entdeckung der Hintergrundstrahlung hat dem Urknallmodell schließlich zum Durchbruch verholfen. Hierbei handelt es sich, wie seinerzeit vorausgesagt, um eine nahezu perfekte Wärmestrahlung, deren Temperatur größenordnungsmäßig richtig eingeschätzt worden war. Das ist die dritte Säule, und auf drei Beinen kann jedes beliebig zurechtgezimmerte Möbelstück stehen. Inzwischen werden sogar die Anisotropien als winzige Abweichungen von einem idealen Planck-Spektrum dazu herangezogen, um fundamentale Parameter der Urknalltheorie abzustimmen.

Dabei zeigt sich am Rande, welche Haken die wissenschaftliche Entwicklung schlagen kann. Denn der gemessene Dipol der Anisotropie wird als Doppler-Effekt einer Bewegung gegen den kosmischen Hintergrund interpretiert, und zwar im Rahmen eines relativistischen Modells, das ja ursprünglich gerade aus der Vorstellung entstanden ist, dass es einen solchen Hintergrund überhaupt nicht gibt. Da tut es grundsätzlich wenig zur Sache, dass dieser damals als Lichtäther verstanden wurde.

Das Urknallmodell geht davon aus, dass es sich bei der Hintergrundstrahlung um die verbliebene Wärmestrahlung eines Plasmas handelt, nachdem das Universum aufgrund der Verbindung der ursprünglichen Elektronen mit den Protonen sehr früh durchsichtig geworden sei. Dieses Phänomen wird einer Entkopplung der bei 'Re'-Kombination von Elektronen und Protonen zu neutralen Wasserstoffatomen entstandenen Photonen zugeschrieben, wobei es im Sinne einer ersten Entstehung einfach Kombination heißen müsste. *Borromea Worthswerd* weiß, die Sprache von Schwindlern war schon immer verräterisch, noch bevor Siegmund Freud die Fehlleistung entdeckt hat, bei der es sich ihres Erachtens allerdings gelegentlich auch um eine gar nichts bedeutende Verwechslung handeln könnte.

Beobachtet wird nun eine tatsächlich vorhandene Ionisation des intergalaktischen Gases. Für das aktuelle Modell ist dieser Sachverhalt insofern fatal, als sich doch bei der Freisetzung der kosmischen Hintergrundstrahlung die Protonen mit den Elektronen zu neutralen Wasserstoffatomen verbunden haben sollten. Einer seinerzeit allumfassenden Verbindung freier Elektronen mit Protonen widerspricht aber eklatant die Tatsache, dass im intergalaktischen Medium heute kein nennenswerter Anteil am neutralen Wasserstoff gefunden werden kann. Das intergalaktische Gas scheint beinahe vollständig aus geladenen Anteilen zu bestehen. Wird nun aber eine Entstehung des Universums im Urknall als unbestreitbare Tatsache vorausgesetzt, so erscheint das damit 'entdeckte' schleierhafte Phänomen einer fiktiven Re-

Ionisation des Gases durch Beobachtung plötzlich bewiesen, obwohl es dem ursprünglichen Big-Bang-Modell klar widerspricht. Noch dazu ist eine so genannte optische Tiefe, wie sie während dieser Re-Ionisation vorgelegen haben soll, als neuer Parameter in das Modell eingeführt worden, weil man gemerkt hat, dass man bei diesem Urknall-Apparat ohne zusätzlichen Stellknopf nicht auskommt.

Zuerst also hätte es freie Elektronen und freie Atomkerne gegeben. Dann haben sich diese angeblich miteinander zu neutralen Atomen verbunden, um die Hintergrundstrahlung freizusetzen. Anschließend hätten sie sich wieder getrennt, niemand weiß warum. Doch rückblickend muss das ja so sein, sonst wäre die allgemein akzeptierte Erklärung der Hintergrundstrahlung falsch, und das zugrunde liegende Modell leider auch. Um also den Beobachtungstatsachen kurzerhand Rechnung zu tragen, wurde dem eigentlichen Urknallmodell nachträglich eine fiktive Phase der Re-Ionisation hinzugefügt. Sehr gut, als hätte vorher das Salz in der Suppe gefehlt, meint *Mlle Bleu de Ley*, die nicht auf falsche Schonkost steht.

Eine weitere starke Stütze scheint das Urknallmodell dadurch zu erfahren, dass sich aus astronomischen Beobachtungen sowie aus der Radioaktivität von Gesteinsproben ein Höchstalter ablesen lässt, das mit der Zeitspanne vergleichbar ist, die seit dem Urknall vergangen sein soll. Diese Zeitspanne wird als Alter des Universums bezeichnet und soll abgelaufen sein, seitdem die Dichte von Materie und Energie im Sinne der Urknalltheorie unendlich groß gewesen sein müsste. Doch würde ein Höchstalter kosmischer Strukturen genügen, um sämtliche derartige Beobachtungen zu erklären. Da kann nun *Hypolite Van Tast* reden, was er will, der in dieser Beziehung ganz humorlose *Frank U. Frey* stellt fest, die Kalkulationen seiner Lebensversicherung auf Basis maximaler Lebenserwartung setze keineswegs ein und denselben Geburtstag sämtlicher in Zukunft Begünstigter – die sensible *Mlle Bleu de Ley* leicht melancholisch: Betroffener – voraus.

Andererseits spricht vieles dafür, dass es tatsächlich eine kosmische Evolution gegeben hat. Auch die Verteilung der Quasare, die es nur in größeren Entfernungen zu geben scheint – und die deshalb oft auch als vierte Säule bezeichnet wird – könnte darauf hindeuten. Und es werden vielleicht die meisten der sehr weit entfernten Galaxien, von denen herkommend das Licht über Jahrmilliarden unterwegs war, tatsächlich jünger gesehen. Das wiederum aber könnte, wenn *Hypolite Van Tast* mit dem geliehenen Ofenrohr wieder einmal ins Gebirge schaut, in Bezug auf das Alter der dort beobachteten Objekte im Vergleich zu denen in der benachbarten Fußgängerzone auch nicht viel anders sein.

Die gegenwärtige Kosmologie geht davon aus, dass die Temperatur der Hintergrundstrahlung mit der Zeit abnimmt, so dass sie beispielsweise in Staub- oder Gaswolken, deren Spektrallinien sehr große Rotverschiebungen aufweisen, entsprechend höher gewesen sein müsste. In der Vergangenheit wurde tatsächlich mehrfach berichtet, dass dieser Zusammenhang durch Messungen bestätigt sei. Doch bezeichnenderweise hat sich hinterher meist herausgestellt, dass die Temperaturangaben nur als obere Grenzen zu verstehen waren. Diese Geschichte scheint mir noch nicht zu Ende, ich bleibe skeptisch. Dies umso mehr, als selbst eine höher temperierte Wärmestrahlung passend ausgesuchter Wolken nicht beweisen würde, dass sich davor oder dahinter nicht eine tiefere verbirgt. Sonst könnte niemand vor einem Kaminfeuer sitzen, erzählt *Dr. Dr. Ernst Hafft* und legt gemütlich die Füße hoch.

Meines Erachtens sollten Fachzeitschriften und e-Print Archive nicht nur über Messungen berichten, bei denen das erwartete Ergebnis nachgewiesen werden konnte. Mich würde – um es freundlich zu sagen – mindestens ebenso sehr interessieren, wie viele Messungen fehlgeschlagen sind, die mit dem Ziel einer Bestätigung des erwähnten Zusammenhangs zwischen Temperatur und Rotverschiebung ausgeführt worden sind. Eine einzige unstrittige Messung der Hintergrundtemperatur aber würde genügen, das gegenwärtige Konkordanzmodell fundamental zu widerlegen, falls das Ergebnis signifikant unterhalb des vorausgesagten Wertes läge. Ich bin jedoch alles andere als sicher, dass eine entsprechende Arbeit in einem der führenden Mainstream-Journale zur Veröffentlichung angenommen würde. Nach bestem Wissen und Gewissen kann aufgrund der bisher vorliegenden Beobachtungsergebnisse deshalb nicht mit Sicherheit ausgeschlossen werden, dass die Hintergrundtemperatur auch in sehr großen kosmischen Entfernungen bei etwa drei Grad über dem absoluten Nullpunkt liegt.

Als eine je nach Zählung fünfte Säule der Urknall-Kosmologie gelten heute die Supernova-Daten, die aufgrund neuer Zutaten angeblich eine beschleunigte Expansion jener Suppe beweisen, die von vielen Köchen für das Universum gehalten wird. Die wichtigste Beimischung heißt heute 'dunkle Energie'. Sie soll unvorstellbar gigantische Auswirkungen haben, macht als neue Zutat plötzlich drei Viertel der Suppe aus, wurde selbst aber von niemand je geschmeckt oder gewogen. Alle stehen und staunen. Wehe aber dem Küchenjungen, der darin nichts als eine Blase vermute, aufgebläht von nicht viel mehr als heißer Luft, sorgt sich *Mlle Bleu de Ley* zu recht um den Nachwuchs. Doch wann habe es das je gegeben? Wenn die neue Zutat aus einer dünnen Brühe einen aufgeblasenen Brei mache, sei das noch lange keine Bouillabaisse.

Was nun aber haben Adam Riess, Saul Perlmutter und Brian Schmidt mit ihren Teams tatsächlich beobachtet, bevor sie – von der falschen Begründung abgesehen – verdientermaßen mit dem Nobelpreis 2011 für Physik ausgezeichnet wurden? Gemessen wurden die scheinbaren Helligkeiten von Supernovae Typ Ia, die als Standardkerzen gleicher Leuchtkraft dienten, in Abhängigkeit von ihrer jeweiligen Rotverschiebung. Diese ist in Erweiterung des Hubble'schen Gesetzes mit der Entfernung verknüpft. So weit die Tatsachen.

Was darin aber entdeckt wurde, ist die umwerfende Konsequenz, dass auch die bis dahin überhaupt noch in Frage gekommenen relativistischen Modelle an den Tatsachen gescheitert sind. Endgültig über den Haufen geworfen wurden insbesondere: Einsteins statisch-geschlossenes Universum mit einer so genannten 'Krümmung' des dreidimensionalen Raums; die 'Steady-State Theory', die trotz ihrer vernünftigen Absicht diesen Namen nicht verdient; und schließlich das Einstein-de-Sitter-Modell, das entstand, als Einstein entschieden hatte: „ ... *dann fort mit dem kosmologischen Glied!"*

Die dunkle Energie allerdings hat niemand gesehen, von der so viel die Rede ist, und die alles mit zunehmender Geschwindigkeit auseinandertreiben soll. Im Sinne der Urknall-Kosmologie könnte deshalb ein Physiker Schwejk mit *Hypolite Van Tast* argumentieren: Die Existenz der dunklen Energie sei zwar nicht direkt entdeckt, aber gerade dadurch bewiesen. Denn hätte man sie entdeckt, wäre sie nicht dunkel und dann würde sie als solche eben nicht existieren.

Anstelle der alten Steady-State Theory eines aus unerfindlichen Gründen expandierenden Universums, deren Versagen genau die folgende Möglichkeit zu widerlegen schien, gibt es nun seit einigen Jahren doch eine stationäre Lösung der Einstein'schen Gravitationsgleichungen, SUM, die sich – wie es sein muss – dadurch auszeichnet, dass ihre Rotverschiebungs-Werte unabhängig sind von der Zeit. Zusammen mit dem 'Gold-Sample' von Riess und seinem Team wurden die Aussagen des neuen Modells bezüglich der Supernova-Helligkeiten denen des Konkordanzmodells in leicht verständlichen Diagrammen gegenübergestellt, wobei das letztgenannte auf Basis derselben Messdaten eine beschleunigte Expansion des Universums beweisen will.[11]

Offensichtlich scheinen sich die Aussagen beider Modelle bezüglich der Supernova-Ia-Helligkeiten fast vollständig zu überdecken. Erst bei Analyse im Detail wird ein kaum wahrnehmbarer, dennoch aber vorhandener Unterschied erkennbar.

Dieser kleine Unterschied weist aus Sicht des stationären Modells auf eine lokale Abweichung der gegenwärtigen *Hubble-Konstanten* hin, und zwar ganz im Rahmen der von verschiedenen Autorinnen und Autoren gemessenen Werte. Diese Abweichung scheint sich infolge einer Inhomogenität der mittleren Dichte oder einer entsprechenden Eigenbewegung in unserer kosmischen Nachbarschaft zu ergeben. Auch eine geringe Abschwächung des Lichts durch grauen Staub käme in Frage und am ehesten wohl eine Kombination solcher Effekte. Für die Annahme spricht außerdem, dass sich in den lokalen Abweichungen kleine Anisotropien zeigen.

Es liegt eine gewisse Ironie in der Tatsache, dass ausgerechnet drei hervorragende Mitglieder des *High-z Teams* – nämlich Jha, Riess und Kirshner – einen effektiven Hubble-Kontrast berichtet haben, der gerade von der richtigen Größenordnung ist, um die genannten lokalen Abweichungen auf Basis der dort unbeachtet gebliebenen neuen Lösung weitgehend zu erklären.

Zu Beginn der Entwicklung des Konkordanzmodells hat es auch einen speziellen Inflationsansatz gegeben, bei dem in einigen frühen Artikeln ebenfalls vom Modell eines 'stationären Universums' die Rede war. Daraus sollten sich allerdings unendlich viele vollständig voneinander getrennte 'Parallel-Universen' ergeben, deren jedes einzelne für sich genommen jeweils durch eine Variante des Konkordanzmodells zu beschreiben wäre. Dem Ganzen liegen dort die üblichen Inflations-Spekulationen zugrunde, und abgesehen von der erwähnten Bezeichnung hat es nichts mit der neuen Lösung[12] zu tun, auf welche hier nun Bezug genommen wird. Vor allem aber fehlt jeder Hinweis auf das *eine* entscheidende *SUM-Linienelement* der allgemeinen Relativitätstheorie, welches für das *eine* zusammenhängende Hintergrunduniversum tatsächlich stehen kann.

Für die Komposition der mittleren Energie- und Materiedichte gemäß Konkordanzmodell aber, das die Zahlenwerte durchaus gut beschreibt, gilt ein schräges Rezept ('strange recipe').

Man nehme die längst überholte Steady-State Theory zusammen mit dem plötzlich und unerwartet gescheiterten Einstein-de-Sitter-Modell, mixe zwei Teile der ersten mit einem Teil der letzten, und sogleich trifft man die zwischen den beiden falschen Voraussagen liegenden Messdaten recht ordentlich. Eine vergleichbare Methode allerdings wäre: *Hypolite Van Tast* sagt, zwei mal zwei ist drei, *Mlle Bleu de Ley* entgegnet zwei mal zwei sei sechs; wunderbar! sagt der Konkordanz-Herausgeber *Ethan Fools*, man brauche die zahlenmäßigen Ergebnisse nur im Verhältnis 2:1 zu gewichten, und schon treffe man die Vier. Zwar würde in allen anderen Fällen jede derartige Übereinstimmung als frisiert bezeichnet. Doch was blieb angesichts des jäh aufgetauchten Dilemmas der theoretischen Kosmologie anders übrig?

Vielleicht ja das: Man nehme die eine und einzige Lösung der Einstein'schen Gleichungen, welche eine konstante universale Lichtgeschwindigkeit beinhaltet und zugleich Rotverschiebungswerte ergibt, die unabhängig sind von der Zeit. Fertig ist das Linienelement SUM eines stationären Universums. Trotz einfachster Zubereitung stimmt dessen Vorhersage mit der des Konkordanzmodells weitgehend überein, und zwar ohne jede Beschleunigung aufgrund der bloßen Fiktion einer dunklen Energie, ja sogar ohne eine Expansion des 'Raums' überhaupt. Bei dem berühmten aufgeblasenen Luftballon mit angeklebten Papierschnipseln ist es ja gerade nicht der Raum, der sich ausdehnt, sondern der Gummi. *Dr. Dr. Ernst Hafft* gibt zu bedenken, dass es zwar in geschlossenen Anstalten auch Gummizellen gebe, er andererseits aber noch nie etwas davon gehört habe, dass gelegentliche Versuche, dort eine Expansion zu bewirken, jemals von Erfolg gekrönt gewesen seien.

Es ist höchst bemerkenswert, dass das neue stationäre Modell von Anfang an einige Tatsachen als Selbstverständlichkeiten bietet, die das Konkordanzmodell mit mehr als fragwürdigen Hypothesen nachträglich einführen musste. Das betrifft vor allem ein Universum ohne so genannte 'räumliche Krümmung', dafür aber mit Objekten in solchen Entfernungen, die Licht gemäß dem ursprünglichen Big-Bang-Modell ohne eine gerade dadurch angeblich bewiesene inflationäre Phase nie hätte zurücklegen können.

Zusammen mit zwei Kollegen hat Fred Hoyle, einer der Autoren der genannten Steady-State Theory, in einem lesenswerten Buch auf eine Eigentümlichkeit in der geschichtlichen Entstehung des kosmologischen Konkordanzmodells hingewiesen.[13] Eklatante Probleme, Lücken und Widersprüche wurden stets hartnäckig ignoriert und damit geleugnet. Diese Ignoranz sei jeweils erst dann umgeschlagen, wenn ein in dem alten Rahmen eigentlich von Anfang an unlösbares Problem zusammen mit einer eigens zu diesem Zweck konstruierten Lösung angeboten worden sei, die daraufhin als zusätzlicher Beweis des zusammengeflickten Modells gefeiert wurde.

Mlle Bleu de Ley überlegt, ob für notorische Auf-Schneider nach dieser Methode nicht auch das Hirngespinst einer universalen Inflation gewebt worden sei. Und zwar aus einem im Sinne des Wortes 'nichtigen' Anlass, ergänzt *Borromea Worthswerd* zunehmend irritiert. Natürlich wisse sie, dass auf die angeblich naive Frage, wohin sich denn bitte das Universum ausdehnen solle, geantwortet werde, es sei der Raum selbst, der expandiere. Jeder Versuch aber, sich das alles von Experten erklären zu lassen, ende unweigerlich in leerem Gerede, das einzig konkrete daran seien in der Regel Luftballons, Blasen, Membranen und immer wieder nur Gummi. Sie sei sicher, unser ganzes Weltbild würde heute anders aussehen, hätte auch nur einer jener mathematischen Modellbastler je Friedrich Schiller verstanden, dessen Worte sie sich alle hinter die Spiegel stecken sollten: *„Leicht beieinander wohnen die Gedanken, doch hart im Raume stoßen sich die Sachen."*

Zur Behebung fataler Probleme des Urknallmodells wurde schließlich als ansonsten völlig unmotivierte Zugabe eine ultrakurzzeitige inflationäre Phase des Universums erfunden, die beinahe unmittelbar aus dem Nichts stattgefunden habe. Während dieser Phase soll die Größe des Universums etwa um den Faktor einer Eins mit vierzig Nullen aufgeblasen worden sein.

In einer seriösen Begründung für den Nobelpreis 2011 aber – falls dort mit Bezug auf eine Expansion überhaupt – hätte es sinngemäß heißen müssen: *Wenn* es eine Urknall-Entstehung des Universums gegeben hat, wie sie von der gegenwärtigen Kosmologie vorausgesetzt wird, und *wenn* sich die jeweils beobachtete Rotverschiebung zu Recht als geschwindigkeitsabhängiger Doppler-Effekt deuten lässt, und *wenn* eine derart perfekt homogene Verteilung von Materie und Energie trotz gigantischer inhomogener Strukturen unterstellt werden darf, und *wenn* dementsprechend der bisher ausgewertete Bereich der Rotverschiebungen repräsentativ wäre für das gesamte All – *dann* hätten die Forscher *vielleicht* eine beschleunigte Expansion des Universums gemessen.

Und wenn nicht? Die Begründung wäre widerlegt, wenn nur eine dieser vier unbewiesenen Hypothesen nicht zutrifft. Unnötig spekulativ war sie auf jeden Fall. Denn die eigentlichen Meßergebnisse der ausgezeichneten Supernova-Teams bleiben von der jeweiligen Interpretation völlig unberührt, wie das auch bei allen anderen soliden Beobachtungstatsachen sein sollte, ob sie nun der gegenwärtigen Konkordanzkosmologie in den Kram passen oder nicht.

Wenn aber doch, dann war die Begründung insofern unvollständig, als einige der ausgezeichneten Forscher eine 'Evidence' nicht nur für die heutige Beschleunigung, sondern auch für eine vorausgegangene Bremsphase reklamiert haben. Noch früher wiederum soll, so das Modell, jene rapide inflationäre Aufblähung des Universums – welch eine Vorstellung, was gab's denn zum Frühstück? fragt *Mlle Bleu de Ley* – gewesen sein, unmittelbar nach dem Anfang. *Hypolite Van Tast* bleibt hartnäckig wie ein verirrter Esel, das ganze Hin und Her müsse genau so stimmen, denn anders lasse sich diese Art Urknall nicht retten. Aber wäre denn der Weltenlenker solch eines Konkordanzmodells sinnlos betrunken, dass er abwechselnd Gas gebe, bremse und wieder beschleunige, ohne dass ihm weit und breit etwas entgegenkomme? fragt *Mlle Bleu de Ley*. Ihrem Einwand, das gesamte Universum – in welchem er doch als Krone der Schöpfung lebe, zumindest als ein Zacken daraus – könne doch nicht auf diese jämmerliche Weise entstanden sein, begegnet der überlegen lächelnde *Hypolite Van Tast*, indem er sagt, gerade das sei ja der Beweis für die Existenz von Parallel-Universen. *Borromea Worthswerd* stellt fest, da helfe es wohl auch nichts, noch einmal auf den Non-Sense hinzuweisen, der schon in dieser widersinnigen Wortbildung liege, woraufhin *Mlle Bleu de Ley* stöhnt, es mache ihr keinen Spaß mehr, immer wieder intelligente Anspielungen an die sprachfremde Dummheit derer van Tast zu verschwenden. – „Urknall!" tröstet *Frank U. Frey*.

„*Und alles ist wieder möglich*", kommentiert das Nobelpreis-Komitee schließlich sehr richtig, nachdem es sich zuvor mit einer falschen Begründung unnötig festgelegt und das Urknallmodell beiläufig zum Dogma erklärt hatte.

Zufall und Zumutung

Was um Himmels willen war geschehen, dass zum Zweck der Anpassung des Urknallmodells an die Supernova-Daten Einsteins 'größte Eselei' in den letzten Jahren wiederbelebt werden konnte?

Für jemand, der naiv daran festhält, dass die Kosmologie auf soliden Fundamenten stehen sollte, ist es kaum zu glauben, dass die selbstkritische Einschätzung – die Einstein sicher nicht leichtfertig geäußert hat – zuletzt innerhalb weniger Monate mir nichts dir nichts über den Haufen geworfen wurde. Es hat allerdings mehr als nur einen Esel gebraucht, um die historische Entwicklung von der Fiktion eines gekrümmten Universums bis zur Wiedereinführung der kosmologischen Konstanten zu tragen und schließlich weit darüber hinaus. Die belesene *Borromea Worthswerd* erinnert, auch bei den Bremer Stadtmusikanten habe ein Esel die tragende Rolle gespielt. Nur auf seinem Rücken hätten sich Hund, Katze und Hahn dazu aufschwingen können, ein wundersames Lied zu singen, das selbst den Bewohnern einer Räuberhöhle als entsetzliches Geschrei in den Ohren klingen musste.

Es besteht ja kein Zweifel, dass das Konkordanzmodell – im Englischen als Cosmological Concordance oder Consensus Model bezeichnet – die derzeitigen Beobachtungstatsachen der Kosmologie überaus erfolgreich zusammenfasst. Doch trotz aller numerischen Erfolge sind einige darin enthaltene willkürlich anmutende und jene als 'Koinzidenzen' bekannten Zufälligkeiten eher hinsichtlich eines eingebetteten evolutionären Kosmos vorstellbar als hinsichtlich des gesamten Universums. Wenn die heute dem ganzen universalen Raum zugeschriebene Krümmung sehr nahe bei Null liegt, warum sollte sie dann nicht vielleicht seit jeher exakt Null gewesen sein? Wenn der Raum aber 'flach' ist, weil er keine Krümmung aufweist, dann ist er auch unendlich. Und warum sollte das Alter des Universums annähernd mit der Hubble-Zeit übereinstimmen, wenn dieser Sachverhalt nicht einer Notwendigkeit entspricht?

Werden die um das kosmologische Glied erweiterten Einstein'schen Gleichungen zugrundegelegt, so ergibt sich bei fehlendem phänomenologischen Druck – und hier legitimer Vernachlässigung der Strahlungsbeiträge – ein vergleichsweise komplizierter Skalenfaktor, der die wesentlichen Eigenschaften des Konkordanzmodells bestimmt. Insbesondere lässt sich daraus die für dieses Modell gültige Beziehung zwischen der scheinbaren Helligkeit der Supernovae Ia und ihrer jeweiligen Rotverschiebung ableiten. Ohne Berücksichtigung lokaler Inhomogenitäten – das sind Unregelmäßigkeiten in der mittleren Dichte von Materie und Energie – oder intergalaktischer, nichtverfärbender Absorption des Lichts repräsentiert das Konkordanzmodell die entsprechenden Messwerte optimal. Den daraus folgenden Skalenfaktor habe ich samt den dazu gehörenden weiteren Formeln zur Überprüfung selbst berechnet.

Mit diesem Skalenfaktor des derzeit die gesamte Kosmologie beherrschenden Konkordanzmodells hat es die lustige Bewandtnis, dass ihn ein Mitarbeiter der vielleicht renommiertesten physikalischen Fachzeitschrift partout nicht erkennen konnte, nachdem mir eine mathematische Vereinfachung gelungen war. Der eingereichte Beitrag hatte zehn Gleichungen und Formeln. An neun davon, die meine ureigenen waren und sich alle auf das neue stationäre Modell bezogen, hatte er nichts Konkretes auszusetzen. Ausgerechnet mit der einen, die das in anderer Form wohlvertraute Linienelement des von mir bezweifelten Konkordanzmodells beschreibt, konnte er nichts anfangen, und hat deshalb den Beitrag dreimal abgelehnt. Das lag offensichtlich daran, dass in den einschlägigen Veröffentlichungen in der Regel nur ein als Entfernungsmodul bezeichneter Zusammenhang zwischen Rotverschiebung und Helligkeit angegeben wird. Dass sich damals irgendwo auch der zugehörige Skalenfaktor explizit als Formel gefunden hätte, weiß ich bis heute nicht. Ich habe ihn ebenfalls selbst gerechnet und zur Probe daraus umgekehrt noch einmal den Entfernungsmodul abgeleitet, der mit den Literaturangaben vollständig übereinstimmt.

Der arme Kerl. Als ich gegenüber der Redaktion dieser Zeitschrift höflich meine Verwunderung darüber ausdrückte, es sei doch kaum möglich, dass dort der Skalenfaktor der heißdiskutierten Konkordanzkosmologie nicht erkannt werde, wurde der Kontakt abgebrochen. Sollte jemand an meinen Worten zweifeln, was zu erwarten ist, da es sich hierbei um eine Nicht-zu-glauben Geschichte handelt, so bin ich gerne bereit, die diesbezüglichen eMails offen zu legen. Das wäre nicht nur in diesem speziellen Fall zweifellos legitim, weil es sich um keine privaten Mitteilungen, sondern um offizielle Stellungnahmen marktbeherrschender Mainstream-Journale oder anderer mächtiger Institutionen handelt. Die verschiedenen Versionen meiner damaligen Einsendung, die es infolge des ganzen Hin- und Hers gegeben hat, sind wie einige andere Beiträge bei arXiv unter dem Titel *The Concordance Model – a Heuristic Approach from a Stationary Universe* 'verewigt' und lassen sich dort oder von meinen am Ende des Buches angegebenen Internet-Seiten herunterladen.

Ich fürchte, eine zugegebenermaßen etwas eigenwillige Anerkennung am Schluss der ersten Version hatte von Anfang an Argwohn erregt und nicht gerade zu einer Akzeptanz beigetragen. Das, obwohl dieses angehängte 'Acknowledgement' sorgfältig und deutlich von dem eigentlichen Artikel getrennt war. In deutscher Übersetzung hätte es gelautet: Dieser Artikel wurde um die Weihnachtszeit geschrieben im Hinblick auf Supernova-Beobachtungen und die Fülle jüngster kosmologischer Entdeckungen, mit Gedanken an Galilei, Newton, Einstein und all die Wissenschaftler, die ihren Beitrag leisteten oder immer noch leisten, bis zurück zu jenen Drei Weisen, die – einst von einer himmlischen Erscheinung erhellt – dazu geführt wurden, ein einzigartiges Ereignis auf der Erde zu finden.

Das Erstaunliche war nun, dass die von Charles L. Bennett und anderen publizierten Anteile von dunkler Energie und dunkler Materie nahezu exakt durch die Bedingung festgelegt sind, dass im Rahmen des Konkordanzmodells die derzeitig vermutete *Hubble-Zeit* als Kehrwert der entsprechenden Hubble-Konstanten mit dem derzeitig behaupteten, angeblichen *Alter des Universums* übereinstimmen soll. Doch diese Forderung, die beim stationären Modell ohne weiteres und für alle Zeiten identisch erfüllt ist, wenn man den Begriff Alter des Universums durch den Begriff *maximales Alter kosmischer Strukturen* ersetzt, wäre beim Konkordanzmodell nur vorübergehend erfüllt. Und zwar von all der unendlich langen Zeit, die auf den dort zugrundegelegten Urknall folgen sollte, gerade nach knapp vierzehn Milliarden Jahren – das heißt also: ausgerechnet heute!

Dieses Konkordanzmodell der gegenwärtigen Kosmologie ist längst etwas ganz anderes als die einstige Urknalltheorie, die sich mit der Entdeckung einer größenordnungsmäßig richtig vorausgesagten Hintergrundstrahlung vor einem halben Jahrhundert festgesetzt hat. Heute heißt es, das Universum sei nach dem erwähnten seltsamen Rezept gebraut. Doch sollte man diese zweifelhafte Braukunst besser auf das gegenwärtige Modell, nicht aber zwangsläufig auf die Realität beziehen, im Gegenteil. Als nämlich einmal eines dieser geduldigen Tiere, dem *Hypolite Van Tast* als Reiter untragbar geworden war, auf die Bremer Stadtmusikanten traf, erzählte der eine Esel dem andern das folgende Märchen von den Köchen, dem Wein und der Konkordanz.

Was die Relativitäts-Theoretiker unter den Kosmologen so beflissen täten, gleiche dem Treiben einer Gruppe von Köchen, die neben der Zubereitung feiner Gerichte das Geheimnis eines guten Weins herausfinden wollten.

Diesen hatte es nur ein einziges Mal gegeben, und nur leere Flaschen waren übrig. Trotz einer funkelnagelneuen Küche gab es seither nur noch Wasser. Nach einem ersten katastrophal gescheiterten Fehlversuch, den einer der Köche nachträglich als seine größte Eselei bezeichnet hat, kommen andere plötzlich mit Zuckerwasser. Das schmeckte tatsächlich schon besser, man war zeitweilig begeistert. Aber es ist eben kein Wein, es fehlt die Säure. Doch was lag in der Küche näher als eine Zitrone? Also wird Zitronensaft als Alternative zum Zuckerwasser kredenzt. Nun begann ein erbitterter Streit unter den Experten, was von beiden am ehesten wahrer Wein wohl sei.

Es bilden sich zwei Gruppen. Nach jahrelangen Streitigkeiten, bei denen sich die Köche wechselseitig mit Löffeln traktierten oder auch Sterne verliehen – letzteres am liebsten innerhalb ihrer jeweiligen Gruppierung – verfällt einer auf die Idee, die Frage experimentell zu entscheiden. Das inzwischen zahlenmäßig weit überlegene Lager der Zuckerwasserfraktion wiegt sich in Sicherheit, denn das Zitronenwasser schmeckt den allermeisten zu sauer. Einige tatkräftige Küchenhilfen aber haben inzwischen Geräte und Methoden entwickeln, wie es noch keine gegeben hat. Und es gelingt, die letzten Spuren des Weins in den verbliebenen Flaschen zu analysieren. Doch welcher Experte hätte das nur ahnen können, bei den Vertretern beider Gruppen gibt es lange Gesichter! Dafür freuen sich alle Unbeirrbaren umso mehr, die sich noch nie Zuckerwasser oder Zitronensaft als Wein verkaufen lassen wollten. Der Wein müsse irgendwo dazwischenzuliegen, eine Herausforderung für jeden Sterne-Koch. Und misch, masch – du hast nicht gesehen! – schlägt die Stunde der Limonade. Nun endlich herrscht herzliches Einvernehmen unter den

Köchen. Drei Viertel Zuckerwasser, ein Viertel Zitronensaft. Sie lassen ihr seltsames Rezept patentieren, und über alle Maßen erfolgreich wird das Erzeugnis vermarktet, Etikett: *Konkordanz-Wein*, feine Spätlese.

Mlle Bleu de Ley unbeeindruckt: gehaltlos, leider kein Wein, aber zum Weinen. *Dr. Dr. Ernst Hafft* hält nach der Verkostung fest, er habe sicher nichts gegen eine kühle Limonade. Doch stur wie ein Esel bleibt auch der sonst wortkarge *Frank U. Frey* dabei, es sei kein Wein, und den theoretischen Modellbastlern unter den Kosmologen lege er dringend ans Herz, daraus die Lehre zu ziehen: Nicht wir machen das Universum, sondern das Universum macht uns. Wer aber unbedingt weitere Rezepte ausprobieren wolle, der könne schon bald vor der Frage stehen, wie es denn sei mit einem Universum 'on the rocks'. Denn tatsächlich, eine kleine Beimischung Eis – gern auch in Form dunkler Hagelkörner – könnte einige weitere Probleme der Konkordanzkosmologie lösen. Doch kein Bedarf, etwas Besseres als den Tod fänden nicht nur die Stadtmusikanten sondern auch das Universum überall, denkt sich ein anderer – so ein Esel? *Mlle Bleu de Ley* hakt zuletzt nach, das größte Rätsel scheine ihr allerdings, wie überhaupt Köche auf die Idee kommen, einen Wein herbeikochen zu wollen, für wen wohl hielten die sich.

Immer noch predigt *Hypolite Van Tast* einem staunenden Publikum, nach der kosmischen Inflation werde das Universums nun beherrscht von einer zusammengesetzten Energiedichte. Gemäß oben genanntem Rezept bestehe diese also zu etwa einem Viertel aus Materie, wobei die übrigen drei Viertel auf die kosmologische Konstante in Form einer 'dunklen Energie' zurückzuführen seien. Ein nachdenklicher *Dr. Dr. Ernst Hafft* wundert sich daraufhin wieder, warum gerade diese beiden Zahlen? Warum nicht fifty-fifty oder 1:1000? fragt frech *Mlle Bleu de Ley*, und überhaupt sei das Rezept erst nachträglich ausgestellt worden. Damit erinnere die Situation weniger an primordiales Kuchenbacken als an die mathematische Versorgung eines kosmologischen Notfalls.

Kein vernünftiger Mensch also weiß – von einschlägigen Experten ganz zu schweigen – was solch eine Zusammensetzung des Universums zu bedeuten hätte. Nur wenige Prozent des Materieanteils sollen aus gewöhnlichen nicht-exotischen Teilchen bestehen, und selbst davon sei wiederum nur ein kleiner leuchtender Anteil sichtbar. So manches ist tatsächlich dunkel, und zwar genau in dem Sinne, dass es bisher nicht gesehen wird. Auf die Idee aber, daraus zu schließen, dunkle Materie wirke durch nichts anderes als ihre Schwerkraft, könne ja auch ein Kleinkind kommen, wenn es mit geschlossenen Augen am Boden sitzen bleibe. Erfahrungsgemäß seien es allerdings nur intelligente Babys, die sich wundern, dass sie nicht abheben und fliegen. *Mlle Bleu de Ley* hat ihr Studium auch mit Babysitting finanziert, gelegentlich jedenfalls.

Heute werden verschiedene Kandidaten für die Teilchen der im Gegensatz zur dunklen Energie höchstwahrscheinlich realen dunklen Materie diskutiert. Ich selbst könnte mir im Hinblick auf ihre erst in jüngerer Zeit entdeckten Ruhemassen vorstellen, dass es sich dabei um abgebremste Neutrinos handelt. Dass diese naheliegende Möglichkeit bisher ausgeschlossen wird, liegt meines Erachtens einzig und allein daran, dass sie sich nicht mit einem vorgegebenen Urknallmodell verträgt.

Als genauere Zahlen für die Anteile von Materie und einer dunklen Energie wurden vor mehr als zehn Jahren erst einmal 27% und 73% unterstellt, damit sich daraus rechnerisch die Supernova-Daten sowie die damals gemessenen Unregelmäßigkeiten der Hintergrundstrahlung erschließen ließen. Doch diese Erklärung leidet daran, dass sie auf einer Vermengung falscher Theorien beruht. Sie ist nicht stichhaltig, weil sie als Grundlage die üblichen haarsträubenden Spekulationen braucht. Im Unterschied zu SUM, wo sich eine annähernde universale Übereinstimmung mit diesen Zahlen ganz zwanglos zu ergeben scheint.

Ich habe einen Zusammenhang gefunden, der einerseits diese als Dichteparameter bezeichneten Zahlen 'erklären' kann, gleichzeitig aber geeignet ist, das ganze Konkordanzmodell noch stärker in einem fragwürdigen Licht erscheinen zu lassen.[14] Die beiden genannten Zahlen ergeben sich aus der bereits erwähnten Forderung, dass die maximale Eigenzeit, die üblicherweise als das 'Alter des Universums' bezeichnet wird, mit dem Kehrwert der Hubble-Konstanten übereinstimmt, was andererseits im weiter unten entwickelten stationären Modell ganz selbstverständlich der Fall ist.

Hier wissen sich heutige Physiker und Kosmologen nicht anders zu helfen als durch Berufung auf ein so genanntes anthropisches Prinzip. Dieses besagt, dass wir das eben genannte spezielle Alter des Universums deshalb feststellen *müssen*, weil es Lebewesen wie uns Menschen in keiner anderen Epoche der kosmischen Entwicklung überhaupt jemals gegeben haben könnte und bald auch nie wieder geben werde. Einmalig! sagt der sich allein selbst für wahr haltende Solipsist, er habe ja schon immer vermutet, dass vor seiner Geburt nichts gewesen sei, und seine Mitmenschen nur Traumgestalten, ohne davor oder danach. Doch selbst *Hypolite Van Tast* wird nun der Kragen zu eng. *Frank U. Frey* fürchtet gar, dass er ihm platzt.

Wer sich dieses zugegebenermaßen logisch unwiderlegbare Argument – nicht etwa nur im Hinblick auf unsere Erde, Sonne oder auch Milchstraße, sondern im Hinblick auf das gesamte Universum – auf der Zunge zergehen lässt, der wird verstehen, dass ein hervorragender Physiker wie der Nobelpreisträger Steven Weinberg das Gefühl hat, ihm stecke ein Knochen quer im Hals. Ich denke, dem Manne kann geholfen werden. Später mehr davon.

Noch andere angebliche Zufälle des Konkordanzmodells sind berüchtigt und werfen heikle Fragen auf, die auch 'Feinabstimmungsprobleme' mit sich bringen. Doch nicht einmal die Grobabstimmung stimmt. Wäre nämlich die 'dunkle Energie' Ausdruck einer kosmologischen Konstanten, so sollte sie verglichen mit der Strahlungsdichte nach der inflationären Aufblähung des Universums in einem geradezu lächerlich kleinen Verhältnis von eins zu einer Eins-mit-mehr-als-hundert-Nullen stehen, aber wiederum nur gerade heute. Solche Koinzidenzprobleme werden als größte Herausforderungen des Urknallmodells empfunden. Und seien selbst nach haarsträubender Fiktion einer Inflation des Universums nur teilweise 'verschwindelt', so die die wortverspielte *Mlle Bleu de Ley*.

Zusätzlich sei hier noch auf einige weitere Merkwürdigkeiten hingewiesen. Eine Entstehung des gesamten Universums scheint vielen durch die Existenz der kosmischen Hintergrundstrahlung mit ihrem nahezu perfekten Planck-Spektrum bewiesen. Selbst seine als Anisotropien bezeichneten Unregelmäßigkeiten werden als glänzenden Bestätigungen des gegenwärtigen Konkordanzmodells gefeiert. Das bedeutet umgekehrt für viele, dass dies ein unendliches stationäres Universum auszuschließen scheint.

Interessanterweise aber gelten diese mit den Satelliten COBE, WMAP und zuletzt PLANCK sorgfältig vermessenen Anisotropien als Bestätigung eines kosmologischen Modells, dessen relativistische Grundlage ausdrücklich auf einer großräumig vorausgesetzten Isotropie basiert. Im Hinblick auf die mit zunehmender Präzision gewonnenen Daten der Hintergrundstrahlung und ihrer Unregelmäßigkeiten sollte man außerdem nicht vergessen, dass die daraus gezogenen Schlüsse auf einer ganzen Reihe jener höchst fragwürdigen Annahmen beruhen, die hier nicht noch einmal alle aufgezählt werden sollen.

Wenn aber überhaupt, wieso hätten bei einer Entstehung aus dem Nichts nicht gleich viele Teilchen und Antiteilchen entstehen sollen, die sich anschließend zu reiner Strahlung vernichtet hätten? Der Punkt, aus dem im Urknall angeblich alles entstanden ist, müsste von Anfang an ungleich mit Materie und Antimaterie 'aufgeladen' gewesen sein, sonst wäre weder für uns selbst noch für unseren Sternenhimmel etwas anderes übrig geblieben als pure Energie. Und zwar ohne dass vorher unterm Strich überhaupt etwas davon da gewesen sein soll. Wie auf den verschiedenen Konten eines gewissen Spekulanten *H. B. Nix*, bemerkt *Sigismund Sörgli*. Und *Mlle Bleu de Ley* fragt, was denn hier los sei mit den nicht nur von *Prof. Hintz* und *Dr. Kunzt*, sondern auch von jungen Genies der String-'Theorie' sonst so regelmäßig beschworenen Symmetrien in den tiefsten Tiefen der Natur und ihrer Gesetze?

Manche Physiker versuchen zu argumentieren, die Gesamtenergie des Universums sei gerade Null. Doch sie verschweigen, dass der dazu erforderliche Gravitationsanteil gar nicht in demjenigen Einstein-Tensor enthalten ist, der gemäß der ursprünglichen allgemeinen Relativitätstheorie allein relevant wäre. Außerdem hätte man zu glauben, dass durch bloßes Umrühren von Nichts das Universum entstanden sei. Und das auch noch ganz ohne Schaumlöffel, und zwar in niemandes Hand! staunt *Mlle Bleu de Ley*. Auch *Frank U. Frey* fasst es nicht.

Auch die Zahlenverhältnisse verschiedener Teilchenmassen und ihrer Ladungen wären im Hinblick auf eine zufällige Entstehung an der Grenze des Wahnsinns zu einer unfassbaren Unwahrscheinlichkeit. Denn sie sind verblüffend genau so, wie sie sein müssen, um eine Entstehung des Lebens auf und mitsamt unserer Erde zu erlauben. Andere Beispiele einer universalen Feinabstimmung sind bekannt und müssen allerdings diejenigen unter den Naturwissenschaftlern verstören, die alles, was ist, auf den Zufall zurückführen wollen. Ihnen bleibt zuletzt nichts mehr übrig, als die Existenz vieler Welten zu fordern, die größtenteils unbewohnbar oder auch haarscharf daneben sein sollen. Und zwar einzig und allein zu dem Zweck – *Frank U. Frey* hat keine Geduld – damit ein paar verrückt gewordene Kosmologen ihre eigene Existenz als ganz und gar sinnlos betrachten können. Wären sie konsequent, so müssten sie doch sofort zugeben, dass es nach ihrem eigenen Selbstverständnis absolut hoffnungslos sei, mit ihnen auch nur ein einziges Wort sprechen, geschweige denn ernsthaft diskutieren zu wollen.

Der Physiker Andrei Linde hat das Konzept einer chaotischen Inflation entwickelt, das immerhin die Fixierung auf einen einzigen Urknall aus dem Nichts effektiv aufgehoben hat. Wenn da nicht anstatt von kosmischen Bereichen in einem einzigen

Universum das unsinnige Gerede von den 'Parallel'-Universen wäre, jedes angeblich entstanden mit eigener Inflation und – der Non-Sense treibt vernunftfressende Blüten – eigenen Naturgesetzen.

Demgegenüber wären in einem ewig jungen unendlichen Universum selbst neben vielen Fegefeuern immer neue Paradiese und unser eigener lebensfreundlicher Kosmos kein Zufall. Wäre jedoch nichts als ein solcher am Werk, so könnte auch nichts als das blanke Chaos folgen. Und würde durch ein fantastisch unwahrscheinliches Zusammentreffen der dazu erforderlichen Teilchen die körperliche Erscheinung eines Physikers entstehen, so wäre diese bereits im nächsten Augenblick wieder in alle Winde zerstoben. Bevor er überhaupt auf dumme Gedanken kommen könne, bekennt *Borromea Worthswerd* angesichts der Tatsache, dass – dank menschlicher Intelligenz vom Baum der Erkenntnis – Sinn überhaupt nur immer neu in Abgrenzung zu Sinnlosigkeit gefunden werde.

Ein als solches bezeichnetes Flachheitsproblem lässt sich sehr einfach als Frage formulieren: warum hätte die räumliche Krümmung des Universums gleich Null oder zumindest sehr nahe an Null sein sollen, wenn diese tatsächlich alle möglichen Werte haben könnte?

Alle Anteile im Universum ergeben zusammengenommen gerade die kritische Dichte. Der konkrete Wert dieser Dichte ist eng mit der Hubble-Konstanten verknüpft. Es folgt, dass die im Konkordanzmodell grundsätzlich für möglich gehaltene räumliche Krümmung des Universums mehr oder weniger zufällig verschwindet. Was ein Glück für sie alle, sonst säßen sie in der Geschlossenen! erkennt die mittlerweile leicht ungnädige *Mlle Bleu de Ley*.

Ein so genanntes Horizontproblem besagt unter anderem, dass nach einem Urknall eigentlich nur kleine Teilbereiche des entstandenen Kosmos in kausalem Zusammenhang stehen könnten. Eine großräumig homogene Temperaturverteilung schien demzufolge ganz unverständlich. Als man entdeckte, dass dieses inakzeptable Problem dem ursprünglichen Big-Bang-Modell unüberwindliche Schwierigkeiten bereitete, wurde nicht etwa auf die Untauglichkeit dieses Konzepts geschlossen, sondern dessen Versagen wird heute umgekehrt als Beweis für jene gigantische Aufblähung des Universums in seiner angeblich embryonalen Phase gewertet. *Sigismund Sörgli* fragt sich, welch eine Horrorvorstellung das sein müsse besonders für Frauen.

Selbst von einigen grundsätzlich kompromisslosen Verfechtern der Konkordanzkosmologie wird allerdings zugegeben, dass diese 'Theorie' auf ungesicherter Physik beruht. Noch dazu um den Preis, dass die entsprechende inflationäre Expansion mit Überlichtgeschwindigkeit erfolgt sein müsste, die rätselhafterweise allerdings mit Einsteins konstanter Lichtgeschwindigkeit vereinbar sei.

Die kosmische Inflation soll angeblich dafür gesorgt haben, dass sich die Abstände im Universum so schnell vergrößert hätten, dass das Licht dahinter zurückgeblieben wäre. Das argumentative Geeiere, dass dabei trotzdem keine Objekte mit Überlichtgeschwindigkeit auseinander fliegen, sondern sich nur der leere Raum zwischen ihnen überlichtschnell ausdehnen soll, klinge in ihren Ohren verdächtig nach dem Plädoyer von Winkeladvokaten, kommentiert *Mlle Bleu de Ley*, die sich aus einer Bredouille herausreden wollen. *Frank U. Frey* diagnostiziert, wer darin keine Schizophrenie erkenne, leide vielleicht selber darunter. Er wisse sehr wohl um die doppelzüngigen Argumente hinsichtlich Geschwindigkeit einer angeblichen Expansion des Raums im Unterschied zur Geschwindigkeit von Objekten darin, aber ein solches Schisma der Physik sei für ihn vollkommen indiskutabel. Punkt.

Dem Andromedanebel werde eine zusammengesetzte Geschwindigkeit zugeschrieben, grübelt *Dr. Dr. Ernst Hafft* seit Jahren, teilweise aufgrund allgemeiner Fluchtbewegung durch Expansion, teilweise aufgrund eigener Rastlosigkeit. Was aber sei nun seine Bewegungsenergie, der doch eine eindeutige Geschwindigkeit zu entsprechen hätte?

Das Inflationsmodell verliert noch viel mehr an Überzeugungskraft, wenn man bedenkt, dass die beiden dort mittels ad-hoc-Hypothese behobenen Probleme in einem unendlich ausgedehnten, ewigen, euklidischen Universum erst gar nicht auftreten. Wie bereits kurz erläutert, heißt die einfachste aller denkbaren kosmologischen Lösungen der Einstein'schen Gravitationsgleichungen SUM und wird insbesondere im gleichnamigen Abschnitt eingehend besprochen. Es weist wesentliche Züge auf – beispielsweise die fehlende räumliche Krümmung oder die Übereinstimmung der Hubble-Zeit mit dem maximalen Alter makroskopischer Strukturen – die im theoretischen Rahmen des gegenwärtigen Konkordanzmodells nur durch abenteuerliche Spekulation erreicht werden konnten. Ich werde also auf die oben angeführten Beobachtungstatsachen noch einmal zurückkommen, um deren komplizierten Urknall-Erklärungen weniger unwahrscheinliche Alternativen gegenüberzustellen.

Ohne die überraschenden – und aus meiner Sicht befreienden – Meßergebnisse der letzten Jahre wäre ich allerdings nicht auf die Idee gekommen, mich überhaupt mit Fragen der relativistischen Kosmologie aktiv auseinanderzusetzen. Bereits an dieser Stelle sei festgehalten, dass es höchst unwahrscheinlich wäre, in der zwanglosen Übereinstimmung des stationären Modells mit fundamentalen Beobachtungstatsachen einen bloßen Zufall zu sehen, vor allem hinsichtlich der verblüffend einfachen Erklärung der Supernova-Daten. Im Vergleich dazu scheinen die ansonsten eigens erfundenen Hypothesen der Konkordanzkosmologie an den Haaren herbeigezogen zu sein. Zwar fiele es beinahe ebenso schwer zu glauben, dass sehr verschiedene Aspekte jenes Modells alle miteinander nur zufällig die Beobachtungen treffen sollten. Doch das ist eben kein Zufall, denn aus durchsichtigen Gründen sind diese Kleider maßgeschneidert.

In der Kunst sei tatsächlich sehr oft zu beobachten, dass Frechheit siege, ergänzt *Borromea Worthswerd*, nicht selten sogar sei die Provokation deren einziger Inhalt. Aber gewiss nicht in diesem Sinne solle und dürfe die Physik eine Kunst sein.

170

Des Universums neue Kleider

Es war Ingeborg Bachmann, die den wunderbaren Satz geschrieben hat, die Wahrheit sei den Menschen zumutbar. Doch nicht etwa dies steht über dem Eingang zum Tempel der heutigen Naturwissenschaft, sondern in Geheimschrift diese Warnung: Nicht der Empfänger, den Preis zahlt Überbringer der Botschaft. Und kein geringerer als Emeritus *Blasius J. E. Pabst*, ehmals Professor für formalistische Fragen und Netzwerk, nun Institutionskümmerer und Wächter am Physik-Portal, überwacht die strikte Einhaltung dieser Vorschrift, gelegentlich vertreten von seiner Assistentin *Lisa Müller-Mona*, die dann freundlich mitteilt, seine Spektabilität sei 'nach Diktat verreist'.

Das Konkordanzmodell ist aus lauter Verlegenheiten entstanden. Dabei wurde am Big-Bang der ursprünglichen 'Theorie' um jeden Preis festgehalten. Dieses Konzept erinnert an *Mlle Bleu de Leys* Assoziation einer Gruppe von Traumtänzern, die sich in ihrem Wolkenkuckucksheim auf dem Gipfel des Mount Everest wähnten und, sobald sie den Irrtum bemerkten, ihren einmal besessenen Thron mit nebligem Gewölk zu unterfüttern begannen.

Soweit es das Universum als Ganzes betrifft, ist dieses Konkordanzmodell nicht einmal für diejenigen wenigen wundergläubigen Physiker überzeugend, die noch dabei verharren, an eine Entstehung des Universums aus dem Nichts zu glauben. Die Rechtfertigung dieses Modells fängt inzwischen damit an, dass hier jene durch und durch spekulative kosmische Inflation erfunden wurde, um zunächst die Probleme fehlender Krümmung und räumlicher Begrenzung kausal zusammenhängender Strukturen loszuwerden.

Das aber läuft darauf hinaus, sich zwei neue, ebenso schwerwiegende Probleme einzuhandeln. Ganz im Unterschied zu der nach meinen Berechnungen der Supernova-Daten überflüssigerweise erfundenen dunklen Energie spricht allerdings sehr viel dafür, dass eine dunkle Materie wirklich existiert, jedoch nicht in ihrer bisher unterstellten unphysikalischen, sondern in einer weit realistischeren Form.

Es gibt allerlei Varianten des Inflationsmodells. Ja, es könnte geradezu der Eindruck entstehen, findet *Borromea Worthswerd*, dass die vielbeschworene inflationäre Entwicklung weniger den Kosmos als vielmehr die Hypothesen der Kosmologen betrifft. Gemeinsam scheinen den ansonsten beliebig verschiedenen Versionen eigentlich nur diejenigen Aspekte, die von Anfang an vorausgesetzt werden, und um derentwillen diese Science-Fiction überhaupt nachträglich eingeführt wurde. Das hätten sich Drehbuchautoren in Hollywood nie und nimmer getraut, behauptet selbst *Prof. em. Blasius J. E. Pabst*, und das sei Beweis genug für deren Wahrheit. *Sigismund Sörgli* entgegnet, die Grundidee des Inflationsmodells beziehe sich auf ein rein hypothetisches Skalar-Feld, das nur als mathematisches Spielzeug existiere. Prompt lästert *Mlle Bleu de Ley*, gerade für deutschen Ohren klinge das in Veröffentlichungen – dort zwangsweise englische – 'toy model' aber doch ganz seriös. Nein, dieses ganze Gerede von Inflation, erinnert sich plötzlich *Dr. Dr. Ernst Hafft*. Für eine solche Spekulation würde man unter ehrbaren Kaufleuten mit Verachtung gestraft und sofort aus der Gilde ausgeschlossen. Woraufhin *Mlle Bleu de Ley* nur noch still schmunzelt, Herr Dr. Dr. hat den Scherz nicht verstanden.

Es werden nahezu beliebig viele denkbare Abwandlungen des Modells in Betracht gezogen, die allesamt daran kranken, dass es bisher keinen einzigen konkreten Bezug zu irgendeiner Form handfester Physik gibt, geschweige denn, dass sie sich aus erprobten Theorien ableiten ließen.

So fehlt jeder direkte Beweis für die Existenz des erwähnten Skalar-Felds. Als starkes Argument gilt die nachträglich als 'Vorhersage' verkaufte Beobachtung eines annähernd skaleninvarianten Spektrums kosmischer Fluktuationen. Mithilfe jenes niemals und nirgendwo beobachteten und schon gar nicht experimentell gemessenen skalaren 'Inflatonfeldes' scheint die alles andere als elegante Hypothese einer vorübergehenden inflationären Expan-

sion unmittelbar nach dem angeblichen Beginn einige fundamentale Probleme der Urknall-Kosmologie zu lösen. Doch diese
Erfolge sind keine Überraschung, denn gerade zu dem Zweck
wurde das Modell ja erfunden.

Höchst bemerkenswert handelt es sich bei den genannten
Problemen vor allem um solche, die es bei dem stationären Konzept SUM überhaupt nicht gibt. Neben Homogenitätsproblem
und Horizontproblem sind da beispielsweise die Probleme angeblich fehlender magnetischer Monopole sowie einer rechtzeiti-
gen Entstehung von Galaxien überhaupt. Außerdem beinhaltet
die im Konkordanzmodell unerklärliche Asymmetrie von Materie und Antimaterie das Rätsel einer ungleichen Anzahl von Teilchen und Antiteilchen. Jede Frage nach Anfangsbedingungen eines Urknalls samt Raum und Zeit aus dem Nichts sei absurd –
Borromea Worthswerd schüttelt den Kopf. Gerade die für jede
seriöse physikalische Beschreibung charakteristische Festlegung
von Anfangsbedingungen aber setze nach ihrem laienhaften Verständnis notwendig die Existenz eines vorherigen Etwas voraus.
Mlle Bleu de Ley setzt noch eins drauf, wer im Zusammenhang
mit der Fiktion eines inflationären Babyuniversums nun aber
auch noch von Eleganz sprechen wolle, wie manche das täten,
der müsse während seiner dazu unbedingt erforderlich gewese-
nen Studien einmal unter Winkeladvokaten geraten sein, die für
ihre kühnen Gedankenkonstrukte ja berühmt seien. Aber elegant?

Die Amme *Hypolite Van Tasts* erzählt dessen geistigen Kindern eine Geschichte: Im Wald hinter den sieben Bergen wächst
ein Baum, wird geschlagen, gesägt, die Scheite werden gespalten, kommen in den Ofen, das Holz wird angezündet, die Wärmestrahlung im Raum sorgfältig registriert. Dann, in einer Pressekonferenz, endlich die Präsentation einer Aufnahme vom Display des Messgeräts, Schlagzeile: erstes Foto vom Baby-Baum
kurz nach seiner Geburt. Sie fragt, was das Genörgel nun solle.
War in dem diffusen Bild denn nicht für jeden Fachmann ein
charakteristisches Muster an Unregelmäßigkeiten deutlich er-

kennbar? Das noch dazu diesen Baum von jedem Parallel-Baum unterscheiden würde, wenn auch nur aus dem Wald, den niemand je sieht? Zwar hätte das Bild eigentlich gar nicht so aussehen sollen, aber die feine Beimischung zeige, dass noch etwas anderes im Spiel sei. Schon immer hatte man doch eine Spur der Wellen jenes großen Teichs vermutet, der – obwohl ebenfalls unsichtbar, aber – doch so nahe liegt. Kann denn das wahr sein? fragen die Kinder.

Kein Wunder, dass angesichts solcher Zumutungen einem bekannten Physiker als Titel für einen Vortrag über das Standardmodell der Kosmologie samt dunkler Materie und dunkler Energie der schöne – im Original englische – Titel einfallen konnte 'Vom Erhabenen zum Lächerlichen', bekanntlich oft nur ein kleiner Schritt.

Angenommen Einstein hätte auch in der Kosmologie seinen ursprünglichen Gleichungen vertraut und wäre seinen ersten Überzeugungen treu geblieben, so wäre die Entwicklung wohl völlig anders verlaufen. Doch was ist ein vorübergehender Irrtum gegen das unvergängliche Verdienst, die relativistische Kosmologie begründet zu haben. Dass er stattdessen die kosmologische Konstante einführte und sich eine 'Krümmung des Raums' ausdachte, hat allerdings Schleusen geöffnet für eine Flut unphysikalischer Hypothesen. Als er aber Jahre später, wie im letzten Abschnitt berichtet, diesen Schritt als 'größte Eselei' seines Lebens bezeichnete, war es zu spät. Die Spekulationen der damals herbeigerufenen Geister waren inzwischen ins Kraut geschossen und trieben exotische Blüten.

Deren Pracht allerdings wollte sich zunächst nur ausgewiesenen Experten erschließen, blieb den meisten Zeitgenossen aber so lange verborgen, bis auch diese endlich hinreichende Bildung erfahren hatten, um alles zumindest in Umrissen zu erkennen. Die unmissverständliche Warnung aber vor der „größten Eselei" relativistischer Kosmologie wird heute milde lächelnd und mit gütiger Nachsicht ignoriert. Großer Einstein, das hast du nicht verdient!

Das daraus resultierende Kosmologische Konkordanzmodell aber, das auf das *'anthropische Prinzip'* zurückgreifen muss, um ansonsten völlig unverständliche Anfangsbedingungen zu erklären, wirft die Kosmologie letztlich auf die längst überwunden geglaubte Denkmöglichkeit eines geozentrischen Weltbildes zurück. Hinzu kommen geradezu unglaubliche Koinzidenzen in der Entstehungsgeschichte eines solchen Universums. Wäre es aber legitim, die Tatsache unserer Existenz als Begründung für kosmologische Zufälle heranzuziehen, so hätten seinerzeit die Astronomen angesichts der Flucht der Spiralnebel ebensogut argumentieren können, unsere Erde stehe ganz offensichtlich im Mittelpunkt des Universums, was eben deshalb kein Zufall sei, weil gerade in diesem Mittelpunkt erkennbar die besten Bedingungen vorlägen für die Existenz astronomischer Beobachter.

In einem Lehrbuch über das einst angeblich nur für ein einziges Mal junge Universum wird bezeichnenderweise von 'all der artistischen Kunstfertigkeit moderner Kosmologen' gesprochen. Der schöne Untertitel 'Fakten und Fiktionen' aber scheint angesichts des als unbezweifelbare Tatsache dargestellten angeblichen Urknalls der blanke Hohn. Der Autor sorgt sich, dass das Universum früher leer war an Sternen und zukünftig leer sein werde an Licht. Als Übung sollen seine Studentinnen und Studenten zeigen, dass in einem unendlichen Universum der Nachthimmel notwendig hell wäre. Um die anscheinend gewollte Verwirrung komplett zu machen, habe er auch noch frech darauf hingewiesen, *ein* Messwert sei *ein* Messwert und nicht mehr, ohne daraus die Konsequenz zu ziehen, dass es unmöglich sei, die zeitliche Entwicklung einer Messgröße und zugleich die Parameter eines sich zeitlich verändernden Universums aus ein und denselben Datenpunkten herauszulesen. Man könne kein vernünftiges Bild malen in einen ständig veränderlichen Rahmen, auf eine unvorhergesehen abwechselnd schrumpfende und sich dehnende Leinwand, während diese auch noch zeitweilig Wellen schlage, stöhnt *Mlle Bleu de Ley* mit dem Pinsel in der Hand.

Solch fadenscheinige Argumente und widersprüchliche Schlussfolgerungen wie oben wurden seinerzeit auch im Zusammenhang mit dem Olbers'schen Paradoxon vorgebracht und sind, wie später ausführlicher begründet, auch mathematisch falsch. Natürlich hat jeder das Recht zu spinnen, wie er will. Bedenklich wird die Sache allerdings, wenn sich aus der Spinnerei irrationale Auswirkungen auf das soziale Verhalten entwickeln.

In gespenstisch anmutender Verwandtschaft scheint der Karren der – im Hinblick auf die kosmologische Konstante und eine erstaunlicherweise kalte dunkle Materie – so genannten 'Lambda-Cold-Dark-Matter'-Kosmologie eines heißen Urknalls mit all ihren numerischen Erfolgen ähnlich auf Abwegen, wie es in Missachtung Aristarchs das Ptolemäische Weltbild einst gewesen ist, bevor Kopernikus kam. Auch das gegenwärtige Welt-Bild sei entstanden unter dem Motto 'Malen nach Zahlen', gibt Institutionskümmerer *Blasius J. E. Pabst* immerhin zu bedenken. Und *Sigismund Sörgli* führt weiter aus, trotz zahlenmäßiger Sorgfalt könne dieses kosmologische 'Concordance Model' zusammenbrechen, wie vor nicht allzu langer Zeit das Geschäftsmodell der stets in großem Einvernehmen handelnden Investoren und Banker. Das zahlende Publikum werde zwar hier wie dort für dumm verkauft, sei aber auch selbst schuld, solange die Parole laute: je verrückter, je lieber! Die hochmathematische, doch weitgehend sinnfreie gegenwärtige Kosmologie sei ein perfektes Revier auch für Hochstapler, Marktschreier, Scharlatane, Propagandisten und andere Aufschneider sowie manche Spitzenmanager hier wie dort.

Es ist aus Sicht der Konkordanzkosmologie erstaunlich genug, dass es im Hinblick auf die als Supernovae Ia Explosionen allgemein bekannt gewordene Ereignisse keine systematischen Veränderungen im Sinne einer Evolution der universalen Umgebung gegeben zu haben scheint. Und das, obwohl diese zum Teil bei sehr hohen Rotverschiebungen beobachteten Explosionen zu Zeiten stattgefunden haben sollten, die doch viel näher am angeblichen Urknall lagen. Beispielsweise hätte es nach heutigen

Vorstellungen damals noch einen deutlich geringeren Anteil an Metallen in dem Material geben sollen, aus dem die Vorgängersterne entstanden wären. Was außerdem aber durch diese und andere Beobachtungen glänzend bestätigt wird, ist die Tatsache, dass es offenbar keine Evolution in den Naturgesetzen selbst gegeben hat.

Warum hätten sich diese nicht längst geändert haben sollen, nachdem sie zusammen mit Raum und Zeit erst in einem Urknall entstanden wären? Inzwischen ist allerdings ein Physiker aufgetaucht, der genau das behauptet. *Frank U. Frey* stellt dazu fest, wenn die Urknall-Kosmologen jetzt auch noch damit anfingen, eine Veränderlichkeit des gesamten Universums mit Hilfe zeitlich selbst veränderlicher Naturgesetze beschreiben zu wollen, dann treibe der Wahnsinn endgültig Blüten. Hoffentlich letzte, ergänzt *Mlle Bleu de Ley*. Wenn aber gleiche Ursachen zu verschiedenen Zeiten verschiedene Wirkungen hätten, dann ließe sich doch wiederum ein neues zeitlich unveränderliches Naturgesetz formulieren, das beide Situationen genau so beschreiben könnte. Dabei würden sich die angeblich gleichen Ursachen als im Gesamtzusammenhang verschieden herausstellen. Münchhausen mit seinem durstigen Gaul sei für schlichte Gemüter ja lustig gewesen. *Frank U. Frey* kommt zum Ende, wenn ihm nun aber ein ansonsten durchaus renommierter Physiker etwas vom Pferd erzählen wolle, indem er mit der Kosmologie endgültig Schindluder treibe, dann werde es ihm einfach zu blöd, auch nur mit einem einzigen weiteren Wort darauf einzugehen.

Die großräumige Struktur, die beobachtete Gestalt und Verteilung der Galaxien, wird heute nicht etwa auf natürliche Gegebenheiten eines ewigen Universums, sondern auf anfängliche Fluktuationen eines Elektron-Proton-Plasmas nach dem angeblichen Urknall zurückgeführt. Die Inhomogenitäten der Hintergrundstrahlung werden als deren Fingerabdrücke verstanden. Es gibt Bücher, die mit PR-Antrieb hochgeschossen werden wie Raketen und beim Wiedereintritt in die kulturelle Erdatmosphäre nahezu rückstandsfrei verglühen. In einem davon heißt es, laut

Inflationstheorie seien die mehr als hundert Milliarden Galaxien, die im All wie himmlische Diamanten schimmerten, nichts als Quantenmechanik, die in großen Buchstaben an den Himmel geschrieben worden sei. Diese Erkenntnis sei eines der größten Wunder des modernen wissenschaftlichen Zeitalters. Wer so etwas schreibe, scheine ihr weniger ein Schriftsteller als ein Stiftspreller, *Mlle Bleu de Ley* ist manchmal direkt. Der Trick funktioniere auf jeder Kaffeefahrt, meint leidgeprüft *Lisa Müller-Mona*, eine nicht bestreitbare Qualität werde mit einem leeren Versprechen zusammengepackt und letzteres verkauft. Hier seien die mehr als hundert Milliarden Galaxien das eigentliche Wunder, die im All tatsächlich wie himmlische Diamanten schimmerten, *Borromea Worthswerd* führt aus, das leere Versprechen aber seien die großen Buchstaben der angeblichen Erklärung, selbstverständlich nach neuester Mode.

Ich gestehe, dass ich bei dem Inflationsmodell der gegenwärtigen Kosmologie nur von einer Hypothese – hochspekulativ wie ein Finanzderivat – nicht aber von einer Theorie sprechen kann, und eine Spekulation ist noch lange keine Erkenntnis. Doch tatsächlich denke auch ich in diesem Zusammenhang spontan an ein Wunder, allerdings an ein blaues, das die Konkordanzkosmologie einmal erleben könnte. Manche theoretischen Physiker zelebrierten als Autoren geradezu eine Einhüllung in den Nebel selbstgemachter Mysterien wie der Priester in die Wolken des Weihrauchs. Das könne schnell peinlich werden, findet *Mlle Bleu de Ley*, aber nicht für die Priester. Sie fürchte nämlich zuweilen, diese Experten gäben damit genau das wieder, was sich in ihren Köpfen abspiele.

Im Rahmen des Urknallmodells müssten Galaxien, Haufen, Leerräume und alle anderen kosmischen Strukturen aus anfänglichen Fluktuationen gewachsen sein. Noch vor wenigen Jahren wurde demgegenüber argumentiert, dass die Verdichtungen des ursprünglichen Plasmas, welche für die winzigen Temperaturschwankungen der Hintergrundstrahlung verantwortlich seien, bei weitem nicht groß genug gewesen wären, als dass daraus die heutigen Strukturen überhaupt hätten entstehen können. Insbesondere in sehr weit entfernten Bereichen mit hohen Rotverschiebungen scheint es jedenfalls mehr Struktur zu geben, als aufgrund eines dort angeblich noch jugendlichen Alters des Universums zu erwarten wäre. Offenbar aber vermögen nach kunstvoller Anpassung des Inflationsmodells solche Argumente heute kaum noch zu stören.

Wenn wiederholt von einer bevorstehenden Vollendung der relativistischen Kosmologie geredet wird, so ist das ein sicheres Anzeichen dafür, dass diese Wissenschaft in einer tiefen Krise steckt und ein als Paradigmenwechsel bezeichneter Umbruch – oder vielleicht mehr noch, ein Neubeginn – unmittelbar bevorsteht. Dieser werde das gegenwärtige Konkordanzmodell als 'Mist' entlarven und großenteils über den Haufen werfen dahin, wo es der Entwicklung einer vernünftigen Kosmologie künftig als Humus dienen möge, erläutert *Mlle Bleu de Ley* im Sinne ihrer früheren Übersetzung eines unfreiwilligen Geistesblitzes *Hypolite Van Tasts*. Gerade die unbestreitbare Tatsache, fährt sie fort, dass sich die gegenwärtigen Hypothesen durch freche ad-hoc-Parameter so perfekt an die Beobachtungstatsachen anpassen ließen, spreche gegen das Modell, und seien sie noch so perfekt hinfrisiert, zuvor hübsch geföhnt und zuletzt gegen alle Wetter fixiert.

Dies deshalb, weil mit an Sicherheit grenzender Wahrscheinlichkeit auch unbekannte Prozesse eine bedeutsame Rolle spielen, von denen wir bisher viel zu wenig oder gar nichts wissen, und die deshalb ganz zu Unrecht unberücksichtigt geblieben sind. Es sei für sie nicht zu fassen, dass es solch geschichtsvergessene Menschen gebe, die ihren Wissensstand für den Abschluss jeder geistigen Entwicklung hielten, staunt *Borromea Worthswerd*. Damit hätten manche ja vielleicht recht soweit es sie selbst beträfe, *Mlle Bleu de Ley* legt nach. Doch was fällt bloß *Sigismund Sörgli* ein? Die folgende Geschichte: In einem dunklen Zimmer saß einmal ein Mann vor einem alten Fernsehgerät, nachdem er seit vielen Jahren nachts das Testbild beobachtet hatte. In dem jeweils anschließenden Geflimmer auf dem Bildschirm müsste doch ein Muster zu erkennen sein, ein vernünftiger Sender überträgt doch kein sinnloses Zeug! Und tatsächlich, mit der Zeit erkennt *Hypolite Van Tast* im Schneegestöber erst heimliche Schatten, dann – o Wunder – sah er Gespenster. Die Muster selbst waren vorübergehend real. Die Fernsehgeräte haben inzwischen eine Unterdrückung, in einem anderen Frequenzbereich aber kann man am Radio das Rauschen heute noch hören. Und ist da nicht eine schwache Überlagerung von Wellen anderer Quellen im Hintergrund?

Es gab jüngst eine arXiv-Veröffentlichung mit dem hier übersetzten Titel: „Messung der B-Mode Polarisation auf Gradwinkel Skalen". Diese nahm Bezug auf Gravitationswellen aus einer behaupteten inflationären Phase des Universums, die sich allerdings selbst mit modernen Instrumenten wohl nie direkt messen ließen. Das physikalische Ergebnis der Arbeit war also die Messung gewisser elektromagnetischer Polarisationen. Deren Deutung aber ist eine ganz andere Sache. Im Rauschen des Blätterwalds wurde daraus sofort: „Gravitationswellen – Signale aus der Geburtsstunde des Universums. Am Montag um 16 Uhr deutscher Zeit berichteten Astrophysiker der Universität Harvard über Daten eines Experiments ...". Dabei ging es um am Südpol gemessene Mikrowellen der Hintergrundstrahlung. Man mag nun bitte beachten, dass die Astrophysiker über ihre Ergebnisse um 16 Uhr berichtet haben, und nicht etwa eine halbe oder gar mehrere Stunden davor oder danach. Sind denn die Medienleute noch bei Trost? frage ich ausnahmsweise einmal selbst. Mit völlig unerheblichen, dafür aber präzisen Nebenangaben verstünden es Anlageberater seit jeher den Eindruck zu erwecken, auch die giftigen Inhalte ihrer Ausführungen seien seriös. Mit denen aber unbedarfte Kunden für dumm verkauft werden sollen, weiß *Frank U. Frey*. Die einzige Maßnahme gegen solch aufgeschäumte Pseudo-Information könne für betroffene Redaktionen nur darin liegen, dass sie sich allesamt vom Arzt den nächsten Anfall akuter Gruppenhysterie bescheinigen ließen.

In Wirklichkeit war alles, was die Autoren gefunden hatten, ein Überschuss über die Erwartungen der letzten Anpassung des Konkordanzmodells an die vermeintlichen statistischen Schwankungen der Mikrowellenhintergrundstrahlung. Das Verfahren, diese zu ermitteln, ist zweifellos hochinteressant. Von direkter Messung kann aber gar keine Rede sein, denn bei der Auswertung werden die Resultate per Einschätzung in zwei Anteile zerlegt. Der eine wird dem galaktischen Vordergrund und weiteren identifizierbaren Quellen wie Nebeln oder Galaxienhaufen zugeschrieben und zuerst einmal abgezogen. Der Rest gilt dann als kosmischer Hintergrund. Das geht unter Verletzung fundamentaler Regeln messender Physik so weit, dass selbst ein in erst jüngerer Zeit gefundener zusätzlicher Infrarot-Beitrag von den Messdaten abgezogen wird, obwohl sich dieser mit der Mikrowellenstrahlung zu einem allerdings kleinen Teil auf gleichen Frequenzen des Hintergrunds überlappt.

In gar keinem Fall aber könnte heute irgendein Ergebnis auch nur den geringsten Zweifel an der wieder einmal als unfertig erwiesenen Konkordanzkosmologie wecken, sondern aufgrund einer haarsträubenden Kette wilder Spekulationen gilt das im Gegenteil jeweils als ein neuer Beweis. Denn man hat ja noch einen Joker in der Hinterhand. Beim Urknall müssten doch auch Gravitationswellen entstanden sein. Zwar wurden die trotz gigantischer Anstrengungen bisher noch nie direkt gemessen. Aber es wäre doch gelacht, wenn sie sich für die Abweichungen nicht verantwortlich machen ließen. Dass man tatsächlich aber nichts Sicheres wisse, weder über die fiktive Inflationsphase noch über Gravitationswellen, sei offenbar wieder einmal sehr willkommen im Interesse einer überfälligen neuen Modellfrisur, wie wäre es in diesem Fall mit neuen Dauerwellen? fragt *Mlle Bleu de Ley*.

Inzwischen wurden die oben berichteten Ergebnisse aufgrund falscher Aufteilung in besagten Vorder- und Hintergrund von anderen zu Unfug erklärt. Das Hin und Her wird weiter gehen. Doch immer und immer wieder schließt man messerscharf, dass nicht sein kann, was nicht sein darf. Andernfalls könnten bereits solch geringfügige Abweichungen genügen, das ganze inflationär aufgeblasene Ballonmodell platzen zu lassen.

Nun hatten die Schneider dem Kaiser ein Kleid gemacht so fein, dass er plötzlich fror wie einer von ihnen. Nachdem man ihm tüchtig eingeheizt hatte, glaubte er plötzlich, durch das kunstvoll gewebte Gespinst sogar noch die Anordnung der fernen Ofenkacheln auf seiner Haut zu spüren. „Das ist der Beweis für erlesene Qualität", sagten ihm die Schneider. „Nur ein Dummer würde nichts merken".

Der herausragende Physiker Steven Weinberg hat neben seinem überaus wertvollen *Gravitation and Cosmology* in den siebziger Jahren ein populärwissenschaftliches Buch über die vermeintlich ersten drei Minuten des Universums geschrieben. Ich finde es höchst verwunderlich, wie er sich einst widerwillig – erkennbar entgegen seiner Intuition – dazu durchringen konnte, offenbar die fundamentalen Probleme des Urknallmodells radikal auszublenden. Vielleicht war er gerade als junges Genie leichte Beute der seit je drohenden babylonischen Selbstüberschätzung des Verstandes, der in der Vernunft nur eine Stiefschwester sieht. Ohne die nachträgliche Fiktion der angeblich inflationären Phase hätte er das Urknallmodell damals eigentlich ablehnen müssen und dieses ganze Buch nie schreiben dürfen.

Es ist kein Verdienst, ich kann nichts dafür, doch bin ich von Natur aus persönlich dagegen gefeit, mich in solche Spekulationen zu versteigen, denn so hoch trabt mein Esel nie. Und bei seiner Sturheit wäre er dahin auch nicht zu bewegen. Bleibt die Frage, wer die Aussicht auf das angeblich in vollständiger Leere elend verendende Universum ertragen sollte, wenn er sich nicht – allerdings anders als der genannte Autor frei von jeder tiefen Melancholie – als unangebracht leichtsinniger Botschafter falscher Wissenschaft für solche Schauermärchen bezahlen lässt.

Wäre es nicht aber Lust, ein ewig junges Universum zu sehen? fragen sich *Sigismund Sörgli* und *Borromea Worthswerd*, von der *Mlle Bleu de Ley* in Anspielung sagt, sie sei ein Schatz, ein wahrer Wortschatz nämlich. Dass solch ein Blick immer nur unvollkommen möglich sein werde, dürfe nie und nimmer an aufgetragener Schminke liegen – allein die begrenzte Sehschärfe der Menschen würde genügen, uns selbst im Angesicht vollkommen strahlender Schönheit vor Erblindung zu schützen. Immer bloß an der Oberfläche mache selbst Baden im schönsten See noch nicht das höchste Vergnügen, der sonst so vorsichtige *Sigismund Sörgli* ist sich da sicher. Wenn man auch nicht allem und jedem Wasser auf den Grund gehen könne, werde es sich doch lohnen, immer mal wieder etwas tiefer zu tauchen. Danach schmecke die frische Luft noch viel besser.

Und das sollen des Universums neue Kleider sein, wer braucht denn so etwas? fragt ein entfernter Nachfahre Giordano Brunos, deren wohl einige sind. Natürlich habe John Lennon an etwas anderes gedacht, aber es passe, er sei krank und müde, Dinge zu hören von verklemmten, kurzsichtigen, engstirnigen Heuchlern. Alles was er wolle, sei die Wahrheit, „Gib mir einfach nur Wahrheit … ".[15]

Vorausgesetzt dass es etwas gegeben hat, worin ein Urknall unseres evolutionären Kosmos stattgefunden hätte: Was ist das relativistische Linienelement, das die Energiedichte und den Druck des vorher existierenden universalen Hintergrunds beschreibt? Der denkbar einfachste Ansatz führt zum Modell eines stationären Universums, welches sich mit der Messung unerwarteter Supernova-Daten – im Unterschied zur gescheiterten Steady-State Theory – als eine verblüffende Alternative erwiesen hat, ohne dass die Forscher an den Teleskopen bisher vom Fortschritt der Theorie etwas merkten.

Die im heutigen Konkordanzmodell auftretende kosmologische Konstante sollte sich nach Auffassung der Teilchenphysiker als Dichte der so genannten Nullpunktsenergie des Vakuums berechnen lassen. Das Ergebnis ist nun leider falsch, nämlich zu groß. Aber nicht etwa zehnmal zu groß, nicht hundertmal, auch nicht tausendmal zu groß, sondern ungefähr Billionen Billionen Billionen Billionen Billionen Billionen Billionen Billionen Billionen Billionen mal – und das ist kein Schreibfehler, die Zahl entspricht einer Eins mit 120 Nullen.

Ich würde eigentlich über solch einen haarsträubenden Unfug nicht ein einziges Wort verlieren. Doch woran niemand vorbeikommt, ist die schlimme Tatsache, dass heutzutage selbst dermaßen unsägliche Konsequenzen einer 'Theorie' nicht genügen, diese grundsätzlich in Frage zu stellen. Im Gegenteil entsteht der Eindruck, dass sich gerade Experten durch die Fähigkeit auszeichnen, über das vollständige Fehlen jeder Plausibilität hinwegzusehen, ohne daraus ernsthafte Konsequenzen zu ziehen. Doch wenige einfache Feststellungen genügen, um den Spuk einer Entstehung mitsamt Raum und Zeit zu entlarven:

1. *Wenn Entstehung aus dem Nichts, dann nicht physikalisch beschreibbar;*
2. *wenn aus dem Vakuum, dann dieses nicht leer;*
3. *wenn nicht leer, dann Energiedichte nicht Null;*
4. *wenn Energiedichte, dann die des Universums;*
5. *wenn vorher Universum, dann Kosmos entstanden;*
6. *wenn Kosmos entstanden, dann nicht gleich Universum;*
7. *wenn ewiges Universum, dann nicht einzelner Urknall von Raum und Zeit.*

Was also soll der Quatsch? fragt *Frank U. Frey.* Die ganze Konkordanzkosmologie beruht physikalisch auf Non-Sense. Selbst das schaumige Gerede von Quantenfluktuationen in einem falschen Vakuum hilft da nichts, denn jenes Tohu-va-Bohu, das vor einer Entstehung unseres Kosmos existiert hätte, sei in diesem Fall nur ein anderes Wort für das Universum selbst. Giordano Brunos Begriff vieler Welten konnte nur viele evolutionäre Kosmen meinen. Experten aber, die nicht einmal das verstünden, und stattdessen von x-beliebig vielen parallelen Universen sprächen, der sollten erst einmal lernen mit Fremdwörtern umzugehen, bevor sie besonders unter jungen Menschen weiter Verwirrung stiften, platzt prompt *Mlle Bleu de Ley* mit der unangenehmen Wahrheit heraus. Der Single-Bang sei tot, stattdessen sollten die vielen Jungbrunnen des ewigen Universums leben hoch, hoch und dreimal hoch! Sie möge aufhören mit solch überschwänglichem Jubel, meint der nun auch einmal strahlende *Sigismund Sörgli*. Dies sei zwar immerhin und nicht schließlich – aber alles in allem doch – eine ernste Sache. Auf das ewig junge Universum möchte auch *Borromea Worthswerd* ihren Glückwunsch ausbringen, freut sich dann aber still.

Nach meiner festen Überzeugung sind Einsteins wunderbare Gravitationsgleichungen richtig, wenn nur ihre rechte Seite richtig verstanden und der phänomenologische Energie-Impuls-Tensor durch einen vollständig quantenmechanischen ersetzt wird, was aber ohne näherungsweise Vereinfachungen für alle Zeiten schwer bis unmöglich bleiben wird.

An der Seite Einsteins und des Esels – vor allem aber im Namen des vor Flammen nicht zurückschreckenden Giordano Bruno – fordert *Borromea Worthswerd* Kosmologinnen und Kosmologen auf, jede Feigheit zu überwinden und das schamhaft verschwurbelte 'falsche Vakuum' hinter ihrem Urknall zumindest als ein Nicht-Vakuum, also ein Etwas, zu bezeichnen und, noch viel besser, dieses endlich ehrlich anzuerkennen als das, was als voraussetzungslose Gegebenheit dort immer war und ewig sein wird: das eine und einzige Universum in seiner insgesamt unfassbaren Wirklichkeit.

Natürlich sei unser eigener Kosmos einst entstanden und die Evolution habe eingesetzt, aber nicht nur ein einziges Mal überall gleichzeitig bis zum Ende allen Lebens, versteht *Aladin Adamson*, sondern immer wieder, hier wie dort. Und tauscht mit Begeisterung das Ammenmärchen von der Entstehung des gesamten Universums im Urknall gegen eine neu gefundene physikalische Evolution kosmischer Strukturen. Der entfernte Nachfahre Giordano Brunos fährt fort, das Universum sei nackt. Und so dürfe man es sehen, immer wieder jung, immer wieder alt, in all seiner Schönheit. Dazu aber brauche man keine Schneider, weder Auf- noch Ab-, ganz im Gegenteil! *Mlle Bleu de Ley* macht den Unterschied. Im Gegensatz zum Kaiser benötige das Universum überhaupt keine Kleider, bestätigt *Frank U. Frey*. Er wolle es sehen, wie es sei. Natürlich nicht bis an 'seine Grenzen', dafür aber ungeschminkt. Und vor allem unfrisiert hinsichtlich seiner Daten.

3 Aufklärung über die Lichtgeschwindigkeit

Kein vernünftiger Mensch – außerhalb der Redaktionen physikalischer Mainstream-Journale – wird sich wundern, dass es entscheidend sein kann, unbelastet von sogenanntem Expertenwissen an ein grundsätzliches Problem heranzugehen. Hätte ich vorab alles gewusst, was einige ausgezeichnete Physiker wie Herbert E. Ives in Bezug auf die ambivalente Rolle der Lichtgeschwindigkeit in der speziellen Relativitätstheorie bereits erkannt hatten, so hätte ich wahrscheinlich das nicht gefunden, was darüber hinausgeht.[16]

Dieser geniale Physiker hatte mit seinem Coautor G. R. Stilwell als erster Einsteins Zeitdilatation experimentell nachgewiesen, indem er den quadratischen Doppler-Effekt gemessen hat, und zwar bemerkenswerterweise ohne an die Relativitätstheorie Einsteins zu glauben, deren Interpretation nicht dasselbe sagt wie ihre unstrittigen Gleichungen. Vielmehr sahen die Autoren in ihrem Ergebnis eine Bestätigung des Äthers von Larmor und Lorentz, was deren hypothetischen Hintergrund zwar natürlich nicht beweist, immerhin aber auf höchst eindrucksvolle Weise ganz konkret zeigt, dass physikalische Ergebnisse zwar die Formeln einer Theorie, niemals aber die dahinterstehende Deutung bestätigen können. Diese historische Tatsache sollten sich die heutigen Urknall-Dogmatiker vor Augen halten, um sich von Zwangsvorstellungen zu befreien, meint *Mlle Bleu de Ley*, anfangs täglich dreimal, danach könne die Dosis reduziert werden.

Eine einzige Uhr ganz beliebiger Ganggeschwindigkeit genügt, die Abhängigkeit der Lichtgeschwindigkeit von Ort und Richtung in rotierenden Systemen wie dem der Erde nachzuweisen.[17] Diese Feststellung ist vollständig unabhängig von allen Erkenntnissen der speziellen und der allgemeinen Relativitätstheorie und experimentell längst bestätigt. Die Tatsachen sind wahren Experten natürlich bekannt, werden von vielen aber seit hundert Jahren verniedlicht, um nicht zu sagen vernebelt. Vielleicht die meisten haben nie verstanden und bis heute nicht konsequent akzeptieren wollen, wie sich Einsteins konstante Lichtgeschwindigkeit der speziellen Relativitätstheorie mit der veränderlichen seiner allgemeinen Relativitätstheorie vereinbaren lässt, sonst könnte es nicht so viel gelehrtes Gefasel darüber geben. Einsteins ursprüngliche Formulierung von 1905 lautet wörtlich: „*Die letztere Zeit kann nun definiert werden, indem man durch Definition festsetzt, daß die 'Zeit', welche das Licht braucht, um von A nach B zu gelangen, gleich ist der 'Zeit', welche es braucht, um von B nach A zu gelangen ... Wir nehmen an, daß diese Definition des Synchronismus in widerspruchsfreier Weise möglich sei ...*"[18]

Diese Festlegung ist tatsächlich in allen Inertialsystemen widerspruchsfrei möglich – aber sie ist nicht zwingend! Die spezielle Relativitätstheorie setzt lediglich voraus, dass sich der universell gültige Wert einer richtungsunabhängigen Einweg-Lichtgeschwindigkeit durch eine entsprechende Synchronisation der Uhren in jedem Inertialsystem realisieren lässt. Bei solchen handelt es sich nach wörtlicher Übersetzung um Trägheitssysteme, die sich geradlinig und gleichförmig bewegen. Einsteins zunächst willkürlich anmutende Definition der Gleichzeitigkeit voneinander entfernter Uhren aber wird erst zusammen mit dem Relativitätsprinzip zu einer koordinatenfreien physikalischen Aussage, die ich in der folgenden möglichst einfachen Formulierung an diese Stelle setze: der Gang zunächst nebeneinander befindlicher gleichbeschaffener Uhren bleibt in Inertialsystemen synchron, wenn sie mit hinreichend kleiner Geschwindigkeit auseinander geschoben werden.

Wird nun aber die unumstrittene Tatsache in Betracht gezogen, dass zwei entlang der Peripherie einer rotierenden Scheibe immer weiter weg voneinander geschobene Uhren bei jedem späteren Zusammentreffen unterschiedliche Zeiten anzeigen, so folgt daraus, dass das Prinzip einer unbedingten Konstanz der Lichtgeschwindigkeit, wie es insbesondere der aktuellen Meterdefinition zugrunde liegt, nicht aufrecht zu erhalten ist. Zwar ist es richtig, dass die Lichtgeschwindigkeit in einem beliebigen gleichförmig bewegten gravitationsfreien System bei geeigneter Synchronisation gleich der Konstanten c sein kann. Aber es ist falsch, dass sie dort entlang eines Weges ohne Rückkehr gleich c sein muss. Und das steht ganz im Einklang mit Einsteins oben zitierter ursprünglicher Formulierung. Nachträglich könnte man zwar eine unbedingte Konstanz der Einweg-Lichtgeschwindigkeit in die Definition eines entsprechend verschärften Begriffs 'Inertialsystem' einbauen, doch eine solche Neubildung müsste dann von dem altbewährten Begriff Inertialsystem unterschieden werden, der vor jeder Aussage über die Lichtgeschwindigkeit zunächst nur ein in gleichförmiger Bewegung befindliches rotations- und gravitationsfreies System meint.

Einsteins Synchronisationsverfahren der Reflexion im Zeitmittelpunkt aber zeichnet sich gegenüber denkbaren Varianten dadurch aus, dass es in allen Inertialsystemen einer Synchronisation durch langsamen Uhrtransport gleichwertig ist, die ich im Unterschied zur ansonsten willkürlich scheinenden Festsetzung von Zeitpunkten als so etwas wie eine *natürliche* Einstein-Synchronisation bezeichnen möchte. Eine hinreichend langsam verschobene Uhr bliebe hier also im Sinne der speziellen Relativitätstheorie synchronisiert. Doch führt dieses Verfahren bereits für einfachste Nicht-Inertialsysteme wie beispielsweise rotierende Scheiben zu Widersprüchen. Nach dem Einstein'schen Prinzip wäre insbesondere eine interne Synchronisation der Uhren auf der Erde prinzipiell unmöglich, selbst wenn man diese als ideales Geoid betrachtet, auf welchem alle Uhren gleich schnell gehen, wie später die allgemeine Relativitätstheorie zeigt.

In seiner berühmten Arbeit von 1905 aber schrieb Einstein, dass eine am Äquator befindliche 'Unruhuhr' langsamer laufen müsse als eine genau gleichbeschaffene an einem der beiden Erdpole. Das stimmt aber nicht, der Effekt wird aufgrund der verschiedenen Abstände vom Erdmittelpunkt genau aufgehoben, was von Carroll O. Alley und anderen mit Atomuhren experimentell bestätigt worden ist. Einsteins seinerzeit allzu verständlicher Irrtum ist ein Prachtexemplar von Fehlern, die aus der damaligen Unkenntnis der Gravitationswirkungen auf Maßstäbe und Uhren und des Zusammenspiels von spezieller und allgemeiner Relativitätstheorie entstanden sind, aber immer noch Verwirrung stiften. Und zwar teilweise sogar allergrößte, nämlich bis heute in Bezug auf das Universum insgesamt.

Zu Zeiten von Einsteins als *annus mirabilis* berühmt gewordenem Wunderjahr 1905 hat wohl noch jeder Physiker – und gegebenenfalls auch die damals wenigen Physikerinnen – den Begriff Inertialsystem gedanklich mit unendlicher Ausdehnung verbunden, was nur als mathematische Idealisierung zulässig ist. Heute sei es nur noch zu lässig, bemerkt *Mlle Bleu de Ley*, womit sie recht hat. Denn das ganz Besondere an Inertialsystemen ist, dass es sie strenggenommen gar nicht gibt. Was stattdessen tatsächlich existiert, sind immer nur örtlich und zeitlich begrenzte frei fallende – gefühlt schwebende – Bereiche, die *lokale* Inertialsysteme genannt werden.

Wie im Folgenden gezeigt wird, läuft das aber darauf hinaus, dass die spezielle Relativitätstheorie immer nur innerhalb solcher örtlich und zeitlich begrenzter Bereiche anwendbar ist. Das allerdings konsequent zu akzeptieren, erweisen sich die Kosmologen bis heute außerstande, weil gerade das Überstrapazieren der speziell-relativistischen Konzepte in kindlicher – um nicht zu sagen kindischer – Naivität auf das gesamte Universum zum physikalischen Aberglauben vom Urknall geführt hat. Einstein hat sein ursprüngliches Konzept von Raum und Zeit entwickelt im Rahmen seiner speziellen Theorie. Hinsichtlich des allgemeinen Falls bedeutet das unglücklicherweise: am unnötig eingeschränkten, für diesen Zweck letztlich untauglichen Objekt.

Die für kritische Geister deutlich erkennbare Krise der Urknall-Kosmologie ist demzufolge nicht verwunderlich. Es ist eine Tatsache, die auch ich selbst lange Zeit nicht glauben wollte, dass bis heute die Relativitätstheorie von den meisten Experten weitgehend missverstanden wird. Damit meine ich nicht die Anwendung des mathematischen Apparats auf konkrete physikalische

Probleme, sondern ich meine die Auffassung der akademischen Eliten, die sich – Ironie der Geschichte – gerade darin wieder einmal als 'scientific community' gefallen. Von den vielen anderen ganz zu schweigen, die ratlos durch das Internet irren auf der Suche nach vernünftigen Antworten auf berechtigte Fragen.

Das derzeitige Dilemma fängt schon damit an, dass sogar die Definition des Meters einen Widerspruch enthält. Denn dessen Festlegung bezieht sich ohne Wenn und Aber auf eine vermeintlich eindeutig konstante Einweg-Lichtgeschwindigkeit im Vakuum, als ob es hier keine andere gäbe. Solange man jedoch unter einer Geschwindigkeit wie üblich das Verhältnis von zurückgelegtem Weg zur dafür benötigten Zeit versteht, ist das keineswegs der Fall. Die dort eigentlich gemeinte Lichtgeschwindigkeit gibt es in realen Situationen höchstens als Annäherung für idealisierte Systeme. Der genannte Widerspruch aber beruht auf der in jener Definition vollständig außer acht gelassenen Tatsache, dass nicht die Lichtgeschwindigkeit selbst konstant ist, sondern lediglich ihr lokaler Durchschnittswert für Hin- und Rückläufe auf demselben Weg, solange dabei keine Höhenunterschiede zu überwinden sind.

Ein Bereich heißt *lokal*, wenn die Ausbreitung sämtlicher Lichtstrahlen dort geradlinig verläuft. Damit ein kleiner Bereich darüberhinaus als speziell einfaches lokales *Inertialsystem* gelten kann, muss er sich außerdem im freien Fall befinden. Zwar ist es also richtig, dass hinreichend langsam auseinandergeschobene Uhren beim Austausch von Lichtsignalen immer Reflexion im Zeitmittelpunkt anzeigen, solange sie in ein und demselben lokalen Initialsystem verbleiben. Eine einfache Überlegung beweist jedoch die – im Prinzip mit einer einzigen Uhr – messbare Orts- und Richtungsabhängigkeit der Lichtgeschwindigkeit zunächst in rotierenden Systemen, aus der sich zugleich aber auch eine Verletzung der unbedingten Konstanz der Lichtgeschwindigkeit in lokalen Inertialsystemen ergibt. Der Nachweis aber, dass die Einweg-Lichtgeschwindigkeit in rotierenden Systemen eben nicht konstant sein kann, ist sogar unabhängig vom Ausgang irgendeines realen Experiments – unter der einzigen Voraussetzung, dass sie in demjenigen System konstant ist, in welchem die Drehachse zumindest vorübergehend ruht.

Wir betrachten einen rotierenden Kreisring, eine rotierende Kreisscheibe oder auch eine – nicht notwendigerweise starre – rotierende Kugel, auf der eine Lichtquelle mit Uhr sowie ein entlang der Peripherie verlaufendes innen verspiegeltes und evakuiertes Hohlkabel fest installiert sind. Die Drehachse ruhe also in einem Inertialsystem, in dem die Lichtgeschwindigkeit nach Voraussetzung den konstanten Betrag c hat. Auch durch Verwendung hinreichend vieler Ablenkspiegel können kreisförmige Umläufe von Lichtsignalen in einer für alle praktischen Belange genügenden Annäherung realisiert werden. Von zwei Lichtsignalen, die zum gleichen Zeitpunkt in entgegengesetzter Richtung von der Lichtquelle ausgehen, um Ring, Scheibe, Kugel praktisch auf Kreisbahnen zu umlaufen, kehrt dasjenige früher zurück, das entgegen der Drehrichtung gelaufen ist. Diese Feststellung steht – gerade aufgrund der Konstanz im übergeordneten System – außer Zweifel, da das eine Lichtsignal wegen der Drehbewegung der Lichtquelle dort einen kürzeren Weg zurückgelegt hat als das andere.

Einen von Null verschiedenen Laufzeitunterschied gibt es aber auch in Bezug auf das rotierende System selbst. Und zwar gilt diese Aussage unabhängig von Ganggeschwindigkeit und Zeitnullpunkt der bei der Lichtquelle befindlichen mitbewegten Uhr. Denn wie schnell diese Uhr im Vergleich zu denen des Inertialsystems auch gehen mag – wenn sie überhaupt nur irgendwie vorwärts geht, dann muss sie für die Rückkehr der beiden gegenläufigen Lichtsignale ebenfalls unterschiedliche Zeitpunkte anzeigen. Das aber lässt gar keine andere Deutung zu, als dass bei unterschiedlichen Laufzeiten die Geschwindigkeiten der beiden Lichtsignale im rotierenden System verschieden sein müssen, die dort ja den gleichen Weg zurückgelegt haben: *Der Betrag der Einweg-Lichtgeschwindigkeit ist in rotierenden Systemen abhängig von Ort und Richtung.*

Weil also zur bloßen Feststellung unterschiedlicher Rück-
kehrzeiten bei zwei gleichzeitig aus der gleichen Quelle ausgesandten Lichtsignalen die Verwendung einer einzigen Uhr ganz
beliebiger Ganggeschwindigkeit genügt, ist die hier nachgewiesene Abhängigkeit der Einweg-Lichtgeschwindigkeit von Ort
und Richtung in rotierenden Systemen als qualitative Feststellung vollständig unabhängig von allen diesbezüglichen Erkenntnissen der speziellen und der allgemeinen Relativitätstheorie.

Überraschenderweise stellt dies jedoch keinen Widerspruch
zur ursprünglich speziellen Einstein'schen Theorie dar – obwohl
sich deren 'Relativität' bei allgemeiner Anwendung als Unsinn
erweisen kann – sehr wohl aber zur aktuellen Meter-Definition.
Sowohl altbekannte Versuche von Georges Sagnac beziehungsweise von Albert Abraham Michelson und Henry G. Gale, auf
denen aktuelle Experimente mit Laserkreiseln beruhen, als auch
das Experiment von Joseph C. Hafele und Richard E. Keating
werden bisher ausschließlich mit Bezug auf das übergeordnete
rotationsfreie Inertialsystem erklärt, in welchem der Schwerpunkt der Erde ruht. Mit Bezug auf die Erdoberfläche aber können sie intern nur mit Berücksichtigung der orts- und richtungs-
abhängigen Einweg-Lichtgeschwindigkeit in *stationären Systemen* verstanden werden. Stationäre Systeme sind einerseits zwar
nicht statisch, andererseits aber gleichbleibend in ihrer Veränderung wie eine schwingende Saite, eine rotierende Kugel oder
sinngemäß, was ich an den Supernova-Daten gezeigt habe, ein
ewig junges Universum.

Der Tatsache aber, dass unterschiedliche Lichtgeschwindig-
keiten für Hin- und Rückweg trotzdem nicht Einsteins grundle-
gender Arbeit *Zur Elektrodynamik bewegter Körper* widersprechen, liegt ein Paradoxon der Einweg-Lichtgeschwindigkeit zugrunde, das ich – weil es wichtig ist bis zur Notwendigkeit einer
neuen Kosmologie – hier noch einmal knapp rekapitulieren will.

I. Ist die Lichtgeschwindigkeit in einem Inertialsystem konstant, so ist sie bezüglich einer darin rotierenden Scheibe nicht
konstant. Ihr Betrag unterscheidet sich dort erstens mit der Ent-

fernung von der Drehachse und zweitens an ein und demselben Ort je nach Ausbreitungsrichtung.

II. Da die Lichtgeschwindigkeit demzufolge auf einem beliebig herausgegriffenen unendlich kleinen Stück der rotierenden Scheibe je nach Laufrichtung verschieden ist, so ist sie es auch bezüglich eines entsprechend bewegten Inertialsystems, in dem dieses Stück während der kurzen Durchgangszeiten der beiden Signale in hinreichender Näherung ruht.

III. Das steht in klarem Widerspruch zur offenbar weit verbreiteten Auffassung, dass nämlich die Einstein'sche spezielle Relativitätstheorie den konstanten Wert c der Einweg-Geschwindigkeit von Lichtsignalen in Inertialsystemen notwendig einschließe. Und es ist gerade diese falsche Auffassung, die der aktuellen Meterdefinition zugrunde liegt.

Von entscheidender Bedeutung ist hier, dass die oben festgestellte Orts- und Richtungsabhängigkeit der Lichtgeschwindigkeit wegen der vorliegenden Symmetrieverhältnisse auch für beliebig kleine Teilabschnitte der durchlaufenen Bahn, das heißt nicht nur global, sondern auch lokal gelten muss. Denn wenn auch die Differenz der Laufzeitintervalle zweier in entgegengesetzter Richtung umlaufender Signale für ein und dieselbe immer kleiner gedachte Teilstrecke gegen Null geht, so bleibt doch ihr Verhältnis verschieden von Eins. Dieses Verhältnis ist aber nichts anderes als das der beiden unterschiedlichen Werte der tangentialen Einweg-Lichtgeschwindigkeit auf der entsprechenden Kreisbahn des rotierenden Systems. Es ist dabei sehr bemerkenswert, dass für ein und dieselbe vorgegebene Geschwindigkeit v des Scheibenrands die Abweichung eines entsprechend kleinen Bereichs der Peripherie von einem idealen lokalen Inertialsystem mit zunehmendem Scheibenradius in jeder gewünschten Annäherung schwindet.

Die Relativitätstheorie, und zwar zunächst die spezielle, kommt erst ins Spiel, wenn nach den konkreten Werten gefragt wird. Wir bleiben beim aufschlussreichen Grenzfall kreisförmiger Lichtwege um die Drehachse, was tangentialen Lichtwegen auf hinreichend kleinen Teilstrecken entspricht. Weil die entsprechenden Gesamtlaufzeiten an einer einzigen an der Rotation teilnehmenden Uhr bei der Lichtquelle abgelesen werden, ergeben sich diese mit Berücksichtigung der Einstein'schen als *Zeitdilatation* bezeichneten Verlangsamung der Ganggeschwindigkeit bewegter Uhren in Bezug auf diejenigen des Inertialsystems, in welchem die Drehachse ruht.

Weiterhin gilt für den von einem mitbewegten Beobachter gemessenen Umfang der rotierenden Scheibe gegenüber dem Umfang eines im Inertialsystem deckungsgleichen Kreises die als FitzGerald-Lorentz-Kontraktion bezeichnete Verkürzung der Länge. Auf das daraus resultierende Ehrenfest'sche Paradoxon komme ich bald noch zu sprechen. Ohne jeden Zugriff auf den mathematischen Apparat der allgemeinen Relativitätstheorie ergeben sich nun konkret die beiden gesuchten Werte der Einweg-Lichtgeschwindigkeit für entgegengesetzte Laufrichtungen im rotierenden System. Bei klassischer Berechnung hätte man einfach die beiden Werte $c \pm v$ erhalten. Diese stimmen zwar mit den tatsächlich gefundenen näherungsweise überein, weisen aber bei genauerem Hinsehen einen wesentlichen Unterschied auf. Der richtige Ausdruck zeigt nämlich die bemerkenswerte Eigentümlichkeit, dass er einerseits der unterschiedlichen Einweg-Lichtgeschwindigkeit Rechnung trägt, andererseits aber bei Hin- und Rückläufen auf beliebigen Teilstrecken der betrachteten Kreisbahn für die Durchschnittsgeschwindigkeit der Lichtsignale immer den exakten Wert c liefert.

Das Prinzip der lokalen Durchschnittsgeschwindigkeit für hin- und zurücklaufende Lichtsignale also lautet: *In jedem* Inertialsystem *ist der mit natürlichen Maßstäben und Uhren gemessene Durchschnittswert der Lichtgeschwindigkeit für Hin- und Rückläufe auf demselben Weg gleich der Naturkonstanten c.*

Dies ist deshalb von weitreichender Bedeutung, weil sich die inzwischen altbekannten Phänomene von Längenkontraktion und Zeitdilatation allein aus dem Prinzip der konstanten Durchschnittsgeschwindigkeit c in Verbindung mit dem Einstein'schen

Relativitätsprinzip in seiner ursprünglichen Formulierung ableiten lassen. Und zwar ganz ohne die Notwendigkeit einer Relativität der Gleichzeitigkeit! Genau darin erst liegt die eigentliche Rechtfertigung für die Anwendung der speziell-relativistischen Formeln auf rotierende Systeme, in denen zwar die Lichtgeschwindigkeit bezüglich ihres Durchschnittswertes konstant ist, nicht aber die Einweg-Geschwindigkeit von Lichtsignalen.

Zur Behebung letzter Zweifel am oben aufgezeigten Paradoxon denken wir uns an den Enden zweier Einheitsmaßstäbe, die sich für die Dauer dieses Gedankenexperiments unmittelbar nebeneinander her gemeinsam in Längsrichtung bewegen, Uhren exakt gleicher Ganggeschwindigkeit angebracht. Eine Lichtwelle, deren Ausbreitungsrichtung parallel zur Ausrichtung der Maßstäbe liegt, möge zuerst die Uhren am jeweils linken Ende, eine kurze Zeit später die Uhren am jeweils rechten Ende der beiden Maßstäbe passieren. Die entsprechenden Zeitpunkte werden registriert, woraus sich die Laufzeiten ergeben:

a) Die Uhren an den Enden des einen Maßstabs bewegen sich beide mit konstanter Geschwindigkeit v exakt auf einer Geraden. Wir befinden uns also in einem Inertialsystem. Die Lichtgeschwindigkeit, die sich aus den registrierten Zeitpunkten dieser beiden Uhren ergibt, sei gleich c.

b) Die Uhren an den Enden des anderen Maßstabs bewegen sich beide mit konstanter Geschwindigkeit v auf dem Bogen eines Kreises, der so groß ist, dass sich auch bei höchster Präzision der Messung keinerlei unmittelbar sichtbare Abweichungen im Vergleich zu der geradlinig-gleichförmigen Bewegung der erstgenannten Uhren feststellen lassen. Die jeweils exakt gemessene Lichtgeschwindigkeit, die sich aus den registrierten Zeitpunkten dieses zweiten Uhrenpaares ergeben würde, liegt aufgrund der oben angestellten Überlegungen zwischen $c/2$ und ∞.[19]

Dasselbe Lichtsignal scheint sich also mit unterschiedlicher Geschwindigkeit gleichzeitig über zwei, während der Dauer des Experiments relativ zueinander in Ruhe befindliche, unmittelbar nebeneinander liegende Einheitsmaßstäbe hinweg zu bewegen, wobei doch alle vier verwendeten Uhren gleich schnell gehen. Wie löst sich dieser Widerspruch? – Es ist kein Widerspruch.

Dies deshalb, weil aufgrund unterschiedlich eingestellter Zeitnullpunkte beides möglich ist. Im Falle a) sind die Zeitnullpunkte der Uhren *lokal* synchronisiert nach dem Einstein'schen Verfahren, im Falle b) jedoch *global* nach einem allgemeineren Synchronisations-Prinzip, das ich in der für die weitere Entwicklung grundlegenden Arbeit *'Die Einweg-Lichtgeschwindigkeit auf der rotierenden Erde und die Definition des Meters'* vorgestellt habe; dort sind für speziell Interessierte alle wesentlichen Aspekte dieses Kapitels im Detail erklärt. Der scheinbare Widerspruch lässt sich also durch bloßes Verstellen der Zeitnullpunkte auflösen: Im Unterschied zur Durchschnittsgeschwindigkeit c ist die Einweg-Lichtgeschwindigkeit in Inertialsystemen ohne Angabe des gewählten Synchronisationsverfahrens nicht eindeutig festgelegt, sondern intern eine unbestimmte Größe. Genau das ist gemeint mit der 'bedingten Konstanz' der Einweg-Lichtgeschwindigkeit.

Bereits wenige Jahre nach Einsteins Wunderjahr hat Theodor Kaluza 1910 auf „die theoretische Möglichkeit eines Nachweises der Erdrotation durch rein optische beziehungsweise elektromagnetische Experimente" hingewiesen, wobei er einen 'Schlußfehler' der Synchronisation eingeführt und diesen mit maximal etwa zweihundert Nanosekunden beziffert hat. Dieser Effekt entspricht relativistisch gerade Newtons Eimerversuch, auf den ich bald noch einmal kurz zu sprechen kommen will. Und bei diesem Schlußfehler handelt es sich gerade um den mit einer einzigen Uhr messbaren Laufzeitunterschied zweier gegenläufiger Zeitsignale um den Äquator, der den Unsinn einer absoluten Konstanz der Einweg-Lichtgeschwindigkeit in realistischen – anstatt rein fiktiven – Situationen beweist.

Seit damals aber wird von den Experten trotzdem versucht, an jener vermeintlichen unbedingten Konstanz der Lichtgeschwindigkeit festzuhalten. Diese kann allerdings in rotierenden Systemen durch widersprüchliche Synchronisation gewährleistet werden, indem man erstens die Nullpunkte der Uhren auf jedem einzelnen Lichtweg so einstellt, dass die Einweg-Lichtgeschwindigkeit schließlich gleich der Konstanten c herauskommen muss, zweitens verlangt, dass dies nur entlang nichtgeschlossener Lichtwege möglich sei, und drittens aber für geschlossene Wege Kaluzas 'Schlußfehler' in Kauf nimmt, der zwar betragsmäßig gerade die falsche Voraussetzung einer konstanten Lichtgeschwindigkeit streckenweise vorspiegeln, aber eine exakte Synchronisation der Uhren auf der Erde unmöglich machen würde.

Um das heikle Problem willkürlich anmutender Zeit-Definitionen aus der Begründung der speziellen Relativitätstheorie ganz herauszuhalten, genügt es, die Einstein-Synchronisation dort wie erwähnt durch hinreichend langsamen Uhrtransport zu ersetzen. Der eigentliche Witz liegt nun allerdings darin, dass sowohl die Einstein-Synchronisation gemäß Reflexion im Zeitmittelpunkt als auch die äquivalente Methode hinreichend langsamen Uhrtransports beide kläglich versagen, wenn es darum geht, Atomuhren auf der Erde intern einzurichten. Letzten Endes läuft die Möglichkeit einer gelungenen Synchronisation hier darauf hinaus, dass sich die Zeitdilatation als Effekt unterschiedlich schnell gehender Uhren, nicht aber als Effekt unterschiedlich schnell verlaufender Zeiten, bei angeblich gleichmäßig tickenden Uhren, erweist. Wir können jedenfalls nicht auf eine voll funktionierende 'Erdzeit' verzichten, bloß weil eine solche mittels einer auf lokale Bereiche eingeschränkten Einstein-Synchronisation nicht realisierbar ist. Die mit Hilfe von Satelliten praktisch durchgeführte externe Synchronisation, aus dem übergeordneten Inertialsystem heraus, ist im Unterschied zu den alten Auffassungen der Relativitätstheorie grundsätzlich nicht die einzig mögliche, und darauf kommt es an.

Die Orts- und Richtungsabhängigkeit der Einweg-Lichtgeschwindigkeit in rotierenden Systemen ist experimentell längst bestätigt. Das zeigt eine neue Interpretation altbekannter Tatsachen und wird sofort klar, wenn man darauf besteht, die bereits erwähnten Versuche von Sagnac sowie von Michelson und Gale einmal ohne Rückgriff auf ein übergeordnetes Inertialsystem zu erklären. Diese Interferenzversuche haben bekanntlich eine Streifenverschiebung in rotierenden Systemen ergeben, die nicht auftreten dürfte, wenn der Betrag der Lichtgeschwindigkeit dort unabhängig von der Ausbreitungsrichtung wäre.

Viel direkter und deshalb einfacher zu verstehen aber ist das Experiment von Hafele und Keating. Diese beiden Pioniere konkreter relativistischer Physik haben – ausgestattet mit einem Budget von 8000 Dollar und vier Atomuhren, für die unter dem Namen 'Mr. Clock' jeweils Plätze im Flieger gebucht waren – zur damaligen Verblüffung der Fachwelt Rundflüge um die Erde sowohl in Ost-West-Richtung als auch in West-Ost-Richtung unternommen und dabei eine relativistische Formel bestätigt gefunden, welche die Zeitunterschiede zwischen den Uhren im Flugzeug und der ortsfesten Uhr auf der Erde näherungsweise beschreibt.

Dieser Zeitunterschied hatte sich sehr einfach durch Rechnung im rotationsfreien Schwerpunktsystem, d.h. bei *externer* Betrachtung des rotierenden Systems Erde ergeben, wobei gleichzeitig ein sich aus der allgemeinen Relativitätstheorie ergebender Unterschied der Ganggeschwindigkeiten von Uhren für verschiedene Gravitationspotentiale berücksichtigt wurde. Die mittleren Messwerte betrugen −59 Nanosekunden für West-Ost-Flug und 273 Nanosekunden für Ost-West-Flug.

Betrachten wir nun einen theoretischen Grenzfall, auf den die Autoren nicht eingegangen sind. In der Praxis wäre das etwa ein langsamer Transport per Schiff. Der resultierende Zeitunterschied wäre bei Rückkehr der rund um die Erde transportierten Uhr nicht etwa Null. Vielmehr ergibt sich ein Zeitunterschied von bis zu 160 Nanosekunden, was gerade Kaluzas 'Schlußfehler' entspricht.

Und genau hier gibt es einen Hund, der nicht bellte: Wäre nämlich jemand auf die Idee verfallen, den Gang der Uhren im Flugzeug während der Erdumrundung mit der zurückgelassenen, ortsfesten Uhr durch Signalaustausch auf Grundlage des Einstein'schen Prinzips der Reflexion im Zeitmittelpunkt zu vergleichen, wie dies in Carroll O. Alleys Maryland-Experiment tatsächlich geschehen ist, so hätte er – von technischen Schwierigkeiten abgesehen – gravierende Abweichungen in der Größenordnung jener ±160 Nanosekunden zwischen den auf diese Weise gefundenen Meßwerten und den theoretischen Werten feststellen müssen. Die so gemessenen Zeitunterschiede wären für Ostflug und Westflug die gleichen gewesen, was sich aus Gravitationswirkung und Zeitdilatation sehr einfach ergäbe, wenn man die Erddrehung außer Acht lassen könnte.

Dass aber die tatsächlichen Messwerte von Hafele und Keating einmal –59 Nanosekunden, das andere Mal +273 Nanosekunden betrugen, widerlegt die Tauglichkeit des Einstein'schen Prinzips der Reflexion im Zeitmittelpunkt für die globale Synchronisation – und damit vor allem die Konstanz der Einweg-Lichtgeschwindigkeit auf der Erde.

Das Stückwerk der Meter-Macher

Frage *Frank U. Frey*: Wie lang ist der Äquator? – Gegenfrage *Hypolite Van Tast*: Meinen Sie ostwärts oder westwärts? – *Sigismund Sörgli* stöhnt, der hat nichts verstanden. *Mlle Bleu de Ley*: Bei Gott, er hat's nicht, bei Gott, er hat's nicht! Sag mir, warum bist du so grün? Noch einmal! Warum nicht? Immer noch nicht. Tatsächlich, nähme man die aktuelle Meter-Festlegung ernst, so wäre *Hypolite Van Tasts* Frage berechtigt. Das zeige je nach Temperament fehlenden Durchblick, Überforderung, Stümperei, jedenfalls aber ein peinliches Dilemma der 'Meter'-Macher, bedauert *Aladin Adamson*.

Seit nunmehr über dreißig Jahren ist das Meter definiert als *„Länge der Strecke, die Licht im Vakuum während der Zeit von 1/299792458 s durchläuft"*. Als ich zum ersten Mal von dieser neuen Meter-Definition hörte, konnte ich es kaum glauben. So dumm können die doch nicht sein. Nun also bestellte ich mir beim Internationalen Büro für Maße und Gewichte im französischen Sèvres ein offizielles Exemplar des internationalen Einheitensystems.[20] Und dann lag sie vor mir, schwarz auf weiß und aus erster Hand, zweisprachig in Französisch und Englisch, die *Résolution 1* der 17e Conférence Générale von 1983. Also tatsächlich: *„Le mètre est la longueur du trajet parcouru dans le vide par la lumière pendant une durée de 1/299 792 458 de seconde"* und – dem genau entsprechend – *„The metre is the length of the path travelled by light in vacuum during a time interval of 1/299 792 458 of a second."* – Welch eine Anmaßung, es war nicht zu fassen. Vermessenheit im Sinne des Wortes! sagt *Borromea Worthswerd*, und sie kennt sich nun aus.

Nachträglich wurde 2002 der Versuch gemacht, die unnötig missverständliche Formulierung durch eine allgemeine Beschränkung auf die im Sinne der speziellen Relativitätstheorie verstandene *Eigenlänge* zu entschärfen. Meter und Sekunde sind seither in Bezug auf jeweilige lokale Inertialsysteme definiert, was mit der seit langem gebräuchlichen Hinzufügung 'Eigen' oder *'natürlich'* umschrieben wird. Zur Messung universaler Längen und Zeitspannen zwischen Ereignissen in kosmischen Entfernungen aber sind diese Definitionen ausdrücklich unbrauchbar. Andererseits ist auch die damals eingeschränkte Meter-Definition selbst für die Kosmologie unbrauchbar, denn das jedenfalls lokal veränderliche Universum lässt sich weder gestückelt ausmessen noch durch ausschließliche Verwendung von Eigenlängen mathematisch beschreiben. Stattdessen werden sehr große kosmische Entfernungen längst auf Basis der Rotverschiebung von Spektrallinien ermittelt, was insbesondere im Falle von SUM nicht nur ein sofort einleuchtendes Verfahren ist, sondern auch beweist, dass hier die Entfernungen gleich bleiben, von Expansion keine Spur. Es ist sehr bemerkenswert, dass sich das Universum bei ausschließlicher Verwendung natürlicher Maßstäbe und Uhren nicht einmal theoretisch vermessen ließe.

Die Längenbestimmung des Äquators aber, auf dem die allererste Festlegung des Meters überhaupt beruhte und dem sämtliche Meter-Macher ihr reiches Erbe verdanken, ist heute nur im Sinne einer völlig unzeitgemäßen Zumutung möglich. Wollte man diese ernstnehmen, so liefe sie nämlich nach wie vor darauf hinaus, entlang des Äquators gewissermaßen vierzig Millionen Lichtmeter-Stäbe hintereinanderzulegen. Wörtlich genommen aber scheint die Meter-Definition nach wie vor völlig unnötigerweise die Aussage einzuschließen, dass die Länge des Äquators mit beliebiger Genauigkeit durch die Angabe mitgeteilt werden könne, welchen Bruchteil einer Sekunde elektromagnetische Wellen brauchen, diesen – gegebenenfalls mittels gläserner Hohlleiter bei rechnerischer Korrektur eventueller Wechselwirkungsverzögerungen – zu umlaufen. Doch ganz abgesehen von technischen Schwierigkeiten wäre eine Messung auf diese Weise sicher unmöglich. Es ist jedenfalls völlig falsch, mit der gegenwärtigen Meterdefinition überflüssigerweise den Eindruck einer unter allen Umständen konstanten Einweg-Lichtgeschwindigkeit zu erwecken.

Natürlich könnte man Uhren zur Festlegung des Meters verwenden, die aufgrund einer vorgeschriebenen Einstein-Synchronisation lokal das gewünschte Ergebnis liefern, wobei diese Synchronisation aber eben versagt, wenn es rund um die Erde gehen soll.

Eine unmissverständliche Definition des Meters – wenn sie überhaupt auf der Geschwindigkeit des Lichts und nicht auf der Länge stehender Lichtwellen basieren soll – müsste entweder ausdrücklich eine stückweise Einstein-Synchronisation oder den gleichwertigen langsamen Uhrtransport voraussetzen. Von Gravitationseffekten abgesehen aber würde sie unabhängig von jeder Synchronisation richtig lauten: *Das Meter ist die Länge der Strecke, die von Licht im Vakuum während der Zeitspanne von 2 mal 1/299792458 s hin und zurück durchlaufen wird.*

Angesichts der messbaren Abweichungen der Einweg-Lichtgeschwindigkeit auf der rotierenden Erde habe ich eMails an verschiedene Mitarbeiter der Physikalisch-Technischen Bundesanstalt geschrieben[21] und eine solche Modifizierung der Definition des Meters auf Basis des allein konstanten Durchschnittswerts c der Lichtgeschwindigkeit für Hin- und Rückläufe vorgeschlagen, so dass diese von der Einstellung der Zeit-Nullpunkte verschiedener Uhren unabhängig wäre. Wohl weil sie von einem akademischen Niemand gekommen sind, wurden sie, um einen berühmten Ausspruch Wolfgang Paulis zu verwenden, noch nicht einmal ignoriert.

Dabei ginge die neue Formulierung nicht nur über den auf statische – und damit auch rotationsfreie – Systeme begrenzten Einsatzbereich der derzeitigen Definition hinaus, sie ließe sich in der Praxis überdies leicht umsetzen, indem man sich nach bewährtem Muster auf die Länge stehender Lichtwellen einer Referenzstrahlung gegebener oder gemessener Frequenz bezieht. Diese vorher lange gebräuchliche Möglichkeit wurde in geradezu dilettantischem Leichtsinn der Experten aufgegeben, als man sich entschloss – anstatt die Lichtgeschwindigkeit in vorgegebenen Metern zu messen – nun das Meter auf Basis einer vorgegebenen Lichtgeschwindigkeit festzulegen. Denn es ist zu beachten, dass sich die Abweichungen der Einweg-Lichtgeschwindigkeit vom Wert der Naturkonstanten c bei der Festlegung eines Längenstandards nicht bemerkbar macht, solange hierbei die Interferenz ebener, auf demselben Weg hin- und zurücklaufender Wellen benutzt wird.

Insbesondere wäre auch die Anzahl der Wellenknoten um den Äquator oder entlang der Peripherie einer rotierenden Scheibe grundsätzlich unabhängig von der Frage der lokalen oder globalen Synchronisation – und damit vom Wert der Einweg-Lichtgeschwindigkeit schlechthin. Eine gewisse „Unsymmetrie" der Schwingungen *zwischen* den Knoten wäre auf eine durch die Erddrehung bewirkte Differenz der dort beobachteten Wellenlängen zurückzuführen. Nicht also etwa die Wellenlänge selbst als Abstand zweier gleichzeitig beobachteter umlaufender Wellenberge, sondern die Länge *stehender* Wellen als doppelter Abstand zweier benachbarter Schwingungsknoten bietet sich als Basis einer widerspruchsfreien Meter-Definition an, da erstere genau wie die Einweg-Lichtgeschwindigkeit abhängig ist vom gewählten Synchronisationsverfahren, letztere aber nicht.

Die Beibehaltung der aktuellen Festlegung des Meters – von *Mlle Bleu de Ley* das vergessene Hin und Her der Meter-Macher genannt – hätte also konkret die unsinnige Konsequenz, dass sich der in östlicher Richtung gemessene Erdumfang am Äquator von dem in westlicher Richtung gemessenen um etwa 2·60 Meter unterscheiden müsste. Und zwar weil bei Verwendung *global* richtig synchronisierter Uhren ein richtungsabhängiger Unterschied der Lichtgeschwindigkeit existiert, der mit bis zu rund ±460 m/s etwa der lokalen Rotationsgeschwindigkeit an ein und demselben Ort der Erde entspricht.

Es ist sicher, dass keineswegs alle Physikerinnen und Physiker diesem Irrtum unterliegen – doch wie kann es sein, dass heute sogar die angeblichen Grenzen des Universums ausgelotet werden sollen, stillschweigend auf Basis einer Meter-Definition, die nicht einmal eine widerspruchsfreie Vermessung unserer guten alten Mutter Erde erlaubt? Erforderlich sei eine wasserdichte Formulierung, verlangt *Sigismund Sörgli* im Hinblick auf mögliche Tränen, nachdem *Mlle Bleu de Ley* geklagt hat, das sei ja zum Weinen.

Die offenbar weithin akzeptierte Auffassung der unbedingten Konstanz der Lichtgeschwindigkeit beweist ein fundamentales Missverständnis. Jedes unkritische Gerede von der angeblich immer und überall konstanten Lichtgeschwindigkeit empfinde sie in seiner unbedingten Formulierung inzwischen als eine längst alt gewordene geschminkte Frechheit, *Borromea Worthswerd* beklagt sich nicht, will's bloß gesagt haben. Sie frage sich, ob es jemals ein dümmeres Dogma gegeben habe seit der Behauptung, die Sonne drehe sich um die Erde. Und behaupte, Einstein wäre über eine solche Formulierung entsetzt gewesen. Es wäre unmöglich, die Atomuhren auf der Erde zu synchronisieren. Die Länge des Äquators hinge davon ab, ob er ostwärts oder aber westwärts gemessen würde. Auf diesen Unsinn hatte der Physiker Asher Peres schon früh in einer Nature-Note[22] hingewiesen, was offenbar niemand ernsthaft beeindruckt hat und auch mir bis zur Platzierung der bereits erwähnten Arbeit[23] entgangen war, woraufhin wir uns per eMail sofort verständigt haben.

Die Aussagen über das Meter als lokal unmittelbar realisierbare Längeneinheit sowie über die Lichtgeschwindigkeit auf der rotierenden Erde wären im Sinne der Ausführungen dieses Abschnitts nun zwar wasserdicht, aber über kosmische Entfernungen immer noch nicht exakt anwendbar. Diese Definition des Meters bleibt eingeschränkt auf größenordnungsmäßig entsprechende Eigenlängen, die sich im Sinne Einsteins grundsätzlich in *Lichtmetern* angeben ließen. Dabei wurde der aktuellen Festlegung entsprechend bisher an starre Stäbe mit je einer Uhr an beiden Enden gedacht, an denen – theoretisch – die Laufzeiten abzulesen wären. Dabei wäre es allerdings unmöglich, einzelne Lichtmeter auf der Periphere einer rotierenden Scheibe rundum so aneinander zu legen, dass alle am selben Ort unmittelbar aneinanderstoßende ideale Uhren jeweils einen exakt gleichen Zeitpunkt anzeigen. Die winzigen Unterschiede wären natürlich kaum jemals von praktischer Bedeutung, doch würde man andere Messgrößen vernachlässigen, die noch viel winziger sind, so braucht man erst gar nicht zu versuchen, über Strukturen von annähernd Planck-Länge überhaupt nachzudenken. Wie beispielsweise im Falle der berühmten Periheldrehung des Merkur, so sind kleine Unterschiede oft von großer Bedeutung, indem sie über Gültigkeit oder Versagen fundamentaler Theorien entscheiden. Gemäß obigem Änderungsvorschlag aber würden nun Stäbe mit jeweils nur einer einzigen Uhr genügen, deren Länge durch die Gesamtlaufzeiten für Hin- und Rückwege festgelegt wären. Die theoretischen Probleme mit verschiedene Zeitpunkte anzeigenden unmittelbar benachbarten Uhren treten dann nicht auf.

Doch wie lassen sich in der Praxis Abstände messen, wenn es um kosmische Entfernungen geht? Jeder Gedanke erübrigt sich, wie viele Stäbe aneinandergelegt werden müssten, um auch nur den Abstand zu unserer Nachbargalaxis Andromeda zu überbrücken. Selbst bei der aberwitzigen Vorstellung, dass dort ein Spiegel stünde, an dem ein Lichtsignal reflektiert werden könnte, würde es etwa fünf Millionen Jahre dauern, bis es zurück wäre.

Obwohl aber jeder direkte Rückgriff auf die Längeneinheit Meter hier kläglich versagt, wäre eine Aussparung des Entfernungsbegriffs weder in der Astronomie akzeptabel, noch im Rahmen der allgemeinen Relativitätstheorie überhaupt. Zur Bestimmung größter kosmischer Distanzen wird schließlich die Rotverschiebung benutzt, die im gegenwärtigen Konkordanzmodell allerdings auf verdächtig komplizierte Weise mit einer Entfernung verknüpft ist, die angeblich nichts zu bedeuten hat. Außerdem wird dort gewissermaßen der Versuch gemacht, mit größeren Maßstäben zu hantieren, die man sich etwa zu denken hätte, als wären sie aus Meterstäben durch Auseinanderziehen entstanden. Mit Blick auf *Frank U. Frey* allerdings vermutet *Mlle Bleu de Ley*, selbst ein Geduldsfaden könnte endlich reißen, wenn man immer weiter daran zerrt.

Auf Basis des neuen Konzepts SUM gibt es auch für das Problem kosmischer Längenmessung eine grundsätzlich wunderbar einfache Lösung. Kompliziert wird es erst, wenn dabei nicht mehr die Durchschnittswerte einer gleichmäßigen Verteilung von Materie und Energie vorausgesetzt werden könnten. Dann wäre auch lokalen Gravitationspotentialen Rechnung zu tragen, was zu einer kleinen Abweichung der mittleren Lichtgeschwindigkeit von der Naturkonstanten c führen könnte. Doch bevor ich später auf das neue Modell eingehen möchte, stellt sich die noch unbeantwortete Frage, ob und wie eine *interne* Synchronisation der Uhren auf rotierenden Ringen, Kreisscheiben, Kugeln vor sich gehen könnte, ohne dabei ausdrücklich auf ein jeweils übergeordnetes Inertialsystem wie näherungsweise das des rotationsfreien Schwerpunktsystems Erde Bezug zu nehmen.

Die Anzeige einer Uhr ist durch Angabe ihrer Einstellung und ihrer Ganggeschwindigkeit festgelegt. Die Ganggeschwindigkeit ist durch den Takt bestimmt. Der Takt ist die Zeitspanne zwischen zwei aufeinanderfolgenden Ticks. Mögliche Gründe für unterschiedliche Anzeigen zweier Uhren am gleichen Ort sind:

a) Beide ticken mit der gleichen Ganggeschwindigkeit, sind aber auf unterschiedliche Nullpunkte eingestellt, beispielsweise auf verschiedene Zeitzonen.

b) Beide sind zunächst auf einen gleichen Nullpunkt eingestellt – beispielsweise auf die gleiche Zeitzone – aber die eine geht schneller als die andere.

c) Beide stimmen weder in ihrer ursprünglichen Nullpunkt-Einstellung, noch bezüglich ihrer Ganggeschwindigkeit überein.

Beschränken wir uns nun der Einfachheit halber auf Digitaluhren, deren Anzeigen anfänglich übereinstimmten. Falls sie später verschiedene Zahlen anzeigen, haben sich also inzwischen die Ganggeschwindigkeiten gegeneinander verändert. Wenn sich aber die Ganggeschwindigkeit einer Uhr verändert hat, dann hat sich der Takt dieser Uhr verändert. Mit Newton, Kant, Poincaré – um nur ganz Große zu nennen – sage ich, die Zeit selbst bleibt davon unberührt und andere als die eben genannten Gründe für später abweichende Anzeigen gibt es nicht.

Hundert Jahre nach der grandiosen Entdeckung der Relativitätstheorie ist es allmählich angebracht, die historisch notwendigen, inzwischen aber längst leergedroschenen Phrasen von verschiedenen Zeiten und gekrümmten Räumen bis hin zum ehrfürchtigen Geraune um die 'Raumzeit' endlich zu vergessen. Natürlich sei es wohl klar, dass eine solche Aussage von *Prof. Hintz* und *Dr. Kunzt* samt den von ihnen vertretenen Kreti und Pleti, die einen nicht vernachlässigbaren Anteil der Scientific Community darstellten, sofort entweder mit Verachtung gestraft, oder aber der Autor gönnerhaft belehrt werde, bemerkt *Borromea Worthswerd* gegenüber *Frank U. Frey*, das müsse er doch wissen. Warum? Als Experte! Wollen Sie mich beleidigen?

Einsteins verschiedene Zeiten – für die Lorentz vorher den Begriff Ortszeit geprägt hatte, ohne allerdings die physikalischen

Auswirkungen insbesondere auf Uhren und Maßstäbe zu verstehen – sowie die berühmte Relativität der Gleichzeitigkeit sind lokale Effekte. Sie können eigentlich nur falsch verstanden werden, solange man die Augen vor dem Universum verschließt.

Was es aber natürlich und unbestreitbar gibt, das sind Uhren, die mitsamt lokalen Abläufen trotz ansonsten einwandfreier Funktion unterschiedlich schnell gehen, was dummerweise als 'Zeitdilatation' bezeichnet wird – weil es nicht die Zeit ist, die gedehnt wird, sondern die Takte der Uhren – und nebenbei das berühmte Zwillingsparadoxon erklärt. Dass es außerdem auch einwandfreie Maßstäbe gibt, die unterschiedliche Längen aufweisen, ist jedem Handwerker geläufig, der eine Messlatte im Winter von draußen ins Warme holt. Das Besondere ist nur, dass es kein Temperaturunterschied sein muss, der eine Veränderung des Takts idealer Uhren und der Länge idealer Maßstäbe bewirkt, sondern dass der Einfluss von Gravitation und Geschwindigkeit für in der Regel winzige Abweichungen genügt. Ob schneller oder langsamer, der Zeit sei völlig egal, wie die Uhren gehen, überlegt *Sigismund Sörgli*. Und der Raum lache sich krumm, dass sich selbst perfekte Meterstäbe biegen, weiß *Mlle Bleu de Ley* von Euklid zu berichten.

Man hat zu akzeptieren, dass Gravitationspotential und Geschwindigkeit ähnliche Auswirkungen haben wie die Temperatur. Das größte Problem liegt wie so oft in der Gewöhnung an diese Vorstellung. Unterschiedliche Temperaturen kann man fühlen, indem man sie *begreift*. Ein Schwere-Potential fühlt man nicht, wohl aber sein Gefälle, denn das ist die Schwerkraft.

Auf dieser Basis kann jedes Kind die Relativitätstheorie verstehen. Es reicht, ihm zu vermitteln, dass Maßstäbe und Uhren durch Gravitation und Geschwindigkeit nach bestimmten Gesetzen beeinflusst werden. Zur Ableitung der einfachen Formeln genügt im Falle der speziellen Theorie Schulmathematik.[24] Es besteht also nicht die geringste Notwendigkeit, Kindern aber auch Erwachsenen ihr intuitives Verständnis von Raum und Zeit ausreden zu wollen. Wer das trotzdem immer noch tut, setzt sich in meinen Augen dem Verdacht aus, Verwirrung stiften zu wollen, um sich dann für seinen eigenen angeblichen Durchblick feiern zu lassen. *Borromea Worthswerd* seufzt, es geschähe ja ohnedies oft genug, dass Menschen die wichtigen Dinge des Lebens nicht verstünden. Da brauche es nicht auch noch überflüssige Hypothesen, welche den Kopf einnebelten. Hinsichtlich der in ihrer Beschränkung auf die unbelebte Natur vergleichsweise sehr einfachen Angelegenheiten der Physik seien diese doch mit dem Verstand tatsächlich leicht fassbar.

Was immer ein Synchronisationsverfahren auch zu leisten vermag, eines ist ganz unverzichtbar: am Ende hat jede Uhr notwendigerweise synchron zu gehen zu sich selbst, dies hat auch im Sinne einer dauerhaft unmittelbar benachbarten zu gelten. Ist das nicht der Fall, so könnte man mit *Hypolite Van Tast* die These vertreten, das liege daran, dass eine vollständige Synchronisation innerhalb des betreffenden Systems prinzipiell nicht widerspruchsfrei möglich sei. Aus meiner Sicht aber stellt sich allein die Frage, ob das bisher zugrunde gelegte Synchronisationsverfahren nicht einfach auf falschen Voraussetzungen beruht.

Es ist im Sinne eines jeden Uhrmachers, unter Synchronisation die Anpassung sowohl der Zeitnullpunkte als auch der Ganggeschwindigkeiten technischer Uhren zu verstehen. Dabei muss also jede vernünftige Synchronisation die folgende, unmittelbar einleuchtende allgemeine Synchronisations-Bedingung erfüllen: *Uhren sind nur dann richtig synchronisiert, wenn alle durch das Vakuum übertragenen elektromagnetischen Zeitsignale einer beliebigen Uhr bei jeder anderen Uhr in Zeitpunkten reflektiert werden, die zwischen denen ihrer Aussendung und Rückkehr liegen.* Abzulesen ist hier immer an der Uhr, bei der das jeweilige Ereignis Aussendung, Reflexion, Rückkehr stattfindet.

Bei Berücksichtigung der Symmetrieverhältnisse ist gegebenenfalls eine eindeutige, systeminterne Synchronisation der Uhren in allen stationären Systemen zumindest statistisch möglich.[25] Das Verfahren führt auch im statischen Gravitationsfeld zu einem eindeutigen Ergebnis. Die Eindeutigkeit der internen Synchronisation kann sich allerdings immer nur auf das jeweils ins Auge gefasste abgeschlossene stationäre beziehungsweise statische System beziehen. So stimmt zwar die interne Synchronisation des rotierenden Systems Erde überein mit der externen des rotationsfreien Schwerpunktsystems Erde, nicht aber mit der des Teilsystems Erde bei Synchronisation des übergeordneten Sonnensystems. Eine endgültige Synchronisation hätte, wie später erläutert wird, in Bezug auf das universale System zu erfolgen, in welchem sämtliche beobachteten Rotverschiebungen isotrop verteilt sind.

Eine globale systeminterne Synchronisation der Uhren auf der rotierenden Erde ist aber nicht nur möglich, sondern geradezu unverzichtbar. Auf der Oberfläche des abgeplatteten Geoids gehen ideale Atomuhren trotz breitengradabhängiger Rotationsgeschwindigkeit überall gleich schnell, weil sich die unterschiedlichen Geschwindigkeits- und Gravitationseffekte jeweils zu einem konstanten 'Zeitdehnungsfaktor'[26] zusammensetzen. Dies ist von Carroll O. Alley und Mitarbeitern experimentell bestätigt. Auf einem idealen Geoid ist deshalb eine systeminterne globale Synchronisation sogar bei ausschließlicher Verwendung von Atomuhren möglich, deren gedankliche Vorläufer von Einstein stets als *natürliche Uhren* bezeichnet wurden.

Die aufgrund der Symmetrieverhältnisse einzig angemessene und außerdem denkbar einfache interne Synchronisation rotierender Systeme, die sich hier – im Unterschied zur Einstein-Synchronisation – theoretisch Schritt für Schritt bewerkstelligen lässt, führt im Ergebnis schließlich gerade auf die Zeit des übergeordneten Systems zurück. Ein gemeinsamer konstanter Dehnungsfaktor lässt sich mit der passenden Einstellung der gleichen Ganggeschwindigkeit aller Uhren korrigieren.

Bisher wurde aber alleine eine externe Synchronisation aus dem rotationsfreien Schwerpunktsystem für möglich gehalten.

Laufzeitmessungen von Lichtsignalen auf der Erde beweisen, dass die Einweg-Lichtgeschwindigkeit unterschiedlich ist, je nachdem, ob ein Signal mit oder entgegen der Erddrehung läuft. Dies wird inzwischen längst auch vom Global Positioning Systems GPS bestätigt, das heute – wie zukünftig hoffentlich das des Galileo-Projekts – jedem Spaziergänger zur Verfügung steht.

Dass hier wie im Spezialfall eines gleichmäßig rotierenden Ringes sogar eine natürliche Synchronisation – ohne jeden technischen Eingriff in die Ganggeschwindigkeit mitbewegter Uhren – möglich sein muss, ergibt sich bereits auch aus folgender Überlegung:

Angenommen ein Ring befinde sich zunächst ruhend in einem übergeordneten Inertialsystem. Alle Uhren sollen hier synchronisiert sein. Wird dieser Ring nun allmählich in gleichmäßige Rotation versetzt, so kann die Synchronisation der Uhren schon aus Symmetriegründen nicht aufgehoben werden, weil sich in diesem speziellen Fall jede rotationsabhängige Veränderung der Ganggeschwindigkeit auf alle anderen beteiligten Uhren in gleicher Weise auswirken müsste. Die weitere Untersuchung zeigt außerdem, dass es in Fällen wie dem einer gleichmäßig rotierenden Scheibe trotz unterschiedlicher Ganggeschwindigkeiten der Uhren in verschiedenen Entfernungen vom Mittelpunkt möglich ist, die Einstein'sche Synchronisationsvorschrift durch eine allgemeinere, widerspruchsfreie, und dennoch *systeminterne* zu ersetzen.[27]

Treffen sich zwei Uhren. Sagt die eine: „Ach, du meine Zeit!" – Sagt die andere: „Du hast ja 'nen Tick". Das dürfe sie ruhig sagen, ohne jemals direkten Widerspruch erwarten zu müssen, denn wenn beide in ihrem jeweiligen Inertialsystem ruhten, gesteht *Dr. Dr. Ernst Hafft*, dann begegneten sie einander ja nur einmal und nie wieder. Das sei eben das Elend mit diesen völlig weltfremden idealen Inertialsystemen, gibt *Mlle Bleu de Ley* zu bedenken, die alltägliche Erfahrung lehre doch, man begegne sich immer zweimal im Leben.

Als die Relativitätstheorie einmal
ins Rotieren geriet

Schon wenige Jahre nach Einsteins Entdeckung der speziellen Relativitätstheorie geschah es, dass diese ins Rotieren geriet. Grund für die bis heute nicht vollständig überwundenen Turbulenzen waren ein berühmtes Paradoxon des Physikers Paul Ehrenfest und dessen lange Zeit weitgehend vergessene Lösung des mathematischen Genies Theodor Kaluza. So manche Vorstellung der damals sehr jungen Theorie ging bei dieser Karussellfahrt über Bord, andere sind bis heute in jugendlichem Überschwang steckengeblieben, ohne dass Zeit gewesen wäre, sich um endgültige Klarheit zu kümmern. Es konnte einstweilen nur darum gehen, auf dieser Fahrt nach Kräften festzuhalten, was eben erst gewonnen war.

Bereits 1910 nämlich hat Theodor Kaluza in einer mathematisch bahnbrechenden Arbeit – drei Jahre vor Einstein und Grossmann – die nichteuklidische Geometrie in die Relativitätstheorie eingeführt. Die gesamte Arbeit, welche von John Stachel, dem ersten Herausgeber der Collected Papers Albert Einsteins, wiederentdeckt wurde, hat einen Umfang von einer Druckseite plus drei Halbzeilen.

Einerseits hat sich Einsteins allgemeine Relativitätstheorie aus seinem fundamentalen Äquivalenzprinzip in Verbindung mit der Einschränkung der speziellen Theorie auf lokale Inertialsysteme entwickelt. Andererseits war es gerade das Ehrenfest'sche Paradoxon, das eine Verallgemeinerung unter Einbeziehung der nichteuklidischen Geometrie zwingend notwendig gemacht hat.

In Einsteins bildhafter Sprache besagt das Äquivalenzprinzip, dass die Wirkung des Schwerefelds in einem stehenden Aufzug der Wirkung einer Beschleunigung außerhalb des Schwerefelds gleichwertig sei. Ein Vergleich ist heute viel leichter, indem man statt den Aufzug nun eine Raumkapsel an der Spitze einer

Rakete betrachtet, die vor dem Start zunächst am Boden steht, abhebt, und erst später dann wieder zur Rückkehr aus der Umlaufbahn die Triebwerke einschaltet. Anders als während der als schwerelos empfundenen gleichmäßigen Umläufe, verspüren die Astronauten vorher und nachher unterschiedliche Kräfte, die sie in ihren Sitzen halten.

Bevor ich nun zu kritischen Anmerkungen komme, ist es mir ein Herzensanliegen, hier noch einmal ausdrücklich klarzustellen, welch ungeheure Leistungen der Gigant Albert Einstein damals vollbracht hat. Beinahe alles, was mich nach vielen Jahren zur Kritik und einigen Vorschlägen zur Weiterentwicklung befähigt, habe ich in der Auseinandersetzung mit den Schriften dieses unvergleichlichen Mannes und somit zum großen Teil von ihm selbst gelernt.

In diesem Sinne stelle ich fest: Das Ehrenfest'sche Paradoxon wurde seinerzeit nicht konsequent gelöst, sondern mit einem relativistischen Holzhammer beinahe erschlagen. Dabei bietet die Behandlung der rotierenden Scheibe einen wahren Königsweg samt goldenem Schlüssel zu einer vernünftigen Weiterentwicklung der Relativitätstheorie. Deren buchstäblich geometrische historische Interpretation ist heute leider verantwortlich für größten physikalischen Non-Sense bis hin zu einer angeblichen Urknall-Entstehung des Universums samt Raum und Zeit.

Andere nur scheinbar weniger dramatische Konsequenzen dieses Paradoxons sind, dass sich Einsteins Trennung von relativistischer Kinematik und Dynamik – das meint Änderungen der Positionierung sich selbst überlassener Gegenstände im Unterschied zu Änderungen unter dem Einfluss von Kräften – ebenso wie seine Verabschiedung von Newtons mathematischem Raum und dessen mathematischer Zeit als illusionär erweisen. An beiden Fehleinschätzungen hat Einstein mehr oder weniger festgehalten, obwohl er es zumindest zeitweilig besser wusste. Er war eben auch 'nur' ein Mensch, und ich wiederhole mich, wenn ich hinzufüge: aber was für einer!

Ehrenfest hatte der speziellen Relativitätstheorie am Beispiel der rotierenden Scheibe also früh ihre Grenzen aufgezeigt. Das nach ihm benannte Paradoxon ist vom Ansatz her das Paradoxon der Längenkontraktion. Und das war der Beginn einer langen Auseinandersetzung, wobei es rein gedanklich um die Messung von Umfang und Radius einer rotierenden, ursprünglich starren Scheibe ging, die für die Relativitätstheorie in meinen Augen eine vergleichbare Rolle spielt wie der schwarze Körper für die Quantenmechanik.

Im Unterschied zum Radius ist der Umfang einer rotierenden Scheibe für einen Beobachter außerhalb aufgrund der Lorentz-Kontraktion seiner in Längsbewegung befindlichen Teilstücke verkürzt.

Kaluza hat der ganzen Situation Rechnung getragen, indem er die Gültigkeit der speziellen Relativitätstheorie im übergeordneten Inertialsystem voraussetzt und auf die lokalen Bereiche des rotierenden Systems anwendet, ohne dabei allerdings den problematischen Übergang von einer zuvor ruhenden zur gleichförmig rotierenden Scheibe zu erwähnen. Das Verhältnis von Kreisumfang zu Radius einer rotierenden Scheibe ergibt sich demzufolge für einen mitbewegten Beobachter größer als die doppelte Kreiszahl, wie es nach den alltäglichen Gesetzen der Euklidischen Geometrie eigentlich sein sollte.

Werden aber Durchmesser und Rand der Scheibe aus der Sicht eines außenstehenden Beobachters betrachtet, so ergibt sich das Verhältnis von Scheibenumfang und Scheibendurchmesser genau gleich der vertrauten Kreiszahl π. Doch schlägt die Tatsache, dass dieses Verhältnis für den mitbewegten Beobachter größer zu sein hat, nicht jeder Relativität der Bewegung ins Gesicht?

Die eigentliche Antwort ist wohlbekannt, wird aber in der folgenden Form bisher immer verdrängt: Nur in Bezug auf ihre unrealistischen, unendlich ausgedehnten und sich mit ewig konstanten Geschwindigkeiten bewegten Inertialsysteme hätte die spezielle Relativitätstheorie ihren Namen verdient. Einsteins Gleichungen einer allgemeinen Gravitationstheorie aber gehen weit darüber hinaus und verbinden inzwischen sämtliche intern als schwebend empfundene frei fallende lokal begrenzte Bereiche des allein unendlichen Universums, in welchem dann von Relativität insgesamt nicht mehr die Rede sein kann. Nur durch unwürdiges Herumgeeiere, klagt *Mlle Bleu de Ley*, sei diese Verdrängung immer noch möglich.

Bei näherem Hinsehen stellt es sich außerdem heraus, dass selbst das unendliche Universum kein ideales Inertialsystem sein kann, weil es dann gravitationsfrei sein müsste, was es definitiv nicht ist.

Zu einer weiteren, mit Vorbehalt anschaulichen, Klärung des Sachverhalts denken wir uns die rotierende Scheibe nun als ein Karussell, das anstelle der üblichen Aufbauten mit Pferden und Feuerwehrautos nun Spiegel, Lichtquellen und anderes physikalisches Gerät tragen soll. Schade für die Kinder, findet *Aladin Adamson*. „Wenn es nicht mehr schade ist", freut sich ein älteres Söhnchen, „dann sehen wir es", und meint ein verschwundenes Rehlein. Ewig schade, findet auch *Hypolite Van Tast* und denkt mit Wehmut an seines eigenen Geistes Kinder.

Während sich das Karussell dreht, fällt ein gleichförmiger Regen vom Himmel, aus beliebig feinen Tröpfchen und exakt senkrecht. Auf dem Karussell hantiert ein Physiker mit idealen, hinreichend kleinen und leichten Maßstäben. Er misst den Umfang des Karussells, indem er entsprechend viele Maßstäbe am Rand entlang hintereinander legt. Ebenso misst er den Durchmesser, wobei er jeweils dafür sorgt, dass die Maßstäbe trotz der Fliehkräfte an ihrer Position verbleiben

Neben dem Karussell hantiert eine Physikerin mit genau gleichbeschaffenen Maßstäben und misst den Umfang der trocken gebliebenen Kreisfläche, die wegen der exakt senkrecht heruntergefallenen, hinreichend feinen Regentröpfchen deckungsgleich mit der Fläche des rotierenden Karussells ist. Nach Ende des kurzen Regenschauers wird dieses abgebaut und – ohne dass sich inzwischen die Maßverhältnisse irgendwie geändert hätten – der Durchmesser wird gemessen, und zwar als Abstand zweier gegenüberliegender Markierungen, die zuvor angebracht worden waren. Bei dem Kreis, der die trocken gebliebene Fläche vom nass gewordenen Boden abgrenzt, ist das Verhältnis von Umfang zu Durchmesser selbstverständlich gleich der wohlvertrauten Kreiszahl π, das heißt 3,14...

Die physikalischen Aussagen der speziellen Relativitätstheorie betreffen annähernd alle lokalen Bereiche auf einer rotierenden Scheibe, weil sich diese Teilstücke für hinreichend kurze Zeitspannen ebenfalls geradlinig gleichförmig bewegen. Von lokalen Inertialsystemen unterscheiden sie sich allerdings dadurch, dass erstere elastische Spannungen enthalten müssen, letztere aber nicht. Um sich das klar zu machen, mag man an zwei Streichholzschachteln denken, die sich für kurze Zeit nebeneinander, die eine frei, die andere auf der Scheibe festgeklebt bewegen.

Nun stimmt zwar der von beiden, Physikerin und Physiker, gemessene Durchmesser überein, weil die Bewegungsrichtung der entsprechenden Maßstäbe auf der rotierenden Scheibe senkrecht zu ihrer Längsausdehnung verläuft, so dass sie diesbezüglich keine Änderung erfahren.

Aber die bewegten Maßstäbe entlang des Umfangs auf dem Karussell waren gemäß der speziellen Relativitätstheorie bei der Messung verkürzt.

Denn obwohl sie sich nicht ständig in ein und demselben Inertialsystem befinden, so befinden sie sich für hinreichend kleine Zeitspannen immer wieder annähernd in lokalen Inertialsystemen, die sich vorübergehend als Teilbereiche idealer unendlicher Inertialsysteme verstehen lassen. Auf den Umfang des rotierenden Karussells, der ja mit dem Kreis am Boden deckungsgleich ist, passt also eine größere Anzahl von Maßstäben, weil diese infolge ihrer Mitbewegung verkürzt sind. Deshalb gibt sich hier als Verhältnis von Umfang zu Durchmesser ein größerer Wert als die Kreiszahl π. Soweit zunächst Ehrenfest, dann mathematisch perfekt Kaluza bis richtigerweise hin zu Einstein und schließlich uns späteren allen.

Bisher haben wir eine in gleichförmiger Rotation begriffene Scheibe betrachtet, ohne darauf einzugehen, was geschieht, während eine solche Scheibe überhaupt erst in Rotation versetzt wird.

Nun aber denken wir uns ein sechseckiges 'Rad' aus gleichbeschaffenen Einheitsmaßstäben zusammengefügt, dessen sechs Speichen aus je einem gleichen Maßstab bestehen. Der Quotient von Umfang und Durchmesser bleibt also für einen mitbewegten Beobachter anscheinend immer gleich 6/2 = 3. Diese wäre eine sehr grobe Näherung für π ließe sich aber durch Vergrößerung der Eckenzahl mit beliebiger Genauigkeit an das eines perfekten Kreises annähern. So etwas wäre allerdings nicht mehr mit exakt gleichen Längen von Umfangseiten und Speichen des 'Rads' möglich, aber das macht nichts. Von entscheidender Bedeutung ist in obigem Beispiel jedoch, dass das zahlenmäßige Verhältnis der verwendeten Stäbe auf Umfang und Durchmesser immer das gleiche bleibt, ganz unabhängig davon, ob sich das Rad dreht oder nicht. Dies aber steht in eklatantem Widerspruch zu der Aussage: Die Stäbe, aus denen sich das Rad zusammensetzt, erleiden keine andere Formänderung außer der FitzGerald-Lorentz-Kontraktion. Da nämlich Ehrenfests oben abgeleitetes Ergebnis sicher richtig ist, muss das Verhältnis von Umfang zu Durchmesser auf dem rotierenden Rad größer sein. Die verwendeten Stäbe können keine Einheitsstäbe mehr sein.

Demzufolge nämlich können sich die sechs ehemaligen Maßstäbe, aus denen der Umfang des 'Rads' besteht, beim direkten Vergleich mit einem transportablen Einheitsmaßstab nicht als gleich lang erweisen wie dieser. Sie können also nicht nur *kinematisch*, sondern müssen zusätzlich auch *dynamisch* verformt sein. Daraus schließe ich: Eine scharfe Trennung von relativistischer Kinematik und Dynamik ist prinzipiell unmöglich. Dass es solch eine scharfe Trennung tatsächlich nicht geben kann, ist zwar längst bekannt – bisher allerdings nur aus der Quantenmechanik: in Heisenbergs berühmten Relationen finden sich bezeichnenderweise immer kinematische mit dynamischen Unschärfen zur Planck'schen Konstanten verknüpft. Dass aber solch eine innere Verbindung zwischen Relativitätstheorie und Quantenmechanik bei einer konsequenten Behandlung von Ehrenfests rotierender Scheibe nun zum Vorschein kommen könnte, dämmerte mir über Monate hinweg erst nur langsam, dann aber war ich darüber verblüfft und bleibe es bis heute.

Als ideale Weiterentwicklung des Urmeters aus einer Platin-Iridium-Legierung in Sèvres bei Paris ist ein materieller unverbiegbarer Maßstab denkbar, der unter allen Umständen die Länge von einem Meter aufweist. Einen solchen will ich nun gedanklich benutzen, um ein von Max Born vorgeschlagenes Konzept relativ-starrer Körper zu klären. Dieser Vorschlag schien notwendig, weil es absolut starre Objekte aufgrund der Längenkontraktion ja nicht geben kann. Natürlich aber geht es hier nicht deshalb um solche kleine Veränderungen, weil irgendwelche Stäbe für sich allein genommen so interessant wären. Es geht im weiteren Verlauf um das richtige Verständnis von Raum und Zeit, das an Stelle der inzwischen zur Science-Fiction verkommenen 'Raumzeit' zu treten hat. Es geht darum, endlich dieses fundamentale Hemmnis hinsichtlich des angeblichen Urknalls und der ebenso angeblichen Unvereinbarkeit von Relativitätstheorie und Quantenmechanik zu überwinden.

Nach Voraussetzung heiße ein frei beweglicher materieller Einheitsmaßstab 'relativ starr', wenn sich zwischen zwei idealen Spiegeln an seinen Enden durch Überlagerung einer definierten Spektrallinie im Vakuum unter allen Umständen die gleiche Anzahl stehender Wellenberge herausbildet.

Nun behaupte ich, dass selbst ein nur relativ starrer Meterstab im Rahmen der Relativitätstheorie nicht einmal als Idealisierung denkbar ist.

Der Beweis ergibt sich daraus, dass ich mir die gleichbeschaffenen Einheitsmaßstäbe des oben besprochenen – zunächst in Ruhe befindlichen, später aber rotierenden – 'Rads' als ideale Meterstäbe denke. Würden nämlich sämtliche Stäbe das Kriterium der relativen Starrheit erfüllen, so blieben Umfang und Radius dieselben und ihr Verhältnis unverändert. Andererseits aber muss dieses Verhältnis in Bezug auf tatsächlich messbare Längen gemäß der speziellen Relativitätstheorie nach dem Einsetzen der Rotationsbewegung größer sein als zuvor. Der Widerspruch beweist die Behauptung.

Es spielt keine Rolle, dass das Verhältnis von Umfang zu Radius des zunächst in Ruhe befindlichen 'Rads' hier nicht exakt, sondern nur annähernd gleich der doppelten Kreiszahl 2π gewesen ist. Es kommt nur darauf an, dass sich das Verhältnis entsprechend der Relativitätstheorie, die also im Gegensatz steht zur Hypothese einer auch nur relativen Starrheit, tatsächlich ändert. Dass es eine absolute Starrheit im Sinne der klassischen Physik nicht geben kann, war natürlich schon vorher klar. Denn sonst könnte es geschehen, wie Einstein selbst schon sehr früh gezeigt hat, dass bei Signalübermittlung mit Hilfe derartiger Stäbe die Ursachen den Wirkungen erst nachträglich folgen. Doch wie ein Spaßvogel einmal bemerkt hat, komme so etwas nur vor, wenn ein Arzt hinter dem Sarg seines Patienten hergehe.

Die Längenkontraktion ist also keineswegs als rein kinematischer Effekt zu verstehen, ebensowenig wie die Zeitdilatation ein rein kinematischer Effekt sein kann, sobald man darangeht, die spezielle Relativitätstheorie auf lokale Inertialsysteme anzuwenden, die im Unterschied zu hypothetischen allein real existieren.

Es ist ein weiterer Beweis von Einsteins unvergleichlicher Genialität, dass er Kaluzas mathematischen Ansatz zur Behandlung der rotierenden Scheibe in Verbindung mit seinem Äquivalenzprinzip auf das Gravitationsfeld übertragen hat, und zwar nach zwei Jahren des Schweigens. Warum erst dann? Weil er über die dazu notwendigen mathematischen Fähigkeiten damals noch nicht verfügte. Es muss gerade um diese Zeit gewesen sein, als er davon sprach, die Mathematiker seien über seine Theorie hergefallen, und er verstehe sie nun selbst nicht mehr. Schließlich wusste er sich offenbar nicht anders zu helfen, als an seinen seit jeher großzügigen Freund Marcel Grossmann zu appellieren:

„*Großmann, Du mußt mir helfen, sonst werd' ich verrückt.*" Zumindest inhaltlich aber sind es gerade Kaluzas Ergebnisse, die Einstein später sagen lassen: „*In der allgemeinen Relativitätstheorie können Raum- und Zeitgrößen nicht so definiert werden, daß räumliche Koordinatendifferenzen unmittelbar mit dem Einheitsmaßstab, zeitliche mit einer Normaluhr gemessen werden könnten.*"

Der berühmte und überaus kenntnisreiche Wissenschaftshistoriker John Stachel meint, Kaluzas kurze Arbeit mit dem Titel „Zur Relativitätstheorie" sei von niemand zur Kenntnis genommen worden, was er daraus schließt, dass sie nirgendwo zitiert worden sei. Dagegen spricht, dass es sich dabei um einen Vortrag auf der Versammlung Deutscher Naturforscher und Ärzte 1910 in Königsberg gehandelt hat, der zwar „wegen Erkrankung des Autors nicht selbst vorgetragen" worden war, aber schon bald zusammen mit den anderen in der Physikalischen Zeitschrift veröffentlicht wurde. Dass aber Kaluzas Arbeit wohl tatsächlich nie von Einstein zitiert wurde – ebensowenig wie die von Ehrenfest und anderen – lässt keineswegs darauf schließen, dass der sie nicht gekannt hat. Ich denke eher, dass Kaluzas souveräne Anwendung der nichteuklidischen Geometrie ihm für zwei, drei Jahre die Sprache verschlagen hat. Um sie wiederzufinden, nachdem er sich offenbar zunächst schwergetan und endlich damit abgefunden hatte, dass es anders nicht weiterging, kam wohl sein Hilferuf an Grossmann. Umgekehrt allerdings wäre Kaluza im Unterschied zu Einstein ganz sicher niemals auf die Idee gekommen, das von ihm behandelte Problem der rotierenden Scheibe je im Zusammenhang mit der Gravitation zu sehen.

In einem kurzen Beitrag *Zum Ehrenfestschen Paradoxon* hat Einstein trotz dieses Titels Ehrenfests fundamentale Arbeit zwar auch nicht zitiert, sondern zu dem Sachverhalt lediglich bemerkt, „ ... *was Ehrenfest in sehr hübscher Weise deutlich gemacht hat*". Meines Erachtens zeigt dies, dass es für ihn ganz selbstverständlich war, einfach alle der im Jahr 1911 an Zahl noch leicht überschaubaren Artikel zur Relativitätstheorie – und insbesondere zu dem damals hochaktuellen und intensiv diskutierten Ehrenfest'schen Paradoxon – gegenüber den Lesern seiner eigenen Arbeiten als bekannt vorauszusetzen. Und genau eine entsprechende Voraussetzung dürfte auch von Anfang an der Grund gewesen sein, dass er in seiner fundamentalen Arbeit von 1905 den berühmten Poincaré und andere nicht zitiert hat, sondern seinen treuen Freund am Patentamt Michele Besso, der wie er selbst in Bezug auf den akademischen Betrieb ein Außenseiter war.

Wie Kaluza gezeigt hatte, beweist das Ehrenfest'sche Paradoxon die Notwendigkeit einer nichteuklidischen Geometrie, keinesfalls aber zwingend als physikalische Eigenschaft von Raum und Zeit. In Wirklichkeit beweist es nichts anderes als die Ungültigkeit einer mit natürlichen Maßstäben – von Gravitation und Geschwindigkeit deformiert – betriebenen euklidischen Geometrie. Dies betrifft zwar zunächst nur das rotierende Bezugssystem, dann aber mit Einsteins genialem Äquivalenzprinzip auch jedes Gravitationsfeld überhaupt. Ist das Ehrenfest'sche Problem der rotierenden Scheibe damit vollständig gelöst? Offenbar nicht, und zwar unnötigerweise und aus verschiedenen Gründen.

Der hervorragende Mathematiker Hermann Minkowski hatte sich – im Unterschied zu den eigentlichen Urhebern wie erwähnt allerdings mit übertriebenem Pathos – der neuentstandenen speziellen Relativitätstheorie angenommen, und aufbauend auf den Arbeiten Einsteins und insbesondere Poincarés die mathematische Weiterentwicklung maßgeblich beeinflusst. Alle Aussagen über die auf diesen gelegentlich prahlerischen Redner zurückgehende 'Raumzeit' lassen sich im Sinne des Lorentz'schen dynamischen Ansatzes – der dann mathematisch souverän auch von Henri Poincaré vertreten wurde – am einfachsten verstehen als Aussagen über reale Maßstäbe und Uhren, die im euklidischen Raum und in der universalen Zeit dem Einfluss von Gravitationspotential und Bewegung unterliegen. Die historische

Wirkung Poincarés, beispielsweise auf die Entwicklung des Zeitbegriffs der späteren Einstein'schen speziellen Relativitätstheorie, wird in heutigen Lehrbüchern immer noch nicht ausreichend gewürdigt. Auch hinsichtlich der regelmäßig Minkowski zugeschriebenen vierdimensionalen Formulierung, aus der nach dessen anmaßenden Worten „eine Art Union" von Raum und Zeit hervorgegangen sein soll, war es der geniale Poincaré – und nicht Minkowski als 'eine Art Physiker' – der diesen mathematischen Sachverhalt aufgedeckt hat, und zwar pur ohne eingebildete Sensationen einer naturwissenschaftlichen Kaiserzeit.

Einsteins *Zur Elektrodynamik bewegter Körper* ist am 30. Juni 1905 bei den Annalen der Physik eingetroffen und wurde am 26. September veröffentlicht. Von Poincaré – der von Einstein später zu den „Mathematikern" gerechnet wurde, was jener auch war, aber bei weitem nicht nur – war zuvor nicht allein der Boden bereitet, sondern es waren auch physikalische Fundamente gelegt, auf die Einstein aufbauen konnte. Dieser hatte einst mit Freunden Poincaré's Werk *Wissenschaft und Hypothese* – La Science et l'Hypothèse – in seiner privaten 'Akademie Olympia' eingehend studiert. Darin fanden sich als fertige Konzepte eine Relativität der Gleichzeitigkeit, das spätere Relativitätsprinzip sowie eine ausführliche Behandlung der nichteuklidischen Geometrie als eine Möglichkeit – nicht aber Notwendigkeit – zur Beschreibung der physikalischen Realität. Die Saat also, die allerdings kein anderer als Einstein später zu solch überwältigender Blüte und reicher Ernte bringen konnte, wurde in wesentlichen Teilen von Poincaré gelegt.

Bereits in dessen am 23. Juli 1905 eingegangenen Arbeit *Sur la dynamique de l'électron* hat Poincaré selbst nicht nur die Gruppeneigenschaften der von ihm zunächst berichtigten Lorentz-Transformation gezeigt, sondern längst vor Minkowski klipp und klar ausgeführt, dass bei Behandlung der Zeit als einer imaginären Zusatzkoordinate dieselbe Lorentz-Transformation formal der Drehung in einem mathematisch nun 4-dimensionalen Raum entspricht.

Hendrik Antoon Lorentz hat immer intuitiv an einem in absoluter Ruhe befindlichen „Äther" festgehalten unter anderem, um die von George Francis FitzGerald und ihm selbst gefundene Längenkontraktion nach dem Prinzip von Ursache und Wirkung – im Sinne der Kausalität also – dynamisch erklären zu können. Die Notwendigkeit einer solchen Erklärung betonte auch Poincaré, indem er seiner Formulierung der 'Relativitätstheorie' die Längenkontraktion als ein drittes Postulat zugefügt hatte, das nur in Bezug auf Einsteins frühere Fiktion idealer unendlicher Inertialsysteme tatsächlich überflüssig ist. Ich verstehe dieses 'dritte Postulat' Poincarés als Programm zur Entwicklung einer durchgängig stimmigen relativistischen Dynamik, die nach meiner Überzeugung eine weiterentwickelte Quantenmechanik notwendigerweise einschließen wird.[28]

Nach zuletzt zwanzig Jahren ununterbrochener intensiver Auseinandersetzung mit diesen Fragen spreche ich aus, was ich dazu heute besten Gewissens sagen kann: Lorentz und Poincaré – stellvertretend auch für andere – hatten grundsätzlich recht. Und, ich höre schon den Widerspruch, wenn ich hinzufüge, Einstein hat das entweder gewusst oder hat es zumindest wissen können, wollte es aber nicht wirklich wahrhaben. Hierbei kommt nun zwangsläufig Psychologie ins Spiel. Dazu sollte man wissen, dass Einstein selbst es war, der wahrscheinlich als erster im Zusammenhang mit der Entwicklung seiner Gravitationstheorie einen Unterschied gemacht hat zwischen 'logisch' und 'psychologisch'.[29]

Was wolle denn das schon heißen, dass der Autor eines Buches nach langjährigen Bemühungen die Relativitätstheorie offenbar immer noch nicht verstanden hätte, fragt *Dr. Dr. Ernst Hafft*. Dann möge er ihr jemanden bringen, der alles viel besser wisse oder zumindest länger darüber nachgedacht und daran konkret gearbeitet habe, *Borromea Worthswerd* schlägt das vor. Und *Mlle Bleu de Ley* fragt nach: Sie vielleicht? Das Dilemma liege wieder einmal in der Frage, wem könne und solle man denn heute wohl glauben, bringt *Sigismund Sörgli* das auf den

Punkt. Glaub' nur den Experten, weiß *Mlle Bleu de Ley*, dann bist du immer auf der sicheren Seite, dafür würden die ja schließlich bezahlt und das machten doch alle so. Und keiner sei jemals gefeuert worden, weil eine Autorität einen Fehler gemacht habe, bestätigt *Prof. em. Blasius J. E. Pabst*, der sich als sublustig unternehmender Karrierewächter auskennt.

Ehrenfests rotierende Scheibe ist nicht kinematisch erklärbar. Von einem auf diese Weise erklärbaren Effekt könnte man hier nur dann sprechen, wenn die physikalische Realität allein aus idealen Inertialsystemen bestünde, die sich allesamt für immer und ewig mit gleichförmigen Geschwindigkeiten gravitationsfrei gegeneinander bewegten. In seiner Antrittsvorlesung als außerordentlicher Professor in der Höhle des Löwen, in Leiden, mit dem Titel „Äther und Relativitätstheorie" – bei dem es sich offensichtlich um so etwas wie ein Friedensangebot an Lorentz handelt – versucht Einstein natürlich, dessen Äther-Konzept im Sinne seiner Theorie der Relativität so weit zu entkernen, dass am Ende möglichst nur noch eine leere Hülse übrig bleibt. Dabei allerdings verwickelte er sich in schwer nachvollziehbare Widersprüche, indem er schreibt *„Der Äther der allgemeinen Relativitätstheorie ist ein Medium, welches selbst aller mechanischen und kinematischen Eigenschaften bar ist, aber das mechanische (und elektromagnetische) Geschehen mitbestimmt"*. Das gleiche könnte man aber auch von Newtons absolutem Raum sagen, insbesondere wenn man dann hinzunimmt, dass Einstein eine Seite zuvor schrieb: *„Newton hätte seinen absoluten Raum ebensogut 'Äther' nennen können"*. Wo bleibt hier der so oft beschworene fundamentale Unterschied zwischen beiden Auffassungen? Völlig rätselhaft wäre schließlich die zusammenfassende Feststellung *„Nach der allgemeinen Relativitätstheorie ist der Raum mit physikalischen Qualitäten ausgestattet; es existiert also in diesem Sinne ein Äther"*. Der Raum der allgemeinen Relativitätstheorie wäre also *„mit physikalischen Qualitäten ausgestattet"*, obwohl selbst *„ein Medium ... bar ... aller mechanischen und kinematischen Eigenschaften"*.

Welche unvoreingenommene Leserin, welcher unvoreingenommene Leser könnte daran zweifeln, dass dieses zuletzt zitierte mysteriöse Begriffs- und Satzgebilde nichts anderes um-
schreibt – allerdings unnötig umständlich – als Einsteins eigene
Gravitationspotentiale. Diese Schlussfolgerung lässt sich leicht
testen, indem man in den obigen Zitaten das Wort 'Äther' konsequent durch 'Gravitationspotential' ersetzt. Die gleiche Erset-
zung bedeutet dann einfach: Das universale Gravitationspotential der allgemeinen Relativitätstheorie ist mit physikalischen Qualitäten ausgestattet, obwohl selbst ohne mechanische und kinematische Eigenschaften.[30]

Und jetzt geht's auch noch ans Eingemachte, es ist zu allen
Zeiten das gleiche: Menschen sind seit jeher geneigt, aus zutreffenden Folgerungen einer Theorie auf die Richtigkeit ihrer Voraussetzungen zu schließen. So hat man über viele Jahrhunderte
geglaubt, das geozentrische Weltbild sei das wahre, weil die
Vorhersage von Mond- und Sonnenfinsternissen sowie der Position von Sternen und Planeten auf dieser Basis außerordentlich
erfolgreich war. Doch trotz all dieser Erfolge steht die Erde nicht
im Mittelpunkt der physikalischen Welt, denn bekanntlich bewegt sie sich doch.

Was ist eine räumliche Dimension? Wie jede und jeder weiß,
sind Länge, Breite und Höhe räumliche Dimensionen. Und offensichtlich sind es genau drei, weil die Position eines Objekts im
Raum immer durch genau drei Zahlenangaben festgelegt ist. Das
gilt sogar auf der Erde, obwohl es so auf einer Landkarte so aussieht, als würden die zwei Angaben von Längen- und Breitengrad genügen. Die dritte Angabe aber, die hier stillschweigend
vorausgesetzt wird, ist ein gleichbleibender Erdradius. Würde
sich dieser mit der Zeit deutlicher verändern als er es in Wirklichkeit tut, so wäre jedem sofort klar, dass man auch hier letzten
Endes drei Zahlen braucht, um eine Position festzulegen.

Bezüglich eines zweidimensionalen 'Raums' kann einer sagen: entweder ist die Fläche gekrümmt oder die Länge der Maßstäbe hat sich je nach Position verändert oder auch beides zu-

gleich. In Bezug auf den dreidimensionalen Raum kann er das nicht mehr. Denn es gibt keine vierte räumliche Dimension, in der sich der dreidimensionale Raum krümmen könnte. Daraus folgt, dass sich sowohl auf Ehrenfests rotierender Scheibe als auch im Gravitationsfeld die Maßstäbe verändert haben müssen und nichts sonst.

Es ist nachträglich übrigens bezeichnend zu lesen, dass Lorentz in einem Brief an Einstein noch im Juni 1916 irrtümlich schrieb, die Knoten einer stehenden Lichtwelle würden sich entlang der rotierenden Erdoberfläche bewegen, was dem experimentell vorher bestätigten Sagnac-Effekt widerspricht. Der wunderbare Max v. Laue hat diesen Effekt wie manches andere aufgeklärt, und zwar als Autor des ersten Lehrbuchs über die Relativitätstheorie überhaupt. In seiner Antwort an Lorentz widersprach Einstein nicht, sondern scheint den Irrtum „in winzigem Prozentsatz" akzeptiert zu haben, was zeigt, dass einerseits selbst nach Fertigstellung der allgemeinen Relativitätstheorie die Abläufe auf der rotierenden Scheibe noch nicht vollständig verstanden gewesen sein können, andererseits aber teilweise inakzeptable Konzepte der bis heute vorherrschenden Auffassung sich leider schon vorher auf Basis fehlerhafter Vorstellungen herauskristallisiert hatten. Das betrifft wiederum nicht Einsteins wunderbare Gleichungen, sondern allein deren Interpretation.

In diesem Zusammenhang sei schließlich noch einmal daran erinnert, dass die oben vorgeschlagene Festlegung des Meters es nun sogar erlauben würde, die Meeresoberfläche ohne Zuhilfenahme von Satellitensignalen mit hin und zurück durch verspiegelte Hohlkabel laufenden Lichtsignalen zu vermessen. In der Praxis würde man natürlich Glasfaserkabel benutzen und deren reduzierte Lichtgeschwindigkeit einrechnen. Eine direkte Messung der Eigenlänge des Äquators mittels entsprechender Hohlkabel aber wäre in jedem Fall grundsätzlich nur auf Basis der hier vorgeschlagenen abgeänderten Definition des Meters, nicht aber auf Basis der aktuellen Festlegung möglich. Die Meter-Macher haben es zwar nicht besser gewusst. Daraus kann man sicher niemand einen Vorwurf machen, solange er sich bemüht, bei Bedarf etwas dazuzulernen. Doch nach Missachtung der angebotenen Aufklärung bleibt mir hier ehrlicherweise nichts anderes übrig, als eine peinliche Ignoranz der darüber informierten Experten festzustellen. Falls sie allerdings trotz zweier bestätigter eMails nicht informiert sein sollten, dann ist der Apparat faul, den sie stolz steuern.

Der Einfluss auf Maßstäbe und Uhren

Der wortreichen Philologin *Borromea Worthswerd* sensibler Kollege *Sigismund Sörgli* geriet ins Träumen und hörte sich in einem Hörsaal voll heranwachsender Zöglinge *Hypolite Van Tasts* endlich sprechen: „Ich muss mit euch reden. Nachdem ihr inzwischen wisst, wie es Blumen und Bienen tun, sollt ihr nun auch erfahren, was es mit dem Meter auf sich hat. Weder werden nämlich Blümchen und Bienchen vom Klapperstorch gebracht, noch werden kleine Meterchen von einem Lichtstrahl geradewegs immer in ein und demselben Bruchteil einer Sekunde durchlaufen. Denn nicht die Lichtgeschwindigkeit selbst ist konstant, sondern allein ihr lokaler Durchschnittswert.“ Offenbar brauche es wie immer ein Hin und Her, weiß *Aladin Adamson*. Was außerdem die Bienen angehe, so lebten vor allem die Drohnen in Einsteins Klee, ohne ihren Wohltäter jedoch übermäßig ernst zu nehmen, stellt *Mlle Bleu de Ley* sachlich fest und fährt fort: dem sie doch immerhin dieses Schlaraffenland verdankten, auch wenn *Prof. em. Blasius J. E. Pabst* vom Leerstuhl für formalistische Fragen und Netzwerk das nicht wahrhaben wolle. *Sigismund Sörgli* besänftigt, der Traum sei ihm wohl nur deshalb gekommen, weil er in den letzten Tagen noch einmal Kants Sätze zur Aufklärung gelesen habe. *Hypolite Van Tast* protestiert, zuviel dieser Art verderbe die Jugend. Ob er das Wort 'Art' auch in diesem Zusammenhang als Abkürzung für allgemeine Relativitätstheorie verwende, fragt spitz *Mlle Bleu de Ley*. Diesmal schweigt *Frank U. Frey* und denkt sich sein Teil.

Die Überlegungen der vorausgegangenen Abschnitte zeigen zunächst einmal, dass sich Maßstäbe wie alle anderen Stäbe und Teilstücke in rotierenden Systeme nicht im Sinne Borns relativ starr verhalten können. Wie lässt sich dieses Ergebnis angesichts Einsteins Äquivalenzprinzip angemessen auf die Gravitation übertragen?

Betrachten wir dazu noch einmal die oben diskutierte Scheibe, die einerseits zwar im euklidischen Raum rotiert, auf der andererseits aber – wie Ehrenfest gezeigt hat – für einen mitrotierenden Beobachter nicht die euklidische Geometrie gelten kann, solange er nur mit seinen natürlichen Maßstäben hantiert. Kaluzas Behandlung hat Einstein schließlich zu der Auffassung geführt, dass der dreidimensionale Raum durch das wahre Gravitationsfeld 'gekrümmt' sei.

Sollte der Begriff Krümmung allerdings lediglich in geometrischer Analogie auf den mathematischen Sachverhalt eines nichtverschwindenden rein mathematischen 'Krümmungs'-Tensors hinweisen, so wäre dies zuletzt nicht mehr als eine vermeidbare Verwirrung von Fachsprache mit Umgangssprache. Doch ursprünglich dachte Einstein – insbesondere in seiner Kosmologie – wohl tatsächlich an etwas anderes.

Gerade aber dieses selbe Problem zeigt umgekehrt sehr einfach, dass sich aus der Tatsache eines nichtverschwindenden räumlichen Krümmungstensors keineswegs eine 'Krümmung des dreidimensionalen Raums' ableiten lässt. Denken wir uns nämlich zwei in einem gewissen Abstand voneinander mit unterschiedlicher Winkelgeschwindigkeit rotierende Scheiben, deren Drehachsen beide im Vakuum desselben übergeordneten Inertialsystems ruhen. Welche Krümmung sollte sich dann wohl für den dreidimensionalen Raum zwischen den Scheiben ergeben — die aus dem räumlichen Linienelement der einen oder die aus dem der anderen Scheibe? Es ist klar, dass es auf diese Frage nur eine einzige sinnvolle Antwort gibt: beide Scheiben rotieren in dem gleichen Raum und dieser selbst ist überhaupt nicht gekrümmt, sondern *euklidisch*.

Hypolite Van Tast könnte vielleicht noch einwenden, nur der von den Scheiben selbst eingenommene Raum sei gekrümmt, nicht aber der Zwischenraum. Doch ist dieser Einwand nicht stichhaltig, weil sich Kaluzas räumliches Linienelement aus dem Verhalten von Lichtstrahlen *außerhalb* der rotierenden Scheibe bestimmen lässt.

Zuallerletzt könnte dann noch jemand versuchen, sich auf die Position zurückzuziehen, der Raum werde im Unterschied zu den 'Beschleunigungsfeldern' auf der rotierenden Scheibe nur durch wahre Gravitationsfelder gekrümmt. Doch auch dies wirft sofort neue Probleme auf. Denn es stellt sich die für die landläufige Auffassung der allgemeinen Relativitätstheorie fatale Frage, wie eine derartige Unterscheidung gerechtfertigt sein solle. Zwar wirkt im wahren Gravitationsfeld die Schwerkraft, auf der rotierenden Scheibe dagegen geht es im Sinne der vorrelativistischen Physik nur um Trägheitskräfte. Doch wo wäre hier der Unterschied, solange man die Existenz eines ausgezeichneten Bezugssystems leugnet, und wo doch gerade die Wesensgleichheit von träger und schwerer Masse als fundamentale Voraussetzung der allgemeinen Relativitätstheorie gilt? Der einzige Unterschied besteht dann tatsächlich darin, dass in einem Fall der so genannte und von Einstein verwendete Riemann-Tensor verschwindet, im anderen Fall nicht. Nimmt man aber dies völlig zu Recht als objektives Kriterium ernst, wie könnten dann Schwere und Trägheit wesensgleich sein?

Der einfache Schlüssel zur Beantwortung aller derartigen Fragen ist: Wie eigentlich schon im ursprünglichen Falle der rotierenden Scheibe dient die von Kaluza in die Relativitätstheorie eingeführte nichteuklidische Geometrie offensichtlich allein dazu, das Verhalten der Objekte samt Uhren und Maßstäben zu beschreiben, nicht aber den dreidimensionalen Raum selbst, der gar keine physikalischen Eigenschaften hat. Solche Eigenschaften haben immer nur die Dinge darin.

Nach weit verbreiteter Meinung besagt das Äquivalenzprinzip, dass sich ein Gravitationsfeld nicht von einem Trägheitsfeld trennen lässt. Heute liegt es nahe, dabei an startende Raketen und Raumkapseln zu denken. Und doch ist hier eine sorgfältige Unterscheidung angebracht. Die Kraft, die einen Raumfahrer beim Start in den Sitz drückt, setzt sich aus zwei Anteilen zusammen, die sich objektiv auseinanderhalten lassen. Der erste Anteil ist die gewöhnliche Schwerkraft, der – auch im Inneren der Kabine – ein nicht-verschwindender Riemannscher Tensor entspricht. Darüberhinaus aber gibt es den auf die reine Beschleunigung zurückzuführenden Anteil wie in der klassischen Physik, der keinen Beitrag zum Riemann-Tensor liefert.

Zusätzlich zu der nur bedingt konstanten Einweg-Lichtgeschwindigkeit hat die ganze Problematik noch einen anderen Aspekt, nämlich die unterschiedliche Lichtgeschwindigkeit im Gravitationsfeld, die Einstein nur zwei Jahre nach seiner speziellen Relativitätstheorie durch pures Nachdenken gefunden hat. Die Meter-Macher gehen davon aus, dass ein natürlicher Einheitsmaßstab immer und überall die gleiche Länge hat, solange in dem zugehörigen lokalen Inertialsystem sämtliche Gravitationswirkungen vollständig vernachlässigbar sind. Das könne entfernt an einen Geologen erinnern, kommentiert *Mlle Bleu de Ley*, der interessante Ausführungen über die Region der Alpen verspreche, allerdings unter der Voraussetzung, dass er dabei von den Bergen absehen dürfe.

Solange von vornherein klar ist, dass die lokale Einheit Meter als natürlicher Maßstab in Bezug auf größere Anforderungen nur ein unvollständiger Längenstandard sein kann, lassen sich weitergehende Fragen zumindest grundsätzlich beantworten. Ohne dieses Eingeständnis wird es schnell peinlich. Denken wir uns nun aber eine Stange, der in der Mitte eines nachgebauten Eiffelturms senkrecht nach oben führt. Als Meter benutzen wir einen Stab mit Lichtquelle und Spiegeln, dessen Länge jeweils auf eine bestimmte Anzahl von Knoten dazwischenliegender Schwingungen einer gewissen Spektrallinie eingestellt wird. Das gesamte verwendete Material von Turm und Maßstab sei von einheitlicher Zusammensetzung und idealer Beschaffenheit, so dass keinerlei temperatur- oder belastungsbedingte Verzerrungen auftreten sollten. Wie hoch ist der Turm?

Wir tragen vom Boden ausgehend die Länge des Meterstabs mittels ideal feiner Markierungen übereinander bis zur Spitze ab und zählen diese. Angenommen es wären exakt 324. Die Höhe dieses Turms ist also 324 Meter. Aber ginge das nicht viel einfacher durch Messung der Laufzeit? Aufgrund der viel beschworenen angeblichen Konstanz der Lichtgeschwindigkeit werden wohl viele geneigt sein, zu antworten: ja. Diese Antwort wäre auch berechtigt, wenn das Gravitationspotential am Boden und an der Spitze das gleiche wäre. Ist es aber nicht.

Misst man die Zeit, die ein Lichtsignal benötigt, um vom Boden zur Spitze und zurückzulaufen, um daraus durch Multiplikation mit der konstanten Lichtgeschwindigkeit c die Höhe des Turms zu berechnen, so erhält man ein Ergebnis, das verschieden ist von dem, was man erhalten hätte, wenn das Lichtsignal von der Spitze zu Boden und zurück gelaufen wäre. Und zwar, weil die Uhren am Boden nachweislich langsamer gehen als die Uhren in der Spitze, was in vollständigem Einklang mit dem bereits erwähnten Phänomen der Gravitationsrotverschiebung steht. Der Unterschied in den Gesamtlaufzeiten wird hier durch jeweiligen Hin- und Rücklauf natürlich *nicht* ausgeglichen.

Wie es eine Schulmedizin gibt, die einerseits zweifellos sehr große Verdienste hat, andererseits aber allen wesentlichen Neuerungen grundsätzlich erst einmal ablehnend gegenübersteht, so gibt es auch eine 'Hochschulphysik'. Diese stellt sich nicht nur theoriegefährdenden Antworten, sondern bereits entsprechenden Fragen mit all ihrer akademischen Macht entgegen. Was stört wird zum Tabu erklärt, und wer stört zum Querulanten. Dies betrifft offensichtlich auch die Frage nach der Konstanz der Lichtgeschwindigkeit in anderen als Inertialsystemen. Im Gegensatz zu Einsteins eigener Auffassung gibt es heute sogar einen Eiertanz um die Lichtgeschwindigkeit im Gravitationsfeld. Geradezu ein Anfall von 'physical correctness' sei das aus Ängstlichkeit und Mutlosigkeit in Verbindung mit Feigheit, bedauert *Borromea Worthswerd*. Akute physikalische Massenhysterie, diagnostiziert *Mlle Bleu de Ley*.

Einstein selbst wusste aufgrund seines genialen Äquivalenzprinzips von Anfang an, die Lichtgeschwindigkeit kann im Gravitationsfeld nicht konstant sein. Ausgerechnet das Wort Lichtgeschwindigkeit aber scheuen viele Physiker wie der Teufel das Weihwasser, wenn es in einem anderen Zusammenhang auftreten soll als in dem, den sie naiv zu verstehen glauben. Das betrifft neuere Literatur und die Stichwortverzeichnisse gängiger Lehrbücher, doch gibt es auch Ausnahmen.

Beispielsweise hat Steven Weinberg die 'Koordinaten-Lichtgeschwindigkeit' benutzt, und das könnte damit zusammenhängen, dass er in seinem, trotz Verteidigung des angeblichen Urknalls, großartigen Buch *Gravitation and Cosmology* Irwin Shapiros Messungen der Laufzeitverzögerungen sehr klar theoretisch gewürdigt hat, die dieser bei entlang der Sonne reflektierten Radarsignalen beobachten konnte. Hier wurden – mit natürlichen Uhren – unzweifelhaft Unterschiede der zu unrecht für bedeutungslos erklärten 'Koordinaten-Zeit' gemessen, und das könnte mit ein Grund dafür sein, dass Einstein die Berechnung dieses – neben Gravitationsrotverschiebung, Periheldrehung des Merkur und Krümmung der Lichtstrahlen – vierten Effekts seiner allgemeinen Relativitätstheorie gewissermaßen 'vergessen' hat.

Wer aber Einsteins Worte ernst nimmt, dass man *„darauf verzichten muss, den Koordinaten eine unmittelbare metrische Bedeutung zu geben (Koordinatendifferenzen = messbare Längen beziehungsweise Zeiten)“*, der darf nicht übersehen, dass damit nicht eine metrische Bedeutung schlechthin, sondern nur eine *unmittelbare* ausgeschlossen wird. Konkret bedeutet das in meinen Augen nicht mehr und nicht weniger, als dass Koordinatendifferenzen jedenfalls *mittelbar* gemessen werden können, und genau das hat hier Shapiro getan, und zwar mit von Gravitation und Geschwindigkeit beeinflussten natürlichen Uhren.

Ich habe wie erwähnt selbst erlebt, dass ein als Experte für relativistische Kosmologie international renommierter Physik-Professor verblüffenderweise darauf besteht, die Lichtgeschwindigkeit im Gravitationsfeld sei konstant. Alle, die anders darüber denken, werden ruckzuck zu Dilettanten erklärt. Diese seien es auch, welche noch dazu den Frevel begingen, eine aus seiner Sicht offenbar zurückgebliebene Öffentlichkeit zu verwirren. Selbst Einstein bleibt da nicht verschont. Die Tatsache, dass dieser sehr einleuchtend erklärt hat, die Lichtgeschwindigkeit in lokal äquivalent beschleunigten Systemen könne eben nicht konstant sein, wie anhand seiner Aufzüge von Anfang an gezeigt und weil es sonst die berühmte Krümmung der Lichtstrahlen beim Vorbeigang an der Sonne nicht gäbe, führen solche Experten in kaum zu überbietender Selbstherrlichkeit auf einen Fehler in Einsteins Darstellung zurück. So als hätte der sich nicht gerade mit dieser zentralen Frage jahrelang beschäftigt und genau deswegen eine alternative Gravitationstheorie des Physikers Nordström aus weiteren Überlegungen ausgeschlossen. Doch die Lichtgeschwindigkeit kann in Bezug auf einen beschleunigten Fahrstuhl nicht konstant sein, aufgrund des fundamentalen Äquivalenzprinzips ist sie es also auch nicht im Gravitationsfeld.

Den offensichtlich überforderten Verfechtern einer immer und überall konstanten Vakuum-Lichtgeschwindigkeit sei das folgende Beispiel in drei Sätzen gewidmet.

Voraussetzung: *Der Begriff Geschwindigkeit bezeichnet das Verhältnis eines zurückgelegten Weges zur dafür benötigten Zeit.*

Behauptung: *Die Lichtgeschwindigkeit ist im Gravitationsfeld nicht konstant.*

Beweis: *Die mit natürlichen Uhren gemessenen Laufzeiten zweier Lichtsignale, deren eines entlang des Eiffelturms von unten nach oben und zurück, das andere aber entlang desselben Turms denselben Weg nun aber von oben nach unten und zurück läuft, sind gemäß der allgemeinen Relativitätstheorie voneinander verschieden, weil die Uhren unten und oben erwiesenermaßen mit verschiedenen Ganggeschwindigkeiten laufen.*

Wenn aber die Durchschnittsgeschwindigkeiten der Lichtsignale unterschiedlich sind, dann können natürlich auch die augenblicklichen Geschwindigkeiten entlang der beiden Wege nicht jederzeit übereinstimmen. Der Witz dabei ist, dass für den Beweis über die Höhe des Eiffelturms nichts weiter bekannt zu sein braucht, als dass sie während der winzigen Dauer des Experiments die gleiche bleibt. Ganz unabhängig davon, wie verschroben auch immer ein Experte die Relativitätstheorie interpretieren und dementsprechend argumentieren mag, wird er die hier als Beweis angegebene Feststellung – sofern er es nicht ohnehin und auf Anhieb versteht – zur Not durch eine kleine Rechnung bestätigt finden.

Der mit natürlichen Uhren gemessene Wert der Lichtgeschwindigkeit ist im Gravitationsfeld also verschieden von derjenigen zu Unrecht pauschal als Lichtgeschwindigkeit bezeichneten Naturkonstanten c, die sich nur in hinreichend kleinen lokalen Inertialsystemen tatsächlich realisieren lässt. Und selbst hier handelt es sich nur um eine Annäherung, denn was sonst bedeutet hinreichend klein.

Wenn auch die Meter-Definition auf jedes entsprechende Teilstück des Turms einzeln anwendbar ist, so ist sie trotzdem nicht anwendbar auf den Turm insgesamt. Dieser kann nicht mehr – auch nicht für sehr kurze Zeit – als ein einziges Inertialsystem betrachtet werden, in welchem die Wirkungen der Gravitation vernachlässigbar wären. Einzelne Meter-Abschnitte sind feststellbar, doch eine durch den Wortlaut der gegenwärtigen Definition suggerierte eindeutige Längenangabe auf Basis der Gesamtlaufzeit eines Lichtsignals existiert hier nicht. Die entsprechende Methode der Längenmessung wäre nicht additiv, weil doppelte Gesamtlaufzeiten im allgemeinen nicht doppelten Längen entsprechen, jedenfalls nicht perfekt.

Aus der unterschiedlichen Lichtgeschwindigkeit im Gravitationsfeld resultierende Ungenauigkeiten von Positionsangaben würden sich ohne differentielle Messmethoden und mathematische Korrekturen bei dem längst zur Selbstverständlichkeit gewordenen Navigationssystem GPS in der Größenordnung von einigen Zentimetern auswirken, was allerdings deutlich unter den durch andere Einflüsse bewirkten Abweichungen liegt. Die im Rahmen des stationären Konzepts SUM konstante universale Koordinaten-Lichtgeschwindigkeit wird demgegenüber später ausführlich behandelt.

Ich werde zukünftig, wenn nicht ausdrücklich anders gesagt, der Einfachheit halber immer stillschweigend den lokalen Durchschnittswert der Lichtgeschwindigkeit über kleine Strecken verstehen, die hin und zurück durchlaufen werden. Wenn es aber stimmt, dass die Lichtgeschwindigkeit nur in verhältnismäßig kleinen Bereichen konstant ist, und selbst dort nur exakt ihr Durchschnittswert, warum halten dann so viele an dem alten Dogma fest? fragt *Sigismund Sörgli*.

Weil sie es nicht besser verstehen, antwortet *Frank U. Frey*. Sie haben gelernt von Fall zu Fall, an dieser starren Krücke zu gehen, sich bei Bedarf jedoch auch mit großer Kunstfertigkeit an langen krummen Seilen entlang zu hangeln, von denen sie aufgrund stückweise zutreffender Beschreibung dann wiederum behaupten, auch diese seien gerade und starr.

Weiter darauf zu bestehen, die Lichtgeschwindigkeit sei im Vakuum überall gleich ein und derselben Naturkonstanten c, wäre ebenso sinnvoll, wie die Behauptung, die Erde sei eine Scheibe. Und zwar mit dem Argument, die Oberfläche sei aus augenscheinlich ebenen Teilstücken zusammengesetzt. Die Unterscheidung aber ist zwar mathematisch zuweilen unbequem, doch grundsätzlich leicht zu verstehen.

Auch wo einem ein Teilbereich der Kugeloberfläche als eben erscheinen mag, da weist er trotzdem eine nicht verschwindende Krümmung auf, und sei das betreffende Stück noch so winzig. Es stimmt allerdings, dass bezüglich kleiner Bereiche die messbaren Effekte der Erdkrümmung überall in beliebiger Näherung vernachlässigbar sind. Hier wie im Fall der Lichtgeschwindigkeit treten signifikante Abweichungen erst über hinreichend große Abmessungen auf.

In der speziellen Relativitätstheorie wird die Umrechnung der Koordinaten zwischen zwei Inertialsysteme mithilfe der *Lorentz-Transformation* bewerkstelligt, während dies in der vorrelativistischen Physik durch Anwendung der *Galilei-Transformation* geschah. Der Vorteil der Lorentz-Transformation liegt darin, dass diese im Falle fiktiver idealer Inertialsysteme Koordinatendifferenzen liefert, die bei Verwendung natürlicher Maßstäbe und Uhren unmittelbar angezeigt werden. Der Haken an der Sache ist, dass es beispielsweise auf der rotierenden Scheibe nur örtlich und zeitlich eng begrenzte Inertialsysteme gibt. Gerade das hat ja zur Einführung der Systemkoordinaten geführt. Was nun die Unzulänglichkeit natürlicher Uhren und Maßstäbe betrifft, mit diesen Differenzen der – beinahe widerwillig aber zwangsläufig – zusätzlich eingeführten Koordinaten zu messen, so ist hier eine Bemerkung zum Verhältnis von Galilei-Transformation und Relativitätstheorie angebracht. So etwas gebe es nicht, der in Bezug auf die Grundlagen seiner Wissenschaft leider deutlich zurückgebliebene Mainstream-Zensor *Ethan Fools* lehnt ein entsprechendes Ansinnen rigoros ab, und – wie aus einem Munde – stimmen *Prof. Hintz* und *Dr. Kunzt* erleichtert in den Chor vieler Experten ein.

Die Transformation aber, die vom ruhenden auf ein rotierendes System führt, entspricht nicht etwa einer Lorentz-, sondern exakt einer Galilei-Transformation. Da nun in der allgemeinen Relativitätstheorie grundsätzlich jede Koordinaten-Transformation erlaubt ist, so muss natürlich auch eine Galilei-Transformation erlaubt sein. Und es ist eben der springende Punkt, dass ein zweckmäßiger Übergang auf eine rotierende Scheibe mittels der Lorentz-Transformation nicht möglich ist. Doch bei Berücksichtigung des Einflusses von Gravitation und Geschwindigkeit auf Maßstäbe und Uhren lassen sich deren Anzeigen aus den absoluten Systemkoordinaten sehr leicht berechnen. Nach diesem Muster könnte man also auch in der speziellen Relativitätstheorie mit der Galilei-Transformation rechnen, in der allgemeinen geht es überhaupt nicht anders.

Es ist höchst bemerkenswert, dass sich eine solche Vorgehensweise bei der Behandlung verschiedener, gleichzeitig vorliegender lokaler Inertialsysteme und nächstliegender Wahl der übergeordneten Systemkoordinaten von selbst ergibt. Die heute übliche Behandlung der rotierenden Scheibe im Rahmen der allgemeinen Relativitätstheorie benutzt eine lokale Galilei-, und nicht etwa eine lokale Lorentz-Transformation. Letzteres ist unmöglich, ohne deren Sinn zu verderben, was sich mathematisch ausdrückt in der bereits von Einstein – in einer seitens Max Abraham polemisch geführten Auseinandersetzung schließlich gemeinsam mit diesem – getroffenen Feststellung, diese sei nicht integrabel.

Fest steht jedenfalls, dass Einstein selbst in der allgemeinen Relativitätstheorie seine ursprüngliche Auffassung von der unmittelbaren Bedeutung der Koordinaten überwunden hat und gewissermaßen zu einer erweiterten Lorentz'schen Auffassung zurückgekehrt ist. Denn vom Standpunkt der allgemeinen Relativitätstheorie besteht außer der unmittelbaren Zuordnung der Koordinaten zu den Anzeigen natürlicher Uhren und Maßstäbe kein besonderer Grund mehr, die Lorentz-Transformation der Galilei-Transformation vorzuziehen. In der gerade zum Zweck der allgemeinen Anwendbarkeit eingeführten 'kovarianten' Schreibweise behalten nämlich sogar die Maxwell'schen Gleichungen auch unter Galilei-Transformationen ihre Form.

Sigismund Sörgli fragt sich, gehen alle nebeneinander aufgestellten Atomuhren, Lichtuhren, chemische beziehungsweise biologische Uhren überhaupt grundsätzlich gleich? Im Schwerefeld jedenfalls nur zum Teil. Um den Einfluss von Gravitationspotential und Geschwindigkeit auf Maßstäbe und Uhren hier abschließend zu klären, stelle ich noch die folgende Frage: Was wäre die Zeit, wenn nicht nur die Ganggeschwindigkeit der Pendeluhr, sondern auch die der Atomuhr von ihrer Orientierung im Gravitationsfeld abhinge, und sei es auch nur beliebig schwach. Ich behaupte, in Bezug auf ihre Messung hat die Zeit statistischen Charakter. Schon allein aber die berechtigte Frage zeigt, dass es alles andere als sinnvoll war, den Aspekt der Zeitmessung auf die Zeit selbst zu übertragen.

Nach Einsteins allgemein akzeptierter Interpretation sollte es sich bei Längenkontraktion und Zeitdilatation um kinematische Effekte handeln, die – im Unterschied zur Auffassung von Lorentz und Poincaré – keiner dynamischen Erklärung bedürfen. Der Begriff kinematisch bedeutet in diesem Zusammenhang nichts anderes als kräftefrei oder, ganz vorsichtig ausgedrückt, frei von speziellen Kräften, die man kennen müsste, um die jeweils eintretende Kontraktion zu berechnen.

Einstein fragt also nicht nach einer Ursache, die bewirkt, dass bewegte Uhren langsamer gehen. Und er fragt nicht, welche Kräfte es sind, die zu einer Verkürzung bewegter Maßstäbe führen. Doch dieser recht harmlos klingende Ansatz rührt an die Grundfesten der klassischen Physik. Jedes Kind weiß aus Erfahrung, dass zur Deformation fester Körper Kraft aufgewendet werden muss, auch wenn es nur manchmal um Verformung von Spielsachen geht. Wie also soll die Verkürzung eines Maßstabs vonstatten gehen, ohne dass dabei Kräfte wirken?

Diese Fragen lassen sich nur vermeiden, wenn man mit Einstein akzeptiert, jedes Initialsystem habe seinen eigenen Raum und seine eigenen Zeit. Jede darin befindliche Uhr zeige die Zeit des Systems, und jeder darin befindliche Maßstab sei in seinem eigenen Raum unverkürzt. Und zwar soll das für alle gleichförmig gegeneinander bewegte Inertialsysteme gelten.

Dass nun von zwei gleichbeschaffenen Uhren je nach Zuordnung des Beobachters die erste oder aber die zweite langsamer gehen soll, entspricht der Bezeichnung 'Relativitätstheorie'. Dumm ist nur, dass sich die beiden Uhren nie wieder begegnen würden, falls sie zu zwei idealen Inertialsystemen gehörten. Aus der Sicht Einsteins hätte es keinen Sinn weiterzufragen. Die Länge eines Maßstabs hinge dementsprechend allein vom relativen Bewegungszustand des Beobachters ab, und basta.

Tatsache ist, es gibt keinen absolut starren Körper, es gibt aber 'geeignete' Maßstäbe. Einsteins Bezeichnung 'natürlich' wäre – falls wörtlich genommen – im Unterschied etwa zum englischen 'proper' heute nicht mehr uneingeschränkt sinnvoll, weil im Falle von SUM die Rotverschiebung als Entfernungsmaß nicht weniger natürlich ist als ein fester Meterstab, im Gegenteil. Für universale Entfernungen ist dieses Maß sogar das einzig natürliche, und zwar mit vergleichbarer relativer Genauigkeit.

Wie aber lässt sich ein universaler Einfluss auf die Ganggeschwindigkeit von Atomuhren verstehen?

Aufgrund der bereits erwähnten Problematik ist es klar, dass eine beliebige ruhende Atomuhr mit ihrer 'Eigenzeit' im allgemeinen nicht die Systemzeit anzeigen kann. Das bedeutet natürlich keineswegs, dass sie als Uhr unbrauchbar wäre. Ebensowenig wäre ein realer Maßstab deshalb unbrauchbar, weil es eine Temperaturausdehnung gibt. Die beliebig kleinen Intervalle von Eigenzeit und Eigenlänge lassen sich allerdings nur näherungsweise zusammensetzen.

Einsteins ursprüngliche Auffassung der verschiedenen Zeiten ist entgegen heutiger Lehre nicht die einzig mögliche, wie auch aus folgende Überlegung hervorgeht. Was nämlich jede Atomuhr eindeutig anzeigt, das ist die Anzahl ihrer Takte. Deren Dauer aber kann sich im Vergleich zur universalen Zeit durchaus ändern. Der Ablauf der universalen Zeit allerdings könnte nur von technischen Systemuhren exakt angezeigt werden, die durch entsprechende Eingriffe erst herzustellen wären.

Es ist auch nach alltäglicher Erfahrung leicht zu verstehen, dass reale Uhren unterschiedliche Zeiten anzeigen können, obwohl es nur eine Zeit gibt. Die Anzeige von Uhren, selbst der allerbesten Atomuhren, ist nicht das gleiche wie die Zeit selbst. Sogar um alle erwiesenen Tatsachen der allgemeinen Relativitätstheorie zu berechnen, genügt es anzunehmen, dass es nur genau eine einzige einheitliche Zeit gibt, nämlich die von mir universal genannte. Der Witz daran ist, man braucht nicht einmal eine entsprechende ideale Uhr.

Messgeräte – indem sie vergleichen – zeigen nur Zeigerstellungen und Zahlen an. Aussagen über den veränderlichen Takt einer Uhr sind Aussagen über Zeitspannen. Aussagen über die Anzeige einer Uhr sind Aussagen über Frequenzen. Eine Aussage über die Abnahme einer Zeitspanne also, die dem veränderlichen Takt einer Atomuhr entspricht, darf nicht verwechselt werden mit der Aussage über die Zunahme der Anzeige eines mit dieser Uhr wiederholt gemessenen gleichbleibenden universalen Zeitintervalls. Bei der Zeitdilatationsformel, *Frank U. Frey* rechnet vor, seien dementsprechend nicht etwa verschiedene Zeiten zu vergleichen, sondern verschiedene Anzeigen getickter Takte. Die Berechnung der Anzeige einer Uhr die sich mit 60% der Lichtgeschwindigkeit gegen das universale Ruhsystem bewege, erfolge gemäß der Formel 10 Sekunden · (4/5 Takte/Sekunde) = 8 Takte, wobei es sich trotz unterschiedlicher Anzeigen um ein und dieselbe universale Zeit handle. Das gleiche gelte dann wunderbarerweise für zwei Uhren in verschiedenen lokalen Inertialsystemen entsprechend, die sich beide gegenüber dem ausgezeichneten Ruhsystem bewegten. Im zahlenmäßigen Ergebnis bedeute das zwar keinen Unterschied zur Berechnung des gleichen Sachverhalts gemäß der gewöhnlichen speziellen Relativitätstheorie, doch der grundsätzliche Unterschied entscheide insbesondere die Frage, ob die übliche Vorstellung eines Urknalls berechtigt sei oder nicht.

Bei direktem Bezug auf atomare Zeiteinheiten ändern sich die Maßzahlen spektral gemessener Zeitspannen selbstverständlich nicht, weil hier dieselben Zeitspannen zugleich gerade als Einheiten gewählt sind. Beispielsweise sind das Schwingungsdauern von Spektrallinien am Ort ihrer Entstehung. Ebensowenig ändern sich die Maßzahlen atomarer Längen bei Bezug auf die Abstände benachbarter Schwingungsknoten einer stehenden Lichtwelle am Ort der Quelle. In allen derartigen Fällen sind es lediglich die spektralen Einheiten wie die Länge stehender Lichtwellen einer als Standard bestimmten Frequenz oder deren Schwingungsdauer, nicht aber ihre jeweilige Anzahl, die sich gegebenenfalls *zusammen mit* den zu messenden atomaren Größen ändern.

Nun aber gilt es, bevor wir endgültig zum ewig jungen Universum kommen, die Rolle der nichteuklidischen Geometrie zu klären, die sich – im Unterschied zur euklidischen des dreidimensionalen mathematischen Raums und der mathematischen Zeit – als die Geometrie systematisch längenveränderlicher Maßstäbe und von durch Gravitation und Geschwindigkeit beeinflusster Uhren zeigen wird. Ganz allein schon dieser einfache Denkansatz wirft neues Licht auf das bisher mangelhafte Verständnis von Einsteins wunderbaren Gleichungen. Es könnte die vernünftige Lösung fundamentaler Probleme mit sich bringen, die heute in irrwitzigen String-Spekulationen mit zehn und mehr räumlichen Dimensionen gesucht werden. Mehr irr als witzig, korrigiert *Borromea Worthswerd* und appelliert an die internationale Community, sich auf die Tatsachen zu konzentrieren und alle Spekulationen zu vergessen. Let us focus on the facts and forget what is fiction! Dabei liefen die meisten wie Windhunde hinter einem einzigen falschen Hasen her, etwas anderes falle ihm, *Frank U. Frey*, hierzu nicht ein. Macht ja nichts, tröstet *Mlle Bleu de Ley*, zumindest einem Exemplar seiner parallelen Verkörperungen in all den anderen Universen werde sicher genau das richtige einfallen. Er hingegen müsse allerdings zugeben, bekennt *Hypolite Van Tast*, manche seiner Zöglinge hätten es aus für ihn unerfindlichen Gründen inzwischen satt, sich weiterhin mit leeren Informationen abspeisen zu lassen, in wie vielen Parallel-Universen sie doch soeben erst üppig gegessen hätten. Vielleicht unglaublich üppig? fragt ein vorlauter Gasthörer *Sigismund Sörglis* noch, der sich damit als zeitweiliger Begriffsstutzer zu erkennen gibt. *Aladin Adamson* fordert: Weit wage zu denken!

4 Raum, Zeit und die Entwirrung eines euklidischen Knotens

Es ist ja nicht so, dass sich nur Mathematiker über Raum und Zeit Gedanken machen. In Isaac B. Singers *'Schatten über dem Hudson'* kommen zwei Männer beiläufig auf ein vertracktes Problem zu sprechen:

„... Wenn's keine gerade Linie geben tät, wenn alles krumm und schief wär, da bräuchten wir ja eine neue Geometrie –"

„Aber wir haben doch schon eine neue Geometrie ... oder haben Sie noch nie etwas von Lobatschewskij und Riemann gehört?"

„Ich weiß, ich weiß. Ich sag euch, die euklidische Geometrie wird Gültigkeit haben für alle Zeiten, und das ganze andre Zeug ist nichts als Spielerei."

Wenn man den letzten Satz wörtlich nimmt, dann ist er falsch. Dieses 'ganze andere Zeug' ist sicher mehr als Spielerei. Andererseits aber auch nicht das, was viele darunter verstehen. Oder besser, nicht verstehen. Doch in Singers Erzählung sprechen ja keine Physiker. Ich für meinen Teil will nun versuchen, die nichteuklidische Geometrie als Knoten in der euklidischen nachvollziehbar aufzulösen und berufe mich dazu auf – garantiert über jeden Zweifel erhabene – Giganten wie Poincaré, Weyl und keinen geringeren als Einstein selbst.

Was überhaupt ist zunächst einmal die Euklidische Geometrie? Nicht allein unter mathematisch formalen Aspekten, sondern sinngemäß, ist es die intuitiv einleuchtende Lehre vom Raum, einst auch entstanden aus der praktischen Notwendigkeit, Felder und Flurstücke durch Landvermessung möglichst genau wiederzufinden nach Überschwemmungen am Nil. Dabei ging es wörtlich also um die 'Geometrie' jener Ebene. Was aber ist der Raum? Du lieber Himmel, mit einem Augenaufschlag antwortet *Mlle Bleu de Ley*, darüber gebe es so viele Ansichten, dass die Ägypter im Wasser ertrunken wären, hätten sie diese Frage klären wollen, bevor sie anfingen zu messen.

Euklidisch bedeute, *Aladin Adamson* springt ihr bei, dass es ähnliche Figuren gebe, die in ihrer Gestalt und sämtlichen Winkeln übereinstimmen, nicht notwendigerweise aber in ihrer Größe. Ganz allgemein aber, schlägt er vor, bezeichne 'der Raum' das, was allen möglichen Anschauungen davon gemeinsam sei. Möglich heiße dabei jede Vorstellung, die zu einer widerspruchsfreien Geometrie führen könne. Zu mindestens einer, verbessert *Sigismund Sörgli*. Es sei jedenfalls unnötig, dem dreidimensionalen Raum selbst messbare Eigenschaften zuzuschreiben, betont *Frank U. Frey*, ganz im Unterschied zu den Gegenständen darin. Lediglich die Idee eines 'metrisch' genannten Zusammenhangs aller Dinge samt der zählbaren Eigenschaft der Dreidimensionalität sei Voraussetzung. Es könnte also eigentlich genügen, vom Raum zu sagen, dass er drei Dimensionen hat.

Borromea Worthswerd versucht es trotzdem mit einer eigenen Definition: der Raum sei die einfachste Vorstellung sämtlicher durch nichts eingeschränkter Möglichkeiten der Gegenwart freibeweglicher realer Objekte. *Aladin Adamson* erläutert, im Unterschied zu seiner mathematischen Erweiterung werde der Raum im allgemeinen Sprachgebrauch immer dreidimensional verstanden. Daraus ergebe sich die natürliche Folgerung, dieser Raum selbst sei euklidisch, sogar wenn seine Geometrie aufgrund einer systematischen Ortsabhängigkeit verwendeter Maßstäbe nichteuklidisch sein sollte. Wäre nämlich der Raum an sich nichteuklidisch, so könne es keine Objekte unterschiedlicher Größe, aber gleicher Gestalt geben. Hinsichtlich der durch nichts eingeschränkten Möglichkeiten widerspräche dies aber eben der Definition. Jetzt gehe es aber los, protestiert *Hypolite Van Tast*.

Was andererseits schließlich die durch nichts eingeschränkten Möglichkeiten betrifft, so soll dies gelten hinsichtlich der Anwesenheit, der Positionierung, des Vorhandenseins, des Aufenthalts, der der Örtlichkeit und Örter, der Lagen samt der Anzahl unbeschränkt vieler freibeweglicher Objekte, die bei gleicher Gestalt in beliebigen Größen gedacht werden können, ohne einander durchdringen zu müssen. Man könnte auch versucht sein, kurz und bündig zu formulieren, leerer Raum sei die Voraussetzung dafür, nicht ständig mit irgendwelchen Objekten zusammenzustoßen. Doch Vorsicht ist immer angebracht, erinnert sich *Mlle Bleu de Ley*. In Jacques Tatis *Schützenfest* stehe mitten auf einem weiten Platz ein einzelnes Bäumchen mit sehr dünnem Stamm. Ringsum sei viel leerer Raum, und doch wisse jeder sofort: der Briefträger auf seinem Rad habe trotz sehr dünner Reifen nicht die geringste Chance, *nicht* gegen dieses Bäumchen zu fahren.

Mit Bezug auf ideale mathematische Lineale und Maßstäbe, die sich sehr leicht als perfekt gerade und starr denken lassen, existieren geometrische Objekte beliebiger Größe, die zueinander ähnlich sind. Die mathematischen Beziehungen zwischen derartigen und anderen entsprechenden Objekten bilden das erhabene Königreich der euklidischen Geometrie, das tolerant genug ist, selbst dem lange unerkannt gebliebenen nichteuklidischen Zweig des Königshauses reichlich Raum zu bieten. Denn jede so genannte nichteuklidische Geometrie betrifft im dreidimensionalen Falle immer nur gewissermaßen Zirkel und Lineal, nicht aber den mathematischen Raum selbst. Dieser ist nicht auf die zwangsläufig unvollkommenen Realisierungen seiner Objekte angewiesen, die er trotzdem aber in unübertrefflicher Großzügigkeit sämtlich beherbergt. Und das auch noch mit Vergnügen, freut sich *Sigismund Sörgli*, solange es sich nicht um Gruselgestalten haarsträubender Ammenmärchen handle.

Wenn bei richtigen Messungen reale Abweichungen von der euklidischen Geometrie festgestellt werden, dann lassen sich Krümmung oder Verzerrung innerhalb ein- oder zweidimensionaler Mannigfaltigkeiten wie Linien und Flächen nicht mit geometrischen Mitteln als mögliche Ursachen auseinanderhalten. Ein nichteuklidisches Linienelement allein kann also keine echte Krümmung beweisen. Die Mehrdeutigkeit der Meßergebnisse gilt mathematisch unter der Voraussetzung, dass es sich um offene Unterräume handelt. Doch in Bezug auf den dreidimensionalen Raum der Physik wird es vernünftigerweise immer genügen, jedes nichteuklidische Linienelement im Sinne deformierbarer Maßstäbe zu verstehen.

Der Raum selbst hat kein von Null verschiedenes Maß. In SUM tritt zwar der Rotverschiebungsparameter als echte Naturkonstante auf, aus dem sich dann leicht eine universale Länge bilden lässt, die ich im Unterschied zur üblichen Bezeichnung 'Hubble-Radius' lieber *Hubble-Länge* nennen möchte. Denn es geht dabei nicht etwa um so etwas wie den Halbmesser einer Kugel. Vielmehr muss diese sehr große charakteristische Länge auftreten, um die sehr kleine universal verteilte Dichte von Materie und Energie zu ergeben. Es ist nur natürlich, dass diese sich von der mittleren Dichte atomarer Gebilde in riesigem Ausmaß unterscheiden muss, wenn zwischen den elementaren Teilchen und daraus zusammengesetzten lebendigen Strukturen genügend Raum sein soll, um sich mehr oder weniger ungestört zu entwickeln. Mit lebendig meine ich dabei jede Struktur, innerhalb derer eine zusammenhängende Evolution stattfindet, also auch astronomische, bis mindestens hin zu Galaxien.

Nun ist klar, dass sich eine gigantische Zahl ergibt, wenn man fragt, wieviel mal größer die Hubble-Länge im Vergleich etwa zum Durchmesser eines Atomkerns oder gar der noch viel kleineren Planck-Länge ist. Die letztgenannte ergibt sich als denkbar einfachste Kombination aus den Naturkonstanten der Lichtgeschwindigkeit, der Gravitation und des Planck'schen Wirkungsquantums. So oder so, in jedem Fall folgt daraus als das hier gesuchte Verhältnis eine ungeheuer große, reine Zahl. Einstein hat nun in anderem Zusammenhang darauf hingewiesen, dass in einer vollständigen Theorie keine derartigen reinen Zahlen auftreten dürften, die nicht aus derselben Theorie berechenbar wären. Dazu war mir bereits als Student vor vielen Jahren aufgefallen, dass zwischen dieser und einer anderen reinen – aber sehr kleinen – physikalischen Zahl, die als Sommerfeldsche Feinstrukturkonstante bezeichnet wird, ein Zusammenhang bestehen könnte, indem die eine mit dem natürlichen Logarithmus der anderen vergleichbar ist. Erst lange Zeit später bin ich auf eine kurze Note des hochintelligenten, in meinen Augen allerdings ansonsten höchst fragwürdigen 'Vaters der Wasserstoffbombe' Edward Teller gestoßen, in der dieser eine zahlenmäßig gleiche Vermutung geäußert hatte. Ich selbst habe auch auf ganz anderer Grundlage immer wieder darüber nachgedacht und bin davon überzeugt, dass sich die Feinstrukturkonstante in der Beobachtung des Sternenhintergrunds zeigen wird, oder schon längst in solchen Beobachtungen versteckt ist, ohne dass wir sie bisher sehen. Beispielsweise entspricht der hauptsächliche Winkel in den Unregelmäßigkeiten der Mikrowellenstrahlung grob einem solchen Bruchteil von 360°, der größenordnungsmäßig durch die Feinstrukturkonstante beschrieben wird. Doch diese zusätzlichen Überlegungen sind im Unterschied zu den eigentlichen Ergebnissen meiner kosmologischen Arbeiten bisher reine Spekulation.

Neben dem euklidischen Raum, der bisher unerkannt längst auch in der allgemeinen Relativitätstheorie auftritt, obwohl Einstein von Anfang an dessen willkürlich wählbare Repräsentanten als bloße Systemkoordinaten „ohne unmittelbare metrische Bedeutung" eingeführt hat, bedarf es einer weiteren mathematischen Größe: 'Die Zeit' ist die Vorstellung einer nach Voraussetzung gleichmäßigen Veränderung, die in nichts anderem besteht, als in der Tatsache, dass sie geschieht. Die von Einstein so genannte Eigenzeit wird demgegenüber als dadurch messbar gedacht, dass sich reale Veränderungen mittels Feststellung offensichtlicher Gleichzeitigkeiten mit den Anzeigen örtlicher natürlicher Uhren eindeutig darauf beziehen lassen. Da Einstein nämlich sehr bald erkannte, dass eine einheitliche Synchronisation seiner natürlichen Uhren für verschiedene Inertialsysteme im allgemeinen unmöglich ist, hat er flugs die Vorstellung beliebig vieler verschiedener eigenen Zeiten entwickelt. Daher also der Name, erkennt *Borromea Worthswerd*. Da aber habe er die Rechnung wohl ohne das Universum gemacht, widerspricht *Frank U. Frey*, schließlich sei eine einheitliche Zeit unverzichtbar, in der sich sämtliche universalen Veränderungen zumindest theoretisch beschreiben ließen. Aber die gebe es doch bereits als kosmische Eigenzeit, die für alle Strukturen wie Galaxien seit dem Urknall vergangen sei, verteidigt *Hypolite Van Tast*. Wie denn? fragt *Mlle Bleu de Ley*, zu Beginn habe es doch angeblich weder Uhren, Galaxien noch überhaupt irgendwelche Strukturen gegeben. Aber vielleicht Quantenfluktuationen, beharrt *Hypolite Van Tast*. Mit dem Lauf von Sternen, Planeten und Monden sei Zeitmessung natürlich, seit es solche Strukturen gebe, kontert süffisant *Mlle Bleu de Ley*, doch solle er ihr bitte einmal zeigen, wie an einem vollkommenen Chaos die Zeit abzulesen sei. Er möge doch eine Uhr daraus bauen, fährt sie fort, oder solle sie besser sagen darin, denn das sei ja vielleicht seine Welt.

In meinen Augen ist dies die Rückkehr von Newtons mathematischer Zeit, die unabhängig von allem anderen Geschehen vergeht und deshalb von ihm absolut genannt wurde. Und zwar absolut richtig im Sinne des Wortes, *Borromea Worthswerd* ist in ihrem Element und kommt in Fahrt. Im Unterschied zu dieser absoluten Zeit selbst aber ließen sich nur relative Zeitspannen bestimmen, verstehe sie. Diese würden durch verschiedene Zeitpunkte begrenzt und dabei mit gegebenenfalls unvollkommenen Uhren gemessen. *Mlle Bleu de Ley* ergänzt, sogar *absolut* unvollkommene könnten genügen, und gerade das sei so etwas wie Newtons Vorwegnahme der *Relativität*. *Hypolite Van Tast* läuft inzwischen Gefahr, Opfer eines hysterischen Anfalls zu werden.

Als die Zeit eines Ereignisses gilt also genau derjenige Zeitpunkt, der dem Ereignis gleichzeitig ist. Gleichzeitig wiederum sind Ereignisse, die im gleichen Augenblick am gleichen Ort geschehen. Die Gleichzeitigkeit von anderen Ereignissen aber, die nicht am gleichen Ort geschehen, setzt die prinzipielle Möglichkeit der Verwendung synchronisierter Uhren voraus, so dass gegebenenfalls ein gleicher Zeitpunkt solcher Ereignisse festgestellt werden kann. Eine Synchronisation natürlicher Uhren, die angeblich eine kosmische Eigenzeit anzeigen könnten, wäre allerdings schon deshalb unmöglich, weil ein und dieselbe Uhr aus verschiedenen kosmischen Distanzen betrachtet unterschiedlich schnell gehen muss. Nein, das ist keine Spekulation, das entspricht der Rotverschiebung und ist in dem unterschiedlichen, zeitlich auf Wochen begrenzten, Leuchten der Supernovae ohne jeden Zweifel gemessen und bestätigt. Eigenzeitintervalle sind immer nur örtliche Größen. Werden sie in Lichtstrahlen transportiert, erleiden sie – wie wir bald sehen werden – je nach überbrückter Entfernung jene größeren oder kleineren als Rotverschiebung bezeichneten Dehnungen, die nichts mit einer realen Bewegung im Sinne des gewöhnlichen Doppler-Effekts zu tun haben.

Im alltäglichen Leben ist die universale Zeit mit der 'gewöhnlichen' Zeit zu vergleichen, während die Eigenzeit etwa als jeweilige Anzahl von Herzschlägen beispielsweise von einem Display abzulesen wäre. Doch mit einer solchen Uhr gemessen, wäre die Zeit ein rein subjektives Phänomen zwischen Anfang und Ende eines lebenden Organismus. In Bezug auf diese dann möglicherweise noch nicht oder nicht mehr vergehende Eigenzeit eines Individuums aber geschähe im Universum ringsum vorher: nichts, nachher: nichts. In Bezug auf eine einzige, spezielle Eigenzeit vielleicht nicht, argumentiert *Hypolite Van Tast*, dafür aber in Bezug auf andere. Und genau damit habe er die Existenz einer ewigen universalen Zeit nun statistisch begründet, wird ihm von *Frank U. Frey* sofort erklärt.

Nach jahrzehntelangen Studien mit fortgesetzten Berechnungen am Computer sehe ich mich mehr denn je einer zukünftigen mathematischen Naturphilosophie verpflichtet. Natürlich nicht genau derjenigen, die seinerzeit Newton – mitsamt nachträglich teilweise abstrus anmutenden Ideen – vertreten hat, sondern derjenigen, die er wohl schon damals als Ziel vor Augen hatte. Sein Begriff einer mathematischen Zeit enthält meines Erachtens auch eine Antwort auf die alte Frage des Augustinus. Dieser hat seinerzeit festgestellt, solange ihn niemand danach frage, wisse er, was die Zeit sei. Wenn ihn aber einer danach frage, wisse er es nicht zu sagen. Müsste ich eine Antwort geben und hätte nur eine einzige frei, versucht es *Borromea Worthswerd*, so würde ich sagen, die Zeit sei das Maß der Veränderung in einem ewigen unendlichen Universum. Aber das ist ja paradox, *Mlle Bleu de Ley* hat's gemerkt. Ja, eben, erwidert *Borromea Worthswerd*, anders gehe es nicht.

Zur mathematischen Unterscheidung der euklidischen Geometrie idealer Maßstäbe von der nichteuklidischen realer deformierbarer Objekte dient das berühmte, oft fälschlich als Parallelenaxiom bezeichnete, fünfte Postulat jenes Euklid. Es besagt, dass in einer gemeinsamen Ebene durch jeden Punkt außerhalb einer Geraden genau eine Parallele geht. Es ist unter anderen gleichwertig zum Satz von der Existenz ähnlicher Objekte. Im Unterschied zu einem Axiom als einer unbezweifelbaren Voraussetzung aber handelt es sich bei einem Postulat um eine willentlich erhobene Forderung im Sinne einer Voraussetzung, die eben nicht unter allen Umständen erfüllt sein muss.

Doch wurde das fünfte Postulat über mehr als zweitausend Jahre als Axiom missverstanden und deshalb immer wieder aus den ersten vier Postulaten zu beweisen versucht. Nach all den nicht zählbaren erfolglosen Anstrengungen waren es anfangs des 19. Jahrhunderts schließlich Nikolai Iwanowitsch Lobatschewski und János Bolyai, die bewiesen, dass es auch ohne geht, indem sie jeweils eine dementsprechend 'nichteuklidisch' genannte Geometrie entwickelten. Diese verzichtet auf das fünfte Postulat, das deshalb auch kein Axiom im Sinne einer Denknotwendigkeit sein kann. Angesichts dieser Tatsache steht man und staunt über die unergründliche Weisheit Euklids, der also nie behauptet hat, dass keine andere als seine Geometrie mathematisch denkbar sei, sonst hätte er seine Postulate Axiome genannt.

Dass gerade jenes fünfte Postulat schon immer angezweifelt wurde, nie aber die ersten vier, zeigt dass die Entdeckung der nichteuklidischen Geometrie über viele Jahrhunderte gewissermaßen in der Luft lag. Neben einer geforderten Existenz ähnlicher Figuren und Körper gibt es noch andere Feststellungen, die zum Parallelen-Postulat mathematisch gleichwertig sind.

Frank U. Frey schlägt vor: Die Geometrie ist frei von einem charakteristischen Längenmaß. Und führt aus, ohne Existenz ei nes inneren Längenmaßes sei die Geometrie durch die ersten vier Postulate samt zugehörigen Axiomen und Definitionen eindeutig festgelegt. Bei dieser Formulierung sei zu beachten, dass im Unterschied zu darüberhinaus gehenden mathematischen Fiktionen die Geometrie im allgemeinen Sprachgebrauch immer auf den dreidimensionalen Raum bezogen sei.

Borromea Worthswerd versucht es mit: Vier Postulate genügen zwar nicht, doch mehr als genug ist verboten. Die Formulierung klinge vielleicht paradox, sei aber nicht nur scherzhaft gemeint. Die Geometrie gekrümmter Flächen bezeichne sie mit einem Zusatz und nenne sie anstatt nichteuklidische die Krümmungs-Geometrie. Obwohl sich das Wort Geometrie unmittelbar auf die Erdoberfläche bezogen habe, sei darin ursprüngliche kein Bezug auf ihre Krümmung enthalten gewesen.

Sigismund Sörgli schlägt in die gleiche Kerbe: Auch mit systematisch gekrümmten Linealen oder systematisch verzerrten Maßstäben lässt sich allein mit den ersten vier Postulaten eine widerspruchsfreie, nichteuklidisch genannte Geometrie betreiben.

Mlle Bleu de Ley, blond aber nicht dumm – wie sie manchmal selbstironisch von sich sagt – vermutet, Euklids fünftes Postulat könnte gleichwertig lauten: Ich bin durchaus in der Lage, mir Würfel zu denken, die aneinandergepackt Räume beliebiger Größe lückenlos ausfüllen würden.

Zusammenfassend ist also festzustellen, Euklids fünftes Postulat ist zwar nicht allen Vorstellungen vom Raum gemeinsam. Doch Aussagen über Punkte, Geraden, Figuren und Körper sind keine Aussagen über den Raum, sondern Aussagen über Objekte *im* Raum. Der Begriff Geometrie ist räumlich dreidimensional zu verstehen. Bolyai und Lobatschewski haben gezeigt, die Voraussetzung, dass mathematische Maßstäbe starr seien, genügt nicht zu einer Festlegung auf die euklidische Geometrie. Ich drehe es um und sage, die Tatsache, dass reale Maßstäbe nicht starr sein können, erzwingt die Einführung der nichteuklidischen Geometrie bis hin zu Einsteins Gravitationstheorie.

Auch der Autor selbst will sich ausnahmsweise der Wortspielerei nicht verweigern und erklärt: Im Hinblick auf den dreidimensionalen euklidischen Raum ist die nichteuklidische Geometrie nur die Geometrie systematisch veränderlicher Maßstäbe und Objekte. Könnte ich also nicht einfach sagen, die nichteuklidische Geometrie sei die euklidische Geometrie nicht-starrer Maßstäbe? fragt *Mlle Bleu de Ley* daraufhin.

Brav schreibt ein hochgelehrter Professor in seiner 'Einführung in die moderne Kosmologie' stellvertretend für so viele, die anders als Einstein nicht die Kurve gekriegt haben: „Die mögliche Krümmung des dreidimensionalen Raums ist eine inhärente Eigenschaft des Raums, und genau wie im Fall der zweidimensionalen Kugeloberfläche muss es nicht unbedingt einen höherdimensionalen Raum geben, damit sie existieren kann."

Doch wo bitte wolle er denn jemals die Oberfläche einer Kugel gesehen oder gar begriffen haben, die sich *nicht* in einem dreidimensionalen Raum befunden hätte? fragt *Frank U. Frey.* – „Eine der großen Herausforderungen, die man meistern muss, um das Universum zu verstehen, ist es, sich dies korrekt vorzustellen." Ja, ja, er solle bloß weiter erzählen, sanft säuselt *Mlle Bleu de Ley.*

Die Sätze jenes Buchs spiegeln allerdings genau die allgemeine Auffassung wider – und die ist falsch. Die Position auf einer Kugel ist nach dieser Auffassung festgelegt durch die Angabe zweier Koordinaten. Doch neben Längengrad und Breitengrad steckt im nichteuklidischen Linienelement eine dritte Koordinatenangabe, nämlich die des Radius der Kugel. Dieser Krümmungsradius ist nichts anderes als die Festlegung der dritten Koordinate des euklidischen Raums.

Diese dritte Koordinate ist auf der Kugel zwar konstant und ihre Angabe lässt sich umschreiben mit dem Begriff 'auf der Kugel'. Doch selbst wenn man den Koordinatenursprung jeweils in den Mittelpunkt aller möglichen Kugeln legt – es sind im Endeffekt immer drei Zahlenangaben, die eine Position im euklidischen Raum bestimmen.

Des armen Professors Beschwörungen behandeln wie die vieler anderer eine von nur wenigen verstandene geometrische Analogie – und zwar von Henri Poincaré, Hermann Weyl, auch Steven Weinberg, nicht zuletzt aber ausgerechnet von Albert Einstein selbst. Diese Beschwörungen sind bestens geeignet, schlichte Gemüter zu verwirren, und vernebeln im Endeffekt mehr als sie jemals enthüllen.

Alle Behauptungen eines gekrümmten dreidimensionalen Raums seien nichts als leeres Gerede. Für wen oder was hätte es denn einmal mehr als drei Freiheitsgrade des Ortes gegeben, fragt *Frank U. Frey*. Allen Dimensionsspekulanten aber, die sich darin gefielen, vernünftige Begriffe hochstapelnd zu übersteigen, sei mit *Borromea Worthswerd* gesagt: Lernt erst einmal eure Sprache, bevor ihr uns solchen Unsinn erzählen wollt! *Mlle Bleu de Ley* fährt fort, wenn jene Experten eine Vermählung von Relativitätstheorie und Quantenmechanik durch Vermogelung angeblich eingerollter räumlicher mit sonstigen Freiheitsgraden zustande zu bringen versprächen, dann glichen sie mit ihrem Vorhaben einer Elite von Heiratsschwindlern, und zwar den kunstfertig schief gewickelten. Die Dimension des Raums habe als Anzahl keine Abmessung und sei etwas anderes als die Ausdehnung darin befindlicher Objekte, stellt *Frank U. Frey* richtig.

Die Krümmung eines dreidimensionalen Raums aber, wenn das mehr sein soll als blutleere Mathematik, würde tatsächlich nur durch eine Notwendigkeit bewiesen, zusätzlich zu den üblichen drei Koordinaten zwangsläufig eine vierte Zahlenangabe zu verlangen. Eine andere entscheidende Voraussetzung wäre – und auch diese ist aufgrund des Ehrenfest'schen Paradoxons nachweislich falsch – dass es absolut starre Maßstäbe gäbe. Und hinter tausend Stäben keine Welt, ruft *Mlle Bleu de Ley* nicht etwa wieder vorlaut dazwischen, nein, diesmal ist es ein Abgesang.

Der große Hermann v. Helmholtz hat im Zusammenhang mit der nichteuklidischen Geometrie zwar ausdrücklich auf den 'Farbraum' Bezug genommen. Er wäre aber nie in Analogie zu heutigen String-Theoretikern auf die Idee verfallen, die Farbe oder andere physikalische Eigenschaften realer Objekte als weitere räumliche Dimensionen zu betrachten.

Raum und Zeit sind keine physikalischen Objekte. Außerhalb mathematischer Fiktion gibt es ebensowenig einen gekrümmten dreidimensionalen Raum wie es imaginäre Kühe gibt, die sich mittels irgendwelcher Vielfacher der Wurzel von minus Eins konkret abzählen ließen. Newtons absoluter Raum hingegen ist logisch einwandfrei und beherbergt sogar Einsteins Physik, wenn man dessen nichteuklidisches Konzept vernünftigerweise auf reale Dinge bezieht. Wie nun der ehemals absolute Raum als Repräsentant des universalen Gravitationsfelds konkret verständlich wird, darauf werde ich mit Vergnügen zurückkommen.

Es ist passiert, dass ein Professor für Astronomie über meine Auffassung der Geometrie so erschrocken ist, dass er in offenbarer Verstörung zu unfreiwillig komischen Argumenten seine Zuflucht nahm. Er schrieb, dass die „anschaulichen Begriffe von Raum und Zeit mühsam beim Klettern unserer Vorfahren in den Bäumen am Rande der ostafrikanischen Steppe entstanden" seien. Auf die damit nahegelegte Antwort, er müsse es ja wissen, habe ich verzichtet.

Jedenfalls hätten Newton, Kant, Poincaré oder Einstein meines Wissens nicht in Bäumen gehaust. Es gebe immer wieder vermeintliche Koryphäen, die sich als akademische Haremswächter auf Verhütung konzentrierten, *Sigismund Sörgli* spricht aus Erfahrung. Gar nicht lustig, dass er den gegenwärtigen Mangel an Anschaulichkeit als Qualitätsmerkmal der modernen Physik auch noch einem nur am Rande beteiligten arglosen Dritten habe andrehen wollen, *Borromea Worthswerd* wird etwas konkreter. Seine Argumentation sei äußerst bequem, denn sie erlaube es ihm, sich als Experten aufzuspielen, selbst wenn er gar nichts begriffen hätte. So einer könne bei des Kaisers neuen Schneidern in die Lehre gegangen sein, mutmaßt *Mlle Bleu de Ley*. Und wenn ein entfernter Nachfahre von Darwins Affen deren angeborenen Sinn für Orientierung in Raum und Zeit leugne, dann könne es leicht geschehen sein, dass er sich einst bereits beim Klettern im Gerüst neben dem Sandkasten für immer verstiegen habe, ergänzt der Evolutionsbiologe *Aladin Adamson*.

Geometrie nach Maß

Seit ich mit dreizehn oder vierzehn als Schüler anfing, mir mein Taschengeld durch Nachhilfe zu verdienen, konnte ich mir das eine oder andere schöne Buch über Mathematik und dann auch Physik selbst kaufen. In einem von ihnen war zu lesen, die Geometrie sei die Kunst, aus falschen Figuren die richtigen Schlüsse zu ziehen. Das habe ich gleich verstanden und war nicht nur beeindruckt, sondern erleichtert. Aus einem Kreis mit dem Umriss einer Kartoffel leite sie den Satz des Thales ab. Dies von einem Autor zu lesen, der sein Fach offensichtlich verstand, anscheinend sogar liebte, war für mich so etwas wie eine Befreiung, denn meine geometrischen Figuren erinnerten tatsächlich eher an reale Naturprodukte als an ideale platonische Körper.

Soweit es die allgemeine Relativitätstheorie betrifft, ist der springende Punkt der ganzen Diskussion um euklidisch oder nicht: Man würde keine absolut starren Lineale brauchen, um damit eine widerspruchsfreie Geometrie zu betreiben.

Die Ausnahmeerscheinung Henri Poincaré hatte bereits vor Einsteins Wunderjahr 1905, vor Aufstellung der speziellen Relativitätstheorie also, mit Verweis auf die temperaturabhängige Länge gewöhnlicher Maßstäbe darauf hingewiesen, dass der mathematische Apparat der nichteuklidischen Geometrie schon im alltäglichen Leben anzuwenden wäre, wenn nur genau genug gemessen würde. Das gleiche hat der großartige Hermann Weyl in Weiterführung dieser Analogie wieder getan, und zwar nach Fertigstellung der allgemeinen Relativitätstheorie, zu der er selbst neben Hilbert und einigen anderen dann wesentliche Beiträge geliefert hat. Und weil die Konsequenzen bis heute nicht hinreichend klar, geschweige denn allgemein akzeptiert sind, sollen verschiedene Aspekte einer entsprechenden nichteuklidischen Vermessung hier kurz einmal durchgespielt werden.

Wir denken uns einen großen Raum, dessen Außenwände während der ganzen Zeit stets auf konstanter Temperatur gehalten werden, und dessen Inneres zunächst ebenfalls überall die gleiche Temperatur aufweisen soll. Es gebe einen hinreichenden Vorrat an Maßstäben eines ganz bestimmten Materials, die zwar keine Verbiegung zulassen, in Längsrichtung aber sowohl thermisch als auch elastisch deformierbar sein sollen. Auch die Ganggeschwindigkeit aller gleichbeschaffenen Uhren sei temperaturabhängig. Wir denken uns den Innenraum mit einem Gitter rechtwinkliger materieller Koordinatenlinien durchzogen, die aus anderen, gegen Temperaturschwankungen praktisch unempfindlichen Einheitsstäben zusammengeklebt sind. Die transportablen Uhren und kräftefreien Maßstäbe aber, welche jeweils die Temperatur ihrer unmittelbaren Umgebung annehmen, wollen wir 'natürliche' Uhren und 'natürliche' Maßstäbe nennen. Nun werde, mittels einer Wärmequelle, ein auf das Innere begrenztes Temperaturgefälle hergestellt. Werden anschließend die Längen der miteinander verklebten Einheitsstäbe mit den Längen der freien natürlichen Maßstäbe verglichen, so stimmen diese nicht mehr überein.

Zwischen zwei Schnittpunkten der Gitterlinien würde sich also ein nichteuklidisches Linienelement der mit natürlichen Maßstäben gemessenen räumlichen Entfernung ergeben, wobei die Koordinaten nach wie vor den euklidischen Raum repräsentieren würden. Eine thermische Deformation zwischen zwei Klebestellen könnte beispielsweise durch gezielte elastische Deformation ausgeglichen werde. Ansonsten aber könnten sich reale Koordinaten-Stäbe gleichzeitig leicht verbiegen, was natürlich eine Deformation der im Raum befindlichen Objekte bedeuten würde.

Stünden jedoch prinzipiell keine anderen Maßstäbe und auch keine Thermometer zur Verfügung, so könnte man zunächst – indem die Länge eines kräftefreien Maßstabs unabhängig von seiner Temperatur zur unveränderlichen 'natürlichen' Längeneinheit erklärt würde – auf die romantische Idee verfallen, dass es der dreidimensionale Raum selbst sei, der 'nichteuklidisch', im mathematisch übertragenen Sinne also 'gekrümmt' wäre. Bei einem Versuch aber, Bewegungen und andere zeitliche Veränderungen innerhalb dieses Raums mathematisch zu beschreiben, würde man wie einst Einstein bald feststellen, dass dazu Koordinaten zu verwenden sind, die keine „unmittelbare metrische Bedeutung" haben. Dies deshalb, weil gleichen Koordinatendifferenzen je nach lokaler Temperatur und elastischer Spannung unterschiedliche mit natürlichen Maßstäben gemessene Längen zuzuordnen wären. Jeder findige Handwerker hat sich deshalb längst auf die Tatsache temperaturabhängiger Maßstäbe eingestellt, grübelt *Sigismund Sörgli*. Nein, es gebe kein Experiment, das nur mit einer hypothetischen Krümmung des dreidimensionalen Raums erklärt werden könne, stellt *Frank U. Frey* ein für allemal klar, demzufolge fehle jeder eindeutige Nachweis für eine Krümmung des 'Raums'.

In der allgemeinen Relativitätstheorie spielen die Koordinaten von Raum und Zeit seit Einstein nur die Rolle von mathematischen Hilfsgrößen und gelten innerhalb sehr weiter Grenzen als willkürlich wählbar. Diese Auffassung ist zweifellos richtig, wo es nur um lokale Bewegungsabläufe von Objekten geht, und solange deren innere Struktur und Verteilung keine Rolle spielt. Auch das lässt sich wieder leicht klarmachen an folgendem Beispiel. Angenommen die Uhren in Zügen und Bahnhöfen spielen plötzlich verrückt, alle aber nach einem täglich gleichen Muster. Es wäre dann theoretisch möglich, die Fahrpläne an das Geschehen anzupassen, ohne dass sich auch nur das geringste an den realen Abläufen änderte, oder gar irgendwo zwei Züge deshalb zusammenstießen. Lediglich die Zeigerstellungen der Uhren wären alle miteinander andere, wenn beispielsweise irgendwo Weichen gestellt würden, wenn Züge in Bahnhöfe einführen oder sich auf offener Strecke begegneten. Dieses gesamte Geschehen ließe sich nämlich auffassen als eine Folge verschiedener Ereignispaare, die jeweils an ein und demselben Ort gleichzeitig stattfänden.

Bei allem, was geschieht, kommt es also immer nur auf die Gleichzeitigkeit am selben Ort an, nicht aber auf die Zeigerstellung der jeweiligen Uhren selbst, hier oder gar in großer Entfernung. Es ist klar, dass dies eine Verallgemeinerung des ursprünglichen Einstein'schen Konzepts bedeutet, die allerdings notwendig war. Am Ende wird sich herausstellen, dass – wie bereits mehrfach betont – die spezielle Relativitätstheorie überhaupt nur lokale, das heißt räumlich und zeitlich begrenzte annähernde Gültigkeit hat.

Das Gedankenspiel lässt sich noch weiter ausdehnen, indem man jeder einzelnen Schwelle im Schienennetz eine eigene Uhr zuordnet. Man denke sich, alles, was geschieht, geschehe genau so wie zuvor, bloß die Uhren gehen nun anders. Sogar wenn Uhren an verschiedenen Orten unterschiedlich gingen und der Abstand der Schwellen nicht einheitlich wäre, ließe sich jedem Ereignis eindeutig und widerspruchsfrei eine Schwellennummer zusammen mit einer Uhrzeit zuordnen, solange die Uhren nur vorwärtsgingen und die Schwellen fortlaufend nummeriert wären.

In drastischer Verdeutlichung kann man sich auch einen Film vorstellen, der gleichzeitig in zwei verschiedenen Kinosälen abläuft. Was auf der Leinwand geschieht, ist völlig unabhängig davon, ob die zwei Uhren der beiden Kinos in Takt sind. Angenommen eine Besucherin der einen Vorstellung berichtet später, dass um genau 21:19:47 Uhr der Zug auf der Leinwand in einen Tunnel fuhr, ihr Begleiter dagegen, dass genau um 21:19:47 Uhr dem Filmstar die Brille herunterfiel. Wenn die Uhr an der Wand nicht zwischendurch stehen geblieben ist, dann ist klar, dass die Brille gleichzeitig herunterfiel, und zwar in dem Augenblick, als der Zug in den Tunnel fuhr. An dieser Gleichzeitigkeit des Geschehens im Film ändert sich nichts dadurch, dass von Besuchern des anderen Kinos berichtet wird, beide Ereignisse hätten genau um 21:16:37 Uhr stattgefunden. Die Uhren an der Wand eines Kinos spielen im Geschehen auf der Leinwand keine Rolle. Ihre jeweilige Zeigerstellungen dienen lediglich dazu, gleichzeitige Ereignisse durch eine zugehörige Zeitangabe miteinander zu verknüpfen. Keine Züge stoßen zusammen, bloß weil auf der Strecke eine Uhr stehen bleibt, an der sie zu verschiedenen Zeiten in Gegenrichtung vorbeifahren.

Im Unterschied zu der als natürliche Zeit bezeichneten lokalen Anzeige von Atomuhren lässt sich die Willkür in der Wahl einer geeigneten Systemzeit im Hinblick auf ein gleichmäßig materieerfülltes Universum beheben. Dazu denke ich mir die Ganggeschwindigkeit und die Zeitnullpunkte von Atomuhren durch technische Eingriffe so geregelt, dass sich beliebige Bereiche des Universums nach Einsteins Prinzip der Reflexion im Zeitmittelpunkt – allerdings nur theoretisch – synchronisieren ließen. Die entsprechenden Uhren nennen wir Systemuhren, und die von ihnen angezeigte Zeit heiße Systemzeit. Der gemeinsame Zeitnullpunkt ist analog zu beliebigen Uhren willkürlich einstellbar, wie es in einem ewigen Universum ja auch sein muss, weil es insgesamt weder Anfang noch Ende gibt. Es liegt dann nahe, zusätzlich passende räumliche Systemkoordinaten so zu wählen, dass die darauf bezogene universale Lichtgeschwindigkeit mit dem Durchschnittswert in lokalen Inertialsystemen übereinstimmt. Mit der gleichnamigen Naturkonstanten also. Zumindest statistisch ist das alles zusammen theoretisch möglich, und zwar im Falle von SUM für immer und wieder.

Um die Sache endgültig auf den Punkt zu bringen, spitzen wir die Angelegenheit hier noch weiter zu und stellen uns in Gedanken die früher einmal durchaus nicht unrealistische Aufgabe, bei ortsabhängiger Temperatur das Land einer großen hügeligen Ebene allein mittels realer Meterstäbe aus Platin-Iridium geodätisch zu vermessen, und dabei eine exakte topologische Karte zu erstellen. Ohne Zuhilfenahme eines Thermometers wäre das unmöglich. Denn am Ende würde sonst niemand sagen können, welcher Anteil der dabei ermittelten nichteuklidischen Maßverhältnisse auf wahre Krümmung und welcher auf Temperaturunterschiede zurückzuführen sei. Und was ließe sich hinsichtlich eines höherdimensionalen Raums wohl von den fiktiven zweidimensionalen Schattenwesen aufgrund solch einer geodätischen

Vermessung eindeutig aussagen? Nichts anderes, als dass es sei, wie es sei.

Weyl hat trotz der von ihm diskutierten Möglichkeit scheinbarer nichteuklidischer Maßverhältnisse des Raumes durch beeinflussbare Maßstäbe selbst an der Deutung im Sinne eines 'gekrümmten' dreidimensionalen Raums festgehalten, weil er es – seinerzeit ganz im Sinne der ursprünglichen Relativitätstheorie – unmöglich fand, die Deformation entsprechender Objekte ohne Bezug auf ein ausgezeichnetes System eindeutig zu bestimmen. Dessen Existenz war ihm damals bei gerade erst aufkommenden Beobachtungen der kosmischen Rotverschiebung und vor Entdeckungen der Hintergrundstrahlung anscheinend unvorstellbar, jedenfalls aber gänzlich unbekannt.

In meisterhaften Worten hat er geschrieben: „Messen wir eine ungleichförmig erwärmte Platte, die sich in stationärem Temperaturzustand befindet, mit Hilfe von ruhenden Maßstäben aus, die an jeder Stelle der Platte im Wärmegleichgewicht die dort herrschende Temperatur angenommen haben, so konstatieren wir ähnliche (übrigens weit erheblichere) Abweichungen der 'natürlichen Geometrie' von der Euklidischen wie im Gravitationsfeld. Trotzdem behauptet niemand, dass auf der Platte die Euklidische Geometrie nicht gelte, sondern man schreibt diese Abweichungen der Wärmeausdehnung der benutzten Maßstäbe zu." Und weiter: „So gibt es hier offenbar unendlich viele gleichmögliche und gleichberechtigte Vorschriften zur Korrektur der an den Maßstäben direkt ablesbaren Längen, deren jede zur Euklidischen als der wahren Geometrie führt; kein Anhaltspunkt ist da, um eine von ihnen im Gegensatz zu allen anderen als die allein richtige auszuwählen. Nur durch Sanktion eines reinen Willküraktes könnte das geschehen ...".

Die letzten beiden Sätze aber sind leider irreführend, indem es ja auch keine „allein richtigen" Koordinaten einer Ebene gibt, wie jede beliebige Transformation zeigen kann. Darauf kommt es ja auch gar nicht an, sondern nur auf die Tatsache, dass diese Fläche überall perfekt flach wäre, ganz im Unterschied zur Annäherung in kleinen örtlich begrenzten 'flachen' Teilbereichen beispielsweise auf einer Kugel.

Man sagt, Carl Friedrich Gauß habe ein von ihm als 'Geschrei der Böoter' bezeichnetes Unverständnis so gefürchtet, dass er sein eigenes Konzept einer nichteuklidischen Geometrie verschwiegen hat – Klugheit oder Feigheit? Andererseits aber ist es eine Ironie des Schicksals, heute umgekehrt kein Geschrei zu erleben, sondern das Totschweigen durch quasi-böotische Experten, wenn ich im Sinne Henri Poincarés, Hermann Weyls – und, ja, ganz besonders auch Albert Einsteins! – anhand des Ehrenfest'schen Paradoxons und in unmittelbarer Anwendung des Äquivalenzprinzips gezeigt habe, dass eine nichteuklidische Geometrie des dreidimensionalen Raums nichts anderes sein kann als die Geometrie veränderlicher Maßstäbe.[31] Jede Spekulation, die darüber hinausgeht, ist eine unnötige Hypothese. Unnötige Hypothesen aber – darüber sind sich nicht erst seit Wilhelm von Ockham alle Vernünftigen einig – haben in der Physik nichts zu suchen.

Determinismus als scharfe Variante des Kausalitätsprinzips, dass nämlich eindeutige Wirkungen eindeutige Ursachen haben und umgekehrt, was erst von der Quantenmechanik ernsthaft in Frage gestellt wird, liefe darauf hinaus, dass von verschiedenen Theorien, die auf gleicher logischer Ebene ein und denselben Sachverhalt beschreiben sollen, nur eine richtig sein könnte. Auch das hätte zur Konsequenz, dass zwar alle notwendigen, jedoch keine überflüssigen Hypothesen enthalten sein dürften. Als Newton im Hinblick auf seine Gravitationstheorie schrieb, er benutze nichts derartiges – „hypotheses non fingo" – hatte er nur die überflüssigen Hypothesen gemeint, und damit vernünftigerweise auf jede 'Erklärung' der Schwerkraft verzichtet. Auch Einsteins Gravitationstheorie will die Schwerkraft 'nur' richtig beschreiben, letzten Endes aber keineswegs wirklich erklären.

Onkel Isaac, warum fällt der Apfel vom Baum? Weil er durch die Schwerkraft heruntergezogen wird. Und wodurch kommt die zustande? Durch die Masse der Erde. Das ist einem neugierigen Kind nicht genug, es fragt ein 'Raumzeit'-Genie. Onkel Hypolite, warum fällt der Apfel vom Baum? Weil er durch die Schwerkraft heruntergezogen wird. Wodurch kommt die zustande? Durch die Krümmung des Raums. Und die Krümmung des Raums? Durch die Masse der Erde. Aber das sei am Ende doch die genau gleiche Antwort, durch die Masse der Erde eben, wundert sich das Kind. Warte nur, dir will ich's zeigen! Onkel Hypolite holt die Kugeln mit dem Gummituch.

Demgegenüber immer wieder notwendig sind vorläufige Arbeitshypothesen, die eine Theorie im Entstehen oder in Phasen der Anpassung braucht, um ihrem Gegenstand gerecht zu werden. Sind solche Arbeitshypothesen grundsätzlicher Natur, und bewähren sie sich als unverzichtbar, so werden sie in der Regel nachträglich zu Axiomen erklärt.

Das Prinzip intellektueller Zurückhaltung und Sparsamkeit wird heute meist drastisch mit dem Namen Ockhams Rasiermesser oder Ockhams Skalpell bezeichnet, wobei dessen Verwendung wohl bis zu den alten Griechen und insbesondere auch auf Aristoteles zurückgeht.

Seit den Zeiten Galileis steht zwar der Name Aristoteles in der Physik für Rückständigkeit. Meines Erachtens aber wird damit dem großen Philosophen unrecht getan. Was hat er nicht alles gewusst, und was nicht alles verstanden! Und selbst da, wo er sich irrte, hat er immerhin richtige Fragen gestellt, und zwar systematisch.

Galileis Fallgesetze allerdings, denen bereits der stotternde Tartaglia sehr nahe gekommen war, hätten sehr viel weniger Aufsehen erregt, wären da nicht zuerst die Irrtümer des Aristoteles gewesen. Doch rückständig war wie so oft nicht dieser selbst, sondern die dogmatische Borniertheit seiner Anhänger. Seltsam, da falle ihr Einstein ein, *Mlle Bleu de Ley* wundert sich. Eine entsprechende Unterscheidung betreffe in bedeutenderem Ausmaß bekanntlich auch die katholische Kirche – ergänzt *Borromea Worthswerd* – der es, im Unterschied zu Zeiten glaubwürdiger Oberhirten wie Gott sei Dank heute vielleicht Franziskus, über

Jahrhunderte mehr um Macht und anderes gegangen sei, als um das Anliegen dessen, auf den sie sich seit ihrer Gründung berufe.

Der aristotelischen Naturphilosophie seiner Exegeten konnte es naturgemäß nicht gelingen, ein allumfassendes Weltsystem zu errichten, obwohl – oder gerade weil – sie im Lauf der Jahrhunderte zunehmend den Anschein erwecken wollte, unfehlbar zu sein.

Es ist zweifelhaft, wird aber von einem Zeitgenossen so berichtet, dass Gauß, als er das vom Brocken im Harz, dem Inselsberg im Thüringer Wald und dem Hohen Hagen gebildete Dreieck vermessen hatte, gleichzeitig anhand der Winkelsumme überprüfen wollte, ob diese Summe von 180° abweiche, um damit gegebenenfalls auf eine nichteuklidische Geometrie zu schließen. Hätte er aber tatsächlich die Winkelsumme verschieden von den zwei Rechten Winkeln Euklids gefunden, so wäre nicht nur aus meiner Sicht, sondern vor allem aus der Sicht des auch hier wieder unübertrefflichen Henri Poincaré, die nächstliegende – wenn nicht gerade für weltfremde Mathematiker – und zugleich unwiderlegbare Erklärung gewesen, dass die Lichtstrahlen verbogen worden seien, gegebenenfalls durch einen zuvor unbekannten Effekt.

Poincaré hat das klar ausgedrückt, indem er schrieb, „... so hätte man die Wahl, zwischen zwei Schlussfolgerungen: wir könnten der Euklidischen Geometrie entsagen oder die Gesetze der Optik abändern und zulassen, dass sich das Licht nicht genau in gerader Linie fortpflanzt."

Nicht also der Raum selbst oder die Geometrie wären krumm, sondern die Lichtstrahlen sind es tatsächlich, und zwar im Gravitationsfeld. Nicht einmal die Gedanken der Mathematiker müssten auf Dauer zwangsläufig krumm bleiben, *Mlle Bleu de Ley* ist nicht nachtragend, scheint eher erleichtert. Überhaupt scheine sie ihm manchmal eine kleine Sonne zu sein, staunt *Aladin Adamson*.

Aufbauend auf die Gauß'sche Flächentheorie hatte Bernhard Riemann im Jahr 1854 die nichteuklidische Geometrie in genau derjenigen Form entwickelt, wie sie heute den mathematischen Kern der allgemeinen Relativitätstheorie bildet. Dies tat er in seinem berühmten Vortrag „Über die Hypothesen, welche der Geometrie zu Grunde liegen". Noch bevor dieser Vortrag Jahre später in seinen Gesammelten Werken erschien, reagierte ein anderer großartiger Wissenschaftler, der genannte Hermann von Helmholtz, mit einer Arbeit unter dem leicht aufmüpfig klingenden Titel „Über die Tatsachen, die der Geometrie zu Grunde liegen". In diesem Contra wird ohne Re darauf hingewiesen, dass eine allgemeine Riemann'sche Geometrie des dreidimensionalen Raums mit der Existenz starrer Körper nicht vereinbar wäre. Die Existenz absolut längentreuer 'Maßketten' aber wäre erforderlich, irgendwelche nichteuklidischen Eigenschaften dem Raum selbst und nicht den darin befindlichen Gegenständen beziehungsweise realen physikalischen Feldern zuzuschreiben, was sich damit also auch hier wieder als unmöglich erweist. In anderem Zusammenhang hatte Riemann zuvor übrigens selbst versucht, eine Verbindung von Licht, Elektrizität, Magnetismus mit der Gravitation zu ergründen, wofür er später von Einstein als prophetisch bezeichnet wurde.

Nehmen wir einmal an, die geometrischen Maßverhältnisse unseres großräumigen Universums würden durch eine mathematische Formel beschrieben, die derjenigen zur inneren Beschreibung einer Kugeloberfläche vollständig analog wäre. Wäre dann daraus zu schließen, dass der dreidimensionale Raum gekrümmt sei, wie es beispielsweise die zweidimensionale Erdoberfläche tatsächlich ist? Ich denke, eine rein mathematische Antwort könnte ja lauten, allerdings nur ohne Bezug zur physikalischen Realität. Denn daraus würde folgen, dass der fiktive mathematische Raum mehr als drei Dimensionen hätte und außerhalb eines entsprechend fiktiven Universums noch Platz wäre, was bereits auf einen Widerspruchsbeweis hinausliefe. Jedes Kind würde eine solche Konsequenz in Bezug auf alles, was ist, sofort als widersinnig erkennen, und sei die Lobhudelei des Pöbels vor dem nackten Kaiser noch so groß. Also, nein, kann nicht sein, sagt *Borromea Worthswerd*, weil so etwas vom Wort 'Universum' her widerspruchsfrei nicht einmal denkbar ist.

Der Sinn, eine eindimensionale Kreislinie krumm zu nennen, erschließt sich allein daraus, dass sie sich von geraden Linien wie ihren Tangenten erkennbar unterscheidet. Damit aber eindimensionale Kreislinien und Tangenten überhaupt nebeneinander existieren können, bedarf es bereits einer zweiten Dimension, beispielsweise auf einem Blatt Papier. Darüberhinausgehend liegt der Sinn, eine zweidimensionale Kugeloberfläche gekrümmt zu nennen, allein darin, dass diese sich von einer berührenden ebenen Fläche, wie zum Beispiel einer idealisierten Tischplatte, in ihrer Gestalt unterscheidet. Voraussetzung dafür aber, dass verschiedene mathematisch zweidimensionale Gebilde wie also eine gekrümmte und eine ebene Fläche nebeneinander existieren können, ist wiederum eine zusätzliche Dimension, und somit bedarf dies der Existenz eines dreidimensionalen Raums. Wäre aber der dreidimensionale Raum nun seinerseits gekrümmt, und ließe sich diese Krümmung ebenfalls durch Vergleich mit einem ungekrümmten euklidischen Raum feststellen, so würde das schließlich eine vierte räumliche Dimension voraussetzen. Womit nun aber nicht ernsthaft die Zeit gemeint sein kann, die nur wegen eines ehmals kaiserlich spinnenden Mathematikers immer noch oft mit einer solchen verwechselt wird. Vielleicht hätte man es allerdings nötig, sich zuweilen missverständlich ausdrücken, um gegenüber dem damit wieder einmal für dumm verkauften Volk den Anschein geistiger Überlegenheit zu erwecken, *Mlle Bleu de Ley* zieht ein mögliches Motiv in Betracht. Mathematische Faultiere, fragt sich *Borromea Worthswerd*, oder sind sie einfach zu weltfremd, um in ihrer Muttersprache einen klaren Satz zustande zu bringen.

Für die Existenz einer vierten räumlichen Dimension gibt es aber keinerlei tatsächlichen Anhaltspunkt, im Gegenteil. Die Position des Schwerpunkts realer Gegenstände lässt sich immer in drei Zahlenangaben erfassen, und zwar gilt das sogar für jeden quantenmechanischen Erwartungswert. Auch der physikalische

Impuls dieses Gegenstands ist jederzeit durch drei Zahlenangaben beschrieben. Nun ist es zwar möglich, zum Beispiel Billardkugeln von einem zweidimensionalen Tisch senkrecht so hochzuheben, dass sich dabei nur die Höhenangabe verändert, die beiden Flächenkoordinaten in Bezug auf Länge und Breite des Tisches jedoch gleich bleiben. Gäbe es aber eine vierte räumliche Dimension, dann würde das die Möglichkeit einschließen, ein reales Objekt so zu bewegen, dass seine drei gewöhnlichen räumlichen Koordinaten gleich blieben, und sich nichts als die Koordinate der vierten Dimension durch reines Anstoßen ändert. So etwas gibt es aber nicht und ich kenne keine Physikerin und keinen Physiker, die oder der bereit wäre, so etwas zu behaupten oder auch nur ernsthaft in Erwägung zu ziehen.

Denn bei vier räumlichen Dimensionen müsste es zwei massiven dreidimensionalen Objekten also möglich sein, ohne Zusammenstoß aneinander vorbeizukommen. Und zwar indem sie kurzzeitig in die zusätzliche vierte Dimension ausweichen und dabei auf analoge Weise übereinandersteigen wie zwei Blattläuse, welche die beiden Dimensionen der Apfeloberfläche verlassen und die ihnen dann noch verbleibende dritte Dimension nutzen. Ein großer Unterschied aber besteht darin, dass Läuse dabei – und seien sie noch so blatt, erklärt *Mlle Bleu de Ley* – selbst immer dreidimensional ausgedehnte Wesen sind, wie alle anderen Objekte der physikalischen Realität auch. Ihre Wasserverdrängung beim Tauchen lässt sich in Milliliter messen, und das sind Zentimeter hoch drei, nicht hoch vier, und schon gar nicht hoch zehn oder elf. Wer trotzdem etwas anderes behauptet, der mogelt, indem er die im allgemeinen Sprachgebrauch gültige Bedeutung des Wortes Dimension, sei es nun aus Arglist oder Unfähigkeit, stillschweigend verändert. Was für armselige Flaschen – weiter fährt *Mlle Bleu de Ley* – die vorher gefragt werden wollen, wie leer sie eigentlich sind, weil sie nie wissen, in welchen Dimensionen der Phantasterei sie wieder einmal schweben. Wenn beispielsweise ein hochintelligenter Mathematiker mit einem nicht speziell mathematisch vorgebildeten vernünftigen Menschen über solche Fragen spreche, *Borromea Worthswerd* vertieft den Gedanken, ohne die verschiedenen Bedeutungen des Dimensionsbegriffs durch verschiedene Bezeichnungen zu unterscheiden, dann sei der hoch intelligente Mathematiker entweder strohdumm, oder er wolle eben Eindruck schinden. Jedenfalls aber würde er besser schweigen.

Der berühmte 'Fürst der Mathematiker' Carl Friedrich Gauß habe doch bewiesen, dass man die Krümmung einer Oberfläche mit Maßbändern intern ermitteln kann, das heißt ohne auf eine Ebene oder den dreidimensionalen Raum Bezug nehmen zu müssen. Könne es also nicht sein, fragt *Hypolite Van Tast*, dass wir eine Krümmung des dreidimensionalen Raums durch interne sukzessive Abstandsmessungen benachbarter Punkte feststellen, ohne dazu eine zusätzlich real existierende vierte und gegebenenfalls noch höhere Dimensionen überhaupt zu benötigen? – Ja, eben! sagt *Frank U. Frey*.

Wenn es aber doch so wäre, dann würde das bedeuten, dass wir selbst ebenso wie alle anderen realen Objekte im Universum nur so etwas wie Schattenwesen sein müssten. Das Universum hätte Ausdehnungsmöglichkeiten in mindestens vier zueinander senkrechte Richtungen, alle realen Objekte demgegenüber aber hätten nur drei. Die Verhältnisse wären ähnlich wie bei zweidimensionalen Schattenbildern besagter Blattläuse, die bei Beleuchtung auf der Oberfläche eines Apfels entstehen. Platon in der Höhle hätte an diesem Bild zwar vielleicht seine Freude gehabt, doch ihm ging es bekanntlich nicht um Geometrie, sondern um ein Gleichnis. Wer sich selbst also nicht als ein bloßes Schattenwesen im Universum sieht, wird zu dem Schluss kommen, dass ein Auftreten mathematischer Beziehungen, falls diese das dreidimensionale Analogon zu den Verhältnissen auf einer Kugeloberfläche darstellen, andere Ursachen haben müsse als eine Krümmung des dreidimensionalen Raums.

Schlimm genug für Peter Schlemihl, dass er keinen Schatten mehr hatte – *Sigismund Sörgli* leidet mit – doch welch ein Albtraum wäre es für ihn gewesen zu erkennen, selbst nichts anderes als dieser verlorene Schatten zu sein. Andererseits wiederum welch ein Glück, aus diesem Albtraum aufzuwachen, wechselt *Borromea Worthswerd* die Perspektive.

Die Gedanken sind frei. Angenommen also, es wäre trotzdem mathematisch nicht nur widerspruchsfrei möglich, sondern schiene sogar erforderlich, auf einer Krümmung des dreidimensionalen Raums zu bestehen? spinnt *Hypolite Van Tast* den Schein seines Fadens unverdrossen weiter. Dann schlage sie vor, *Mlle Bleu de Ley* greift die Idee mit Begeisterung auf, dass die Schneider diesmal daraus einen unsichtbaren String-Tanga webten, sie liebe es nämlich, manchmal auch nackt zu baden.

Trocken aber erklärt *Frank U. Frey*, Einsteins statisches Universum würde dann allerdings – abgesehen davon, dass es physikalisch längst widerlegt sei – nicht einen gesamten angeblich zur Verfügung stehenden vierdimensionalen Raum einnehmen, sondern – ebenso wie die Oberfläche eines Apfels einen ‘Unterraum’ des Obstladens darstelle – nur einen Teil davon. Noch dazu gebe es in diesem fiktiven Falle ganz andere Obstläden, die für immer und ewig nichts miteinander zu tun hätten. Für ihn hieße das, wechselseitig existierten sie nicht, und damit sei die ganze Voraussetzung als Non-Sense erwiesen. Und das ganze Obst einfach Kappes, *Mlle Bleu de Ley* redet wieder mal dazwischen.

In seinen Augen ein Unding, *Frank U. Frey* führt seinen Gedanken zu Ende, oder besser mit Einsteins Worten: eine Eselei. Diese Bezeichnung verdiene wiederum noch eine andere Anmerkung – ergänzt *Borromea Worthswerd* – obwohl nämlich Esel von Natur aus nicht nur treue, sondern auch kluge Tiere seien, benähmen sich manche von ihnen ab und zu leider auch ziemlich menschlich. Erst in einer relativen Rückübertragung spreche man darum von einer Eselei, und sie denke, genau in diesem Sinne habe es Einstein auch gemeint.

Den unerhörten Fortschritt, der in der so genannten nichteuklidischen Geometrie liegt – die sich hier nun als grundsätzlich leicht verständliche Weiterentwicklung der euklidischen erweist – sehe ich in der Entdeckung, dass auf diese Weise eine widerspruchsfreie Geometrie des dreidimensionalen Raums mit nicht-starren Maßstäben möglich ist. Und zwar mit systematisch veränderlichen Maßstäben, deren Länge abhängig ist von Ort und Orientierung. Nichts anderes hat Riemann letzten Endes bewiesen, allerdings ohne die Möglichkeit solch einer Veränderlichkeit lokaler Maßstäbe in Betracht zu ziehen. Wie später auch Einstein nicht die Möglichkeit lokal einwandfreier, doch in Bezug auf eine universale Zeit falsch gehender natürlicher Uhren gesehen hat. Mit einer realen Krümmung des dreidimensionalen Raums habe das alles also absolut gar nichts zu tun, schließt *Sigismund Sörgli*, es sei denn, *Prof. Hintz* und *Dr. Kunzt* verhunze den allgemein verständlichen Begriff einer Krümmung dahingehend, dass davon am Ende auch da gesprochen werde, wo es zur Feststellung durch direkten Vergleich angeblich nichts Gerades mehr gebe.

Eine exakte Anwendung der euklidischen Geometrie auf die realen Objekte der Physik wäre nur mit idealen absolut starren Messgeräten möglich. Weil aber einschließlich der Lichtmeter nur annähernd starre Messgeräte existieren, bliebe gar nichts anderes übrig, als eine nichteuklidische Geometrie zu entwickeln, wenn es sie nicht längst gäbe. Diese wiederum lässt sich widerspruchsfrei durchführen, indem man alle systematischen Abweichungen von der euklidischen Geometrie nicht etwa dem leeren Raum, sondern – im Sinne des Wortes: natürlich – nur den verwendeten Werkzeugen und sonstigen Gegenständen zuschreibt.

Ebenso verhält es sich mit der absoluten mathematischen Zeit und den auf Dauer nur annähernd gleichförmig gehenden natürlichen Uhren.

Mitsamt der euklidischen Geometrie und ihren idealen Objekten existieren Raum und Zeit – auch im Sinne Kants – als anschauliche Voraussetzungen dafür, dass sich eine naturgesetzliche Wirklichkeit gedanklich in unsere Vorstellungen einordnen lässt. Die Ausübung der so genannten nichteuklidischen Geometrie bedeutet in der Physik nichts anderes als die Beschreibung der Realität mittels systematisch verformter Maßstäbe sowie beeinflussbarer natürlicher Uhren, und zwar alles zusammen im übergeordneten Rahmen einer vorurteilsfreien idealen Geometrie, nämlich der euklidischen. Nur diese allein erlaubt grenzenloses Denken, indem sie keinerlei Eigenschaften des mathematischen Raums voraussetzt, die doch immer auch andere sein könnten.

Die spinnen, die Mathematiker! sagt *Mlle Bleu de Ley*. Das aber sei nicht nur absolut okay, sondern auch relativ nützlich. Wenn nun allerdings auch Physiker anfingen zu spinnen, *Frank U. Frey* nimmt den Faden auf, so sei das zwar legitim als Notbehelf angesichts zeitweilig fehlender Theorien. Würden die Hirngespinste aber zu Erzeugnissen höchster Kunstfertigkeit verklärt, dann sei solche Hochstapelei ein Zeichen verbrämter Hilflosigkeit.

Sein in meinen Augen bedeutendster Biograph Abraham Pais hat von einer Postkarte aus dem Jahr 1947 an Einstein berichtet, die an Kürze und Würze nichts zu wünschen übrig ließ: „Hören Sie sofort auf, den Raum gekrümmt zu nennen!" *Mlle Bleu de Ley* vermutet, der Mann könne ein Nachfahre von Hans Christian Andersens Kind gewesen sein. Ich für meinen Teil bin mir jedenfalls sicher, Einstein hatte seine Freude daran. Wer das nicht glauben will, der mag zusehen, wie er angesichts des Ehrenfest'schen Paradoxons sein allerdings weit verbreitetes falsches Verständnis aufrechterhalten kann. Das alternative Verständnis des nächsten Abschnitts beruft sich zwar nicht auf den gleichen, aber doch auf denselben Einstein, nämlich auf seine inhaltlich bis heute nicht konsequent ernstgenommene Arbeit *Geometrie und Erfahrung*. Ich finde es kurios, dass er ausgerechnet in diesem wissenschaftlichen Festvortrag zu Ehren des Alten Fritz, Friedrichs des Großen, seine Auffassung der Geometrie von jedem dogmatischen Anspruch zugunsten der von Poincaré aufgezeigten Alternative für immer befreit hat.

Das Netz in Fetzen

Sigismund Sörgli hat einige Fragen: Wenn es keinen starren Körper gibt, was ist dann ein transportabler Maßstab? Jeder Möbelpacker mit einem Metermaß müsse das wissen, antwortet *Mlle Bleu de Ley*, denn rund um den Globus transportierten die einfach alles. Und wie verhalten sich Maßstäbe, wenn man von leicht deformierbaren zu immer schwerer deformierbaren übergeht, gibt es grundsätzliche Grenzwerte der Deformation? Einfach alles habe seine Grenzen, *Mlle Bleu de Ley* denkt an ihre Geduld. Wenn der Raum aber doch gekrümmt wäre, welchen Inhalt hätte dann ein Würfel der Kantenlänge zehn Zentimeter? Gäbe es überhaupt exakt solch einen Würfel? Eine Mass enthalte einen Liter, stellt *Frank U. Frey* nüchtern fest, und damit nun Schluss! Schließlich habe er keine Lust, den Wirten für schlechtes Einschenken überflüssigerweise weitere Argumente zu liefern, die dann wieder niemand verstehe. Von wegen überflüssig! *Mlle Bleu de Ley* trinkt allerdings selten Bier. *Sigismund Sörgli* aber forscht weiter: wie messe man die Ausdehnung der Teilchen, aus denen die Maßstäbe bestehen?

Wenn heute jemand Unstimmigkeiten in der allgemein anerkannten Interpretation der Relativitätstheorie nachweisen kann, dann wird insbesondere kein Spezialist bereit sein, ihm überhaupt zuzuhören. Denn gerade die Experten haben gelernt, dass es Tausende von Einwänden gegeben hat, die größtenteils unsinnig waren und deren Berechtigung in keinem einzigen Fall jemals konkret nachgewiesen wurde. Wendet man sich aber an ein intelligentes Publikum, das offene Ohren für vielerlei Entwicklungen hat, so läuft man Gefahr, an einer ungeduldigen Neugier zu scheitern, der schon mancher Autor in vermeintlich erwünschter Oberflächlichkeit zum Opfer gefallen ist.

Das Auftreten eines nichteuklidischen Linienelements auf der rotierenden Scheibe beweist die Tatsache, dass an einer ausschließlichen Verwendung natürlicher spektraler Maßstäbe und Uhren – soweit es sich nicht allein um reine Bewegungsabläufe punktförmig gedachter Teilchen handelt – nur um den Preis des Verzichts auf eine vollständige Beschreibung realer Prozesse festgehalten werden kann. Die Elemente der rotierenden Scheibe bewegen sich keineswegs auf sogenannten kürzesten Linien einer 'vierdimensionalen Raumzeit'. Wenn also die nichteuklidische Geometrie erforderlich ist, um die geometrischen Verhältnisse der Scheibe zu beschreiben, so betrifft das Meterstäbe und Scheibe, nicht aber den Raum.

Bernhard Riemanns berühmte Probevorlesung *'Über die Hypothesen, welche der Geometrie zu Grunde liegen'* anlässlich seiner Habilitation im Jahr 1854 sieht aus wie glatter Text, beinahe ohne Formeln. Doch ist er keineswegs leicht verständlich, wie einige Auszüge zeigen. Es geht daraus hervor, dass „…. der Raum also nur einen besonderen Fall einer dreifach ausgedehnten Größe bildet." Hiervon aber sei eine notwendige Folge, dass „… diejenigen Eigenschaften, durch welche sich der Raum von anderen denkbaren dreifach ausgedehnten Größen unterscheidet, nur aus der Erfahrung entnommen werden können." Doch bei all seiner mathematischen Meisterschaft, ja Großmeisterschaft, die ich wie alle anderen gar nicht genug bewundern kann, handelt es sich bei dieser Aussage um eine für alles weitere unnötige, wenn nicht gar irreführende Hypothese. Denn soweit Geometrie als Teil der reinen Mathematik verstanden wird, kann davon buchstäblich nichts der Erfahrung entnommen werden. Wie bereits der Name sagt, ist die Geometrie zwar aus der Erdvermessung entstanden, um beispielsweise Eigentumsverhältnisse nach Überschwemmungen am Nil wiederherzustellen, aber erst durch Abstraktion idealer geometrischer Figuren ist daraus eine exakte mathematische Wissenschaft geworden, oder besser: die exakte mathematische Wissenschaft überhaupt, welche lange Zeit den anderen als Vorbild diente, um grundsätzliche Probleme im Idealfall *more geometrico*, nach Art der Geometrie also, zu lösen.

Wie auch könnte man den erwähnten Satz des Thales, der Winkel im Halbkreis sei immer ein Rechter, als exakte Aussage aus der Erfahrung entnehmen, wo doch im Bereich sämtlicher realer Erfahrungen weder ein einziger vollkommener Kreis noch ein einziger vollkommen rechter Winkel existiert. Strenggenommen nicht einmal eine Linie existiert in der Realität, weil eine Linie im Sinne der Geometrie außer ihrer Länge keine Ausdehnung hat. Im Gegensatz zu solch fiktiven geometrischen Gebilden aber sind alle realen Objekte dreifach ausgedehnt, entsprechend der Anzahl der räumlichen Dimensionen natürlich.

Was der geniale Mathematiker Riemann 'Geometrie' nennt, ist zunächst nur eine Erweiterung des mathematischen Formalismus, der üblicherweise zur analytischen Beschreibung geometrischer Verhältnisse verwendet wird. Solch eine formale Erweiterung aber muss nicht notwendigerweise etwas anderes als euklidische Geometrie bedeuten. Und zwar ebenso wenig, wie man die lebendigen freilaufenden Ochsen einer Weide aufgrund einer anderen mathematischen Erweiterung als gebrochene, negative oder gar imaginäre Zahl angeben kann. Und doch zeigt sich, dass die als nichteuklidische Geometrie bezeichnete mathematische Kunst zur Beschreibung der Realität einen ungeahnten Spielraum eröffnet, an den Riemann in dieser Form allerdings nicht gedacht hat. Im Unterschied zu der von Einstein in den meisten Fällen – aber nicht ausschließlich, wie das folgende zeigt – vertretenen Ansicht erlaubt die allgemeine Relativitätstheorie nämlich die folgende Auffassung:

Der Raum selbst ist euklidisch, die Geometrie aber nicht unbedingt. Und zwar ist sie nichteuklidisch in dem Sinne, dass eine präzise Vermessung des euklidischen Raums nur mit systematisch deformierten Maßstäben möglich ist.

Riemann schreibt weiter, die von Euklid zugrundegelegten einfachen Tatsachen seien „wie alle Tatsachen nicht notwendig, sondern nur von empirischer Gewissheit, sie sind Hypothesen." Heute aber wird eine Tatsache zu Recht von einer Hypothese gerade dadurch unterschieden, dass erstere mit Gewissheit zutrifft, die zweite eben nicht. Kein Wunder, dass hier Verwirrung entstanden ist, ja entstehen musste.

272

Hab ich's nicht gleich gesagt! freut sich *Mlle Bleu de Ley*, die spinnen, die Mathematiker. Und das Ergebnis seien nun höchst wundersame Hirngespinste. Die Kunst bestehe nach dem Selbstverständnis der Künstler dabei ausdrücklich auch darin, dass solche Gespinste im Rahmen der *reinen* Mathematik zu *rein* gar nichts nütze sein könnten. Die Garderobe des Kaisers interessiere nicht wirklich. Es genüge, dass es sich bei jedem Gespinst um eine widerspruchsfreie Verknüpfung teilweise eigens dazu ersonnener logischer Fäden handle. Und zwar so, dass ein immer größer ausgedehntes Gewebe entstehe, das zuletzt aber trotzdem unverzichtbaren Stoff für alle möglichen praktischen Anwendungen biete, von sehr naheliegenden bis zu beinahe unglaublichen. Schon Blaise Pascal habe das gewusst, fügt *Borromea Worthswerd* hinzu, dieser sei neben seinem Wirken als Religionsphilosoph einerseits selbst ein mathematisches Genie gewesen, andererseits habe er als begnadeter Physiker den Luftdruck gemessen und dadurch den von Aristoteles erdachten – als *horror vacui* bezeichneten – angeblichen Abscheu der Natur vor der Leere aus der Wissenschaft vertrieben. Sinngemäß solle er einmal gesagt haben, für die reine Mathematik tue er nicht einen einzigen Schritt.

Riemanns aus heutiger Sicht allzu missverständliche Verwechslung von Hypothesen und Tatsachen aber lässt befürchten, dass seine mathematisch ansonsten über jeden Zweifel erhabene Abhandlung durch ihren darin behaupteten unmittelbaren Bezug auf die Realität vielen Menschen von Anfang an einen unnötig spekulativen Floh ins Ohr gesetzt, und damit nicht nur Physiker, sondern auch Philosophen und Künstler auf einen physikalischen Holzweg geführt hat. Dass aber solch ein unmittelbarer Bezug alles andere als zwingend ist, hat – wer könnte es anderes sein – Einstein selbst im Anschluss an Poincaré nicht nur festgestellt, sondern in seiner unübertrefflichen Weise auf den Punkt gebracht: *„Insofern sich die Sätze der Mathematik auf die Wirklichkeit beziehen, sind sie nicht sicher, und insofern sie sicher sind, beziehen sie sich nicht auf die Wirklichkeit."*

Diesen gewaltigen Satz sollten sich Mathematiker und Physiker nicht nur hinter die Ohren schreiben, sondern auch hinter ihre Spiegel stecken, damit sie täglich daran erinnert seien. Wem das nicht gefalle, dem solle die Öffentlichkeit den Geldhahn zudrehen, fordert *Frank U. Frey* sehr human und weist damit jede Anspielung *Mlle Bleu de Leys* an verbales Teeren und Federn großzügig von sich.

Euklid hat seine *Elemente* als Mathematiker geschrieben, nicht als Physiker. Aus meiner Sicht hat er überhaupt keine Tatsachen zugrundegelegt, sondern mathematische Objekte, die zwar aus der Abstraktion realer Dinge entstanden sind, dann aber logisch unabhängig von jeder Realität der Geometrie als Idealisierungen zugrundeliegen. Schon Plato wusste ja, dass die Idee eines Kreises etwas anderes ist als der Umriss einer noch so schönen Kugel, die er jemals in Händen hielt. In der Physik erfolgt die Verbindung von Mathematik und Realität auf die Weise, dass versucht wird, sich ein möglichst exakt zutreffendes Bild von der Wirklichkeit zu machen. Die Physiker sprechen allerdings eher von Theorien und Modellen als von Bildern.

Und schließlich steht da noch Riemanns allein mathematisch legitime Hypothese, nämlich „... welche ich hier verfolgen will, ist wohl die, daß die Länge der Linien unabhängig von der Lage sei ...". Dieser Begriff der Länge einer Linie ist analog zu den von Gauß verwendeten Maßstäben und Messketten entstanden. Deren Länge war im Rahmen der erzielbaren Genauigkeit unabhängig vom Ort, an dem die Vermessung gerade stattfand oder sie wurde entsprechend korrigiert. Bei dieser Geodäsie aber ging es bezeichnenderweise immer darum, die konkrete Gestalt der Erdoberfläche zu bestimmen. Mit anderen Worten, die dabei auftretenden Abweichungen von der euklidischen Geometrie wurden jeweils einer realen Krümmung, nicht aber dem Verhalten der Maßstäbe zugeschrieben. Nur historisch lässt sich verstehen, dass die Krümmung dieser nichteuklidischen Geometrie später ohne weiteres auch auf den Raum bezogen wurde und die im Falle der allgemeinen Relativitätstheorie mehr als naheliegende

Erklärung durch längenveränderliche Maßstäbe keine Beachtung fand oder jedenfalls weitgehend in Vergessenheit geraten konnte.

Denjenigen Fachleuten aber, die sich von meinen Argumenten für ein neues Verständnis der Riemannschen Geometrie und der allgemeinen Relativitätstheorie nicht überzeugen lassen, möchte ich im Interesse ihrer Studentinnen und Studenten einen Test ans Herz legen, der allerdings nur Sinn macht, wenn er unvoreingenommen angegangen wird: Ein Dozent, der dazu willens und mental in der Lage ist, unterrichte von zwei gleichwertigen Gruppen die eine im Sinne der herkömmlichen, die andere im Sinne der neuen – oder besser: der wiederbelebten – Auffassung. Ich bin davon überzeugt, dass die zweite Gruppe anschließend nicht nur konkrete Aufgaben besser lösen wird, sie wird auch mehr Freude an der Sache entwickeln. Als ehemaliger Lehrer sage ich das, und ich weiß es. Mit unnötig abgehobener Argumentation lässt sich vielleicht beeindrucken, nicht aber begeistern. Es geht darum mitzunehmen – dabei könnte übrigens jeder Esel behilflich sein – nicht aber einzuschüchtern, oder gar ehrlich interessierte wertvolle Wegbeleiter entmutigt zurückzulassen. Kommen wir also zu Einsteins höchst anspruchsvoller Auseinandersetzung mit diesen Fragen, in welcher er Poincarés Auffassung der Geometrie ausdrücklich anerkennt, was er später auch in autobiographischen „Bemerkungen…" bestätigt hat, indem er am Ende seines Lebens dort noch einmal seinen *Respekt des Schreibenden vor Poincarés Überlegenheit als Denker und Schriftsteller"* erklärt.[32]

Es kann eine Kunst sein, klares Wasser zu schöpfen, ohne dabei den Grund aufzuwühlen und dadurch jeden Durchblick zu verderben. Schon der Titel von Einsteins Festvortrag *Geometrie und Erfahrung* ist offensichtlich Programm, indem er Poincarés *L'Expérience et la Géométrie* von 1902 mit einer interessanten Umkehrung der Reihenfolge aufgreift. Dabei lese ich in der von Poincaré gewählten Reihenfolge die natürliche Entwicklung heraus von der Erfahrung hin zur Geometrie, wohingegen die Reihenfolge bei Einstein in meinen Augen – ich berichte hier wie immer aus meiner Sicht, denn eine andere habe ich nicht – auf eine nachträgliche Rechtfertigung derjenigen Position hinzudeuten scheint, die er von dem in physikalischen Assoziationen unbeschwert träumenden Riemann übernommen hat. Und zwar nachdem er sich plötzlich durch zwei anmaßende Mathematiker dahin gedrängt fand, als er sich seine Relativitätstheorie von diesen nicht aus den Händen nehmen lassen wollte.

Sie wisse schon, vielen Experten bereite es keinerlei Schwierigkeiten, aus mehr als nur einer Sicht zu berichten. Sie seien oft echte Profis darin, alle möglichen Lösungen anhand beliebig vieler An- und Ab-Sichten zu verkaufen, plaudert *Mlle Bleu de Ley* aus einem vorgefundenen Nähkästchen, aber auf den Empfang solcher Erklärungen wolle sie hier gerne verzichten. Einsteins Brunnen samt Quell neuen Verständnisses *„Geometrie und Erfahrung"*, die vielbelesene *Borromea Worthswerd* ist sich da sicher, sei bis heute bei weitem nicht ausgeschöpft, sonst könne es die Konkordanzkosmologie und andere Missverständnisse grundsätzlicher Art längst nicht mehr geben. Von den – rings um dieses überaus belebende Wasser – am Bäumchen der Erkenntnis sprießenden Argumenten, *Sigismund Sörgli* äußert sich ungewohnt blumig, seien allerdings einige erst behutsam zu zerpflücken, bevor die Früchte endgültig reifen könnten. Kommen wir also zur Sache! fordert *Frank U. Frey* daraufhin, allerdings unverblümt. Ja, spielen wir es durch, freut sich *Borromea Worthswerd*.

Erstes Zitat Einstein: *„Feste Körper verhalten sich bezüglich ihrer Lagerungsmöglichkeiten wie Körper der euklidischen Geometrie von drei Dimensionen; dann enthalten die Gesetze der euklidischen Geometrie Aussagen über das Verhalten praktisch starrer Körper."*

Frank U. Frey: Der erste Halbsatz diene hier als notwendige Voraussetzung, um den zweiten Halbsatz daraus folgern zu können. Beide aber seien falsch, denn die festen Körper der Physik seien im Unterschied zu den mathematisch fiktiven Gebilden der euklidischen Geometrie eben nicht starr.

Zweites Zitat Einstein: „*Die so ergänzte Geometrie ist offenbar eine Naturwissenschaft; wir können sie geradezu als den ältesten Zweig der Physik betrachten. Ihre Aussagen beruhen im wesentlichen auf Induktion aus der Erfahrung, nicht aber nur auf logischen Schlüssen. Wir wollen die so ergänzte Geometrie 'praktische Geometrie' nennen und sie im folgenden von der 'rein axiomatischen Geometrie' unterscheiden. Die Frage, ob die praktische Geometrie der Welt eine euklidische sei oder nicht, hat einen deutlichen Sinn, und ihre Beantwortung kann nur durch die Erfahrung geliefert werden. Alle Längenmessung in der Physik ist praktische Geometrie in diesem Sinn, die geodätische und astronomische Längenmessung ebenfalls, wenn man den Erfahrungssatz zu Hilfe nimmt, daß sich das Licht in gerade Linie fortpflanzt, und zwar in gerader Linie im Sinne der praktischen Geometrie.*"*

Frank U. Frey: Unter dem Vorbehalt, dass obiges erstes Zitat lediglich als hypothetische Grundlage für Einsteins zweites Zitat diene, sei dieses natürlich weitgehend richtig, aber leider nicht ganz. Ausgerechnet Einstein selbst sei hier ein bemerkenswerter Irrtum unterlaufen, denn Licht breite sich keineswegs „in gerader Linie im Sinne der praktischen Geometrie" aus, soll heißen entlang mittels natürlicher Maßstäbe prinzipiell messbarer kürzester Linien des dreidimensionalen Raums, sondern nach seiner eigenen allgemeinen Relativitätstheorie entlang 'geodätischer Linien' der üblicherweise so genannten vierdimensionalen Raumzeit. Wäre das nämlich anders, dann dürfte die Lichtablenkung an der Sonne nur die Hälfte des von ihm 1915 selbst richtig vorausgesagten und von Arthur Eddington 1919 durch Messung erstmals bestätigten Wertes betragen. Das sei doch gerade der Witz an der Sache gewesen, die andere Hälfte hatte er ja bereits einige Jahre vor 1915 gefunden, als von einer angeblichen räumlichen Krümmung noch überhaupt keine Rede war.

Drittes Zitat Einstein: „*Dieser Auffassung der Geometrie lege ich deshalb besondere Bedeutung bei, weil es mir ohne sie unmöglich gewesen wäre, die Relativitätstheorie aufzustellen. Ohne*

sie wäre nämlich folgende Erwägungen unmöglich gewesen: In
einem relativ zu einem Inertialsystem rotierenden Bezugssystem
entsprechen die Lagerungsgesetze starrer Körper wegen der Lo-
rentz Kontraktion nicht den Regeln der euklidischen Geometrie;
also muss bei der Zulassung von Nicht-Inertialsystemen als
gleichberechtigten Systemen die euklidische Geometrie verlassen
werden. Der entscheidende Schritt des Überganges zu allgemein
kovarianten Gleichungen wäre gewiss unterblieben, wenn die
obige Interpretation nicht zugrunde gelegen hätte."

Frank U. Frey: Das sei selbstverständlich alles vollkommen
richtig, auch der letzte Satz in Bezug auf die historische Entstehung der allgemeinen Relativitätstheorie. Bei Rückgriff auf eine
Unterscheidung Einsteins an anderer Stelle zwischen 'logisch'
und 'psychologisch' sei die „obige Interpretation" erwiesenermaßen eine psychologische Notwendigkeit gewesen, damit „der
entscheidende Schritt des Überganges zu allgemein kovarianten
Gleichungen" von Einstein getan werden konnte. Rein logisch
betrachtet aber sei Einsteins „obige Interpretation" keineswegs
Bedingung dafür, zu „allgemein kovarianten Gleichungen"
überzugehen oder den mathematischen Apparat der nichteuklidischen Geometrie einzuführen, was ja bereits durch Kaluza in
der exakt durchgeführten Berechnung der Maßverhältnisse auf
der rotierenden Scheibe vorweggenommen war.

Viertes Zitat Einstein: *„Lehnt man die Beziehung zwischen*
dem Körper der axiomatischen euklidischen Geometrie und dem
praktisch-starren Körper der Wirklichkeit ab, so gelangt man zur
folgenden Auffassung, der insbesondere der scharfsinnige und
tiefe Poincaré gehuldigt hat: Von allen anderen denkbaren axio-
matischen Geometrien ist die euklidische Geometrie durch Ein-
fachheit ausgezeichnet. Da nun die axiomatische Geometrie allein
keine Aussagen über die erlebbare Wirklichkeit enthält, sondern
nur die axiomatische Geometrie in Verbindung mit physikali-
schen Sätzen, so dürfte es — wie auch die Wirklichkeit beschaffen
sein mag — möglich und vernünftig sein, an der euklidischen
Geometrie festzuhalten. (...) Lehnt man die Beziehung zwischen

dem praktisch-starren Körper und der Geometrie ab, so wird man sich in der Tat nicht leicht von der Konvention freimachen, daß an der euklidischen Geometrie als der einfachsten festzuhalten sei."

Frank U. Frey: Für jeden Menschen, der lesen könne, habe Einstein hier eine legitime Ablehnung der von ihm vorausgesetzten „Beziehung zwischen dem Körper der axiomatischen euklidischen Geometrie und dem praktisch-starren Körper der Wirklichkeit" als Möglichkeit zugestanden, die der „scharfsinnige und tiefe Poincaré" vertreten habe. Die dann noch ein weiteres Mal – allerdings in logisch fragwürdiger Abänderung – als „Beziehung zwischen dem praktisch-starren Körper und der Geometrie" aufgegriffene Formulierung lege nahe, diese sei es, die im Sinne einer alternativen Auffassung abzulehnen sei, was aber im Gegensatz zur ersten Formulierung gar nicht zutreffe.

Fünftes Zitat Einstein: „*Warum wird von Poincaré und anderen Forschern die naheliegende Äquivalenz des praktisch-starren Körpers der Erfahrung und des Körpers der Geometrie abgelehnt? Einfach deshalb, weil die wirklichen festen Körper der Natur bei genauerer Betrachtung nicht starr sind, weil ihr geometrisches Verhalten, d.h. ihre relativen Lagerungsmöglichkeiten, von Temperatur, äußeren Kräften usw. abhängen. Damit scheint die ursprüngliche, unmittelbare Beziehung zwischen Geometrie und physikalischer Wirklichkeit zerstört, und man fühlt sich zu folgender allgemeinerer Auffassung hingedrängt, die Poincarés Standpunkt charakterisiert: die Geometrie (G) sagt nichts über das Verhalten der wirklichen Dinge aus, sondern nur die Geometrie zusammen mit dem Inbegriff (P) der physikalischen Gesetze. Symbolisch können wir sagen, das nur die Summe (G) + (P) der Kontrolle der Erfahrung unterliegt. Es kann also (G) willkürlich gewählt werden, ebenso Teile von (P); alle diese Gesetze sind Konventionen. Es ist zur Vermeidung von Widersprüchen nötig, den Rest von (P) so zu wählen, daß (G) und das totale (P) zusammen den Erfahrungen gerecht wird. Bei dieser Auffassung erscheinen die axiomatische Geometrie und der zu Kon-*

ventionen erhobene Teil der Naturgesetze als erkenntnistheoretisch gleichwertig. *Sub specie aeterni hat Poincaré mit dieser Auffassung nach meiner Meinung recht.*"

Frank U. Frey: Der letzte Satz, der Poincarés Auffassung mit nicht zu überbietender Deutlichkeit bestätige, sei ein Schlag Einsteins ins Gesicht jedes heutigen Urknall-Kosmologen, der die so genannten Raumzeit für ein physikalisch veränderliches Medium halte.

Sechstes Zitat Einstein: *„Was ferner den Einwand angeht, daß es wirklich starre Körper in der Natur nicht gibt und daß also die von solchen behaupteten Eigenschaften gar nicht die physikalische Wirklichkeit betreffen, so ist er keineswegs so tiefgehend, wie man bei flüchtiger Betrachtung meinen möchte. (...) Alle praktische Geometrie ruht auf einem der Erfahrung zugänglichen Grundsatz, den wir uns nun vergegenwärtigen wollen. Wir wollen den Inbegriff zweier auf einem praktisch starren Körper angebrachten Marken eine Strecke nennen. Wir denken uns zwei praktisch starre Körper und auf jedem eine Strecke markiert. Diese beiden Strecken sollen 'einander gleich' heißen, wenn die Marken der einen dauernd mit den Marken der anderen zur Koinzidenz gebracht werden können. Es wird nun vorausgesetzt: Wenn zwei Strecken einmal und irgendwo als gleich befunden sind, so sind sie stets und überall gleich.*"

Frank U. Frey: Gerade das gelte für je nach Umgebung veränderliche Maßstäbe wie das bei Paris deponierte Urmeter aus Platin-Iridium auch, und widerlege keineswegs das Auftreten nichteuklidischer Linienelemente innerhalb eines perfekt euklidischen dreidimensionalen Raums. Und zwar ganz ohne jede Krümmung, wenn diese nämlich irgendwann und irgendwo wieder nebeneinandergelegt und verglichen würden. Einsteins 'praktisch starr' bedeute dann nichts anderes als – mehr oder weniger – 'systematisch veränderlich'. Wenn Einstein damit aber sagen wolle, zwei solcher praktisch starrer Stäbe blieben auch dann einander gleich, wenn sie sich unter verschiedenen Umständen an verschiedenen Orten befänden, so treffe das offensichtlich nicht zu, sonst könne es nichteuklidische Maßverhältnisse im dreidimensionalen Raum gar nicht geben. Hier möge man sich an die unterschiedlich rotierenden Scheiben in ein und demselben euklidischen Raum erinnern. Selbst wenn dort feinste so genannte Mitnahmeeffekte berücksichtigt werden könnten, zeigten diese immer Eigenschaften eines Gravitationsfelds oder bewegter Objekte, nie aber solche des Raums selbst oder gar einer 'Raumzeit' an.

Siebtes Zitat Einstein: *„Nicht nur die praktische euklidische Geometrie, sondern auch ihre nächste Verallgemeinerung, die praktische Riemannsche Geometrie und damit die allgemeine Relativitätstheorie, beruhen auf diesen Voraussetzungen."*

Frank U. Frey: Das stimme mit der grundsätzlichen Einschränkung, dass es im allgemeinen eine 'praktische euklidische Geometrie' gar nicht gebe, sondern – in allerdings überaus praktischer Annäherung – nur dort, wo auch der Einfluss von Gravitationsfeld oder Geschwindigkeit lokal vernachlässigt werden könne.

Achtes Zitat Einstein: *„Von den Erfahrungsgründen, die für das Zutreffen dieser Voraussetzung sprechen, will ich nur einen anführen. Das Phänomen der Lichtausbreitung im leeren Raum ordnet jedem Lokal-Zeit-Intervall eine Strecke, nämlich den zugehörigen Lichtweg, zu und umgekehrt. Damit hängt es zusammen, daß die oben für Strecken angegebene Voraussetzung in der allgemeinen Relativitätstheorie auch für die Uhr-Zeit-Intervalle gelten muss. Sie kann dann so formuliert werden: Gehen zwei ideale Uhren irgendwann und irgendwo gleich rasch (wobei sie unmittelbar benachbart sind), so gehen sie stets gleich rasch, unabhängig davon, wo und wann sie am gleichen Ort miteinander verglichen werden. Wäre dieser Satz für die natürlichen Uhren nicht gültig, so würden die Eigenfrequenzen der einzelnen Atome desselben chemischen Elementes nicht so genau miteinander übereinstimmen, wie es die Erfahrung zeigt. Die Existenz scharfer Spektrallinien bildet einen überzeugenden Erfahrungsbeweis für den genannten Grundsatz der praktischen Geometrie. Hie-*

rauf beruht es in letzter Linie, daß wir in sinnvoller Weise von einer Metrik im Sinne Riemanns des vierdimensionalen Raum-Zeit-Kontinuums sprechen können."

Frank U. Frey: Anstatt wie oben fälschlich „stets und überall" heiße es nun in Bezug auf die den Lokal-Zeit-Intervallen zugeordneten Strecken richtigerweise „wo und wann sie am gleichen Ort miteinander verglichen werden". Sei es außerdem nicht höchst bemerkenswert, dass von Einstein erst an dieser Stelle der Arbeit das Wort 'Raum' überhaupt verwendet werde?

Neuntes Zitat Einstein: *„Die Riemannsche Geometrie wird dann gelten, wenn die Lagerungsgesetze praktisch starrer Körper desto genauer in diejenigen der Körper der euklidischen Geometrie übergehen, je kleiner die Abmessungen des ins Auge gefaßten raum-zeitlichen Gebietes sind."*

Frank U. Frey: Das sei natürlich einerseits wieder vollkommen richtig, andererseits aber auch vollkommen unabhängig von den beiden zur Diskussion stehenden Interpretationen und damit für eine Entscheidung zwischen beiden irrelevant. Um eine solche sei es Einstein aber auch erkennbar gar nicht gegangen, sondern viel eher um die Verteidigung einer letztlich auf Riemann zurückgehenden romantischen Vorstellung jenes Raums mit geometrischen Eigenschaften, und zwar gegen Henri Poincarés wohltuend nüchterne Sicht dieser Dinge.

Zehntes Zitat Einstein: *„Die hier vertretene physikalische Interpretation der Geometrie versagt zwar bei ihrer unmittelbaren Anwendung auf Räume von submolekularer Größenordnung ..."*

Frank U. Frey: Es wäre fatal, wenn die Geometrie dort tatsächlich versagen würde, und damit habe Einstein selbst wieder einmal ins Schwarze eines fundamentalen Dilemmas getroffen, nämlich den Nerv vieler Opfer der romantischen Raumzeit-Verwirrung. Indem nämlich seine „hier vertretene physikalische Interpretation der Geometrie" nicht nur die heute behauptete Unvereinbarkeit von Quantenmechanik und Relativitätstheorie, sondern auch die aberwitzigen Spekulationen um die ersten Sekundenbruchteile eines angeblichen Urknalls mit sich gebracht habe, sei diese unnötig romantische Interpretation zuletzt als untauglich erwiesen.

Borromea Worthswerd versteht, in diesem Vortrag unternehme Einstein alle Anstrengungen, die Zulässigkeit seiner Voraussetzung zu beweisen, dass zunächst die euklidische, dann aber auch die nichteuklidische Geometrie eine Erfahrungswissenschaft sei, was aber im Falle der euklidischen keineswegs zutreffe. Diese habe sich zwar einst vielleicht aus der Praxis der Landvermessung entwickelt, sei aber als Idealisierung dann zu dem Bereich reiner Mathematik überhaupt geworden, der anderen deshalb seither als Muster diene. Dies zeige sich deutlich darin, dass man, um euklidische Geometrie zu betreiben, nicht einmal reale Zirkel und Lineale brauche, sondern dass allein die Idee beider Werkzeuge genüge. *Sigismund Sörgli* schlägt vor, dass man zur direkten Vermessung des Eiffelturms eine hinreichende Anzahl von Lichtmetern als identische Duplikate des Urmeters verwenden könnte, die sich gegenüber Temperaturänderungen durchaus 'praktisch starr' verhielten, da sie sich zweifellos an ein und demselben Ort jederzeit zur Deckung bringen ließen. Dabei würde man wegen der nicht perfekt gleichmäßigen Temperaturverteilung im Gestänge des Turms feststellen, dass hier offenbar die euklidische Geometrie versage und stattdessen eine nichteuklidische Gültigkeit hätte. *Mlle Bleu de Ley* folgert, romantische Mathematiker könnten nun darauf verfallen, eine Krümmung des Luftraums über Paris zu proklamieren. Wer also Menschen rund um den Globus aus der vornehmen Verwirrung um eine Krümmung des dreidimensionalen Raums heraushelfen wolle, der könne das ihres Erachtens kaum wirksamer tun, als tatsächlich solch ein Happening zur 'Vermessung des Eiffelturms' zu veranstalten. Dieses werde beweisen, dass es neben den Raumzeit-Romantikern nur die Maßstäbe seien, die betroffen wären, nicht aber der Raum grenzenloser Vorstellungen ohne jeden krummen Gedanken.

In *Physik und Realität* [33] schrieb Einstein 1936 noch einmal: *„Insoweit man von der Existenz starrer Körper in der Natur* *sprechen kann, ist die Euklidische Geometrie eine physikalische Wissenschaft, die sich an der Sinneserfahrung zu bewähren hat."* Doch so kann man eben nicht sprechen! Es gibt keinen perfekt starren Körper, und zwar ist gerade diese Erkenntnis das zwingende Ergebnis seiner eigenen Relativitätstheorie. Und weiter: *„Sie betrifft die Gesamtheit der Sätze, die für die zeitunabhängige relative Lagerung starrer Körper gelten sollen. Wie man sieht, ist auch der physikalische Raumbegriff, wie er ursprünglich in der Physik verwendet wurde, an die Existenz starrer Körper gebunden."*

Wäre er das aber, dann hätte der große Newton in seiner Physik überhaupt keinen Begriff vom Raum je verwenden können. Über messbare Eigenschaften des mathematischen Raums selbst lasse sich nur streiten wie über die Kapazität einer Nadelspitze für die Anzahl von Engeln, und damit habe er, *Frank U. Frey*, für seinen Teil nun genug gesagt. Einstein sei sich jedenfalls vollkommen klar darüber gewesen, dass ideal starre Körper in der Realität nicht existierten, um was auch immer an deren Existenz anzubinden.

Nach den Auseinandersetzungen um das Ehrenfest'sche Paradoxon hatte Einstein auf der außerordentlich schwierigen Suche nach der Wahrheit bereits im Jahr 1912 höchst rätselhaft geschrieben: *„Der Maßstab sowie die Koordinatenachsen sind als starre Körper aufzufassen. Dies ist erlaubt, trotzdem der starre Körper nach der Relativitätstheorie keine reale Existenz besitzen kann."* Diese ersichtlich falsche, weil widersprüchliche Vorstellung hatte er offenbar wenige Jahre später bei seiner endgültigen Formulierung der allgemeinen Relativitätstheorie immer noch im Hinterkopf, und zwar ebenso verständlicher- wie unnötigerweise. Der Beweis für das Fehlen jeder physikalischen Notwendigkeit liegt darin, dass seine wunderbaren Gleichungen später solch eine Hypothese nicht brauchten und bis heute nicht brauchen. Die behauptete Starrheit ist allein erforderlich, um – für andere seither leider zum Dogma geworden – die nichteuklidischen Eigenschaften der physikalischen Wirklichkeit dem Raum und der Zeit selbst anstatt den in Wahrheit immer allein beeinflussten Maßstäben, Uhren und allen anderen realen Gegenständen zuzuschreiben.

Wer sich aber, wie wohl die allermeisten, an die nichteuklidischen Begriffe der allgemeinen Relativitätstheorie wie Krümmung des Raums oder der 'Raumzeit' gewöhnt hat, mag aus Bequemlichkeit – oder auch, wie nicht wenige Physiker Laien gegenüber, aus Schlamperei – dabei bleiben, sollte aber daran denken, dass es völlig genügt, die entsprechenden Effekte immer auf Maßstäbe, Uhren, reale physikalische Objekte und Felder zu beziehen, ohne über Raum und Zeit selbst irgendetwas vorauszusetzen, das nicht jedem Kind selbstverständlich wäre.

Wenn man daran festhält, dass sich physikalische Abläufe prinzipiell vollständig und lückenlos in Raum und Zeit beschreiben lassen, dann beweist gerade das Auftreten eines nichteuklidischen räumlichen Linienelements die Tatsache, dass eine solche Beschreibung von Vorgängen nur im euklidischen Raum möglich ist. Beispielsweise lassen sich die berühmten Bewegungsgleichungen des Merkur bei ausschließlich direktem Bezug auf natürliche Maßstäbe und Uhren nicht lösen. Ohne Rückgriff auf den euklidischen Koordinatenraum des Systems und die mathematische Zeit geht es einfach nicht. Man müsse ja geradezu mit physikalischer Blindheit geschlagen sein, um das nicht nachträglich zu erkennen, übertreibt *Mlle Bleu de Ley* gegenüber *Hypolite Van Tast*. Und tröstet ihn, wenn dagegen aber kein Kraut gewachsen sei, dann müsse sie sich mit einem Vorschulkurs früh genug seinen Kindern zuwenden, solange diese noch ihren ungetrübten Blick bewahrt hätten.

Würde man versuchen, die physikalische Realität mit einem Netz von Koordinatenlinien zu durchziehen, die stückweise aus natürlichen Maßstäben zusammengeklebt wären, dann würden zeitliche Veränderungen des Gravitationsfelds zwangsläufig zu spontanen Rissen und Sprüngen führen. Spätestens dann aber, wenn auch nur theoretisch versucht würde, die Festigkeit des Materials immer weiter zu steigern, hinge das Netz schließlich in

Fetzen, was sich definitiv nur durch Verwendung euklidischer – obwohl nicht unbedingt kartesischer –Systemkoordinaten vermeiden ließe. Das sei in anderem Zusammenhang nun wieder lustig, fällt *Mlle Bleu de Ley* gleich auch noch ein. Einerseits gingen auch Lügennetze in Fetzen, wenn die Maschen nicht dehnbar gesponnen seien, andererseits könne man selbst von einem notorischen Lügner die Wahrheit erfahren, wenn man nur die Systematik in seinen Lügen erkenne. Die Natur lüge jedenfalls nicht, weiß *Aladin Adamson*.

Diesen Abschnitt nun abschließend möchte ich selbst auf die Gefahr hin, dass ich mich wiederhole, noch einmal daran erinnern, dass überall, wo hier an Einsteins Interpretation seiner handfesten Gleichungen Kritik geübt wird, dies immer in dem Sinne zu verstehen ist, wie etwa der seit je unvermeidliche Hinweis, dass Moses das Gelobte Land nicht selbst betreten, obwohl unmittelbar dorthin geführt hat. Er habe es offenbar aus großer Höhe überblickt und sei ihm damit vielleicht näher gekommen als je einer seiner Zeitgenossen später am Ziel, *Borromea Worthswerd* weiß das zu feiern. Ich selbst bin als Tourist wohl nur in die Nähe gekommen, weil ich seit langem auf seinen Pfaden unterwegs bin, und zwar mit dem Esel.

Das ausgezeichnete Bezugssystem

Zeigen Atomuhren notwendigerweise eine 'wahre' Zeit, wenn sie, an ein und demselben Ort unter denselben Bedingungen nebeneinander ruhend, immer und überall die gleiche Ganggeschwindigkeit aufweisen? – Nein. Einstein selbst schrieb, man könne in einem rotierendem System keine den physikalischen Bedürfnissen entsprechende Zeit einführen, welche durch darin ruhende, gleich beschaffene Uhren angezeigt werde.

Zeigen natürliche Maßstäbe notwendigerweise einen wahren Raum, wenn sie, an ein und demselben Ort unter denselben Bedingungen nebeneinander ruhend, immer und überall die gleiche Länge aufweisen? – Nein. Einstein selbst schrieb, in der allgemeinen Relativitätstheorie könnten Raum- und Zeitgrößen nicht so definiert werden, dass räumliche Koordinatendifferenzen unmittelbar mit dem Einheitsmaßstab, zeitliche mit einer Normaluhr messbar wären.

Mit dieser aus dem Ehrenfest'schen Paradoxon – im Anschluss an Kaluzas mathematisch bahnbrechende Behandlung der rotierenden Scheibe – von keinem Geringeren als Einstein gefolgerten Notwendigkeit, in die allgemeine Relativitätstheorie eine Systemzeit einzuführen, die nicht übereinstimmt mit der Anzeige ruhender Atomuhren, und dazu räumliche Systemkoordinaten, die sich in ihrer Gesamtheit nicht darstellen lassen durch entsprechende von materiellen Maßstäben angezeigte Längen, sind nach meinem Verständnis bereits wenige Jahre nach Formulierung der speziellen Relativitätstheorie Raum und Zeit – obwohl nicht ganz im Sinne Newtons – als absolute Größen in die Physik zurückgekehrt.

In den räumlichen Koordinaten des raum-zeitlichen Linienelements sehe ich also solche des dreidimensionalen euklidischen Raums. Der mathematische Apparat der nichteuklidischen Geometrie jedoch, der sich schon im Linienelement Kaluzas manifestiert, kommt dadurch ins Spiel, dass er den notwendigen Zusammenhang herstellt zwischen den absoluten Entfernungen des euklidischen Raums und den natürlichen Abständen, wie sie mit längenkontrahierten, beispielsweise an der Rotation teilnehmenden materiellen Meterstäben oder mit entsprechenden 'Lichtmetern' gemessen werden.

Gemäß Einsteins Auffassung existieren verschiedene eigene Zeiten für jede in einem Inertialsystem umherfliegende Uhr, etwa bei Rundflügen in unterschiedlichen Entfernungen mit bezüglich der Flughafenuhr gleichzeitigen Abflugs- und Landezeiten. Das ganze Geschehen aber lässt sich widerspruchsfrei nur beschreiben mit Bezug auf solch eine einzige einheitliche Systemzeit. Abgelesen werden dabei nur Zahlen als Zeigerstellungen der abfliegenden beziehungsweise zurückkehrenden Digitaluhren. Gewissermaßen ebenfalls ablesen lässt sich auch das biologische Alter, und zwar entsprechend der Anzahl vergangener Herzschläge jeweils beteiligter Lebewesen. Im Unterschied zu den Zeigerstellungen oder Pulsschlägen der Atomuhren und mitgereisten Passagiere aber können die 'Eigenzeiten' als solche nicht unmittelbar beobachtet werden. Auch die universale Zeit ist wie der dreidimensionale Raum kein physikalisches Objekt, sondern die gedankliche Abstraktion realer Veränderung. Diese Auffassung wird hier nicht bewiesen, es soll genügen zu zeigen, dass sie die einfachste Möglichkeit darstellt, den tatsächlichen Gegebenheiten Rechnung zu tragen. Und zwar im Sinne der auch als 'common sense' bezeichneten menschlichen Vernunft und nach Anwendung von Ockhams Rasiermesser, das – wie bereits auch von Newton gefordert – keine überflüssigen Hypothesen erlaubt. Eine einheitliche 'mathematische' Zeit aber, die wer will auch als Koordinatenzeit des Universums bezeichnen mag, verfließt schon allein deshalb gleichmäßig, weil eine ungleichmäßig verfließende Zeit ohne effektiven Bezug auf eine gleichmäßig verfließende Zeit überhaupt nicht denkbar wäre.

Was aber wäre nun also eine wahre Zeit? Dass es durchaus einen Sinn hat, von 'wahrer' Zeit zu sprechen, ergibt sich aus der von Einstein selbst festgestellten Tatsache, dass die von Atomuhren auf der rotierenden Scheibe angezeigte Zeit jedenfalls *nicht* diejenige wahre Zeit sein kann, die eine physikalische Beschreibung der dort stattfindenden Abläufe selbstverständlich gestatten muss.

Ganz unabhängig von der jeweils aktuellen Theorie über Zustand beziehungsweise Entwicklung des Universums wird die auf Newton zurückgehende Auffassung von Raum und Zeit heute durch folgende Tatsache nahegelegt: Mit Hilfe des Doppler-Effekts lässt sich statistisch immer ein ausgezeichnetes *Ruhsystem* festlegen, und zwar durch die Forderung größtmöglicher, als Isotropie bezeichneter, Richtungsunabhängigkeit des universalen Hintergrunds. Es bietet sich geradezu an, diesen mit dem Ruhsystem der Mikrowellenstrahlung zu identifizieren. Das setzt allerdings voraus, dass es sich bei dieser tatsächlich um ein universales und nicht nur um ein kosmisches Phänomen handelt. Die 'absoluten' Geschwindigkeiten von Sonne und Erde sind auf dieser Basis längst ermittelt. Doch braucht eine solche Zuordnung nicht notwendigerweise die einzig mögliche zu sein.

Prinzipiell hätte man sich bei der Feststellung eines universalen Ruhsystems bereits mit Hubbles Entdeckung auf eine größtmögliche Gleichmäßigkeit der beobachtbaren statistischen Verteilung der Rotverschiebung beziehen können, vorher auf eine mittlere Sterngeschwindigkeit Null. Grundsätzlich lässt sich immer ein ausgezeichnetes Bezugssystem finden. Ein ernsthaftes Problem entstünde erst dann, falls es in der universalen Wirklichkeit mehr als ein einziges derartiges System geben sollte, was dazu zwingen würde, zu größeren Skalen überzugehen oder einen Fehler in den bisherigen Modellen aufzudecken. Eine solche Frage ist in jüngster Zeit als eine rätselhafte – wieder einmal 'dunkle' – Fließbewegung aufgetaucht unter dem Stichwort 'dark flow', welcher eine zusätzliche Strömung sämtlicher weit entfernter Galaxienhaufen in ein und dieselbe Richtung gegenüber dem üblichen 'Hubble-Fluss' zu beweisen scheint. Mit anderen Worten würde sich das System der kosmische Hintergrundstrahlung gegenüber dem der statistisch ruhenden Galaxiencluster mit einer Geschwindigkeit von größenordnungsmäßig tausend Kilometern pro Sekunde bewegen.

Die spezielle Relativitätstheorie zeigt zwar, dass in Inertialsystemen trotz Längenkontraktion und Zeitdilatation eine solche Koordinatenwahl möglich ist, bei der den Differenzen räumlicher Koordinaten unmittelbar mit Maßstäben messbare Entfernungen, und den Differenzen der Zeitkoordinaten unmittelbar mit Lichtuhren messbare Zeiten entsprechen. Doch gerade die allgemeine Relativitätstheorie zeigt umgekehrt, dass dies in Nicht-Inertialsystemen beziehungsweise bei Berücksichtigung der Gravitation unmöglich ist.

Angesichts der Tatsache, dass es abgesehen vom universalen Ruhsystem überhaupt nur lokale Inertialsysteme geben kann, beweist dies also die Notwendigkeit eines mathematischen

Raums und einer mathematischen Zeit im Sinne Newtons. Obwohl nicht im Wortlaut, so immerhin sinngemäß als Voraussetzung für die relativistische Beschreibung der physikalischen Wirklichkeit. Sie höre schon das Geschrei der vielen Experten – *Mlle Bleu de Leys* Mitleid hält sich in Grenzen – die plötzlich Angst hätten, mit ihren Schubladen nicht mehr zurecht zu kommen oder sich gar die Finger einzuklemmen.

Ich bin mir darüber im klaren, dass in diesem Zusammenhang allein schon die Erwähnung des Namens 'Newton' all die neunmalklugen Besserwisser auf den Plan rufen wird. Und zwar zur Verteidigung längst bequem gewordener Sprachregelungen, sofern die 'Community' überhaupt bereit ist, eine ihr lästige Aussage zur Kenntnis zu nehmen.

Doch es ist gerade diese Auffassung von Raum und Zeit, die mich im Hinblick auf eine zukünftige allgemeine Gravitationstheorie auf Basis der Einstein'schen Gleichungen unmittelbar zu der einst vergeblich gesuchten Möglichkeit eines stationären, das heißt ewig jungen Universums geführt hat.

Wenn es ewig jung sei, fragt *Sigismund Sörgli*, sei es dann nicht zugleich auch ewig alt? Nicht unbedingt, sagt *Borromea Worthswerd*, denn wie bei einer Bevölkerung im Gleichgewicht kämen zwar immer nur gerade so viele Neugeborene nach wie Alte gingen, doch im Unterschied zu überalterten oder gar sterbenden Gesellschaften sehe sie die Situation in Bezug auf das Universum insgesamt anders, obwohl es darin natürlich auch einzelne überalterte Sternpopulationen gebe. Wer sei schon alt gemessen an der Ewigkeit?

Ebenso wie die Systemzeit der frei fallenden rotierenden Erde eine brauchbare globale Zeit darstellt, ist eine durchgängige Systemzeit des Universums als Repräsentantin der wahren mathematischen Zeit schlechthin zu verstehen. Es lässt sich zeigen, dass eine einfache Synchronisation entsprechender im universalen Bezugssystem ruhender technischer Systemuhren nach Einsteins Verfahren der Reflexion im Zeitmittelpunkt prinzipiell möglich wäre, natürlich nur theoretisch.

Dass die absoluten Systemkoordinaten aber in örtlich und zeitlich begrenzten Teilsystemen nicht eindeutig identifizierbar sind, kann ihre Existenz ebensowenig widerlegen, wie bei Verwendung temperaturabhängiger Maßstäbe die Flachheit einer lediglich unterschiedlich temperierten Ebene entkräftet werden kann. Diese würde auch durch die dann notwendige Bezugnahme auf weitgehend willkürlich wählbare krummlinige Koordinaten nicht widerlegt.

Die universale Zeit aber ist zusammen mit dem universalen Raum durch die Bedingung einer – abgesehen von lokalen Abweichungen – konstanten universalen Lichtgeschwindigkeit eindeutig festgelegt. Diese wahre Zeit ist zugleich die Zeit, in der sich die kosmischen Abläufe uneingeschränkt beschreiben lassen, und in welcher das Universum überall in örtlich begrenzter gleichbleibender Veränderlichkeit erscheint. Der wahre Raum ist dabei der Raum, in welchem die Spiralnebel, Quasare, Galaxienhaufen mitsamt jenen super-massereichen Körpern – englisch: *supermassive objects* – gleichmäßig verteilt sind, die heute als Schwarze Löcher missverstanden werden und bei großräumiger Mittelung statistisch ruhen. Um Missverständnissen vorzubeugen, sei noch einmal betont, dass die Begriffe 'wahrer Raum' und 'wahre Zeit' hier keinesfalls so zu verstehen sind, als ob es sich dabei um physikalische Objekte handle, und als ob es nur ein einziges brauchbares Längenmaß und nur ein einziges brauchbares Zeitmaß gäbe.

In seinen berühmten *Philosophiae Naturalis Principia Mathematica*, den Mathematischen Prinzipien der Naturphilosophie also, schrieb der Gigant Isaac Newton: „Der absolute Raum bleibt vermöge seiner Natur und ohne Beziehung auf einen äußeren Gegenstand stets gleich und unbeweglich. (…) Die absolute, wahre und mathematische Zeit verfließt an sich und vermöge ihrer Natur gleichförmig und ohne Beziehung auf einen äußeren Gegenstand." Mit der 1914 von Einstein akzeptierten Notwendigkeit, zusätzlich zu den 'natürlichen' Längen und Zeiten mathematische Systemkoordinaten einzuführen, sind also nur neun Jahre nach Fertigstellung seiner speziellen Relativitätstheorie Raum und Zeit stillschweigend – und offenbar bis heute unbemerkt – als absolute Größen in die Physik zurückgekehrt. Dass aber auch Newton nicht unfehlbar war, ergibt sich beispielsweise daraus, dass er im Vorwort zur ersten Ausgabe seiner *Principia* von 1687 schrieb, die Beschreibung richtiger Linien und Kreise, auf welche die Geometrie gegründet sei, gehöre zu Mechanik. Dieser Auffassung wurde in anderem Zusammenhang, wie berichtet, vor allem von Poincaré vehement widersprochen, und diesem Widerspruch schließe ich mich hier noch einmal voller Überzeugung an.

Trotz und entgegen eigenen alternativen Erkenntnissen hat Einstein an der Konzeption der zunächst in seiner speziellen Relativitätstheorie entstandenen Begriffe festgehalten. Die Auffassung, die Eigenzeit sei die wahre Zeit, jedes Inertialsystem habe demzufolge seine eigene Zeit, wird selbst angesichts einer sich in meinen Augen mittlerweile konkret abzeichnenden einheitlichen Theorie von Gravitation und Quantenmechanik nicht aufgegeben, sondern bis heute – aus welchen psychologischen Gründen auch immer – gleichsam um jeden Preis verteidigt.

Darüberhinaus vertritt manch einer nach wie vor eine falsch verstandene Relativität mit dogmatischem Eifer, während die Geschwindigkeit längst gemessen ist, mit der sich unser Sonnensystem durch das real existierende – von Einstein allerdings grundsätzlich bestrittene – ausgezeichnete kosmische Ruhsystem bewegt. Doch Raum und Zeit selbst sind keine physikalischen Objekte, denen sich veränderliche Eigenschaften zuschreiben lassen. Gegenstand der physikalischen Beschreibung sind allein Veränderungen gegenüber dem, was voraussetzungsgemäß unveränderlich ist, und dessen Unveränderlichkeit keiner Erklärung bedarf.

Was es alles gibt! Der schon einmal am Anfang des Buches zitierte Rhazes ist bereits achthundert Jahre vor Newton „der Auffassung, dass die Zeit in eine absolute und in eine begrenzte Zeit zerfällt. Die absolute ist die andauernde und endlose Zeit, und die besteht von Ewigkeit her und ist unaufhörlich in Bewegung. Die begrenzte Zeit ist diejenige, die sich aus den Bewegungen der Himmelskörper und aus dem Lauf der Sonne und der Sterne ergibt." Es ist in meinen Augen von wunderbarer Klarheit, wie die hier von Rhazes genannte „begrenzte Zeit" grundsätzlich Einsteins relative Zeit vorweggenommen hat.

Etwas später fährt er fort: „Siehst du nicht, wie die Sache dieser Welt mit dem Ablauf der Zeit vorübergeht, tack, tack, tack …". Aus heutiger Sicht meint er damit die Eigenzeit, im Unterschied zu universalen Zeit. Und bekommt prompt zur Antwort, wenn das so sei, dann solle er sich als vernünftiger Mensch schämen, nichts Besseres hervorzubringen als solche Laute.

Wer mich bis jetzt nicht für einen Barbaren hält, der wird es jetzt vielleicht tun, wenn ich bekenne, ich finde diese Laute geradezu wunderbar. Und nachdem Einstein den Mathematiker Riemann als prophetisch bezeichnet hat, komme ich persönlich nicht daran vorbei, eine gleiche Bewunderung dem zuzusprechen, der diese Laute in einem solchen Zusammenhang gesprochen hat: „tack, tack, tack". Doch damit immer noch nicht genug, ich komme aus dem Staunen nicht heraus. Rhazes hat nach meinem Verständnis tausend Jahre vor Einstein sogar den Unterschied zwischen den unmittelbar gemessenen Längen und dem universalen Raum benannt.

Es scheint im Hinblick auf verschiedene ansonsten unlösbare fundamentale Konflikte der Relativitätstheorie erforderlich, von der naturgegebenen Existenz eines ausgezeichneten Ruhsystems Gebrauch zu machen, wie dieses durch die universale Verteilung von Energie und Materie festgelegt ist. Die eben angeführten Argumente zusammenfassend lässt sich sagen, dass die wichtigsten Gründe dafür ausgerechnet in der Relativitätstheorie selbst liegen:

– Nur in Bezug auf ein ausgezeichnetes Hintergrundsystem scheint es möglich, die Gravitationspotentiale so zu bestimmen, dass sie näherungsweise Wellengleichungen genügen, deren Lösungen als indirekt bestätigt gelten.

– Nur in Bezug auf ein ausgezeichnetes Hintergrundsystem scheint es möglich, der Verteilung der Energie im Gravitationsfeld auf natürliche Weise Rechnung zu tragen. Dies gelingt durch eine von Rosen und anderen Autoren auf Basis eines mathematischen Ansatzes von Levi-Civita weiterentwickelte bimetrische Formulierung der allgemeinen Relativitätstheorie, indem man die euklidische Geometrie zugrundelegt und alle messbaren Abweichungen den physikalischen Objekten zuschreibt, zu denen dann endlich nicht mehr die Begriffe von Raum und Zeit selbst gerechnet werden müssen.

– Nur in Bezug auf ein ausgezeichnetes Hintergrundsystem scheint es möglich, die Drehimpulserhaltung auch über universale Skalen mathematisch zu fassen.

– Nur in Bezug auf ein ausgezeichnetes Hintergrundsystem scheint es möglich, willkürliche Koordinatenbedingungen auszuschließen, die nach herkömmlicher Auffassung frei verfügbar wären, im Extremfall aber das absurde Ergebnis lieferten, dass es überhaupt keine Gravitationsbeschleunigungen gäbe.

– Nur in Bezug auf ein ausgezeichnetes Hintergrundsystem bedeutet so etwas wie ein 'Urknall'-Ereignis nicht gleich eine physikalisch inakzeptable Entstehung des ganzen Universums aus dem Nichts mitsamt Raum und Zeit.

– Nur in Bezug auf ein ausgezeichnetes Hintergrundsystem lässt sich die Quantenmechanik allgemein-relativistisch formulieren, ohne dass Raum und Zeit selbst quantisiert werden müssten, was in meinen Augen jedenfalls ein Non-Sense wäre. Diese Einschätzung bedeutet allerdings nicht, dass nicht irgendein genialer Formelkünstler auf solch einer Basis mathematische Zusammenhänge aufdecken könnte, die sich experimentell bestätigen lassen. Die Zusammenhänge der Quantenmechanik wurden zu einem erheblichen Teil auf diese Weise entdeckt. Seither werden sie mathematisch nahezu perfekt beherrscht und lassen sich exakt überprüfen, ohne dass sie bis heute physikalisch verstanden wären.

Der hier verwendete Begriff des ausgezeichneten Hintergrundsystems ist genaugenommen zunächst nur als eine Klasse relativ gegeneinander, mit konstanten Geschwindigkeiten bewegter, mathematisch gleichwertiger Systeme zu verstehen, woraus sich aber mit einem Blick zum Sternenhimmel das letztlich einzige ausgezeichnete Hintergrundsystem prinzipiell identifizieren lässt.

Die instrumentelle Beobachtung der als Geschwindigkeitsdipol bekannten Unregelmäßigkeit aber ließe sich gegebenenfalls auch verstehen als die – von Michelson seinerzeit aufgrund unzutreffender Vorstellungen vergeblich versuchte – Messung der Erdbewegung gegen ein ausgezeichnetes Bezugssystem. Ein alternatives Verständnis der Relativitätstheorie könnte dem ohne weiteres Rechnung tragen. Es wäre jedenfalls ein Trugschluss zu glauben, ein solches System sei für alle Zeiten widerlegt. Die in meinen Augen reale nahezu raumerfüllende Existenz der dunklen Materie zeigt: auch die Existenz eines universellen Mediums ist nicht widerlegt, sondern lediglich ein falsches 'Äthermodell'.

Grundsätzlich von gleichförmig gegeneinander bewegten Bezugssystemen zu unterscheiden sind fiktive Koordinatensysteme. Einstein benutzt bei seiner Ableitung von Gravitationswellen einerseits eine als willkürlich verstandene Koordinatenbedingung, um daraus andererseits reale Energie- und Impulsdichten abzuleiten. Diese Vorgehensweise ist deshalb in sich selbst widersprüchlich, weil willkürliche Koordinatenbedingungen da und nur da erlaubt sind, wo es ausschließlich um so genannte Tensoren geht. Reale Gravitationswellen in der von Einstein abgeleiteten Form würden also demzufolge beweisen, dass es sich bei Energie und Impuls des Gravitationsfeldes in Wirklichkeit um einen echten *Tensor* handeln muss. Allerdings kann das nur ein von Rosen definierter und dort als Bi-Tensor bezeichneter Halb-Tensor sein im Sinne einer Verbindung der Riemannschen mit der euklidischen Geometrie. Nur gemäß dieser Auffassung hängt die Energiedichte des Gravitationsfeldes dann nicht mehr ab von der Wahl des Koordinatensystems. Und das ist unbedingt notwendig, wenn es eine reale Energiedichte des Gravitationsfeldes überhaupt geben soll.

Die zuerst am binären Pulsar PSR 1913+16 indirekt nachgewiesene Aussendung solcher Gravitationswellen stellt demzufolge – im Widerspruch zum allgemeinen Verständnis, von *Mlle Bleu de Ley* deshalb Un-Verständnis genannt – alles andere dar als eine Bestätigung der ursprünglichen Einstein'schen Auffassung seiner allgemeinen Relativitätstheorie. Ganz im Gegenteil würde eine direkte Messung solcher Wellen in den verschiedenen Detektoren wie GEO600 – entgegen jeder ansonsten behaupteten allgemeinen Relativität – gerade die physikalische Sonderstellung derjenigen mit konstanter Geschwindigkeit gleichförmig bewegten Systeme beweisen, in denen Einsteins Näherung für schwache Felder überhaupt Gültigkeit beanspruchen kann. Genau eines davon wäre schließlich durch isotrope Hintergrundstrahlung als universales Ruhsystem ausgezeichnet.

Gerade aus diesem Grund kam es für mich lange Zeit nicht in Frage, über Gravitationswellen ernsthaft zu arbeiten, obwohl ich heute zu verstehen glaube, dass Einsteins diesbezügliche zweite Arbeit – die erste hatte einen 'entstellenden' Fehler – zu dem Genialsten gehört, was er je geschrieben hat. Denn er hat seine unglaubliche, inzwischen aber an verschiedenen binären Pulsaren indirekt glänzend bestätigte so genannte Quadrupol-Formel nur ableiten können, indem er sich über die gerade doch ihm zugeschriebene Relativität aller Bewegung stillschweigend hinwegsetzte und letzten Endes zu einem ausgezeichneten universalen – von Newton einst absolut genannten – Bezugssystem zurückgekehrt ist.

Diese Behauptung mag für Leserinnen und Leser gerade in diesem Zusammenhang verwirrend klingen, doch das ist kein Wunder, denn die uneingestandene Verwirrung unter den Experten ist mindestens genauso groß. Tatsächlich allerdings haben die Gravitationswellen seither weniger gehalten als nach allgemeinem Verständnis versprochen, indem sie sich trotz größter

Anstrengungen bei GEO600, LIGO, TAMA300, VIRGO einer direkten Messung hartnäckig zu entziehen scheinen. Das geplante Satelliten-Projekt LISA wurde inzwischen eingestellt. Wenn solche Versuche für immer erfolglos blieben, dann wäre das wieder eine echte Überraschung. Es wäre in meinen Augen ein weiteres starkes Indiz, dass die dunkle Materie etwas ganz anderes ist, als heute behauptet. Meines Erachtens nämlich eine Verteilung mit Temperatur, Strahlung oder auch innerer Reibung, welche die Gravitationswellen nach der Aussendung unterwegs absorbiert, so dass sie nicht bei uns ankommen, jedenfalls nicht in der erwarteten Form.

Bis heute können nur wenige Experten die Konsequenzen der Existenz von Gravitationswellen verstanden haben. Denn sonst wüssten sie, dass ein experimenteller Nachweis Einsteins geometrische Interpretation seiner wunderbaren Gleichungen nicht nur nicht bestätigen, sondern im Gegenteil diese Interpretation widerlegen würde!

Es ist einfach falsch, wenn immer wieder behauptet wird, Einsteins Auffassung von Raum und Zeit sei bewiesen durch die Vielzahl der glänzenden astronomischen Bestätigungen seiner allgemeinen Relativitätstheorie. Denn es ist durchaus nicht erforderlich, irgendeine reale Krümmung von Raum und Zeit zu akzeptieren, wenn dieses Wort mehr sein soll als ein – *terminus technicus* genannter – rein mathematischer Begriff ohne direkten Bezug zur Realität, um aus den Einstein'schen Gleichungen alle physikalisch richtigen Schlüsse zu ziehen. Das betrifft nicht nur diejenigen Vorhersagen, die bisher tatsächlich experimentell bestätigt wurden, sondern auch diejenigen, die überhaupt jemals experimentell bestätigt werden können. Es genügt vollständig, die Einflüsse des Gravitationspotentials auf reale physikalische Objekte zu berücksichtigen, einschließlich derjenigen auf Maßstäbe und Uhren, doch ohne den geringsten Einfluss auf den Raum selbst oder die Zeit selbst. Dementsprechend genügt es auch, Einsteins 'geodätische' Bewegungsgleichungen lediglich im Sinne einer geometrischen Analogie zu verstehen, und zwar ohne jede Einbuße an physikalischer Aussagekraft, wie beispielsweise auch Steven Weinberg in einem großartigen Lehrbuch angedeutet hat.

Eine nichteuklidische Geometrie des dreidimensionalen Raums selbst hätte die Existenz absolut starrer Maßstäbe zur Voraussetzung, die bereits durch Einsteins eigene spezielle Relativitätstheorie ausgeschlossen ist. Das ganze Mysterium der sogenannten nichteuklidischen Geometrie lässt sich – im Sinne Poincarés – in leicht verständliche und vernünftige Wissenschaft auflösen durch die folgende einfache Feststellung: Eine dreidimensionale nichteuklidische Geometrie ist der widerspruchsfreie mathematische Apparat zur Vermessung der physikalisch realen Welt im mathematisch euklidischen Raum mit systematisch längenveränderlichen Maßstäben.

Was nun einerseits die nicht nur mögliche, sondern alltäglich auftretende Ortsabhängigkeit von Maßstäben betrifft, so spreche ich von 'systematischer' Dehnung, Stauchung oder allgemein Verzerrung, wenn die betroffenen Maßstäbe überall und jederzeit zur Deckung gebracht werden können. Der Unterschied zwischen den Auswirkungen beispielsweise der Temperatur und denen von Gravitationspotential und Geschwindigkeit liegt dann darin, dass Längenänderungen aufgrund Wärmeausdehnung abhängig sind vom jeweiligen Material, die FitzGerald-Lorentz-Kontraktion und Einsteins äquivalenter Gravitationseffekt aber nicht. Letztere wirken immer sogar auch auf Licht, dessen Verhalten von Temperatur und gewöhnlichen Einflüssen außer der Gravitation ganz unabhängig ist.

Der Begriff systematisch bedeutet also zugleich, dass sich alle hinreichend kleinen Maßstäbe zusammen mit allen Objekten, die als Maßstäbe dienen könnten, situationsabhängig einheitlich ändern. Bei Verwendung dieser Maßstäbe scheinen die Gesetze der euklidischen Geometrie dann allerdings nur in hinreichend kleinen Bereichen zu gelten. Um mit solchen Maßstäben widerspruchsfrei Geometrie zu betreiben, bedarf es ganz konkret der ursprünglich nur als mathematische Fiktion entwickelten nichteuklidischen Geometrie. Selbst hier lässt sich der Abstand je zweier Punkte mit längenveränderlichen Maßstäben überbrücken, die im Sinne der euklidischen Geometrie geradlinig aneinandergereiht werden, ohne dass dies auch nur das Geringste mit einer Krümmung des dazwischen liegenden Raums zu tun hätte.

Unabhängig davon scheitert das Konzept einer nichteuklidischen 'Lichtbahngeometrie' an der einfachen Tatsache, dass Lichtbahnen im lokalen Gravitationsfeld *keine* räumlichen Geodäten sind, was sie aber sein müssten, um widerspruchsfrei eine nichteuklidische Geometrie des dreidimensionalen Raums darauf zu gründen. Sogar ideal feinste Laserstrahlen sind nach Einsteins eigenen Berechnungen nicht gut genug, um mathematisch exakte Verkörperungen von geraden – oder eben räumlich kürzesten – Linien darzustellen.

Wie Einstein am Ehrenfest'schen Paradoxon der rotierenden Scheibe selbst erkannte, genügen natürliche Maßstäbe und Uhren nicht zur Beschreibung der physikalischen Realität. Im Unterschied zur herkömmlichen Interpretation aber und im Hinblick auf ein – möglicherweise in der kosmischen Hintergrundstrahlung bereits gefundenes – universales Ruhsystem lassen sich die unverzichtbaren Systemkoordinaten der allgemeinen Relativitätstheorie überraschend einfach verstehen als Repräsentanten eines euklidischen Raums und einer universalen Zeit.

Mit der Feststellung eines ausgezeichneten Bezugssystems aber entfällt nun jede vermeintliche Notwendigkeit, das Verhalten veränderlicher Maßstäbe und beeinflussbarer Uhren dem Raum und der Zeit selbst zuzuschreiben, wie dies in der speziellen Relativitätstheorie geschehen ist. Und zwar vor allem durch den Mathematiker Minkowski. Aus meiner Sicht scheint in der Folge das physikalische Verständnis deutlich hinter den mathematischen Fortschritten zurückgeblieben zu sein. In Bezug auf das gegenüber allen anderen ausgezeichnete universale System lässt sich nun aber der Einfluss von Gravitation und Geschwindigkeit auf Maßstäbe und Uhren prinzipiell eindeutig erfassen.

Einsteins Auffassung seiner speziellen Relativitätstheorie wäre tatsächlich, wie jeder weiß oder zu wissen glaubt, widerspruchsfrei durchführbar, wenn es ausschließlich um Vorgänge in solch idealen Inertialsystemen ginge, die es aber nicht gibt. Demgegenüber lassen sich, den hier gezogenen Schlüssen über die wahre Bedeutung der Systemkoordinaten entsprechend, alle herkömmlichen Aussagen über die 'Raumzeit' der Relativitätstheorie – nicht allein meines Erachtens – am einfachsten verstehen als Aussagen über reale Körper, Felder, Maßstäbe und Uhren, die im euklidischen Raum und in der universalen Zeit dem Einfluss von Gravitationspotential und Bewegung unterliegen. Es ist also völlig überflüssig, Raum und Zeit selbst als physikalische Objekte zu betrachten, denen sich veränderliche Eigenschaften zuschreiben lassen. Gegenstand der physikalischen Beschreibung sind allein reale Gebilde und deren Veränderungen.

Was auf Anhieb vielleicht bloß klingt wie ein Streit um Worte seltsamer Schriftgelehrter ist mehr als ein Eiertanz rund um das goldene Kalb und hat weitreichende Bedeutung bis hin zur Vorstellung vom Universum, in dem wir leben.

Hypolite Van Tast fragt auf der Reise den Schaffner: „Wann bitte hält der nächste Bahnhof?" Er hat sich soeben durch intensives Nachdenken noch einmal von der angeblich völligen Gleichberechtigung aller relativ gegeneinander bewegter Systeme in Form sanft dahingleitender Züge und Stationen überzeugt. Was ihn allein noch leicht verwirrt, ist *Mlle Bleu de Leys* Verwunderung, wie die Bahnhöfe angesichts der vielen Züge den Überblick behalten können, wann und in welche verschiedenen Richtungen sie gleichzeitig fahren sollen, ohne zusammenzustoßen.

Relativität schlank

Treffen sich zwei Uhren: „Wohin die Reise?" – „Schon gut." „Und wann sehen wir uns wieder?" – „Wie wär's in siebenundzwanzig Millionen Sekunden?" – „Nach deiner Zeit oder nach meiner?" – „Wie soll ich das wissen?" – „Dieser Einstein!" – „Unterwegs werden wir Newton fragen." – Die weiter oben zitierte Unterhaltung in Isaac B. Singers '*Schatten über dem Hudson*' geht übrigens weiter mit den Worten:

> „*Nun werden Sie sagen, ich bin ein Ketzer, aber mich interessiert auch nicht die Theorie von dem Einstein.*"

> „*Aber bevor man sie ablehnen kann, muss man sie doch erst mal verstanden haben.*"

Nein, nein, es wäre ja ganz falsch, diese Theorie abzulehnen, kommentiert *Aladin Adamson*, und Einstein sei alles andere als ein unpraktischer Mensch gewesen, durchaus kein '*Batlen*' also. Darum gehe es ja auch hier überhaupt nicht, betont *Frank U. Frey*, im Gegenteil.

Es gehe darum, erläutert *Borromea Worthswerd*, diese Theorie von allen überflüssigen Ungereimtheiten der Interpretation zu befreien, damit sie umso schöner strahlen könne. Besonders die Tatsache, dass es im Rahmen der allgemeinen Relativitätstheorie logisch überhaupt möglich scheine, physikalisch sinnfreie Fiktionen wie eine Anfangssingularität des gesamten Universums zu diskutieren, beweise schon, dass sich die bisherige Interpretation des mathematischen Apparats in den Grundlagen nicht an Beobachtungstatsachen orientiere, nimmt *Frank U. Frey* den Faden noch einmal auf. Eine schlanke Theorie aber solle erklären, was es zu erklären gelte, nicht weniger – aber ganz gewiss auch nicht mehr. *Borromea Worthswerd* stellt dazu fest, unnötige Zutaten verdürben zwar nicht notwendigerweise die Köche, aber den Brei.

Anstatt aber endlich Ockhams '*Rasierer*' zu benutzen, habe es zuweilen gar den Anschein, als würde heute lieber der Pinsel anstatt eines scharfen Messers benutzt, um das zahlende Publikum gehörig – oder besser ungehörig – einzuseifen, *Mlle Bleu de Ley* spricht damit das Wort zum Markttag. Gebraucht werde eine schlanke Relativitätstheorie pur ohne unnötige Hypothesen über Raum und Zeit. Sind denn in einer physikalischen Theorie, die diesen Namen verdient, am Ende nicht überhaupt alle unbewiesenen Hypothesen strikt zu meiden? fragt *Sigismund Sörgli* nun weiter. Es gebe allerdings zu Recht einerseits unverzichtbare Arbeitshypothesen, andererseits aber auch überflüssige Spinnereien, deren Bestimmung es sei, Ockhams Rasiermesser zum Opfer zu fallen, gibt *Borromea Worthswerd* zu bedenken.

Natürlich muss ich mich fragen lassen, mit welcher Berechtigung ich hier von Relativitätstheorie pur sprechen kann, während ich doch gerade dabei bin, Einsteins Interpretation seiner Theorie im Sinne von Lorentz, Poincaré, Weyl und – wie wir gleich sehen werden – Rosen möglichst vom Kopf auf die Füße zu stellen. Relativ auf den Kopf also, beharrt *Mlle Bleu de Ley*. Doch genüge es nicht, hier stehen zu bleiben, sondern man müsse auf Einsteins Weg weiter. Aber keineswegs immer geradeaus, manchmal sogar rückwärts, nämlich da, wo zunächst eine falsche Richtung eingeschlagen war. Das Hin und Her heute liege natürlich an verschiedenen verunsicherten Eseln. Sancho Pansas Rucio sei aber nicht solchen Brüdern zu verwechseln.

Es hat sich in der Vergangenheit nicht selten gezeigt, dass unerwartet zutage getretene Zusammenhänge in ihrer eigentlichen Bedeutung erst nachträglich verstanden wurden. Das sei hier im Hinblick darauf erwähnt, dass mit einer solchen Reihenfolge immer – auch heute noch – zu rechnen ist, weil es sich bei der Physik zunächst und vor allem um eine Erfahrungswissenschaft handelt. Manchmal muss man tatsächlich ein Stück rückwärts gehen, um vorwärts zu kommen.

Bereits unmittelbar nach Einsteins Formulierung der speziellen Relativitätstheorie war ja bekannt, dass sich diese Theorie widerspruchsfrei auch im Sinne von Lorentz und Poincaré verstehen lässt, wobei allerdings der erstgenannte am überholten Begriff des Äthers festgehalten hat. Dagegen hat sich Einsteins Auffassung bald durchgesetzt – die von Minkowski auf Basis eines von Poincaré entwickelten Konzepts mathematisch zweifellos höchst elegant eingekleidet wurde – und die konkurrierende gleichwertige Interpretation lange alt aussehen lassen, für die meisten bis heute. Aber für jede selbstständig denkende Physikerin und für jeden entsprechenden Physiker völlig zu Unrecht, soweit diese nicht an übertrieben buchstäblich genommenen Bedeutungen überholter Begriffe kleben, sondern das konkurrierende Konzept sinngemäß verstehen. Um das zu erkennen, genügt es, ein bisschen mit den Begriffen zu spielen. Ich ersetze das Wort Äther, das – wie *Mlle Bleu de Ley* nebenbei findet – damals Assoziationen von Narkose und Erbrechen auslösen musste, durch den neutralen Begriff *ausgezeichnetes Bezugssystem*, beziehe dieses System auf die kosmischen Hintergrundstrahlung, und schon haben wir eine zweifellos höchst moderne Auffassung der Kosmologie gemäß SUM. Diese Auffassung aber stimmt in ihren begrifflichen Grundlagen weitgehend deckungsgleich mit der angeblich überholten Auffassung von Lorentz und Poincaré überein. Nicht aber mit der ursprünglichen Auffassung Einsteins.

Ebenso wie es also zwei denkbare Auffassungen der speziellen Relativitätstheorie gibt, so gibt es zwei denkbare Auffassungen der *allgemeinen* Relativitätstheorie. Auch hier natürlich wieder die heute allgemein akzeptierte Einsteins. Dieser stelle ich eine andere gegenüber, indem ich einen mathematischen Spielraum nutze, der vor allem von Rosen eröffnet wurde, und der die Verallgemeinerung der Konzepte von Lorentz und Poincaré erlaubt. Den Übergang von dem durch astronomische Beobachtung ausgezeichneten universalen Ruhsystem zu beliebigen Bezugssystemen leistet hier die so genannte bimetrische Formulierung der allgemeinen Relativitätstheorie.

Es ist der gleiche Nathan Rosen, der einst als Mitarbeiter Einsteins nicht nur mit ihm über Gravitationswellen arbeitete, nachdem Einstein selbst deren Existenz vorübergehend in Frage gestellt hatte. Sondern es ist auch einer der drei Autoren, die das als Einstein-Podolsky-Rosen Paradoxon berühmte und heute im Zusammenhang mit der Verschränkung von Teilchen und Teleportation gesehene Phänomen entwickelt haben. Später verfasste er dann auch noch eine eigene, offenbar falsche, Variante der Gravitationstheorie, die kurz als Rosens bimetrische Theorie be-

kannt geworden ist. Diese darf aber nicht mit der von mir aufgegriffenen richtigen – und im Hinblick auf das stationäre Universum, SUM, weiterentwickelten – bimetrischen Formulierung der
allgemeinen Relativitätstheorie verwechselt werden.

Was das neue Verständnis der Ideen von Lorentz, Poincaré
und anderen betrifft oder gar Newtons 'Comeback' mit seinem in
den Systemkoordinaten wiederentdeckten absoluten Konzept
von Raum und Zeit, so könne sie das wütende Geschrei moderner Physiker beinahe hören – *Mlle Bleu de Ley* sieht dem von
außerhalb gelassen entgegen – ohne die es bald keine Arbeit für
die Schneider mehr gäbe: Um Himmels Willen, nicht schon wieder, die ewiggestrigen Dilettanten wollen einfach nie aussterben!
Doch immer mit der Ruhe, stellt *Borromea Worthswerd* klar, erstens könne vernünftige Physik keine Frage der Mode sein. Zweitens sei die Konkurrenz naturwissenschaftlicher Theorien kein
Wunschkonzert. Drittens müsse der Begriff Dilettant für Menschen, die ihn überhaupt verstünden, durchaus kein Schimpf-
wort sein, im Gegenteil. Die Geschichte der Physik werde auf
lange Sicht zum Glück nicht von fachidiotischen Hornochsen bestimmt, erläutert *Mlle Bleu de Ley* das präziser, sondern sei auch
voller dilettierender Esel, und nicht selten seien es gerade diese
gewesen, die entscheidende Durchbrüche erzielt hätten.

Zwar geht es mir persönlich als Autor keineswegs darum,
ein Steckenpferd wie Rosinante zu reiten, lieber schon Wilhelm
Buschs harten Traber. Doch sieht *Sigismund Sörgli* durchaus die
Gefahr, dass gegen Scheinriesen an Vorurteilen zu streiten sei,
die in den Medien mitsamt ihren physikalischen Gebetsmühlen
daherkämen und in der Lage seien, aus immer der gleichen Richtung viel Wind zu machen.

Ich möchte das ursprünglich für die Mechanik auf Galilei
zurückgehende und dann von Poincaré und Einstein auf alle Gebiete der Physik einschließlich der Elektrodynamik angewandte
spezielle Relativitätsprinzip noch einmal verallgemeinern und
zugleich erweitern: Unter der Voraussetzung, dass keine Auswirkungen einer gemeinsamen Rotation oder der Inhomogenität

eines äußeren Gravitationsfelds feststellbar sind, gelten innerhalb frei fallender Versuchsanordnungen für mitbewegte Beobachter die Naturgesetze jeweils in der gleichen mathematischen Form. Damit entfällt die unnötige Unterscheidung zwischen den üblicherweise als unendlich ausgedehnt verstandenen, rein fiktiven Inertialsystemen der speziellen Theorie und den realen frei fallenden lokalen Inertialsystemen der allgemeinen Relativität. Die alternative Fassung oben ist angebracht, denn bei den erstgenannten Systemen handelte es sich schon immer um bloße Idealisierungen, die nicht real existieren.

Eine entsprechende Neuformulierung des Relativitätsprinzips aber ließe sich in Anlehnung an Einsteins Fahrstühle auch folgendermaßen veranschaulichen: Innerhalb beliebiger hinreichend kleiner, perfekt isolierter, rotationsfrei schwebender Raumkapseln gelten die gleichen Naturgesetze, solange die jeweiligen Experimente nicht zu lange dauern. Hinreichend klein sind die Kapseln dann, wenn sich im Inneren keine als Inhomogenität bezeichnete Ungleichmäßigkeit des äußeren Gravitationsfeldes bemerkbar macht. Perfekt isoliert wäre eine Raumkapsel, wenn ihre ansonsten undurchdringliche Außenhaut mit der Umgebung in thermischem Gleichgewicht steht. Die Forderung der Rotationsfreiheit bezieht sich nur auf die Raumkapsel als Ganzes. Im Inneren dürfen die Astronauten natürlich auch mit Kreiseln spielen. Schweben ist hier nur ein anderes Wort dafür, sich bei abgeschalteten Triebwerken auf einer Umlaufbahn oder ganz allgemein im freien Fall zu befinden. Nicht zu lange dauern Experimente, wenn der inzwischen zurückgelegte Weg der Kapsel mit hinreichender Genauigkeit als ein gerader Streckenabschnitt angesehen werden kann.

Den eigentlichen Grund aber für die Gültigkeit eines lokal eingeschränkten speziellen Relativitätsprinzips sehe ich darin, dass die Naturgesetze so sein müssen wie sie sind, um die Beweglichkeit frei fallender – und in Bezug auf das übergeordnete Gravitationsfeld systematisch beeinflusster – Körper zu gewährleisten. Umgekehrt liegt der eigentliche Grund für die Stabilität fester Körper ganz allgemein in der Gültigkeit von Einsteins Äquivalenzprinzip, aufgrund dessen alle frei schwebenden örtlich begrenzten Inertialsysteme in sehr guter Annäherung durch die spezielle Relativitätstheorie beschrieben werden können, allerdings jeweils nur zeitlich vorübergehend.

Damit aber werden die beiden fundamentalen Postulate der speziellen Relativitätstheorie nun einfach zu heuristischen Prinzipien:

Erstens lassen sich natürliche Uhren in allen lokalen Inertialsystemen derart synchronisieren, dass die Naturgesetze bei Verwendung natürlicher Maßstäbe dort die gleiche Form annehmen. Zweitens ist speziell bei dieser Synchronisation lokaler Inertialsysteme auch die Einweg-Lichtgeschwindigkeit gleich der Naturkonstanten c, ansonsten nur ihr Durchschnittswert für Hin- und Rückläufe auf demselben Weg. Diese Formulierung der beiden Postulate Einsteins betont in dieser Form offensichtlich die legitime Auffassung von Hendrik Antoon Lorentz und Henri Poincaré. Längen- und Zeitvergleich werden wieder transitiv, das heißt übertragbar, die FitzGerald-Lorentz-Kontraktion wird von einer kinematischen Deformation wieder zu einer dynamischen, wie es das Kausalitätsprinzip verlangt, und die Energiedichte des Gravitationsfeldes schließlich wird lokalisierbar, was bedeutet, dass sie sich nun räumlich zuordnen lässt.

Was ist nun aber neu für ein in diesem Sinne auch von Tullio Levi-Civita und Nathan Rosen ermöglichtes Verständnis zunächst der speziellen Relativitätstheorie? Nichts innerhalb idealer Inertialsysteme, die es in Wirklichkeit allerdings gar nicht gibt. Doch mit der notwendigen Verallgemeinerung auf allerorts existierende *lokale* Inertialsysteme gibt es jetzt ein zumindest für stationäre Fälle entwickeltes internes Synchronisationsverfahren, einen grundsätzlich verbesserten und vielseitiger anwendbaren Vorschlag für die Definition des Meters, außerdem ist die weitreichende Notwendigkeit eines ausgezeichneten universalen Bezugssystems konkret festgestellt. Diese ist einerseits durch das Versagen lokaler Maßstäbe über kosmische Entfernungen erwiesen, und zeigt sich andererseits noch deutlicher in der Existenz einer isotropen Verteilung von Materie und Strahlung.

Natürlich stimmt es, dass sich innerhalb eines hinreichend kleinen, frei fallenden lokalen Inertialsystems durch kein physikalisches Experiment feststellen lässt, ob sich das System bewegt oder nicht. Denken wir dabei wieder an eine rotationsfreie Raumkapsel und an solche Experimente, die sich innerhalb von Zeitspannen ausführen lassen, während derer die Bewegung der Kapsel annähernd gleichförmig verläuft. Aber wer will mir verbieten, aus dem Fenster zu schauen? Einige Blicke genügen, um mithilfe moderner Messgeräte einwandfrei festzustellen, ob ich mich gegen den sichtbaren universalen Hintergrund bewege oder nicht. Wenn nun jemand einwendet, dass der Bewegungszustand gegenüber dem sichtbaren Hintergrund von dem in Bezug auf den gesamten universalen Hintergrundes abweichen könnte, so stellt dies keinen prinzipiellen Einwand dar. Denn das würde lediglich bedeuten, dass mir vorläufig noch die technischen Möglichkeiten fehlen, weit genug hinauszublicken, um einen hinreichend großen Teilbereich des Universums zu erfassen.

Wenn allerdings die Welt ausschließlich aus ideal unbegrenzten Inertialsystemen bestünde, die sich alle mit gleichförmiger Geschwindigkeit relativ zueinander gravitationsfrei durch das Universum bewegten, nur dann wären beide Interpretationen tatsächlich gleichwertig. Doch natürlich ist das nicht der Fall. Das ganze begriffliche Durcheinander im Sinne überstrapazierter Konzepte aber ist meines Erachtens darauf zurückzuführen, dass – im Rückblick auf die fulminante historische Entwicklung höchst verständlich – die bis heute zur allgemeinen Relativitätstheorie gerechnete, unausgegorene Interpretation der Einstein'schen Gravitationsgleichungen in den ersten Jahren der speziellen Theorie voreilig festgeschrieben wurde. Dabei war es damals noch nicht möglich, auf alle Aspekte und Tatsachen hinreichend Rücksicht zu nehmen, die seit 1907 zu deren Erweiterung geführt hatten. Nur so konnte es meines Erachtens geschehen, dass Einstein später, als er sich bei der Behandlung der rotierenden Scheibe gezwungen sah, zusätzlich zu den 'natürlichen' Längen und Zeiten mysteriös scheinende Systemkoordinaten einzuführen, nicht sofort erkannte, dass es sich dabei sinngemäß um Repräsentanten des absoluten Raums und der dazugehörigen mathematischen Zeit handelte.

In einem berühmten Versuch, den der spätere Sir Isaac Newton einst eigenhändig durchführte, ließ dieser einen mit Wasser gefüllten Eimer an einem zuvor zusammengedrehten Seil rotieren, und beobachtete, dass es für das Auftreten der Fliehkräfte, die sich in der konkaven Wölbung der Wasseroberfläche zeigten, nicht etwa auf die Bewegung relativ zu den Wänden des Eimers, sondern auf die Bewegung gegenüber dem von ihm absolut genannten Raum ankam. Diese Deutung wurde insbesondere von Ernst Mach scharf kritisiert, was später auf Einsteins Verständnis großen Einfluss hatte. Mach hat versucht, die Bewegung gegenüber den Fixsternen für das Auftreten der Fliehkräfte verantwortlich zu machen. Dagegen hat – wer könnte es wieder einmal anders sein – Einstein hellwach geltend gemacht, dass ein ohne jede Verzögerung einsetzendes Auftreten von Fliehkräften eine augenblickliche Fernwirkung seitens der weit entfernten Fixsterne und damit eine unendlich große Übertragungsgeschwindigkeit voraussetzen würde, die er im Hinblick auf die endliche Lichtgeschwindigkeit natürlich verneinte. Die grundsätzlich einfache Lösung aber liegt nun darin, dass gemäß SUM aufgrund der universalen Verteilung von Materie und Energie überall ein und dasselbe Hintergrundpotential der Gravitation als Trägheitsfeld existiert, das im Sinne einer Nahwirkung die Fliehkräfte an jedem Ort ohne jede Verzögerung bewirken kann. Kurz und bündig: dieses Hintergrundpotential, wie es sich aufgrund ausgerechnet Einsteins Gravitationstheorie zeigt, ist die Verkörperung des ausgezeichneten universalen Ruhsystems, dessen Existenz dem ursprünglichen Konzept einer unbedingten allgemeinen Relativität klar entgegensteht. Um nicht zu sagen absolut, *Mlle Bleu de Ley* bringt es einfach nicht fertig, sich ein noch so kleines Wortspiel entgehen zu lassen.

Nathan Rosens bimetrische Formulierung der allgemeinen Relativitätstheorie erlaubt die Voraussetzung eines ausgezeichneten Bezugssystems ohne jeden Verlust an physikalischer Aussagekraft, ganz im Gegenteil. In diesem ausgezeichneten Bezugssystem gelten die Einstein'schen Gleichungen mitsamt der jeweiligen Verteilung von Energie und Impuls der Materie sowie einer bisher unverstandenen Energiedichte des Gravitationsfeldes in mathematisch vertrauter Form. Beim Übergang zu einem anderen Bezugssystem sind dann alle auftretenden gewöhnlichen Ableitungen durch in Bezug auf die neuen Koordinaten angepasste zu ersetzen. Erst bei dieser Vorgehensweise hängt dann die Energiedichte des Gravitationsfeldes nicht mehr von der Wahl des Koordinatensystems ab.

Erst damit wird nun eine Relativitätstheorie ohne nachweislich überflüssige Hypothesen überhaupt möglich, und zwar eine solche, wie sie leicht verstanden werden kann, ohne an die Zumutung einer Realität imaginärer Gespinste zu glauben. Weg also mit allen lästigen teilweise *ad hoc* erfundenen Hypothesen! fordert stürmisch *Mlle Bleu de Ley*. Gemach, gemach, bremst ausgerechnet *Frank U. Frey*. Unnötig seien allerdings einige in der Interpretation ja tatsächlich. Man habe die physikalische Entwicklung seit Voit, Michelson, FitzGerald, Lorentz, Larmor, Poincaré, Einstein bis hin zu Levi-Civita und Rosen einerseits sowie durch Minkowski, Ehrenfest, Kaluza, Grossmann, Hilbert, dann noch einmal Poincaré und Einstein zu überblicken. Im Bereich der Astrophysik und Kosmologie liege das Augenmerk unter anderen auf Schwarzschild, de Sitter, Hubble, Friedmann, Lemaître, Hoyle, Gold und Bondi, weiter über Alpher, Gamow, Herman bis hin vor allem zu den Supernova-Autoren und den Teams zur Vermessung der Hintergrundstrahlung.

Anders als ihr exzellent bewährter mathematischer Apparat, enthält die ursprüngliche Einstein'sche Auffassung der allgemeinen Relativitätstheorie sogar einen als *contradictio in adjecto* zu bezeichnenden Widerspruch in den eigenen Voraussetzungen. Denn jener Schluss auf eine 'Krümmung' von Raum und Zeit setzt, wie Einstein selbst wusste und später ausdrücklich bestätigte, die reale Existenz starrer Maßstäbe und unbeeinflussbarer Uhren voraus. Mit seinem Vortrag *„Geometrie und Erfahrung"* von 1921 hat er ja Poincarés diesbezügliche Argumentation ausdrücklich als eine unwiderlegbare Möglichkeit akzeptiert.

Tatsache aber ist, dass gerade seine eigene spezielle Relativitätstheorie die Unmöglichkeit starrer Körper und unbeeinflussbarer Uhren zwingend beweist. Das ist umso verwunderlicher, als Einstein einen ersten – für alles weitere fundamentalen – Beweis dafür selbst geführt hat. Das Festhalten an einem solchermaßen unhaltbaren Konzept erscheint in meinen Augen am ehesten psychologisch erklärbar.

Es ist dabei nicht einmal eigentlich das Problem, dass es in der Natur keine vollkommen starren Maßstäbe gibt, sondern dass solche angesichts der speziellen Relativitätstheorie physikalisch undenkbar sind. Darüberhinaus versagt das Konzept des Lichtmeters auf atomaren Skalen, und damit versagt hier zugleich Einsteins geometrische Interpretation seiner Gleichungen. In Wirklichkeit ist es ganz unnötig, Raum und Zeit überhaupt irgendwelche physikalischen Eigenschaften zuzuschreiben, die bei fehlenden mathematischen Spezialkenntnissen nichts als Verwirrung stiften können. Es genügt vollkommen, alle von der allgemeinen Relativitätstheorie in ihrer konventionellen Form numerisch zutreffend erfassten reproduzierbaren Ereignisse frei von der hier überholten geometrischen Interpretation abzuleiten. Der Kürze halber möchte ich die neue Auffassung derselben wunderbaren Gleichungen Einsteins gelegentlich durch die Bezeichnung 'allgemeine Gravitationstheorie' oder einfach 'Gravitationstheorie' von der üblichen Deutung der allgemeinen Relativitätstheorie unterscheiden.

Wie bereits Ehrenfest ausdrücklich betont hat, stimmt auch die von Poincaré berichtete Lorentz'sche Theorie trotz deren Voraussetzung eines ausgezeichneten Bezugssystems in allen experimentell überprüfbaren Konsequenzen exakt mit der Einstein'schen speziellen Relativitätstheorie überein. Hier ist noch

einmal zu betonen, dass diese exakte Übereinstimmung allerdings an die Voraussetzung idealer – das bedeutete unendlich
ausgedehnter und somit unrealistischer – Inertialsysteme gebunden ist. Bestünde die Welt nur aus solch idealen Inertialsystemen, die sich – jedes in unendlicher Ausdehnung – für alle Zeiten gleichförmig gegeneinander bewegten, so wäre es sicher unmöglich, die beiden Konzepte voneinander zu unterscheiden.
Doch so ist unsere Welt nicht beschaffen. In Wirklichkeit existieren nur angenäherte Inertialsysteme in Form frei fallender lokaler Objekte. Eine Unterscheidung ist also sehr wohl nicht nur
möglich, sondern notwendig.

Eine Theorienwahl hat effektiv nur stattgefunden zwischen
der Galilei-invarianten klassischen Physik und Einsteins spezieller
ler Relativitätstheorie, nicht aber zwischen Einsteins spezieller
Relativitätstheorie und den zeitgleich vorläufig formulierten Versionen gemäß Lorentz und dann Poincaré. Der auch als Theoretiker hervorragende Heinrich Hertz soll einmal auf Nachfrage
geantwortet haben, die Maxwell'sche Theorie, das sei das System
der Maxwell'schen Gleichungen. Kann man dann überhaupt von
zwei verschiedenen Theorien sprechen, wenn diese dieselben
Gleichungen haben?

Es wäre müßig, sich hier lange mit detaillierteren Wertungen
und Unterscheidungen derjenigen historischen Auffassungen
aufzuhalten, deren Autoren die später entwickelte allgemeine
Relativitätstheorie noch nicht kannten. Es kommt mir allerdings
gar nicht in erster Linie auf eine historische Bewertung an, geschweige denn auf irgendeine Form von Rechthaberei unter
'Schriftgelehrten'. Entscheidend ist, was sich aus den Ansätzen
Poincarés und Lorentz' im Unterschied zu der Interpretation
Einsteins und Minkowskis *heute* machen lässt. Über den gesamten Zusammenhang bin ich mir erst klar geworden, nachdem ich
die Vorstellungen von Lorentz und Poincaré mit Rosens bimetri-
scher Formulierung der allgemeinen Relativitätstheorie in Einklang bringen konnte. Zusammen mit der Feststellung eines universalen Bezugsystem sowie Einsteins Eingeständnis der Unzu-

länglichkeit natürlicher Maßstäbe und Uhren gab es jetzt kein Halten mehr, alles passte zusammen. Und war plötzlich ganz einfach.

Damit meine ich nicht den anspruchsvollen mathematischen Apparat des so genannten Tensorkalküls, der sicher nicht jederfraus oder jedermanns Sache ist, muss ja auch nicht. Jetzt aber lasse sich die ganze spezielle und allgemeine Relativitätstheorie grundsätzlich leicht verstehen und vor allem ohne jeden Verlust an physikalischer Aussagekraft konkret anwenden, *Borromea Worthswerd* hat es erfasst. Und zwar ohne dass sich der Raum krümmen müsse oder winden – ergänzt *Mlle Bleu de Ley* – während unrealistisch starre Maßstäbe damit nichts zu tun haben wollten, und unser aller gemeinsame Zeit in viele private Einzelteile zerfiele mit Uhren, die angeblich richtig gingen, aber unterschiedlich tickten.

Obwohl so manches teilweise bereits mehrfach angesprochen wurde, heißt das nicht, wie sich noch zeigen wird, dass bis hierhin alle sinnvollen Schlüsse schon endgültig und erschöpfend gezogen wurden.

Formeln sprechen über die physikalische Realität immer nur auf Grundlage mathematischer Abstraktionen. Mathematik ist Teil der Sprache. Sprache lebt. Auch in der Physik trägt jeder sinnvolle Satz, sobald er gesagt ist, immer selbst zur Definition der verwendeten Begriffe bei. Wer alle Objekte mit absoluter Präzision benennen wollte, müsste jedem Ding einen eigenen Namen geben bis hinunter zu jedem einzelnen Staubkorn und noch weiter, denn keine zwei Staubkörner sind einander gleich, von der belebten Natur ganz zu schweigen. Trotzdem habe ich wenig bis gar keine Lust, unnötigerweise 'krumm' zu nennen, was gerade ist, noch umgekehrt 'gerade', was krumm. Wäre es aber nicht besser gewesen und förderlich für eine akademische Karriere, mit den Wölfen zu heulen, fragt *Borromea Worthswerd*. Heulen ja, Wölfe nein – *Mlle Bleu de Ley* schmunzelt – eher so manch verzogener Stubenkater vielleicht. Wie peinlich aber erst, sollte sich am Ende herausstellen, dass das ganze Gerede einer

Urknall-Entstehung von Raum und Zeit lediglich auf einer Verwechslung von Kosmos mit Universum beruhe. Krümmung, wem Krümmung gebührt! fordert *Frank U. Frey* mit einem Seitenblick auf die unglaubliche Biegsamkeit des gefeierten Konkordanzkosmologen *Hypolite Van Tast*.

Als Einstein die Auffassung seiner allgemeinen Relativitätstheorie im Sinne einer nichteuklidischen Geometrie von Raum und Zeit der alternativen Auffassung Poincarés gegenüberstellte, scheute er sich nicht, diesem – wie oben gezeigt – grundsätzlich recht zu geben. Im weiteren Verlauf beschränkte er sich dann darauf, seine eigene Interpretation als denkbare Möglichkeit zu verteidigen. Doch selbst dabei musste er Zuflucht nehmen zu jenem irreführenden Argument, indem er dort unterstellte – dabei wusste er es nachweislich besser – Lichtstrahlen ließen sich in der Praxis als kürzeste Linien verstehen. Das sind sie aber im Sinne der Geometrie des dreidimensionalen Raums gar nicht, sonst wäre die Lichtablenkung an der Sonne nur halb so groß wie der von Einstein richtig vorausgesagte und bei der Sonnenfinsternis von 1919 erstmals bestätigte Wert. Als Arthur Stanley Eddington – der die damalige Expedition geleitet und die Messungen durch Auswertung der fotografischen Aufnahmen selbst durchgeführt hatte – später einmal von einem Reporter gefragt wurde, ob es stimme, dass auf der Welt nur drei Menschen die allgemeine Relativitätstheorie verstünden, soll er spontan zurückgefragt haben: „Wer ist denn der dritte?"

Es gibt also keinen vernünftigen Grund, die nichteuklidische Geometrie auf den dreidimensionalen Raum selbst anstatt auf reale Objekte anzuwenden, weil Lichtstrahlen im allgemeinen eben keine als Geodäten bezeichneten dreidimensionale 'Geraden' im Sinne räumlich kürzester Linien sind. Seltsam, dass Einstein dem keine Beachtung geschenkt hat, als er – in Erklärungsnot – damals schrieb, dass sich das Licht in gerader Linie fortpflanze *„und zwar in gerader Linie im Sinne der praktischen Geometrie"*. Doch zusätzlich zu lokalen Maßstäben wie dem Meter gibt es nun mit SUM ein neues physikalisches Abstandsmaß für universale Entfernungen, nämlich die Rotverschiebung. Außerdem wäre sogar die Definition einer universalen Längeneinheit als Alternative zu der lokalen Definition des Meters beispielsweise als ein bestimmter Bruchteil eines mittleren Abstands zwischen Galaxienhaufen oder auch einer mittleren Ausdehnung kosmischer Leerräume denkbar, allerdings nur statistisch. Doch geht es hier allein ums Prinzip. Die gesamte naturwissenschaftliche Kosmologie beruht letzten Endes auf statistischen Methoden. Einsteins alter, bis heute falsch verstandener Einwand, Koordinatendifferenzen seien nicht unmittelbar messbar, ist damit als allgemeingültige Aussage jedenfalls grundsätzlich entkräftet.

Was heutzutage allen 'Raumzeit'-Experten nicht einmal als Denkmöglichkeit bewusst zu sein scheint: Die Riemann'sche nichteuklidische Geometrie ist das geeignete mathematische Werkzeug, um mit systematisch veränderlichen Maßstäben umzugehen. Dieser Ansatz erlaubt es, die Leistungen von Gauß, Bolyai, Lobatschewski, Riemann bis hin zu Einstein in Übereinstimmung mit den Konzepten Euklids, Newtons, Kants und nicht zuletzt Poincarés zu verstehen. Demgegenüber sollte man sich immer vor Augen halten, dass das, was heute als Raumzeit bezeichnet wird, in der Regel nichts anderes bedeutet als Gravitationspotential mitsamt seiner Auswirkung auf physikalische Objekte, Maßstäbe und Uhren. Eine 'Krümmung des Raums' entspricht immer nur einem ungleichmäßigen Schwerefeld.

Das Universum ist eine Gegebenheit, und zwar *die* Gegebenheit überhaupt. Die Tatsache, dass es existiert versteht sich von selbst und bedarf keiner Erklärung. Ebensowenig kann jemand die Schwerkraft erklären. Wer das versucht, klebt nur ein Etikett auf das, was er nicht weiß. Um die Schwerkraft angeblich besser zu verstehen, wird sie heute also 'Krümmung der Raumzeit' genannt. Dann kommt man mit Gummitüchern, die das veranschaulichen sollen. Dieses Spielchen aber funktioniert nur, weil es die Schwerkraft tatsächlich gibt, die doch hier durch jene Krümmung der Raumzeit ersetzt sein soll. Es geht ständig im

Kreis herum. Immerhin, wer sich im Kreis bewege, mache ja auch andauernd Fortschritte, *Mlle Bleu de Ley* dreht das positiv, und beim Tanz dreht sie sich selbst manchmal anmutig auch. Solle so etwas allerdings einer gelegentlich dem Esel erzählen – *Borromea Worthswerd* ruft damit eine erfahrene Kapazität auf den Plan – der Stunde um Stunde die unerreichbare Möhre von der Nase habe.

5 Das Orakel der Physik

Neben der Kosmologie – auf die ich im nächsten Kapitel wieder zurückkommen werde – lag und liegt ein zweiter Schwerpunkt meiner Arbeit in langjährigen Bemühungen um eine einheitliche Theorie von Elektrodynamik, Gravitation und Quantenmechanik, wobei mir ein erster Ansatz zur Vereinigung gelungen ist.[34]

Die überragende Bedeutung eines so genannten Variationsprinzips beruht auf der Tatsache, dass es viele der wichtigsten Naturgesetze elegant und einheitlich abzuleiten gestattet. Warum das allerdings funktioniert, darüber gab es bisher nur die bekannte, und mangels besserer Alternativen immer wieder herangezogene Erklärung, dass ein als 'Wirkung' bezeichnetes Integral einen kleinsten – oder je nach Vorzeichen auch größten – jedenfalls aber extremalen Wert annehmen soll.

Im Unterschied dazu aber sehe ich als Grund für das Verschwinden der Variation einen konstanten Wert, sobald es um abgeschlossene Systeme geht. Durch Formulierung einer versuchsweise beliebig angesetzten Wirkungsdichte kann dem Prinzip zunächst eine Frage gestellt werden, woraufhin mögliche Gesetzmäßigkeiten als Antwort gegeben werden, die ganz von selbst mathematisch widerspruchsfrei sind. Es bietet sich also an, von diesem Verfahren tatsächlich Gebrauch zu machen, vor allem, wenn es gilt, die fundamentalen Naturgesetze zu finden, die dann 'nur noch' physikalisch stimmen müssen. Wo das gelingt, gilt diese Vorgehensweise als Königsweg. Angesichts seiner Wirkungsweise habe ich das Variationsprinzip als das *Orakel der Physik* bezeichnet.

Zuletzt allerdings kommt es darauf an, nicht irgendein, sondern ein *vollständiges* Variationsprinzip zu finden, um davon in geeigneter Weise Gebrauch zu machen. Denn ein sich daraus ergebender endgültiger Energie-Impuls-Tensor verlangt unabdingbar die Vollständigkeit der Variation im Sinne eines totalen

Differentials. Alle in der vierdimensionalen Wirkungsdichte auftretenden Veränderlichen und Ableitungen sind dort der Reihe nach einzubeziehen, ohne dass zur Vermeidung unerwünschter Resultate irgendwelche Größen unvariiert bleiben dürfen. Die dann folgenden Gesetzmäßigkeiten sind zwar nicht zwangsläufig physikalisch zutreffend, doch jedenfalls wie erwähnt mitsamt den zugehörigen Erhaltungssätzen mathematisch widerspruchsfrei. Das entscheidende Kriterium bleibt zum Schluß natürlich immer der Grad der Übereinstimmung mit der experimentellen Erfahrung.

Es stellt sich nur noch die Frage, warum das seltsame mathematische Gebilde, Wirkung genannt, im Falle abgeschlossener Systeme unveränderlich sein soll. Ich habe anfänglich vorsichtig vermutet und bisher nur angedeutet [35], dass es sich bei diesem Integral – mathematisch die Summe kleinster Bestandteile – um die Ruhemasse des jeweiligen abgeschlossenen Systems handeln könnte. Inzwischen bin ich mir nahezu sicher und will das in einer künftigen Arbeit physikalisch weiter begründen.

Die aus der experimentellen Erfahrung erwachsenen Tatsachen der Quantenmechanik gehören seit den dreißiger Jahren des letzten Jahrhunderts zum selbstverständlichen Basiswissen der Physik.

Ausgerechnet daran mag es liegen, dass einige fundamentale Fragen der Relativitätstheorie bis heute nicht zur Kenntnis genommen, oder aber in Vergessenheit geraten sind. Ausgangspunkt für das Folgende waren insbesondere Überlegungen zur relativistischen Behandlung einfacher Bewegungsabläufe in abgeschlossenen Systemen, die ich, wie bereits berichtet, als dynamische Paradoxa der Relativitätstheorie bezeichnet habe. Diese betreffen Teilchen in einem jeweils begrenzten Volumen wie beispielsweise Rotator oder Oszillator. Es ist natürlich kein Zufall, dass es sich dabei gerade um Prototypen der Quantenmechanik handelt. Wer aber heute wissen will, was in Systemen wie einem Kasten mit eingeschlossenen Teilchen letztlich vonstatten geht, der greift schwerlich zu einem Lehrbuch der Relativitätstheorie.

Niemand wird bisher erwarten, zu dieser Frage dort etwas zu finden, was über die klassische Behandlung gemäß der Newton'schen Mechanik wesentlich hinausgeht. Doch gerade anhand der genannten Paradoxa lässt sich zeigen, dass die Einstein'sche Relativitätstheorie hinsichtlich möglicher Bewegungsabläufe keinesfalls zu verstehen ist als quantitativ modifizierte Newton'sche Mechanik oder gar als Abschluss der klassischen Physik. Ein entscheidendes Problem der herkömmlichen relativistischen Mechanik liegt nämlich darin, dass bei der Bewegung gebundener Teilchen immer Umkehrpunkte existieren, die infolge der lokalen Relativität der Gleichzeitigkeit je nach Beobachter zu ganz unterschiedlichen Punkten seiner 'Eigenzeit' erreicht werden. Bemerkenswerterweise liegen auch die Anwendbarkeitsgrenzen der quasiklassischen quantentheoretischen Behandlung gerade in Nähe dieser Umkehrpunkte.[36]

Unter einer klassischen Theorie verstehe ich eine solche, die nach Maßgabe der zugrundegelegten Voraussetzungen eine lückenlose und widerspruchsfreie Behandlung ihres Gegenstands erlaubt. Dies bedeutet, dass die gegenüber der Wirklichkeit zwangsläufig verbleibenden Unvollkommenheiten allein außerhalb der durch ihre eigenen Voraussetzungen gegebenen Gültigkeitsgrenzen auftreten dürfen. Wie Einstein betonte, hat es aber eine klassische Physik seit Newtons Mechanik nicht mehr gegeben. Daher kommt es, dass der Begriff 'klassisch' in der Physik seit Jahrzehnten in zweifacher Bedeutung gebraucht wird: ursprünglich im Sinne von vollendet, durchsichtig, widerspruchsfrei – andererseits aber im Sinne von überholt, unzulänglich, unrealistisch. Eine vernünftig erweiterte Quantenmechanik, die keinen Bruch mit einer in Zukunft wieder klassischen Physik darstellen sollte, wäre demzufolge eine 'relativistische Mechanik', die ihren Namen verdient. Einstein schrieb einst sinngemäß an Max Born, dass man ein solches Ziel nicht aufgeben dürfe, bevor man sich nicht ganz anders darum geschlagen habe.

Nach langen Jahren des Nachdenkens und oft wiederholten vergeblichen Versuchen hat sich ein direkter Weg aufgetan, der von der Elektrodynamik in Form der von Lorentz, Larmor und Poincaré einst entwickelten Elektronentheorie über die Relativitätstheorie Einsteins hin zur Quantenmechanik führt. Einen solchen Zugang habe ich tatsächlich in einem Variationsprinzip gefunden. Der Weg orientiert sich ausschließlich an handfesten physikalischen Argumenten und theoretischen Notwendigkeiten. Er hätte – unter rein logischen Aspekten – ebensogut bereits zehn Jahre vor der Entdeckung der Quantenmechanik beschritten werden können, und zwar unmittelbar nach Einsteins Fertigstellung der ursprünglichen allgemeinen Relativitätstheorie. Dabei schließt er insbesondere eine längst nicht mehr für möglich gehaltene einfache Ableitung von Klein-Gordon- und Schrödinger-Gleichung ein, und zwar aus einem klar begründeten einheitlichen Variationsprinzip, das nur handfeste reelle mathematische Größen enthält.

Ohne hier auf detaillierte Erklärungen eingehen zu wollen, stelle ich lediglich fest, die Variation für Teilchen im elektromagnetischen und Gravitationsfeld enthält insbesondere die Maxwell'schen Gleichungen, den Ausdruck der tatsächlich beobachteten Lorentz-Kraft ohne Selbstwechselwirkung, die Klein-Gordon-Gleichung mit neuer Normierung, die Einstein'schen Gravitationsgleichungen mit dazugehörigem, in diesem Rahmen 'vollständigen' Energie-Impuls-Tensor sowie vor allem eine einfache Begründung der Planck'schen Energie-Frequenz-Beziehung für Photonen. Als Näherungen sind damit weitgehend verträglich: die klassische Mechanik einschließlich Massenpunkt und potentieller Energie, die klassische Elektrodynamik mit allerdings noch unvollständigem Bild freier elektromagnetischer Wellen, die Hamilton-Jacobi-Gleichung für geladene Teilchen samt konkreter Bedeutung der elektromagnetischen Potentiale, die allgemeine Relativitätstheorie mit phänomenologischem Energie-Impuls-Tensor in ihrer herkömmlichen Form, die Schrödinger-Gleichung einschließlich der Ehrenfest'schen Sätze, und als offenes System das wechselseitige Zusammenspiel der beteiligten Kräfte.

Die dabei entwickelte *deduktive* Quantenmechanik steht samt Unschärferelationen im Einklang mit bewährten Prinzipien der relativistischen Physik – allerdings nicht mehr als Punktmechanik, sondern als Theorie ausgedehnter Teilchen veränderlicher Gestalt. Verkürzt ließe sich sagen, es führt von Hamilton-Jacobi zur Schrödinger-Gleichung und nicht mehr zurück. Denn der dabei eingeschlagene Weg ist ein Weg ohne Wiederkehr.

Nach der Vorstellung Borns in einer Auseinandersetzung mit Einstein – der provokativ fragte, ob der Mond auch da sei, wenn gerade niemand hinschaue – ließe sich dieser Mond durch die Schrödinger-Gleichung grundsätzlich vollständig beschreiben, allerdings nicht in einem stabilen Zustand, sondern als zerfließendes Wellenpaket. Einstein fragt nun völlig zu recht weiter, warum ein gänzlich 'verschmierter' stationärer Grundzustand für den Mond, und letztlich alle entsprechenden Gebilde, verboten sein sollte, der doch gemäß der naiven Quantenmechanik existieren müsste. Im Rahmen der hier skizzierten Theorie ist die Antwort sowohl eindeutig wie einfach: Die von Einstein angesprochene stationäre Lösung der Schrödinger-Gleichung würde – wenn überhaupt – eher eine gleichmäßig verteilte Staubwolke repräsentieren, bevor sich daraus ein Mond überhaupt gebildet hätte. Die quantenmechanische Beschreibung eines jeden atomar zusammengesetzten Objekts ist in meinen Augen grundsätzlich immer als Überlagerung der Zustände aller beteiligten Teilchen anzusetzen. Allein für einzelne Elementarteilchen könnten zukünftige Grundgleichungen unmittelbar gelten, sonst nur statistisch. Schon bei der Einschränkung auf beteiligte Teilchen handelt es sich um eine in verschiedene Richtungen dehnbare Idealisierung, die von vornherein nur Näherungscharakter haben kann. Borns Ansatz in Form eines Wellenpakets ist nur aus dieser Sicht also richtig. Seine parallel dazu vertretene Überzeugung aber, dass die Beschreibung eines beliebigen – auch zusammengesetzten – Teilchens unter dem Einfluss einer potentiellen Energie durch die Schrödinger-Gleichung vollständig sei, ist aus gleicher Sicht falsch.

Das Problem des Elektrons als 'Fremdling' in der klassischen Elektrodynamik – eine Bezeichnung Einsteins in einem Brief an Sommerfeld – verlangt nicht unbedingt seine vollständige Lösung, sondern zunächst einmal nur eine grundsätzliche Vermeidung, diese allerdings von Anfang an. Das Wunderbare ist nun, dass sich hieraus eine widerspruchsfreie Theorie gewinnen lässt, ohne die seinerzeit aufgeworfene Frage überhaupt beantworten zu müssen, welche Kraft das Elektron wohl trotz Abstoßung seiner Bestandteile zusammenhalte. Umgekehrt aber sieht es in der gegenwärtigen Quantenmechanik eher danach aus, als ob ein einzelnes freies Elektron als lokalisierbares Teilchen gar nicht existenzfähig wäre.

Doch schon im Hinblick auf die unbezweifelbare Gestalt des Protons im Wasserstoffatom – bei dem es sich jedenfalls nicht um ein ausdehnungsloses Teilchen handeln kann – zeigt sich dann deutlich die Notwendigkeit einer Vertiefung des gegenwärtigen Konzepts.

Denn der naiven Quantenmechanik zufolge wäre eine Bestimmung der Gestalt ruhender freier Teilchen – mit scharfem Impuls Null also – grundsätzlich unmöglich. Andererseits muss jede künftige Erweiterung an der Gültigkeit der relativistischen Schrödinger-Gleichung festhalten, die sich deshalb im Falle der herkömmlichen Behandlung tatsächlich nur statistisch deuten lässt. Doch sollte eine detailliertere Beschreibung vor allem des Protons im Rahmen des neuen Konzepts durch Einführung nicht-elektrodynamischer Potentiale möglich werden. Aus dieser Sicht also gibt die Notwendigkeit einer solchen Vertiefung zugleich einen deutlichen Hinweis auf die Existenz kurzreichweitiger Kräfte wie beispielsweise der so genannten 'starken' Wechselwirkung, welche die Kernkräfte beschreibt.

Die erste Version meiner Arbeit wurde auf Anregung eines Wissenschaftshistorikers von zwei nicht interessierten anderen Physikern 'angeschaut'. Alles was ich darüber erfuhr war, sie seien nicht überzeugt. Ja, wie denn auch? Bei solchen Gelegenheiten werden beinahe immer die gleichen Leute gefragt. Und zwar sind das in aller Regel einige ausgewiesene, zugleich aber auch ausgediente Experten, oft also emeritierte Professoren, von denen einige eifersüchtig darauf achten, gefragt zu werden. Im Hinblick auf radikale Fragestellungen aber, die nicht nur der wissenschaftlichen Bestätigung etablierter Theorien dienen sollen, kann die Reaktion dann nur Schweigen oder bestenfalls hochgelehrte Skepsis sein. Eine professionell arrogante Skepsis kostet nichts und macht sich jedenfalls gut auch beim nächsten Bankett. So werden genau diejenigen gefragt, deren 'Aussterben' nach den Worten Plancks abzuwarten bliebe, bevor es mit der Physik wieder weitergehen kann.

Stattdessen sollte man viel besser junge Physikerinnen und Physiker fragen, denen ihre intellektuelle Leistungsfähigkeit einerseits noch voll zur Verfügung steht, die es aber andererseits bereits geschafft haben, selbst denken dürfen. Frei von falscher Bescheidenheit halte ich der Vollständigkeit halber fest: Die in Rede stehende Arbeit mitsamt Ableitung der Klein-Gordon-Gleichung und Schrödinger-Gleichung aus einem verständlichen reellen Variationsprinzip wird sich nach meiner Überzeugung durchsetzen, und zwar so, dass man in einiger Zeit kaum noch verstehen wird, wie manch grundsätzliche Verwirrung vorher überhaupt möglich war. Die Frage ist für mich nur, wann und auf welche Weise dies geschieht.

Alles in allem nämlich entspricht die historisch gewachsene, konventionelle Quantenmechanik bei näherem Hinsehen einem mathematischen Modell, das den Begriff des Punktteilchens so abgeändert hat, dass dieser zur statistischen Behandlung deformierbarer Objekte verwendet werden kann. Doch erst eine fortgesetzte Gegenüberstellung mit charakteristischen physikalischen Situationen wird zeigen können, wie die neuen Aspekte mit den diversen numerisch exzellent bewährten bisherigen Verfahren in jedem konkreten Fall zu vereinbaren sind. Die von mir skizzierte offene Theorie aber steht erst am Anfang und ist natürlich zu vertiefen. Immerhin ist dieser Anfang grundsätzlicher

Natur, und es gibt nun die Möglichkeit, dass das neu angelegte Fundament einmal das gesamte Gebäude einer erweiterten Quantenmechanik wird tragen können.

Erklärtes Ziel des Konzepts einer einheitlichen Theorie von Elektrodynamik, Gravitation und Quantenmechanik war es, physikalisch nachvollziehbare Zusammenhänge herzustellen zwischen Bereichen, die trotz wohlbekannter Korrespondenzen und Analogien bisher ohne inneren Zusammenhang nebeneinanderstanden. Dementsprechend sehe ich eine lohnende Aufgabe darin, die historisch gewachsene Kluft zu schließen zwischen einer sich hier abzeichnenden relativistischen Mechanik und der 'revolutionären' Quantenmechanik, zu der seit bald hundert Jahren keine Brücke zu führen schien. Es besteht meines Erachtens die Chance, dass die hier skizzierte Theorie in erweiterter Form einst zur vollen Entfaltung kommt. Tatsächlich also hoffe ich, eine Tür geöffnet und den Blick frei gegeben zu haben auf eine zukünftige Physik, die einmal – nach dem notwendigen Überschreiten innerer Grenzen der Mechanik – eine Bezeichnung wie 'klassisch' im Sinne von klar und widerspruchsfrei überhaupt erst wieder verdienen würde. Es ist absehbar, dass es Einwände geben könnte, doch ist es wohl gelungen zu zeigen, dass Einstein, Schrödinger, de Broglie – um nur die vielleicht wichtigsten zu nennen – grundsätzlich berechtigt waren, sich mit einem positivistischen Zugang zu den atomaren Grundlagen der Physik im Sinne Heisenbergs, Borns, Paulis oder auch Bohrs nicht zufriedenzugeben.

Schon jetzt ist deutlich erkennbar, dass es sich jedenfalls um eine Theorie ausgedehnter Teilchen und demzufolge nichtlokaler Wechselwirkungen handeln wird. Bereits in meiner „Skizze einer offenen Theorie von Elektrodynamik, Gravitation, Quantenmechanik" wurde nirgendwo die Ausdehnungslosigkeit irgendwelcher punktförmiger Teilchen vorausgesetzt, für das einzelne freie Elektron dementsprechend auch keine punktgenaue Lokalisierbarkeit. Trotzdem bin ich weit davon entfernt, alle relevanten Fragen explizit formulieren, geschweige denn, diese abschließend zu beantworten zu können.

Die Entwicklung des jener Arbeit zugrunde gelegten Variationsprinzips, das im Unterschied zu seinen Vorläufern erstmalig zu einem Energie-Impuls-Tensor führt, der sich als stimmig erweist und, bis auf die Erfassung von Eigendrehimpuls und Gestalt der Teilchen, bereits wichtigen Ansprüchen zu genügen scheint, lässt sich zurückverfolgen bis in das Jahr 1900 der Planck'schen Entdeckung des Wirkungsquantums.[37]

Unter gerade auch in der Physik nicht selten herangezogenen ästhetischen Aspekten scheint mir dieses Variationsprinzip angesichts der daraus fließenden Gleichungen in seiner durchgängigen Konsistenz einfach zu schön, um innerhalb seines durch die Voraussetzungen definierten Geltungsbereichs falsch zu sein.

Besonders die Tatsache, dass der obige Ansatz nun zum ersten Mal eine nachvollziehbare Erklärung für die fundamentale Planck'sche Energie-Frequenz-Beziehung liefert, die wie ein Schlag ins Kontor der klassischen Physik im Jahr 1900 zur Quantenmechanik führte, spricht für die Tragfähigkeit des hier skizzierten Konzepts. Gerade diese fundamentale Energie-Frequenz-Beziehung hat ja bekanntlich Einstein zum Begriff des Photons geleitet, Bohr die Entwicklung seines Atommodells ermöglicht, deBroglie zu seinen Materiewellen inspiriert und letztlich für Heisenberg als vermeintlich nicht erklärbare Grundlage seiner ursprünglichen Matrizenmechanik gedient. Allerdings hat Erwin Schrödinger mit seiner Wellenmechanik starke Argumente gegenüber der Auffassung Heisenbergs, Borns, Paulis vorgebracht, die für ein besseres Verständnis der Vorgänge im Atom eine unverzichtbare Rolle spielen. Was zur Vervollständigung einschließlich einer endgültig erweiterten Elektrodynamik hier noch fehlt – ohne dass dies anderweitig überhaupt vermisst wird – ist eine detaillierte Erklärung freier Photonen und Elementarteilchen. Könnte ja bald aussehen wie eine Wundertüte! lästert *Hypolite Van Tast.*

Statt Holz dereinst Marmor

Schon bei der Analyse des Ehrenfest'schen Paradoxons habe ich die Arbeitshypothese aufgestellt: *Eine konsequent durchgeführte relativistische Mechanik (...) wird sich am Ende als Quantenmechanik erweisen.* Der damit formulierte Anspruch ist grundsätzlich eingelöst, indem eine klar verständliche Ableitung der fundamentalen Gleichungen gegeben wurde. Dabei hat sich die Quantenmechanik als notwendige Vervollständigung einer Elektrodynamik herausgestellt, die allerdings hinsichtlich der Existenz von Photonen nach wie vor der endgültigen Klärung bedarf. In seiner einfachsten Form aber scheint das erste Ziel damit erreicht. Darüberhinaus lässt sich diese „Skizze…" als Konzept einer offenen Theorie verstehen. Im übertragenen Sinne geht es um eine Beschreibung des Verhaltens der Herde bei Verzicht auf detaillierte Beschreibung der einzelnen Schafe. Was aber das Revolutionäre an der Quantenmechanik betrifft, so könnte sich manches davon auflösen, sobald zwei einfache Tatsachen akzeptiert sind.

Die erste: Jede mathematische Theorie realer Gegebenheiten beginnt mit einem grundsätzlichen Verzicht auf vollständige Erfassung der Wirklichkeit. Und zwar einerseits durch die unumgängliche Verwendung unbeweisbarer Voraussetzungen, Prinzipien oder Axiome sowie andererseits durch unvermeidliche Unschärfen der verwendete Begriffe. Auch die quantenmechanische Beschreibung der Wirklichkeit muss also naturgemäß unvollständig sein.

Die zweite: Reale Teilchen wie Elektronen und Protonen – oder auch ihre Bestandteile – sind weder ausdehnungslose Punkte, noch eindimensionale 'Strings', noch zwei- oder multidimensionale Membranen, sondern – *natürlich!* – dreidimensionale Strukturen. Es ist kein Schluss von der annähernd linearen Struktur eines Regenwurms auf den gesamten Tiergarten möglich. Dieser Sachverhalt, der als einfache Voraussetzung hier nicht weiter begründet zu werden braucht, bestreitet selbstverständlich nicht den Nutzen, den mathematische Abstraktionen haben können. Gerade Newtons Massenpunkt ist ein überwältigendes Beispiel dafür. Ebensowenig wie Massenpunkte als Teilchen ohne Ausdehnung gibt es aber ausgedehnte Strukturen ohne mögliche Verformung. Unter den genannten Aspekten stellen die Heisenberg'schen Unschärferelationen keine Überraschung mehr dar. Viel unverständlicher wäre es doch, würde sich die Wirklichkeit tatsächlich als Zusammenspiel ausdehnungsloser Massenpunkte und immaterieller Felder abbilden lassen.

Ein freies Wasserstoffatom, dessen Schwerpunkt sich in Ruhe befindet, lässt sich hinreichend scharf lokalisieren. Dieses Atom kann aber einerseits unmöglich durch eine unendlich ausgedehnte stehende Materiewelle mit überall verschwindender Dichte vollständig beschrieben werden. Andererseits wird es auch nicht richtig beschrieben durch eine Überlagerung in Form eines allzu rasch zerfließenden Wellenpakets. Seine Struktur lässt sich am ehesten durch eine stationäre Lösung der Schrödinger- beziehungsweise Dirac-Gleichung für Proton und Elektron im wechselseitigen Feld beschreiben, wobei diese Beschreibung allerdings bisher noch zu grob ausfällt.

Ein Elementarteilchen wie das Proton ist in meinen Augen grundsätzlich zu verstehen als ausgedehntes, gegebenenfalls zusammengesetztes Gebilde mit Teilchenparametern in Form charakteristischer Integrale, die trotz innerer Bewegung und innerer Kräfte während seiner Lebensdauer konstant bleiben. Solche Eigenschaften aber können vom allzu naiven Bild eines Massenpunkts nicht erfasst werden. Und im Hinblick auf eine elektrodynamische Theorie der reinen Wechselwirkung mit anderen Teilchen brauchen sie das auch gar nicht, solange keine Erzeugungs- und Vernichtungsprozesse materieller, das heißt ruhmassebehafteter Teilchen auftreten.

Die wohlbekannte Aussage der Quantenmechanik, ein Teilchen habe keinen scharfen *Impuls*, lässt sich am einfachsten in dem Sinne verstehen, dass bei deformierbaren Objekten wie beispielsweise 'wechselwirkenden' Gummibällen eine unscharfe

Impulsdichte ganz selbstverständlich ist. Der Gesamtimpuls eines Teilchens kann meines Erachtens trotz innerer quantenmechanischer Unschärfen beliebig scharf, beispielsweise exakt gleich Null sein. Solch ein scharfer Impuls bedeutet eben nicht notwendigerweise zugleich eine scharfe Impulsdichte Null. Selbst bei exaktem Wert Null des gesamten Impulses im Schwerpunktsystem eines lokalisierbaren Teilchens werden immer jene Unschärfen der Impulsdichten auftreten, weil sich die Bestandteile ausgedehnter deformierbarer Strukturen im allgemeinen gegeneinander bewegen.

Grenzt man in einem Gas ein Teilvolumen ab, so findet man bei geeigneter Wahl des Bezugssystems, dass der darin enthaltene Impuls im Rahmen der Messgenauigkeit gleich Null ist. Das berechtigt natürlich keineswegs dazu, auch die Impulsdichte in derselben Näherung gleich Null zu setzen. Dass es darüberhinaus Drehimpulse gibt, die in gewissen Situationen nur eine einzige zeitunabhängige Komponente haben, war einerseits eine Sensation für Massepunkt-Physiker, ist andererseits aber jedem spielenden Kind bekannt von seinem gleichmäßig die Achsenrichtung drehenden Kreisel. Man hätte das Kind nur zu fragen brauchen, lästert *Mlle Bleu de Ley*.

Natürlich herrscht seit Einstein Klarheit darüber, dass es nicht richtig sein kann, irgendwelche Phänomene aus der Existenz eines absolut ruhenden Äthers zu begründen, wie es Lorentz ausdrücklich getan hat. Daraus folgt aber noch lange nicht, dass die Lorentz'sche dynamische Auffassung grundsätzlich zu verwerfen sei, die vor und nach Einstein bekanntlich auch von Poincaré vertreten wurde. In heutiger Ausdrucksweise würde der Lorentz'sche Ansatz etwa besagen, dass die Längenkontraktion wie alle anderen derartigen Phänomene aus der Bewegung der Körper gegen das universale Ruhsystem dynamisch – durch entsprechende Kräfte also – zu erklären sei.

Demgegenüber läuft Einsteins spezielle Relativitätstheorie darauf hinaus, dass Längenkontraktion, Zeitdilatation und andere verwandte Phänomene Gegenstand einer relativistischen Kinematik seien, die sich unabhängig von der Natur irgendwelcher Kräfte allein aus der Kombination von Relativitätsprinzip und Konstanz der Lichtgeschwindigkeit ergeben. Jeder weitere Erklärungsversuch würde hier, wenn er überhaupt nicht nur Verwirrung stiften soll, am Ende bestenfalls die bekannten Resultate liefern und wäre damit scheinbar sinnlos.

Lorentz hat nicht recht, soweit er sich auf den absolut ruhenden Äther bezieht. Und wie wir heute wissen, hat er nicht recht mit der Auffassung, dass sich alle Kräfte auf die altbekannten elektromagnetischen zurückführen lassen. Doch davon abgesehen, steht sein eigentlicher Ansatz zu dem Einstein'schen durchaus nicht zwingend im Widerspruch. Mit Akzeptanz der Einstein'schen Zuordnung der Längenkontraktion zur Kinematik aber wurde zugleich der Verzicht auf eine vollständige, kausale, raumzeitliche Beschreibung des Naturgeschehens akzeptiert – und zwar lange vor der Quantenmechanik!

Einstein hat nicht recht mit seinem Verzicht auf eine dynamische Erklärung, wenn es umgekehrt richtig ist, an der Notwendigkeit einer prinzipiell vollständigen, kausalen, raumzeitlichen Beschreibung des Naturgeschehens festzuhalten. Offenbar merkt er gar nicht – gerade er als der exponierte spätere Verteidiger des Kausalitätsprinzips gegen die Kopenhagener Schule der Quantenmechanik überhaupt – dass er hier nicht nur auf eine kausale Begründung verzichtet, sondern jeden Versuch einer kausalen Erklärung geradezu ablehnt.

Meines Erachtens sind beide Ansätze folgendermaßen zu kombinieren: Es ist Aufgabe der Physik, entweder eine vollständige relativistische Dynamik zu entwickeln, die sich nicht allein in quantitativen Modifikationen der Newtonschen Mechanik erschöpft, sondern die es beispielsweise von einem Inertialsystem aus zumindest prinzipiell zu beschreiben gestattet, wie sich ein zunächst ruhender Körper verformt, während er durch eine Beschleunigungsphase in ein anderes Inertialsystem übergeht. Oder aber herauszufinden, dass dies grundsätzlich nicht vollständig möglich sei, dass also – und wie weit – einer kausalen, raumzeitlichen Beschreibung des Naturgeschehens bereits in der Relativitätstheorie prinzipielle Grenzen gesetzt sind.

Für eine relativistische Punktmechanik wäre es ganz unverzichtbar, das Modell des starren Körpers, wenn auch in abgewandelter Form, als *stationären* Körper hierhinein zu übertragen. Und genau das ist das Problem. Denn es steht zu erwarten, dass die dazu notwendigen Einschränkungen des Starrheitsbegriffs auch Konsequenzen für den ehemals fundamentalen Begriff des Massenpunkts haben. Natürlich aber gibt es keine punktförmigen Teilchen, jeder Körper ist ausgedehnt.

Bereits Poincaré hatte eine lückenlose widerspruchsfreie Elektrodynamik als Ziel vor Augen, als er den später nach ihm benannten skalaren Druck einführte, der zwar nicht die wechselseitige Stabilität im Atomen und Molekülen, sondern damals 'nur' die einseitige Stabilität der geladenen Teilchen selbst gewährleisten sollte. Und meines Erachtens ahnte er die Notwendigkeit einer bevorstehenden Revolution als Konsequenz der speziellen Relativitätstheorie, als er gesagt haben soll, dass er „…kopfscheu würde angesichts der sich auftürmenden Hypothesen, deren Einordnung in ein System ihm schwierig bis zur Grenze der Unmöglichkeit erschien." Ich glaube, Poincaré richtig zu verstehen, wenn ich das Wort 'Hypothesen' hier eher als 'Konsequenzen' lese.

Im Rückblick auf seinen Versuch aber, den Zusammenhalt des Elektrons trotz gegenseitiger Abstoßung seiner Bestandteile zu erklären, bleibt zuletzt anzumerken, dass es nach der bisherigen Quantenmechanik ein lokalisierbares freies Elektron als einzelnes Teilchen gar nicht geben müsste. Es ist bemerkenswert, dass sich die Elektrodynamik gemäß „Skizze…" quantenmechanisch erweitern lässt, ohne auf dieses Problem überhaupt einzugehen.

Bevor ein Physiker darangeht, die ganze Welt mathematisch erklären zu wollen, und zwar nicht nur als die eine universelle Gegebenheit, sondern angeblich mitsamt ihrer Entstehung aus einem Nichts, mag er zunächst eine vergleichsweise einfache

Frage beantworten: Wo waren die Regentropfen, bevor sie gestern aus der Wolke fielen? Anders als Kinder stellen Physiker nur unbewusst solch grundsätzliche Fragen, wenn sie von 'Teilchen' sprechen. Doch Elektronen, Protonen und andere Partikel sind komplizierter als kleine Billardkügelchen – wenn auch wahrscheinlich nicht ganz so kompliziert wie Regentropfen.

Das Kind wird antworten: „Ich weiß es nicht, aber irgendwo in der Wolke müssen sie gewesen sein." Ein gebildeter Laie mag sagen: „Sie existierten ununterscheidbar in Form von Wasserdampf". Doch wäre es nach aller Erfahrung keineswegs unmöglich, dass ein *Hypolite Van Tast* fasziniert von der Stringtheorie auch erklären könnte: „Diese Frage lässt sich mit unserem Modell nicht präzise beantworten, ist damit sinnlos und beweist letzten Endes nur, dass Regentropfen von Prozessen betroffen sind, die sich außerhalb der gewöhnlichen drei plus eins nichteingerollten Dimensionen von Raum und Zeit abspielen."

Ähnlich charakteristische Fragen in Analogie zur Quantenmechanik wären außerdem: Wo wird dieser Regentropfen morgen sein? Auf welcher 'Bahn' wird er irgendwann zurück in die Wolken gelangen?

Im Rahmen dieses Bildes entspräche dann etwa die 'Messung' von Regentropfen in einer Wolke dem Vorgang der Kondensation am Messgerät, wobei sich – von naiven Außenstehenden ungesehen – die zu zählenden Tröpfchen bei diesem Prozess erst bilden. Andererseits aber lässt sich von den gleichen Physikern ein Regentropfen auf seinem Weg zwischen Wolke und Erde in sehr guter Annäherung auch als 'Massenpunkt' beschreiben, und kein Kind wird sich darüber wundern – ganz im Unterschied zu den Kollegen *Hypolite Van Tasts*.

Ja, das war's, *Aladin Adamson* fällt es wieder ein: „I'm fixing a hole where the rain gets in and stop my mind from wondering where it will go...", und ihm wird nun auch klar, woran ihm einige Zeilen Paul McCartneys schon die ganze Zeit erinnern.[38] Wobei er souverän 'stops' mit 'stop' und 'wandering' mit 'wondering' verwechselt habe, strahlt *Mlle Bleu de Ley*, die als Konzeptkünstlerin für eine geplante Vernissage zu jenem *'errare humus est'* weiter Fehlleistungen sammelt, und zwar mit Freud', nein, nicht furchtbare, fruchtbare. In Gedanken über die Unverständlichkeit der Quantenmechanik versunken – und also lange Zeit auf dem Trockenen sitzend – fixiert nun auch *Borromea Worthswerd* einen der draußen herabfallenden Regentropfen und stellt noch weitere solcher Fragen: Wo war dieser Regentropfen vor einhundert Jahren, als Einstein gerade seine allgemeine Relativitätstheorie gefunden hat? Auf welchem Weg ist er exakt hierher gekommen? Warum sind alle Regentropfen ungefähr gleich groß? Warum wiegt nicht jeder von ihnen eine Tonne? Die letzte Frage könne sie beantworten, schaltet sich *Mlle Bleu de Ley* wieder ein: Gott sei Dank! Auch die Ununterscheidbarkeit von Elementarteilchen erinnere stark an Regentropfen, bevor sie wie diese Physiker schließlich aus allen Wolken fielen, ergänzt sie noch.

Wenn es also im Folgenden um 'Teilchen' geht, dann sollte nicht unterstellt werden, dass es sich dabei um ausdehnungslose, vibrations- und rotationsfreie Gebilde handle. Im Hinblick auf die gegenwärtige Quantenmechanik bedeutet dies: Natürlich muss eine Theorie revolutionär erscheinen, wenn sie ausgedehnte Wirbelstrukturen wie das Elektron und andere Elementarteilchen durchgängig als ausdehnungslose Massenpunkte beschreiben will.

Was aber das – analog zur klassischen kinetischen Gastheorie – makroskopisch erfaßbare statistische Verhalten atomarer Objekte betrifft, so muss es möglich sein, dieses zu beschreiben, ohne die inneren Strukturen vollständig zu kennen. Das gilt jedenfalls, wie die der modernen Physik zugrundeliegende Erfahrung zu zeigen scheint, solange die Teilchenparameter von Ruhemasse, Ladung und Eigendrehimpuls als charakteristische Integrale die gleichen bleiben. Die konventionelle Quantenmechanik benutzt den Begriff der Aufenthaltswahrscheinlichkeit punktförmiger Teilchen, dem hier ansatzweise ein anderer Begriff gegenübergestellt sei. Eine atomare Struktur reagiert in vielen Situationen als Ganzes, und zwar so, dass die *Wechselwirkungswahrscheinlichkeit* ausgedehnter Objekte zur lokalen Ruhmassendichte in einem bestimmten Verhältnis steht.

Erst wenn Wasserdampf an einer kalten Fläche kondensiert, entstehen die Tröpfchen. Es wäre also ganz falsch, die Dichte des Wasserdampfs vor der Kondensation als Aufenthaltswahrscheinlichkeit von Wassertröpfchen misszuverstehen. Der Begriff einer Wechselwirkungswahrscheinlichkeit ist hier viel zutreffender, wobei sich alle dabei ablaufenden inneren Prozesse der Beobachtung – und damit auch einer. unmittelbar überprüfbaren Beschreibung – entziehen können, solange die verwendeten Messgeräte eben nur ganze Wassertröpfchen registrieren. Mögliche Details innerer Abläufe bleiben in der Regel verborgen. Dass sich aber in der konventionellen Quantenmechanik der Begriff 'Aufenthaltswahrscheinlichkeit' durchsetzen konnte, liegt letzten Endes daran, dass man dort bis heute am Konzept fiktiver Punktteilchen festhält, denen jede natürliche räumliche Ausdehnung abgesprochen wird.

Wer also verstehen will, was es mit der Quantenmechanik auf sich hat, dem empfehle ich, die folgende Möglichkeit ins Auge zu fassen: Im Hinblick auf die natürliche Ausdehnung, die nicht Null sein kann, zusammen mit dem als Spin bezeichneten Eigendrehimpuls sollte es sich insbesondere bei den stabilen Elementarteilchen um Wirbelstrukturen inhomogener, aber kontinuierlicher Felder handeln. Diese wären nach meinem Verständnis einerseits keineswegs punktförmig, sondern von winziger Ausdehnung, hätten andererseits aber auch keine scharfen Abmessungen in Form eindeutig begrenzender Oberflächen. Wo sie dann als einzelne auftreten und wo als verbundene, mag zunächst dahingestellt bleiben.

Es ist eigene Erfahrung, dass sich bei der Beobachtung von Wirbeln beispielsweise an geeigneten Stellen eines Bachlaufs überraschende Einsichten gewinnen lassen – und zwar auch hinsichtlich Erzeugung und Verwandlung[39] solch 'elementarer Strukturen' bis hin zu deren fehlender beziehungsweise zeitweilig begrenzter Identität. Es sieht zunächst so aus, als ob sie einzeln genommen ebensowenig existenzfähig wären wie beispielsweise ein freier Luftwirbel ohne die umgebende Atmosphäre. Mit Rücksicht auf die Trägheit der Energie ließe sich dementsprechend heute etwa sagen, das Feld sei das Medium, gemäß aristotelischen Vorstellungen der 'Stoff', das jeweilige Teilchen darin eine Struktur beziehungsweise die 'Form'. Die offenbare Wirbelstruktur lässt außerdem in Analogie an Spiralnebel denken.

Sehr wichtig ist in diesem Zusammenhang, dass Hermann v. Helmholtz in seinen berühmten Wirbelsätzen gezeigt hat, dass solche Strukturen unter gewissen Voraussetzungen erhalten bleiben. In der Beständigkeit frei beweglicher Wirbel sehe ich also den Teilchenaspekt eines kontinuierlich verteilten Feldes, das gleichzeitig in der Lage ist, sich in Wellenform zu zeigen. Wem da nicht die Parallele zum größten Rätsel der Quantenmechanik ins Auge springe – *Frank U. Frey* ist überrascht – da sei für seinen Tee Hopfen und Malz verloren.

Der Begriff des Elementarteilchens schließt jedenfalls ein, dass für den Satz der beobachtbaren Parameter von Ruhemasse, Ladung und Spin die entsprechenden charakteristischen Integrale existieren. Im diesem Sinne ist das aus drei Quarks zusammengesetzte Proton – obwohl anders strukturiert als das Elektron – natürlich auch ein elementares Teilchen.

Im Hinblick auf solche Überlegungen stellen manch ansonsten rätselhafte Aspekte jedenfalls kein unüberwindliches Hindernis auf dem Weg zu einer vernünftig nachvollziehbaren Quantenmechanik mehr dar. Die Charakteristika von Welle und Teilchen gehören in der Realität so selbstverständlich zusammen wie unter mathematischen Aspekten Differential und Integral.

Grundsätzlich lässt sich die Quantenmechanik nun weitgehend verstehen also Theorie ausgedehnter Teilchen veränderlicher Gestalt, die letztlich nur als Wirbelstrukturen dauerhaft existenzfähig sind. Die Unschärfen aber, die in Heisenbergs berühmten Relationen ihren prägnantesten Ausdruck finden, werden zwar seit je einer vermeintlich unverständlichen Natur zugeschrieben. Aus Sicht der hier entwickelten Vorstellungen aber treten sie allein infolge der Ausdehnung veränderlicher – in ihren jeweiligen Details weitgehend unbekannter – Strukturen auf, wohingegen die dahinterstehenden Naturgesetze sich als klar und einfach erweisen können.

Felder durch Differentialgleichungen zu beschreiben, ist seit Maxwells Theorie des Elektromagnetismus geradezu selbstverständlich geworden. Ein bemerkenswertes Charakteristikum von Wirbelstrukturen ist eine im Vergleich zu kompakten Körpern völlig anders geartete – immer nur teilweise und mit Einschränkungen gegebene – Undurchdringlichkeit und vor allem Identität. Es liegt auf der Hand, dass eine Theorie elementarer Wirbelstrukturen sich gewissermaßen von selbst unterteilt in einerseits eine Kinematik und Dynamik existierender Wirbel sowie andererseits in eine deren 'Erzeugung und Verwandlung' betreffende Theorie. Im Unterschied zum naiven Teilchenbild erlaubt die Vorstellung elementarer Wirbelteilchen ein verblüffend einfaches grundsätzliches Verständnis der Umwandlung solcher Teilchen. Es ist auch leicht einzusehen, dass im erstgenannten Bereich solche Prozesse nur vom Ergebnis her, nicht aber im Detail zu interessieren brauchen, was sich im Rahmen der Quantenmechanik mittels entsprechender mathematischer Operatoren bequem beschreiben lässt. In der Teilchenphysik als zweitem Bereich dagegen spielen andere Kräfte eine Rolle als diejenigen, welche die Wirbel als Ganze bewegen.

Auch die anderweitig kaum fassbare Ununterscheidbarkeit gleichartiger Elementarteilchen, sowie Interferenz- und Beugungserscheinungen sind hier nicht mehr unverständlich, im Gegenteil. Natürlich aber bin ich mir darüber im Klaren, dass einst das überragende Genie Maxwell wie andere gescheitert ist, sich wirbelige Bilder der physikalischen Wirklichkeit zu machen. Ich denke, er wäre es vielleicht nicht, hätten er und andere seinerzeit darauf verzichtet, mehr erklären zu wollen, als die experimentelle Erfahrung hergeben konnte. Jeder Esel kann aber wissen, und Einsteins Reisebegleiter tut es: selbst tausend vergebliche Versuche seit mehr als hundert Jahren beweisen nicht, dass etwas endgültig nicht geht.

Man ist geneigt, bei Wirbelstrukturen an deren Auftreten in Flüssigkeiten und Gasen zu denken. Wohl jeder hat auch ein Bild von Wirbeln der Erdatmosphäre vor Augen, wie sie in Wetterkarten beinahe alltäglich auftreten. Doch die Wirbelstrukturen von Elementarteilchen, an die ich hier denke, finden möglicherweise ihre Entsprechung – wie bereits angedeutet – eher in den Spiralnebeln, am entgegengesetzten Ende der Größenskala also. Denn wie bei diesen handelt es sich auch hier um Konzentrationen von Materie um gewisse Punkte in der Umgebung eines ansonsten – zumindest vergleichsweise – leeren Raums. Eine uralte Frage könnte sich verwischen. Ob Atome im leeren Raum oder kontinuierliche Verteilung eines Urstoffs, wird sich vielleicht nie eindeutig unterscheiden lassen.

Angesichts des atomaren Aufbaus der Materie ist klar, dass die Beschreibung eines zusammengesetzten Körpers als Massenpunkt der klassischen Physik nur eine unvollständige sein kann. Doch wird bisher für Elementarteilchen wie das Elektron an der Abstraktion punktförmiger Objekte festgehalten, allerdings um den Preis jener 'unverständlichen' Unschärfen. Das für überwältigend erfolgreiche Berechnungen unverzichtbar bleibende Modell wird in der praktischen Anwendung ermöglicht durch ein vernünftiges Eingeständnis im Sinne Einsteins, gegen das sich immer noch Quantentheoretiker in mathematischer Verblendung sträuben: Bei der Behandlung ausgedehnter Teilchen wird es erst unter Verzicht auf Vollständigkeit möglich, deren Wechselwirkung widerspruchsfrei zu beschreiben, ohne die veränderlichen inneren Strukturen überhaupt zu kennen. Bei statistischer Betrachtung allerdings ist allein schon die Existenz großer Zahlen gleichartiger Teilchen als positive Erkenntnis zu werten – und nicht etwa als Mangel an individuellen Daten.

Inzwischen ist mir auch eine verhältnismäßig einfache Ableitung der fundamentalen Dirac-Gleichung aus einem angepassten Variationsprinzip gelungen, wozu allerdings – wie bereits anderweitig von früheren Autoren gezeigt – die Erweiterung der allgemeinen Relativitätstheorie um die bereits erwähnten Halb-Tensoren einer so genannten Vierbein-Darstellung erforderlich war. Diese beweist, dass die von Einstein seiner Theorie zugrunde gelegte Riemann'sche Geometrie für sich allein genommen nicht genügt, um der quantenmechanischen Realität gerecht zu werden. Trotzdem folgen die Gravitationsgleichungen aus dem gleichen Variationsprinzip, so dass dieses erste derartige Konzept als einheitlich bezeichnet werden kann.

Um auf Einsteins eigene Beschreibung seiner Gravitationsgleichungen zurückzukommen, stellt sich die praktische Frage: Was ist besser, poliertes Holz oder rohbehauener Marmor? Für die Himmelsmechanik und Sternbewegungen genügt offenbar sorgfältig zurechtgezimmertes Holz, doch für Teilchenphysik und Sternaufbau einschließlich einer Klärung des Verhaltens 'Schwarzer Löcher' wird man Marmor brauchen. Es geht also um eine weitergehenden Quantisierung der Gravitation.

Es ist mir unbegreiflich, wie die Stringtheoretiker auf die verrückte Idee eindimensionaler Fäden in einem zehn und mehrdimensionalen Raum verfallen, um den null Dimensionen unrealistischer 'Punkt'-Teilchen zu entgehen. Dabei lassen sie die prinzipiell einfachste Möglichkeit völlig außer Acht. Warum nur? fragt *Borromea Worthswerd*. Weil sie's nicht besser verstehen, *Frank U. Frey* weiß Bescheid. Das nenne sie, das Kind zum Baden irgendwo ins Meer werfen, protestiert *Mlle Bleu de Ley* und zeigt sich damit fürsorglicher als selbst *Sigismund Sörgli*.

Das Geraune von der Weltformel und die 24 Spin-½-Teilchen

Einsteins Äquivalenzprinzip scheint zu implizieren, dass sich die Gravitation in frei fallenden, hinreichend leichten Systemen nicht bemerkbar macht. Es gäbe keinen anderen Grund, von vornherein die Möglichkeit ihrer Mitwirkung beim Aufbau elementarer Teilchen auszuschließen. Warum aber sollte sich ein einheitliches Variationsprinzip nicht auch diesbezüglich zur Erfassung bisher verborgener Details erweitern lassen? Eine solche Frage ist nicht zuletzt deshalb berechtigt, weil Einsteins Theorie hinsichtlich der Problematik einer die Gravitationswellen betreffenden Energiedichte bisher keineswegs vollständig befriedigende Antworten gibt.

Vor allem die Möglichkeit einer Einbeziehung des Windungstensors ist genauer zu prüfen, obwohl sie mit dem Äquivalenzprinzip in seiner bisherigen Form unvereinbar ist. Doch braucht sich dessen makroskopisch erwiesene Gültigkeit nicht zwangsläufig bis in allerkleinste Bereiche des Mikrokosmos zu erstrecken. In der Umgebung von Elementarteilchen ist das Äquivalenzprinzip wegen des Fehlens frei fallender lokaler Inertialsysteme jedenfalls nicht unmittelbar überprüfbar – und wird im Sinne des Wortes damit dort fragwürdig. Es scheint jedenfalls nicht von vornherein unmöglich, dass die Gültigkeit des Äquivalenzprinzips auf diejenigen makroskopischen Bereiche und Sachverhalte begrenzt ist, in denen Licht als das Wellenphänomen der herkömmlichen Elektrodynamik beschrieben werden kann. Entsprechende als Interferenzen bezeichnete klassische Überlagerungen stehen in den berühmten Versuchen Michelsons am Anfang der Relativitätstheorie.

Eine solche mikroskopische Verletzung des Äquivalenzprinzips aber würde nicht nur die Existenz eines Windungstensors erlauben, sondern die Gültigkeit der bisherigen allgemeinen Relativitätstheorie für den Mikrokosmos detailliert in Frage stellen. Ein Windungstensor nämlich ließe sich in Einsteins Gravitationstheorie nur unter Hinzunahme mathematischer Eigenschaften einbauen, die der ursprünglichen Riemann'schen Geometrie fremd sind. Ohne mikroskopisches Äquivalenzprinzip aber kann Einsteins Geometrisierung der Gravitation tatsächlich nicht mehr sein als eine makroskopische Analogie. Es zeigt sich, dass sowohl das Dilemma einer Urknall-Singularität des gesamten Universums als auch die vermeintliche Unvereinbarkeit der allgemeinen Relativitätstheorie mit der Quantenmechanik ihren gemeinsamen Ursprung in dieser keineswegs zwingenden geometrischen Auffassung haben, letztlich also in der – sogar schon im unwahrscheinlichen Fall einer durchgängigen Gültigkeit des Äquivalenzprinzips – unnötigen Behandlung von Raum und Zeit als physikalischen Objekten.

Dass die nicht-lineare allgemeine Relativitätstheorie trotz statistischer Glättung überhaupt näherungsweise auf makroskopische Gegenstände und Situationen anwendbar ist, liegt meines Erachtens in der Aufsummierbarkeit der Quellen des Gravitationsfeldes begründet. Diese Additivität könnte als ein *Koexistenzprinzip* nicht-linearer Strukturen eine ähnliche Rolle spielen wie die im *Superpositionsprinzip* gegebene Überlagerungsmöglichkeit im Falle linearer Felder. Ein Feld mit Superpositionsprinzip existiert für die Zusammenfassung aller Kraftwirkungen auf jedes einzelne Teilchen. Ein Feld ohne Superpositionsprinzip aber wird, wegen zumindest teilweiser Undurchdringlichkeit gleichbleibender Strukturen, beherrscht durch ein nicht-lineares Gesetz, wobei die einfache Summe zweier Lösungen nicht selbst wieder eine Lösung darstellen kann.

Nach meiner Überzeugung ist die Wirklichkeit einerseits viel zu komplex, um aus seltsamen Aspekten physikalischer Theorien, und seien diese zahlenmäßig noch so erfolgreich, revolutionäre naturphilosophische Schlüsse zu ziehen. Andererseits wiederum zeigt die Natur auch einfache Züge, welche sich erkennen lassen, und zwar ausgerechnet von dem, der nicht zu scharf sieht. Im besten Fall nämlich gerade so scharf, wie es dem begrenzten menschlichen Fassungsvermögen eben noch zuträglich ist. Dass deshalb eine physikalische Theorie, um brauchbar zu sein, grundsätzlich eine gewisse Unschärfe aufweisen muss, widerspricht keineswegs der strikten Forderung, dass sie präzise zu sein hat, und zwar innerhalb der durch die eigenen Voraussetzungen von Anfang an akzeptierten begrifflichen Grenzen.

Wo aber die Beschreibung der Wirklichkeit durch eine Theorie – wie heute durch das Konkordanzmodell – in Konflikt mit ersten Prinzipien der Naturwissenschaft gerät, da muss das keineswegs an der Wirklichkeit liegen. Dies betrifft ebenso jene grundsätzlichen Aspekte der Interpretation von Quantenmechanik und Relativitätstheorie, wobei teilweise wieder eine mehrdeutige Verwendung ursprünglich eindeutiger Begriffe zur Verwirrung beiträgt.

Auch hinsichtlich der hier skizzierten offenen Theorie hat dies zur Konsequenz, dass ein buntes physikalisches Welt-'Bild' am Ende nicht schärfer sein kann als die Körnung der verwendeten Farben. Es ist klar, dass eine erste Verfeinerung darin liegen sollte, den Eigendrehimpulsen der beteiligten Objekte – und damit zugleich dem Phänomen der elementaren Polarisation – Rechnung zu tragen. Doch ansonsten sind nicht einmal Rahmen und einzelne Bestandteile des Bildes fest vorgegeben, da sich infolge von Erzeugungs- und Vernichtungsprozessen die Anzahl der Teilchen ständig ändert, über die im zugrundegelegten Variationsprinzip zu summieren ist. Offenbar sind aus dieser von Anfang an als veränderlich anzusetzenden Anzahl zusätzliche Schlüsse zu ziehen, die aus einer künftigen Erweiterung des üblichen Variations-Verfahrens selbst ableitbar sein sollten.

Überhaupt bleibt festzuhalten, dass im Vergleich mit der historisch gewachsenen Theorie – trotz weitgehend gleichlautender Grundgleichungen – viele berechtigte Fragen auftauchen, die sich auf Anhieb kaum alle formulieren und einordnen, geschweige denn vollständig klären lassen. Grundsätzlich sollte sich alles, was von der konventionellen Quantenmechanik beziehungsweise von der Quantenelektrodynamik mathematisch zutreffend beschrieben wird, in das zu erweiternde Konzept eingefügt werden können. So ist hier beispielsweise der vieldiskutierte Kollaps eines Wellenpakets als Minderung der Unkenntnis über den Zustand von Teilchen nach einer Messung – oder genauer: nach jeder grundsätzlich messbaren Wechselwirkung – zu verstehen. Dabei stellt es wiederum durchaus keine Überraschung dar, dass der Zustand einer ausgedehnten verformbaren Ladungsverteilung durch den Messprozess selbst verändert wird.

'Schrödingers Katze' beweist die Unvollständigkeit der quantenmechanischen Beschreibung der Wirklichkeit, wenn die Versuchsdauer, während der die Kiste mit der eingeschlossenen Katze, ausgedehnt gedacht wird auf eine Woche und mehr. Falls die Katze dann nicht mehr lebt, ließe sich beim Öffnen der Kiste nachträglich der Todeszeitpunkt mit medizinischen Verfahren bestimmen. Tierversuche lehne sie ab, *Borromea Worthswerd* hat dafür kein Verständnis. Auch *Mlle Bleu de Ley* erzählt, sie selbst hätte einmal eine im Urlaub zugelaufene herrenlose Katze in einer Kiste mit nach Hause genommen, aber da habe *Aladin Adamson* im Unterschied zu Schrödinger vorher natürlich Luftlöcher hinein ge-Bohrt. Immer diese blöden Namenswitze! beschwert sich der vor allem nach eigener Einschätzung stets sachlich nüchterne *Hypolite Van Tast*.

Auch die Struktur ruhender Protonen und Neutronen beweist die bisherige Unvollständigkeit der quantenmechanischen Beschreibung durch Materie- oder Wahrscheinlichkeitswellen. Einstein hat eine entsprechende Position bis zuletzt gegen all die vielen dünnbrettbohrenden und nörgelnden Besserwisser hartnäckig verteidigt und seinen Traum von einer einheitlichen Feldtheorie nie aufgegeben.

In einer an verschiedene führende Quantentheoretiker gerichteten Erwiderung schrieb er noch gegen Ende seines Lebens, die Feldtheorie existiere als ein Programm. Ein starres Festhalten an dem Programm *„Kontinuierliche Funktionen im Vierdimensionalen als Grundbegriffe der Theorie"* könne man ihm mit Recht nachsagen. In diesem Sinne hat auch Abraham Pais in seiner wissenschaftlichen Biographie Einstein zitiert: *„Die Beschreibung der physikalischen Realität durch Felder, die ohne Singularität einen Satz von partiellen Differentialgleichungen erfüllen"*, das sei eindeutig Einsteins Programm. Wenn ich selbst nun bekenne, dass ich stolz darauf bin, von Einstein die wohlbegründete Skepsis gegenüber der heutigen Quantenmechanik gelernt zu haben – auch ohne die von ihm vergeblich eingeschlagenen Wege dahin einfach zu übernehmen und ungeändert weiter zu verfolgen – dann ist damit zur Motivation meiner Arbeit auf diesem Gebiet eigentlich alles gesagt. Und stur wie Einsteins Esel habe ich über viele Jahre solch einen nachvollziehbaren Zugang zur Quantenmechanik gesucht, bis ich eine Tür fand, die sich zumindest einen Spalt breit öffnen ließ.

Wiederum ein paar Jahre später ist mir zusätzlich auch noch die Einführung einer 'Gestaltfunktion' freier Teilchen gelungen, die einerseits dafür sorgt, dass ein ruhendes einzelnes Teilchen nicht mehr mathematisch als unendliche ebene Welle beschrieben werden muss, und deren Einführung andererseits trotzdem die gegenwärtig übliche Behandlung der Schrödinger-Gleichung einschließt, und zwar wundersamerweise gerade als statistische Annäherung. Das dazu versuchsweise eingeführte Potential zeigte am Ende völlig unerwartet einen ähnlichen Verlauf, wie er dem von Quarks heute zugeschrieben wird.

Eine endgültige, lückenlose, physikalische Bewältigung dieser Probleme würde meines Erachtens so etwas wie eine – oft mit dem allzu großmäuligen Stichwort 'Weltformel' angesprochene – einheitliche Theorie bedeuten. Auch wenn ich von der Richtung des Wegs überzeugt bin, der zu gehen sein wird, so bezweifle ich erstens, dass dieses Ziel jemals vollständig zu erreichen sein wird. Und zweitens bezweifle ich, dass die Gleichungen einer endgültigen Theorie überhaupt exakt lösbar wären. Trotzdem aber wird jeder Schritt dahin ein Fortschritt sein.

Doch obwohl kein noch so gewaltiger Fortschritt bisher jemals endgültig zum Ziel führen konnte, gibt es seit langem mathematische Hochstapler, die in Aussicht stellen, so etwas stehe beinahe unmittelbar bevor, wenn man sie nur noch zehn, zwanzig Jahre weiter finanziere. Dieses Ansinnen sei zwar nicht recht, doch immerhin billig, meint *Borromea Worthswerd*, zumindest im Vergleich zu jenen angeblich erforderlichen gigantischen Spielzeugen, deren Sinn sich dem einfachen Volk ebensowenig erschließe wie etwa ein funkelnagelneuer Turm zu Babel. Sehr praktisch eigentlich, findet *Mlle Bleu de Ley*, denn vor der Fertigstellung würden sie ausgesorgt haben, satt wie Bienen im

Klee. Und sollten sich doch andere Schneider im Winter kümmern, dass der dann verarmte Kaiser nicht erfriere.

Eine Weltformel als Ausdruck einer *vollständigen* Theorie von allem aber wird es nie geben. Weil unsere Intelligenz nicht ausreicht, sie zu entdecken? Oder weil wir mit mehr Intelligenz entdecken würden, dass es eine solche nicht gibt?

Die hauptsächliche Aufgabe der heutigen Physik besteht offenbar darin – und das ist mehr als genug – zwei Theorien miteinander zu vereinbaren, die beide noch nicht fertig sein können, sonst würden sie einander nach gegenwärtiger Auffassung nicht widersprechen. Insbesondere die Quantenmechanik ist meines Erachtens trotz aller Erfolge immer noch nicht verstanden, was ich vor allem durch lange Jahre unermüdlichen Studiums der Einwendungen Einsteins eingesehen habe. Dabei wusste ich schon als Student, dass ihm einerseits von keinem der späteren selbstherrlichen Experten geglaubt würde, die ihm andererseits nach meiner Einschätzung nie das Wasser reichen konnten. Ein zentrales Problem stellt die einfache Frage dar, was überhaupt ein Atom oder gar ein Elementarteilchen sei. Ich stelle hier zwei Aussagen einander gegenüber, deren Wahrheitsgehalt kaum jemand bestreiten wird:

Aussage A): 'Elementarteilchen' sind zeitweilig identifizierbare Strukturen, die entstehen und vergehen, die unter Umständen wohlgeordnete Bahnen ziehen, gegebenenfalls sehr lange existieren, sich aber beim Aufeinandertreffen mit anderen schlagartig auflösen oder manchmal auch jede Individualität verlieren. Damit unterscheiden sich solch elementare Strukturen drastisch von klassischen Teilchen wie auch von einfachen Wellenphänomenen, obwohl sie mit diesen beiden Modellvorstellungen je nach Situation sehr viel gemeinsam haben.

Aussage B): 'Wirbel' sind zeitweilig identifizierbare Strukturen, die entstehen und vergehen, die unter Umständen wohlgeordnete Bahnen ziehen, gegebenenfalls sehr lange existieren, sich aber beim Aufeinandertreffen mit anderen schlagartig auflösen oder manchmal auch jede Individualität verlieren. Damit unterscheiden sich solche Wirbelstrukturen drastisch von klassischen Teilchen wie auch von einfachen Wellenphänomenen, obwohl sie mit diesen beiden Modellvorstellungen je nach Situation sehr viel gemeinsam haben.

Nun frage ich noch einmal: Was sollten Elementarteilchen anderes sein als Wirbelstrukturen? Deren Eigendrehimpuls wird im Falle atomarer Gebilde als 'Spin' bezeichnet. Doch werde ich hier keine weiteren Hypothesen darüber anstellen, ob es sich dabei um selbständige materielle Wirbelstrukturen in einem Vakuum handelt oder um Wirbelstrukturen in einem kontinuierlich ausgedehnten Medium, wobei die Übergänge zwischen beiden Bildern auch fließend sein könnten, wie gerade auch das Beispiel von Spiralnebeln zeigt, die in einem See dunkler Materie zu schwimmen scheinen. In diesem Fall fundamentaler Physik scheint mir die Bezeichnung 'evident' tatsächlich einmal angebracht für den folgenden einleuchtenden Sachverhalt:

— *Elementarteilchen sind Wirbelstrukturen.*
— *Aufgrund des Drehimpulserhaltungssatzes sind die winzig ausgedehnten freien Wirbelstrukturen teilweise über astronomische Zeiträume beständig.*
— *Wirbelstrukturen unterliegen Entstehungs- und Vergehungsprozessen.*
— *In Übergangsphasen verlieren Wirbelstrukturen ihre Identität.*
— *Wirbelstrukturen lassen sich in einer Hinsicht näherungsweise beschreiben als Teilchen.*
— *Wirbelstrukturen lassen sich in anderer Hinsicht näherungsweise beschreiben als Wellen.*
— *In Wirbelstrukturen sind detaillierte Geschwindigkeiten ihrer Bestandteile und die statistischen Geschwindigkeiten der jeweiligen Schwerpunktbewegung gleichzeitig realisiert, woraus sich ganz natürlich Unschärfebeziehungen ergeben.*

Jeder Versuch aber, sämtliche Formen und Bewegungen dieser Wirbelstrukturen einschließlich Erzeugungs- und Vernichtungsprozessen in einem einzigen kausalen Zusammenhang zu erfassen, wird meines Erachtens unvollständig bleiben, selbst wenn es solch einen kontinuierlichen Zusammenhang gibt. Mit der Identifizierung elementarer Teilchen als Wirbelstrukturen löst sich also zugleich die vorhersagbare Bestimmtheit einer jeden – insbesondere der 'klassischen' – Punktmechanik auf in eine unzulängliche Fiktion.

Dass Determinismus und Kausalität aber nicht nur nicht das gleiche sind, wie oft irrtümlich angenommen, sondern sich im Gegenteil wechselseitig einschränken müssen, geht ganz unabhängig von Relativitätstheorie oder Quantenmechanik schon daraus hervor, dass jeder Nachweis der Kausalität die Möglichkeit voraussetzt, *willkürlich* in das Naturgeschehen einzugreifen, um dadurch etwas zu verursachen beziehungsweise zu bewirken. Das aber widerspricht einer strikt deterministischen Auffassung von Anfang an.

Es ist sofort klar, dass Wirbelstrukturen nur um den Preis prinzipiell nicht zu beseitigender Unschärfen bisher als ausdehnungslose Punktteilchen behandelt werden konnten. Was ich dementsprechend versucht und erst teilweise veröffentlicht[40] habe, ist der skizzenhafte Entwurf einer – notwendig offen bleibenden – einheitlichen Theorie, die insofern über die konventionellen Ansätze hinausgeht, als sie einerseits weder die Existenz starrer Körper oder unbeeinflussbarer Uhren noch andererseits die Existenz von Punktteilchen voraussetzt.

Zugleich aber möchte ich dabei im Sinne einer künftigen Physik an wesentlichen Grundsätzen festhalten, die bei der historischen Entwicklung von Relativitätstheorie und Quantenmechanik unnötigerweise – wie ich zeigen will und teilweise bereits gezeigt habe – aufgegeben wurden, und zwar bisher weitgehend ersatzlos. Diese Grundsätze betreffen einmal Raum und Zeit, zum anderen aber eben Vorstellungen vom Aufbau der Materie aus Elementarteilchen, die sich samt ihrem ansonsten völlig unverständlichen Verhalten allein als ausgedehnte Wirbelstrukturen verstehen lassen, und zwar grundsätzlich leicht. Im Prinzip sogar viel leicht, meint *Mlle Bleu de Ley*.

Wäre ich nicht ein entschiedener Gegner jeder Anmaßung, insbesondere in Form sprachlichen Größenwahns, so würde ich die Einstein'schen Gleichungen ergänzt um einen vollständigen quantisierten Energie-Impuls-Tensor der Materie als die vielbeschworene, bisher allein im Dschungel wilder Spekulation gesuchte 'Weltformel' bezeichnen. Ich bin mir übrigens sicher, dass dabei der so genannte Windungstensor einzubeziehen ist.

Dieser eigentlich wohlbekannte antisymmetrische mathematische Ausdruck hat 24 Komponenten, 18 davon nach mathematischer Ausdrucksweise 'räumlich', 6 davon 'zeitlich'. Für eine daraus ableitbare Verkörperung in Form einer Energiedichte habe ich eine einfache Kontinuitätsgleichung gefunden, welche die Erhaltung von Teilchenmassen und Ladungen gewährleisten könnte. Wer sich nun daran erinnert, dass in einem früheren Abschnitt von 24 verschiedenen Elementarteilchen berichtet wurde, davon 18 Quarks und 6 Leptonen, dem dürfte die seltsame Übereinstimmung dieser Zahlen geradezu ins Auge springen. Eine reale Existenz des Windungstensors aber würde die fatale geometrische Interpretation der allgemeinen Relativitätstheorie zusätzlich zu allen oben besprochenen theoretischen Einwänden auf das schönste widerlegen, weil dieser Tensor, worauf die russischen Physiker Landau und Lifschitz überzeugend hingewiesen haben, der alten Interpretation gemäß eigentlich überhaupt nicht da sein dürfte. Und genau wieder einmal das Vorurteil der geometrischen Deutung der ominösen 'Raumzeit' scheint auch hier der Grund zu sein, dass meines Wissens niemand bisher auf den naheliegenden Gedanken gekommen ist, die mehr als gedankliche Verbindung herzustellen zwischen den genau vierundzwanzig Komponenten des Windungstensors und den – abgesehen von ihren Antiteilchen – genau vierundzwanzig Elementarteilchen mit halbzahligem Spin, die auch als Fermionen bezeichnet werden. Ich gehe davon aus, dass sich deren Anzahl bestätigen wird. Das meines Erachtens noch fragwürdige Higgs-Boson gehört wegen Spin Null allerdings ohnehin nicht zu dieser erlesenen Gruppe.

Die genannte Aufgabe besteht nun konkret darin, das vorläufige Variationsprinzip widerspruchsfrei so auszubauen, dass für jeweils örtlich begrenzte freie Teilchen in Bezug auf das universale System die Einstein'schen Gleichungen mit detailliertem Energie-Impuls-Tensor erfüllt sind, und zwar ohne unzulässige Einschränkung auf die spezielle Relativitätstheorie. Der Anschluss an das gegenwärtige Standardmodell der Teilchenphysik sollte sich dann über die Behandlung von Stoßprozessen solcher Teilchen herstellen lassen.

Der Begriff Weltformel an sich aber fügt sich nahtlos ein in die pathetische Reihe Weltpunkt, Weltlinie, Weltpostulat. Minkowski selbst, der die letztgenannten Begriffe geprägt hat, hat sich im Jahr 1908 womöglich bereits als 'Weltmeister der Physik' gesehen, wie vielleicht später auch Hilbert für das Jahr 1915. Es gebe diese grenzenlose – nicht kindliche, sondern kindische, nicht angemessene, sondern anmaßende! – Naivität, weiß *Borromea Worthswerd*. Selbst im Falle ansonsten hochintelligenter, teilweise vielleicht sogar genialer Menschen, fügt *Mlle Bleu de Ley* mitleidig hinzu.

Was heute gemeint sein könnte, wäre eine konsistente Theorie, welche in widerspruchsfreier mathematischer Formulierung die Gesetze der vier fundamentalen Naturkräfte – Gravitation, Elektromagnetismus, schwache und starke Wechselwirkung – einheitlich zusammenfasst. Wäre er angestellt bei Radio Eriwan, bemerkt *Aladin Adamson*, so würde er sagen, im Prinzip ja, denn eine solche Theorie könne er sich vorstellen. Doch nie und nimmer sei ein Mensch imstande, ihre Gleichungen exakt zu lösen, auch nicht mit Hilfe aller zukünftigen Computer. Diese Behauptung ließe sich zwar nicht beweisen aber testen, nämlich durch jeden vergeblichen Versuch einer vollständigen Berechnung der Bewegung sämtlicher Moleküle in dem oben erwähnten Bachlauf.

Die Elementarteilchen, von denen die modernen Physik annimmt, dass aus ihnen die ganze Welt besteht, sind sehr verschieden von den ewigen, undurchdringlichen, festen Atomen der antiken Philosophen Leukipp und Demokrit, deren Vorstellungen man sich beispielsweise in Form winziger geometrischer Körper realisiert denken konnte.

Mitte letzten Jahrhunderts hat auch Heisenberg versucht, eine Weltformel aufzustellen, und ist damit natürlich gescheitert. Andere, teilweise vollmundig angekündigte Erfolge insbesondere der diversen Versionen der String-, Super- und Hyperstring-'Theorie' laufen in *Frank U. Freys* Augen auf Blamagen hinaus.

Sogar den mathematischen Gehalt einer einheitlichen Theorie würde ich nicht als Weltformel bezeichnen, denn solcher Weltformeln wären viele denkbar. Es würde genügen, die Abläufe des Universums nicht bis ins letzte Detail, sondern nur in mehr oder weniger groben Zügen zu beschreiben. Entsprechende Formulierungen sind wohlfeil zu haben. Ein Beispiel: Die Welt besteht aus Teilchen, die sich gegebenenfalls ineinander umwandeln können und deren Zusammenspiel von Quantenmechanik und Gravitation geregelt wird. Fertig. Ja, wenn einer so genügsam ist, meckert ein Onkel *Hypolite Van Tasts* verächtlich.

Für den, der darauf besteht, dies sei keine Formel, weil die Aussage nicht in der Sprache der Mathematik getroffen ist, hier eine triviale mathematische Umsetzung des kurz entschlossenen *Frank U. Frey*: $U_{niversum} = Z_{usammenspiel} (m_{a,i})$ mit Sorte a = 1, 2, 3, … $2 \times 24 = 48$ und Nummer i = 1, 2, 3 … ∞. Dieser in Einsteins Worten 'allgemeinunverständliche' Non-Sense sei nicht unsinniger als der, welcher üblicherweise zum Thema Weltformel zusammen mit bevorstehenden Sensationen dem ehrfürchtig staunenden Publikum verabreicht werde. Damit könne man nicht rechnen? Doch – mit mathematischem Gefasel müsse man immer rechnen, *Frank U. Frey* ist Realist. Die String-Theorie könne eines Tages womöglich alle Naturkräfte und Bausteine der Materie schlüssig beschreiben – vom Anfang des Universums bis an sein Ende, sagt ein bereits zitiertes junges Genie. Peinlich, sagt *Mlle Bleu de Ley*. So rede kein Mann, den sie kennen wolle, so rede ein Knabe.

Angeberisches Gehabe ist allerdings bei führenden Vertretern der Scientific Community nicht selten. Wenn es im Interesse einer vorgeblich guten Sache zu liegen scheint, fühlen sich dazu selbst ansonsten seriöse Wissenschaftler verpflichtet. Darunter leider auch einige Autoren, die Einstein mit vermeintlich billig-flapsigen Bemerkungen überbieten wollen. Doch da haben sie etwas peinlich verwechselt, er nämlich konnte sich seine immer intelligenten Anspielungen leisten, und das ist der Unterschied. Was außerdem Einsteins Esel gebühre, *Borromea Worthswerd* stellt das klar, gebühre noch lange nicht jedem Hornochsen. Wie fühle man sich im Glashaus? fragt *Hypolite Van Tast*. Dass man angesichts dermaßen ernster 'Teemen' überhaupt solche Sprüche machen könne, wundert sich *Mlle Bleu de Ley* und führt graziös ihre Tasse zum Mund.

„Nutzlos, unbeweisbar, unverständlich" – die Gemeinde der String-Forscher schrecke das nicht. Diese Einsicht eines herzer-frischend klugen Journalisten war vor mehr als zehn Jahren zu lesen, als die Euphorie der theoretischen Physiker am größten war. Sie könne sich nicht helfen, kommentiert *Borromea Worths-werd*, aber da sehe sie die Schneider der unsichtbaren Kleider, die inzwischen ihre Kunst in solcher Vollendung ausübten, dass sie nicht einmal einen nackten Kaiser mehr brauchten. Sie wollten uns weismachen, dass es zehn, elf und mehr Dimensionen gebe. Drei davon seien die uns vertrauten des Raums, der Rest eingerollt und deshalb unter gewöhnlichen Umständen nicht zu erkennen. Doch diesem Argument – *Frank U. Frey* nimmt kein Blatt vor den Mund – das zweifellos geeignet sei, kritische Fragen und Einwände der Öffentlichkeit weitgehend zu unterdrücken, liege ein landläufig geradezu als 'saudumm' zu bezeichnender Denkfehler zugrunde.

Zur Veranschaulichung dient den String-Theoretikern oft das Beispiel eines langgezogenen dünnen Fadens, der aus der Ferne als eindimensionale Linie erscheint und dessen zweidi-mensionale Oberfläche sowie die dreidimensionale Faserstruktur tatsächlich erst bei näherem Hinsehen zu erkennen sei. Stimmt.

Demzufolge, so sagen sie, können Dimensionen realer Objekte verborgen bleiben, solange die entsprechenden Ausdehnungen hinreichend klein seien. Stimmt auch. Ich weiß zwar, dass jeder dünne Faden immer drei Dimensionen hat, aber es kann so aussehen, als hätte er nur eine und die beiden anderen schienen 'eingerollt'. Oder angenommen es wäre ein sehr dünner Strohhalm mit noch sehr viel dünneren Wänden, so hätte man aus der Entfernung nur seine Ausdehnung in der Länge, bei näherem Hinsehen die Ausdehnung seiner Oberfläche und vielleicht erst mit der Lupe seine dreidimensionale Struktur erkennen können. Das ändert aber nichts daran, dass eine Welt aus Strohhalmen und Fäden dreidimensional sein müsste, und seien sie alle auch noch so dünn.

Der 'saudumme' Fehler liegt bei der Argumentation des Stringtheoretiker also darin, dass sich nur solche Dimensionen irgendwelcher Objekte verstecken können, die im Raum des Betrachters und der Objekte enthalten sind, nicht aber solche, die darüber hinausgingen. Eine in zwei Dimensionen könnte sich verstecken, wie auch eine oder zwei in drei. Nicht aber vier, fünf, sechs, sieben, acht, neun, zehn in dem Raum der drei räumlichen, in dem wir leben.

Wie so oft funktioniert das übliche Argument nur als Trick, indem das Wort Dimension einmal im Sinne der Ausdehnung von Objekten, das andere Mal im Sinne einer abzählbaren Eigenschaft jenes leeren Raums verwendet wird, in welchem sich die Objekte befinden. Beide Bedeutungen seien zwar grundsätzlich zulässig – schätzt *Mlle Bleu de Ley* – doch nicht zulässig, sondern unseriös sei es, dass man sie in ein und demselben Zusammenhang wie ein Hütchenspieler abwechselnd vertausche.

Schon eine strikt zweidimensionale geschlossenen Oberfläche beispielsweise auf einer Kugel existiert ja in Wirklichkeit nicht. Bereits bei dieser Vorstellung handelt es sich lediglich um eine mathematische Abstraktion. Ebenso bei Linien als eindimensionalen Gebilden. Es scheint mir deshalb alles andere als überzeugend, solch fiktive mathematische Gebilde heranzuziehen, um eine angebliche physikalische Realität beweisen zu wollen.

Wenn überhaupt, dann müssten die Stringtheoretiker meines Erachtens nicht mit eingerollten Dimensionen, sondern mathematisch in dem Sinne argumentieren, dass wir – in Analogie zu Platon in der Höhle – von ihren vieldimensionalen Objekten nur dreidimensionale Schatten sehen. Hierbei wäre allerdings zu beachten, dass es Platon damals um ein philosophisches Gleichnis ging. Das heute aber soll angeblich Physik sein!

Je kleiner die Kunst, über die ein Maler verfügt, umso mehr wird er versucht sein, große Bilder zu malen.

Wenn *Hypolite Van Tast* nichts Besseres einfalle, möge er herumspielen, wie er wolle, selbst wenn er dafür von der Öffentlichkeit bezahlt werde. Diese großzügige Feststellung kostet *Frank U. Frey* eine an Selbstverleugnung grenzende Überwindung. Doch im Sinne ernsthafter Wissenschaft sei es einfach lächerlich, räumlich dreidimensionale Objekte zur physikalischen Beschreibung durch eindimensionale Gebilde zu ersetzen, diese dann aber in zehn und mehr Dimensionen schwingen zu lassen. Es sehe aus, als würde man einen Picasso in winzige Fäden zerreißen, und dann versuchen, damit Michelangelos Deckenmalerei der Sixtinischen Kapelle als Puzzle zu legen.

Mit der mathematischen Behandlung jenes ersten einheitlichen Variationsprinzips, die meines Erachtens einen jahrzehntelang nicht für möglich gehaltenen Zugang zur Quantenmechanik enthält, habe ich mich an einen Wissenschaftshistoriker gewandt, der mir freundlicherweise im Vorfeld des MG11-Meetings behilflich gewesen war, und dabei darauf hingewiesen, dass es mir hier nicht um abgehobene mathematische Kunststücke gehe, sondern um handfeste Grundgleichungen der Physik. Das heißt insbesondere auch um den 'wahren Jakob' der Quantenmechanik, nach welchem – wie er am besten wisse – der gerade darin unbeirrbare Einstein so lange gesucht habe. Leider sah er sich außerstande, diesen allerdings umfangreichen Artikel voller neuer Formeln selbst zu beurteilen. Solch eine vorsichtige Zurückhaltung aber hatte ich, naiv wie ich immer noch war, hier leichtsinnigerweise nicht erwartet.

Auf die spätere Mitteilung seiner Sekretärin, zwei um ihre Meinung gefragte Experten fühlten sich nicht überzeugt, antwortete ich, wer diese Bezeichnung verdiene, müsste in der Lage sein, innerhalb von ein, zwei Tagen zu überprüfen, ob die erwähnten Gleichungen mathematisch aus dem angegebenen Variationsprinzip folgten oder nicht. Inzwischen weiß ich, dass diese beiden das auch in ein, zwei Monaten nicht gekonnt hätten, wenn jemals überhaupt. Ich schrieb ihr mit Grüßen, wer seine Position aus öffentlichen Mitteln finanzieren lasse und auf seinem Spezialgebiet nichts weiter zu bieten habe als eine billige 'Einschätzung' ohne jede konkrete Kritik an auch nur einer der Formeln, der solle doch lieber überhaupt das Maul halten, falls mir Martin Luthers Ausdrucksweise an dieser Stelle ausnahmsweise erlaubt sei. Das wäre wenigstens konsequent. Schon die bloße Ankündigung einer konsistenten Ableitung der Grundgleichungen von Elektrodynamik, Gravitation und Quantenmechanik müsse zwar leider von vielen als Provokation empfunden werden, doch entweder sei mein Anspruch unbegründet, dann wäre ich ein unverschämter Hochstapler. Oder aber alle, die sich bisher darauf festgelegt hatten, dass eine konsistente Ableitung aus klassischen Ansätzen unmöglich sei, müssten das Format haben zuzugeben, dass diese 'Einschätzung' auf einem bloßen Vorurteil beruhte. Wie viele Experten aber hätten in solchen Fällen diese Größe?

Hinzu kam allerdings, dass es gerade in der jüngeren Vergangenheit einige Blamagen renommierter Publikationsorgane gegeben hatte, die zu der – bei hilflosen Experten zugegebenermaßen verständlichen – Einstellung führten, selbst einen wertvollen Beitrag im Zweifelsfalle lieber zu unrecht abzulehnen, als noch einmal einem Betrüger auf den Leim zu gehen. Auch bei arXiv stieß die Arbeit auf Ablehnung. „…your submission was not rejected because of the form of the document. The moderators do not feel that the contents of the file are appropriate for submission...". Ich denke, angesichts der zumindest grundsätzlich leicht überprüfbaren Gleichungen muss man sich die inhaltliche Ablehnung einer physikalischen Arbeit unter Bezugnahme auf das *Gefühl* der Moderatoren – wir leben im 21. Jahrhundert! – erst einmal als Argument auf der Zunge zergehen lassen.

„In letzter Zeit hab ich über das Atom gelesen, alles, was ich finden konnte." Borromea Worthswerd zitiert noch einmal aus Isaac B. Singers 'Schatten über dem Hudson'. Und sie fährt fort *„...am meisten beunruhigt mich, daß ich an das alles einfach nicht glauben kann. Die moderne Wissenschaft verkommt immer mehr zur Fiktion. Nimm doch bloß mal die Quantentheorie."* Jetzt sei es aber endlich genug – entrüstet sich *Hypolite Van Tast* – was verstehe denn der schon davon!

Ein rotierender Spiralnebel fragt das fremde Elementarteilchen: „Warum machst ausgerechnet du solchen Wirbel?" – „Ich mache keinen Wirbel, ich bin einer." Den Spruch merke sie sich, die zierliche *Mlle Bleu de Ley* findet Gefallen daran und dreht spontan eine Pirouette.

6 SUM – die einfachste Lösung der Einstein'schen Gleichungen

Die denkbar einfachste aller kosmologischen Lösungen der allgemeinen Gravitationsgleichungen Einsteins beruht auf einem bemerkenswert kurzen universalen Linienelement. Es zeichnet sich dadurch aus, dass es zu jedem willkürlich wählbaren Nullpunkt der universalen Zeitskala immer wieder mit dem Linienelement der speziellen Relativitätstheorie übereinstimmt. Wer sich zum Vergleich einmal das kompliziert konstruierte Linienelement der Konkordanzkosmologie ansieht, der wird auch ohne Mathematik sofort erkennen, welches von beiden man am ehesten als schön, elegant und dem erhabenen Gegenstand angemessen bezeichnen könnte.

In der Naturwissenschaft kann es leicht einmal hundert Jahre dauern, aber auf lange Sicht gilt auch hier: unverhofft kommt oft. Und dann gibt es regelmäßig lange Gesichter bei all denen, die trotz erkennbarer Mängel vorher – oder gar noch hinterher – alles besser gewusst haben. Jeder Stümper allerdings hätte jeweils mit ein bisschen Mathematik eine falsche Lösung finden können, die dann vielleicht besonders einfach gewesen wäre. Wahre Kunst aber würde verlangen, eine einfache Lösung der Gravitationsgleichungen Einsteins zu finden, die mit fundamentalen Beobachtungstatsachen der Kosmologie weitgehend übereinstimmt. Wenn daraufhin einem glücklichen Finder inmitten der Wahrheit von einem außerhalb residierenden Narren erklärt würde, er sei wohl verrückt, dann hätte dieser Narr aus seiner Sicht sicher recht, relativ nämlich. *Ethan Fools* erklärt jede Position für verrückt, die mit vernünftigen Voraussetzungen und Vorgaben an die Kosmologie herangehen will.[41] Ja, wo käme der arme Mann denn hin, *Mlle Bleu de Ley* äußert Verständnis, wenn er sich von seiner Borniertheit stören ließe, es sei für ihn doch auch so schon schwer genug.

Es geht um das ewige Universum im Hintergrund. Je weitreichender die Bedeutung, umso kürzer werden die Gleichungen. Klar, dass bei solch einem Gegenstand höchstmögliche Eleganz gerade in der Einfachheit liegt.

Ganz anders bei dem komplizierten Linienelement des Konkordanzmodells. Eine nüchterne Betrachtung der in den letzten Jahren erschienenen Berichte in diversen Medien legen nicht nur für manche Beteiligte, sondern gerade auch für Außenstehende die Vermutung nahe, die heutige Kosmologie könnte mit ihren kaum noch nachvollziehbaren Fiktionen schon vom Ansatz her falsch sein, wobei gerade diese in der Regel als neue Erkenntnisse verkauft werden. Das stärkste Argument für die gesamte Urknall-Kosmologie war bisher die ungerechtfertigte Behauptung, dass es innerhalb der allgemeinen Relativitätstheorie keine brauchbare Alternative gebe. Eine tatsächlich als untauglich erwiesene Scheinalternative war die Steady-State Theory, doch um diese geht es längst nicht mehr.

Angesichts der bereits am Start aufgezeigten Tatsache, dass sich quantitative Aussagen über das Universum als Ganzes grundsätzlich nicht beweisen lassen, liegt das entscheidende Argument für das hier vorgeschlagene stationäre Modell in seiner einzigartigen Einfachheit und Klarheit, die beide aber trotzdem – bei Unterscheidung von Kosmos und Universum – einer größtmöglichen Anpassungsfähigkeit an die realen Gegebenheiten unserer großräumigen Umgebung nicht im Wege stehen. Auf Grundlage der allgemeinen Relativitätstheorie kann es ein kürzeres, schöneres Linienelement für das Universum einfach nicht geben als mit $d\sigma_{SUM} = e^{Ht^*} d\sigma_{SRT}$ das von SUM. Wer will, braucht es sich daraufhin nur einmal anzusehen.[42] Auch auf dem Buchumschlag steht es unter der Anzeige des entsprechenden Diagramms geschrieben, darüber das Wort 'Tohu-va-bohu' in Hebräisch, zu dem ich noch kommen werde.

Eine wahrhaft schöne Theorie das! *Borromea Worthswerd* gesteht, hier voreingenommen zu sein, denn sie bevorzuge schlichte Eleganz. Angesichts der nun wieder denkbaren Alter-

354

native eines ewigen Universums falle ihr natürlich spontan der *Dialog von Galileo Galilei über die zwei hauptsächlichen Weltsysteme* ein. Einfach als Grafik genommen, fragt sich *Sigismund Sörgli*, welcher Formel traue er eher zu, das Universum physikalisch zu beschreiben – der geradlinigen? oder der sich darum herum windenden? Dieses Geschlängel sich anbiedernder Konkordanz-Linien jedoch findet *Mlle Bleu de Ley* peinlich. So aber könne man das nun wirklich nicht sehen, wehrt sich *Hypolite Van Tast*, wie langweilig sei doch eine platte Gerade gegenüber einer hübschen Kurve. Im Hinblick auf verspielte Schnörkel vielleicht, meint *Frank U. Frey*, nicht aber im Hinblick auf klare Kante. Derjenige müsse ja wirklich verrückt sein – in einem Anfall kalter Hysterie spielt *Ethan Fools* sich noch einmal auf – der sich einbilde, heute noch im Sinne geradliniger Konzepte an die Kosmologie herangehen zu können.

Niemand sollte sich von wem auch immer etwas einreden lassen, das sie oder er nicht versteht. Um vernünftige Grundvorstellungen über das Universum zu entwickeln, braucht man ebensowenig mathematische Physik zu studieren, wie Theologie, um ein anständiger Mensch zu werden. *Sigismund Sörgli* wirft ein, er sei nicht selten versucht zu sagen: im Gegenteil! Viel zu viele 'Experten' seien mit ihrem Verstand überfordert, indem sie Opfer verstiegener Logik würden anstatt diese souverän als Denkzeug einzusetzen. Die Abläufe seien derart, dass sich Richtung und Ziel intuitiv entwickelten – *Borromea Worthswerd* ist in entscheidenden Augenblicken manchmal nicht irrational, aber arational – bevor der Verstand helfen könne, diese zu verfolgen. Ein Charakter lasse sich nicht durch intellektuelles Fitnesstraining verbessern, fährt sie fort.

Aladin Adamson aber appelliert an ihre diesbezüglich schüchternen Studentinnen und Studenten: Nun schauen Sie sich das Diagramm einmal an und vertrauen Sie Ihrer Intuition, Sie brauchen nicht einmal genau zu wissen, was hier dargestellt ist. Wenige Minuten werden genügen, um zu verstehen, dass es nur die gerade Linie sein kann, die für das Universum insgesamt steht. Und damit werden Sie grundsätzlich klüger sein als heutige Experten im Tausend. Nicht nur höchstwahrscheinlich, sondern sogar nahezu sicher, weil es nicht einen einzigen zwingenden Grund gebe, in dieser Beziehung über verschiedene gekrümmte Kurven zu spekulieren.

Und zwar gebe es so einen deshalb nicht, weil erstens die Supernova-Daten mit der geraden SUM-Linie – siehe Buchumschlag – ohne alle Fiktionen von Urknall, Inflation oder dunkler Energie offenbar in Einklang stünden, und weil zweitens die angeblichen Gründe hinsichtlich Unregelmäßigkeiten der kosmischen Hintergrundstrahlung nur dann zwingend erschienen, wenn maßgeschneiderte spekulative Fiktionen nachträglich zugrundegelegt würden. Die vermeintlichen Säulen dieses Konkordanzmodells glichen somit stählernen Masten, die mit ihren Füßen in tiefen Töpfen voller Ketchup stünden, folgert *Mlle Bleu de Ley*. Alle daran Beteiligten aber würden reichlich belohnt, selbst wenn sie nur auch ihren Senf dazugäben. Ist es Sarkasmus oder bereits Melancholie, die sie zu diesen Worten veranlasst?

Nicht zuletzt auch unter Berufung auf Einsteins diesbezügliche Ideen behaupte ich nun: wenn Gesichtspunkte der Ästhetik wie Symmetrie, Eleganz, Klarheit bei der Beurteilung physikalischer Theorien überhaupt eine Rolle spielen, dann dürfte eigentlich kein Zweifel darüber bestehen, welches der beiden einander gegenüberstehenden Modelle[43] am ehesten das *Universum als Ganzes* beschreiben könnte.

Davon abgesehen weist das einfachste aller relativistischen Modelle aus sich selbst heraus wesentliche Züge auf, welche vom Concordance Model mit Hilfe *ad hoc* eingeführter Hypothesen nur nachträglich beschrieben werden, damit dieses den Beobachtungstatsachen nun weitgehend entspreche. Wer außer den federführenden Experten einer verschrobenen Kosmologie aber will weiterhin glauben, dass die erhabene Natur es nötig hätte, solche Bocksprünge zu machen oder gar Purzelbäume zu schlagen? Tatsächlich bin ich davon überzeugt, dass die überwältigende Mehrheit der Menschen einschließlich junger und junggebbliebener Physikerinnen und Physiker solche Zumutungen nur in bisheriger Ermangelung einer besseren Theorie überhaupt noch erträgt.

Es kommt allerdings immer darauf an, wer denn Ästhetik, Schönheit, Symmetrie jeweils beurteilt. Nicht wenige Menschen finden Kitsch schöner als Kunst, oder treffender gesagt verstehen sie unter Kunst das, was andere als Kitsch bezeichnen. Denn selbstverständlich alle schätzen die Kunst höher ein. Eingeschworene Ptolemäer hätten ihrerzeit sehr wohl von der perfekt kreisrunden Schönheit eines zusätzlichen Epizykels begeistert sein können, der neuen Beobachtungsdetails Rechnung getragen hätte.

Für das gesamte Universum aber wäre das gegenwärtige Konkordanzmodell einfach nur hässlich, stellt *Frank U. Frey* nüchtern fest. *Hypolite Van Tast* möchte laut protestieren, beherrscht sich aber, weil er gelernt hat, in jeder Verwirrung äußerlich cool zu bleiben, das mache Eindruck. Tatsächlich, manch ein Zeitgenosse möge Aufgetakeltes, Geschminktes, Silikongepolstertes eben 'schön' finden – *Borromea Worthswerd* zeigt sich tolerant – was hier umständlich aufgeplusterten Formeln entspräche. Wohingegen sich wahre Schönheit in den Grundlagen kurz und bündig zeige, sie betont einen natürlichen Anspruch, da könnten bestverkäufliche Autoren noch so frech faseln von ihrem angeblich eleganten Konkordanz-Universum. Sie selbst erinnere sich in diesem Zusammenhang spontan an einen Filmbeitrag jenes gefeierten Experten für theoretische Physik, in dem sie diesen habe glatt durch eine Mauer schreiten sehen. Auch gesprungen sei der junge Mann, und zwar vom Dach eines Wolkenkratzers herunter, und unten angekommen in der Straße spazieren gegangen. Sie für ihren Teil müsse sagen, solchen Bildern traue sie nicht, bekennt *Mlle Bleu de Ley*, der arme Mann sei höchstwahrscheinlich nicht durch, sondern gegen die Wand gelaufen, vielleicht sogar mit dem Kopf zuerst, und von der Schwerkraft scheine er auch nicht gerade viel zu verstehen. Das mit dem Kopf sei übertrieben, berichtigt *Lisa Müller-Mona*. Dass er aber unbeschadet von

Hochhäusern springe und durch Steinwände gehe, habe sie mit eigenen Augen selbst gesehen, im Fernsehen.

Das blaue Pferd eines Bildes von Marc existiert nicht in der Natur, obwohl sich mit dem gleichen Malkasten auch schwarze, graue, braune oder weiße hätten malen lassen, wie es sie doch in Wirklichkeit gibt. Dementsprechend beschreibt auch nicht jedes beliebige relativistische Denkmodell notwendigerweise ein realistisches physikalisches Szenario.

Was also sind geeignete Bedingungen für eine vernünftige universale Lösung der Einstein'schen Gravitationsgleichungen? Erstens gibt es keinen physikalisch feststellbaren Anfang weder des Universums noch seiner Zeit, wohl aber der darin befindlichen Gebilde und insbesondere aller lebendigen Wesen. Jedes Kind könnte Letzteres spätestens dann leicht verstehen, sobald es über Dinge nachzudenken beginnt, die ihm schon vorher intuitiv vertraut sind. Zweitens gibt es keine als 'Horizonte' bezeichneten physikalisch messbaren Grenzen des tatsächlichen Universums, in welchem Raum und Zeit eben keine physikalischen Objekte sind.

So kritisch Einstein zeitlebens der Quantenmechanik gegenüber geblieben ist – angesichts ihrer bisherigen Unvollständigkeit berechtigterweise – so unkritisch blieb er trotz seiner großen Arbeit *Geometrie und Erfahrung* der romantischen Deutung seiner eigenen Relativitätstheorie gegenüber, was zwar verständlich, in meinen Augen aber nicht haltbar ist. Möglicherweise hat er sich dazu vor allem deshalb hinreißen lassen, weil er sich unter dem psychologischen Druck seitens Minkowskis und Hilberts möglichst weit von Poincaré, Kant und nicht zuletzt von Newton abheben wollte.

Experimentalphysikerinnen und -physiker können Messreihen aufstellen und dabei nach streng wissenschaftlichen Kriterien vorgehen. Spätestens bei der Auswertung ihrer Ergebnisse beginnen sie dann zwangsläufig auch zu glauben, weil jede Auswertung an nicht beweisbare Voraussetzungen gebunden ist. Vielleicht die größte aller Voraussetzungen hinsichtlich physikalischer Abläufe ist deren Wiederholbarkeit. Diese Voraussetzung ist unverzichtbar zur mathematischen Beschreibung dessen, was überhaupt beobachtet wird, obwohl das nicht alles restlos umfassen muss, was im Detail geschieht. Doch gerade diese Voraussetzung einer Wiederholbarkeit wäre für einen einzigen Urknall ganz sicher nicht erfüllt, bei dem mit dem Universum zugleich Raum und Zeit entstanden wären. Umgekehrt aber lässt sich aus der dort in Kauf genommenen Nichtwiederholbarkeit der Schluss ziehen, dass es sich bei einem derartigen Urknall um keinen physikalischen Ablauf handeln kann. Jedes weitere Gerede darüber ist im Rahmen der Physik naturwissenschaftliche Phantasterei.

Es müsste deshalb für jede Physikerin und jeden Physiker selbstverständlich – um nicht zu sagen: Ehrensache – sein, die Existenz eines unendlich ausgedehnten ewigen Universums gewissermaßen von Berufs wegen vorauszusetzen. Deshalb wird selbst hinter dem gegenwärtigen Konkordanzmodell inzwischen wohl von den meisten bereits etwas Ähnliches vermutet. Fatal ist nur, dass es dafür bisher keine relativistische Lösung zu geben scheint und sich alle maßgeblichen Experten mit den scheinbar unvermeidlichen Konsequenzen dieses Dilemmas abgefunden zu haben scheinen.

Würden sich aber Einsteins Gleichungen nicht mit dem großräumigen Bild eines stationären Universums in Einklang bringen lassen, so wäre nach meiner Überzeugung entweder die Voraussetzung oder die Schlussfolgerung falsch. Oder aber es ist das bisherige Verständnis der allgemeinen Relativitätstheorie überhaupt, falls nicht die Gleichungen selbst, wobei ich letzteres definitiv nicht glaube. Nach einer Besinnung auf die unverzichtbaren Grundlagen der Physik blieb mir also gar nichts anderes übrig, als die bisherige relativistische Kosmologie von Grund auf zu überprüfen und noch einmal den Versuch einer stationären Lösung zu wagen.

Weil diese im Unterschied zu haltlosen Spekulationen nicht in der Luft hängen soll, gehen wir einerseits noch einmal kurz zurück und wollen andererseits vorab prüfen, worauf wir uns vernünftigerweise einzustellen haben.

Mit dem Abschied vom geozentrischen Weltbild hat eine natürliche Entwicklung zu der Anschauung geführt, dass das Universum von jedem Ort aus betrachtet und zu allen Zeiten gleich erscheinen sollte. Einsteins ursprünglich im Sinne eines solchen vollständigen kosmologischen Prinzips entwickelte statische Lösung seiner Gleichungen verlangte die nachträgliche Einführung einer willkürlichen Konstanten und erwies sich trotzdem als instabil. Im Unterschied zu jenem statischen Modell, bei dem keinerlei zeitliche Veränderlichkeit auftritt, schien die dynamische Interpretation der nur wenig später gefundenen zeitabhängigen Lösungen durch die Entdeckung der Hubble'schen Rotverschiebung eine unerwartete Bestätigung zu erfahren. Doch angesichts eines physikalisch unhaltbaren für immer materiefreien Universums oder aber eines als singulär bezeichneten angeblichen Anfangs vor etwa vierzehn Milliarden Jahren, der gemäß Lemaître aus den Einstein'schen Gleichungen zwangsläufig zu resultieren schien, wurde von Bondi, Gold und Hoyle versucht, die Lösung außerhalb der allgemeinen Relativitätstheorie zu suchen beziehungsweise diese zu modifizieren.

Die daraus in den fünfziger Jahren des letzten Jahrhunderts entstandene, so genannte 'Steady-State'-Theorie aber, die seitdem fälschlicherweise als das einzig denkbare relativistische Modell eines unveränderlich erscheinenden Universums gegolten hat, hält fest an einer fiktiven Expansion des Universums und behauptet deshalb die Notwendigkeit einer – physikalisch in meinen Augen ebenfalls unhaltbaren – ständigen Schöpfung von Materie aus dem Nichts. Dieses Modell aber ist endgültig gescheitert aus Gründen, die teilweise schon sehr bald bekannt waren und die in jüngster Zeit noch einmal durch die Supernova-Daten bestätigt wurden. Anscheinend völlig übersehen aber wurde bisher, dass die 'Steady-State'-Theorie – neben der dort erforderlichen inakzeptablen ständigen Neuschöpfung von Materie aus dem Nichts und im Gegensatz zu ihrem anspruchsvollen Namen – zeitlich veränderliche Werte der Rotverschiebung liefert, und zwar für auf ewig aus dem Blickfeld verschwindende Galaxien.

Was wir als Grundlage der Kosmologie zunächst haben, ist das Licht der Sterne an einem dunklen Nachthimmel, dem ich – wie der gesamten Natur – in dem Bewusstsein gegenüber stehe, dass es niemals eine physikalische Theorie geben wird, die dieses Wunder vollständig fassen könnte. Erst mit Jean-Philippe Loys de Chéseaux und Wilhelm Olbers ist vor rund zweihundert Jahren klar geworden, dass die Kosmologie herausfinden muss, was aus der keineswegs selbstverständlichen Tatsache folgt, dass dieser Nachthimmel dunkel ist. Grund auch für Kant, ehrfürchtig zu staunen, war „… der gestirnte Nachthimmel über mir". Doch dabei blieb er nicht stehen, sondern gab eine neue Antwort auf die alte Frage: *Wie groß ist die Welt?*, indem er am Himmel beobachtete Nebel als andere, äußere Milchstraßensysteme erkannte.

In einer gewissen Verkürzung lässt sich also sagen, dass die moderne Kosmologie mit Chéseaux, Kant und Olbers begonnen hat, bevor Einstein kam und mit ihm die allgemeine Relativitätstheorie. Angesichts ihres heutigen kosmologischen Dilemmas sah ich mich als – damit unzufriedener – Physiker schließlich zu einem Neustart gezwungen. Ein Zeitungsartikel machte mir Mut.

Darin war zu lesen, neueste Messungen hätten nun ergeben, das Universum sei 'flach'. Alleine die Tatsache genügte, dass in der angeblich doch so gründlich verstandenen Kosmologie offenbar eine unerwartete Entwicklung eingetreten war. Dabei war mir damals durchaus nicht klar, wie aus den berichteten Beobachtungen der Hintergrundstrahlung mathematisch auf eine fehlende Krümmung des Raums zu schließen sein sollte, wenn man eine solche überhaupt für möglich hält. Aber das spielte zunächst auch gar keine Rolle. Starten wir also noch einmal ganz von vorn und kehren zunächst einmal kurz zurück zu dem, was schon damals am Nachthimmel zu sehen war. Dann ergibt sich –

sehr grob skizziert und vor jeder Rechnung – im Hinblick auf die physikalisch allein vernünftige Voraussetzung eines ewigen unendlichen Universums in etwa das folgende Konzept:

(a) Es muss eine statistisch-stationäre Abschwächung des Sternenlichts geben – sei es durch gravitative Absorption oder auch durch relative Energieabnahme sich selbst überlassener Lichtmengen – so dass die Durchsichtigkeit des Universums für die Strahlung unendlich vieler hinreichend weit entfernter Sterne effektiv begrenzt wird. Wie sich im Folgenden zeigt, genügt dazu bereits die Rotverschiebung von Spiralnebeln, die Existenz einer Hintergrundstrahlung sowie die Erkenntnis, dass im Unterschied zum Universum die Sterne nicht ewig sind, sondern entstehen und vergehen.

(b) Typische Sterne, die aufgrund ihrer Energieabstrahlung eine endliche Lebensdauer von größenordnungsmäßig Milliarden Jahren haben, bilden sich wie alle anderen vergänglichen Strukturen in einem stationären Universum immer wieder neu. Damit hat sich das Bild vom ehmals als 'Firmament' verstandenen Sternenhimmel drastisch gewandelt.

(c) Dies könnte im Umfeld gewisser Licht und Materie schluckender originärer Gravitationszentren extremer Stärke geschehen, für welche beispielsweise Quasare als quasistellare super-massereiche Objekte, so genannte Schwarze Löcher oder auch unser ganzer Kosmos in Frage kommen – letzterer möglicherweise unter anderen. Die Rotverschiebung der Quasare könnte sich kosmisch plus gravitativ zusammensetzen, was auch einige ansonsten unverständliche Beobachtungen bei assoziierten Galaxien möglicherweise erklären würde. In diesem Zusammenhang wäre der Begriff 'Schwarzes Loch' allerdings so zu verstehen, dass in einem quasistellaren Gravitationszentrum extremer Stärke nicht nur Materie in ihrer alten Form verschwinden, sondern dann auch wieder Materie in neuer Form entstehen kann, wobei sich dieser Vorgang selbst – innerhalb des universalen Raums und der universalen Zeit ablaufend – einer detaillierten Beschreibung durch die phänomenologische allgemeine Relativitätstheorie ohne Einbeziehung der Quantenmechanik entzieht.

(d) Bei den gravitativen Entstehungsprozessen von Galaxien und Sternen – aus vorhandener Energie und Materie jeder Form einschließlich der zugehörigen Anteile sowohl freien als auch zuvor absorbierten Sternenlichts – sollte die Entropie in lokalen Bereichen zeitweilig abnehmen, damit sie insgesamt stationär bleiben kann. Die Erklärung für die naheliegende Einschränkung des Gesetzes von der ständigen Zunahme der Entropie auf evolutionäre Prozesse, aus der sich im Zusammenspiel mit gravitativen Neuentstehungsprozessen ein ewig junges Universum ergibt, wird in späteren Abschnitten begründet.

(e) Die Bildung der verschiedenen Elemente sowie alle anderen Vorgänge – mitsamt der Fülle physikalisch wertvoller Erkenntnisse und Modelle, die man heute einem heißen 'Urknall' oder der 'frühen Phase des Universums' zuschreibt – sollten sich aus solchen überall im Universum wiederkehrenden Entstehungsprozessen erklären beziehungsweise auf diese anwenden lassen.

(f) Diese Prozesse wären der Grund dafür, dass sich die Temperatur eines möglichen, das Sternenlicht nur zum Teil direkt absorbierenden Mediums nicht immer weiter aufheizen muss, sondern sich auf einen stationären Wert einstellen kann. Das ist mit Einschränkungen vergleichbar einer statistisch-stationären Temperatur der Erdatmosphäre im Sonnenlicht.

(g) Wird nun eine mittlere Lichtintensität bestimmt, indem man die am Nachthimmel sichtbaren Sterne und Galaxien zählt und mit ihrer jeweiligen scheinbaren Helligkeit gewichtet, so findet man, dass die Summe dieser mittleren baryonischen Strahlungsdichte keineswegs einem hellen Nachthimmel entspricht, sondern in der Größenordnung einer äquivalenten Strahlung von etwa drei Grad Kelvin über dem absoluten Nullpunkt liegt. Eine solche Strahlungsdichte ist somit seltsamerweise insgesamt derjenigen einer *schwarzen Strahlung* entsprechender Temperatur vergleichbar. Damit aber ist das Olbers'sche Paradoxon bereits grundsätzlich gelöst, ohne dass es dazu etwa eines Urknalls bedurft hätte.

(h) Die zusätzlich zu der mittleren Sternstrahlung beobachtete isotrope, schwarze Hintergrundstrahlung aber könnte – alternativ zur heutigen Deutung als kosmische Reststrahlung – auch ein Hinweis auf ein lichtabsorbierendes Medium mit möglicherweise temperaturabhängigem, selektivem Absorptionsverhalten sein, wobei letzteres vom jeweiligen Wellenlängenbereich abhängig wäre.

(i) Zu jeder Zeit des Universums sollte es kosmische Objekte in allen möglichen Entwicklungsstadien geben.

Mit der Lösung des Olbers'schen Paradoxons trotz der im Hinblick auf das stationäre Universum unendlichen Anzahl von Galaxien – zusammen mit anderen Aussagen, die einer Überprüfung durch Messung prinzipiell zugänglich sind – ergeben sich außerdem gleichbleibende Werte der Rotverschiebung. Dabei hat die Gesetzmäßigkeit, die sich bemerkenswerterweise allein aus dem stationären Modell ergibt und die Abschwächung des Lichts mit der Entfernung beschreibt, exakt die einfache mathematische Form, die von Olbers einst in anderem physikalischen Zusammenhang vermutet wurde. Denn es handelt sich hierbei nicht um eine Abschwächung durch gewöhnliche Absorption oder etwa eine Art Ermüdung des Lichts, wie einmal vorübergehend spekuliert wurde. Stattdessen verantwortlich ist in der Tat ein relativistischer Effekt in Form eines Energieverlusts der Photonen aufgrund der stationären Rotverschiebung, wie sich diese unter Einbeziehung der Quantenmechanik ergibt. Das zeigt sich auch deutlich in der beobachteten Zeitdehnung der Supernova-Ereignisse, deren Dauer je nach Rotverschiebung mehr oder weniger lang erscheint, obwohl diese Ereignisse offenbar dort, wo sie stattfinden, immer die gleiche lokale Eigenzeit in Anspruch nehmen.

Angesichts der Tatsache, dass die mittlere universale Energiedichte – deren weitaus überwiegender Anteil sich der direkten Beobachtung entzieht – offenbar nur zu einem sehr geringen

Prozentsatz auf gewöhnliche Sternmaterie zurückzuführen ist, kann es keinesfalls verwundern, dass einige der genannten Prozesse heute noch weitgehend unverstanden beziehungsweise nicht einmal beobachtet sind. Das hier grob skizzierte Konzept soll vorab lediglich zeigen, dass ein stationäres Universum keineswegs undenkbar ist. Zunächst ist es sogar weitgehend unabhängig von der Gültigkeit der Einstein'schen Gravitationsgleichungen, doch wird solch ein stationäres universales Linienelement von diesen wunderbarerweise nahegelegt. Vorausgesetzt werden vor allem Gravitationsfelder solch extremer Stärke, dass Materie und Energie jeder Form immer wieder in Entstehungszentren von Galaxien, Nebelhaufen, Quasaren verdichtet werden können.

Was aber *Hypolite Van Tast* partout nicht verstehen will: Ein stationäres – das heißt bei aller örtlichen Lebendigkeit ewiges und unendliches – Universum im Hintergrund ist physikalisch nicht widerlegbar aufgrund der selbstverständlichen Tatsache, dass es nie vollständig überblickt werden kann. Es tue ihm als Mensch von ausgesuchter Höflichkeit wirklich leid, doch wenn es anders nicht verstanden werde, so müsse er deutlicher werden und öffentlich fragen, bedauert *Frank U. Frey*, wie sich teure Experten erdreisten könnten zu behaupten, das Universum sei aufgrund ihrer Erkenntnisse nicht ewig und nicht unendlich. Die Bezeichnung Hochstapler sei da eigentlich noch zu schmeichelhaft, bestätigt eine leicht aufgebrachte *Mlle Bleu de Ley* und treibt damit *Hypolite Van Tast* auf die nächste Palme.

Was aber darf man in Bezug auf das Universum von einer allgemeinen Gravitationstheorie erwarten? Ganz sicher ist eine konsequente Einbeziehung der Quantenmechanik samt Teilchen-, Atom- und Festkörperphysik erforderlich. Zunächst aber sollen die wichtigsten Aspekte besprochen werden, die ohne weiteres allein schon aus den Einstein'schen Gleichungen folgen.

Eine einfache Voraussetzung liegt auf der Hand: Wenn das Universum insgesamt so ist, wie es sein muss, dann hat es keinen Sinn, ihm irgendwelche Eigenschaften zuzuschreiben, die auch andere sein könnten. Dann aber ist es notwendigerweise stationär und euklidisch, da jede reale Einschränkung von Ewigkeit und Unendlichkeit im Widerspruch zu der eben gemachten Voraussetzung immer auch größer oder kleiner denkbar wäre. Was jedoch von der heutigen Kosmologie als in unregelmäßiger Entwicklung befindliche, zeitlich veränderliche Struktur beschrieben wird, braucht gewiss nicht das gesamte Universum zu sein.

Auf Grundlage der detaillierteren Berechnungen[44] zu SUM möchte ich über das ewig junge Universum als neue Lösung der Einstein'schen Gravitationsgleichungen berichten. Von zusätzlich *ad hoc* eingeführten Hypothesen wird deshalb kein Gebrauch gemacht, abgesehen von der experimentell nicht widerlegbaren Einschränkung des Entropiegesetzes auf evolutionäre Prozesse. Allerdings ist zu beachten, dass der von Einstein benutzte vorläufige *phänomenologische Energie-Impuls-Tensor* grundsätzlich mit jeder beliebigen Zusammensetzung einer ansonsten gleichen Materiedichte verträglich ist – was eine notwendige Voraussetzung für die Gültigkeit des fundamentalen Äquivalenzprinzips darstellt – und demzufolge für sich allein genommen auch keine Information über seine einzelnen Bestandteile enthält. Natürlich aber ist es interessant, das in den folgenden Abschnitten skizzierte stationäre kosmologische Modell auch hinsichtlich der materiellen Zusammensetzung seiner Energiedichte unter die Lupe zu nehmen.

Eine ganze Reihe von Schwierigkeiten bis hin zu peinlichen Irrtümern haben lange Zeit den Blick verstellt. Es ist deshalb unumgänglich, diese vorab zu benennen und aufzuklären. Zuallererst ist daran zu erinnern, dass Einsteins allgemeine Relativitätstheorie bisher grundsätzlich als rein makroskopische Theorie gesehen wird. Nach meiner Erwartung hinsichtlich einer darüber hinausgehenden *Einheitlichen Theorie von Gravitation und Quantenmechanik* aber soll es sich dabei um die makroskopische Näherung eines prinzipiell auf Vollständigkeit angelegten auch mikroskopisch exakt gültigen Konzepts handeln, wobei der *phänomenologische Energie-Impuls-Tensor* der rechten – von Einstein als Holz bezeichneten – Seite seiner Gleichungen durch einen naturgemäß quantisierten *Tensor* zu ersetzen sein wird. Dieser hat mit künftigen detaillierten Gleichungen der Quantenmechanik in Einklang zu stehen, wohingegen die Quantenmechanik in ihrer bisherigen Form allein die Wechselwirkungen mit anderen Teilchen beschreiben kann, nicht aber die Teilchen selbst. Wie in den vorausgegangenen Abschnitten berichtet, ist ein erster kleiner Schritt [45] zu solch einer einheitlichen Theorie getan, dem bald ein zweiter folgen kann. Die Stringtheoretiker und viele andere suchen eine Vereinheitlichung der Physik allerdings auf einem völlig anderen Weg zu erreichen. Ohne Einsteins Esel seien sie in einen Märchenwald wilder Spekulationen geraten, den sie vor lauter – allerdings von Schlingpflanzen umwucherten – mathematischen Bäumen wohl längst nicht mehr sähen, *Mlle Bleu de Ley* könnte ihnen als Fee dort vielleicht einen Weg weisen.

Ohne Rückgriff auf die Teilchenphysik durch Einbindung des erwähnten quantisierten Energie-Impuls-Tensors in Einsteins wunderbare Gleichungen sind zunächst nur Aussagen über großräumig gemittelte Dichten des Universums möglich, nicht jedoch über Details der an unterschiedlichen Orten immer wieder beginnenden evolutionären Entwicklungen. Lang anhaltende Phasen der Evolution wechseln räumlich und zeitlich mit solchen der Revolution ab im Widerstreit von Gravitation und Quantenmechanik.

Im Unterschied zur Konkordanzkosmologie habe ich nicht versucht, eine Lösung der Einstein'schen Gleichungen zu finden, die allzu perfekt auf unserem heutigen Wissen vom Universum aufbaut, denn morgen wird dieses Wissen, auf unvorhersagbare Weise, zum Teil überholt sein. Vielmehr habe ich mir die Frage gestellt, wie das Universum beschaffen sein müsste, falls Einsteins Gravitationstheorie tatsächlich in der Lage ist, darüber verlässliche Aussagen zu machen. Und vor allem, wo liegen die Grenzen der ursprünglichen Relativitätstheorie, wie sie bisher verstanden wurde? Gerade diese Fragestellung hat sich als außerordentlich fruchtbar erwiesen.

Es war allerdings nicht ganz leicht und hat bis zur ersten Einbeziehung einer stationären Mikrowellenstrahlung schließlich mehr als zehn Jahre gedauert herauszufinden, wie ein stationäres Universum im Hintergrund physikalisch zu beschreiben sei. Denn diese Beschreibung sollte nach altem Sprachgebrauch relativistisch sein, nach meiner Auffassung also sollte sie im Sinne einer allgemeinen Gravitationstheorie aus Einsteins Gleichungen folgen, was seit dem Scheitern der seinerzeit so genannten Steady-State Theory als unmöglich galt. Und doch, es gab diese Chance. Es musste sie geben, wenn die Relativitätstheorie zu diesem Thema überhaupt etwas zu bedeuten hatte.

Verglichen mit den Anstrengungen, dem Orakel der Physik die richtigen Fragen zu stellen, war die Entwicklung des ursprünglichen Konzepts SUM für ein stationäres Universum zunächst allerdings die reine Erholung. Inzwischen kann ich das aber nicht mehr so sagen, weil zu viele Detailprobleme einstweilen zu klären bleiben. Zwar nicht die Existenz einer Mikrowellen-Hintergrundstrahlung an sich, aber deren winzige Unregelmäßigkeiten machen noch zu schaffen, obwohl ein einziger Blick auf die WMAP-Darstellung eine verblüffende Verwandtschaft mit beispielsweise einer von N. A. Sharp erstellten Karte der Galaxienverteilung zeigt. Meines Erachtens spiegeln diese Anisotropien Unregelmäßigkeiten der *dunklen* Materie im Hintergrund wider, die in einem ewigen Universum ihrerseits in natürlicher Beziehung zur veränderlichen *sichtbaren* Materie steht.

Nach den hier entwickelten Vorstellungen unterscheidet sich das Linienelement eines stationären Universums von dem der speziellen Relativitätstheorie allein um einen skalaren Zeitfaktor, der die Richtung der Zeit sowie einen signifikanten Hubble-Parameter als echte Naturkonstante enthält. Ohne diesen stationären Zeitfaktor, der in Bezug auf jeden willkürlich einstellbaren einzelnen Zeitnullpunkt, nicht aber für aufeinanderfolgende miteinander verbundene Ereignisse immer wieder gleich Eins zu setzen ist, würde aus den Gravitationsgleichungen keine Energiedichte folgen. Solch ein Universum wäre leer, würde also nicht existieren. Dementsprechend kann die spezielle Relativitätstheorie zwar überall in örtlich begrenzten Bereichen, jedoch immer nur für hinreichend kleine Zeitabschnitte gelten.

In der Existenz solch eines universalen Zeitfaktors könnte möglicherweise auch eine Erklärung für kleinste Veränderungen liegen, die mit der Zeit zum spontanen Zerfall sich selbst überlassener, zeitweilig abgeschlossener Systeme führen – wie bei Elementarteilchen, radioaktiven Kernen, angeregten Atomen – die ganz offensichtlich nach ihrer jeweiligen Entstehung einem Alterungsprozeß mit allerdings eigenen Zeitkonstanten unterliegen. Das Phänomen des spontanen Zerfalls ließe sich grundsätzlich etwa auch so verstehen, dass einige Arten natürlicher Uhren nicht synchron zur universalen Zeit gingen, doch das ist zunächst reine Spekulation. Die weit darüber hinausreichende Frage nach der Funktionsweise biologischer Uhren würde allerdings den Rahmen einer physikalischen Bewertung überschreiten. Vor allem so beliebte Überlegungen wie die zum verlangsamten Herzschlag phantasierter Astronauten am Rande der dummerweise auch alle Sensationslust aufsaugenden Schwarzen Löcher seien außer für Liebhaber haarsträubender Science-Fiction völlig witzlos, findet *Borromea Worthswerd*. Solche Spekulationen entpuppten sich für Fans harter Tatsachen bald so öde und langweilig, stöhnt *Mlle Bleu de Ley*, dass sowieso niemand einen Herzschlag zu befürchten habe. Immerhin aber werde erzählt, ergänzt *Sigismund Sörgli* der Vollständigkeit halber, dass Galilei einst seinen Puls zur Messung der Schwingungsdauer pendelnder Leuchter im Dom benutzt haben soll.

Der hier aufgezeigte kosmologische Ansatz vernachlässigt zunächst einmal wie üblich alle räumlichen Unregelmäßigkeiten und beruht damit auf einer groben Vereinfachung. Ein realistisches Konzept aber sollte schließlich mögliche Inhomogenitäten der Verteilung von Materie und Energie von Anfang an berücksichtigen, und zwar statistisch. Trotzdem wird sich herausstellen, dass bereits dieser aus denkbar einfachsten Voraussetzungen abgeleitete, deshalb auch deduktiv genannte Ansatz zu einem lebendigen Bild eines über hinreichend große Skalen stationären Universums führt. Das Olbers'sche Paradoxon klärt sich aufgrund einer hier sogleich abgeleiteten endlichen mittleren Intensität des Sternenlichts trotz einer als unendlich vorausgesetzten Anzahl von Sternen, ohne dass dies der Hypothese einer realen Expansion des Universums bedarf.

Wie mir an St. Martin ein Licht aufging

Nach all der Verwirrung um entweder geschlossene Universen mit positiver Raumkrümmung, oder aber um offene mit negativer, ist es nun plötzlich flach, Raumkrümmung Null. Und nicht nur das. Angeblich expandiert es noch dazu mit zunehmender Geschwindigkeit, wie sich vermeintlich herausgestellt hatte. Dies schien aus einem heute negativen Bremsparameter hervorzugehen. Jetzt aber reichte es endgültig. Ich war mir sicher, mit solch einem Universum könnte nicht dermaßen Schlitten gefahren werden, es sei denn – höchst unwahrscheinlich – bei Lenkern oder Passagieren wäre zuviel Alkohol im Spiel. Andererseits schien die mathematische Form des betreffenden universalen Linienelements im Anschluss an Einstein unumstößlich vorgegeben, und zwar durch die festgeschriebene Rolle einer angeblichen kosmischen Eigenzeit. Solange man sich mit dieser Zwangsjacke abfindet, hat man keine Chance, dem fundamentalen Dilemma der relativistischen Kosmologie zu entgehen.

Warum jedoch sollte es zur Beschreibung des kosmischen Geschehens notwendig sein, neben den auf spektrale Einheiten bezogenen natürlichen Längen und Zeiten zusätzlich abweichende räumliche Systemkoordinaten einzuführen, zugleich aber auf die Einführung einer universalen Systemzeit in Ergänzung der lokal gemessenen Eigenzeit von vorneherein zu verzichten?

Das Dilemma bestand bisher darin, dass keine vernünftige stationäre Lösung der ursprünglichen allgemeinen Relativitätstheorie zu existierten schien. Zwar hat es den Versuch einer solchen Lösung wie erwähnt unter dem Namen Steady-State Theory vor Jahrzehnten gegeben. Doch hat sich diese Theorie längst als unbrauchbar erwiesen. Und solch ein Fehlschlag ist immer schlimm, weil aufgrund der damit verbundenen Enttäuschung die Widerlegung einer falschen Alternative blind macht für jede richtige Antwort. Man hatte es einfach satt.

Wenn aber die Relativitätstheorie wirklich nicht in der Lage war, eine vernünftige Lösung für ein offenes, unendliches und ewiges Universum ohne Kringel, Schnörkel oder zwei, drei Rollen rückwärts zu liefern, dann musste ich mich an dieser Stelle – nicht eben leichten Herzens – von ihrer bisherigen Interpretation verabschieden. Denn bevor ich die zunehmend haarsträubenden Konsequenzen einer Urknall-Entstehung des Universums mitsamt Raum und Zeit weiterhin akzeptieren wollte, würde ich eher das Scheitern der allgemeinen Relativitätstheorie auf kosmischen Skalen eingestehen. Doch in Bezug auf Einsteins wunderbare Gravitationsgleichungen konnte das einfach nicht wahr sein.

Ich schalte also meinen Computer ein, und noch bevor ich anfange, mit Formeln zu spielen, werfe ich die geheiligte kosmische Eigenzeit als Quasi-Navigationssystem bereits über Bord. Wenn man bedenkt, dass die Zuteilung ihrer Rolle bei der relativistischen Kosmologie ganz am Anfang stand, dann könnte eine solche Vorgehensweise als Ausdruck mangelnden Respekts gegenüber Einstein und anderen ersten Autoren der relativistischen Kosmologie erscheinen. Aber hier ging es nicht um Respektlosigkeit oder Ehrerbietung, es gab einfach keine andere Chance.

Und hatte nicht Einstein außerdem einst geschrieben „Es lebe die Unverfrorenheit!"? So weit konnte ich zwar trotz aller Begeisterung keinesfalls gehen – warum nicht, fragt *Mlle Bleu de Ley* vorlaut dazwischen – aber seinem Widerstand gegen jede Form von Autoritätsduselei wollte ich mich schon immer anschließen. Frohen Herzens, und das gilt auch weiterhin, zusammen mit einem Esel auf Wanderschaft. Denn eins war mir klar: etwas Besseres als ein Nichts finde ich überall.

Nach einigen Stunden stelle ich fest, ich habe eine mathematische Tür aufgemacht. Es ist eine, die als verboten galt. Dahinter aber der lange entbehrte Spielraum, und ich sehe Licht. Nicht am Ende des Tunnels, nein, direkt vor der Nase.

Draußen singen die Kinder: „Laterne, Laterne! Sonne, Mond und Sterne ...". Angesichts dieser St.-Martins-Lösung werde ihr geradezu feierlich zumute, jener stolze Heilige müsse an diesem Tag vielleicht gar ebenfalls auf einem Esel unterwegs gewesen ein, gibt *Borromea Worthswerd* zu bedenken. Bevor dann der Ritt eines Beschenkten über den Boden-Seh möglich geworden sei, *Mlle Bleu de Ley* greift hier vor. Auf einem Stecken-Esel aus dem Nebel zäher Spekulationen über das dünne Eis kühler Vernunft, und doch paradiesisch die Lust auf einem anderen Weg ohne Wiederkehr.

Nun plötzlich ist im Unterschied zur herkömmlichen Auffassung ein singularitätsfreies, ja sogar ein ewig junges, stationäres Universum keineswegs unvereinbar mit den in lokalen Feldern immer wieder bestätigten Gravitationsgleichungen Einsteins. Es ist allerdings unvereinbar mit einer Gleichsetzung irgendwelcher – durch Verwendung spektraler Maßstäbe und atomarer Uhren angeblich über kosmische Distanzen messbarer – Spannen lokaler Eigenlänge und Eigenzeit mit den wahren Räumen und Zeiten des Universums.

Einsteins Bezeichnung für das, was ich hier wieder 'spektral' beziehungsweise 'atomar' nenne, lautete jeweils 'natürlich'. Insbesondere hat er immer wieder von derartigen natürlichen Maßstäben und Uhren so gesprochen, als könne es überhaupt keine anderen geben. Von diesen Uhren jedoch, die ich einschließlich der ursprünglichen Einstein'schen Lichtuhr – gedanklich bestehend aus Maßstab, zwei Spiegeln und Lichtsignal – zusammenfassend Atomuhren nenne, können wir wie von allen anderen zunächst lediglich sagen, dass je zwei Uhren gleicher Bauart nebeneinander ruhend immer und überall die gleiche Ganggeschwindigkeit aufweisen werden, mehr nicht.

Interessanterweise hat Einstein im Zusammenhang mit seinen vielzitierten natürlichen Uhren immer wieder die scharfen Frequenzen der Spektrallinien angeführt, obwohl gerade scharfe Frequenzen für sich allein nicht als Uhren dienen könnten, weil sie grundsätzlich auf keinen gemeinsamen Zeitnullpunkt einstellbar wären. Atomuhren aber sind immer makroskopische Strukturen. Sie benutzen abgegrenzte statistische Gesamtheiten und sind als solche immer vergänglich.

In diesem Zusammenhang sei zusätzlich angemerkt, dass unser Planetensystem nicht weniger eine *natürliche* Uhr darstellt als ein frequenzstabilisierter Maser. Von allen Uhren, welche abgesehen von den heutigen Atomuhren im Sinne Einsteins als natürlich gelten, sind – wie die historische Entwicklung bewiesen hat – neben der Rotationsuhr Erde jedenfalls auch der Mond in deren Schwerefeld, sowie Erde und Planeten dem der Sonne zu nennen. Die astronomische Erfahrung zeigt nämlich, dass die auf den Schwerpunkt des Sonnensystems bezogene 'Atomzeit' und die mit der 'Planetenuhr' gemessene Ephemeridenzeit tatsächlich synchron vergehen. Demgegenüber gibt es aber zusätzlich die Intervalle der universalen Zeit.

Was nämlich könnte daran hindern, theoretisch eine Synchronisation irgendwo im absoluten universalen Raum ruhender technischer Systemuhren gemäß dem Einstein'schen Prinzip der Reflexion im Zeitmittelpunkt durchzuführen, was aufgrund der beim stationären Linienelement vorausgesetzten Konstanz der universalen Lichtgeschwindigkeit allein hier zu allen Zeiten prinzipiell möglich wäre?

Anschließend an Gunnar Nordström wurde ein Linienelement ähnlicher Form in anderem Zusammenhang von Einstein in Zusammenarbeit mit Adriaan Fokker behandelt und später von Hermann Weyl verallgemeinert. An seinem ursprünglich darauf gegründeten Versuch einer Vereinheitlichung von Elektrodynamik und Gravitation hat dieser später selbst nicht mehr festgehalten, doch hat das darin begründete Konzept der so genannten 'Eichinvarianz' insbesondere für die Weiterentwicklung der Quantenmechanik große Bedeutung erlangt.

Wie ich im Abschnitt über das ausgezeichnete Bezugssystem bereits angedeutet habe, ist die universale Zeit wahr, indem ihre Unterschiede als Rotverschiebung messbar sind. Sie ist insofern außerdem absolut, als sie – unabhängig von jedem lokalen Geschehen – mathematisch gleichförmig verfließt. Daraus folgt erstens, sie verfließt gemäß jeder unvoreingenommenen Vorstellung seit je und für immer. Zweitens ein Nullpunkt der universalen Zeit muss für jeden ihrer Abschnitte frei wählbar sein. Und drittens, die absolute Zeiteinheit eines im Zusammenhang betrachteten universalen Zeitabschnitts ist jeweils einmal frei wählbar, dann aber als konstant zu betrachten.

Nun wurde gerade das der genannten Einstein'schen Gleichsetzung einer vermeintlichen kosmischen Eigenzeit mit wahrer Zeit entsprechende Linienelement in der bekannten nach Friedmann, Lemaître, Robertson, Walker benannten Form allen gängigen relativistischen Ansätzen zur Kosmologie zugrunde gelegt. Als Systemzeit ist dort eine zur Anzeige ruhender Atomuhren – wie sich später herausstellen sollte allerdings nur lokal gleichwertige – Quasi-Eigenzeit gewählt. Nach herkömmlicher Interpretation, die sich gerade dadurch von der gemäß SUM vertretenen neuen Auffassung unterscheidet, bezieht sich der Ausdruck 'ruhend' in diesem Zusammenhang wegen der angeblichen universalen Flucht der Spiralnebel auf ein so genanntes 'mitbewegtes' Koordinatensystem. Der allgemein gebräuchliche Begriff 'Eigenzeit' ist aber – wie wir gesehen haben – insofern missverständlich, als es aus meiner Sicht nur genau eine universale Zeit geben kann.

Jede relativistische Kosmologie geht aus von einer charakteristischen mathematischen Form, die das Linienelement genannt wird. Nachdem ich einmal begonnen hatte, die gegenwärtige Kosmologie unter die Lupe zu nehmen, fand ich innerhalb eines halben Jahres heraus, was auf Grundlage der Einstein'schen Gleichungen das Linienelement eines stationären Universums sein musste. Natürlich ist es das denkbar einfachste von allen. Es zeichnet sich vor allen übrigen aus durch schnörkellose mathematische Schönheit. Wie sollte es angesichts des erhabenen Gegenstands auch anders sein? Auf dieser Basis ist es mir dann gelungen, das eine und einzige stationäre Modell zu finden, das im Rahmen seiner Grenzen vernünftigen Ansprüchen zu genügen scheint, und zwar mit konstanter universaler Lichtgeschwindigkeit und gleichbleibenden Werten der Rotverschiebung.

Doch musste ich mich erst allmählich an den Gedanken gewöhnen, bevor ich mich traute, diesen Ansatz konsequent ernstzunehmen. Stationär ist nicht statisch. Die Stationarität bedeutet hier soviel wie gleichbleibende Veränderlichkeit, was in manchen Ohren paradox klingen mag. In Bezug auf die Vorstellung eines gleichmäßig mit Materie und Energie erfüllten Universums hängen beobachtete Veränderungen immer nur ab von der seit einem jeweiligen 'Nullpunkt' vergangenen Zeit, nie aber von einem einzigen universalen Zeitnullpunkt selbst. Mathematisch wird dies dadurch gewährleistet, dass in dem entsprechenden Linienelement die universale Zeit in Form eines exponentiellen Faktors auftritt. Kein spezieller Punkt dieser Zeitskala ist vor irgendeinem anderen ausgezeichnet. Klar, dass es in Bezug auf das gesamte Universum dementsprechend keinen physikalischen Anfang von allem gibt.

Wegen der exponentiellen Form hängen sämtliche relativen zeitlichen Änderungen allein von den Unterschieden jeweils zweier Zeitpunkte ab. Der gleiche Sachverhalt bringt es mit sich, dass für beliebige zusammenhängende Beobachtungen jeder willkürlich gewählte Bezugspunkt am Ende einer Berechnung immer herausfällt. Kein spezieller Nullpunkt der universalen Zeitskala ist vor anderen ausgezeichnet. Wäre also das Universum wirklich *perfekt* isotrop und homogen, dann wäre das Gleichmaß einer andauernd gleichbleibenden Veränderung vollständig. In solch einem allerdings unrealistischen Fall würde das ein 'totes' Gleichgewicht bedeuten, weil es angesichts fehlender makroskopischer Strukturen überhaupt keine Gelegenheit gäbe, irgendwelche Veränderungen festzustellen. Die physikalische Wirklichkeit des ewig jungen Universums sieht natürlich anders aus. Gott sei Dank, sagen *Borromea Worthswerd, Mlle Bleu de Ley* und *Sigismund Sörgli* im Chor. Dank, sagt auch *Frank U. Frey*. Zwar weiß er nicht exakt wem, aber dass er es fühlt und sich täglich am Geschenk des Lebens freut, weiß er genau.

Auf Grundlage der Gleichungen Einsteins – obwohl in Kontrast zu seiner geometrischen Interpretation – scheinen also zwei einfache Voraussetzungen zu genügen. Erstens: In Bezug auf hinreichend große Skalen ist das Universum stationär, homogen und isotrop. Zweitens: Abgesehen von lokalen Abweichungen ist die universale Lichtgeschwindigkeit konstant.

Ganz offensichtlich besagt die erste Voraussetzung, dass das Universum – allumfassend im Sinne des Wortes – unabhängig von jeder Blickrichtung immer und überall gleich erscheinen soll, und zwar unter der Annahme, dass alle Dichten über hinreichend große räumliche und zeitliche Skalen gemittelt sind. Das muss insbesondere auch im Hinblick auf die Rotverschiebung von Galaxien gelten, die sich, bezogen auf den Hintergrund, statistisch in Ruhe befinden. Gerade in der letztgenannten Konsequenz unterscheidet sich diese Voraussetzung von dem wohlbekannten – formal gleichlautenden – 'vollständigen kosmologischen Prinzip' der überholten Steady-State Theory.

Weiterhin ist leicht erkennbar, dass die zweite Voraussetzung die Gültigkeit einer euklidischen Lichtbahngeometrie für das Universums insgesamt einschließt, allerdings nur bei Vernachlässigung örtlich und zeitlich begrenzter Unregelmäßigkeiten. Warum auch sollte die universale Lichtgeschwindigkeit, welche die entsprechende Geschwindigkeit in den universalen Koordinaten des großräumig genäherten Modells bezeichnet, einen anderen Wert haben als die von Einstein als solche erkannte Naturkonstante c?

Würden hier aber wesentliche Abweichungen auftreten, so wäre in der üblichen Form des Konkordanzmodells bei einem in Zukunft effektiv unendlichen dreidimensionalen Raum die Vergangenheit auf einen endlichen Bereich eingegrenzt, der angeblich von einem jeweiligen Horizont umgeben gewesen wäre. Ziemlich beschränkte Vorstellung, *Mlle Bleu de Ley* hat wenig Geduld. Seit Udo Lindenberg könne selbst noch der dümmste Experte längst wissen, hinter dem Horizont gehe es weiter. So eine Unverschämtheit! *Hypolite Van Tast* ist entrüstet. Hätten Sie mich denn anders verstanden? fragt *Mlle Bleu de Ley*.

Ob uns das Licht einer weit entfernten Galaxis irgendwann tatsächlich erreicht, kann in einem stationären Universum nicht davon abhängen, ob wir den Vorgang der Lichtausbreitung vom Zeitpunkt der Absorption aus rückblickend, oder umgekehrt vom Zeitpunkt der Emission aus vorausblickend beschreiben. Der gleiche Einwand betrifft insbesondere auch wieder das Linienelement der oben zitierten Steady-State Theory, die sich – von allem Anderen abgesehen – auch damit noch einmal als falsche Alternative erweist. Von ansonsten denkbaren Modellen ist dasjenige auszuwählen, das keine solchen Horizonte aufweist, weder bezüglich der Vergangenheit noch bezüglich der Zukunft.

Daraus lässt sich das Linienelement eines stationären Universums als dasjenige einer für alle Zeiten konstanten Koordinaten-Lichtgeschwindigkeit und gleichbleibender Rotverschiebungswerte einfach und eindeutig ableiten. Dabei wird ohne weiteres klar, dass sich dieses universale Linienelement immer als einfache Erweiterung des Linienelements der speziellen Relativitätstheorie schreiben lässt. Dementsprechend gelten auch die Maxwell'schen Gleichungen der Elektrodynamik im universalen System ohne weiteres. Denn das stationäre Linienelement ändert seine mathematische Form nicht, wenn es um Übergänge zu bewegten lokalen Inertialsystemen geht.

Auch Galileis klassischer Trägheitssatz würde verlangen, dass das Linienelement in großen Entfernungen von starken Gravitationszentren die Form der speziellen Relativitätstheorie haben sollte. Demgegenüber ergibt sich bezogen auf universale Koordinaten eine Abbremsung extragalaktischer freier Teilchen. Dies aber bedeutet, dass dort in Bezug auf das durch die Isotropie des gesamten Hintergrunds eindeutig festgelegte universale Ruhsystem der Trägheitssatz nur noch eingeschränkte Gültigkeit hätte. Doch scheint eine Ungereimtheit in dieser Auffassung zu liegen, die an folgendem Beispiel deutlich werden mag:

Angenommen, eine ideale Raumsonde wird mit hinreichender Beschleunigung von der Erde aus gestartet und nach dem endgültigen Abschalten aller Triebwerke sich selbst überlassen. Abgesehen von Reibungsverlusten durch Wechselwirkung mit interstellarer Materie, dem Austausch von Wärmestrahlung sowie dem Lichtdruck der Gestirne, die wir in unserem Gedankenexperiment allesamt vernachlässigen wollen, erfolge die Bewegung der Sonde für die späteren Zeiten gemäß Einsteins üblichen Gravitationsgleichungen für das Sonnensystem. Das aber bedeutet, dass die Bewegung mit dem Erreichen extragalaktischer Entfernungen in eine gleichförmige übergehen müsste. Dies scheint jedoch im Widerspruch zum Resultat der universal abgebremsten Bewegung und derjenigen damit verbundenen Konsequenz zu stehen, dass der Galilei'sche Trägheitssatz bezogen auf universale Koordinaten nicht uneingeschränkt gültig bleiben kann.

Nun stellt sich die Frage, wo und wie die eine in die andere Bewegung übergehen würde. Eine mögliche Lösung dieses Problems habe ich unter dem Stichwort 'eingebettetes Linienelement' behandelt. Demzufolge dürfte etwa gefolgert werden, dass sich die universale Einbettung in den Fällen geradliniger Bewegung als geschwindigkeitsabhängige Reibungskraft beziehungsweise als eine universale Abbremsung auswirken sollte. Dies würde in Bezug auf universale Koordinaten für die Bewegung fernab von lokalen Gravitationsquellen gelten.

Das stationäre Linienelement selbst erfährt starke Unterstützung durch die jüngsten Beobachtungsdaten der Supernovae vom Typ Ia, die im Rahmen der Konkordanzkosmologie eine beschleunigte Expansion des Universums vorspiegeln und die Erfindung einer so genannten dunklen Energie erforderlich zu machen scheinen. Es ist mir gelungen, diesen Sachverhalt in verschiedenen Arbeiten detailliert zu zeigen.[46] Darüberhinaus ist das stationäre Linienelement so einfach, dass es sich auch direkt als Anpassung der speziellen Relativitätstheorie an die Existenz einer stationären universalen Rotverschiebung beziehungsweise eines nicht-verschwindenden Riemann-Tensors herleiten lässt. – Und zwar so:

Von allen denkbaren Inertialsystemen sollte sich eines dadurch auszeichnen, dass die Galaxien darin statistisch ruhen.

Im Sinne der speziellen Relativitätstheorie wäre das denkbar, im Sinne der allgemeinen Relativitätstheorie jedoch nicht. Denn dem Linienelement der speziellen Theorie entspräche im Rahmen der allgemeinen die Materiedichte Null, was mit der Existenz der Spiralnebel unvereinbar wäre.

Nun lässt sich das Linienelement der speziellen Relativitätstheorie durch Multiplikation mit einem zeitabhängigen Faktor so erweitern, dass dort die Geschwindigkeit von Lichtsignalen unverändert bleibt und zugleich eine homogen-isotrope Dichte von Energie und Materie auftritt.

Bei passend gewähltem Erweiterungsfaktor folgt eine Wellenlängenänderung von Licht, die der universalen Entfernung außerhalb unserer Milchstraße ruhender Quellen entspricht. Im Falle, dass der Zeitfaktor exponentiell von der Zeit abhängt, und die dazu erforderliche Konstante sich als positiv herausstellt, findet eine gleichbleibende Rotverschiebung statt, die im Sinne eines stationären Universums unabhängig ist von der Zeit.

Fertig.

Ich habe also an St. Martin 2001 begonnen, mich ernsthaft mit Kosmologie zu beschäftigen. Vorausgegangen waren nach dem Studium viele Jahre des Lernens, davon die letzten zehn erfüllt von der Auseinandersetzung mit den Grundlagen der Relativitätstheorie im Hinblick auf eine intuitiv stark empfundene direkte Verbindung zur Quantenmechanik. Diese hatte schließlich zu voller Klarheit insbesondere über die Rolle der Lichtgeschwindigkeit geführt.[47] Erst danach habe ich mich berechtigt gefühlt, überhaupt an die Kosmologie heranzugehen. Nach einigen mathematischen Versuchen, von denen sich schließlich einer herauskristallisierte, stellte ich ein Jahr und einen Tag später die erste Version des Modells vom stationären Universum bei arXiv ein.[48] Diese Version war zunächst noch mit einigen Unsauberkeiten behaftet, hat sich über einen Zeitraum von zwölf Jahren dann aber zu dem entwickelt, was es heute ist: SUM. Die zugrundeliegende Idee aber ist mir schon am ersten Tag gekommen. In einer spontanen Assoziation merkt *Borromea Worthswerd* dazu an, als die Erzählung „Das Urteil" in einem Zug geschrieben gewesen sei, habe Franz Kafka einst sinngemäß berichtet, diese hätte wie ein Neugeborenes der Reinigung bedurft. Verstehe ich nicht, *Prof. em. Blasius J. E. Pabst* schüttelt das weise Haupt. Weis oder nicht weiß wenn über Haupt, *Mlle Bleu de Ley* ganz schön frech. Wie bitte? *Frank U. Frey* ruft sie zu schönster Ordnung zurück.

Die verwechselte Konstante der Rotverschiebung

Das Hubble'sche Gesetz besagt nicht weniger aber auch nicht mehr, als dass die Rotverschiebung umso größer ist, je weiter entfernt sich eine kosmische Strahlungsquelle befindet. Bis zu gewissen Abständen sollten ihre Werte annähernd gleichmäßig anwachsen. Dabei sind die Messungen immer um solche Beiträge zu korrigieren, die aufgrund individueller Bewegungen durch gewöhnlichen Doppler-Effekt zusätzlich zustandekommen. Es gäbe aber keinen handfesten Grund, die eigentliche universale Rotverschiebung ebenfalls als Doppler-Effekt zu verstehen. Denn offenbar handelt es sich hier um eine andere Form der von Einstein selbst entdeckten Gravitationsrotverschiebung. Käme jemand auf die aberwitzige Idee, auch diese als Doppler-Effekt deuten zu wollen, so müsste er mit *Hypolite Van Tast* darin einen Beweis dafür sehen, dass der Erdboden vor jeder Turmspitze flieht.

Schon bei meinen ersten Berechnungen zum stationären Universum hat sich gezeigt, dass sämtliche an ihren jeweiligen Orten bis auf kleine Eigenbewegungen in Ruhe befindlichen Galaxien gleichbleibende Werte der Rotverschiebung aufweisen werden. Nun ist aber in der Konkordanzkosmologie ein Hubble-Parameter definiert, der auch bei Anwendung auf das stationäre Modell zeitabhängige Werte hätte. Wie passt das zusammen? Gar nicht, dieser konventionelle Hubble-Parameter ist falsch, weil er sich auf überstrapazierte expandierende 'Eigenlängen' anstatt auf die universalen Entfernungen bezieht. Ein solcher Bezug aber war in diesem Zusammenhang seit je eindeutig falsch, denn im Unterschied zu den erstgenannten sind nur und gerade die universalen Entfernungen ausdrücklich und von allen Experten unbestritten als jeweils konstant vorausgesetzt. Kaum zu glauben, eine schöne Geschichte, *Sigismund Sörgli* schüttelt den Kopf.

Hypolite Van Tast aber könnte argumentieren, die gleichbleibenden Werte der Rotverschiebung des stationären Modells kämen bei Verwendung des zeitlich veränderlichen Hubble-Parameters dadurch zustande, dass sich dessen zeitliche Veränderung gerade durch eine ständige Zunahme der auf atomare Einheiten bezogenen Entfernung aufgrund der unterstellten Expansion des Universums kompensiert werde. Die eigentlich fatale Auswirkung einer fiktiven Expansion des Universums würde dann also durch Anwendung eines falschen zeitabhängigen Hubble-Parameters gerade so ausgeglichen, dass sich auch in diesem Fall gleichbleibende Werte der kosmischen Rotverschiebung ergäben. Sie habe zwar durchaus Verständnis für ansonsten harmlose Denksportler, die solch raffiniert verschwurbelte Nullsummenspiele liebten, plädiert *Mlle Bleu de Ley*, doch auf die Dauer langweile es, dabei zuzusehen, wie von den Pfadfindern des Urknalls ein Sumpf frischgehalten werde, um sich dann immer wieder an den eigenen Haaren herauszuziehen. Wende man auf diese Ockhams Rasiermesser an, so wäre es mit solchem Spiel bald zu Ende, schneidet *Frank U. Frey* mit dem jeweiligen Schopf auch noch das Wort ab. Es zeige sich ein ewiges, unendliches Universum mit jeweils statistisch ruhenden Galaxien und gleichbleibenden Werten der Rotverschiebung. Aber das sei viel zu einfach und keine Kunst, protestiert *Hypolite Van Tast*. Doch ihm – *Sigismund Sörgli* ist nun beruhigt – schienen die Galaxien tatsächlich wohlsituiert, gewissermaßen in Haus und Garten. Vorbei gezielt, *Aladin Adamson* wendet sich an *Prof. Hintz* und *Dr. Kunzt*. Nach peinlicher Verwechslung der signifikanten Hubble-Konstanten mit dem in die Irre der Konkordanzkosmologie führenden konventionellen Parameter gebe es jetzt immerhin eine klare Alternative, *Borromea Worthswerd* freut sich einfach am liebsten.

Wer nicht glauben mag, dass es eine dermaßen folgenschwere Verwechslung einer wahren Hubble-Konstanten mit dem bisher benutzten irreführenden Hubble-Parameter überhaupt geben konnte, der sei daran erinnert, dass vor nicht allzu langer Zeit eine Mars-Mission wegen falscher Umrechnung der Maßeinheiten gescheitert ist. Ohne diesen Fehlschlag hätte niemand überhaupt die Verwechslung bemerkt.

Nach immer klarer zutage getretener Bedeutung habe ich den gesamten Sachverhalt der verwechselten Hubble-Konstanten schließlich in einer eigenen Arbeit über den historisch-mathematischen Zusammenhang ausführlich behandelt.[49] Es wäre unschicklich, das eigens zu betonen, hätten nicht, wie erwähnt, ängstliche Herausgeber das positive Votum ihrer kompetenten Kollegin ohne Angabe sachlicher Gründe blockiert.

Angesichts der misslichen Folgen für die Kosmologie aber ist es angebracht, jene Konfusion noch weiter auszuräumen. Das Linienelement der Steady-State Theory wurde einst irrtümlicherweise gerade deshalb gewählt, weil sein konventioneller Hubble-Parameter sich als Konstante ergibt. Doch bei Berechnung der Rotverschiebung folgen für ein und dasselbe in Ruhe befindliche kosmische Objekt zeitlich veränderliche Werte, die zwar – abgesehen von anderen Widersprüchen – zu dem dort beschriebenen 'Expandierenden Universum' zu passen schienen. Doch standen sie zu dem vergeblich angestrebten gleichbleibenden Zustand jenes Modells in rätselhaftem Widerspruch. Eine nüchterne Betrachtung löst die Verwirrung leicht auf. Denn im

Unterschied zum konventionellen ist der von mir als 'signifikant' bezeichnete Hubble-Parameter dort abhängig von der Zeit. Wer will, mag die einfache Rechnung der erwähnten Arbeit Schritt für Schritt unter die Lupe nehmen, um dies sofort einzusehen.

Nachdem es unmöglich ist, eine universale Dichte von Materie und Energie alleine aus den makroskopischen Naturkonstanten von Gravitation und Lichtgeschwindigkeit abzuleiten, wird eine weitere benötigt. Die Rotverschiebung als fundamentale Beobachtungstatsache der Kosmologie wird im Rahmen von SUM dadurch beschrieben, dass sich der signifikante Hubble-Parameter als eine echte Naturkonstante erweist. Im Hinblick auf die bei Vernachlässigung kleiner Eigenbewegungen ebenfalls konstanten Werte der Rotverschiebung selbst gibt es also keinen Grund mehr, einen zeitlich veränderlichen – mehr als unglücklich definierten – konventionellen Hubble-Parameter weiterhin mit der nun auftretenden wahren Hubble-Konstanten zu verwechseln.

Der Kehrwert dieser Konstanten aber ergibt eine Zeit, die nach bisherigen Vorstellungen zwar einem Alter des Universums entsprechen sollte, im Rahmen des stationären Modells aber die maximale Lebensdauer kosmischer Strukturen bedeutet. Dies liegt darin begründet, dass zwischen natürlich gemessenen Längen oder Zeitspannen einerseits und den entsprechenden, auf die oben eingeführten universalen Koordinaten bezogenen Größen andererseits eigenartige Beziehungen bestehen. Diese lassen sich auf zweierlei Arten lesen.

In Bezug auf Einsteins natürliche, aus heutiger Sicht atomare, Maßstäbe bleiben spektrale Längen selbstverständlich immer die gleichen. Wenn nun kleine mit solchen Maßstäben gemessene Abstände von Punkten, deren ebenfalls kleine Entfernung in universalen Koordinaten die gleiche bliebe, mit der Zeit wüchsen, dann ließe sich mit derselben Berechtigung anders herum sagen, dass in Bezug auf universale Koordinaten jede kleine natürliche Länge schrumpfe. Beide Aussagen laufen mathematisch auf das gleiche hinaus und würden für kleine Zeitspannen ebenso gelten. Aus diesem Sachverhalt lässt sich sehr einfach das Phänomen der kosmischen Rotverschiebung ableiten. Diese Rotverschiebung kann theoretisch also einerseits als Konsequenz zunehmender natürlicher Entfernungen zwischen den Spiralnebeln gedeutet werden, oder andererseits als Auswirkung schrumpfender natürlicher Längeneinheiten, und zwar letzteres ohne jede Expansion. Der Unterschied liegt darin, dass sich die erste Auffassung auf den gesamten Raum, die zweite aber vernünftigerweise allein auf örtlich begrenzte Objekte wie Wellenlängen bezieht.

Angenommen die Bewohner einer Gruppe von Inseln im Ozean hätten sich einst entschlossen, die Entfernungen zu anderen Inseln als Vielfache der Ausdehnung ihres eigenen Eilands auszudrücken. Aufgrund des entstehenden Durcheinanders würden sie sich bald auf die Ausdehnung einer ganz bestimmten der Inseln als Längenstandard geeinigt haben. Wären nun – bei beständig fortdauernden Entfernungen untereinander – sämtliche Inseln mit der Zeit gleichmäßig geschrumpft, so hätten die Distanzen zwischen den Inseln in Bezug auf den ebenfalls von Schrumpfung betroffenen Längenstandard gleichmäßig zugenommen. Was aber wohl wäre geschehen, wenn sich eine Gruppe von Experten darauf verständigt hätte, mit den Inseln sei alles in Ordnung, rätselhafterweise aber expandiere der Ozean? In einer Geschichte von Mark Twain, *Mlle Bleu de Ley* ist sich da sicher, wäre Teeren und Federn die naheliegende Antwort der verstörten Insulaner gewesen.

Das Einzigartige am stationären Modell ist nun, dass sich hier die Rotverschiebung weit entfernter Galaxien unabhängig von der Zeit ergibt. Die bleibt statistisch für immer und ewig die gleiche. Von allen mathematischen Aspekten abgesehen, liegt in dieser Tatsache noch einmal ein handfestes physikalisches Argument dafür, das SUM-Linienelement als stationär zu bezeichnen.

Ebenso wichtig ist die obige Feststellung, dass die stationäre Rotverschiebung unmittelbar mit der Entfernung in universalen

Koordinaten verknüpft ist. Weil nun die Rotverschiebung ohne jeden Zweifel eine physikalisch messbare Größe ist, betrifft das nun also plötzlich auch die universale Entfernung, die doch nach Einsteins Auffassung lediglich eine mathematische Hilfsgröße ohne konkrete Bedeutung sein sollte.

In den Berechnungen der gegenwärtigen Kosmologie werden zwar den Galaxien ebenfalls gleichbleibende räumliche Koordinatenwerte zugeordnet. Das wird dort jedoch überflüssigerweise im Sinne eines mitbewegten Systems verstanden, analog zu Längen- und Breitengraden auf jenem berühmten Luftballon, der immer wieder vor ehrfürchtig staunendem Publikum präsentiert wird. Man brauche aber sehr viel an Raum, um darin ein ganzes Universum aufzublasen, wundert sich *Mlle Bleu de Ley*, doch woher nehmen? Wenn dieser aber nicht bereits vorher vorhanden sei, könne ihr das ganz Konkordanzmodell gestohlen bleiben.

Es ist angebracht zu betonen, dass die physikalisch überprüfbaren Konsequenzen des stationären Modells tatsächlich unabhängig sind von allen möglichen frei wählbaren Koordinaten, in denen die jeweiligen Berechnungen durchgeführt werden. Und das muss auch so sein, sonst wäre Einsteins allgemeine Relativitätstheorie überhaupt unbrauchbar. Insbesondere kommt als Ergebnis, welches den universalen Entfernungen von Galaxien gleichbleibende Werte der Rotverschiebung zuordnet, die gleiche mathematische Beziehung heraus, ob man nun universale Koordinaten zugrundelegt oder die der ansonsten heute üblichen Form. Gerade eine Näherung dieser Beziehung für nicht allzu weit entfernte Spiralnebel ist als Hubble'sches Gesetz berühmt geworden. Nach bisheriger Deutung besagt es, dass doppelt, dreifach, vierfach entfernte Objekte sich mit doppelter, dreifacher, vierfacher Geschwindigkeit von uns weg zu bewegen scheinen, solange die Rotverschiebung unnötigerweise als Doppler-Effekt gedeutet wird.

Die angeblich bis heute vergangene kosmische Eigenzeit aber ist eine physikalisch-mathematische Fehlkonstruktion.

Einsteins ansonsten geniale Konzepte der speziellen Relativitätstheorie sind aufgrund der Existenz allein lokaler Inertialsysteme
eben grundsätzlich nur in örtlicher und zeitlicher Begrenzung
anwendbar, oder – vielleicht besser – zwischen je zwei aufeinanderfolgenden Quantensprüngen unter Beteiligung ein und desselben Teilchens, welcher Sachverhalt allerdings noch weiterer
Klärung bedarf. Dabei kann es sich jeweils um ein Photon des
rotverschobenen Lichts einer weit entfernten Galaxis handeln.
Den aufgrund der konstanten universalen Lichtgeschwindigkeit
ebenfalls konstanten Intervallen der universalen Zeit zwischen
zwei aufeinanderfolgend ausgesandten Wellenbergen von Licht
entsprechen dann aufgrund des zeitabhängigen universalen
Gravitationspotentials jedenfalls gedehnte Intervalle der Eigenzeit beim Empfänger, ohne dass dazu – genau wie bei der gewöhnlichen Gravitationsrotverschiebung – eine Dopplerbewe-
gung erforderlich wäre.

Vergangen waren also ein Tag und ein Jahr, bis ich meinen
neuen kosmologischen Ansatz mit den wichtigsten Schlussfolgerungen bei arXiv platziert hatte. Doch war auch in diesem Fall
dafür gesorgt, dass Bäume nicht in den Himmel wachsen. Denn
natürlich war in den dazwischenliegenden Wochen und Monaten nicht alles perfekt gelaufen. Ich möchte deshalb hier kurz einen leicht irritierenden Ausflug aus dem Sonnensystem einschal-
ten.

Es ging um eine von der NASA verlorene Raumkapsel, die
sich hinsichtlich eines unerwarteten Effekts aus meiner Sicht inzwischen allerdings als taube Nuss entpuppt hat. Ich spreche
von Pioneer 10. Diese Raumsonde, die nach erfolgreicher Missi-
on das Sonnensystem verlassen hatte, sollte nun mit praktisch
gleichbleibender Geschwindigkeit in den interstellaren Raum
davonfliegen. Tat sie aber nicht. Sie schien eine winzige konstante Beschleunigung in Richtung Sonne zu erfahren, die sich nach
den üblichen Berechnungen nicht erklären ließ. Denn diese war
größer, als sie nach den Gesetzen der Schwerkraft in solchen Entfernungen hätte sein dürfen.

Multipliziert man nun die Hubble-Konstante mit der Lichtgeschwindigkeit, so ergibt sich daraus eine Beschleunigung. Der Witz war, dass deren Wert betragsmäßig ziemlich genau mit der scheinbar unerklärlichen Pioneer-Abbremsung übereinzustimmen schien. Das eine war also ein Betrag, der sich aus der Kombination universaler Naturkonstanten ergab. Das andere war ein Messwert, der sich auf eine Raumkapsel bezog, die sich – verglichen mit kosmischen Maßstäben – in einer lächerlich winzigen Entfernung befand. Was hatte das eine mit dem anderen zu tun?

Bei der Ausarbeitung des im Folgenden zu besprechenden kosmologischen Modells ist mir aufgefallen, dass eine Erklärung jenes 'Pioneereffekts' im Rahmen der allgemeinen Relativitätstheorie unter gewissen Voraussetzungen mathematisch darstellbar gewesen wäre. Um es kurz zu machen: dieser Erklärungsversuch war mathematisch zwar einwandfrei, aber physikalisch unhaltbar. Es stellte sich heraus, dass die dazu notwendigen Voraussetzungen mit anderen Beobachtungstatsachen nicht vereinbar waren. Aber andere Erklärungsmöglichkeiten für einen Pioneereffekt, der allein aus der allgemeinen Relativitätstheorie gefolgt wäre, gab und gibt es nicht. Ich bin deshalb heute davon überzeugt, dass einige ganz prosaische Erklärungen zutreffen, die schon früh ins Spiel gebracht worden, und inzwischen wohl allgemein akzeptiert sind. Sie laufen darauf hinaus, dass die Abstrahlung der von den Batterien entwickelten Wärmeenergie nach verschiedenen Richtungen unterschiedlich verläuft. Die größte Ausstrahlung erfolgt auf der Rückseite der Parabolantenne, mit deren Hilfe alle nötigen Signale ausgetauscht wurden. Aufgrund der Ausrichtung in Richtung Erde – was aus solchen Entfernungen praktisch das gleiche bedeutet wie Richtung Sonne – hatte dies eine Rückstoßbeschleunigung verursacht, die sich hinsichtlich ihrer Richtung sowie auch hinsichtlich ihrer Größe in den gemessenen Werten äußerte, obwohl dies von den Entdeckern des Effekts lange Zeit entschieden bestritten wurde.

Wie dem auch sei, ich war mit der von mir angebotenen Erklärung hereingefallen. Nicht alles was glänzt, kann immer echt sein, es gibt auch Katzengold. Das Ärgerliche war leider nur, dass ich die erste Version meiner Arbeit über das neue stationäre Modell des Universums damit verunziert und diese Dummheit in arXiv verewigt hatte. Andererseits liegt ein kleiner Trost darin, dass ich bereits dort, in einem zweiten Anhang derselben Arbeit, eine denkbare Alternative vorgeschlagen habe, die keinen Pioneereffekt liefert und meines Erachtens Bestand hat. Dessen wäre ich mir längst nicht so sicher, hätte ich aus meinem gescheiterten Erklärungsversuch nicht manches dazugelernt. Diesmal sagt der Esel nicht einfach „ia", sondern „i a", und das heißt bekanntlich nichts anderes als „ich auch".

Energiedichte und ein negativer Gravitationsdruck

Nachdem Einstein nur ein Jahr nach Fertigstellung seiner allgemeinen Theorie die relativistische Kosmologie begründet hatte, dabei aber mit seinem Versuch eines statischen Universums gescheitert war, begannen andere wie de Sitter und Friedmann zunächst seinen Ansatz zu modifizieren, um später weit darüber hinaus zu gehen. Als sich dann auch noch das Phänomen der kosmischen Rotverschiebung herauskristallisierte und mehr und mehr ins Bewusstsein drang, gab es plötzlich kein Halten mehr. Die Kosmologen hielten nun alles für möglich.

Doch dabei waren diese Physiker nicht sehr konsequent, denn ausgerechnet einen negativen Gravitationsdruck hielten sie für indiskutabel, so dass er bei der ursprünglichen Entwicklung der Vorstellungen keinerlei Rolle gespielt hat, die dem Urknallmodell bis heute zugrunde liegen. Wie sich erst nach dem Durchbruch zu den unschätzbaren Messdaten der Supernova-Ausbrüche vor mehr als zehn Jahren gezeigt hat, war das ein gewaltiger Fehler. So als wollte man etwa den Wettervorhersagen ein Modell der Erdatmosphäre zugrundelegen, das von global gleichmäßig verteiltem Wasserdampf ausgeht und dabei die Tendenz zur Bildung von Wolken ignoriert.

Denn die Berechnung des Einstein-Tensors aus dem stationären Linienelement ergibt ganz von selbst, dass hier ein negativer Gravitationsdruck auftritt, der einem Drittel der kritischen Dichte entspricht.[50] Nur bei dieser Dichte ist der Raum mathematisch flach und es herrschen die wohlvertrauten Gesetze der euklidischen Geometrie. Solch ein negativer Druck, der bei Voraussetzung eines stationären Universums von den Einstein'schen Gleichungen also gefordert wird, galt in der Kosmologie über viele Jahrzehnte als unmöglich. Dabei zeigt eine einfache Überlegung, dass es in einem stationären Universum einen negativen Gravitationsdruck geben *muss*. Denn im Unterschied zu dem gewöhnlichen positiven Druck einer Flüssigkeit oder eines Gases ist ein negativer universaler Gravitationsdruck hier alles andere als inakzeptabel – ganz im Gegenteil:

In einer großen mit fein verteiltem Staub erfüllten Halle werde ein innerer Teilbereich dicht abgetrennt durch einen anfänglich offenen Kasten, anschließend werde außerhalb des Kastens aller Staub entfernt. Sollen die Verhältnisse im Kasten die gleichen bleiben wie zuvor, so müssen dessen Wände nun eine einwärts gerichtete Kraft ausüben, die den Staub trotz des von ihm ausgeübten positiven Drucks daran hindert, sich im ganzen Raum gleichmäßig zu verteilen. Denken wir uns nun aber im sternerfüllten Universum einen Teilbereich zunächst abgetrennt, anschließend außerhalb dieses Teilbereichs alle Materie entfernt, und sollen die Verhältnisse im Inneren die Gleichen bleiben wie zuvor, so müssen die Wände dieses Teilbereichs eine Kraft nach außen ausüben, welche die Vielzahl der eingeschlossenen, nahezu frei schwebenden Spiralnebel daran hindert, sich durch wechselseitige Anziehung zu einem einzigen Galaxienhaufen zusammenzuklumpen. Offenbar herrscht im Inneren hier also ein negativer Druck. Bei statistisch gleichmäßiger Verteilung ruhender Materie über den ganzen euklidischen Raum repräsentiert dieser negative Druck sämtliche einander großräumig kompensierenden Gravitationskräfte des Universums.

Es ist darüberhinaus sehr bemerkenswert, dass der aus dem Riemann-Tensor abgeleitete und als kovariant bezeichnete ursprüngliche Einstein-Tensor, der aufgrund der Gravitationsgleichungen dem Energie-Impuls-Tensor bis auf einen konstanten Faktor gleichzusetzen ist, im Falle des stationären Linienelements unabhängig wird von der Zeit. Außerdem tritt die Hubble-Konstante dort im Quadrat auf. Bei gleicher mittlerer Energiedichte des Universums wären also Lösungen mit verschiedenem Vorzeichen denkbar, was anstatt Rotverschiebung hypothetisch auch eine entgegengesetzte Blauverschiebung beinhalten könnte. Dem könnte bei überall gleicher Energiedichte in verschiedenen Bereichen des Universums eine Umkehrung des Zeitpfeils entsprechen.

Die gesamte Dichte einschließlich der Energie des Gravitationsfeldes ist übrigens Null, was außerdem mit einem jeweils kurzeitig vorübergehenden, statistisch aber ständigen Austausch beider Energieformen vereinbar wäre. Doch soll hier darauf nicht eingegangen werden, denn es wäre dumm, die Rückeroberung eines ewigen unendlichen, offenen Universums durch Verbindung mit schwachen Spekulationen unnötigerweise in Frage zu stellen.

Man wird gegen das stationäre Linienelement allerdings einwenden, dass sich der üblicherweise herangezogene 'gemischte' Energie-Impuls-Tensor zeitabhängig ergibt, was der Stationarität zu widersprechen scheint. Dazu aber ist folgendes zu beachten:

Erstens ist kein Punkt der universalen Zeitskala ausgezeichnet. Zeitliche Veränderungen an ein und demselben Ort würden immer die zu messenden Größen mitsamt den Maßeinheiten betreffen. Weil aber Messen nichts anderes ist als das Vergleichen von Größen mit ihren Einheiten, werden die Meßergebnisse immer die gleichen bleiben. Irgendeine – bezogen auf universale Skalen – an Ort und Stelle gemessene Energiedichte verändert sich also nicht. Das Ergebnis ist stationär.

Zweitens hängen sämtliche relativen Veränderungen, die ihren Ursprung immer in einer Entstehung an verschiedenen Orten haben, auch hier wieder nur ab von jeweils *dazwischenliegenden* Zeitspannen. Und zwar ganz gleich, zu welchen Punkten der universalen Zeit entsprechende Messungen durchgeführt werden. Diese dazwischenliegenden Zeitspannen aber lassen sich analog zur Vorgehensweise bei der Rotverschiebung in universale Abstände übersetzen, sodass im Ergebnis nur noch eine Entfernungsabhängigkeit zum Ausdruck kommt. Der jeweilige universale Zeitpunkt spielt wiederum keine Rolle.

Es war eines der bereits erwähnten Vorurteile in der Interpretation der allgemeinen Relativitätstheorie, dass jeder physikalische Druck unbedingt positiv sein müsse. Interessanterweise ließe sich der negative Gravitationsdruck im Sinne der gegenwärtigen Konkordanzkosmologie am ehesten deuten als eine Art zeitlich langsam veränderliche kosmologische 'Konstante', die allerdings immer wieder nur vorübergehend mit dem gleichen Wert auftreten könnte.

In diesem Zusammenhang zeigt sich auch, dass die phänomenologische Massendichte nur zwei Drittel des kritischen Wertes zu betragen braucht. Das ist insofern von Bedeutung, als den Abschätzungen der Astronomen gemäß Masse zu fehlen scheint, und die Differenz nun mit einem Schlag halbiert wird. Dementsprechend wäre das restliche Drittel hier ein 'dunkler' Anteil. Bemerkenswerterweise scheint also eine solche Zuordnung mit dem heutigen Wert der direkt und indirekt beobachteten kosmischen Materiedichte jedenfalls nicht in gleichem Maße unvereinbar, wie dies bei der überholten druckfreien Lösung von Einstein-de-Sitter der Fall war.

Nachdem die grundsätzliche Existenz eines negativen Drucks inzwischen auch anderweitig akzeptiert ist, hindert selbst eingeschworene Urknall-Anhänger nichts mehr daran, das einfachste aller relativistischen kosmologischen Konzepte SUM schließlich als die einzige Alternative zum gegenwärtigen Con-

cordance Model zur Kenntnis zu nehmen. Dabei wirft der natürlich negative Gravitationsdruck des stationären Modells auch ein
neues Licht auf das alte Problem einer vermeintlich ständigen
Zunahme der Entropie und des angeblich unvermeidlichen
Wärmetods eines ewigen Universums.

Die Entropie ist ein Maß für die Wahrscheinlichkeit oder statistische Unordnung eines Zustands und nimmt in der Regel zu.
Dieser Erfahrungssatz hat sich in allen Experimenten und technischen Anwendungen ausnahmslos bestätigt. In Übertragung auf
das hier behandelte ewige Universum allerdings kann er nur
evolutionäre Prozesse betreffen. Er muss einem universalen entropischen Ausgleich dann nicht widersprechen, wenn es in ex-
tremen Situationen lokaler Neuentstehung umgekehrt Kurzzeit-
Prozesse gibt, bei denen die Entropie schlagartig abnimmt. Diese
Möglichkeit lässt sich jedenfalls nicht ausschließen, denn auch in
einem solchen Fall könnte kein jemals von Lebewesen durchge-
führtes Experiment eine ständige Zunahme der Entropie widerlegen. Es würde also auch in diesem Fall leicht der Eindruck entstehen, es handle sich um ein Gesetz ohne jede Ausnahme.

Für die Chance einer zeitweiligen lokalen Abnahme der Entropie spricht nun die Tatsache, dass die Gravitation im Unterschied zu anderen Naturkräften erfahrungsgemäß immer nur
anziehend wirkt. Dies nämlich könnte in einem vergleichbaren
Widerstreit mit der Entropiezunahme bei Diffusionsprozessen
stehen, und zwar gerade in der Weise, wie sich der im stationären Modell auftretende negative Gravitationsdruck von dem
stets positiven gewöhnlichen Gasdruck unterscheidet.

Gegen den im Sinne Boltzmanns verstandenen zweiten
Hauptsatz der Thermodynamik wurde seinerzeit der zunächst
von Poincaré sachlich, dann von anderen zunehmend polemisch
formulierte Wiederkehreinwand 'ins Feld' geführt. Die martiali-
sche Ausdrucksweise sei hier nicht unangebracht, bestätigt
Sigismund Sörgli, denn die Auseinandersetzung habe tödlich
geendet, indem sich der großartige Boltzmann schließlich das
Leben nahm.

Dazu muss man wissen, dass es gerade dieser geniale Mann gewesen war, der einerseits die Entropie als Grad der Unordnung einer rein mechanisch betrachteten Wärmebewegung von Teilchen mathematisch abgeleitet hatte, während andererseits die Existenz der Atome von vielen berühmten Autoritäten noch heftig – um nicht zu sagen bis aufs Messer – bestritten wurde. War nun Boltzmanns Auffassung grundsätzlich richtig und hätte es sich bei den Teilchen in Bewegung um unveränderliche Kügelchen gehandelt, so würde innerhalb eines abgeschlossenen Bereichs jeder einmal innegehabte Zustand nach hinreichend langer Zeit wieder beliebig nahe erreicht werden. Das schien aber dem zweiten Hauptsatz der klassischen Thermodynamik zu widersprechen, der eben besagt, dass die einmal erreichte Entropie eines solchen Systems insgesamt nie wieder abnehmen könne.

Nun sind erstens Teilchen wie Atome alles andere als unveränderliche Kügelchen, zweitens lässt sich das unendliche Universum nicht als Ganzes in einen Kasten sperren, und drittens ist eine gewisse Wiederkehr im Einklang mit der oben bereits festgestellten Einschränkung auf evolutionäre Prozesse keineswegs undenkbar. Aus Sicht des stationären Modells ist das Gegenteil der Fall. Zwar nicht in dem albernen Sinne, *Borromea Worthswerd* präzisiert, dass zerbrochene Tassen irgendwann genau in ihrer ursprünglichen Form – mitsamt identisch wiedergeboren Doppel- und Dreifachgängern *Hypolite Van Tasts* – von selbst in ihren Schrank zurückkehrten. Soviel von keiner Realität angekränkelte Einbildungskraft scheine sogar in einem unendlichen Universum ganz einmalig, merkt *Mlle Bleu de Ley* spitzig an. Jede gravitative Neuschöpfung beginne ihres Erachtens ganz von vorn, wobei es jeweils gleich um ganze Sonnen gehe. Wer aber nicht von knalligen Bildern lassen wolle, der möge anstatt von einem einzigen Big-Bang nun von unerhört vielen 'Local-Bangs' sprechen, denn von 'small' oder 'little' könne selbst unter größten Angebern in diesem Zusammenhang keine Rede sein.

Es würde meines Erachtens keinem unmittelbar überprüfbaren Naturgesetz widersprechen, wenn die Entropie bei Explosionen super-massereicher Gravitationszentren – begleitet von Gammablitzen und Plasmaausbrüchen – lokal schlagartig abnähme. Nun bedeutet zunehmende Entropie nach aller Erfahrung eine ablaufende Eigenzeit, umgekehrt aber würde abnehmende Entropie dann eine lokal begrenzte rückwärts laufende Eigenzeit bedeuten. In einem stationären Universum kann das stellenweise auch gar nicht anders sein, sonst müsste es in einen ehedem vielbeschworenen Wärmetod völlig gleichverteilter Unordnung übergehen und darin nicht nur für immer verharren, sondern sogar seit je gewesen sein. Ist aber nicht so.

Auch darf man die Gravitation nicht anders denken als im Widerstreit mit der Quantenmechanik. Würden Sterne nur der Schwerkraft bei stufenlos wirkendem Gegendruck unterliegen, so wären sie als rabenschwarze Löcher wie andere Friedhofspflanzen einer behaupteten trostlosen Welt am Ende nur tot. Doch in der wunderbaren Wirklichkeit explodieren sie zum Stoff neuen Lebens. Seien denn – mit dem Hubble-Teleskop und anderen Instrumenten – Bilder gewaltiger Eruptionen von Plasma und Sternmaterie in den fruchtbaren Schoß eines lebendigen Universums nicht beinahe direkt zu sehen, fragt *Borromea Worthswerd*. Und zwar an jenem Himmel, dessen angebliche künftige Nichtigkeit von meist männlichen Klageweibern einträchtig bejammert werde. Einträchtig, konkordant, oder auch nur einträglich? *Mlle Bleu de Ley* greift das auf. Zur positiven Einsicht in einen negativen Gravitationsdruck hält *Frank U. Frey* einstweilen fest: natürlich, na und?

Raum expandiert nicht

Es ist ein gewaltiger Irrtum zu glauben, die Rotverschiebung der Spiralnebel ließe sich nur durch eine Fluchtbewegung, durch eine Zunahme aller Entfernungen – mit anderen Worten durch die so genannte Expansion des Raums – erklären. In Wirklichkeit ergibt sich die Rotverschiebung der Spiralnebel gemäß SUM ebenso einfach und zwanglos, wie sich bereits die gewöhnliche

Gravitationsrotverschiebung zum Beispiel für das Licht der Sonne ergibt, ohne dass diese sich von der Erde weg bewegt, oder aber ohne dass beim Versuch von Pound und Rebka der Erdboden etwa vor der Turmspitze flieht.

Erst nachdem ich mir über meinen eigenen Zugang zur Kosmologie klar geworden war, registrierte ich, dass wohl schon andere auf den naheliegenden Gedanken gekommen waren, das Phänomen einer so genannten Expansion des Raums ließe sich zumindest grundsätzlich auch umgekehrt deuten. Alle materiellen Strukturen würden schrumpfen, während der Abstand zwischen ihnen unverändert bliebe. Physikalisch objektiv betrachtet, sollten beide Auffassungen gleichwertig sein, denn messen heißt nichts anderes als vergleichen. In Wirklichkeit aber scheinen die Objekte jeweils nur vorübergehend zu schrumpfen, wobei 'vorübergehend' hier allerdings auch kosmische Zeiträume bedeuten kann.

Werden zwei Stäbe verschiedener Länge aneinander gelegt, so hat es keinen Sinn, die folgenden beiden Aussagen zu unterscheiden: 'der eine Stab ist länger als der andere' oder 'der andere Stab ist kürzer als der eine'. Unabhängig von der Formulierung wäre die Bedeutung beider Aussagen die gleiche. Bekanntlich hat sich aber das Bild von der Expansion des Raums im öffentlichen Bewusstsein vollständig durchgesetzt. Das hat historisch nachvollziehbare Gründe, ist aber gleichzeitig gepaart mit einer in meinen Augen inakzeptablen Gedankenlosigkeit, soweit es eine Entstehung des Universums mitsamt Raum und Zeit aus dem Nichts betreffen soll.

Wie bereits festgestellt, stimmt das stationäre Linienelement bei Berücksichtigung der Einflüsse des universalen Gravitationspotentials auf lokale Objekte, Felder, Maßstäbe und Uhren in jedem frei wählbaren Zeitpunkt zunächst bis auf einen konstanten Faktor mit dem Linienelement der speziellen Relativitätstheorie überein. Die Wahl passender Einheiten erlaubt nun für jeden zeitlichen Zusammenhang eine entsprechende Normalisierung, sodass im dadurch festgesetzten Zeitnullpunkt die Einheiten der atomaren Größen gleich denen der universalen im jeweiligen örtlich und zeitlich begrenzten, lokalen Inertialsystem sind.

Dieses Verhalten der Objekte ist nicht so seltsam, wie es auf den ersten Blick scheinen mag. Denn ohne eine sich selbst wiederherstellende Anpassung der spektralen Einheiten könnten schon die Abläufe in einem gewöhnlichen frei fallenden lokalen Inertialsystem wegen fehlender Übertragbarkeit der speziellen Relativität auf veränderliche Systemgeschwindigkeiten nicht andauernd näherungsweise mit dieser Theorie in Einklang stehen.

Auch der zeitlich veränderliche so genannte Skalenfaktor des Linienelements der Konkordanzkosmologie wird durch Wahl passender Koordinaten und Einheiten für heute gleich eins gesetzt, um einer Gültigkeit der speziellen Relativitätstheorie in unserer nächsten räumlichen und zeitlichen Umgebung Rechnung zu tragen.

Doch eine zu allen Zeiten annähernd gültig bleibende Relativitätstheorie wird es auch hier verlangen, den eigentlich zunehmenden Skalenfaktor immer wieder – beispielsweise in zehn Milliarden Jahren – auf Eins zurückzusetzen, obwohl er dann gemäß der allgemeinen Relativitätstheorie rein rechnerisch etwa doppelt so groß zu sein hätte. Das ist nur ein besonders einfaches Beispiel für den Widerstreit zwischen spezieller und allgemeiner Relativitätstheorie, welche beiden in einem ewig jungen Universum dem fundamentalen Wechselspiel von Quantenmechanik und Gravitation entsprechen.

Die allgemeine Relativitätstheorie in Verbindung mit der speziellen also verlangt offenbar, im Sinne einer Normalisierung innerhalb lokaler Inertialsysteme den Bezugspunkt für den jeweils ins Auge gefassten Zeitraum immer wieder zurückzusetzen. Zu diesen jeweiligen Zeitnullpunkten sind alle universalen Einheiten, insbesondere die von Länge, Zeit und Masse, gewissermaßen auf die entsprechenden atomaren Einheiten wieder richtig eingestellt. Eine solche Interpretation erinnert deutlich an die bekannte quantenmechanische 'Reduktion des Wellenpakets' als jeweilige Anpassung an eine neue Situation.

Diese Auffassung ergibt sich aus der Gültigkeit der speziellen Relativitätstheorie im lokalen Inertialsystem und der Tatsache, dass sich die Eigenzeit ebenso wie die in Bezug auf atomare Einheiten gemessenen Längen in einem realistischen Modell nicht einfach auf kosmische Werte übertragen lassen. Von allen anderen Einwänden abgesehen, könnte aus diesem Grund gar nicht von einer unmittelbar spektral messbaren ständigen Expansion des Universums die Rede sein. Was sich nach meinem Verständnis mit der universalen Zeit ändert, sind die atomaren Größen einschließlich der lokalen spektralen Einheiten von Zeit, Länge und Masse. Solche Änderungen aber können sich naturgemäß nur vorübergehend dort bemerkbar machen, wo physikalische Größen miteinander verglichen werden, die aufgrund unterschiedlicher Entstehungszeiten unterschiedlich betroffen sind.

Im Fall einer zeitlich veränderlichen Koordinaten-Lichtgeschwindigkeit wäre eine Definition des Meters auf Basis von Laufzeiten für kosmische Entfernungen praktisch unbrauchbar. Dies betrifft offensichtlich gerade auch das Linienelement der Konkordanzkosmologie in seiner üblichen Form. Dass aber weder eine reale Flucht der Spiralnebel noch eine Expansion des 'Raums' erforderlich ist, um eine universale Rotverschiebung zu erklären, lässt bereits ein unvoreingenommener Blick auf Lemaîtres allererste – in Verbindung mit Einsteins, de Sitters, Friedmanns und Hubbles Werk die gesamte nachfolgende Entwicklung prägende – Ableitung deutlich erkennen. Was dort in Wirklichkeit benutzt wurde, war ein zeitabhängiger Koordinatenwert der Lichtgeschwindigkeit bezüglich im universalen System ruhender Spiralnebel.

Wegen der im Gegensatz dazu beim stationären Linienelement konstanten universalen Lichtgeschwindigkeit aber bereitet die weiter oben richtiggestellte Meterdefinition diesbezüglich keinerlei Schwierigkeiten. Wie ließen sich dann astronomische oder gar kosmische Entfernungen in Metern messen?

Ein elektromagnetisches Signal benötigt hier für Hin- oder Rücklauf zwischen zwei festen Punkten des euklidischen Raums immer die gleiche universale Zeitspanne. Nun könnte aber der Lichtweg zu einer 'natürlichen' Entfernungsmessung in viele hinreichend kurze Teilstrecken unterteilt werden, die allesamt gleichzeitig zu durchlaufen wären, was dann einer Messung mit entsprechenden Meterstäben zu einem ganz bestimmten Zeitpunkt entspräche. Doch eine unmittelbar auf die Laufzeitmessung mit Atomuhren reduzierte Entfernungsmessung würde im Sinne der heutigen Meterdefinition für galaktische Entfernungen versagen. Eine entsprechende Festlegung der lokalen Basiseinheit Meter jedoch bleibt natürlich trotzdem möglich.

Da sich für kosmische Distanzen selbstverständlich keine 2-Weg-Laufzeiten messen lassen, ist man darauf angewiesen, aus den Werten der Rotverschiebung auf universale Entfernungen zu schließen. Nur in einem stationären Universum aber schließt das Gesetz der Rotverschiebung als fundamentale Beobachtungstatsache der Kosmologie die Entfernungsmessung unmittelbar mit ein.

Die Notwendigkeit einer unnötig naiven Interpretation als Doppler-Effekt infolge einer realen 'Flucht' der Galaxien aber ist bei dem hier behandelten stationären Modell widerlegt. Und zwar ergibt sich das aus der durch die Supernova-Ia-Daten bestätigten Tatsache, dass diese Rotverschiebungen abgesehen von verhältnismäßig sehr kleinen Eigenbewegungen zeitunabhängig sind. Eine solche Unabhängigkeit von der Zeit aber stünde sogar in direktem Widerspruch zu einer realen Expansion, wenn das Hubble'sche Gesetz in der Form richtig wäre, dass die Rotverschiebung umso größer ist, je weiter entfernt die Objekte sind. Nach landläufiger Meinung gilt dies inzwischen als unbestreitbar. Müssten aber Experten dieser landläufigen Meinung widersprechen, warum klären sie nicht darüber auf? Weil sie dann niemand mehr ernst nähme, vermutet *Mlle Bleu de Ley*.

Die beiden folgenden – versuchsweise auf SUM übertragenen – Aussagen wären ohne Zuhilfenahme von Spitzfindigkeiten miteinander völlig unvereinbar: (a) Die Fluchtgeschwindigkeit von Galaxien ist umso größer, je weiter entfernt diese von uns sind; und (b) bei Deutung zeitunabhängiger Rotverschiebungen als Doppler-Effekt behält jede Galaxie eine konstante Fluchtgeschwindigkeit für alle Zeiten bei.

Die Feststellung eines solchen Widerspruchs legt nahe – was durch direkte Rechnung auch mathematisch bestätigt ist – dass es sich bei dem bisher als 'Expansion des Raums' gedeuteten Phänomen letztlich nur um lokale Vorgänge handeln kann, die allerdings Lichtsignale und Objekte jeweils an verschiedenen Orten betreffen. Eine universale Rotverschiebung ist aus dieser Sicht als ein weiterer allgemeinrelativistischer Effekt zu verstehen, der die erwähnte zusätzliche Variante der Einstein'schen Gravitationsrotverschiebung darstellt.

Wenn aber die universale Rotverschiebung nicht auf eine reale Doppler-Flucht der Spiralnebel zurückzuführen ist, dann würde das bei gleichermaßen naiver Betrachtung umgekehrt bedeuten, dass atomare Maßstäbe gegenüber den gleichbleibenden Abständen zwischen den Galaxien fortwährend schrumpfen. Dies könnte zwar auch in einem stationären Universum so aussehen, als ob sich bezüglich entsprechend schrumpfenden Objekte und Maßstäbe der leere Raum in relativer Expansion befände. Doch bemerkenswerterweise würde daraus keine anfänglich punktförmige Ausdehnung folgen, aus der das gesamte Universum in einem 'Urknall' entstanden wäre. Vielmehr müssten stattdessen heutige feste Strukturen in der Vergangenheit einmal so groß gewesen sein, dass sie sich im Falle einer gleichzeitigen Entstehung einmal berührt und den gesamten Raum gleichmäßig erfüllt hätten. Denkt man hier beispielsweise an Galaxien, Cluster oder Superhaufen so würde eine grobe Abschätzung ergeben, dass dies vor etwa einer Milliarde Jahren oder weniger der Fall gewesen sein müsste, was ungefähr dem Zeitraum entspräche, zu dem gemäß Konkordanzmodell eine kosmische Re-Ionisation stattgefunden haben sollte.

Doch es ist klar, dass solche Szenarien in einem stationären Universum natürlich nicht zutreffen, weil hier alle Prozesse erstens örtlich und zweitens zeitlich begrenzt sind. Ohnehin sind derartige in die Verirrung führende Hypothesen überflüssig, indem sich das ganze Problem stattdessen im Sinne größtmöglicher Einfachheit behandeln lässt. Das Konzept von Eigenlänge und Eigenzeit bricht mit Annäherung an seine Planck-Grenzen zusammen. Es wird sich zeigen, dass ein universales Wechselspiel von Gravitation und Quantenmechanik auf lokale Entstehungsprozesse hinausläuft, die man im Unterschied zu einem einzigen 'Big Bang' deshalb eben auch als 'Local-Bangs' bezeichnen könnte. Ohne Knall geht's nicht – versteht *Mlle Bleu de Ley* – wenn nämlich überhaupt jemand aufwachen und zuhören solle. Ihr aber gefalle eine solche Knallerei gar nicht, *Borromea Worthswerd* überlegt kurz und sagt: Jeweils ein Ursprung statt einmal ein Urknall.

Denn trotz manch erstaunlicher Übereinstimmung mit einschlägigen Beobachtungstatsachen ist es nicht dasselbe, einerseits zu schließen, dass der Raum selbst expandiere, oder aber andererseits, dass zusammenhängende Gebilde bis etwa zur Größe von Galaxien mitsamt allen verfügbaren Maßstäben immer wieder vorübergehend schrumpfen. Im Sinne des erwähnten eingebetteten Linienelements könnten dabei Galaxien auch Grenzgebilde darstellen, worauf ohne Einbeziehung der dunklen Materie ansonsten die Abweichungen von der Newton'schen Näherung am Rand hindeuten würden.

Auf Basis der zweiten Möglichkeit ist die kinetische Energie ruhender Spiralnebel selbstverständlich Null. Demgegenüber aber hätte man im Sinne der bisher akzeptierten ersten Interpretation entweder die Frage einer von Null verschiedenen kinetischen Energie 'mitbewegter' Spiralnebel konkret zu beantworten. Oder man hätte als eine unnötig lästige, schizophren anmutende Gegebenheit zu akzeptieren, dass es neben dem aufgrund experimenteller Tatsachen unbestreitbaren eigentlichen Bewegungsbegriff noch eine zusätzliche Form der Bewegung gäbe, die mit keinerlei kinetischer Energie verbunden wäre. Doch sogar die letztgenannte – die heutige Auffassung widerspiegelnde – Position lässt sich schließlich so formulieren: Im Sinne des physikalisch außer Frage stehenden Begriffs, nach welchem jede Bewegung mit kinetischer Energie verbunden ist, befinden sich die Spiralnebel im Zustand statistischer Ruhe. Es liegt aber auf der Hand, dass es allein vernünftig ist, bei der Erklärung fundamentaler Tatsachen der Kosmologie an einem einheitlichen Bewegungsbegriff festzuhalten, anstatt nachkommenden Generationen unnötigerweise eine tief ins Bewusstsein dringende Spaltung zuzumuten.

Die Inflationsphase des Konkordanzmodells scheint bekanntlich sogar Überlichtgeschwindigkeiten jener vermeintlichen Expansion einzuschließen. Abgesehen von allen anderen Einwänden sei hier noch angemerkt, dass selbst auf Basis der zweiten oben gegebenen Interpretationsmöglichkeit solche nur scheinbaren Überlichtgeschwindigkeiten physikalisch völlig bedeutungslos wären, weil sie lediglich durch ein Schrumpfen der Objekte, und nicht notwendigerweise durch reale Bewegungen verursacht sein könnten. Ansonsten aber bricht hier der Zwiespalt auf zwischen den einander widersprechenden Bedeutungen eines 'doppelzüngig' verwendeten Bewegungsbegriff, der in anderen Bereichen wie beispielsweise den Geisteswissenschaften nur eingeschlichenen Winkeladvokaten Freude bereiten könnte. Gerade in der souveränen Beherrschung des zweischneidigen Schwerts zeigt sich die Kunst solcher Experten.

Auch das folgende Argument spricht gegen jeden angeblich punktförmigen Anfang: Eine gewisse allein durch Kombination der Naturkonstanten von Gravitation, Lichtgeschwindigkeit und Wirkungsquantum gegebene Größe stellt eine nach Planck benannte reale Obergrenze für die Energiedichte der Materie dar. Da nun nach allgemein akzeptierter Auffassung feste Strukturen beziehungsweise atomare Teilchen an der unterstellten Expansion des Raums *nicht* teilnehmen, müsste es gemäß der ersten oben genannten Interpretationsmöglichkeit in der Vergangenheit für eine – wenn auch extrem kleine – vorübergehende Zeitspanne mindestens ein Objekt gegeben haben, dessen Ausdehnung größer gewesen wäre als der Raum selbst, was offenbar Non-

Sense ist. Solche Spekulationen aber sind nichts als mathematische Spielerei, wie noch deutlicher wird, wenn man aus obigem Widerspruch schließen würde, dass die genannten Naturkonstanten eben nicht konstant wären. Tatsächlich wurde selbst solch eine Veränderlichkeit gesucht, trotz zeitweilig in Aussicht gestellter Sensationen natürlich aber nie gefunden.

Die Rotverschiebung der Galaxien bedeutet eine Veränderung des Lichts aufgrund unterschiedlichen Gravitationspotentials zwischen Beobachter und Quelle. Gegenüber lediglich fiktiven Abläufen aber, die eine konkrete, beobachtbare Unterscheidung zwischen den beiden Auffassungen hypothetisch andauernder Expansion des Raums oder hypothetisch andauernder Schrumpfung der Objekte erlauben würden, ist nach meinem Verständnis eine grundsätzliche Skepsis angebracht. Erweisen sich letztlich beide aber als weder beweisbar, noch als widerlegbar, dann sind solch kompliziert konstruierte Auffassungen überflüssig, und das Problem ist im Sinne größtmöglicher Einfachheit als Gravitationsrotverschiebung zu behandeln. Darüber mag streiten, wer will, *Frank U. Frey* durchschaut die Besserwisser. Und wer zuviel Zeit hat, ergänzt *Borromea Worthswerd*. Denn sie kennt viel Leerlauf hinter Hektik und Kulissen des akademischen Betriebs.

Der bei allem Realitätssinn stets frohgemute junge Evolutionsbiologe und Klimaforscher *Aladin Adamson* – von *Mlle Bleu de Ley* liebevoll geneckt als vielseitiger 'Lord-Igel-Bewahrer', was viel bedeute, denn wer für die Igel sorge, der sorge angesichts der als 'Etymogelie' längst vorweggenommenen sprachlich-phonetischen Globalisierung ja zugleich für die Adler – schlägt zwischen zwei wesentlich komplizierteren Simulationen in eigener Sache zur Abwechslung das zweidimensionale Modell eines stationären Spielzeug-Universums vor: Man denke sich viele übergroße Schachbretter lückenlos flach aneinandergelegt. Auf jedem Eckpunkt der quadratischen Felder, Kreuzungspunkten kartesischer Gitternetzlinien entsprechend, stehe ein Turm, darauf jeweils eine mechanische Uhr samt Sende- und Empfangsstation zum Austausch von Zeitsignalen. Alle Uhren sollen gemeinsam immer langsamer gehen. Aufgrund der Messungen aller Experten, die ihren Uhren vertrauen, werden die Bewohner dieser Ebene, von allen möglichen mathematischen Beweisen überwältigt, am Ende glauben, dass ihre Welt tatsächlich auseinanderfliegt. Selbst ursprünglich nüchterne Eingeborene dieser Welt müssten schließlich daran glauben. Was immer das bedeute, typische Anmerkung *Mlle Bleu de Leys*. Er erwarte natürlich den Vorwurf, dass dieser Vergleich hinke, *Aladin Adamson* schwant nichts Gutes, und sicher sei auch eine gesunde Skepsis angebracht. Doch andererseits nähere er sich lieber hinkend der Wahrheit als mit elegantem Schwung im Sumpf esoterischer Science-Fiction zu landen.

Die Stationarität universaler Abläufe würde selbst dadurch nicht aufgehoben, dass bei gleichbleibenden universalen Entfernungen in Bezug auf die Anzeige 'natürlicher' Atomuhren zunehmende Laufzeiten festzustellen wären. Denn beim Vergleich zweier zu verschiedenen Beobachtungszeiten ermittelter Werte hinge die relative Zunahme wieder nur von der Zeitdifferenz zwischen beiden Beobachtungen ab, nicht aber von einem beliebig gewählten Bezugspunkt der universalen Zeitskala. Auf Basis des stationären Linienelements fällt der Bezugszeitpunkt beim Vergleich von Messdaten immer heraus. So etwas wie eine reale Expansion des Universums könnte es also hier gar nicht geben. Dementsprechend ist weder zur Entwicklung des stationären Modells SUM, noch beispielsweise zum Vergleich mit den Supernova-Ia-Beobachtungsdaten auch nur an einer einzigen Stelle eine diesbezügliche Hypothese erforderlich gewesen, im Gegenteil.

Was expandiert hier? *Hypolite Van Tast* könnte nur sagen, der 'Raum' expandiere, wenn er konkret überprüfbare einschlägige Beobachtungstatsachen hätte. Wie gesehen, dürfe man ja auch fragen, *Mlle Bleu de Ley* erinnert sich, wann hält der nächste Bahnhof? Aber ebensowenig wie man aus solcher Spinnerei schließen könne, dass Bahnhöfe zusammenstießen – welche Unmöglichkeit übrigens von Kirchenorgeln längst bekannt sei – ließe sich im Rückblick schließen auf den physikalischen Non-Sense eines Zusammenstoßes der Galaxien und ihres Materials in einem einzigen allumfassenden Urknall. Nichts expandiert hier, kurz angebunden *Frank U. Frey*.

Die Supernovae als Geschenk des Himmels

Hinsichtlich der Supernova-Daten war es keine blitzartige Erleuchtung, sondern erst mit der Zeit dämmerte es, bis mir dann endlich aufging, was ich mit meinem stationären Modell tatsächlich gefunden hatte.

Zwar war auf Anhieb erkennbar, dass meine Ergebnisse sehr viel besser zu den Daten passten als die Linien sämtlicher vor deren Messungen ernsthaft diskutierten Modelle. Doch zunächst schien eine kleine, nicht vernachlässigbare Abweichung zu bleiben. Als ich dann aber die Kurven des inzwischen entwickelten Konkordanzmodells und der stationärem Alternative SUM nur ganz leicht gegeneinander verschob – und zwar genau vertikal – sah ich, dass sich beide zu meiner Verblüffung im Hubble-Diagramm vollständig zu überdecken schienen.[51]

Die Einstein'schen Gleichungen im Sinne der allgemeinen Gravitationstheorie haben es auf Grundlage des oben gewählten deduktiven Zugangs erlaubt, das Bild eines stationären Universums zu zeichnen, das in Bezug auf hinreichend große Skalen durch die wenigsten und einfachsten Annahmen bestimmt ist, die meines Erachtens überhaupt möglich sind. Dass dieser Ansatz unmittelbar zu Ergebnissen führt, die mit den aktuellen Supernova-Ia-Daten im Unterschied zu anderen Modellen – bis vor wenigen Jahren noch viel diskutiert – auf Anhieb verträglich sind, zeigt sich in überraschender Klarheit beim direkten Vergleich mit dem Konkordanzmodell auf universalen Skalen. Die geringen dabei lokal auftretenden Abweichungen von der ansonsten vorausgesetzten großräumigen Stationarität, Homogenität und Isotropie wurden von mir unter die Lupe genommen.

Es war nach meiner Überzeugung von Anfang an allein vernünftig, solche Abweichungen auf die Eigentümlichkeiten unserer kosmischen Umgebung zurückzuführen. Sorgfältige zusätzliche Messungen – durchgeführt von drei der gleichen Autoren, die in ihren Ergebnissen schließlich eine beschleunigte Expansion des Universums aufgrund einer fiktiven dunklen Energie sehen wollten – haben in diesem Sinne eigentlich längst zugunsten von SUM entschieden, auch wenn sie es nach einem 'richtigen Nobelpreis mit der falschen Begründung' [52] möglicherweise immer noch nicht wahrhaben wollen.

Es war keineswegs zu erwarten, dass sich das unendliche Universum bereits in den hier von kleinen Abweichungen betroffenen Bereichen homogen und isotrop zeigen würde. Aus der auf darüber hinausgehenden hinreichend großen Skalen aber tatsächlich beobachteten statistischen Homogenität und Isotropie ergibt sich ein Hinweis darauf, dass es sich bei dem, was die Astronomen heute sehen, nicht nur um 'unseren Kosmos', sondern bereits um große Teile des Universums handelt.

Was also die Astrophysiker Adam Riess, Saul Perlmutter und Brian Schmidt tatsächlich beobachtet haben, steckt meines Erachtens nicht in ihren Schlussfolgerungen, sondern in den unschätzbaren Daten, die dankenswerterweise von Anfang an leicht zugänglich waren. Diese Empfänger des Nobelpreises für Physik 2011 haben ihre Auszeichnung mehr als verdient, nicht zuletzt stellvertretend für die jeweiligen Teams. Es ist der größte und überraschendste Erfolg der instrumentellen Kosmologie seit Vesto Sliphers, Carl Wirtz' und später Edwin Hubbles Messungen der Rotverschiebung von Spiralnebeln. Man könnte diesen Durchbruch in einer Anspielung auf die Begründung des Preis-Komitees als 'weltbewegend' bezeichnen. Leider jedoch ist diese Begründung unhaltbar, sie lautet: „ ... *für die Entdeckung der beschleunigten Expansion des Universums durch Beobachtung entfernter Supernovae."* – Was ist falsch?

Sogar nach Zehntausenden von Jahren weiterer technischen Fortschritts wird niemand je davon ausgehen können, das gesamte Universum überblickt zu haben. Es ist seltsam, dermaßen schlichte Feststellungen heutzutage ausdrücklich treffen zu müssen, die doch jedem Kind einleuchten – jedenfalls solange es von modernen theoretischen Kosmologen keines 'Besseren' belehrt wird. Doch dank der großartigen Messungen des *Supernova Cosmology Projects* und des *High-z Supernova Search Teams* gibt es nun eine Chance, die Vernunft dort neu zu entdecken, wo sie über Jahrzehnte im Halbschatten stand.

Damit aber stellt sich zugleich die Frage, ob etwa auch die anderen als Säulen der Urknalltheorie bekannten Beobachtungstatsachen alternativ im Sinne eines stationären Universums verständlich sind. Diese Frage betrifft vor allem die stationäre Rotverschiebung, eine stationäre Nukleosynthese, und eine stationäre Hintergrundstrahlung. Dabei haben sich die Supernova-Ia-Daten als Geschenk des Himmels erwiesen, einen deutlicheren Wink, endlich zur Vernunft zu kommen, hätte es kaum geben können. Doch wie immer, viele sehen wieder nur, was sie suchen.

Die aus dem neuen Modell folgende Beziehung zwischen scheinbarer Helligkeit und Rotverschiebung lässt sich an jenen als Supernovae Ia bezeichneten Helligkeitsausbrüchen explodierender Sterne konkret überprüfen. Es gibt unterschiedliche Arten von Supernovae. Diejenigen vom Typ Ia, deren Explosionen immer nach gesetzmäßig relativ einfach erfassbaren Abläufen erfolgen, haben sich für die Kosmologie als ungeahnt wertvoll erwiesen, da sie sich als zwar kurzlebige, doch ausgezeichnete kosmische 'Standardkerzen' verwenden lassen. Aus einer Fülle unmittelbarer Messdaten werden mit Hilfe ausgeklügelter Verfahren und sorgfältig erprobter Korrekturen die entscheidenden Werte ihrer jeweiligen Rotverschiebungen und scheinbaren Helligkeiten gewonnen. Diese beiden oft kurz als Supernova-Daten bezeichneten Werte werden graphisch erfasst und den entsprechenden Voraussagen kosmologischer Modelle gegenübergestellt. Dabei wird die scheinbare Helligkeit nach entsprechender Umrechnung aus historischen Gründen als so genannter Entfernungsmodul angegeben. Dieser ist es, dessen wechselseitige Abhängigkeit von der Rotverschiebung konkret als Hubble-Diagramm gezeichnet wird.

In den vergangenen zwanzig Jahren wurde die Qualität der Messtechnik sowie des gesamten Beobachtungsverfahrens beinahe sprunghaft gesteigert. Dies ist vor allem den beiden genannten großen Teams von Wissenschaftlern zu verdanken, die es sich damals zur Aufgabe gemacht hatten, den gesuchten Zusammenhang bis hin zu den größten kosmischen Entfernungen zu messen. Bei den dabei gewonnenen Daten handelt es sich um die wohl aussagestärksten kosmologischen Messwerte von allen. In der Gegenüberstellung der gefundenen Abhängigkeit liegt zweifellos das fundamentale Kriterium zum Test unterschiedlicher kosmologischer Modelle überhaupt. Denn in einzigartiger Weise sind dort mit der jeweiligen Rotverschiebung und der scheinbaren Helligkeit zwei Größen direkt miteinander verknüpft, die sich unabhängig voneinander bestimmen lassen.

Die Teams haben ihre Aufgabe in bewundernswerter Art und Weise und mit hervorragender Genauigkeit gelöst. Da aber die Resultate mit keinem der bekannten, und damals vermeintlich allein in Frage kommenden, Modelle vereinbar waren, glaubten die Wissenschaftler, darin eine beschleunigte Expansion des Universums erkennen zu müssen, und zwar zu ihrer eigenen Verblüffung. Und nicht nur eine beschleunigte Expansion glauben sie bewiesen zu haben. Vor Zeiten nämlich soll da auch eine Bremsphase gewesen sein, die wiederum nach der von unbeschreiblicher Beschleunigung geprägten kosmischen Inflation stattgefunden hätte.

Tatsächlich aber lassen sich diese unerwarteten kosmologischen Beobachtungstatsachen näherungsweise als ein doppeltes Null-Resultat zusammenfassen: Die vorher jahrzehntelang beschworene Krümmung des universalen dreidimensionalen Raums ist Null. Und beim neuen stationären Modell ist auch eine als Verlangsamungs-Parameter bezeichnete Größe gleich Null, welche die seit je vermutete Abbremsung der angeblichen Expansion des Raums durch die Schwerkraft beschreiben sollte. Heute würde der gleiche Parameter mit vermeintlich umgekehrtem Vorzeichen eine Beschleunigung aufgrund der eigens zu diesem Zweck erfundenen dunklen Energie beschreiben. Um nämlich die Supernova-Daten ohne Unterscheidung von lokalen und universalen Entfernungen zu erklären, schien eine teilweise Wiederbelebung der von Einstein zu Recht verworfenen kosmologischen Konstanten notwendig.

Solch ein historischer Eiertanz um den für SUM selbstverständlichen Wert Null aber hätte gemäß Konkordanzmodell seit jenem Urknall bereits in mehrfacher Abwechslung stattgefunden. Einen klareren Hinweis auf einen endgültigen Messwert Null gebe es ja gar nicht – staunt *Frank U. Frey* über das ganze Getue – als wenn der Zeiger immer wieder um den Nullpunkt herumwackelt.

Die Entfernungsskala der Hubble-Diagramme reicht auf Basis der aktuellen Supernova-Daten von Rotverschiebungswerten eines Hundertstels bis derzeit knapp unter Zwei. Bei meiner eigenen Darstellung hatte ich zuerst die Kurven von Konkordanzmodell und SUM wie üblich so gezeichnet, dass sie bei kleinen Werten mit den Messdaten übereinstimmten, was die erwähnte Abweichung bei höheren Werten zur Folge hatte. Nach der winzigen vertikalen Verschiebung aber schienen die Modell-Linien plötzlich perfekt übereinzustimmen. Wie konnte das sein?

Natürlich waren die leichten Abweichungen nicht wirklich verschwunden, nur lagen sie jetzt da, wo sie hingehörten, nämlich ausschließlich bei kleinen Rotverschiebungswerten. Dort aber waren sie praktisch unsichtbar, weil hier die Kurve sehr steil verlief. Mir war nun sofort klar, dass eine leichte vertikale Verschiebung nichts anderes bedeuten konnte als eine Anpassung der Hubble-Konstanten. Das hier erforderliche Ausmaß dieser Veränderung betrug etwa neun Prozent. Diese Erkenntnis verblüffte mich wieder, und zwar deshalb, weil jeder Kosmologe weiß, dass sich die Toleranz der von verschiedenen Teams sorgfältig ermittelten Werte auf bis zu etwa ±10 % beläuft.

Die Situation wäre dadurch geklärt, dass die Hubble-Konstante in unserer kosmischen Nachbarschaft lokal etwa 71 km/s/Mpc betragen könnte, die universale Konstante dagegen nur 65 km/s/Mpc, was beides also innerhalb der Bandbreite liegt. Sollte es sich dabei um einen bloßen Zufall handeln? Es ist mir gelungen nachzuweisen, dass die Berücksichtigung eines solchen Hubble-Kontrasts – auf den, Ironie des Schicksals, jene drei führenden Mitglieder des einen Teams, Saurabh Jha, Adam Riess und Robert Kirshner, zuvor selbst hingewiesen hatten – zu einer nahezu vollständigen statistischen Übereinstimmung mit den von Adam Riess, Saul Perlmutter und anderen zusammengestellten Supernova-Daten führen kann. Wie also, wenn es gar nicht überall im Universum die eine einzige und reine Hubble-Konstante gibt, sondern tatsächlich lokale Abweichungen auftreten, die sich über entsprechende Entfernungen erstrecken können? Die Situation der Kosmologie hatte sich damit auf die folgenden beiden Alternativen zugespitzt:

Entweder die Hubble-Konstante wäre überall die gleiche, und die relativ großen Unterschiede in den Messwerten hätten auf Verfahrensfehlern beruht. Dann und nur dann sprächen die Supernova-Daten für das Konkordanzmodell, und unser Kosmos wäre möglicherweise in abwechselnden Phasen von Abbremsung und Beschleunigung unterwegs. In abenteuerlicher Entwicklung, befindet *Sigismund Sörgli*. Um nicht zu sagen auf Geisterfahrt, fügt *Mlle Bleu de Ley* noch hinzu.

Oder aber es gibt lokale als Hubble-Kontrast bezeichnete Abweichungen in der Größenordnung von etwa neun Prozent, die sich über Entfernungen vergleichbar mit den größten beobachteten kosmischen Strukturen wie etwa der *Sloan Great Wall* erstrecken. Dann plötzlich aber sprechen die Supernova-Daten, derentwegen eigentlich das Konkordanzmodell überhaupt erfunden wurde, klar gegen die gegenwärtig akzeptierte Kosmologie. Und stattdessen für ein stationäres Universum mit lokalen Ereignissen gravitativer Neu- und Wiedergeburt, das wir möglicherweise bereits längst auch sehen.

Ob sich allerdings die Dinge tatsächlich im Sinne der hier aufgezeigten einfachen Deutung verhalten, wird letzten Endes nur die weitere physikalische Beobachtung lehren. Doch ist es auf jeden Fall interessant zu erkennen, dass bereits kleine Eigentümlichkeiten unserer kosmischen Nachbarschaft genügen, um die Supernova-Daten in nahezu perfekte Übereinstimmung mit dem stationären Modell zu bringen.

Es scheint deshalb höchst angebracht, dieser entscheidenden Frage nachzugehen, und sei es nur, um einen signifikanten lokalen Hubble-Kontrast gegebenenfalls auszuschließen. Umgekehrt folgt aus der gleichen Betrachtung, dass der Absolutwert eines realen lokalen Hubble-Kontrasts keinesfalls größer sein dürfte als etwa fünf Prozent, wenn das Konkordanzmodell richtig sein soll. Auch dürfte in diesem Fall keine nennenswerte Abschwächung des Lichts durch intergalaktisch verteilten grauen Staub auftreten, weil auch dadurch das schöne Urknall-Bild empfindlich gestört wäre.

Der Rückschluss aus den Supernova-Daten auf ein beschleunigt expandierendes Universum, das heißt auf eine kosmologische Konstante, kann also heute keinesfalls als physikalisch gesichert betrachtet werden, da er – wie in meinen Originalarbeiten mathematisch gezeigt – abhängig ist von der bisherigen Voraussetzung, dass es keinen entsprechenden lokalen Hubble-Kontrast gäbe. Doch ausgerechnet die drei erwähnten Mitarbeiter des High-z-Teams selbst hatten ja aus ihren Messungen Hinweise auf einen derartigen Kontrast festgestellt. In ihrer diesbezüglichen Arbeit von 2007 schrieben sie sinngemäß, unabhängig davon, was ihr „hubble bubble" letztlich zu bedeuten habe, der Effekt existiere jedenfalls, und das habe wichtige Konsequenzen für den Gebrauch von Supernovae als Werkzeug der Kosmologie. Sie haben leider nicht gemerkt welche.

Meines Erachtens allein vernünftig ist es, aus dem Bereich mit hohen Rotverschiebungen den universalen Wert der Konstante zu entnehmen und dann die Möglichkeit eines lokalen Hubble-Kontrasts – gegebenenfalls in Kombination mit anderen

Effekten wie einer intergalaktischen Absorption – zu prüfen. Die Messwerte zeigen deutlich in diese Richtung.

Dass die gute Übereinstimmung zunächst auf den Bereich größerer Rotverschiebungen eingeschränkt scheint, steht ganz in Einklang mit der erklärten Absicht, dass das Universum durch das stationäre Linienelement nur auf hinreichend großen Skalen beschrieben werden soll. Es ist bemerkenswert, dass dieser Bereich alle außerhalb der Erdatmosphäre mit Hilfe des Hubble-Teleskops entdeckte Supernovae Ia enthält. Entdeckungen und Beobachtungen wie beispielsweise die der erwähnten Sloan Great Wall aber zeigen, dass das Universum erst über gigantische Entfernungen von bis zu einer Milliarde Lichtjahren und mehr tatsächlich als homogen und isotrop betrachtet werden darf. Ganz analog verhält es sich vor diesem Hintergrund prinzipiell mit der Interpretation aller übrigen abweichenden Beobachtungstatsachen gegenüber den Aussagen, die sich aus dem stationären universalen Linienelement ergeben.

Auf die aus meiner Sicht sinnlose Frage, wie solch gigantische Strukturen im Rahmen der Urknall-Kosmologie überhaupt hätten entstehen können, soll hier wegen augenscheinlicher Irrelevanz nicht eingegangen werden. Im Hinblick auf ein durch das stationäre Linienelement beschriebenes ewiges unendliches Universum aber bedarf die Existenz solcher Gebilde gar keiner grundsätzlichen Rechtfertigung. Ebensowenig wie viele andere schlichte Gegebenheiten eines stationären Universums, deren Entstehung nach einem vermeintlichen Urknall beispielsweise die Phase einer angeblichen kosmischen Inflation erfordert hätte.

Beim Studieren der 'Papers' insbesondere des einen der beiden später ausgezeichneten Teams sind mir im Laufe der Jahre einige interessante Eigentümlichkeiten aufgefallen, in denen eine gewisse Mentalität des jeweiligen Sprachraums zum Ausdruck zu kommen scheint. Und diese Mentalität ist wohl nicht ganz ohne Einfluss auf das Denken. So hat es mich insbesondere verblüfft zu lesen, für welch verwegene Schlussfolgerungen einige der führenden Autoren die Bezeichnung *evidence* in Anspruch nehmen, obwohl nach amerikanisch-englischem Sprachgebrauch subjektiv sicher zu recht. Sie verstehen darunter so etwas wie einen Beweis durch das Vorlegen von Beobachtungsmaterial, wohingegen im deutschen Fremdwort 'Evidenz' hauptsächlich die in der Wortherkunft enthaltene einleuchtende Selbstverständlichkeit enthalten ist. Eine solche ist aber bei der durch den Nobelpreis 2011 geadelten Interpretation der Supernova-Daten durchaus nicht gegeben, gerade das Gegenteil ist der Fall. Das Preiskomitee sei hier offensichtlich auf einen breitgetretenen Holzweg geraten, bemüht sich die verständnisvolle *Mlle Bleu de Ley* stellvertretend um Entschuldigung.

Eine Konfrontation der in Frage kommenden Modelle mit den Supernova-Daten hatte jedenfalls zweifelsfrei bewiesen, dass die bis zuletzt von vielen favorisierte Einstein-de-Sitter-Kosmologie hierdurch ebenso widerlegt war wie die alte, ehemals zu unrecht so bezeichnete Steady-State Theory. Es war ein Schock. Dieser Schock hat schlagartig dazu geführt, Einsteins längst verworfene kosmologische Konstante teilweise wieder auszugraben und aus verschiedenen Zutaten ein Konkordanzmodell zu basteln, das nicht wenigen Physikerinnen und Physikern noch heute die Haare zu Berge stehen lässt. Es sieht nicht aus wie ein Pferd, es sieht nicht aus wie ein Esel, es sieht bestenfalls aus wie ein kosmologisches Maultier. Zwar seien bekanntlich auch Maultiere nicht zu verachten, doch wenn man ein stolzes Steckenpferd reiten könne! *Hypolite Van Tast* schnalzt mit der Zunge.

Abgesehen von den außerordentlich wertvollen Messdaten selbst, ist dies meines Erachtens der einzig sichere Erkenntnisgewinn aus den beinahe unglaublichen Fortschritten der instrumentellen Kosmologie in den letzten Jahren, der bisher ins Bewusstsein der 'Scientific Community' gedrungen ist. Mit Blick auf diese Daten bleibt offenbar nur das Konkordanzmodell oder eben das stationäre Universum gemäß SUM. – Oder aber am Ende vielleicht beides?

Eine denkbare Lösung aller diesbezüglichen Rätsel sollte jedenfalls in der grundsätzlich leicht verständlichen Unterscheidung von evolutionärem Kosmos und stationärem Universum liegen. Vor dem Hintergrund einer Einbettung unseres lokalen Kosmos erschiene die ganze Problematik des gegenwärtigen Modells in einem anderen Licht. Wenn es sein müsste, so böte gerade das stationäre Linienelement die prinzipielle Möglichkeit, am Konkordanzmodell als der Beschreibung unseres Kosmos festzuhalten, ohne jedoch dem Universum als Ganzem all die befremdlichen Zufälligkeiten zuschreiben zu müssen, die unter das Stichwort 'Koinzidenzprobleme und Feinabstimmung' fallen und damit allgemeines Unbehagen, wenn nicht Widerwillen erregen.

Der seltsamste Zufall von allen betrifft das vermeintlich gegenwärtige 'Alter des Universums'. Dass dieses ausgerechnet heute gerade dem Kehrwert der Hubble-Konstanten entsprechen soll, ließe sich nur aus dem erwähnten anthropischen Prinzip begründen. Doch angesichts der Supernova-Daten scheint es nun vernünftig, dieses Prinzip allein auf unsere kosmische Umgebung beziehungsweise auf unseren lokalen Kosmos anzuwenden, nicht aber auf das Universum insgesamt. In diesem Sinne läuft die Problematik beobachteter Abweichungen gegenüber den hier erwarteten universalen Durchschnittswerten tatsächlich immer auf die Frage hinaus, ob deren Ursachen nicht möglicherweise in lokalisierbaren – räumlich oder auch zeitlich begrenzten – Ungleichmäßigkeiten der Galaxienverteilung zu suchen sind. Erklärte Absicht ist es dabei nicht, in erster Linie gesicherte Erkenntnisse über die zweifellos vorhandenen Inhomogenitäten unserer kosmischen Umgebung zu gewinnen oder etwa einen Einfluss nicht-verfärbender intergalaktischer Absorption durch grauen Staub nachzuweisen. Es soll hier zunächst vor allem die grundsätzliche Möglichkeit aufgezeigt werden, auf Basis des stationären Modells aus kosmologischen Beobachtungsdaten Rückschlüsse auf unseren lokalen Kosmos zu ziehen.

Aus meiner Sicht war die Bestätigung des stationären Konzepts SUM durch Neubewertung der Supernova-Daten mit zwei Vorträgen[53] beim 12. Marcel Grossmann Meeting in Paris erbracht, wo ich versucht habe, auf diese Weise die ersten Nägel in

413

die Wand dogmatischer Ablehnung zu schlagen. Nach meiner Überzeugung ist damit eine 'beschleunigte Expansion' mitsamt der *ad hoc* wiedereingeführten kosmologischen Konstanten und der zugehörigen 'dunklen Energie' schlicht überflüssig geworden. Auch ohne die zugrundeliegenden Formeln mathematisch verstehen zu müssen, würde es sich für näher Interessierte lohnen, die etwa zwanzig Diagramme in *„Indication from the Supernovae Ia Data of a Stationary Background Universe"* am Computer kurz durchzublättern. Wie bei einem Diavortrag kann man dabei zusehen, wie sich zwei endgültig überholte Modelle der früheren relativistischen Kosmologie in Form eines Kompromisses aufeinander zu bewegen, um den völlig überraschenden Supernova-Ergebnissen möglichst nahe zu kommen. Das schönste aber ist, zu erkennen, dass die SUM-Berechnung für universale Entfernungen ohne weiteres stimmt. Es kann kaum ein vernünftiger Zweifel bestehen, dass diese Daten als Bestätigung gefeiert worden wären, hätten sich die beiden Teams nicht darauf beschränkt, zwischen zwei falschen Alternativen zu 'vermitteln' – exakt im Sinne des Wortes – sondern das stationäre Model SUM einzubeziehen, und zwar anders als nur in der sinnentstellenden, völlig unzureichenden Vorläuferversion einer 'Coasting Cosmology', von deren Existenz ich erst nachträglich erfahren habe.

Bis auf die Tatsache, dass meine kurzen Beiträge zur Veröffentlichung in den *Proceedings* akzeptiert wurden, hat es danach allerdings kaum nennenswerte Reaktionen gegeben. Das ist wenig verwunderlich. Angesichts der babylonischen Flut physikalischer Veröffentlichungen hat kein Mensch Zeit, sich um andere Arbeiten als die seiner unmittelbaren Freunde oder Konkurrenten zu kümmern, geschweige denn, das Papier eines No-Name Autors zu lesen. Unter dem Eindruck der frühen Erfahrungen mit meiner Lernsoftware habe ich mich zuletzt schließlich entschieden, auch in der Physik solide von unten nach oben – 'bottom up' statt 'top down' – vorzugehen und mich direkt an die Öffentlichkeit zu wenden, nachdem für einige ausgereifte Ideen die Zeit gekommen war.

Für mich als Außenstehenden, der nicht mitten im akademischen Trubel steckt und nicht Gefahr läuft, darin aufgerieben zu werden, wurden die Beobachtungsdaten zu einer stillen, doch umso tieferen Freude. Es war überwältigend, die in dieser Form nicht erwartete Übereinstimmung mit dem stationären Modell auf universalen Skalen zu erkennen. Aus diesem Grund habe ich auch als Glückwunsch an die SNe-Ia-Teams einen oben erwähnten persönlichen Kommentar zum Nobelpreis für Physik 2011 auf meine Webseiten gestellt. Es war außerdem sehr bemerkenswert, dass sich bei den zugrundeliegenden Beobachtungen – wahrlich weitreichend im Sinne des Wortes – keinerlei evolutionsbedingte Veränderungen in den natürlichen Abläufen oder gar den dahinter stehenden Naturgesetzen gezeigt haben, wie sie doch im Rahmen eines Urknallmodells eigentlich zu erwarten gewesen wären. Möglicherweise bin ich der einzige Physiker, der es sich leisten konnte, die unschätzbaren 'goldenen' Supernova-Daten noch einmal ohne Rücksicht auf kollegiale Befindlichkeiten frei unter die Lupe zu nehmen und selbst zu verarbeiten. Nachträglich empfinde ich große Dankbarkeit, Respekt und Bewunderung für die Menschen, die diese Beobachtungen ermöglicht, die Messungen durchgeführt, die Daten gewonnen und diese schließlich der Allgemeinheit zugänglich gemacht haben. Das heißt aber noch lange nicht, dass ich irgendeine daraus abgeleitete Deutungshoheit akzeptieren würde. In diesem Sinne – und nur in diesem Sinne – lasse ich mir wie Einstein und der Esel auch weiterhin 'nichts sagen'.

Die Tauglichkeitsgrenzen von Eigenlänge und Eigenzeit

Im Rückblick scheint es mir fast schwieriger zu erklären, was das Problem war, als es zu gelöst zu haben. Bereits in einem vorausgegangenen Abschnitt wurde aus der allgemeinen Relativitätstheorie gefolgert, dass nur um den Preis eines Verzichts auf eine vollständige Beschreibung an einem ausschließlichen Bezug auf spektrale Maßstäbe und Uhren festgehalten werden kann. Gerade darin lag eine starke Motivation, die Möglichkeit eines stationären Universums noch einmal zu prüfen. Diese Motivation wurde zusätzlich gestützt durch die Tatsache, dass das Produkt aus der potentiellen Gravitationsenergie von Elementarteilchen mit der Hubble-Zeit größenordnungsmäßig ganz in der Nähe der Planck'schen Konstanten liegt.

Auch in diesem Fall war mir erst mit der Zeit klargeworden, dass die allgemeine Relativitätstheorie ganz offenbar für die Gravitation, die spezielle Relativitätstheorie demgegenüber für die Quantenmechanik steht. Und zwar folgt das aus dem Verhalten von Atomuhren und entsprechenden Maßstäben, welche den Gesetzen der Quantenmechanik unterliegen und dabei natürliche Eigenzeiten und Eigenlängen im Sinne Einsteins anzeigen. In Bezug auf die universalen Koordinaten der Gravitation handelt es sich bei den erstgenannten aber nur um zeitweilige, örtlich begrenzte Annäherungen. Innerhalb hinreichend kleiner Bereiche des Universums – und zwar in Bezug auf Raum *und* Zeit – lassen sich deren Intervalle mit Atomuhren und spektralen Maßstäben unmittelbar messen. Mit Rücksicht auf die Gesetzmäßigkeiten der speziellen Relativitätstheorie sind diese aber in lokalen Inertialsystemen immer nur gemeinsam definiert, was von der relativistischen Kosmologie bisher völlig übersehen wurde.

Anders als bei den universalen Größen lässt sich bei Verwendung spektraler Einheiten wegen der fehlenden Übertragbarkeit nicht von Aussagen über lokale Zeitspannen auf globale Zeiträume, von Aussagen über lokale Längen auf globale Entfernungen schließen. Genau darin liegt die innere Begründung – und zwar in Kombination von allgemeiner und spezieller Relativitätstheorie selbst – dass es keine Grenze von Raum und Zeit gibt, sondern beim vermeintlichen Übergang dahin eine Grenze überschritten würde, nämlich die ihrer eigenen Anwendbarkeit. Obwohl die Aussagen der speziellen Relativitätstheorie auch in Bezug auf vergleichsweise recht große 'lokale' Systeme sehr stark sind – wie sich aus den mit Atomuhren gemessenen konstanten

Radien und Umlaufzeiten der Planetenbahnen ersehen lässt – ist es also nicht gerechtfertigt, diese Aussagen auf universale Zeitspannen und Entfernungen auszudehnen. Ein im Rahmen der heutigen Kosmologie punktförmiger Ursprung des Universums samt anfänglich unendlicher Materiedichte würde sich bei fälschlicher Verwendung nicht integrierbarer – das heißt, nicht auf universale Abmessungen übertragbarer – natürlicher Einheiten sogar auch aus dem stationären Linienelement ergeben. Bei naiver Betrachtung schiene dieses also ebenfalls einen in Bezug auf lokale Maßstäbe expandierenden Kosmos zu beschreiben, nun aber möglicherweise eingebettet in ein ewiges unendliches Hintergrunduniversum.

Die allgemein benutzte Bezeichnung 'Eigenzeit' ist vor allem insofern problematisch oder auch irreführend, als es zumindest intuitiv naheliegt anzunehmen, dass es überhaupt nur *eine* universale Zeit gibt. Diese ist jedenfalls die einzige, in der sich alle kosmologischen Abläufe lückenlos beschreiben lassen, so wie es auf der rotierenden Scheibe allein Einsteins Systemzeit erlaubt. Aus dieser Sicht ist die Eigenzeit lediglich als die Anzeige örtlicher Atomuhren zu verstehen, die – synchron zu allen natürlichen Prozessen – durch Gravitationspotential und Bewegung beeinflusst sind. Die mathematische Möglichkeit aber, eine einmal gegebene Systemzeit durch Koordinatentransformation in eine andere Form zu bringen, kann über die Notwendigkeit der gesonderten Existenz einer universalen Systemzeit nicht hinwegtäuschen. Allein darauf kommt es an.

So lässt sich das stationäre Linienelement insbesondere auch in eine andere Form transformieren, die eine sehr gute Annäherung an das Linienelement der speziellen Relativitätstheorie darstellt. Bezeichnenderweise allerdings nur für lokale kosmische Bereiche, deren auf universale Koordinaten bezogene Abmessungen kleiner sind als der Hubble-Radius. Dass hier die – mit den statistisch ortsfesten Positionen der Galaxien real verknüpfte – universale Entfernung auftritt, und der Punkt willkürlich wählbar ist, von dem aus die jeweiligen Entfernungen gemessen werden, lässt sich so verstehen, dass ein stationäres Universum möglicherweise mit lokal zusammenhängenden evolutionären Kosmen übersät ist, in denen die spezielle Relativitätstheorie auch in Bezug auf größere Entfernungen teilweise Gültigkeit beanspruchen kann. Ebenso lässt sich aus einer äquivalenten Bedingung schließen, dass es keine Strukturen gibt, die in Bezug auf ihre Eigenzeit älter wären als die Hubble-Zeit. Bei dieser braucht es sich also tatsächlich nicht um das Alter des gesamten Universums zu handeln.[54]

Angesichts der quantenmechanischen Realität von Teilchen mit halbzahligem Spin lässt sich die Brücke zwischen spezieller und allgemeiner Relativitätstheorie nur schlagen mit Hilfe der – in anderem Zusammenhang wieder einmal von Einstein selbst eingeführten – so genannten Vierbein-Darstellung, deren wahre Bedeutung allerdings lange Zeit nicht erkannt wurde. Erst Nathan Rosen wies im Rahmen seiner bimetrischen Formulierung der allgemeinen Relativitätstheorie auf eine derartige Möglichkeit hin, die ich inzwischen ausgearbeitet und durch Einbeziehung des ausgezeichneten universalen Systems so weit geklärt habe, dass mir die Herausgeber des gelegentlich erwähnten Journals für Wissenschaftsgeschichte meine entsprechende Arbeit wie eine heiße Kartoffel zurückschicken mussten. Und zwar ohne jeden Kommentar zur Sache, so als hätte es ihnen diesbezüglich die Sprache verschlagen. Und das mag wohl sein, denn in der genannten Arbeit – deren mathematischen Kern ich bereits als eigenen Abschnitt in 'Model of ...' der neuen Kosmologie vorangestellt hatte – ist nicht nur bewiesen, dass Poincaré mit seiner Auffassung der nichteuklidischen Geometrie recht hatte, wie Einstein ausdrücklich bestätigte, was jedoch heute anscheinend niemand mehr wahrhaben will. Vielmehr findet sich darin zusätzlich Einsteins Linienelement der allgemeinen Relativitätstheorie mathematisch konsequent abgeleitet als dasjenige systematisch beeinflussbarer Maßstäbe und Uhren. Und zwar im euklidischen Raum, was von unverständigen Relativitäts-Experten leicht als Skandal empfunden werden kann, weil es ihrer angelernten Gelehrsamkeit den Boden entzieht. Darüberhinaus droht damit die spekulative Konkordanz-Welt als historische Kuriosität letzten Endes sang- und klanglos zusammenzubrechen.

Zwar wäre es mathematisch möglich, das Naturgeschehen im gesamten Universum auf eine so genannte 'kosmische' Zeit zu beziehen, wie sie von den viel besungenen natürlichen Uhren angezeigt würde, falls diese heute gleichmäßig über das Universum verteilt, und als fertige Atomuhren allesamt in einem Urknall entstanden wären. Spektrallinien aber lassen sich nicht ohne weiteres als Uhren benutzen, obwohl ihr Takt natürlich vorgegeben ist. Doch an keinem Berg oder Tal einer Lichtwelle lässt sich ablesen, wie viele Schwingungen seit Beginn vergangen sind. Die Lichtwelle selbst enthält keine Information darüber, wann sie entstanden ist, von der Photonen-Problematik hier ganz abgesehen. Außerdem gibt es die universale Rotverschiebung, die klipp und klar beweist, dass die Anzeigen von Uhren naturgemäß rein lokalen Charakter haben. Allein durch technische Eingriffe an Ort und Stelle lassen sich funktionstüchtige Atomuhren konstruieren. Bezieht man sich aber auf die bewährte Methode der radioaktiven Altersbestimmung, so kann man zwar beispielsweise das Alter von Gesteinsproben abschätzen, doch erhält man so lediglich Werte, die für die Entstehung des jeweiligen Materials in Supernova-Ausbrüchen oder beispielsweise in den Heimatgestirnen von Kometen typisch sind. Was sich also bestenfalls ermitteln lässt, ist ein maximales Alter von Erde, Planeten, Sonne, Mond und Sternen. Das gelingt sicher teilweise auch bei sehr weit entfernten Galaxien. Doch im Grenzbereich ist immer eine gesunde Skepsis angebracht. Alle Informationen über solche Objekte gelangen zu uns in deren hier ankommendem Licht. Wir wissen zwar bereits manches darüber, welchen Einflüssen dieses Licht auf seiner Reise begegnet sein kann. Aber wir wissen bei weitem nicht alles.

Die unmittelbare Situation der Zeitmessung ist ohnehin völlig anders. Unsere Atomuhren sind eben nicht im Urknall entstanden, sondern von Menschen gemacht. Auch die Menschen sind nicht im Urknall entstanden, sondern verdanken ihre Existenz der evolutionären Entwicklung unseres Sonnensystems. Auch das Sonnensystem ist nicht im Urknall entstanden, sondern in unserer galaktischen Umgebung. Selbst unsere Milchstraße ist nicht im Urknall entstanden, sondern keiner weiß genau wie, keiner weiß genau wann. Nichts ist in einem Urknall entstanden, wenn vorher nichts war.

Nach den Regeln der allgemeinen Relativitätstheorie ist es durchaus möglich, die universale Zeit, in der bezüglich hinreichend großer Skalen alles stationär erscheint, auf jene andere Zeitkoordinate zu transformieren, die seit Beginn der relativistischen Kosmologie für die einzig mögliche gehalten, und aus der das vermeintliche Alter des Universums abgeleitet wird. Doch ist nun mathematisch gezeigt, dass es auf einem Missverständnis beruht, eine der Anzeige natürlicher Uhren entsprechende Eigenzeit auf universale Abmessungen zu beziehen. Die Anzeige natürlicher Uhren hat immer nur lokale Bedeutung. Die in der relativistischen Kosmologie seit jeher missverständlich verwendete Zeitkoordinate darf nicht mit einer kosmischen Eigenzeit verwechselt werden, die es in der bisher unterstellten Bedeutung gar nicht gibt. Mit Blick auf den hinsichtlich einer Quasi-Eigenzeit auftretenden Nullpunkt bietet es sich aber an, diesen wiederum so zu interpretieren, dass es in einem insgesamt stationären Universum keine Strukturen geben kann, die älter sind als der Kehrwert der Hubble-Konstanten. Dies betrifft neben Uhren insbesondere auch Sterne und Spiralnebel. Das angebliche Alter des Universums ist als maximale Lebensdauer unterschiedlicher kosmischer Strukturen zu sehen, die in einem ewig jungen unendlichen Universum zu verschiedenen Zeiten entstehen und zu verschiedenen Zeiten vergehen, was aufgrund der theoretischen Ableitung unmittelbar einleuchtet. Die meisten beobachteten Objekte sind natürlich jünger, es sei denn, dass ich mich auf eine Auswahl von älteren konzentriere. Bei der statistischen Erfassung der Bewohner von Seniorenheimen würde man selbstverständlich auch viel weniger Junge als Alte finden, erläutert *Ala-*

din Adamson. Im Sinne der Konkordanzkosmologie aber müsse *Hypolite Van Tast* eine Zeitspanne von etwa hundert Jahren als Alter der Menschheit bezeichnen, weil ihm bisher kein wesentlich älterer begegnet sei.

Die realen Beobachtungen der Kosmologie sind als Belege für einen gemeinsamen Ursprung allen Seins keineswegs überzeugend, schon gar nicht restlos. Ist es außerdem nicht die existentielle Erfahrung überhaupt, dass alles ringsum – mit uns selbst mitten darin – einmal entstanden ist, seine Zeit hat und schließlich vergeht? Ohne dass dies das ganze Universums betreffen muss, die natürliche Gegebenheit überhaupt, deren Wirklichkeit als einzige für immer außer Frage steht.

Dass eine endliche Spanne der Eigenzeit durchaus einem unendlichen universalen Zeitraum entsprechen kann, ergibt sich ja bereits aus der Fiktion eines Raumfahrers, der in ein Schwarzes Loch fällt. Eine naive Anwendung der Relativitätstheorie auf diese haarsträubend unrealistische Situation ließe schließen, dass dabei die Uhr des Raumfahrers stehen bliebe, obwohl sie funktioniert. Die letzten von dieser Uhr ausgehenden Funksignale würden also bei ihrem Empfang eine begrenzte Eigenzeit anzeigen, weil danach gar kein Signal mehr zu registrieren wäre, selbst wenn man eine unendlich lange universale Zeit darauf warten wollte. Die universale Zeit wäre dabei immer noch gegeben als diejenige Zeitskala, auf die sich alle an dem sensationellen Ereignis unbeteiligten Beobachter zweckmäßigerweise beziehen würden. Denn die Zeit selbst bleibt eben nicht stehen, bloß weil irgendwo eine Uhr stehen bleibt. Erstaunlicherweise scheint bisher niemand auf die Idee gekommen zu sein, dass der endlichen Eigenzeit, die seit der angeblichen Entstehung des Universums in einem Urknall vergangen wäre, ganz analog ein unendlicher universaler Zeitraum entsprechen müsste. Voraussetzung wäre nur, dass die Eigenzeit – ganz wie es sein muss – auch hier auf örtlich begrenzte Bereiche bezogen wird.

In Bezug auf universale Entfernungen ist eine offensichtliche Anwendbarkeitsgrenze auch von Eigenlängen dadurch gegeben, dass diese kleiner sein müssen als der Hubble-Radius. Auch hier ist es wieder die Kombination der speziellen mit der allgemeinen Relativitätstheorie, die das beweist. Eine entsprechende universale Entfernung ist aber nach dem Gesetz der stationären Rotverschiebung ganz real verknüpft mit den statistisch ortsfesten Positionen der Galaxienhaufen und Superhaufen. Tatsächlich manifestieren sich diese Anwendbarkeitsgrenzen in der einfachen Bedingung, dass es keine zusammenhängenden Strukturen zu geben scheint, deren Rotverschiebungswerte am Rande über einen Wert von etwa 1,7 hinausgehen würden, was zufällig gerade der am weitesten entfernten Supernova vom Typ Ia in den bisher ausgewerteten Helligkeitsdaten entspricht. Höchstens innerhalb entsprechend begrenzter kosmischer Bereiche können die Konzepte von Eigenlänge und Eigenzeit der speziellen Relativitätstheorie zusammenhängend gelten und gegebenenfalls näherungsweise naiv angewendet werden, wenn überhaupt.

Innerhalb eines jeden maximal zulässigen Bereichs aber schienen die Uhren in verschiedenen Entfernungen dann allerdings mit Geschwindigkeiten zu laufen, die nicht den Werten der Rotverschiebung entsprächen. Auch damit erweist sich die lokale Eigenzeit wieder als ungeeignet im Sinne einer gleichförmig ablaufenden kosmischen Zeit. In einem Grenzübergang zum jeweiligen zeitlichen Nullpunkt folgt dementsprechend zuletzt wieder, dass es keine zusammenhängenden makroskopischen Strukturen geben kann, die älter wären als die Hubble-Zeit.

Die maximale Lebensdauer kosmischer Strukturen kann also verstanden werden als Konsequenz einer prinzipiell nicht überschreitbaren äußeren Anwendbarkeitsgrenze der Relativitätstheorie etwa der Art, wie es auf der anderen Seite jener Schwarzschild-Radius zu sein scheint, der angeblich die vermeintlichen Schwarzen Löcher begrenzt. Gerade die zuletzt genannte Grenze aber könnte es zugleich sein, hinter welcher sich diejenigen Prozesse abspielen sollten, die bei jeweils lokaler Abnahme der Entropie für eine statistisch-stationäre Neubildung aller kosmischen Gebilde unverzichtbar wären. Auf Basis einer solchen Interpretation scheinen die Einstein'schen Gleichungen nunmehr in der Lage, auf verblüffende Weise der Tatsache Rechnung zu tragen, dass innerhalb der Physik einerseits kein Beginn des Universums insgesamt, andererseits aber auch keine ewigen makroskopischen Strukturen vorstellbar sind. Eine Begründung dafür, dass solch eine lokale Abnahme der Entropie physikalisch durchaus plausibel wäre, wurde bereits im Zusammenhang mit der universalen Gravitation und deren negativem Druck gegeben.

Damit nun stellt sich schließlich die Frage, wie groß im Sinne ursprünglicher *Schöpfungsereignisse* mögliche Local-Bang-Bereiche eines stationären Universums tatsächlich wären. Diese Bereiche sollten zwar nicht größer, könnten aber wesentlich kleiner sein als der Hubble-Radius. Insbesondere lässt sich hier größenordnungsmäßig selbst die mittlere Ausdehnung der beobachteten Blasen der Galaxienverteilung – englisch *voids* oder *bubbles* – nicht von vornherein ausschließen. Andererseits könnten, selbst bei Zugrundelegung des oben genannten Maximalwerts, sehr weit entfernte Quasare mit Rotverschiebungen größer als sechs jedenfalls nicht mehr Teil 'unseres' Kosmos, sondern nur des darüber hinaus gehenden Universums sein, wenn nicht eine zusätzliche Gravitationsrotverschiebung dieser extrem schweren nicht-statischen Objekte unerwartet große Beiträge liefert. Im Unterschied zu den radikalen Single-Bang-Kosmologen mögen die Sucher vieler Local-Bangs mit dem neuen Entwurf SUM viel besser leben können, zumindest als Alternative. Am meisten Freude daran aber werden jedenfalls diejenigen haben, für die bisher überhaupt kein Bild von einem Universum erkennbar war, in dem unser Kosmos – so groß oder klein er vergleichsweise auch sei – zuhause ist.

Aus den Tauglichkeitsgrenzen von Eigenlänge und Eigenzeit ergibt sich auch die mathematische Begründung einer *physikalischen Evolution*. Die im Rahmen der stationären Lösung SUM berechneten Rotverschiebungswerte hängen allein ab von den Entfernungen der Strahlungsquellen. Und zwar in Bezug auf diejenigen universalen Koordinaten, welche im Sinne einer hypothetischen Expansion als 'mitbewegte' bezeichnet werden. Auch die Vertreter einer solchen Expansion des Universums aber setzen voraus, dass sich Galaxien und quasistellare Objekte in Bezug auf diese Koordinaten in Ruhe befinden. Durch Bestimmung der jeweiligen Rotverschiebung sind die universalen Entfernungen nun jedoch plötzlich selbst direkt messbar. Im Unterschied zur bisher herrschenden Meinung haben sie also eine unmittelbare physikalische Bedeutung. Dieser Sachverhalt ist allerdings erst nach Aufklärung eines historischen Missverständnisses erkennbar geworden. Und zwar wurde, wie oben berichtet, seit Jahrzehnten die eigentliche Rotverschiebungs-Konstante mit einem verwandten Parameter verwechselt.

Andererseits gibt es neben den intergalaktischen Entfernungen bekanntlich die 'Eigen'-Ausdehnungen lokaler Maßstäbe und Objekte, die gemäß SUM wegen wechselseitiger Zeitabhängigkeit zwar immer wieder vorübergehend, nicht jedoch auf Dauer mit den universalen Werten übereinstimmen können. Dadurch ist ein konkret ableitbarer Widerstreit zwischen lokalen und universalen Größen vorgegeben, die nach dem stationären Modell zunächst beide ihre Abmessungen zu behalten trachten, was aber über beliebig lange Zeiten unmöglich ist. Aus dieser Sicht wird also die Ursache besagter physikalischer Evolution erkennbar, die auf dem ewigen Widerstreit lokaler kosmischer Strukturen gegen universale stationäre Verteilungen beruht.

Eine entsprechende Überlegung wie die zur maximalen Eigenzeit als Lebensdauer gilt ebenfalls für die allgemein verwendete Bezeichnung der Eigenlänge, welche gleichermaßen problematisch ist, insofern alles Geschehen lückenlos nur auf universale Abstände bezogen werden kann. Auch aus dieser Sicht ist die Eigenlänge lediglich als die jeweilige Anzahl spektraler Maßeinheiten zu verstehen, die – wie die Abmessungen sämtlicher lokalen Objekte – wiederum durch Gravitationspotential und Bewegung beeinflusst sind.

Hier sei zusätzlich angemerkt, dass der aus dem stationären Linienelement abgeleitete Zusammenhang zwischen Intervallen der universalen Zeit und solchen der Eigenzeit interessanterweise mit zweierlei Vorzeichen auftreten könnte. Die Notwendigkeit einer vorübergehenden örtlich begrenzten Abnahme der Entropie ist von Anfang an ein ernstes Problem für jedes stationäre Konzept überhaupt. Wäre nicht das bereits grundsätzlich inakzeptable Konkordanzmodell noch ungleich problematischer, schiene es beinahe unmöglich, ein universales statistisches Gleichgewicht von Chaos und Struktur als Konsequenz von SUM zu vermitteln, welches eben durchaus keinen monotonen thermischen Stillstand bedeutet, sondern im Gegenteil ein lebendiges Universum. Genau das war zu begründen, zwar hier nur so weitgehend wie nötig, zugleich aber so unmissverständlich wie möglich.

Überraschenderweise haben sich auf diese Weise aus dem Linienelement eines unendlichen und – in Bezug auf hinreichend große Skalen von Raum und Zeit – ewig jungen Universums ganz von selbst Hubble-Radius und Hubble-Zeit als Obergrenzen für lokal zusammenhängende kosmische Bereiche ergeben. Dass das Konzept kosmischer Eigenlänge und Eigenzeit auf größeren Skalen zusammenbricht, hat seinen Grund im Wechselspiel von allgemeiner und spezieller Relativitätstheorie, was in meinen Augen dem Zusammenwirken von Gravitation und Quantenmechanik entspricht. Diese Konsequenz ist grundsätzlich plausibel, wie auf der anderen Seite Planck-Länge und Planck-Zeit als entsprechende Untergrenzen längst bekannt sind. Jeder wisse doch, *Borromea Worthswerd* liegt diese Analogie am Herzen, dass einerseits die Ausdehnung von Samenkörnern zwar klein ist – allerdings nicht Null – andererseits aber Bäume nicht in den Himmel wachsen.

Das neue an SUM ist die bisher offenbar für unmöglich gehaltene relativistische Beschreibung eines materiellen Universums im Hintergrund, aus dem unser Kosmos einst entstanden ist, und der seither seine evolutionäre Entwicklung genommen hat. Doch wie weit reicht unser Kosmos im unendlichen Universum tatsächlich?

7 Tohu-va-bohu und die Entfesselung der Urknall-Kosmologie

Es gibt keine räumlichen oder zeitlichen Grenzen der physikalischen Beschreibbarkeit: nicht diesen Big-Bang, nicht diese Schwarzen Löcher, kein Entstehen aus dem Nichts, kein Verschwinden im Nirgendwo. Insbesondere steht auch kein Vergehen des Universums in eine unendliche Leere bevor, wie dies von der gegenwärtigen Konkordanzkosmologie vorausgesagt wird. SUM verlangt zwar ein anderes Verständnis der wunderbaren Gleichung Einsteins samt einigem Aufwand – in manchem Detail vielleicht nur mathematisch fassbar und radikal neu – doch im Grundsatz ist es leicht zu verstehen, viel leichter als das bisherige Konzept jedenfalls. Nicht nur jedes Lebewesen wird geboren und stirbt, sondern überhaupt jede evolutionäre Struktur. So auch Sterne und Galaxien bis hin zu ganzen Kosmen. Dabei ist unser Kosmos ein in gemeinsamer Evolution befindlicher zusammenhängender Bereich des ewigen und unendlichen Universums. Aber nicht dieses Universum selbst.

Trotzdem drängt sich gewiss die Frage auf, ob nicht ein angepasstes Modell gefunden werden kann, das die unbestreitbaren Erfolge der Konkordanzkosmologie beibehält, ohne an deren genannten Schwächen zu kranken. Wie sich hier zeigen wird, ist eine solche Möglichkeit nicht von vornherein undenkbar. In einer naheliegenden historischen Analogie könnte man als Wissenschaftler allerdings leicht geneigt sein, dem Beispiel Tycho Brahes zu folgen, der einstmals versuchte, das alte geozentrische mit dem eben neu wiederentdeckten heliozentrischen Weltbild zu vereinbaren. Dass aber hier ein entsprechender Kompromiss zuletzt überhaupt notwendig würde, scheint beinahe ausgeschlossen, tatsächlich bin ich vom Gegenteil überzeugt.

Der durch das Konkordanzmodell beschriebene Kosmos gilt heute als im mathematischen Sinne annähernd flach. Das wiederum bedeutet, dass er sich unter dem Aspekt effektiv fehlender räumlicher Krümmung beinahe nahtlos in ein perfekt flaches Universum einbetten ließe. Das gegenwärtige Modell versucht das Fehlen einer dort ursprünglich erwarteten Krümmung dadurch zu erklären, dass eine solche zwar anfänglich vorhanden gewesen sei, im Verlauf einer Phase inflationären Wachstums dann jedoch weitgehend eingeebnet worden sei.

In Bezug auf universale Koordinaten aber muss die im Rahmen der Urknalltheorie unausweichliche Anfangssingularität überhaupt nicht auftreten. Unabhängig von den Entfernungen, bei denen unser evolutionärer Kosmos in das stationäre Universum übergeht, bedeutet diese Erkenntnis den Abschied vom unphysikalischen Konzept eines physikalischen Beginns von Raum und Zeit. Trotzdem mag das Urknallmodell als ein heuristischer Zugang weiterhin seine Rolle spielen, indem es die provisorische Einordnung von Beobachtungsdaten in die Schubladen schlichten Denkens erlaubt. Während nämlich der eigentliche Ansatz von vornherein jeder Vernunft widerspricht, sieht es tatsächlich so aus, als könnte die reale Zusammensetzung der universalen Energiedichte in ihren verschiedenen, heute unterstellten Komponenten von Materie und Strahlung bei verschwindendem gewöhnlichen Druck in mathematischer Nachbildung zum Konkordanzmodell führen.

Hier komme ich zurück auf eine bereits oben gestellte Frage. Dabei ging es darum, wann bei Voraussetzung einer Expansion nun auf Basis des universalen Linienelements die extrem kleine modifizierte Planck-Länge in der Vergangenheit so groß gewesen wäre wie der heutige Hubble-Radius. Im unrealistischen Falle, dass die kosmische Evolution das Universum analog zum Konkordanzmodell insgesamt betroffen hätte, scheint sich als die entsprechende universale Zeit ziemlich genau das 137-fache der Hubble-Zeit zu ergeben. Das wäre kaum der Rede wert, wenn nicht der Kehrwert dieser Zahl in guter Annäherung für die überaus geheimnisvolle Sommerfeldsche Feinstrukturkonstante stünde. Deren Zahlenwert gilt als eines der größten ungelösten Rätsel der theoretischen Physik.

Bei solcher Betrachtung sollte eine kosmische Evolution des Universums als Ganzem nicht früher als etwa zur Planck-Zeit begonnen haben, die nach heute weit verbreiteter Auffassung dem Beginn der inflationären Phase des Universums entspricht. Ein solcher Anfang wird dabei mit Vorliebe der Fluktuation eines 'falschen Vakuums' zugeschrieben, dem bisher allerdings jede reale Energiedichte abgesprochen wird. Diese nämlich würde die Existenz eines universalen *Einstein-Tensors* verlangen, den aber in diesem Zusammenhang anscheinend niemand vor mir gesucht, geschweige denn gefunden hat. Der einfache Grund für die fehlende Suche ist, dass ein solcher Energie-Tensor zwar einem chaotischen Inflationsszenario entsprechen könnte – plötzlich aber nicht mehr im Nichts, sondern in einem stationären Universum, innerhalb dessen all die ursprünglichen Schöpfungsereignisse stattfänden, immer wieder und wieder.

Einstein hat in anderem Zusammenhang einst die Frage der dimensionslosen Naturkonstanten aufgeworfen. In einem Universum aufgebaut aus Elementarteilchen und Atomen muss es zumindest *eine* dimensionslose Naturkonstante geben, nämlich das Verhältnis des mittleren Abstands zur mittleren Ausdehnung der Teilchen. Es ist klar, dass sich diese Zahl auf andere Größen wie Zeiten, Dichten und Wechselwirkungen überträgt. Eine vollständige Theorie des Universums als Ganzes dürfte im Idealfall anstatt einer Reihe freier Parameter überhaupt nur wenige echte Naturkonstanten haben wie beispielsweise die der Gravitation, der Lichtgeschwindigkeit und des Wirkungsquantums. Sämtliche dimensionslosen Zahlen, darunter insbesondere die erwähnte Sommerfeldsche Feinstrukturkonstante – die dann auch die Elementarladung mit sich bringt – sollten sich entsprechend der Auffassung Einsteins nun zusammen mit der Hubble-Konstanten aus der Theorie ergeben.

Diese Frage der Naturkonstanten birgt zwar die Gefahr, sich in Spekulationen zu verlieren, trotzdem aber kommt man letztlich nicht daran vorbei, darüber nachzudenken. Es wäre für Leute wie *Hypolite Van Tast* nicht einmal von vornherein unvorstellbar, dass in einem stationären Universum viele Kosmen entstehen, in denen die dimensionslosen Naturkonstanten unterschiedliche Werte haben könnten. Hinsichtlich der Grundgrößen der Physik ist allerdings je eine einzelne Naturkonstante in dem Sinne unbestimmt, dass sie für sich allein genommen jeden beliebigen Wert haben könnte. Das betrifft zum Beispiel jeweils die von Planck zu einer Basis zusammengenommenen oben genannten Konstanten der Gravitation, der Lichtgeschwindigkeit und des Wirkungsquantums. Ihre absoluten Werte wären bei isolierter Betrachtung belanglos. Ihre wahre Bedeutung zeigt sich erst, wenn man daraus Kombinationen bildet, die als Basiseinheiten zum Beispiel das Maßsystem einer Länge, einer Masse und einer Zeitspanne tragen. Jede Messung einer physikalischen Größe, die immer nur einen Vergleich mit der entsprechenden Einheit bedeutet, liefert dann als Ergebnis eine dimensionslose Maßzahl.

Als rätselhafteste aller dimensionslosen Zahlen der Physik ergibt sich jene Sommerfeldsche Feinstrukturkonstante aus dem Verhältnis der Elementarladung im Quadrat zu Wirkungsquantum und Lichtgeschwindigkeit, wobei ihr Kehrwert ungefähr der Zahl 137 entspricht. Eine kleine Abweichung würde genügt haben, eine Entstehung von Leben in unserem Kosmos ganz zu verhindern. Wenn das kein Wunder sei, staunt *Sigismund Sörgli*.

Im Rahmen der Konkordanzkosmologie wird das ansonsten als zufällig angesehene heutige 'Alter des Universums' damit erklärt, dass zu allen früheren Zeiten angeblich keine Lebewesen existiert hätten, die überhaupt ein solches Alter hätten bestimmen können. Ich behaupte, das gleiche Argument ließe sich in Übertragung auch benutzen, um zu begründen, warum die Erde im Mittelpunkt der Welt stehe. In einer Beschreibung des Universums insgesamt hat aber solch ein anthropisches Prinzip nichts zu suchen, in der unseres darin befindlichen Kosmos natürlich aber sehr viel. Ausdehnung und Bildung beobachteter Strukturen aus Myriaden von Galaxien geben Rätsel auf. Gemäß Konkordanzmodell sieht es immer wieder so aus, als hätten sie einfach nicht genug Zeit gehabt, sich entsprechend den 'Vorgaben' der heutigen Kosmologie zu entwickeln. Oder wäre es nicht eher umgekehrt? fragt *Frank U. Frey* trocken.

Denn die auf dem anthropischen Prinzip beruhende Erklärung eines passenden Alters des Universums ist ein physikalisches Totschlag-Argument. Im vergleichbaren Falle, dass nun doch die Erde im Mittelpunkt des Universums stünde, von dem aus sich alle Spiralnebel radial entfernten, könnte *Hypolite Van Tast* argumentieren, das werde von uns deshalb beobachtet, weil sich aufgrund dieser speziellen Position eben nur gerade dort Astronomen und andere Lebewesen entwickelt haben könnten.

Doch selbst nachdem eine evolutionäre Entwicklung des Lebens bis hin zum Menschen einige Jahrmilliarden gebraucht hat, bliebe es ein höchst unwahrscheinliches Zusammentreffen, dass wir gerade zur Hubble-Zeit leben. Ist es aber kein Zufall, dass wir das Universum in dem Zustand sehen, in dem wir es vorfinden, so ist das umgekehrt ein klarer Hinweis darauf, dass es zu allen Zeiten so war und sein wird, das heißt ein weiterer Beleg für das stationäre Modell eines ewig jungen Universums.

Die Antwort auf eine weitere Frage aber, ob es nicht sein kann, dass selbst in einem stationären Hintergrunduniversum anstatt vieler 'Local-Bangs' vielleicht nur ein einziger 'Big Bang' stattgefunden hätte, ist im Hinblick der Supernova-Daten schlicht: nein.

Das Konkordanzmodell verlangt, dass die Temperatur der kosmischen Hintergrundstrahlung in der Vergangenheit umso größer war, je weiter entfernt diese Strahlung einst auf die heute beobachtbaren Objekte getroffen ist, woraus sich die Möglichkeit einer Bestätigung, aber auch die einer Widerlegung ergibt. Sollte das Konkordanzmodell eines Tages wider alle Erwartung eine endgültige Bestätigung erfahren, so wäre das meines Erachtens allein durch Übereinstimmung der vorhergesagten Mikrowellen-Temperatur in sehr weit entfernten Gaswolken zu beweisen. Allerdings nur, falls sich entsprechende Messungen überhaupt jemals mit Sicherheit bestätigen ließen, denen ich wie anderen wiederholt schon gefeierten Versprechungen keineswegs blind zu vertrauen gewillt bin. Entsprechende Meldungen habe es in ehemals seriösen, noch heute den Weltmarkt anführenden Wissenschaftsmagazinen mehrfach gegeben, die sich später als unhaltbar erwiesen hätten, erinnert sich *Frank U. Frey*. Diese Bezeichnung sei treffend, bemerkt *Mlle Bleu de Ley*, sie fühle sich von gewissen Magazinen zuweilen tatsächlich angeführt.

Solch ein Nachweis universal sinkender Temperatur wäre zuerst mittels verschiedener Verfahren durch unabhängige Forschergruppen zu verifizieren. Diese Voraussetzung ist im Hinblick auf das grenzenlose Universum bisher nicht erfüllt, und es ist eine rhetorische Frage, ob sie es je sein kann. Die bisherigen Messungen am Licht sehr weit entfernter Objekte sind für mich längst nicht überzeugend.

Der im Konkordanzmodell mit unendlich großen Werten der Rotverschiebung theoretisch festgelegte 'Rand des Universums' würde zwischen drei und vier Hubble-Radien liegen, so dass von daher einer Einbettung des entsprechenden Kosmos in ein stationäres Hintergrunduniversum eigentlich nichts im Wege stünde.

Eine solche Einbettung würde es lediglich erfordern, den mitbewegten Koordinatenraum des Konkordanzmodells in geeigneter Weise jenseits desjenigen Rotverschiebungswertes abzuschneiden, welcher der Hintergrundstrahlung zugeschrieben wird. Die entsprechende universale Entfernung läge knapp unterhalb einer Grenze von annähernd dreieinhalb Hubble-Radien.

Doch andererseits steht solch ein Rand in Widerspruch zum kosmologischen Prinzip, das unbegrenzte Homogenität im System 'mitbewegter' universaler Koordinaten verlangt. Diese Homogenität sei ja auch eigentlich gegeben, erläutert *Hypolite Van Tast*. Der Rand stehe natürlich nur für einen sich verschiebenden Horizont dessen, was heute zu sehen sei. Das sehe sie leider nicht – *Mlle Bleu de Ley* ist sich da sicher – sie sehe aber, dass es selbstverständlich auch dafür wieder Experten gebe, denen es ein Leichtes sei, dieses Dilemma im Nebel sophistischer Argumentation zu zerren.

Angenommen der Kosmos hätte tatsächlich einen gemeinsamen zeitlichen Anfang vor etwa 14 Milliarden Jahren gehabt, welche Objekte mögen es dann aber sein, die heute allesamt tatsächlich das gleiche Alter hätten? Sollte sich ein solcher Anfang erweisen, dann bliebe immer noch die Möglichkeit, dass es sich dabei nur um den uns heute bekannten Teil eines statistisch-stationären Universums aus unendlich vielen solcher kosmischer Bereiche handelt, die ebenso wie Sterne und Spiralnebel immer wieder entstehen und vergehen.

Dem Konzept Lemaîtres vom 'Ur-Atom' stelle ich nun – um im Bild zu bleiben – eine 'Ursuppe' gegenüber, und das hat Konsequenzen. Das Ur-Atom soll nach heutigem Verständnis zu Beginn der Zeit angeblich als ausdehnungsloser Punkt im reinen Nichts konzentriert gewesen sein. Während allerdings eine Entstehung des Universums aus solch einem explodierenden Ur-Atom für jeden vernünftigen Menschen physikalisch inakzeptable Zumutungen enthält, stößt demgegenüber das Bild einer universalen Kondensation auf keinerlei unüberwindbare physikalische Widersprüche, im Gegenteil. Nenne ich die Ursuppe nun 'Chaos', so bin ich sehr nahe bei denjenigen Physikern, die von einem anfänglichen 'Quantenschaum' sprechen, ohne dass sie diesem – aus mir unbegreiflichen Gründen – bisher jedoch eine durch die Einstein'schen Gleichungen beschreibbare Energiedichte zugeordnet hätten.

Ein anderes Wort für 'statistisch-stationäres Gleichgewicht, aus dem alles immer wieder neu entsteht', wäre möglicherweise und mit allem gebotenen Respekt: *tohu w'a-bohu*. Der kosmologische Knoten, der hier zu lösen wäre, hängt jedenfalls auf das engste zusammen mit dem früher behandelten euklidischen. Die Entfesselung des Universums aus den Verstrickungen der Urknall-Kosmologie könnte nun darin bestehen, dass das ewig junge unendliche Universum von allen räumlichen und zeitlichen Begrenzungen befreit wird, die nur für 'unseren' Kosmos Gültigkeit haben könnten, was gegebenenfalls vielleicht auch den Kosmos des Konkordanzmodells beträfe. Falls letzteres allerdings nicht eine Nummern kleiner gehe, *Mlle Bleu de Ley* interpretiert einen wesentlichen Vorbehalt. Himmlisch! *Aladin Adamson* ist ganz hingerissen.

Für jedes kosmologische Modell lässt sich ein so genannter Verlangsamungs-Parameter ableiten, der ursprünglich einmal dazu gedacht war, eine der Gravitation zugeschriebene Abbremsung der Expansion des Raums samt auseinanderfliegender Spiralnebel zu beschreiben. Auch dieser Parameter hat eine lustige Geschichte. In einem stationären Universum kann er natürlich keinen anderen Wert haben als Null, weil es hier weder eine derartige Abbremsung noch Beschleunigung, ja nicht einmal eine Expansion des dreidimensionalen Raums überhaupt gibt. Sowohl durch die Berechnung als auch durch großräumige Beobachtungen wird das ganz zwanglos bestätigt. Doch bevor sich eine klare Tendenz dieser auch als 'Deceleration'-Parameter bezeichneten Kenngröße zeigte, sich letztlich auf den Wert Null des stationären Linienelements einzustellen, wurde abwechselnd über einige völlig gegensätzliche Werte spekuliert. Diese Herumraterei war für das ganze Dilemma der in meinen Augen von Anfang an willkürlichen Urknall-Kosmologie charakteristisch.

Nachdem nämlich das allererste statische kosmologische Modell Einsteins auch durch die Entdeckung der Rotverschiebung widerlegt war, wurde als Konsequenz der Steady-State Theory zwischenzeitlich ein konstant negativer Wert vermutet, bis dieses Modell aufgrund einschlägiger Beobachtungstatsachen aufgegeben werden musste. Danach glaubte man bis vor wenigen Jahren, dass – beispielsweise dem Einstein-de-Sitter-Modell entsprechend – der Verlangsamungs-Parameter zwar zeitlich veränderlich, immer aber positiv sein müsse. Die Supernova-Messungen vor etwa fünfzehn Jahren waren dann für viele ein Schock, indem sie nun stattdessen doch noch einen negativen Wert zu beweisen schienen. Aber auch dieses Ergebnis wurde nur wenige Jahre später, in allerjüngster Vergangenheit also, dahingehend eingeschränkt, dass besagter Parameter während einer inflationären Phase überlichtschneller Expansion zwar negativ gewesen sei, danach für einige Milliarden Jahre positiv, und erst heute wiederum negativ. Wohl gelingt es der derzeitigen Konkordanzkosmologie, die vermeintlich abwechselnden Beschleunigungs- und Bremsphasen des Universums in überraschender zahlenmäßiger Übereinstimmung mit ihrem Modell zu beschreiben – doch dieses Modell geht dabei davon aus, dass der Kehrwert eines zeitlich veränderlichen Hubble-Parameters nur genau ein einziges Mal mit dem angeblichen Alter des Universums übereingestimmt hätte, und zwar zufällig gerade heute. Auch die derzeit verwendete seltsame $3/4$-Rolle der von Einstein als „... *größte Eselei meines Lebens*" verworfenen kosmologischen Konstanten wäre mehr als befremdlich, jedenfalls wenn sie das physikalische Universum als Ganzes beträfe. Nach den grundsätzlichen Voraussetzungen einer vernünftigen Kosmologie müsste eine solche Annahme für alle Zeiten eine unbeweisbare Hypothese bleiben. Diesen Zufall und andere, wie eben die mehrfachen Vorzeichenwechsel des Verlangsamungs-Parameters, kann es beim stationären Modell gar nicht geben. Welchem unbefangenen Beobachter aber drängt sich da nicht die Vermutung auf, dass sich dessen Wert am Ende einfach als der eines stationären Universums herausstellen wird, nämlich Null?

Im Interesse einer Besinnung auf fundamentale Tatsachen seien noch einmal einige Einsichten zusammengefasst: Was wir als Grundlage der Kosmologie zweifelsfrei haben, ist neben Sternen und Galaxien an einem dunklen Nachthimmel vor allem das Phänomen der Rotverschiebung sowie eine Hintergrundstrahlung. Das heutige Konkordanzmodell beruht darauf, dass man glaubt, diese Beobachtungstatsachen nicht anders als mit einer 'Expansion des Universums' erklären zu können. Wenn nun gemeint wäre, dass die gesamte Materie des Universums seit einem Urknall tatsächlich auseinanderfliege, dann müsste der Ort der gemeinsamen Entstehung einen realen Mittelpunkt bilden. In einem solchen Universum aber könnte das kosmologische Prinzip nicht einmal in seiner eingeschränkten Form gelten, demzufolge sich allen Beobachtern zur gleichen Zeit an jedem beliebigen Ort ein gleiches Bild bieten soll. Wenn dagegen gesagt wird, es sei der Raum, der expandiere, dann frage ich nach demjenigen Bezugssystem, das notwendig ist, um eine Expansion überhaupt festzustellen, und nenne dieses dann den Repräsentanten des wahren Raums.

Nach meiner Überzeugung gilt – ohne jede Expansion des Universums – das kosmologische Prinzip aber ganz oder gar nicht. Die Entstehung unseres Kosmos als Teil eines stationären Universums ist physikalisch leicht vorstellbar, nicht aber die Interpretation eines solchen Ursprungs als Beginn des gesamten Universums einschließlich Raum und Zeit.

Das stationäre Modell SUM erklärt zwanglos den an weit entfernten Supernovae Ia gemessenen Zusammenhang zwischen Rotverschiebungen und scheinbaren Helligkeiten. Und es sieht ganz danach aus, dass die Abweichungen im kosmischen Nahbereich – die nur im Rahmen des Konkordanzmodells als beschleunigte Expansion gedeutet werden müssen – auf örtlich und zeitlich begrenzte Inhomogenitäten zurückzuführen sind. Dafür sprechen die bereits erwähnten Tatsachen eines Hubble-Kontrasts, die auf Physiker des einen der beiden mit dem Nobelpreis ausgezeichneten Teams zurückgehen. Damit aber ist gezeigt, dass die wunderbaren Gleichungen Albert Einsteins nicht nur mit einem ewigen unendlichen Universum im Hintergrund vereinbar sind, vielmehr deuten die Supernova-Daten klar darauf hin, dass wir dieses Universum mit den modernen Teleskopen bereits sehen.

Wer nun aber von der Kosmologie immer noch nichts anderes wissen will als wie bisher an einem Urknall des gesamten Universums festzuhalten, der möge SUM gegen den Strich bürsten und getrost versuchen, das stationäre Linienelement im Sinne der gegenwärtigen Vorstellungen zu deuten. Sogar dann noch würde ein großer Erkenntnisgewinn darin liegen, dass dieses einfachste aller denkbaren Linienelemente den Beobachtungstatsachen so unerwartet nahe kommt. Es scheint dann höchst fragwürdig – um nicht zu sagen unseriös – unnötigerweise einen Popanz wie die dunkle Energie überhaupt aufzubauen. Das ganze Konkordanzmodell erinnere sie an einen kosmologischen Wolpertinger, sinniert *Mlle Bleu de Ley*, der über den Abgründen schiefer Spekulation nur mit einseitig kürzeren Beinen gerade stehen könne.

Wenn aber das vollständige kosmologische Prinzip tatsächlich gilt, wovon ich überzeugt bin, dann heißt das, dass makroskopische Gebilde altern und vergehen, woraus gleichzeitig immer wieder neue entstehen. Alles wird hier in einem statistisch-stationären Gleichgewicht bleiben. Dieses aber bedeutet unendlich viel mehr als reines Chaos je sein könnte, nämlich ein ewig junges Universum. Schöpfung durch Neuerstehung aus einem Tohu-va-bohu, in dem alles Leben für immer und überall angelegt ist, war und sein wird.

Die Chance einer Versöhnung mit den Gesetzen der Natur

Ich habe versucht, das gegenwärtige Konkordanzmodell alternativ im Hinblick auf das großräumig stationäre Universum zu verstehen. Es gibt klare Gründe anzunehmen, dass sich unser eigener evolutionärer Kosmos hinsichtlich seiner Zusammensetzung und Entwicklung von dessen großräumigen Durchschnittswerten unterscheidet. Der Versuch sei also gewagt, die Möglichkeit eines realistischen Bildes zu prüfen.

Denn was die Astronomen wirklich sehen, ist nicht etwa eine perfekt gleichmäßige Verteilung von Materie einheitlicher Dichte. Sie sehen Galaxien und andere Objekte, die abgesehen von dem negativen Beitrag der Gravitation bei einem gewöhnlichen Druck von nahezu Null über einen nur scheinbar leeren Raum verteilt sind. Der weit überwiegende Anteil der Materie ist 'dunkel', da er ebensowenig zu sehen ist wie irgendeine tatsächlich homogene Energiedichte im Hintergrund.

Gegen die echte, von Einstein in seine Gleichungen vorübergehend eingeführte, kosmologische Konstante kann man sagen, was man will, doch der mathematische Spielraum besteht. Vielleicht also lässt sich dieser Esel reiten, um dem negativen Gravitationsdruck im Sinne einer Arbeitshypothese zumindest einmal versuchsweise Rechnung zu tragen. Da letzterer die astrophysikalischen Beobachtungen beeinflusst, wäre es nicht angebracht, ihn einfach zu ignorieren.

Als mathematische Alternative zur Konkordanzkosmologie ergibt die Rechnung dann ein Linienelement mit vergleichsweise sehr kompliziertem Skalenfaktor. Daraus lassen sich nach bewährtem Verfahren verschiedene Eigenschaften des Modells und insbesondere der theoretische Zusammenhang zwischen Rotverschiebung und scheinbarer Helligkeit ableiten. Dieser Zusammenhang wird nun mit den Messungen an den Supernovae Ia abgeglichen. Dazu bedient man sich der hier anzusetzenden Dichten von Materie und dunkler Energie gewissermaßen als Einstellknöpfe und dreht so lange daran herum, bis diese Formel zu den Daten passt. Das gelang zunächst überraschend gut, als für den Anteil dunkler Energie an der kritischen Dichte etwa 73 % und für die gesamte Materie die restlichen 27 % angesetzt wurden. Die Planck-2013-Daten ergaben nun eher Werte von 69 % und 31 %, die der Forderung der sich aus SUM ergebenden 'Randbedingungen' noch besser entsprechen. Die Energiedichte der Strahlung könnte in diesem Zusammenhang die Rolle einer kleinen Korrektur spielen.

Auf diese prozentualen Anteile, welche im Rahmen des Konkordanzmodells einfach die – vermeintlich gemessenen – Dichteparameter sind, bin ich aber auch auf ganz andere Weise gekommen. Wenn man nämlich die für das stationäre Modell selbstverständliche Übereinstimmung des maximalen Alters makroskopischer Strukturen mit der Hubble-Zeit als Forderung auf das Konkordanzmodell überträgt, dann ergeben sich diese völlig willkürlich anmutenden, weil theoretisch ansonsten durch nichts begründeten Zahlen gewissermaßen von selbst. So gesehen könnte das Konkordanzmodell vielleicht tatsächlich als Einbettung unseres realen Kosmos in ein unter idealisierten Bedingungen stationäres Hintergrunduniversum erscheinen, wie es von der Relativitätstheorie beschrieben wird.

Gemäß Konkordanzmodell besteht also die gleichmäßig über den ganzen Raum verteilt gedachte Energiedichte zu etwa drei Vierteln aus einem dunklen Anteil, der auf die Existenz jener seinerzeit von Einstein eingeführten und später von ihm selbst wieder verworfenen kosmologischen Konstanten zurückzuführen wäre. Der Rest von etwa einem Viertel bleibt insgesamt für die Materie, zu der hier auch die Strahlung gezählt wird. Doch auch von diesem Rest gilt der weit überwiegende Anteil als 'dunkel', weil sich seine Existenz durch keinerlei andere Wechselwirkung als die der Schwerkraft bemerkbar zu machen scheint. Als Alter des dort beschriebenen 'Universums' ergibt sich wieder ein Zeitraum von knapp vierzehn Milliarden Jahren, der offenbar mit dem Alter der ältesten beobachteten Strukturen und Materialien sehr gut übereinstimmt. Andererseits enthält das Modell als eine weitere charakteristische Zeitspanne die Hubble-Zeit, die sich als Kehrwert der gleichnamigen Konstanten ergibt. Ohne die obige Vorgabe gemäß SUM könnten beide genannten Zeiten im Rahmen des Konkordanzmodells grundsätzlich beliebig weit auseinander liegen. Tun sie aber nicht. So ein Zufall!

Zufall? – Sie liegen so nah beieinander, dass man sofort auf die Idee kommt, sie seien vielleicht identisch. Und genau diese Übereinstimmung ist es, die sich nun im Rahmen des stationären Modells ganz von selbst ergibt, und zwar nicht nur für heute, sondern für alle Zeiten.

Wegen ansonsten unlösbarer Widersprüche ist die eigentliche Urknalltheorie um eine speziell dazu ersonnene inflationäre Phase des Universums ergänzt worden. Und zwar soll das Universum innerhalb eines unvorstellbar kleinen Zeitraums nach dem Urknall um einen unvorstellbar großen Faktor aufgeblasen worden sein. Es lohnt sich nicht, hierzu irgendwelche konkreten Zahlen anzugeben, denn diese sind hochspekulativ, durch nichts bewiesen, sondern lediglich passend gewählt. Deshalb mag der

Hinweis genügen, dass es bei diesem Faktor der angeblichen Inflation in etwa um eine Eins mit nicht weniger als derzeit vermutlich sechsundzwanzig Nullen gehen soll. Auf ein Dutzend Nullen mehr oder weniger aber komme es hier wie so oft gar nicht an, *Mlle Bleu de Ley* weiß Bescheid.

Beinahe alle Ansätze zur Entwicklung kosmologischer Modelle gehen seit Jahrzehnten aus von den vertrauten Energiedichten in Form gewöhnlicher Materie und Strahlung und versuchen unter Zuhilfenahme teilweise exotischer Beimischungen, ein Universum nach ihren Vorstellungen zusammenzusetzen. Natürlich ist es nicht nur erlaubt, sondern es kann sogar sinnvoll sein, so etwas zu tun, solange es darum geht, Arbeitshypothesen zu testen. Man darf sich dabei bloß nicht überheben. Insbesondere habe es keinen Sinn, dass sich alle Arbeiter am Bau im Dachgeschoss versammeln, um dort filigranen Zierrat zu schnitzen, solange im Fundament katastrophale Lücken klafften, warnt *Sigismund Sörgli*.

Bevor es also weiter darum gehen kann, ein solches Gebäude der Kosmologie auszubauen, ist meines Erachtens zu fragen, was die Relativitätstheorie – nämlich die allgemeine zusammen mit der speziellen – ohne alle unnötigen Voraussetzungen an fundamentalen Einsichten bieten kann. Allerdings wurde über Jahrzehnte fälschlicherweise vorausgesetzt, dass der mittlere Druck im Universum gleich Null sein müsse. Ganz gleich aber, was am Konkordanzmodell dran ist, oder gegebenenfalls von ihm übrig bleibt, das eine steht fest: der mittlere Druck ist nicht nur verschieden von Null, sondern darüber hinaus auch noch negativ. Dabei galt ein negativer Druck lange als Unding und war für die Kosmologen einfach indiskutabel.

Das hat sich für mich erst dadurch geändert, dass ich angesichts einer grundsätzlich völlig verfahrenen Vorstellung vom Universum genau den umgekehrten Weg gegangen bin und versucht habe, an Einsteins Gravitationstheorie nur solche Fragen zu stellen, die im Rahmen ihrer Gültigkeitsgrenzen zu stellen erlaubt sind. Die Voraussetzung eines stationären Modells hat dabei ohne weiteres die Forderung eines negativen Drucks mathematisch mit sich gebracht. Damit sah ich mich zum Nachdenken gezwungen und fand, wie in einem früheren Abschnitt erklärt, dass der Druck in einem stationären Universum nicht nur tatsächlich negativ sein darf, sondern eben negativ sein muss. Es ist aus dieser Sicht das Natürlichste von der Welt.

Das Konkordanzmodell aber lässt Fragen offen, die viele Physikerinnen und Physiker bewegen. Nicht wenigen erscheinen sie als Zumutung und werden von manchen – selbst renommierten Mitgliedern der Zunft – sogar als skandalös empfunden. Warum ist die Dichte der Materie ausgerechnet zu unseren Zeiten von derselben Größenordnung wie die Dichte der an die kosmologische Konstante gekoppelten, so genannten dunklen Energie? Gibt es einen einleuchtenden Grund, warum das so genannte Alter des Universums so genau mit dem Kehrwert der Hubble-Konstanten übereinstimmen sollte? Das wäre, wie erwähnt, früher nie der Fall gewesen und würde auch in Zukunft nie wieder der Fall sein.

Es blieben immer diese und andere zufälligen Aspekte. Aber nachdem nun doch noch eine – lange Zeit nicht mehr erwartete – stationäre kosmologische Lösung der wunderbaren Gleichungen Albert Einsteins gefunden ist, gibt es eine einfache Antwort auf all diese Fragen. Entweder wird sich herausstellen, dass der oben beschriebene Kosmos nur Teil eines stationären Universums ist, oder die stationäre Lösung gilt auf hinreichend großen Skalen bereits in den uns zugänglichen Bereichen, in denen dann auch noch andere – lokale – 'Knall'-Ereignisse als Geburtsstätte evolutionärer Entwicklungen angesiedelt sein sollten.

Aus Sicht der lange Zeit auch als Standardmodell bezeichneten ursprünglichen Big-Bang-Kosmologie allerdings wird eine gewissermaßen an den Haaren herbeigezogene kosmische Inflation dringend benötigt, um aus den bereits angesprochenen fatalen Schwierigkeiten zu helfen. Vor allem sind das die fehlende räumliche 'Krümmung' und die Existenz kausal zusammenhängender Bereiche, die in diesem Modell jeden physikalischen Horizont zu übersteigen scheinen. Dabei aber handelt es sich um Eigenschaften, die in den letzten Jahren aus den mit äußerster Sorgfalt und großem technischen Aufwand gemessenen Unregelmäßigkeiten der Hintergrundstrahlung herausgelesen worden sind.

Aus der Lage der ersten Spitze im Spektrum der Anisotropien dieser Strahlung nämlich wurde vor Jahren erstmals auf ein flaches Universum geschlossen, das keine – oder jedenfalls keine nennenswerte – räumliche Krümmung aufweist. Dabei ist allerdings zu beachten, dass diese Schlussfolgerung die Gültigkeit des Urknallmodells vorausgesetzt hat, wobei dieser Zustand erst aufgrund der angeblichen Inflation erreicht worden sein soll. Das Modell zeichnet demzufolge das Bild eines heute annähernd räumlich flachen Universums, das aber nicht wirklich flach sein darf. Denn sonst entstünde wieder eine Frage ohne Antwort, wie nämlich ein anscheinend unendliches Universum durch Expansion aus einem Punkt ohne jede Ausdehnung hätte hervorgehen können.

Nach heutiger Auffassung wird mit der Lage jenes ersten Maximums gemäß Konkordanzmodell zugleich der so genannte Schall-Horizont samt Abstand zur Oberfläche der letzten Photonen-Streuung gemessen. Doch meines Erachtens kann es nicht ausgeschlossen werden, dass im Rahmen der stationären Lösung SUM andere charakteristische Abmessungen für die Lage der ersten Spitze in der Verteilung der als akustische Oszillationen bezeichneten Schwingungen einer bisher nicht identifizierten Materieform verantwortlich sind. Was aus den Messungen allerdings unbestreitbar hervorzugehen scheint, sind überzeugende Argumente dafür, dass die beobachteten Unregelmäßigkeiten tatsächlich auf derartige akustische Oszillationen zurückzuführen sind. Solche Schwingungen der universalen Materie, an welchen die Photonen der Hintergrundstrahlung gestreut – beziehungsweise durch *Gravitationslinseneffekt* abgelenkt – werden können, entstehen ganz allgemein im Widerstreit von Druck und Anziehung. Der Druck innerhalb einer Verdichtung entsteht dabei aufgrund von Bewegungsenergie und Strahlung. Die Anziehung ist natürlich Wirkung der Gravitation.

Was die mit erstaunlicher Präzision vermessenen Unregelmäßigkeiten der kosmischen Hintergrundstrahlung weiter betrifft, welche das inflationäre Urknallmodell ultimativ zu bestätigen scheinen – und von deren Analyse bald ernsthaft Aufklärung über die 'letzten Geheimnisse des Universums' erwartet wird – so halten einige der daraus gezogenen Schlüsse einer nüchternen Betrachtung kaum stand. Das Modell setzt viel zu viele eigens zu diesem Zweck erfundene, sonst aber durch keinerlei experimentelle Erfahrung gerechtfertigte Hypothesen voraus.

Trotzdem, ohne jeden ironischen Unterton bekenne ich, dass es mich beeindruckt, wie sich das Bild der Konkordanzkosmologie in wesentlichen Aspekten immer mehr dem anzugleichen scheint, was im Bild eines stationären Universums gemäß SUM von Anfang an vorgezeichnet ist. Und das, obwohl – oder weil? – die stationäre kosmologische Lösung der Einstein'schen Gleichungen bis dahin nicht bekannt war.

In den letzten zwanzig Jahren wurden eine Fülle herausragender kosmologischer Entdeckungen gemacht. Bei manchen davon war die Überraschung perfekt. Und ebenso verblüffend ist die zahlenmäßige Übereinstimmung, mit der sich beinahe alle Beobachtungen in das aus diversen Bruchstücken zusammengesetzte Konkordanzmodell einzufügen scheinen. Es ist zweifellos eine Stärke dieser Kosmologie, dass die teilweise aus völlig unterschiedlichen Beobachtungen gewonnenen kosmologischen Parameter so gut zusammenzupassen scheinen. Andererseits könnte das natürlich damit zusammenhängen, dass die Resultate unbewusst die Ansprüche widerspiegeln, welche die Theoretiker nach wie vor stillschweigend an ein vernünftiges Modell stellen. Bemerkenswerterweise betreffen die wichtigsten davon gerade solche Eigenschaften, die eben für ein stationäres Universum gemäß SUM von Anfang an selbstverständlich sind.

Im Unterschied zu jedem induktiven Ansatz, der die Teile unseres vorläufigen, lückenhaften physikalischen und astronomischen Wissens zu einem runden Modell des angeblich in zeitlicher Entwicklung begriffenen Universums zusammensetzen will, beruht das deduktive Konzept eines stationären Universums auf erprobten Erkenntnissen der Relativitätstheorie ohne zusätzliche Hypothesen. Beides muss wohl zusammen betrachtet werden, um zu klären, wie weit sich unser eigener evolutionärer Kosmos im ewigen unendlichen Universum erstreckt und wann er einstmals entstanden ist. Das könnte durch Unterscheidung großräumiger Eigentümlichkeiten von dem durch das stationäre Linienelement beschriebenen homogenen und isotropen Hintergrund möglich werden.

Nur in dieser Form wird sich nach meiner Überzeugung Einsteins Gravitationstheorie – zusätzlich zu allen glänzenden Bestätigungen in lokalen Gravitationsfeldern – als geeignete physikalische Basis dafür erweisen, ein vernünftiges Bild zu zeichnen, und zwar das eines stationären Universums, worin unser evolutionärer Kosmos existiert. Die entscheidende Frage also wäre, ob die kosmische Evolution wie vom Konkordanzmodell gefordert das Universum als Ganzes beträfe, oder in Bezug auf ein stationäres Universum lediglich lokal, das heißt innerhalb der Grenzen allerdings extrem großer Bereiche, die dann etwa als 'Kosmen' zu bezeichnen wären. Andererseits könnten solche Bereiche aber auch wesentlich kleiner sein, wie beispielsweise die Wände der als blasenförmig erkannten kosmischen Leerräume oder die Umgebungen von Hypernova-Ereignissen in Galaxien mit super-massereichen Schwarzen Löchern und Quasaren als aktiven Kernen. Bei diesen scheint die Freisetzung von Materie und Energie in Gammastrahlenblitzen jede Vorstellung selbst im Vergleich mit den Supernova-Helligkeiten zu übersteigen.

Es wäre einfach, eine gewisse Aufmerksamkeit zu erregen, wenn es nur darum ginge. Denn es gäbe hier eine dem Konzept der Konkordanzkosmologie perfekt angepasste diplomatische Antwort, die von allen Anhängern dieses Modells vergleichsweise leicht zu akzeptieren wäre. Sie bestünde darin, das gesamte Konkordanzmodell einfach zu adoptieren und als den uns zugänglichen Bestandteil in ein stationäres Universum einzubetten. Obwohl manches dafür spricht, bin und bleibe ich skeptisch. Denn manches spricht eben auch stark dagegen. So halte ich es für viel eher wahrscheinlich, dass das gesamte Konkordanzmodell zusammenbrechen, oder besser gesagt, dass es sich in ein stationäres Universum mit Local-Bang-Szenarien auflösen wird, die möglicherweise in den überwältigenden Bildern unserer modernen Teleskope heute bereits zu sehen sind.

In einem stationären Universum findet zwangsläufig ein Kampf zwischen großräumigem statistischem Gleichgewicht und lokaler Verdichtung statt, die im Zusammenspiel mit schwerkraftbedingter Zusammenballung bis hin zu lokalen Urknallszenarien gravitativer Neuschöpfung führt. Umgekehrt muss gleichzeitig immer auch ein Kampf aller voll ausgebildeten Strukturen gegen Auflösung und Zerfall stattfinden. Erst wenn wir im Hinblick auf die Tauglichkeitsgrenzen von Eigenlänge und Eigenzeit den angeblichen Beginn sowie die physikalischen Eigenschaften von Raum und Zeit endgültig vergessen, dann plötzlich zeigen sich Einsteins wunderbare Gleichungen in der Lage, nun endlich auch ein stationäres Universum zu beschreiben, das evolutionäre Kosmen beherbergen kann und die allumfassende Gegebenheit eines ewig jungen Universums in lebendigem Gleichgewicht widerspiegelt.

Doch auch dann wird es kaum exakt möglich sein, die evolutionäre Entwicklung unseres Kosmos beliebig weit in die Vergangenheit zurückzuverfolgen. Denn angesichts der Tatsache, dass es eine endgültige allumfassende Theorie der Physik einfach nicht gibt, wird es unmöglich bleiben, ein vollständiges Bild unseres Kosmos aus einem gravitativen örtlichen Schöpfungs-Ereignis aufzubauen. Fundamentale Lücken lassen sich nur mit Zusatzannahmen überbrücken.

Nachdem es eine Evolution gegeben hat, die unseren Kosmos seit einem gemeinsamen Ursprung seiner Strukturen betrifft, ist es jedenfalls grundsätzlich angebracht, diesen von dem dahinterstehenden Universum zu unterscheiden. Unabhängig von jeder Koordinatenwahl ergibt sich der im Rahmen des stationären Modells berechnete Zusammenhang zwischen Rotverschiebung und scheinbarer Helligkeit der Supernovae Ia, welche auf großen Skalen die unerwartete Übereinstimmung mit den Beobachtungsdaten zeigt. Wie wäre es dann aber möglich, dass je nach Koordinatenwahl einmal eine Entstehung des Universums mitsamt Raum und Zeit in einem Urknall abgeleitet werden könnte, das andere Mal aber ein stationäres Universum, das seit jeher und für immer bezüglich hinreichend großer Skalen von Raum und Zeit unverändert bliebe? Der gegenwärtigen Kosmologie liegt ganz offenbar die Verwechslung von Kosmos und Universum als fundamentales Missverständnis zugrunde, was den unnötigen Widerspruch erklärt.

Auch dass die Energiedichte extrem hoch und die Abmessungen extrem klein gewesen seien, ist demzufolge nur in Bezug auf örtlich und zeitlich begrenzte Bereiche zu verstehen. Gemäß SUM sind viele über das ganze Universum verteilte ursprüngliche Schöpfungsereignisse denkbar. Im Unterschied zu dem vermeintlichen Big-Bang wären diese Local-Bangs jeweils entstanden in einem ewigen universalen Hintergrund. Es ist erkennbar, was darin weitgehend angelegt ist: die Chance der Versöhnung einer 'Vielknall'-Kosmologie mit den Gesetzen der Natur.

Das ewig junge Universum

Auch vor dem Hintergrund eines ewig jungen, stationären Universums hat es natürlich vor Milliarden von Jahren einen Anfang gegeben, aus dem sich die Menschheit evolutionär entwickelt hat. Ebenso hat es für jede und jeden von uns als Kind einen Anfang gegeben, der mit gutem Recht jeweils als singuläres Ereignis bezeichnet werden kann. Aber welcher Erwachsene wird daraus folgern, dass erst mit seiner Geburt das Universum entstanden sei?

Im Hinblick auf die natürliche Tatsache schließlich, dass überhaupt alle evolutionären Strukturen entstehen und vergehen, gibt es nun auch keinen physikalischen Grund mehr für einen Anfang von Raum und Zeit. Es ist nicht nötig, an einen Urknall des gesamten Universums zu glauben, um dem Anfang unseres Kosmos Rechnung zu tragen. Das maximale Alter kosmischer Strukturen hat sich mathematisch als Konsequenz prinzipiell nicht überschreitbarer Obergrenzen von Eigenlänge und Eigenzeit ergeben, wobei auf der anderen Seite auch Untergrenzen beispielsweise durch den Schwarzschild-Radius gesetzt sind. Gerade hinter dieser Grenze der makroskopischen physikalischen Beschreibung könnten sich, wie bereits angedeutet, diejenigen Prozesse abspielen, die für ein statistisch-stationäres Gleichgewicht aller kosmischen Strukturen sorgen.

Denn nachdem auch die Lebensdauer von Sternen, Galaxien, Nebelhaufen begrenzt ist, sollte es im Hinblick auf die hier vorausgesetzte Stationarität eines Hintergrunds von Zeit zu Zeit die Neubildung lokaler Strukturen geben. Und zwar in einem ewig jungen Universum überall wieder und wieder. In umgekehrter Entsprechung zu dem allgemein bekannten Widerstreit lebender Organismen gegen Auflösung und Zerfall, wäre das ein Wechselspiel zwischen einem großräumigen entropischen Gleichgewicht und einer lokal wiederkehrenden gravitativen Neuschöpfung.

Im Einklang mit einem vorläufig noch hypothetischen Prinzip scheint solch eine Wiedererstehung den zweiten Hauptsatz der Thermodynamik fundamental zu verletzen, wobei sich allerdings das Gesetz nie abnehmender Entropie für Situationen extremer Gravitation als bisher überinterpretiert herausstellen dürfte. So unwahrscheinlich eine solche Möglichkeit auch vielleicht klingen mag, so ist sie jedenfalls wesentlich weniger unwahrscheinlich als ein 'Big Bang' aus dem Nichts.

Eine Art 'Urknall' unseres Kosmos müsste keineswegs in jenem angeblich ausdehnungslosen Punkt begonnen haben, aus dem das gesamte Universum samt Raum und Zeit entstanden wäre. Ebenso wie mit jeder anderen mathematisch sinnlosen Unendlichkeit ist die allgemeine Relativitätstheorie in ihrer bisherigen – von Einstein selbst ausdrücklich bedauerten – unvollständigen Form schlicht überfordert. Stephen Hawking und andere haben zur Verteidigung eines punktförmigen Beginns sogenannte Singularitätstheoreme aufgestellt. Schon die Bezeichnung Theoreme allerdings weist darauf hin, dass es sich dabei um reine Mathematik handelt, die mit der physikalischen Realität gar nichts zu tun haben muss. Ihre Folgerungen, welche die Zwangsläufigkeit einer Urknall-Singularität angeblich 'beweisen', sind physikalisch unbrauchbar, weil schon vom Ansatz her falsch. Mathematisch blitzgescheit, physikalisch aber trotzdem falsch, wurden ihren Rechnungen eine völlig unrealistische perfekte Homogenität der Materiedichte zugrundegelegt, die in eklatantem Widerspruch zum atomaren Aufbau aus Elementarteilchen steht und somit bei rückblickender Annäherung an einen hypothetischen Urknall mit Sicherheit unzulässig wäre.

Zu dem Problem der inakzeptablen Urknall-Singularität eines expandierenden Universums schrieb Einstein in *Grundzüge der Relativitätstheorie* berechtigterweise: *„Das theoretische Bedenken ist darauf gegründet, daß für die Zeit des Expansionsbeginnes die Metrik singulär und die Dichte ρ unendlich wird. (…) Man darf deshalb die Gültigkeit der Gleichungen auf Gebiete sehr hoher Feld- und Materiedichte nicht voraussetzen, und man darf nicht schließen, daß der 'Anfang der Expansion' im mathematischen Sinne eine Singularität bedeuten müsse. Wir müssen uns nur bewusst sein, daß die Gleichungen über derartige Gebiete nicht fortgesetzt werden dürfen."* – Mit seiner Ablehnung einer unendlichen Anfangsdichte hat er jedenfalls recht. Schade nur, dass er in meinen Augen nicht ganz zu Ende gedacht, und nicht konsequenterweise die angebliche Expansion noch einmal überhaupt in Frage gestellt hat. *Frank U. Freys* Schlussfolgerung aus Einsteins 'Bedenken' ist: Geburt eines Kosmos ja, Singularität nein.

Später hat Stephen Hawking auch das Konzept Schwarzer Löcher mit Erfindung der nach ihm benannten Strahlung bereits selbst empfindlich angekratzt. Dazu hat er richtigerweise die

Quantenmechanik herangezogen, allerdings nur in halbklassischer Näherung. Die 'Löcher' sind also nicht mehr schwarz. Inzwischen hat er seine ehemals vehement propagierten Vorstellungen anscheinend ganz verworfen, und ausgerechnet ihm hätte ich das gerade nicht zugetraut.

In der Physik ist es eine bewährte Vorgehensweise, sich der Realität von zwei Seiten anzunähern. Während das aktuelle Konkordanzmodell in beinahe beliebiger Anpassung an die Beobachtungstatsachen schrittweise nach der *induktiven* Methode entwickelt wurde, beruht das stationäre Modell SUM wesentlich darauf, was sich aus Einsteins Gravitationsgleichungen zu diesem Thema *deduktiv* ergibt.

Bevor man etwa daran denkt, wie weit am gegenwärtigen Urknall-Modell innerhalb des ewigen Universums festgehalten werden könnte, stellt sich zuallererst die Frage, ob so etwas überhaupt prinzipiell möglich wäre. In Bezug auf die universalen Koordinaten, in welchen die Galaxien statistisch ruhen, wird dem Konkordanz-Kosmos heute der genannte Durchmesser von rund sieben Hubble-Radien zugeschrieben, die jeweils einer Entfernung von größenordnungsmäßig vierzehn Milliarden Lichtjahren entsprechen. Was wäre dann außerhalb, wenn nicht Platz für weitere Kosmen. Diese jedoch bedürften innerhalb des einen und einzigen Universums nun keinerlei widersinniger Fiktionen von 'Parallel-Universen' mehr.

Es war ein Trugschluss zu glauben, dass die beobachteten Tatsachen einen Urknall beweisen. Durch die Übereinstimmung der im Universum tatsächlich auftretenden relativen Häufigkeiten der leichten Elemente mit den 'Vorhersagen' des Konkordanzmodells ist lediglich gezeigt, dass sich entsprechende Verhältnisse bei extrem hohen Temperaturen und Materiedichten ergeben, die zwar unvorstellbar groß, keineswegs aber unendlich sein müssen. Gerade umgekehrt ließe sich aus den gleichen Häufigkeiten ebensogut ein Beweis für ein stationäres Universum konstruieren, in welchem immer und überall wieder lokal begrenzte Urknallereignisse stattfinden. Und zwar nachdem hinreichend viel Materie entsprechender Zusammensetzung beispielsweise in jenen originären super-massereichen Gravitationszentren verschwunden wäre, die heute völlig zu Unrecht als 'Schwarze Löcher' missverstanden werden, obwohl sie gemäß SUM nicht auf Dauer schwarz sein können. Es lässt sich schließen, dass in einem stationären Universum die Elemente in gleichen Anteilen existieren, wie sie in Gravitationszentren verschwinden, bevor sie – nicht unmittelbar, aber im Endeffekt – wieder daraus hervorgehen, wieder und wieder.

Jene in pubertärer Großmäuligkeit als 'No hair'-Theorem bezeichnete Spekulation besagt, dass ein angebliches Schwarzes Loch allein durch Masse, Drehimpuls und elektrische Ladung vollständig charakterisiert sei. Diese Aussage trifft zu auf fiktive Gebilde, die ursprünglich in kaum glaublicher Naivität durch eine weit überstrapazierte Interpretation der allgemeinen Relativitätstheorie beschrieben wurden. Inzwischen aber dämmert es wohl einigen, dass entsprechende Schlussfolgerungen vielleicht mehr verdunkeln als erhellen, insbesondere wenn es nicht-statische Aspekte wie Entstehen und Vergehen betrifft. Aus Sicht des stationären Modells sollte es vor dem Hintergrund eines ewig jungen unendlichen Universums jedenfalls originäre Gravitationszentren geben, die möglicherweise bereits in Form aktiver galaktischer Kerne als strahlende Weiße Quellen anstatt als Schwarze Löcher zu bezeichnen sind. Damit verbunden ergibt sich schließlich die physikalische Begründung einer universalen Evolution, wobei das nicht bedeutet, dass sich das Universum insgesamt entwickelt hätte, sondern darin unser eigener – möglicherweise 'kleiner' – Kosmos wie wahrscheinlich andere immer und überall wieder.

Es vermag heute niemand zu wissen, ob nicht in den als Quasare bezeichneten aktiven Kernen der Galaxien – die sich jedem direkten Einblick entziehen – irgendwann ultra-heiße lokale Verdichtungsprozesse stattfinden. So gibt es Gammastrahlenausbrüche von Hypernovae, von denen bekannt ist, dass sie innerhalb weniger Sekunden mehr Energie freisetzen als die Sonne in Milliarden von Jahren, und die dabei millionenfach heller sein können als selbst lichtstärkste Supernovae. Bisher unbekannte Objekte – nicht unbedingt dauernd dieselben – könnten beispielsweise Phasen als Quasare, 'Schwarze Löcher' oder Hypernovae durchlaufen. Es scheint nicht undenkbar, dass vielleicht dort jede Vorgeschichte der einfließenden Materie ausgelöscht wird, dass die Entropie sich vergisst und leichte Elemente wie Wasserstoff und Helium teilweise wieder neu entstehen.

Die Beobachtung schließlich, dass sich solch *Quasistellare Objekte* nur in großen Entfernungen befinden, wäre eine pure Selbstverständlichkeit, wenn die Evolution eines 'lokalen' Konkordanz-Kosmos in einem solchen Ereignis ihren Anfang genommen hätte. Doch auch im strikten Rahmen von SUM, wo die ursprünglichen Schöpfungsereignisse in wesentlich kleineren Bereichen von vielleicht Galaxienhaufen stattfinden könnten, ist es interessant, eine – wenn auch nur vorläufige – Abschätzung vorzunehmen, die sich auf entsprechende kosmologische Beobachtungstatsachen bezieht.

Bei Galaxien und deren Gruppen tritt übrigens, wie ich in *„Model of a Stationary Background Universe Behind Our Cosmos"* gezeigt habe, eine bisher anscheinend unbekannte größenordnungsmäßige Beziehung zwischen Masse und Radius zutage. Über die fundamentale Tatsache der Rotverschiebung hinausgehend zeigt sich auch dabei wieder, dass alle Ergebnisse ganz unabhängig vom Beobachtungszeitpunkt sind, sodass in diesem Sinne tatsächlich von einem stationären Linienelement gesprochen werden kann. Dagegen scheint auf den ersten Blick zwar jene Häufigkeitsverteilung der Quasare zu sprechen, doch – wie gezeigt[55] – könnte das auf Auswahleffekten wie dem so genannten 'Malmquist-Bias' beruhen, welche alle Objekte unterhalb einer schwachen Helligkeitsgrenze unberücksichtigt lassen. Quasare mit Rotverschiebungswerten etwa ab $z = 6$ scheinen umgeben von neutralem Wasserstoffgas, welcher Effekt als so genannter Gunn-Petersen-Trog beobachtet wird. Quasare mit kleineren Rotverschiebungswerten dagegen deuten auf viele vereinzelte solcher Gaswolken hin, die für einen bekannten Lyman-Alpha-Wald in ihren Spektren verantwortlich sind. Aus Sicht der Konkordanzkosmologie soll es neutrales intergalaktisches Gas nur bis zur Reionisations-Phase gegeben haben. Aufgrund einiger Ungereimtheiten mit den WMAP-Messungen scheint die erste Euphorie einzelner entsprechender Entdeckungen aber so ziemlich verflogen. Ich bin sicher, aus Sicht des stationären Modells werden erst reine, nicht theorie-kontaminierte Beobachtungstatsachen ihre Erklärung finden, sobald einmal hinreichend viele zuverlässige Messungen vorliegen.

Unter den genannten Aspekten sollte nichts für immer in Schwarzen Löchern verschwunden bleiben. Aufgrund jenes Prinzips der lokalen Neuentstehung, das auch als eines der 'heuristischen Prinzipien' des stationären Modells bezeichnet werden könnte – und das natürlich nicht zu verwechseln ist mit der anderweitig erwähnten 'Entstehung aus dem Nichts' – sollte beispielsweise die Helium-Häufigkeit auch in einem stationären Universum überschlägig fünfundzwanzig Prozent betragen. Während ihres Wachstums könnte es sich bei den dazu erforderlichen Gravitationszentren extremer Stärke um eine Art Schwarzer Löcher handeln, bevor diese sich, wenn ihre Zeit gekommen ist, möglicherweise in Local-Bang-Szenarien schlagartig in *Weiße Quellen* verwandeln. Dafür kommen die Quasare in Frage. Auch die Supernova-Explosionen tragen ganz offensichtlich dazu bei, einen kosmischen Kreislauf in Gang zu halten.

Die als primordiale Nukleosynthese bezeichnete dritte Säule des Konkordanzmodells beweist mit der weitgehend richtig ermittelten Verteilung der leichten Elemente also lediglich, dass es ursprüngliche Schöpfungsereignisse gegeben hat, keineswegs aber, dass diese nur einmal und nur an einer einzigen Stelle in einem 'Big Bang' geschehen sein müssen. Stattdessen beweisen die vorgefundenen Häufigkeiten meines Erachtens gerade umgekehrt, dass sich die in einem stationären Universum notwendigerweise auftretenden originären Ereignisse als lokale 'Bang'-Szenarien beschreiben lassen. Es scheint zu genügen, dass in einem jeweiligen Gravitationskollaps hinreichend hohe Temperaturen von größenordnungsmäßig hundert Milliarden Grad – wenn auch nur für extrem kurze Zeitspannen – erreicht werden, bevor dann in einer unausweichlich erfolgenden Explosion solche Prozesse einsetzen werden, die ganz wesentlich den Gesetzen von Gravitation *und* Quantenmechanik unterliegen.

Wie sonst könnten einzelne Sterne als Supernovae überhaupt explodieren? Gravitation alleine würde hier nur zu unauflöslichen Zusammenballungen führen. Und es steht zu erwarten, dass wir auch an noch höher verdichteten Objekten erkennen werden, dass sie auf ähnliche Weise zumindest teilweise auseinanderfliegen. Dabei ist schon vom Ansatz eines ewigen unendlichen Universums her klar, das sind keine Löcher, sondern umgekehrt super-massereiche Objekte. Und wenn man mit der Quantenmechanik radikal ernst macht, dann bleibt es bei diesen nicht für immer. Insbesondere in aktiven galaktischen Kernen fliegen Teile des Materials auseinander, und zwar auch als Plasma. Hätten die Väter der Big-Bang-Theorie diese Situationen gekannt, so hätten sie vielleicht geahnt, dass man nicht jenen Urknall braucht, um Wasserstoff zu bilden, was offenbar auch durch Rückwandlung schwerer Elemente möglich ist. Im Rahmen der theoretischen Teilchenphysik allerdings bleiben wesentliche Details einstweilen Spekulation, bis die Einstein'schen Gleichungen für einen entsprechenden quantisierten Energie-Impuls-Tensor der Materie einmal gelöst sind. Das kann dauern. Einsteins ansonsten unfassbar erfolgreiche rein phänomenologische Behandlung aber bricht hier zusammen.

Bei jeder relativistischen Herangehensweise an die Kosmologie sollte man also im Auge behalten, dass alle exzellenten Erfolge und Bestätigungen, welche Einsteins Gravitationsgleichungen bisher erfahren haben, mit solch einer vorläufigen phänomenologischen Energiedichte arbeiten. Diese braucht keinerlei Informationen über anteilige Stoffe zu enthalten. Gerade das scheint auch unabdingbar, soweit das Äquivalenzprinzip anwendbar bleiben soll. Denn dieses verlangt, dass die Beschleunigung frei fallender Körper von ihrer Zusammensetzung unabhängig ist.

Hinsichtlich des Anfangs unserer Evolution wird sich die fundamentale Bedeutung der bereits 'Am Start' getroffenen Unterscheidung von Kosmos und Universum herausstellen. Von einem 'gesamten Universum' zu sprechen wäre dabei ebenso überflüssig wie von einem weißen Schimmel, wenn nicht der ursprünglich erhabene Begriff im Fach-Kauderwelsch von String-Physikern und Inflations-Kosmologen inzwischen völlig heruntergekommen wäre. Sprache könne man das ja wohl kaum noch nennen, von fachmännischen Einnebelungsversuchen angetrübt schüttelt *Borromea Worthswerd* den Kopf. Im Vergleich mit dem 'Universum' als Welt-*All* möge das Wort 'Kosmos' eine evolutionäre Entwicklung der Welt-*Ordnung* mit einschließen, und zwar als Gegenbild zum *Chaos*, aus dem diese einst entstanden sei. Trotz allem aber könne sie sich sogar das bisherige Luftschloss zur Not auch als oberstes Stockwerk auf neuen soliden Grundlagen vorstellen. Unabhängig von den Ausbauarbeiten stehe mit SUM jedenfalls ein Fundament bereit, stellt *Frank U. Frey* einfach fest.

Was allerdings den von der – um öffentliche Gelder werbenden – Konkordanzkosmologie angekündigten Durchbruch in den Himmel betreffe, ergänzt *Mlle Bleu de Ley*, so bleibe sie dabei, einen solchen für unmöglich zu halten. Obwohl es so aussehe, als ob manche Urknall-Experten den Kopf längst in den Wolken hätten. Bei der einen besonderen, inzwischen von vielen als Erklärung herangezogenen Quantenfluktuation, aus der das gesamte Weltall entstanden sei, handle es sich um leeres Gerede, solange niemand erklären könne, wo und in welchem Medium diese Fluktuation stattgefunden hätte. Dass es Physiker gebe, die Leuten einreden wollten, durch bloßes Umrühren von Nichts würde Materie entstehen, sei aus ihrer Sicht kaum weniger verwerflich als das schlimmste Opium, das es jemals zuvor für ein damit offenbar für dumm verkaufte Volk gegeben habe. Kleider machten Leute. Doch wenn die Schneider weiterhin einen Stoff benutzten, dessen Fäden aus schierem Nichts gesponnen seien, dann bliebe der Kaiser eben nackt bis an sein frostiges Ende.

Borromea Worthswerd hielte solch ein Schicksal nicht gerade für märchenhaft. Und wenn die Wissenschaft nicht bald wieder zu einer seriösen Fachsprache finde, dann drohe manch eigentlich sinnvoller Gedanke an seinem eigenen heruntergekommenen Jargon zu ersticken. Sie wisse wohl, die Konkordanzkosmologen meinten Fluktuationen in dem als Vakuum bezeichneten Medium der Quantenmechanik, das eben nicht leer sei, gesteht sie. Wenn es aber nicht leer sei, dann hätte der Urknall auch nicht im Nichts stattgefunden, und das Universum sei eben schon vorher dagewesen. Wenn diese Leute aber gleichzeitig behaupteten, mit besagter Fluktuation seien selbst Raum und Zeit erst entstanden, dann benutzten sie den Begriff Vakuum ohne jeden Bezug auf einen Raum wieder in einem ganz anderen Sinne, oder besser Un-Sinne. Es sei eine elende Argumentations-Trickserei, Non-Sense vom Feinsten, bestärkt *Mlle Bleu de Ley*.

Im Unterschied zur reinen Tensorschreibweise ergibt sich auf Basis einer alternativen Darstellung im System integrierter Koordinaten eine nicht-verschwindende Dichte der Gesamtenergie aus Materie und Gravitationsfeld. Im Sinne eines 'expandierenden Universums' könnte man nun daran denken, darin ein Argument zu sehen dafür, dass eben dieses System die 'richtigen' Koordinaten verwende. Denn hier hätten wir eine Energieströmung weg vom Beobachter, und zwar gerade mit der passenden Geschwindigkeit. Diese Energieströmung würde sogar dem zeitlichen Verlust im Inneren einer Kugelfläche mit dem Koordinatenursprung als Mittelpunkt entsprechen. Doch wäre eine solche Sicht nur unter der Voraussetzung haltbar, dass in der hier – im Interesse einer zweckmäßigen lokalen Anpassung durch Transformation – zugrundegelegten Form des stationären Linienelements ein spezielles, auf den jeweiligen Beobachter bezogenes Koordinatensystem tatsächlich ausgezeichnet würde. Sonst nämlich hinge die Aussage darüber, in welche Richtung jene Energieströmung stattfinden sollte, davon ab, auf welcher Seite einer Testfläche sich der Koordinatenursprung befände. Im Hinblick auf das kosmologische Prinzip müsste dieser Nullpunkt aber frei wählbar sein.

Für das Universum als Ganzes wären Phasen von Inflation oder auch Re-Ionisation, ebenso wie der Konkordanz-Urknall selbst, physikalisch inakzeptabel. Doch für einen darin eingebetteten evolutionären Kosmos wären sie ebenso leicht vorstellbar wie beispielsweise die verschiedenen Phasen in der Entwicklung unserer Erde. Wie groß aber ist unser Kosmos als derjenige Bereich des unermesslichen Universums, in dem das Ereignis 'Schöpfung' stattgefunden hat?

Mikrowellenstrahlung und dunkle Materie

Sie starrten zum Himmel und seien blind für den ewigen Kreislauf von Geburt und Tod. Stattdessen läsen sie aus den winzigen Unregelmäßigkeiten der Hintergrundstrahlung wie aus Kaffeesatz – *Mlle Bleu de Ley* wird allmählich ungeduldig – und erdreisteten sich, uns daraus das Schicksal in Form eines angeblich unausweichlichen Kältetods des Universums voraussagen zu wollen. Dieses Schauermärchen milderten sie mit dem nur für Dummgläubige tröstlichen Hinweis ab, dass es bis zum Ende allen Lebens ja noch dauere. Als ob es hier um ein paar Milliarden Jahre ginge! Nein, es gehe um Sein oder Nichtsein, und das sei jetzt eben nicht mehr die Frage, stellt *Borromea Worthswerd* durchaus erleichtert fest.

Im Falle der Periheldrehung des Merkur konnte einst eine kleine Abweichung über Gültigkeit oder Versagen zweier fundamentaler Alternativen entscheiden. Damals aber handelte es sich bei Newtons Theorie um ein physikalisch ausgereiftes System, wovon gegenwärtig im Falle des Konkordanzmodells definitiv nicht die Rede sein kann. Derzeit wird beispielsweise viel zu viel Aufhebens gemacht um die Polarisation dieser Strahlung. Als ob man sich einst um das Radio versammelt hätte, um andächtig dem Hintergrundrauschen zwischen einzelnen Sendern zu lauschen, während die schönste Musik an Ohren und Herzen vorbeigelaufen wäre. Roll over Beethoven, seufzt *Mlle Bleu de Ley*, schon Chuck Berry hätte ihnen ein Lied davon singen können, aber sie fänden noch heute selbst mit modernsten Geräten einfach die richtige Einstellung nicht.

Bei ihrem Schluss auf eine beschleunigte Expansion beruft sich die Konkordanzkosmologie nicht zuletzt darauf, dass diese ausgezeichnet mit anderen Beobachtungstatsachen zusammenpasst. Doch der Preis dafür ist hoch und besteht aus einem ganzen Bündel unbewiesener Hypothesen. Andererseits aber zeichnet sich die Möglichkeit ab, auch das stationäre Modell an die Hintergrundstrahlung anzupassen und eines Tages vielleicht sogar für deren Inhomogenitäten 'fit', wenn nicht 'best-fit' zu machen. Und zwar mit weniger vielen und weniger inakzeptablen Hypothesen, als dies derzeit im Rahmen der Konkordanzkosmologie – allerdings numerisch höchst eindrucksvoll – geschieht.

Für ein stationäres Universums ist die Existenz der Hintergrundstrahlung eine Selbstverständlichkeit. Und welches Spektrum sollte diese aufweisen, wenn nicht das einer Temperaturstrahlung mit kleinen statistischen Schwankungen? Die dafür im stationären Modell mathematisch abgeschätzte Temperatur stimmt größenordnungsmäßig auf Anhieb. Auch so genannte akustische Oszillationen, die für die Verteilung der kleinen Schwankungen verantwortlich sind, spielen offenbar eine Rolle. Im Rahmen der Konkordanzkosmologie scheint zwar der Sachverhalt auf Basis eigens dazu eingeführter Spekulationen zahlenmäßig nahezu geklärt. Das aber kann nicht beweisen, dass die inakzeptablen Voraussetzungen stimmen. Andererseits ist bei der stationären Lösung bisher keineswegs vollständig klar, wie die Natur das alles im Detail bewerkstelligen kann. Fest steht jedenfalls, dass sie es tut.

Die Voraussage der kosmischen Hintergrundstrahlung wird seit ihrer Entdeckung als wohl wichtigster Stützpfeiler der Big-Bang-Kosmologie angesehen. Dabei aber wird oft 'vergessen', dass die Erklärung der nahezu perfekt gleichmäßig verteilten schwarzen Strahlung im Rahmen dieses Modells heute – ganz im Unterschied zu den ursprünglichen Spekulationen – die ad-hoc Hypothese einer kosmischen 'Inflations'-Phase verlangt. Darüberhinaus verlangt sie auch eine Abnahme der mittleren Temperatur des Universums, was der Einführung einer zweiten ad-hoc Hypothese gleichkommt. Eine dritte ad-hoc Hypothese liegt schließlich in der fragwürdigen Annahme, dass beinahe die gesamte Hintergrundstrahlung seit einer vollständigen Entkopplung ohne jede Wechselwirkung mit der Materie unterwegs gewesen sein soll, und zwar über Zeiträume von Milliarden Jahren.

Im Hinblick auf SUM aber wäre es grundsätzlich gerade umgekehrt: alles andere als eine isotrope schwarze Hintergrundstrahlung wäre hier viel eher erklärungsbedürftig. Auch sind akustische Schwingungen als typisch stationäre Prozesse meines Erachtens viel leichter denkbar in einem dementsprechend stationären Universum als im winzigen Bruchteil der ersten Sekunde einer angeblich gerade erst explodierenden Urknall-Materie. Trotz der unendlichen Anzahl von Galaxien aber folgt hier eine endliche Strahlungsdichte des Sternenlichts, die in Bezug auf die als baryonisch bezeichnete gewöhnliche Materie mit der gemäß Stefan-Boltzmann berechneten gesamten Energiedichte der Hintergrundstrahlung größenordnungsmäßig übereinzustimmen scheint. Die jeweiligen effektiven Temperaturen liegen nahe beieinander. Soll das ein Zufall sein?

Etwa ebenso ernsthaft wie der großartige George Gamow, der mit Kollegen die Hintergrundstrahlung als Relikt jenes vermeintlichen Urknalls proklamiert hat, soll hier nun umgekehrt aus derselben Strahlung eine Bestätigung des stationären Universums abgeleitet werden. Man denke sich nämlich eine leere unbeheizte Raumkapsel in Form einer Hohlkugel, die sich in hinreichend großer Entfernung zu starken Strahlungsquellen befindet. In den Wänden der Kapsel wird sich aufgrund der eintreffenden und ausgehenden Strahlung eine konstante Gleichgewichtstemperatur einstellen. Würde nun von einem fiktiven Beobachter im Inneren dieser Kugel ein fiktives Loch in die

Wand gebohrt, so befände sich dieser Beobachter in der Situation etwa einer Physikerin, welche die Hohlraumstrahlung des *außerhalb* der Kugel *eingeschlossenen* stationären Universums misst, was zu 'beweisen' war.

Diese Überlegung erhebt selbstverständlich keinerlei Anspruch, den Tatsachen im Detail gerecht zu werden. Sie sollte aber hinreichen zu zeigen, dass die Existenz einer schwarzen *kosmischen Hintergrundstrahlung* – abgekürzt CMB wegen Cosmic Microwave Background – auch mit einem ewigen Universum verträglich ist. Dabei scheint mir auf der Hand zu liegen, dass die vergleichsweise heiße Strahlung der gewöhnlichen Materie mit einer kalten Wärmestrahlung der wohlbekannten Temperatur von etwa drei Grad Kelvin eines dunklen Materieanteils in einem universalen Zusammenhang steht.

Eine solche effektive Temperatur ergibt sich zahlenmäßig tatsächlich für ein stationäres Universum mit einem plausiblen Schätzwert der baryonischen Materie von etwa fünf Prozent der kritischen Dichte, die im Universum vorliegen muss, damit hier insgesamt keine großräumige Krümmung der Lichtstrahlen auftritt. Diese effektive Temperatur gilt allerdings zunächst nur für die äquivalente schwarze Strahlung, welche der mittleren, hier abgeschätzten intergalaktischen Energiedichte des Sternenlichts vergleichbar ist.

Doch selbst mit Blick auf die genannten Vorbehalte dürfte es sich bei dieser seltsamen Übereinstimmung kaum um einen schieren Zufall handeln. Ebensowenig wie es sich bei dem fundamentalen Zusammenhang zwischen der Rotverschiebungskonstanten und mittlerer universaler Energiedichte um einen Zufall handeln kann.

Das Konkordanzmodell setzt unter anderem die Hypothese einer dunklen Materie voraus, deren Existenz dort allerdings schwere Probleme aufwirft. Keines der bisher experimentell nachgewiesen Elementarteilchen könnte im Rahmen dieser 'Theorie' etwa ein Viertel der Energiedichte beisteuern, die doch insgesamt zu existieren scheint.

Vor jeder weiteren Beschäftigung mit abwegigen Spekulationen über viele Non-Sense-Universen stelle ich nun eine einfache Frage: Welche Temperatur hat diese dunkle Materie, die sich ja in den Rotationskurven der Galaxien als annähernd isotherme Verteilung bemerkbar macht? Wo ist ihre Wärmestrahlung, wenn nicht längst unter anderer Bezeichnung beobachtet? Gäbe es aber hier keine Wärmestrahlung, wie käme dann eine isotherme Verteilung überhaupt zustande? Eine nächste Frage wäre dann schließlich: Warum sollten es nicht Neutrinos sein? Im Rahmen des Konkordanzmodells scheint das zwar ausgeschlossen – aber in einem stationären Universum? Nach meinem zwangsläufig unvollständigen Verständnis eines fundamental unvollständigen Modells wirft die Big-Bang-Deutung gerade bei der kosmischen Hintergrundstrahlung noch viele weitere heikle Fragen auf. Spricht denn der Mikrowellen-Hintergrund, dessen Unregelmäßigkeiten als größter Beweis der vermeintlichen Big-Bang-Vergangenheit aus einem perfekt gleichmäßigen Nichts gefeiert werden, nicht deutlich für eine schon immer statistisch strukturierte Vergangenheit?

Würde mich wundern, *Borromea Worthswerd* skeptisch, wenn die Tütenkleber des Urknalls es nicht auch noch fertig brächten, dem leeren Nichts Muster für Aufschneider anzudrehen. Längst geschehen, *Mlle Bleu de Ley* klärt auf, diese Muster werden als 'Fluktuationen' vermarktet, und zwar von *Prof. Hintz* und *Dr. Kunzt*, die gesamte Mode aber aus dem Hause van Tast & Fools laufe unter dem hippen Label 'Falsches Vakuum'.

Während *Aladin Adamson* schon vor Jahren dabei war, Zumutungen der Urknall-Kosmologie wie exotische Schmetterlinge zu sammeln – *Mlle Bleu de Ley* ist gar geneigt, von wahren Niederschmetterlingen zu sprechen – wurde die erstmalige direkte Beobachtung einer Umwandlung zwischen verschiedenen Arten von Neutrinos berichtet. Das war ein aufregender Durchbruch, denn seither scheint bewiesen, dass Neutrinos Ruhemassen haben. Wenn das stimmt, dann folgt daraus, dass ein stationäres

Universum neben allen möglichen Arten stellarer Objekte von einem unendlichen See abgebremster oder auch 'steriler' Neutrinos erfüllt sein müsste. Die konkrete Rechnung, die ich auch dazu selbst durchgeführt habe, zeigt nämlich, dass mit der Zeit aufgrund der universalen Gravitationswechselwirkung alle Teilchen, denen im Unterschied zu den Photonen des Lichts eine Ruhemasse zukommt, aus jeder beliebig großen Anfangsgeschwindigkeit ohne jeden Zusammenstoß theoretisch auf die Geschwindigkeiten Null abgebremst würden. Physikalisch realistisch ist, dass sie auf thermische Geschwindigkeiten abgebremst werden, das heißt auf eine unregelmäßige Bewegung, die ihrer Temperatur entspricht. Dass die Neutrinos aber auch sonst in der Energiebilanz des Universums eine herausragende Rolle spielen, geht beispielsweise aus der Beobachtung von Super- und Hypernova-Ereignissen hervor, deren Strahlungsleistungen anders kaum zu erklären wären.

Solch ein unendlicher See thermischer Neutrinos scheint mir also ein außerordentlich vielversprechender Kandidat für die nach wie vor rätselhafte Natur der dunklen Materie. Deren Existenz wurde unter anderem aus den ansonsten unverständlichen Rotationsgeschwindigkeiten der äußeren Spiralarme von Galaxien geschlossen. Ab einer gewissen Entfernung zum Zentrum zeigen sich dort nämlich die Umlaufgeschwindigkeiten der Sterne nahezu konstant, wobei die jeweilige Randgeschwindigkeit in verschiedenen Spiralnebeln unterschiedlich sein kann.

Bisher gilt zwar als widerlegt, dass es sich bei der dunklen Materie um Neutrinos handelt. Stattdessen werden derzeit Gravitinos diskutiert, bei denen es sich um super-hypothetische Pendants zu nach wie vor hypothetischen Gravitonen handelt. Letztere sollte es zwar tatsächlich geben, doch würden sie aufgrund ihres Halbtensor-Charakters nichts zur fehlenden Materiedichte des Konkordanzmodells beitragen. Von anderen Phantastereien hier gar nicht zu reden.

Hinsichtlich der Neutrinos aber ist nichts endgültig widerlegt, solange sich ein solcher 'Beweis' nur unter der nahezu sämtlichen Auswertungen von Beobachtungsergebnissen anhaftenden Spekulation eines Konkordanz-Urknalls führen lässt. Ebenso beruhen angebliche Obergrenzen ihrer verschiedenen Ruhemassen auf dieser Voraussetzung. Es ist aber sicher, dass die drei Sorten der experimentell nachgewiesenen Neutrinos überhaupt Ruhemassen haben. Aufgrund dieser Tatsache folgt, dass sie – trotz annähernder Lichtgeschwindigkeit nach Entstehung – im Gravitationsfeld eines unendlichen Universums auf thermische Geschwindigkeiten abgebremst werden, sofern sie sich nicht vorher infolge inelastischer Stoßprozesse umwandeln. Für die beobachtete kosmische Hintergrundstrahlung könnte die dunkle Materie also vielleicht ganz – sollte aber zumindest teilweise – verantwortlich sein, und zwar gegebenenfalls mit unterschiedlichen Mischungsverhältnissen der drei Neutrino-Arten. Oder aber es gibt viele effektiv unsichtbare kalte Sterne oder gar kleine Schwarze Löcher, von der Möglichkeit bisher gänzlich unbekannter Teilchen ganz zu schweigen. Natürlich kann das zunächst nur eine Arbeitshypothese sein.

Ich habe die Sache umgedreht, und das Modell einer Verteilung 'dunkler' Materie gesucht, die zu den beobachteten Rotationsgeschwindigkeiten passt. Bei Berechnung einer zunächst unbekannten Substanz, deren Zustandsgrößen Druck, Volumen und Temperatur gesetzmäßig wie bei einem gewöhnlichen Gas miteinander verbunden wären, finden sich in sehr grober Näherung die tatsächlich beobachteten Rotationskurven gerade unter der Bedingung, dass die Temperatur dieser dunklen Materie für die einzelnen Galaxien jeweils konstant sei. Ob es für alle die gleiche wäre, hängt von den Massen und Mischungsverhältnissen der beteiligten Teilchen ab. Auch das scheint also ein verblüffender Fingerzeig auf die Schwarzkörperstrahlung, so wie sie ja tatsächlich beobachtet, bis heute aber ausschließlich einem Urknall zugeschrieben wird. Zu meinem Erstaunen hatte ich als erste Näherungslösung diejenige einer – lange zuvor nach dem Physiker Robert Emden benannten – isothermen Gaskugel gefunden, zu der nach allen Regeln der Kunst eine Wärmestrahlung mit Planck-Spektrum gehören muss. Dass aber die dunkle Materie keine Temperatur hätte oder trotz dieser Temperatur keine Strahlung, wären schon wieder ein, zwei fundamentale Widersprüche gegen jede physikalische Erfahrung.

Der Witz ist nun, dass sich in einem universalen See thermischer Neutrinos gerade solche Kugeln dunkler Materie als schwerkraftbedingte Verdichtungen in Galaxien bilden sollten. Und das war immer noch nicht alles. Die Gesetze der Wärmestrahlung beanspruchen universale Gültigkeit. Es war also nur natürlich, davon auszugehen, dass zu einer weit ausgedehnten Verteilung abgebremster Neutrinos im Temperaturgleichgewicht eine entsprechende Wärmestrahlung gehört, die den ganzen Raum erfüllen müsste. Damit war die Existenz der Hintergrundstrahlung nun zunächst einmal zumindest als grundsätzliche Möglichkeit des ewigen Universums ohne jeden Bezug auf einen Urknall nachgewiesen. Natürlich hatte diese Argumentationskette noch einige Haken, doch war ich überzeugt, dass sie nicht weniger taugte als diejenige, die sich ursprünglich aus dem Urknallmodell ergeben hat. Darüberhinaus bin ich mehr als zuversichtlich, dass sich alle damit aufgeworfenen Probleme künftig vernünftig auflösen lassen, ohne wie im Fall der gegenwärtigen Kosmologie fundamentalen Prinzipien der Naturphilosophie geradezu ins Gesicht zu schlagen.

Inzwischen ist es mir dann auch gelungen – nach Jahren vergeblicher Versuche kaum noch erwartet – im Rahmen des stationären Konzepts ein mathematisch perfektes Planck-Spektrum aus im wesentlichen rotverschobener Mikrowellenstrahlung einer größtenteils 'dunklen' Materie abzuleiten.[56] Und schon wieder erlebte ich eine Überraschung, ohne dass ich erst danach hätte suchen müssen. Es stellte sich dabei nämlich heraus, dass dem Energieverlust durch die universale Rotverschiebung gerade solch eine lokale Wärmeausstrahlung entspricht, dass alles im Gleichgewicht bleibt.

Ein nach Rashid Sunyaev und Yakov Zel'dovich benannter Effekt beschreibt die in gewissen Frequenzbereichen leichte Abschwächung der Hintergrundstrahlung durch Galaxienhaufen. Dieser Effekt sollte im Rahmen von SUM gemäß vorläufiger Erklärung mit zunehmenden Werten der Rotverschiebung, die größer sind als Eins, allmählich verschwinden. Bemerkenswerterweise enthält der entsprechende Katalog der PLANCK-2013-Ergebnisse tatsächlich nur Beobachtungen etwa bis zu dieser Grenze. Sollte sich die Sache aber nicht bestätigen oder sich künftig gar als anders herausstellen, so wäre der hier zugrundegelegte konkrete mathematische Zusammenhang durch Messungen falsifiziert. Doch selbst dann wäre noch längst nicht das auf Einsteins Gravitationsgleichungen basierende Konzept SUM eines ewigen Hintergrunduniversums widerlegt, sondern eine daraus vorläufig abgeleitete Schlussfolgerung.

Der nach meiner Auffassung größte – nach heutigem Verständnis allerdings auf 'dunkle Energie' entfallende – Anteil der dunklen Materie scheint aufgrund gleichmäßiger intergalaktischer Verteilung nicht einmal mit Hilfe des Gravitationslinseneffekts beobachtbar und somit absolut 'dunkel'. In Zukunft wird in diesem Zusammenhang vielleicht auch ein nicht von vornherein undenkbares, jedenfalls aber noch viel zu grobes Kondensationsmodell der universalen Stern- und Galaxienentstehung in Betracht zu ziehen sein: Während kalte dunkle Materie die der Strahlung durch Rotverschiebung und Absorption verlorengehende Energie aufnimmt, wird ihr zugleich durch eine Art Kondensationsprozess die zur Sternbildung erforderliche Energie entzogen. Bildlich gesprochen, würde hier dunkle Materie mitsamt der dabei entstehenden 'Kondensationswärme' durch Gravitation gebunden. Wie die Temperatur übersättigten Wasserdampfs bei gewöhnlicher Kondensation, so könnte die Temperatur der dunklen Materie bei der 'Sternkondensation' gegebenenfalls konstant bleiben. Bei dieser Kondensation eines jederzeit relativ kleinen Teils dunkler Materie an neu entstehenden Sternen wächst dann zugleich das Volumen, das dem weit überwiegenden Restanteil der ständig ungebunden bleibenden dunklen Materie effektiv zur Verfügung steht. Deshalb heizt sich die intergalaktisch gleichmäßig verteilte dunkle Materie trotz Energieaufnahme durch Absorption beziehungsweise Rotverschiebungsausgleich nicht notwendigerweise auf. Eine stationäre Kompensation von Energiezufuhr und Energieabgabe wäre also grundsätzlich möglich.

Auch diesem Bild zufolge könnte eine so genannte Expansion des Raums keinesfalls auf einem Auseinanderfliegen von Spiralnebeln beruhen. Wäre nämlich die universale Rotverschiebung als Doppler-Effekt zu verstehen, so geriete die Energiebilanz des Universums schon hinsichtlich der vorausgesetzten homogenen Verteilung in ein fatales Dilemma, denn Doppler-Effekt bedeutet immer reale Bewegung, und reale Bewegung würde in diesem Fall überschüssige Bewegungsenergie bedeuten, je nach Entfernung mehr oder weniger.

Es ergäben sich unterschiedliche Abläufe je nachdem, ob beeinflussbare Maßstäbe und Uhren oder aber Raum und Zeit selbst vom Einfluss des Gravitationspotentials betroffen wären. Man könnte meinen, beide Auffassungen führten letztlich immer zu gleichen messbaren Konsequenzen, und in einem konsequent relativistischen Sinne sollten sie das auch. Bis hin zu einem fiktiven Big-Bang auf die Spitze getrieben, ist dies allerdings nicht der Fall. Der merkwürdige Sachverhalt, der mich stutzig gemacht hat: wegen der immer nur vergleichenden Längenmessung müssten das Bild vom expandierenden Raum und die Alternative schrumpfender Einheiten physikalisch eigentlich gleichwertig sein. Sind sie aber nicht.

Und zwar sind sie es nicht, wenn man aus der Expansion des Raums rückwärts schließt, dass es einen Beginn des Universums in einem Punkt gegeben hat. Denn legt man die logisch einwandfreie Alternative schrumpfender Strukturen zugrunde, so gelangt man zurückblickend an einen Zustand, in dem alle Objekte so groß waren, dass sie dichtgedrängt den ganzen heute zur Verfügung stehenden Raum erfüllt haben sollten. Die Vorstellung einer Kondensation kosmischer Strukturen aus einem universalen Hintergrund ist grundsätzlich und von vornherein als eine zumindest gleichwertige Alternative zum etablierten Urknallmodell zu sehen.

Unterschiedliche Interpretationen identischer Sachverhalte haben im Laufe der Zeit – wie Max v. Laue so treffend betonte – für ganz gegensätzliche 'Weltsysteme' als 'Beweise' dienen müssen. Warum also sollte dies mit der Interpretation vergleichsweise junger kosmologischer Beobachtungstatsachen wie Rotverschiebung und Mikrowellen-Hintergrundstrahlung heute auf Anhieb anders gewesen sein?

Zuletzt bleibt außerdem festzuhalten, dass der Mikrowellenhintergrund des Konkordanzmodells lediglich einen überwiegenden Anteil der gesamten – Cosmic Radiation Background genannten – kosmischen Hintergrundstrahlung darstellt. Im Mikrowellenbereich treten Überlappungen auf, die zwar klein sind, aber hinreichen, den schönen Schein der heilen Konkordanz-Welt nachträglich zu trüben. Bisher hilft dort nur eine haarsträubend willkürliche Zuordnung verschiedener Strahlungsanteile hinsichtlich ihrer angeblichen Entstehung. Hinzu kommen weitere Störanteile, die von den eigentlichen Meßwerten vor deren Interpretation abzuziehen sind, sich aber dem galaktischen Vordergrund nicht eindeutig zuordnen lassen. Ebensogut ließe sich anhand fotografischer Aufnahmen beweisen, der Himmel sei immer blau, denn – *Mlle Bleu de Ley* genießt ihn auch mit Geigen – andere Farbanteile störten hier nur und seien eben nachträglich herauszufiltern.

Nach den Vorstellungen des Konkordanzmodells stünde die dunkle Materie entgegen jeder experimentellen Erfahrung mit allen anderen Materieformen ausschließlich in Wechselwirkung über die Gravitation. Diese im Sinne seriöser Physik unziemliche Unterstellung wird überflüssig, wenn man akzeptiert, dass die kosmische Hintergrundstrahlung als Wärmestrahlung des – demzufolge nur hinsichtlich des sichtbaren Wellenlängenbereichs – dunklen Anteils der Materie zu verstehen ist.[57] Falls sich diese Vermutung bestätigen sollte, so hätten sich schließlich zwei unzumutbare Spekulationen der Konkordanzkosmologie auf einen Schlag in pures Wohlgefallen aufgelöst: Es gibt keine 'dunkle' Materie ohne Wärmestrahlung und es gibt keine Frühphase des Universums insgesamt. Die berühmten 'Fotos des Babyuniversums' aber seien eher Fotos des Universums für Babys, stellt *Frank U. Frey* ungerührt fest.

Und wenn dann die Theorien wechseln

In Bezug auf die Entwicklung einer physikalischen Theorie gibt es einen 'äußeren' Fortschritt, in dessen Verlauf Neuland zu entdecken ist. Und zwar wird dieser durch technischen Fortschritt ermöglicht, durch unerwartete Beobachtungen erzwungen, und ist revolutionär, wo mit bisherigen Vorstellungen nicht vereinbar. Manchmal scheint zeitweilig gar zu gelten, je unverständlicher, desto spektakulärer. Die historische Entwicklung etwa der Quantenmechanik von Planck bis Bohr, Born, Heisenberg, Pauli und Dirac ist ein Beispiel dafür. Neben Einstein hat sich allerdings auch Schrödinger großartig gegen deren Überinterpretation gewehrt.

Daneben aber gibt es auch einen 'inneren' Fortschritt. Bei dieser Form der Weiterentwicklung geht es um Aufdeckung und Behebung von Ungereimtheiten, Widersprüchen oder – sehr selten – auch 'Fehlern'. Solcher Fortschritt wäre naturgemäß unerwünscht bei denjenigen zeitgenössischen Koryphäen, die etwaige bisherige Unstimmigkeiten gegebenenfalls übersehen, vielleicht kaschiert oder gar schöngeredet hätten. Ein Paradigmenwechsel im Sinne Thomas S. Kuhns aber setzt bei denen, die ihn herbeiführen, Freiheit und die Bereitschaft voraus, unter Umständen zeitlebens als Außenseiter zu gelten. Das sei gar nicht lustig für alle, die daran scheiterten und schließlich verstummten, weiß *Borromea Worthswerd*. Zu allen Zeiten bildeten sich gerade Experten allerdings ein, ausgerechnet sie seien dazu berufen, zwei, drei Genies zu erkennen. Armer Vincent van Gogh! – *Mlle Bleu de Ley* ist da realistisch – oder wie immer der heute heißen möge. „See the people standing there who disagree and never win and wonder why they don't get in my door."[58] Sum, sum, sum, jemand summt herum.

Aus der Momentaufnahme der zu einem bestimmten Zeitpunkt lebenden irdischen Bevölkerung könnte ein allein mit diesen Zahlen isoliert argumentierender Versicherungsvertreter begründen, dass die gesamte Menschheit nicht viel mehr als etwa hundert Jahre alt sei, denn noch ältere Menschen gebe es ja nicht. Dementsprechend könne sich jeder Spaßvogel die Zeit gerade auf die Weise verfließend denken – überlegt *Mlle Bleu de Ley* – dass es auf immer und ewig so aussähe, als ob die Welt gerade erst vierzehn Milliarden Jahren alt geworden wäre. Woher wolle sie wissen, wann die radioaktiven Elemente jeweils entstanden seien, oder ob nicht ihre Zerfallskonstanten zwar bezogen auf die paar tausend Jahre menschlicher Zivilisation mit extremer Genauigkeit konstant wären, nicht aber bezogen auf universale Zeiträume.

Wer partout will, mag an den Konkordanz-Zufall hinsichtlich des 'Alters des Universums' glauben und ihn aus einem anthropischen Prinzip begründen. Ich tue das nicht. Etwas ganz anderes – und durchaus vernünftig – aber ist es, solch ein 'anthropisches Prinzip' auf unsere kosmische Umgebung oder, besser gesagt, auf unseren eigenen lokalen Kosmos anzuwenden. Aufgrund der konkreten Anteile sichtbarer Energie und Materie könnte es zu allen Zeiten so aussehen, als ob die Konkordanzkosmologie als heuristisches Modell Gültigkeit hätte. Doch dürfte diese Sicht keinesfalls überinterpretiert werden, indem sie etwa – wie derzeit oft – als eine endgültige physikalische Wahrheit hingestellt würde. Denn was ist über das Universum tatsächlich bewiesen? – Nichts außer seiner Existenz.

Eine besonders faszinierende Kategorie von Abläufen betrifft diejenigen, die sich außerhalb des uns unmittelbar zugänglichen Bereichs – das ist der unbegreifliche Lebensraum Erde in unserem Sonnensystem – am Sternenhimmel abspielen und dementsprechend zwar nicht dem Experiment, wohl aber der astronomischen Beobachtung offen stehen.

Jede noch so abstruse Theorie, und sei sie auch grundsätzlich völlig falsch, lässt sich an jeweilige Beobachtungstatsachen anpassen. Neben der nötigen Anzahl von Einstellknöpfen und Schrauben in Form geeigneter Parameter fehlt dazu nichts weiter, als eine blühende Phantasie und die – innerhalb der mathematischen Naturwissenschaft allerdings unverzichtbare – Voraussetzung, dass ein 'Wahnsinn' Methode hat! *Hypolite Van Tast* wüsste davon ein Lied zu singen, doch ist er zu sehr mit Komponieren beschäftigt. *Aladin Adamson* fasst noch einmal einige unnötige Hypothesen zusammen:

– Es gebe keinen zwingenden Grund, innerhalb Einsteins Gravitationstheorie die Existenz eines ausgezeichneten universalen Ruhsystems zu ignorieren.

– Es gebe keinen zwingenden Grund, die Notwendigkeit eines absoluten mathematischen Raums und einer absoluten mathematischen Zeit zu leugnen. Oder umgekehrt dem Raum und der Zeit selbst physikalische Eigenschaften beizumessen anstatt realen Maßstäben, Uhren, Feldern und Objekten, deren Beschreibung zwar die Anwendung des Formelwerks der nichteuklidischen Geometrie verlange, aber letztlich doch innerhalb eines euklidischen Raums und einer gleichmäßig verlaufenden Zeit.

– Es gebe keinen zwingenden Grund, dem großräumigen Universum insgesamt irgendeine von Null verschiedene mathematische Krümmung zuzuschreiben.

– Es gebe keinen zwingenden Grund, wegen der Gravitationsrotverschiebung weit entfernter Galaxien einen Doppler-Effekt aufgrund einer allgemeinen Fluchtbewegung oder eine physikalisch widersinnige Expansion des ganzen Universums zu unterstellen. Ebensowenig beweise die direkt gemessene gewöhnliche Rotverschiebung des Lichts vom Fuß eines Turms dessen Davonlaufen vor seiner Spitze.

– Es gebe keinen zwingenden Grund, weiter auf eine wahre Hubble-Konstante zu verzichten, die wegen einer Verwechslung mit dem konventionellen zeitabhängigen *Hubble-Parameter* bisher übersehen worden sei.

– Es gebe keinen zwingenden Grund, im Rahmen von Einsteins Gravitationstheorie auf eine Urknall-Entstehung des gesamten Universums zu spekulieren, schon gar nicht einschließlich Raum und Zeit.

– Es gebe keinen zwingenden Grund, aus einer maximalen Lebensdauer kosmischer Strukturen ein endliches Alter des Universums zu folgern. Ebensowenig wie ein solches aus der begrenzten Lebensdauer eines jeden Physikers gefolgert werden könne.

– Es gebe keinen zwingenden Grund, von Einsteins originalen Gravitationsgleichungen abzuweichen und trotz dessen deutlicher Warnung mit jener fiktiven kosmologischen Konstanten besserwisserisch auf die 'größte Eselei' seines Lebens zurückzugreifen.

Viel zu viele Experten gefielen sich heute darin, klüger zu sein als der, an dessen Denkmal sie feierten, und damit auf billige Weise sich selbst, bedauert *Borromea Worthswerd*. Oder auf unbillige? fragt sich *Sigismund Sörgli* und macht seinem Namen wieder einmal Ehre.

Bei nüchterner Betrachtung des gegenwärtigen Konkordanzmodells stellt man leicht fest, dass eine physikalisch nachvollziehbare realistische Beschreibung der Abläufe beim Urknall – wenn überhaupt – erst nach der angeblichen Inflation eingesetzt hätte bei einer Ausdehnung des 'Universums' von etwa einem Meter. Bei einer unterstellten Gesamtmasse von damals größenordnungsmäßig einer Billion heutiger Sternmassen allerdings hätte diese weit innerhalb des Schwarzschild-Radius eines entsprechenden 'Schwarzen Lochs' gelegen. Dem Szenario würde eine Temperatur von etwa einer Billion Grad Kelvin entsprechen und eine Dichte, die ungefähr zehnmal so groß gewesen wäre wie die in einem Neutronenstern beziehungsweise eine Billion mal so groß wie die der Sonne.

Warum sollten sich ultra-kompakte Objekte, die nach derzeitigem Sprachgebrauch zunächst als ruhende super-massereiche 'Schwarze Löcher' angesehen werden, bei Gammastrahlenausbrüchen in Phasen extrem kurzeitiger Aktivität einst nicht möglicherweise zu vergleichbaren Werten von Dichte, Druck und Temperatur entwickelt haben, oder sich in anderen Bereichen des Universums gerade dahin entwickeln? Allein entsprechende Werte, nicht aber ihr angebliches Zustandekommen, sollten für das Auftreten gravitativer Schöpfungsereignisse genügen.

Viele Fragen – wie die nach der seltsamen Zusammensetzung des dadurch beschriebenen Universums oder nach einigen höchst eigenartig anmutenden Zufälligkeiten – spiegeln ein allgemeines Unbehagen an dem Konkordanzmodell wider. Es ist deshalb von großer Bedeutung, alternative Modelle ganz unabhängig von angeblich 'rekonstruierten' hypothetischen Abläufen zu testen. Doch ließen sich gewiss noch andere, weit verrücktere Konzepte entwickeln, deren nachträgliche 'Vorhersagen' ebenso gut oder besser mit den bisher bekannten kosmologischen Beobachtungstatsachen übereinstimmen könnten. Wer also Spaß an intelligenten Schnörkeln und einer Art gutbezahlter akademischer Beschäftigungstherapie als Beruf hätte, für den gäbe es hier ein weites Betätigungsfeld. Und es stünde nicht zu befürchten, dass man mit diesem Glasperlenspiel jemals allzu sehr von der Realität belästigt würde oder gar irgendwann zu Ende käme.

Die Supernova-Ia-Daten werden heute mit anderen Beobachtungstatsachen – beispielsweise der Hintergrundstrahlung – kombiniert, um Eindeutigkeit des Konkordanzmodells zu erreichen. Dann allerdings ist es eindrucksvoll, dass die gleichen Parameter sowohl im Rotverschiebungsbereich bei Werten bis 2 als auch – hinsichtlich der angeblichen 'Reststrahlung' – im Bereich jenseits von 1000 mit den Messwerten in Einklang zu stehen scheinen. Trotzdem sieht es heute allmählich so aus, als hätte man die berüchtigten Horizonte dieses Modells sehr wohl für die physikalischen Theorien, niemals aber für das Universum als Ganzes akzeptieren dürfen.

So etwas jemals als vermeintlich endgültige Tatsachen präsentiert zu haben, sei einfach hochgelehrter Bockmist gewesen, *Frank U. Frey* schämt sich fremd für viele Experten. Wenn aber hinsichtlich Entstehung und Entwicklung eines Universums aus dem Nichts, manche Kosmologen schon immer solch einen Knall gehabt hätten – gibt *Mlle Bleu de Ley* zu bedenken – dann könne man seit den zahlreichen Veröffentlichungen der Fotos eines 'Babyuniversums' jetzt auch in Bezug auf einschlägige Medien von einem 'Ur-Knall' sprechen.

Es sei eine Frechheit der Konkordanzkosmologen, einen derart blöden Kalauer immer wieder dreist anzubieten. Angesichts des Dilemmas, dass ein willkürlich fixierten Parametern ausgeliefertes Konkordanz-Universum geradezu Purzelbäume und Kapriolen schlagen müsse und schließlich ganz außer Rand und Band zu geraten drohe, sollten sie sich umgekehrt auf die Frage konzentrieren: Welche andersartigen unbewiesenen Voraussetzungen hätten sie zu akzeptieren, um schließlich ein akzeptables physikalisches Welt-Bild zu erhalten?

Obwohl die stationäre Lösung eines ewigen unendlichen Universums mit Einsteins – allerdings von ihm selbst in Frage gestellter – geometrischer Deutung unverträglich ist, beruht das neue Modell SUM sehr wohl auf seinen wunderbaren Gleichungen. Es gibt sie also, die Chance einer vernünftigen Kosmologie.

Sogar wenn man das stationäre Linienelement ohne Berücksichtigung der wiederholt formulierten Einwände lediglich im Sinne der gegenwärtigen Urknall-Kosmologie deuten wollte, würde ein wesentlicher Fortschritt immer noch in der Erkenntnis liegen, dass es als einfachstes aller denkbaren Linienelemente den Beobachtungstatsachen jedenfalls verblüffend nahe kommt. Warum sich aber dieses einfachste Linienelement dabei ausgerechnet als dasjenige mit ausgeprägt stationären Zügen erweist, bliebe dann als bloßer Zufall dahingestellt.

Wie aber konnte es überhaupt geschehen, dass die einfachste aller Möglichkeiten der relativistischen Kosmologie nicht längst als die eigentlich von Anfang an gesuchte Lösung für ein stationäres Universum erkannt worden ist?

Den Grund dafür, dass dieses Modell SUM nicht sehr viel früher im Zusammenhang mit der inzwischen endgültig an den

Beobachtungstatsachen gescheiterten Steady-State Theory diskutiert wurde, sehe ich zunächst darin, dass im Hinblick auf die – bis heute tatsächlich ermittelte – direkt oder indirekt beobachtete Materie- und Energiedichte ursprünglich ein Linienelement mit räumlicher 'Krümmung' erwartet wurde. Darüberhinaus impliziert das stationäre Modell den erwähnten negativen Gravitationsdruck von einem Drittel der kritischen Dichte. Ein negativer Druck aber galt lange Zeit als inakzeptabel, obwohl er, wie in einem früheren Abschnitt erläutert, physikalisch hier mehr als plausibel ist.

Angesichts einiger in den letzten Jahren sehr viel weitergehender Hypothesen beispielsweise einer 'dunklen Energie' kann allerdings ein negativer Gravitationsdruck heute nicht mehr befremden. Auch in diesem Fall wiederum wird so manch vermeintliche Erkenntnis wieder einmal als bloße Denkgewohnheit entlarvt. Wenn künftige Generationen von Wissenschaftlern einst daran erinnert werden, mit welcher Hingabe selbst abenteuerlichst verschrobene Modelle durchgerechnet und publiziert wurden, wird ihnen vermutlich dazu nichts anderes einfallen, als über ihre Vorgänger mitleidig den Kopf zu schütteln. Es soll heutzutage beispielsweise auch Physiker geben, die den dreidimensionalen Raum des Universums für ähnlich strukturiert halten wie die zusammengestückelte zweidimensionale Oberfläche eines Fußballs. Auch das noch.

Alles in allem gibt es mindestens fünf – bei näherem Hinsehen teilweise haarsträubende – Gründe dafür, dass die einfachste Lösung so lange ignoriert werden konnte.

Der erste liegt also darin, dass die seinerzeit hoch gehandelte Steady-State Theory als falsche Antwort auf eine richtige Frage die Entwicklung blockiert hat. So etwas geschieht immer wieder. Wenn im täglichen Leben der Versuch scheitert, ein praktisches Problem zu beheben, dann könnte das daran liegen, dass jemand ein falsches Werkzeug benutzt oder aber mit dem richtigen Werkzeug überfordert ist; nicht selten werden unfähige Experten sogar bewusst eingesetzt, um aller Welt zu beweisen, dass ein unangenehmes Problem nicht lösbar sei. Wenn nun herausragende Wissenschaftler erst einmal daran gescheitert sind, ein fundamentales Problem zu lösen, dann wird daraus oft vorschnell geschlossen, dass dieses Problem dementsprechend gar keine Lösung habe.

Bei den Urhebern der Steady-State Theory handelte es sich um außerordentlich verdienstvolle Wissenschaftler. Ganz besonders vor den Leistungen Fred Hoyles habe ich allergrößten Respekt, der neben vielem anderen die Entstehung der schweren Kerne im Sterninneren erklärt und mit der ironischen Bezeichnung 'Big Bang' den Begriff eines für ihn inakzeptablen Urknalls geprägt hat. Dennoch ist es aus meiner Sicht unverständlich, wie eine Theorie, die ihren eigenen Voraussetzungen widerspricht, indem sie beispielsweise zeitlich veränderliche Rotverschiebungen vorhersagt, jemals als Modell für ein sich gleich bleibendes Universum ernst genommen werden konnte. Die aus ihrem Linienelement folgenden zeitlich immer weiter zunehmenden Rotverschiebungsparameter für Galaxien müssten sich als Veränderlichkeit aller mit dieser Rotverschiebung verknüpften Beobachtungstatsachen zeigen. Das verhält sich bei SUM grundsätzlich anders. Viele andere Autoren aber – abgesehen von Einstein selbst – haben es nach Entdeckung des Hubble'schen Gesetzes nicht einmal mehr versucht.

Meines Erachtens ist trotzdem bis heute eine stille Ahnung – um nicht gerade von Sehnsucht zu sprechen – bei so manchen Physikerinnen und Physikern vorhanden, dass es auf Basis der Einstein'schen Gleichungen ein Modell für ein stationäres Universum geben sollte. Um nun möglichen Verwechslungen sowohl mit der Steady-State Theory als auch mit der später daraus erwachsenen Quasi-Steady-State Cosmology endgültig vorzubeugen, sei hier noch auf einige weitere Unterschiede hingewiesen. Der hauptsächliche liegt unverkennbar darin, dass jene Autoren an dem Konzept der Expansion des Universums festgehalten haben. Das geht bereits aus den Titeln ihrer ursprünglichen Arbeiten hervor, die sich diese Vorstellung ausdrücklich zu eigen machten. Bei der Entwicklung von SUM aber wurde gezeigt, dass eine solch naive Interpretation der kosmischen Rotverschiebung überflüssig ist. Doch das Festhalten an einer Expansion bringt das Dilemma einer notwendig scheinenden spontanen Entstehung von Materie aus dem Nichts, weil deren Dichte ansonsten nicht gleich bleiben könnte. Solch eine physikalisch inakzeptable Konsequenz lässt erkennen, dass die Steady-State Theory von Anfang an untauglich war. Ein anderer wesentlicher Unterschied zu SUM fällt unter das Stichwort Horizontprobleme, auf die ich hier nicht noch einmal einzugehen brauche, weil es sie – ganz im Einklang mit dem Prinzip von der Einheit der Natur – beim stationären Modell einfach nicht gibt. Der entscheidende Fehler der Autoren hat meines Erachtens in einer gewissen Halbherzigkeit gelegen, nämlich darin, dass sie unzulässigerweise an dem speziell-relativistischen Konzept der 'Eigenlänge' als dem vermeintlich entscheidenden Maß auch für beliebig große universale Abstände festgehalten haben.

Allerdings lag dem Versuch selbst eine ähnliche Absicht zugrunde wie nun bei SUM. Doch obwohl bei jener längst überholten Theorie ein gut gemeintes Konzept nur unzureichend umgesetzt wurde, fließen wertvolle Einsichten aus dem früheren Ansatz in letzteres ein. Dies gilt angefangen von dem dort erstmals ausdrücklich formulierten *Vollständigen Kosmologischen Prinzip* über das Verständnis der Bildung schwerer Elemente in Sternen bis hin zu der Erkenntnis, dass die thermalisierte Bindungsenergie des gesamten kosmischen Heliumanteils zufällig gerade der Energiedichte der Mikrowellen-Hintergrundstrahlung zu entsprechen scheint. Ein Hinweis auf deren Temperatur hat sich auf andere Weise auch aus dem stationären Linienelement ergeben.

Da sind noch vier weitere Gründe für die Missachtung der einfachsten kosmologischen Lösung der Einstein'schen Gleichungen, die sich teilweise überschneiden. Der zweite, tief in den Fundamenten der allgemeinen Relativitätstheorie verborgene Grund liegt in der bisher buchstäblich grenzenlosen Überschätzung des Konzepts nicht nur der Eigenlänge, sondern auch der

Eigenzeit. Seit den ersten Anfängen der relativistischen Kosmologie wird jene Zeitkoordinate verwendet, die als kosmische Eigenzeit verstanden wird. Dem aber liegt ein Missverständnis zugrunde, denn es hat sich gezeigt, dass das Konzept der Eigenzeit eine innere Begrenzung in sich trägt und es deshalb keinen Sinn hat, dieses auf das gesamte Universum ausdehnen zu wollen. Die allgemein in der so genannten Friedmann-Lemaître-Robertson-Walker-Form verwendete Zeitkoordinate hat als lediglich angenäherte Eigenzeit nur lokale Bedeutung.

Es war von Anfang an ein Irrtum zu glauben, dass man hier ohne eine eigene zeitliche Systemkoordinate auskommen könnte, die ich als universale Zeit verwende. Wenn man so will, kann man auch sagen, dass es sich dabei im übertragenen Sinne um Newtons absolute mathematische Zeit handelt. Ausgerechnet Einstein selbst hatte ja bereits am Beispiel der rotierenden Scheibe nachgewiesen, dass sich physikalische Systeme nicht im ausschließlichen Bezug auf die Anzeige natürlicher Uhren und natürlicher Maßstäbe beschreiben lassen. Er ist daraufhin dazu übergegangen, jene zusätzlichen Systemkoordinaten einzuführen, denen er allerdings jede eigenständige physikalische Bedeutung abgesprochen hat. Dagegen ließe sich tatsächlich nichts einwenden, gäbe es nicht ein einzigartiges übergeordnetes System, das Universum nämlich.

In Bezug auf dieses Universum aber gewinnen die zusätzlich eingeführten Koordinaten plötzlich konkrete Bedeutung. Dies ist mir erst klar geworden durch die Erkenntnis, dass die gemessenen Werte der kosmischen Rotverschiebung im Rahmen von SUM unmittelbar mit konstanten universalen Entfernungen verknüpft sind. Dabei ist das universale Koordinatensystem vor allen anderen physikalisch ausgezeichnet, und zwar dadurch, dass in diesem die bezüglich hinreichend großer Skalen gleichmäßig verteilten Spiralnebel statistisch ruhen. Wenn ich darüberhinausgehend noch anfüge, dass deren universales Gravitationspotential letztlich Newtons 'absoluten' Raum repräsentiert, dann muss ich zwar mit hysterischen Reaktionen eifernder Experten rechnen, doch vorher habe ich mit Einsteins Gleichungen gerechnet und weiß, wovon ich rede. Diese haben es wirklich nicht nötig, Newtons Leistungen hinsichtlich eines 'wahren' Raums und einer 'wahren' Zeit zu missachten, wobei in einem bloßen Streit um Worte nur Unvernünftige ihre Ablehnung an einigen historisch gewachsenen falschen Assoziationen festmachen könnten. Wer vergisst, dass Sprache lebt, wird selbst nach weiteren hundert Jahren dereinst dumm geblieben sein.

Zwar ließe sich im ausschließlichen Bezug auf Bewegungsabläufe die Frage, welche mathematische Form am Ende die richtige sei, auch beim stationären Linienelement von SUM nicht entscheiden. Ebensowenig wie bei isolierter Betrachtung die alte Frage, ob sich die Sonne um die Erde bewegt oder die Erde um die Sonne. Doch kann anhand der Supernova-Daten jede und jeder selbst sehen, dass dieses stationäre Linienelement der relativistischen Kosmologie bisher eine verblüffende Übereinstimmung mit den Beobachtungstatsachen gezeigt hat.

Wer hier ganz sicher gehen will, der möge abwarten, bis Daten deutlich jenseits der heutigen Rotverschiebungsgrenze von etwa 1,7 vorliegen. Bei deren Messung sollte auch eine eventuelle Winkelabhängigkeit – im Rotverschiebungsbereich kleiner als 0,1 – untersucht werden, falls solche Anstrengungen überhaupt in absehbarer Zeit unternommen werden, wo eben alles doch so schön zu passen scheint. Ganz gleich aber, ob tatsächlich jener Hubble-Kontrast oder zusätzlich eine kleine nicht-verfärbende Absorption durch grauen Staub vorliegt, oder ob am Ende gar das Konkordanzmodell zahlenmäßig weiter bestätigt schiene, sämtliche grundsätzlichen physikalischen Erwägungen sprechen aus meiner Sicht überzeugend für das stationäre Linienelement zumindest als Grundlage für ein Modell des universalen Hintergrunds. Gegebenenfalls ließen sich immer auch weitere Anpassungsmöglichkeiten finden.

Als dritten Grund nenne ich – ohne mit dieser Reihenfolge eine Wertung zu verbinden – Einsteins ursprüngliche, inzwischen längst als ungerechtfertigt erwiesene Annahme, dass ein sich gleich bleibendes Universum statisch sein müsse. Es ist in diesem Zusammenhang allerdings daran zu erinnern, dass die fehlende Unterscheidung zwischen statisch und stationär für die damalige Zeit geradezu typisch war. Erst mit Schrödingers Wellenmechanik wurde deutlich, dass eine stationär schwingende Atomhülle sehr wohl stabil sein kann, ohne statisch sein zu müssen. Anscheinend ist niemand seither auf die Idee gekommen, dass es sich mit dem Universum ähnlich verhalten könnte.

Der vierte Grund dafür, dass die stationäre Lösung der relativistischen Kosmologie nicht viel früher erkannt wurde, hat darin gelegen, dass ein hier auftretender negativer Druck für lange Zeit physikalisch ausgeschlossen zu sein schien. Als alltägliche phänomenologische Zustandsgröße wäre er das auch. Doch ich habe – wie in einem früheren Abschnitt ausgeführt – die einfache Erklärung dafür gefunden, dass ein möglicher Gravitationsdruck in einem stationären Universum nicht nur negativ sein darf, sondern sogar negativ sein muss.

Der fünfte Grund ist, dass sich die zeitliche Unabhängigkeit der Rotverschiebung des neuen Modells gewissermaßen verstecken konnte aufgrund der beinahe unglaublichen Verwechslung des die gesamte Fachliteratur bisher dominierenden konventionellen Hubble-Parameters mit jener wahren – oben als 'signifikant' bezeichneten – Hubble-Konstanten. Auch hier wieder spielt die Überschätzung des Konzepts der Eigenlänge gegenüber demjenigen universaler Entfernungen die entscheidende Rolle, und damit schließt sich der Kreis.

Nach meiner Einschätzung wären schon die Begründer der Steady-State Theory nicht bei ihrem widersprüchlichen Modell stehen geblieben, hätten sie die signifikante Hubble-Konstante gekannt und wären also nicht auf den konventionellen Hubble-Parameter hereingefallen. In der bereits erwähnten Arbeit[59] wird die äußerst merkwürdige ganze Geschichte mitsamt der mathematisch-physikalischen Entwicklung detailliert aufgezeigt.

Der im Rahmen von SUM bezüglich der Rotverschiebung und weiterer universaler Zusammenhänge als stationär erwiesene Verlangsamungs-Parameter Null wurde zuvor einmal völlig anders – nämlich unter dem Titel 'Coasting Cosmology' – im Sinne einer gleitenden Expansion des Universums interpretiert und faktisch wieder vergessen. Dieser Sachverhalt war mir bei der ersten Aufstellung des stationären Linienelements[60] gänzlich unbekannt. In jener früheren Arbeit haben allerdings weder die Forderung einer fehlenden räumlichen Krümmung oder einer konstanten universalen Lichtgeschwindigkeit eine Rolle gespielt, noch wurde beispielsweise die resultierende Zeitunabhängigkeit der Rotverschiebungswerte überhaupt nur erwähnt. Stattdessen wurde an der Deutung der Rotverschiebung als Doppler-Effekt auch dort festgehalten. Von einem stationären Linienelement in seiner ursprünglichen und endgültigen Form kann also keine Rede sein, der Urknall wurde mit keinem Wort in Frage gestellt.

Nun aber könnte das stationäre Konzept SUM dabei helfen, nicht nur die Entwicklung, sondern auch die Gestalt unseres eigenen Kosmos zu klären, indem der ewige unendliche Hintergrund aus einem mehr und mehr fein abgestimmten 'Konkordanzmodell' gewissermaßen herausgerechnet und abgezogen würde. Selbst eingefleischte Urknall-Kosmologen wissen, durch reine Beobachtung ohne eine richtige theoretische Grundlage kommt man nicht weit.

Am Ende steht allerdings nicht zu erwarten, dass sich unser räumlich und zeitlich begrenzter Kosmos als perfekt homogen und isotrop erweisen wird. Vielmehr könnte die beobachtete Gleichmäßigkeit der tatsächlichen Galaxienverteilung hinsichtlich Richtung und Dichte umgekehrt bedeuten, dass wir seit einiger Zeit längst mehr als unseren eigenen Kosmos sehen – nämlich tatsächlich einen darüberhinaus gehenden Teil des ewigen unendlichen Universums.

Den Ausschlag für diese Sicht der Dinge, den ich gegenüber 'adaptable' im englischen Kontext als *straight SUM* bezeichnet habe – nicht anpassbar, sondern strikt also – gibt bei konkreter Abwägung der überhaupt in Frage kommenden Möglichkeiten die Konfrontation mit den einschlägigen Supernova-Ia-Daten.

Von unzumutbaren Voraussetzungen abgesehen aber, werden diese allerdings auch durch das Konkordanzmodell numerisch zutreffend beschrieben.

Hätten sich die Einstein'schen Gleichungen wirklich außerstande gezeigt, eine vernünftige Lösung für ein offenes, räumlich und zeitlich unendliches Universum ohne Kringel, Schnörkel oder Purzelbäume zu liefern, dann wäre das zuletzt zu einem ernsten Problem geworden, und zwar für die Relativitätstheorie. Die Supernova-Diagramme haben jedoch die Übereinstimmung des neuen Modells mit den realen Gegebenheiten auch auf großen Skalen des Universums erwiesen und wieder einmal von der einzigartigen Aussagekraft der ursprünglichen Gravitationsgleichungen Einsteins überzeugt. Nicht allerdings von deren bisheriger Interpretation, im Gegenteil.

Es war außerordentlich interessant zu lesen, dass der geniale Experimentalphysiker und Nobelpreisträger Theodor Häntsch daran denkt, mit Hilfe seines 'Frequenzkamms' in den nächsten zwanzig Jahren die gemäß Konkordanzmodell allgemein erwartete zeitliche Veränderung der kosmischen Rotverschiebung nachzuweisen. Ich bin so sicher, wie man als seriöser Physiker nur sein kann, er würde ein Null-Resultat finden. Und zwar eines, wie es seit Michelson keins mehr gegeben hat. In diesem Fall aber wären die Meßergebnisse wohl über jeden Zweifel erhaben und könnten zur Widerlegung der gegenwärtigen Konkordanzkosmologie führen. Die Supernovae-Ia-Daten sprechen jedenfalls auf großen Skalen für universale Rotverschiebungen, die statistisch unabhängig sind von der Zeit. Gerade dies ging anschaulich aus den Diagrammen des einen der beiden MG12-Vorträge hervor, die ich vor einigen Jahren in Paris gehalten habe.

Und es gibt sogar noch tiefer liegende Gründe für die stationäre Lösung. Sehe die rote SUM-Linie des Diagramms auf dem Buchumschlag nicht aus wie der Schnitt durch einen kosmologischen Knoten? Zwar nicht wie ein Schwertstreich beim gordischen, sondern eher wie ein scharfer Lausbubenstreich mit Ockhams Skalpell? fragt *Borromea Worthswerd*. Geradezu beleidigt wendet *Ethan Fools* dagegen ein, es sei ja verrückt zu glauben, dass ein von reiner Vernunft gelenkter Verstand genüge, um wie ein heißes Messer durch Butter den kosmologischen Dingen auf den Grund zu gehen.

Sollte das derzeit allgemein akzeptierte Konkordanzmodell eines Tages zweifelsfrei bestätigt werden in der – meines Erachtens entscheidenden – Frage, dass sich die Temperatur der Hintergrundstrahlung anscheinend in umgekehrtem Verhältnis zum Alter des beschriebenen Kosmos verändert hätte, so wäre immer noch zu prüfen, ob eine zeitabhängig scheinende Mikrowellentemperatur nicht wie bei der Rotverschiebung lediglich eine Entfernungsabhängigkeit der ankommenden Signale bedeuten könnte. Eine scheinbare Zeitabhängigkeit entstünde dabei erst aufgrund der unterschiedlichen Zeitspannen, die – hinsichtlich weit entfernter Gaswolken oder Galaxien – seit der Emission ihrer bei uns heute eingehenden Strahlung vergangen wären. Ansonsten aber würde es sich gemäß den bis vor wenigen Jahrzehnten allgemein anerkannten fundamentalen Grundsätzen der Physik hier eben nicht um das ganze Universum handeln, sondern nur um unseren – in diesem Fall allerdings gigantischen – Kosmos als Teil davon.

Ob sich die Dinge am Ende wirklich im Sinne der hier aufgezeigten Deutungsmöglichkeit verhalten, wird nur die weitere Beobachtung lehren. Andererseits ist es bereits jetzt höchst interessant zu erkennen, dass selbst kleine Eigentümlichkeiten der kosmischen Nachbarschaft genügen würden, um das gegenwärtige Konkordanzmodell schließlich zu widerlegen und der neuen Alternative SUM zum Durchbruch zu verhelfen.

Stellen wir dem stationären Modell noch die simple Frage, was war früher, das Huhn oder das Ei, so wäre – wenn man das Universum nicht mehr mit dem Kosmos verwechselt – die Antwort: Beide schon immer. Will sagen, im ewigen Widerstreit von Gravitation und Quantenmechanik, der ein unendliches Universum erfüllt, wäre jede Evolution angelegt seit jeher und für immer. Zwar reißt eine kosmologische Entwicklung irgendwann ab,

480

doch indem sie das tut, beginnt irgendwo eine andere neu. Ich weise noch einmal darauf hin, dass dieses Bild einem fundamentalen Naturgesetz in seiner bisher bekannten Form widerspricht, nämlich dem Entropiesatz, bei dem es sich um das Gesetz von der niemals abnehmenden statistischen Unordnung handelt, welches seinerzeit als zweiter Hauptsatz der Wärmelehre entstanden ist. Allerdings, was kümmert die Natur ein menschengemachtes 'Gesetz'? Tatsächlich war dieser Satz hinsichtlich seiner universalen Berechtigung schon immer – und teilweise heftig – umstritten. Aus meiner Sicht nun scheint die Zunahme der Entropie als lokales Phänomen nur für zusammenhängende evolutionäre Bereiche zu gelten. Eine Verletzung wäre demzufolge auf ursprüngliche Schöpfungsereignisse beschränkt, bei denen es sich vielleicht nicht einmal um schlagartig geschehende 'Local-Bangs' handeln muss.

Gerade in diesem Zusammenhang ist es höchst interessant, dass offenbar jeder mikroskopische Vorgang wie beispielsweise die Aussendung eines Photons durch ein angeregtes Atom in einem detaillierten Gleichgewicht auch umgekehrt ablaufen kann. Dieser – im Hinblick auf den Entropiesatz in seiner bisherigen Form – rätselhafte physikalische Sachverhalt ist allgemein bekannt. Doch selbst wenn nicht bekannt wäre, dass die Gesetze der Teilchenphysik anscheinend keine Zeitrichtung kennen, würde es mir vergleichsweise leichtfallen, einen Verstoß in gravitativen Entstehungsereignissen zuzugeben, wenn ich diesem Ansatz das Urknallmodell gegenüberstelle, dem gemäß zu Beginn ausgerechnet gegen den fundamentalsten Erhaltungssatz von allen verstoßen worden wäre, dass nämlich aus Nichts nur Nichts entstehen kann, wobei hier bereits das Wort 'entstehen' ins Leere läuft. Gar nichts und wieder nichts, betont *Frank U. Frey*.

Unter diesen Aspekten ist offensichtlich allein das Konzept SUM in der Lage, die Kosmologie mit elementaren Gesetzen der Natur zu versöhnen, indem es Gravitationszentren extremer Stärke gewissermaßen als Jungbrunnen im Leben und Sterben der Sterne enthüllt.

Nachdem von führenden Vertretern der Konkordanzkosmologie inzwischen erklärt wird, das Ziel sei, die letzten Rätsel des Universums bis zurück zum Urknall zu lösen, sage ich: Es ist umgekehrt Zeit, dem Universum seine tiefsten Geheimnisse zurückzugeben. Jede und jeder kann wissen, kein Mensch aber restlos verstehen, dass sein persönliches Leben einmal zu Ende sein wird. Jene Kosmologen wie *Hypolite Van Tast* aber sollten sich vielleicht ab und zu an ihre eigene 'Randbedingung' erinnern, verlangt *Frank U. Frey*. Und daran, wie wenig Zeit ihnen gegeben sei im Vergleich zu derjenigen, die sie ihrerseits dem Universum geben wollten, als sie so weit die Mäuler aufrissen.

Wenn sie von angeblichen Grenzen des Universums redeten, seien sie in der Position eines Wüstenflohs, der sich ein Bild von der Kugelgestalt der Erde im Vergleich zum unermesslichen Weltraum machen solle. Nicht einmal eine mittels Bohrnadel und Sonde aus zehn Kilometern Tiefe hervorgeholte Probe könne die Kugelgestalt beweisen. Sie seien selbst schuld, fügt *Mlle Bleu de Ley* prompt hinzu, dass jeder Esel heute von ihnen als von gelehrten Kamelen nicht nur sprechen dürfe, sondern beinahe müsse. Den erwähnten Floh eines Urknalls aber hätten sie sich mit vereinten Kräften vom Pelz selbst ins Ohr gesetzt. Natürlich müssten sie jetzt mit allen Mitteln verhindern, dass ihr 'Trommelfell' Schaden nehme, noch bevor mit viel Wirbel die totale Deutungshoheit endgültig erobert sei.

Es gibt keine 'dunkle' Energie. Angesichts SUM handelt es sich dabei um nichts anderes als eine unnötige Hypothese. Es gibt auch keine 'dunkle' Materie in dem Sinne, dass diese ganz ohne Strahlung wäre, beziehungsweise ihre Wechselwirkung eingeschränkt ausschließlich auf Gravitation. Im Gegenteil könnte diese bisher dunkle Materie dafür verantwortlich sein, dass einerseits die mit großem Aufwand gesuchten Gravitationswellen bisher nicht beobachtet werden. Indem sie diese nämlich – in ihrer ursprünglichen Form jedenfalls – unterwegs durch Absorption vorher verschluckt. Im Rahmen von SUM scheint ein solcher

Materieanteil zumindest großenteils für die Mikrowellen-Hintergrundstrahlung verantwortlich zu sein.

Frank U. Freys Fazit also ist: Gemessen an seriösen Grundlagen der Physik sei die Konkordanzkosmologie trotz bestrickender Kunstfertigkeit ihrer Experten eine unverschämte Aufschneiderei, gegen welche das geozentrische Weltbild des Ptolemäus samt dessen Epizykeln geradezu ein Muster seriöser Astronomie gewesen sei.

Ich denke, der vereinigte Supernova-Datensatz wird sich als ein Nagel in der Kirchentür des weithin praktizierten Wissenschaftsglaubens erweisen, an den sich anstelle einer dogmatischen Urknall-Kosmologie ein neues offenes physikalisches Weltbild hängen lässt. Die bisherigen Säulen des Konkordanzmodells aber können vielleicht schon bald ein anderes System tragen, das – im Hinblick auf die eigentliche Absicht seiner ersten diesbezüglichen Arbeit – nicht zuletzt auch im Sinne Albert Einsteins wäre. Die Sache ist nicht hoffnungslos. Lange vor Gewinnung der aktuellen Daten stellte der auch noch nach dem Krieg von Einstein weiterhin hochgeschätzte Max v. Laue in seiner Geschichte der Physik nüchtern fest: „*Und wenn dann die Theorien wechseln, so wird aus einem schlagenden Beweise für die eine leicht ein ebenso starkes Argument für eine ganz entgegengesetzte.*"

8 Den Weg weiter ...

Treffen sich zwei Uhren: „Hab' keine Zeit." – Doch so viel Zeit muss sein, noch einmal innezuhalten und sich zu besinnen, wie weit ich mit Einstein und dem Esel auf der Suche nach einer einleuchtenden Kosmologie gekommen bin. Diesen Weg weiter – oder hoffentlich noch bessere – mögen nun Junge und Junggebliebene gehen, mit frischen Kräften hin zu einer nicht nur zahlenmäßig erfolgreichen, sondern vor allem vernünftigen Physik. Für mich gibt es nichts Schöneres. Jede und jeder, die das ebenfalls empfinden, wird sich dieses Geschenks längst bewusst sein.

Vorausgegangene Versionen meiner letzten physikalischen Arbeiten enthalten bereits die wesentlichen Grundzüge und wichtige Ergebnisse des stationären Konzepts, daneben aber auch einige kleinere Fehler, die in dem parallel erscheinenden Buch „*SUM – A Stationary Background Universe Behind Our Cosmos*" behoben sind. Man wird fragen: Und wie steht es mit Irrtümern dieser abschließenden Version? Dazu lässt sich nicht mehr sagen, als dass ich mir alle Mühe gegeben habe, solche zu vermeiden. Doch obwohl das grundsätzliche Konzept SUM nun einmal klar ist, steckt die Entwicklung einzelner Aspekte noch in den Kinderschuhen. Angesichts eines ewigen unendlichen Universums wäre es beispielsweise in Bezug auf die heute so genannten Schwarzen Löcher ebenso denkbar, dass diese in Form super-massereicher Objekte einerseits nicht immer dieselben blieben, andererseits aber etwa in 'Local-Bangs' jeweils nur unvollständig explodierten. Sie könnten also unvergängliche galaktische Keime darstellen, die sich eines über Jahrmilliarden angesammelten Überschusses an Materie und Energie hin und wieder schlagartig entledigen. Niemand kann das heute ausschließen oder besser wissen.

Auch lässt sich nicht durch bloßes Nachdenken entscheiden, ob das Leben in der Materie selbst angelegt ist, so dass nach jedem Ereignis gravitativer Schöpfung eine ganz und gar nur ursprüngliche Evolution einsetzen kann. Oder ob die im Verlauf der jeweiligen Wiedererstehung sich dort neu bildenden Sterne erst durch die aus den Fernen des Alls ständig einlaufenden Materialien mit organischen Bausteinen besiedelt werden. In diesem Fall würde das Leben zusätzlich zur Materie als eigenständige Qualität existieren. Hinsichtlich letzterer Denkmöglichkeit – vermutet *Borromea Worthswerd* – ließen sich vielleicht auch einige schwerwiegende Einwände gegen das herkömmliche Verständnis ausräumen, die ihres Wissens vor allem Burkhard Müller in seinem Buch über 'Das Glück der Tiere' wortgewaltig gegen eine naiv darwinistische Evolutionstheorie erhoben habe.

Im Sinne einer möglichst einheitlichen Auffassung vermute ich, dass eher Ersteres zutrifft. Jedenfalls aber bin ich der Überzeugung, gerade in meiner letzten Arbeit das physikalische Konzept eines stationären Universums so gut vermittelt zu haben, wie das einem – nur zuletzt unfreiwilligen – Maverick-Physiker angesichts begrenzter Lebenszeit vorläufig möglich ist. Ich beabsichtige, Hinweise auf den Fortgang der Entwicklung sowie auf Erweiterungen und Korrekturen von Fall zu Fall insbesondere auch auf peter-ostermann.de zu geben.

Es bleibt also noch Einiges zu tun, bevor ich mich am Ende ganz der Zukunft zuwenden will. Vorsorglich streue ich Asche auf mein Haupt. Es kann ja nicht anders sein, auch in diesem Buch wird manch einer Sätze finden, die manch einer unmöglich finden wird. Solange das aber nicht 'manch eine' ist, tröstet *Mlle Bleu de Ley* über die paradoxe Formulierung hinweg. Mit ihrer Hilfe – und der ihrer Freunde – ist dieser Bericht aus der Reisewerkstatt eines Formelsuchers immerhin stellenweise garniert mit ein wenig Sarkasmus, doch stets zuversichtlich und hoffnungsfroh, auch wenn es nicht immer sofort danach aussieht.

Hinsichtlich wissenschaftlicher Fachmagazine und einiger akademischer Gepflogenheit habe ich keine Lust, an eine intellektuelle Redlichkeit zu appellieren, wo keine ist. Damit angesprochen sind aber beileibe nicht die vielen Physikerinnen und Physiker, die mit Freude bei der Sache sind, sondern eine allerdings federführende, meinungsbildende, sich bei Bedarf oft und gerne gerade auf Einstein berufende, neunmal klügere Elite heutiger wechselseitig ernannter Experten. Nicht also, dass ich erwarte, irgendjemand könnte entgegen seiner bisherigen Überzeugungen das neue Modell SUM spontan akzeptieren. Wohl aber könnten die Urknall-Experten die unübersehbaren Schwächen ihres Konkordanzmodells endlich klipp und klar eingestehen und daraus der Öffentlichkeit gegenüber Konsequenzen ziehen, damit ihnen gegebenenfalls die Möglichkeit bleibt, ohne Gesichtsverlust einen grundsätzlichen Irrtum zu korrigieren. Es könnte sich als lästige Aufgabe erweisen, einen lebenslangen Kampf gegen eine bessere Theorie zu führen. Dabei behaupte ich keineswegs, dass mein Modell uneingeschränkt wahr sein *muss*, insbesondere nicht in jedem bisherigen Aspekt. Ganz entschieden aber behaupte ich, dass umgekehrt die Konkordanzkosmologie als physikalisches Modell des gesamten Universums gar nicht wahr sein *kann*! *Hypolite Van Tasts* aufblasbares Gummituch-Universum sei nach besagtem Urknall zuletzt einfach geplatzt, konstatiert die unerschrockene *Mlle Bleu de Ley* und wendet sich ab ohne Bedauern.

Mein Vertrauen setze ich in die Vernunft unabhängiger Leserinnen und Leser. Das soll genügen. Doch wenn es – um mit den Worten *Frank U. Freys* zu sprechen – ohne Schlag ins Gesicht des ein oder anderen Götzenbildes nicht gehe, so dürfe es dort auch daran nicht mangeln. Ja sicher, auf dem Mist vieler Irrtümer wachse das Blümlein der Erkenntnis, philosophiert *Borromea Worthswerd*, aber in den Ecken, wo kein Licht hinfalle, treibe auch Schwachsinn seine Blüten, teilweise harmlos, teilweise allerdings giftig.

Selbst angesichts extrem angewachsener technischer Möglichkeiten laufen gerade auch manche federführenden Naturwissenschaftler Gefahr, weiterhin gleiche grundsätzliche Fehler zu machen. Einige scheinen jedes menschliche Maß verloren zu haben. Sie überschätzen sich gerade dort, wo sie Bescheidenheit, Dankbarkeit, ja ehrfürchtiges Staunen an den Tag legen sollten.

Und im Gegenzug kommen sie oft mehr als bescheiden daher, wenn es um Anstrengung und Verantwortung für die Gesellschaft geht, der sie doch alles verdanken.

Hat man nicht die Erde für die ganze Welt, und diese für eine Scheibe gehalten, um die sich alles dreht? Hat man danach nicht in der Sonne den Mittelpunkt der Welt, und später in unserer Milchstraße das Universum gesehen? Und heute? Was um Himmels willen bilden wir uns eigentlich ein, wenn wir behaupten, Bilder vom 'Babyuniversum' fotografiert zu haben? Diese Fragen stellt *Borromea Worthswerd*. Angesichts haarsträubender Hypothesen könne sie sich des Eindrucks kaum erwehren, die heutige theoretische Kosmologie hänge mit so manchen Zumutungen in der Luft und sei gerade dabei, nachträglich vom Oberstübchen herab mit viel Phantasie ein passendes Fundament zu erfinden. Viel zu viele derjenigen, die ziemlich genau wüssten, was sie hier täten, hielten sich vornehm zurück. Immer die falschen und immer an der falschen Stelle! – befürchtet *Mlle Bleu de Ley* – und nicht wenige versuchten ansteckende Feigheit hinter epidemisch verbreiteter Verdummung zu verbergen.

Damit das richtig verstanden wird, die Messungen und astrophysikalischen Durchbrüche der letzten Jahrzehnte sind gerade in meinen Augen grandios. Insbesondere kann ich mir nicht vorstellen, dass sich irgend jemand außer den unmittelbar beteiligten Forschern über deren Durchbruch zu den spektakulären Supernova-Daten mehr gefreut hätte als nachträglich ich. *Ohne diese Daten* – ganz in meinem Sinne von jenen teilweise als 'golden' bezeichnet – hätte ich gar keine Chance gehabt, mein kosmologisches Konzept zu vermitteln. – *Mit* diesen Daten aber habe ich gemäß einer Einschätzung *Mlle Bleu de Leys* nun statt gar keine zwar immer noch kaum eine, doch das müsse ja wohl genügen.

Als einer, der für ein Leben als freier Physiker mit Konzentration auf theoretische Grundlagenforschung das Geld selbst verdient hat, bitte ich um Nachsicht, dass mir die Geduld fehlt, den Ertrag jahrzehntelanger Arbeit einem Urteil x-beliebiger akademischer Gutachter zu unterwerfen. Dies vor allem, weil ich weiß, dass viele dieser Experten auf Teilwissen spezialisiert, und genau damit voll ausgelastet sind. Beiträge von außerhalb können da nur stören. Solche Arbeiten haben effektiv keine Chance, im Rahmen des vorgeblichen Peer-Review-Verfahrens souveräne Gutachter zu finden, obwohl es solche gäbe, wenn man sie nur fände, oder besser: ernsthaft finden wollte. Deshalb gehe ich meinen eigenen Weg weiter.

Um noch einmal den großartigen Max v. Laue zu zitieren, der seinerzeit für den Nachweis der Wellennatur der Röntgenstrahlung den Nobelpreis erhielt: *„ … man darf sich nicht einbilden, wissenschaftliche Großtaten machten beliebt."* – Das würde ich so nicht sagen, jedenfalls nicht undifferenziert, bemerkt *Frank U. Frey.* Er denke, der große Forscher habe dabei vor allem die ausgewiesenen Experten unter seinen Fachkollegen im Sinn gehabt. Zum Kuckuck mit aller Rechthaberei! fordert *Mlle Bleu de Ley* beinahe ungestüm. Dem Esel sträubt sich prompt das Fell. *Borromea Worthswerd* erinnert sich, dass dessen Halbbruder einst mit dem Kuckuck einen Streit gehabt und daraufhin ein Quartett für harmonischen Vierklang gegründet habe, das – wie von ihren ehemaligen Kollegen Wilhelm und Jacob Grimm glaubhaft überliefert – auch verschiedentlich aufgetreten sei, und zwar mit manchmal geradezu durchdringendem Erfolg.

In diesem Zusammenhang sei noch erwähnt, dass Nikolaus Kopernikus sein Werk *De revolutionibus orbium coelestium* angeblich erst auf dem Sterbebett als Buch in Händen gehalten hat. Bemerkenswerterweise war sein darin enthaltenes Weltbild hinsichtlich der Planetenbahnen dem historisch falschen System des Ptolemäus anfänglich gar nicht überlegen. Das ist auch kein Wunder, weil letzteres durch die Hinzunahme weiterer Epizykel beinahe beliebig anpassungsfähig war. Die Parallelen zur heute entstandenen Situation in der Kosmologie springen geradezu ins Auge, doch sei verzichtet, hier noch einmal darauf einzugehen. Es liegt mir fern, irgendjemanden überzeugen zu wollen, ohne dass die oder der es am Ende selbst erkennt.

Dabei wäre es möglicherweise einfacher gewesen, mich nach der Vorgehensweise Daniel Defoes als eine Art Robinson Crusoe zu präsentieren. Zwar nicht auf einer paradiesischen Insel in der Karibik, aber vielleicht auf einer winzigen Insel im Ozean des Nicht-Wissens, die bisher kaum betreten ist. In einer solchen Rolle, als Autor versteckt hinter einer fiktiven Gestalt, wäre ich unangreifbar. Das gehe aber gar nicht, protestiert *Mlle Bleu de Ley* ganz entschieden. Recht habe sie, bestätigt *Frank U. Frey*. Niemand könne sich ringsum die Zeitgenossen aussuchen, neben denen sie oder er durchs Leben gehe. Um aber die Welt nicht für alle Zukunft den immer gleichen 'Experten' zu überlassen, sei sachgemäß dagegen anzuschreiben.

Fehlentwicklungen sind konkret zu benennen, denn allgemeines Lamentieren würde nichts helfen, im Gegenteil. Eine der infamsten Methoden, jede Veränderung im Keim zu ersticken, ist, denjenigen Honig um den Bart zu schmieren, die sich nicht länger mit ihrer von wem auch immer zugedachten Rolle zufrieden geben wollen. Was also tun? Sicher nicht alles auf einmal. Wer alles will, bekommt gar nichts. Jedenfalls aber ist es unvermeidlich, für das abgehobene Getriebe insbesondere von Kosmologie und Teilchenphysik einen vernünftigen gesellschaftlichen Rahmen zu schaffen und erneut frisch ans Werk zu gehen. Zur Überprüfung ist wieder einmal alles in Frage zu stellen. Unnötige Spekulationen sind zur Seite zu räumen. Was aber Wert hat, wird fest bleiben, so dass sich darauf aufbauen lässt.

Alljährlich einen ganzen Tag lang sollte in jedem Kindergarten der liebenswerte Hans Christian Andersen mit „Des Kaisers neue Kleider" gefeiert werden. Am Eingang eines jeden Instituts, das sich mit Wissenschaftsgeschichte befasst und insbesondere mit der historischen Entwicklung der relativistischen Kosmologie, hätte ein Denkmal des nackten Königs im Kreis seiner Schneider zu stehen. Von Georg Christoph Lichtenberg sollte – nicht nur dort, sondern auch in jeder Schule und jedem Hörsaal – ein Bild samt seinem Ausspruch hängen „*Wenn wir nur die Kinder dahin erziehen könnten, daß ihnen alles Undeutliche völ-*

lig unverständlich wäre!" Besser könnte man zumindest einen Teil der Mittel für Kunst am Bau wohl kaum investieren. Wäre ich eingeladen, den Zustand der Kosmologie *Einhundert Jahre nach Einsteins allgemeiner Relativitätstheorie* zu 'documentieren', so würde ich zwei Installationen gegenüberstellen. Für das Konkordanzmodell nichts als den abgestempelten Bauplan eines Wolkenkratzers mit hermetisch geschlossenem Planetarium an der Spitze. Für das ewig junge Universum einen weiten Platz samt Esel und Betrachtern, die mit Fernrohren in den offenen Himmel schauen.

Was berechenbar ist, muss noch lange nicht verstanden sein, stellt *Frank U. Frey* klar, dies sei ein fundamentales Dilemma von Naturwissenschaft und Technik. Jetzt komme er schon wieder mit Ptolemäus daher, schimpft *Hypolite Van Tast*. Ob sogar der das nun endlich kapiert habe, staunt *Borromea Worthswerd*. Wahre wissenschaftliche Durchbrüche seien, wofür Thomas S. Kuhn einst den schönen Begriff Paradigmenwechsel geprägt habe, dessen Ausdruck heute allerdings jedem Investmentbanker und anderen Experten wohlfeil zur Verfügung stehe.

In einem der vielen Fernsehfilme, die inzwischen den vermeintlich enträtselten Geheimnissen des Universums gewidmet sind, steht eine junge unschuldig wirkende Wissenschaftlerin. Sinngemäß sagt sie, früher habe das Universum ja als das gegolten, in dem alles, was existiere, enthalten sei. Treuherzig fährt sie fort, heute aber hätten moderne Kosmologen begonnen, über das nachzudenken, was vielleicht außerhalb wäre. *Frank U. Frey* fragt sich spontan, welcher Zuhälter der Mainstream-Kosmologie dieses sicher einst arglose, nun aber sprachlich verdorbene Kind auf solch einen haarsträubenden Non-Sense abgerichtet haben müsse, dass sie in ihrer Phantasie jetzt zwischen vielen anderen Universen lebe. Wie eine vom Loverboy angeworbene 'Prinzessin' zwischen den Luftschlössern – schimpft *Mlle Bleu de Ley* – bevor sie am Ende die ganze Welt auf wenige Quadratmeter eines Zimmers eingegrenzt sehe. Selbst Heiratsschwindler seien beinahe Ehrenmänner dagegen. So manches spätere Opfer habe sich geradezu in die Arme von Vampiren geflüchtet, analysiert *Aladin Adamson*, und fühle sich plötzlich blutleer und ausgesaugt.

Sogar der sonst recht besonnene *Sigismund Sörgli* ereifert sich, jetzt reiche es endgültig. Hiermit erkläre er jeden wortverdrehenden Experten, der wie der geschäftstüchtige Volksverdummungsinvestor *H. B. Nix* immer noch weiter von parallelen Universen außerhalb rede, zum Scharlatan, Hochstapler, Marktschreier, Falschmünzer, Bauernfänger und erbärmlichen Betrüger, der betreffende möge selbst wählen.

Andererseits aber seien natürlich auch in diesem Bereich die vielen höchst verdienstvollen Frauen und Männer nicht vergessen, die zuverlässig ihre Arbeit täten, gibt *Borromea Worthswerd* zu recht zu bedenken – ich würde meinen Hut ziehen, wenn ich einen hätte, *Niesbert Nasswaitz* süffisant dazwischen – und die sich dabei still in Zurückhaltung übten. Doch leider seien da solche, die in souveräner Arroganz sich selbst und anderen einredeten, keine Zweifel an ihrem offenbar viel zu eng gewordenen Urknall zu kennen. Zu verän, und deshalb flippten sie aus – *Mlle Bleu de Ley* kann's nicht ändern – nicht nur so, sondern gleich aus ihrem Universum überhaupt.

'Start a universe now, pay later', hat Bob Jantzen, der die Marcel-Grossmann-Meetings samt ihren Proceedings organisiert, in seinem 1988-Cartoon zur Erfindung der kosmischen Inflation geschrieben. Frei übersetzt bedeute das: zahl Uni- krieg Multi-, macht sich *Mlle Bleu de Ley* schnell noch ein -versum drauf.

Nach mehr als zehn Jahren sei es ihre Überzeugung, dass es weder eine Geburt, geschweige denn eine Sturzgeburt, noch eine – beschönigend Inflation genannte – peinliche Aufblähung des Universums gegeben habe, resümiert *Borromea Worthswerd*. Solch eine nachträglich durch keinerlei handfeste Physik gerechtfertigte Science-Fiction sei augenscheinlich einzig dazu erfunden worden, den physikalischen Non-Sense eines 'Big Bang' aus dem Nichts hin zu demjenigen unfassbar schönen Universum zu überbrücken, das wir heute tatsächlich vorfänden. Was seien das

This year it was learned that the Universe itself was created by massive deficit spending

Quest'anno é stato scoperto che l'Universo stesso é stato creato da massiccio "deficit spending"

and we're all
living on
borrowed time...

e viviamo
tutti quanti
con tempo prestato...

and I've just stolen some of yours...

Maybe you should think about what's left.

ed io ti ho appena rubato un po' del tuo...

forse dovresti pensare a quello che ti rimane.

And smile if you can. Humor helps.

E sorridi se puoi. L'umorismo aiuta.

Dr bob's Weihnachtskarte 88 zur Erfindung einer
kosmischen Inflation

bloß für Leute – *Mlle Bleu de Ley* kann sich nicht genug wundern – von denen einige offensichtlich ihrer Erfindung in deren Phase als Monsterbaby auch noch Verdauungsstörungen attestieren wollten. Von wegen kluge Doktoren! mit der Bezeichnung Kurpfuscher wären sie gelobt, weit über Einsteins grünen Klee – fährt sie fort – den sich ihrer Meinung nach nun endlich kesse Bienen von faulen Drohnen zurückerobern sollten. Überhaupt habe sie als deutschsprachige Assistentin am Institut für angewandte Etymogelie allmählich keine Lust mehr, so etwas wie Maden im Speck nach anglo-amerikanisch vornehmer Verniedlichung als Bienen im Klee zu bezeichnen. *Prof. em. Blasius J. E. Pabst* ist entsetzt, was er in einem empörten Runzeln der Stirn todesmutig zum Ausdruck bringt.

Herausgeber führender Journale von Relativitätstheorie und Kosmologie, die problemlos aberwitzigste Spekulationen akzeptierten, dass denkenden Menschen bald die Haare zu Berge stünden, seien geradezu vernagelt gegenüber wirklich neuen Konzepten – weiß *Aladin Adamson* zu berichten – insbesondere, wenn diese darangingen, den physikalischen Non-Sense zu beschneiden, anstatt ihn zu immer exotischeren Blüten zu treiben. Doch engstirnige Blockaden neuer Ideen habe es schon immer gegeben und ein Narr sei, wer glaube, das sei heute anders.

Gerade aber die Herausgeber eines Journals für Wissenschaftsgeschichte samt direkter Verbindungen zu öffentlich finanzierten gleichnamigen Instituten müssten das jedenfalls von Berufs wegen besser wissen. Sie argumentieren, dass sie tun, was sie können. Das sei ja das Problem, antworte ich.

Natürlich ist es eine internationale Selbstverständlichkeit, dass über Einsteins Arbeiten heute englisch gesprochen und geschrieben wird, wie denn sonst! Aber es ist in meinen Augen beschämend, dass dies auch zwischen Deutschlands Instituten und Experten anscheinend ausschließlich geschieht. Was ist von unmündig auftretenden Wissenschaftlern und ihren teuren Einrichtungen zu halten, wenn hier über den zeitlebens deutschsprachigen Einstein – welch ein Geschenk! – wichtigtuerisch zumeist

Denglish gesprochen wird, Science to go? No go! Nur zu Recht würde sich kein Franzose bereitfinden, zuhause über Poincaré anders als französisch, kein Engländer über Newton anders als Englisch, kein Amerikaner über eigentlich alles anders als amerikanisch zu sprechen. Gute Nacht, Deutschland, *Frank U. Frey* skeptisch. Wann nach dem Horror – der leider nicht nur ein Albtraum war, aus dem man hätte aufwachen können – werden alle guten deiner Geister endgültig wieder geweckt?

Ich glaube seit langem den wahren Grund zu kennen, warum Einstein auf jenem Foto die Zunge herausgestreckt hat. Weil ihm alle Welt nachgejagt ist, ohne von ihm etwas anderes hören zu wollen als das, was in ein längst fertiges Bild hinein passte. Ich denke, er hatte es schon damals satt, mit seinem Denkmal verwechselt zu werden. Und ich denke umgekehrt, dass konstruktive Kritik – die mehr ist als das Polieren einer Skulptur – im besten Falle zur Vervollkommnung kritisierter Inhalte beitragen wird. Das Foto ist also in meinen Augen alles andere als lustig. Die Verwechslung hing ihm – wie eben die Zunge – buchstäblich zum Halse heraus. Und jeder, der heute wieder 'Einstein' feiern will, sollte sich vorsehen, ihn nicht mit seinem Götzenbild zu verwechseln. Seine geradezu biblische Gestalt stattdessen aber ernst zu nehmen – denk mal! statt Denkmal – ist nicht gerade billig zu haben. Dazu sollte es für jeden öffentlichen Lobredner vor allem gehören, zunächst seine Schriften noch einmal, wenn nicht zu studieren, dann doch unvoreingenommen zu lesen. Und zwar im Hinblick auf dort immer wieder mögliche unerwartete Einsichten.

Ich möchte keineswegs verschweigen, dass ich die stationäre Lösung SUM wohl nie gefunden hätte, wenn ich nicht im Unterschied zu der Auffassung Einsteins von Anfang an davon ausgegangen wäre, dass Raum und Zeit keine physikalischen Objekte sind. Ganz sicher aber mit Einsteins Auffassung im Einklang habe ich vorausgesetzt, dass eine angebliche Entstehung des Universums mitsamt Raum und Zeit aus dem Nichts jeder naturwissenschaftlichen Beschreibung spottet und demzufolge – speziell innerhalb der Physik – nicht anders als mit dem Begriff Non-Sense bezeichnet werden kann.

Alles in allem ist es insbesondere und vor allem das Werk dieses Mannes, ohne dessen jahrzehntelanges Studium das vorliegende Buch weder begonnen noch jemals beendet worden wäre. Könnte es vielleicht sein, dass es in nicht allzu langer Zeit niemanden mehr interessieren wird, gegen welche Widerstände und unsägliche Ignoranz sich so einfache, einleuchtende Ideen haben durchsetzen müssen? Dass es nachträglich also großes Befremden auslösen würde, wie intelligente Naturwissenschaftler so schwach, ja dumm, sein konnten, fundamentale erste Prinzipien ihrer eigenen Wissenschaft zu verraten?

Am Ende von *Ein Weihnachtslied in Prosa* schrieb Charles Dickens über den alten Scrooge „ … denn er war klug genug, um zu wissen, dass auf diesem Erdball nie etwas Gutes geschehen ist, ohne dass nicht gewisse Leute zu Anfang darüber gelacht hätten. Und da er wusste, dass solche Menschen irgendwie blind waren, so fand er es ebensogut, wenn sie ihre Augen zum Grinsen verzogen, wie wenn sie diese Krankheit in noch weniger anziehenden Formen zeigten. Sein eigenes Herz lachte, und das genügte ihm." – Und doch darf man die Welt nicht den Dummköpfen überlassen, *Frank U. Frey* ist da eigen.

Etwa zwei Jahre, bevor ich die eingangs erwähnte Geschichte von Einsteins verschiedenen Zeiten hörte und darüber nachzudenken begann, hatte ich eine erste Begegnung mit der Mathematik. Sie weckte ein ungekanntes Selbstvertrauen. Eben waren die periodischen Dezimalbrüche durchgenommen und wir hatten ihre Umrechnung in gewöhnliche Brüche kennen gelernt. Nun tritt bei dieser Umrechnung von beispielsweise vier Neunteln unendlich oft die Ziffer Vier hinter dem Komma auf. Offenbar stünde bei neun Neunteln dort jeweils die Ziffer Neun, und es fehlt also nur eine unendlich kleine Dezimale zur Eins. Daraus folgt, dass der entsprechende Bruchteil gleich Null sein muss, was ja eigentlich klar ist. Denn wenn man mit unendlich vielen hungrigen Mäulern einen mathematischen Kuchen teilen muss, dann bleibt für niemand auch nur ein Krümel, jeder bekommt gar nichts. Allerdings nur theoretisch, denn ganz praktisch wird der Kuchen sofort verschwunden sein. Ohne dass ich so etwas jemals erwähnt hätte, verlangte mein jüngerer Sohn als Kind später beim Essen einmal einen Teller „gar nichts mit doch was!". Die Bestimmung des ersten Grenzwerts der späteren Infinitesimalrechnung war also ganz einfach. Dieses Erlebnis hat mich tief beeindruckt, obwohl ich weder in der Schule noch zuhause etwas davon erzählte.

Danach ist die schöne Geometrie gekommen. Ich denke, manche Menschen sind musikalisch, andere sind 'geometrisch'. Wobei beides nicht selten zusammenzutreffen scheint. Der Unterschied zwischen Musik und Geometrie ist vielleicht nur, dass ins Konzert auch Unmusikalische gehen.

Neben vielerlei Spielen und manch kleinen Abenteuern an der seinerzeit noch unverbauten Mosel, habe ich damals tatsächlich mit Zirkel und Lineal herumprobiert und dabei intuitiv die Ähnlichkeitssätze erfasst. Eine Frage, die mich lange fasziniert hat, war schließlich: wenn die Gestalt eines Dreiecks durch die Länge seiner drei Seiten eindeutig festgelegt ist, dann sind auch seine Winkel festgelegt und müssten sich doch eigentlich berechnen lassen. Erst Jahre später ist mir klar geworden, dass ich in meiner kindlichen Naivität damit die Quadratur des Kreises versucht hatte.

Dabei lernt das mit der Zeit jede und jeder, die und der will. Die Winkel lassen sich tatsächlich berechnen, allerdings nicht im Grad- oder Bogenmaß, sondern nur im 'Cosinus-Maß'. Wobei aber eine exakte Umrechnung für alle Zeiten unmöglich bleiben wird.

Es muss diese Zeit der Geometrie in der Schule gewesen sein. Nachdem ich zuhause auf ein wunderbares Büchlein „Ali Baba und die 39 Kamele" gestoßen war, hatte ich angefangen, mir von meinem selbstverdienten Taschengeld einige Titel mit Denksportaufgaben und Geschichten von Zahlen und Formen zu kaufen. Eines Morgens, ich hatte geträumt. Eine Welt ohne Sorgen, klarer Himmel, um mich herum alles hell. Ein Buch voll Geometrie und Algebra grenzenloser weit, der Umschlag in leichten Farben. Überall Freiheit. War froh, wie ich sein konnte. Das Buch, die Welt, darin Gedanken so schön wie die Blumen auf der Wiese vor dem Haus von Frau Holle.

Offenbar haben andere ähnliches schon lange vorher erlebt: „Ich hab' ein äußerst rares Gesicht gehabt. Ich hatte 'nen Traum – es geht über Menschenwitz zu sagen, was es für ein Traum war. Der Mensch ist nur ein Esel, wenn er sich einfallen lässt, diesen Traum auszulegen …" berichtet Shakespeares Figur Zettel, von dem ich damals noch nie etwas gehört hatte.

Vollmond im Fenster, rund, ideal wie gezeichnet von Plato. Wunderbar nach wie vor, trotz Mondlandung mit Sprüchen. Der Mensch auf der Erde. Die Erde um die Sonne. Sonne in der Milchstraße. Die Milchstraße im Kosmos, Kosmos im Universum – Unendlichkeit in Raum und Zeit. Seltsam, wie sich manches miteinander verbindet.

'Zettels Traum', ein denkwürdiges Buch ist so betitelt. In der Autorenbuchhandlung hatte Jörg Drews – ein faszinierter wie faszinierender Kenner – den ganzen Abend lang nur die erste Seite erklärt. Alle haben zugehört, beseelt. Na, wenn das so ist! Ich sah eine kleine Chance, nannte es die Kunst der 'Etymogelie' und machte ein Jahr lang Experimente zur Wortwechselwirkung, bevor ich wieder zur Physik zurückkehrte.

Nach einer vom soeben genannten Autor Arno Schmidt entwickelten 'Etym'-Theorie soll in Sprache und Schreibweise von Wörtern ein verborgener Sinn mitklingen. Am Beispiel 'Kultur' hat er das einmal so erläutert, dass im Kopf eben auch eine Assoziation wie 'Kultuhr' ankomme, und zwar in dem Sinne, dass etwa Kultur mit Uhr verbunden sei. Die in Bezug auf Sigmund Freud, Edgar Allen Poe und Karl May aufgespürten weitgehend sexuellen Anspielungen stören dabei nicht, lenken aber meines Erachtens vom Kern der Sache eher ab, die an keinen speziellen Gegenstand gebunden ist, obwohl Sexualität überall eine Rolle spielt, natürlich.

Zusätzlich zu der ins Auge springenden Verwandtschaft von 'Etym' und 'Atom' steht dahinter für mich eine geradezu fundamentale Analogie zwischen Linguistik und Teilchenphysik, deren Bedeutung sich bis weit in die Sprache erstrecken wird. Insbesondere auch dadurch, dass Niels Bohrs Komplementaritätsprinzip in Verbindung mit jenen Etyms gesehen werden kann. Diese lassen sich nämlich als Sprachteilchen mit zugehörigen Assoziationsfeldern verstehen, die in Wortatomen und Satzmolekülen enthalten sind, wobei die Assoziationsfelder Wolken virtueller Teilchen entsprechen. Es ist verblüffend, dass sich nach diesem Muster – wie ich gefunden habe – wesentliche Aspekte der Quantenmechanik übertragen lassen. Sogar mitsamt einer Art 'Unschärfebeziehung'. Je präziser definiert die verwendeten Wörter und Worte seien – etwa bei Reden von Politikern oder anderen Interessenvertretern – umso schwächer werde die emotionale Bewegung des Publikums ausfallen, versucht *Mlle Bleu de Ley* zu erklären. Nicht zufällig ist sie Assistentin an einem mit dieser Kunst befassten Institut. Wer aber umgekehrt seine Zuhörerschaft auf Straßen und Plätzen unbedingt mitreißen wolle, der solle im Hinblick auf konkrete Details zuvor jede übertriebene Präzision und Genauigkeit besser vergessen. Das verstehe er nicht, *Dr. Dr. Ernst Hafft* runzelt in Richtung der Institutsassistentin *Lisa Müller-Mona* die Stirn. Der Physiker *Frank U. Frey* stellt fest, solch eine These behaupte also eine Entsprechung von Teilchenort und Wortbedeutung einerseits sowie von Teilchenimpuls und Emotion andererseits. Er wünsche sich, die Philologin *Borromea Worthswerd* möge das zusammen mit ihrem Kollegen *Sigismund Sörgli* auf Seiten der Sprache erst einmal sorgfältig prüfen, bevor er so etwas glaube.

Nun ist sofort klar, dass die Wörter, die in verschiedenen Sprachen verwendet werden, um ein und denselben objektiven Sachverhalt zu beschreiben, ganz unterschiedliche Assoziationen mit sich führen. So klingt im englischen 'culture' ja nicht etwa das Wort 'clock' an wie andererseits auf deutsch Uhr in Kultur. Und deshalb ist es trotz internationaler Formelsprache der Mathematik etwas ganz verschiedenes, den nuancenreichen Einstein im Original zu lesen als in Übersetzung, und ich bin glücklich, gerade in dieses Mannes Muttersprache aufgewachsen und zuhause zu sein.

Doch ist da soeben nicht auch sein Esel gewesen, oder etwa Buridans, oder gibt es inzwischen für mich einen eigenen? Wie sind die Esel miteinander verwandt? Jedenfalls haben sie alle ein dickes Fell, Gott sei Dank, und das können wir brauchen. Denn mit der Zeit eine Eselei nach der anderen, das ist unsere Natur. Was es aber wohl sei, das sie in ihrer Hand verborgen halte. Ein Stein, verrät *Borromea Worthswerd*. Ei n' Stein! freut sich der kleine *Karl Auer*. Bei dem verspielten Knirps handelt es sich um einen der vielen Neffen *Mlle Bleu de Leys*. Das war, sagt diese und zeigt: Einst ein E in Stein. Und klärt weiter auf, es sei einst E in Einstein gewesen. Ob das wohl der Onkel sei mit dem Zeh im Quadrat, fragt die kleine Nervensäge sofort und zeigt auf das zerfallende Denkmal, das längst durch unzerstörbare multimediale Events ersetzt wurde und nun ultimativ vermarktet werden kann. Nein, besänftigt *Sigismund Sörgli*, das sei der Heilige Ein, man könne dem Kind doch noch nicht die vollständige Wahrheit sagen. Also gut: ein St Ein. Jetzt aber reicht's mit dem Denkmal, *Borromea Worthswerd* beendet das Spiel, wer es ernst meine, der solle dieses Mannes Schriften lesen, die wie wenige unsterblich seien, solange es Zivilisation und Kultur gebe.

Und so wohnten die Drohnen in Einsteins Klee, des Mannes also, dessen unwiderstehliches Verlangen, die Geheimnisse der Natur zu verstehen, viele längst vergessen hätten, mutmaßt *Aladin Adamson*. Vor allem zur Feier ihrer selbst stattdessen bald wieder ein Tanz zum Gedenken, bedauert *Frank U. Frey*. Doch er sei nicht bereit, solchen Banausen die ganze Welt der Kosmologie zu überlassen. Und unsere eigene schon gar nicht, *Sigismund Sörgli* wacht auf und empört sich. Es lebe Einstein! Lang lebe Einstein! Aber wo kommt denn dieses Kind her? fragt *Hypolite Van Tast* und bleibt ratlos beim Denkmal zurück, doch selbst mal denken will ihm noch immer nicht recht gelingen. Echt zurückgeblieben, ätzt *Mlle Bleu de Ley*, ehe sie ihn an der Hand nimmt und vor den anrückenden Umkehrbesen persönlich in die Anstalt nobler akademischer Verwahrung bringt.

Alle Welt lache über Don Quijote. Dass aber dieser relativ verrückt gewesen sei, beweise gar nichts. In Bezug auf die gegenwärtige Situation könnte sogar eine fundamentale Verwechslung vorliegen. Wie, wenn es sich bei den mächtigen Big-Bang-Autoritäten – von der Öffentlichkeit als geistige Riesen gesehen – in Wahrheit um blutleere Windmühlen handelte? Anstatt allerdings den Wind zum Wohlergehen der Menschheit in Arbeit umzusetzen, würden hier von der Allgemeinheit herbeigesteuerte Mittel verwendet, um Wind überhaupt erst zu machen. Es sei klar, dass es auch für solch faulen Zauber findige Experten brauche, *Frank U. Frey* wird noch einmal sarkastisch.

Bereits einige wenige Vernünftige könnten genügen, am derzeitigen Bild der Konkordanzkosmologie etwas zu ändern. Und wenn mich zum Schluss jemand fragt, warum gerade ich so etwas glaube, dann antworte ich mit einer sinngemäßen Anleihe bei Einsteins Esel: Wer denn sonst?

Und so soll dieses Buch hier ein Ende haben. Was darüber hinausgeht, liebe Leserin, lieber Leser, ist nun Ihr eigener Traum. Sie werden vielleicht manch einer und einem aus dem Chor meiner Wegbegleiter wieder begegnen, die sich erst beim Aufschreiben hinzugesellt haben, um – stellvertretend für den Anspruch selbst denkender Menschen – einerseits einigen Feststellungen die Schärfe zu nehmen, ohne andererseits an der dahinterstehenden Physik und Erfahrung einen Zweifel zu lassen. Sie weigern sich, das Universum weiterhin einigen wenigen, letztlich einflussreichen, aber zu hoch stapelnden Experten anheimzugeben. So können die eine Leserin oder der andere Leser direkt oder indirekt wieder auf die wortreiche Philologin *Borromea Worthswerd* mit der überaus geistreichen *Mlle Bleu de Ley* treffen, die nicht nur so sehr den Wortschatz, sondern überhaupt die Sprache liebt, auf den unerbittlichen

Herausgeber *Ethan Fools* im Schafswollpullover wie auch auf *Dr. Dr. Ernst Hafft* mit der Institutsassistentin *Lisa Müller-Mona* oder auf den umtriebigen Kosmologen *Hypolite Van Tast*, sie alle dann unter ihren richtigen Namen. Nicht zu vergessen, der unvermeidliche *Prof. em. Blasius J. E. Pabst*, Institutionskümmerer und Wächter am Physik-Portal. Er wird garantiert wieder anzutreffen sein, ebenso wie die gläubigen Verteidiger der Urknall-Kosmologie *Prof. Hintz* und *Dr. Kunzt* samt routiniert nichtssagendem Sprecher *Niesbert Nasswaitz*.

Schließlich wartet auch *Aladin Adamson*, dass es weitergeht. Der 'Lord-Igel-Bewahrer', der jedem No-Name-Esel und jeder Eselin vorhersagen kann, wann die sich ohne lange zu fragen am besten auf die Reise machen. Und zwar in unserem ewig jungen Universum. Soll doch mitkommen wer will, immerhin den Proviant werden sie treu wieder tragen.

Wer nun für wen, fragt *Mlle Bleu de Ley*. Ja, wenn das nur erst einmal klar wäre, zögert *Sigismund Sörgli*. Für alle einschließlich Igel und Adler zu sorgen, wäre ja eigentlich seine Aufgabe, erinnert dieser Mann an seine Kompetenz, den bei aller Verschiedenheit der Ansichten eine gewisse unpraktische Veranlagung mit *Hypolite Van Tasts* Weltsicht verbindet. *Frank U. Frey* ist längst auf und davon.

Zeitlose Ideen werden sich mit neuen verbinden, die dann ganz die Ihren sind. „Just for you!", hatte der Garçon in Paris gesagt, als ich nach dem MG12-Vortrag bei einem kühlen Bier in der Sonne fragte, ob es nicht auch etwas zu essen gebe. Leider reichten meine Kenntnisse in der Sprache Henri Poincarés – wie die Kenntnisse der meisten anderen – nur für die brotlose Kunst.

Sie wisse ja, SUM bedeute Stationary Universe Model, *Borromea Worthswerd* spielt das noch einmal an, aber es bedeute eben auch Summe dessen, was von einem Autor gefunden sei auf dem Weg zu einer vernünftigen physikalischen Kosmologie. Unbewusst, im Sinne einer gewagten biblischen Verkürzung des Worts von René Descartes klänge vielleicht auch an 'Ich, also bin', ergänzt *Mlle Bleu de Ley*. Das habe seine Entsprechung in einer von John Lennon geprägten poetischen 'i-dentity', die wiederum heute leider von der mit der Zeit zwangsläufig einsetzenden Fäulnis eines angebissenen Apfels befallen sei.

Wieder mal nur eine spielerische Verwechslung, die sich selbständig gemacht habe, ahnt *Borromea Worthswerd*. Aber die Idee liege offenbar in der Luft, wenn *Frank U. Frey* anfange zu singen: *Imagine there's no Big Bang, it's easy if you try, no end (of all) before us, above us open sky ... You may say I am a dreamer ... Imagine there's no -isms, it may be hard to do, nothing to force or bear for, and no dogmatics too, imagine all the beings sharing all the worlds ...* Das[61] sei zwar nicht der Wortlaut im Original, fährt sie fort, doch abgesehen davon, dass es vielleicht eher 'ahead of' statt 'before' heißen solle, klinge es nicht übel.

Kommen da nicht noch viel mehr Nachfahren Giordano Brunos auf Eseln aus dem Hintergrund? Ia, ia. Ia überall. Sogar solchen Eseln sei heute zum Feiern zumute, sie selbst mittendrin, staunt *Mlle Bleu de Ley* im Gespräch mit *Dr. Dr. Ernst Hafft* und wirft einem Seitenblick auf *Prof. Hintz, Dr. Kunzt* sowie auf *Ethan Fools* beim Tanz mit *Lisa Müller-Mona*. Der Investor *H. B. Nix* feiert ohnehin alles, nur *Prof. em. Blasius J. E. Pabst* runzelt notorisch die Stirn.

Mit Namen mache man zwar keine Witze, aber viel besser *dieser* Mann würde *Sörgli* heißen – meint *Sigismund* selbstironisch – und er persönlich möglicherweise treffender *'Siegestor'*. Dieses *'Imagine the universe eternally young'* sei eine kosmologische Assoziation zu John Lennons Traum, versteht *Borromea Worthswerd*.

Es scheint tatsächlich an der Zeit, dem Universum einige seiner tiefsten Geheimnisse zurückzugeben, die lange Zeit nicht etwa gelöst, sondern physikalisch nur eingenebelt waren. Und wer das im Sinne Einsteins sagt, das sind nun – vielleicht anders als noch zu Beginn – nicht länger allein ich und der Esel.

Menschenkinder, Mutter Erde, Sonne, Mond und Sterne

Angesichts seiner Schriften, Vorträge und vor allem seiner reichhaltigen Korrespondenz könnte der Eindruck entstehen, Einstein habe sich beinahe zu allem und jedem geäußert. War er also ein weltfremder Phantast oder ein tapferer Mann? Er wurde gewarnt, sich nicht für alle möglichen Interessen einspannen zu lassen, und hat doch unbeirrbar daran festgehalten, seinen Gedanken Ausdruck zu verleihen, oft fröhlich, manchmal schonungslos, immer wahrhaftig.

Kein vernünftiger Mensch könnte jahrelang über Kosmologie nachdenken, ohne sich mit seiner eigenen – trotz aller heute möglichen Reisen rund um den Globus – kleinen Welt auseinanderzusetzen. Auch im Folgenden also möchte ich kein Blatt vor den Mund nehmen, wobei allerdings keinerlei Ehrgeiz entwickelt wird, das zeitweilige Motto des jungen Einstein zu übertreffen, der einst schrieb: „Es lebe die Unverfrorenheit!"

Seine allgemeine Relativitätstheorie lehrt, dass sich das heliozentrische Weltbild in das geozentrische durch eine Koordinatentransformation überführen lässt, die am eigentlichen Sachverhalt – in diesem Fall an den dadurch beschriebenen Bewegungsabläufen im Sonnensystem – überhaupt nichts ändert. Doch das meine ich nicht, wenn ich sage, die Erde sei das Zentrum der Welt. Was ich meine ist, dass wir nur die eine Erde haben, auf der ein neugeborenes gesundes Kind ohne technische Hilfsmittel lebensfähig ist und jemals sein wird. Ob sie sich bewegt oder nicht, sie bleibt jedenfalls der Mittelpunkt. Eine andere Welt haben wir nicht und werden wir nie haben. Wir könnten auch gar keine andere brauchen, dafür sind wir nicht gemacht. Wer es trotzdem für möglich hält, dass die Menschheit eines Tages in andere Sternsysteme ausweichen könnte, der wird wenig

Skrupel haben, unsere Mutter Erde durch fortgesetzten Raubbau zu ruinieren.

Im Streit zwischen Galilei und der Kirche hätten also beide Seiten in einem gewissen Sinn recht gehabt: der Physiker und die als gesellschaftspolitische Instanz auftretende Kirche, falls diese sich allerdings nicht durch dogmatische Anmaßung und willkürliche Ausübung schierer Macht fraglos selbst ins Unrecht gesetzt hätte. Abgesehen von teilweise schändlichem Verhalten – an dem, Gott sei's geklagt, nicht nur damals, sondern auch in anderen Fällen kein Zweifel bestehen kann – hat es mich überrascht, in dieser Sache, obwohl sie doch physikalisch längst eindeutig entschieden war, einen theoretisch interessanten Dualismus von Wahrheit zu erkennen. Doch das entschuldigt in keiner Weise Inquisition, Zensur, Machtmissbrauch oder Verbannung, von Verbrennung ganz zu schweigen. Bei moralisch wertfreier Betrachtung könnte es lediglich als ein weiterer Aspekt des Bohrschen Komplementaritätsprinzips erscheinen, und zwar in Anwendung auf das Begriffspaar Individuum und Gesellschaft. Dass dieser Aspekt allerdings nicht genügt, um die Dinge vollkommen klar zu sehen, beweist die Untauglichkeit einer rein naturwissenschaftlichen Betrachtung, was andererseits wiederum keinen vernünftigen Menschen erstaunen kann.

Ein Philosoph – vermutlich Protagoras – sagte, der Mensch sei das Maß aller Dinge. Ich darf ergänzen: allerdings nur der Dinge, die sich überhaupt ermessen lassen und also fassbar sind. Die Entwicklung der letzten einhundertfünfzig bis zweihundert Jahre ist in diesem Sinne leider teilweise unmenschlich. Der Mensch ist keineswegs von Natur aus immer edel, hilfreich und gut, er soll es erst einmal werden. Das wusste auch Goethe, sonst hätte er nicht genau dazu auffordern müssen.

Dementsprechend ist ein radikaler Neuansatz in Politik und Gesetzgebung erforderlich. Und zwar dadurch, dass bereits in den Verfassungen der Staaten endlich von einem realistischen anstatt von einem idealistischen Menschenbild ausgegangen wird. Seitens internationaler Politik kann es allein darum gehen, die unterschiedlichen Interessen verschiedener Völker und Volksgruppen in einem möglichst fairen – oder: möglichst wenig unfairen – Gleichgewicht zu halten. Global übergreifende Turbulenzen aber ließen sich am ehesten durch Nichteinmischung vermeiden. Jeder Versuch, die natürlichen zellularen Strukturen der Erde und ihrer Bevölkerung zu ignorieren – die ja nicht nur in jedem lebenden Organismus, sondern offenbar im gesamten Universum gegeben sind – sei eine üble Anmaßung, weiß *Aladin Adamson*. Heutzutage drohe der gesamte Organismus Erde bei jeder zunächst kleinen Infektion gleich insgesamt außer Kontrolle zu geraten.

Dies gehe einher mit einer blinden Fortschrittsgläubigkeit. Er fürchtet, selbst die Motorsäge könnte sich eines Tages als eine der wirksamsten Massenvernichtungswaffen erwiesen haben. Letztgenanntes Übel sei für ihn allerdings nur ein bezeichnendes Detail.

Wozu brauchen wir überhaupt eine Kosmologie, was bedeuten uns Ereignisse, die vor Milliarden von Jahren in beinahe irreal anmutenden Entfernungen stattgefunden haben? Seit der Mensch angefangen hat, sich seiner selbst als Teil der Wirklichkeit bewusst zu werden, sucht er Antworten auf die Frage, in welcher Welt er lebt. Mit der Zeit hat sich sein Horizont über alle unmittelbar sichtbaren Grenzen hinweg ausgedehnt. Dies beschreibt, allerdings etwas verkürzt, die natürliche Entwicklung aus der Erkundung des persönlichen Lebensraums über Geographie, Astronomie bis hin zur Kosmologie. Es ist deshalb keine Frage, dass sich jeder Mensch seit frühester Kindheit zumindest intuitiv ein Bild seiner Welt macht und dieses mit der Zeit den Erfahrungen mehr und mehr anpasst. Dabei stellen sich bald gewisse Grundzüge heraus, die trotz Veränderungen wichtiger Einzelheiten eine beständige Vorstellung dessen bilden, was unabhängig ist vom persönlichen Schicksal und in der Natur gegeben. Es ist keine freie Entscheidung, nach einem Weltbild zu suchen, vielmehr ist jeder Mensch darauf angewiesen, eines zu haben. Und zwar eines, in das sich möglichst alles einordnen lässt.

Wo das nicht gelingt, bleiben unerträglich offene Fragen. Dort liegt die Grenze jeder Naturwissenschaft. Diese Grenze lässt sich weiter und weiter hinausschieben, aber sie bleibt die Grenze zu dem, was den Verstand übersteigt. Antworten sind dort nur noch der Religion zugänglich. In diesem Sinne ist jeder Mensch religiös, ob er das will oder nicht, ob er sich dessen bewusst ist oder nicht, ob es ihm gefällt oder nicht. Da niemand stark genug ist, ohne Antwort auf das Woher und Wohin seiner Existenz zu leben, sucht er sie im Glauben, solange diese Fragen nicht etwa mit scheinbar akzeptierter Sinnlosigkeit verkleistert sind. Viele mögen hier entschieden widersprechen, indem sie Religiosität mit real existierenden Heilslehren verwechseln. Falls Steven Weinberg dogmatische 'Konfessionen' meint, hat er natürlich recht, wenn er sinngemäß sagt, mit oder ohne könne ein gutes Volk gute Dinge tun, doch um Schlimmes zu tun, brauche es Religion. Die Nazis allerdings haben keine gebraucht, *Frank U. Frey* wendet das ein.

Ich möchte das gleiche Wort Religion hier im Sinne Einsteins verwenden. Dann allerdings scheint es keine endgültige Abgrenzung zur Physik zu geben, zwischen Wissen und Glauben, zwischen Theorien und Mythen, oder gar zwischen Science und Fiction. Die Grenzen verschieben sich, und doch werden sie bleiben. Letzten Endes macht sich jeder Mensch seinen eigenen Reim, und einen anderen hat er nicht. Niemand kann *nichts* glauben.

Ich erwarte nicht, dass die Natur jemals vollkommen berechenbar sein könnte. Das gilt bereits für die Wirbel eines Bächleins trotz gigantischer Supercomputer, selbst wenn diese Geräte einmal größer wären als der gesamte Bach. Und gemessen am Werden und Vergehen der Sterne ist das ja nur ein unsagbar winziges Detail, von unserem evolutionären Kosmos und dem dahinterstehenden ewig jungen Universum ganz zu schweigen.

Ist andererseits nicht das Leben selbst ein Jungbrunnen, indem ständig Sterne sterben – und auch Astronomen – wobei gleichzeitig neue geboren werden? Und wie jeder wissen kann, kommen diese nicht aus dem Nichts.

Was wir in der Physik an Erkenntnis gewinnen, betrifft die naturgesetzliche Annäherung an Teile der wunderbaren, tief im Innersten unergründlichen, universalen Gegebenheit. Soweit wir es aber mit der mathematischen Einkleidung zu tun haben, sind wir nie dagegen gefeit, auf feinst gesponnene neue Kleider hereinzufallen, die zuletzt gar keine sind. Welche – mathematisch vielleicht sogar mehr als neunmal – Klugen maßen sich an, fragt *Borromea Worthswerd* rhetorisch, über ein angeblich künftiges Schicksal des Universums zu befinden? Welche Wichtigtuer wollten uns einreden, dass mit der Zeit nichts mehr sein werde als nahezu völlige Leere? *Mlle Bleu de Ley* greift das auf, ja, in einigen Köpfen vielleicht, nicht aber im Universum.

Es fällt zunehmend schwer, über Evolution unseres Kosmos und Stationarität des Ganzen nachzudenken – über Zeiträume von Milliarden Jahren also und mehr – während noch viel zu viele Menschen dabei sind oder auch nur stillschweigend zusehen, wie unsere Erde innerhalb eines winzigen historischen Augenblicks von wenigen hundert Jahren beinahe rücksichtslos ausgeplündert wird.

Wenn wir so weiter machten – was in diesem Fall tatsächlich einmal nicht sein könne, weil es nicht sein dürfe – würden wir unseren ureigenen und einzigen Lebensraum selbst zerstören, befürchtet *Sigismund Sörgli*. Entweder wir kämen zur Einsicht, oder aber es könnten – was es unbedingt zu verhindern gelte – apokalyptische Krankheiten, Kriege, Katastrophen eintreten, von denen wir heute noch gar keine Vorstellung hätten. Möge unseren Kindeskindern erspart bleiben, dass diese dann vielleicht allein geeignet wären, für künftige Generationen erst noch einmal neuen Boden zu bereiten, und wäre es sintflutartig. Für einen anderen Versuch paradiesischen Lebens im Einklang mit der Natur. Ein längst überfälliges Aufblühen der menschlichen Vernunft sollte uns vor solchen Konsequenzen bewahren, hofft *Borromea Worthswerd*.

Die Sintflut sei allerdings eine allzu pessimistische Assoziation, wehrt sich auch *Aladin Adamson*. Doch in der darauffolgenden Nacht ist er – geistig weitläufig verwandt mit vielen verstreuten Nachfahren Giordano Brunos – als Fremdling in einen Albtraum geraten, der ihm den Schweiß aus den Poren trieb. Niemand von denen, die darin später lebten, würde überhaupt etwas von einem heute so genannten 'Homo sapiens' wissen, sondern nur von einer Spezies, deren Überreste sich in kontaminierten Ablagerungen fänden, und die anscheinend – inzwischen längst ausgestorben – einstmals den Globus ruiniert hätte. Jeder Haufen radioaktiven Drecks, den wir heute wie Hunde verscharrten, würde dann immer noch seine Umgebung verstrahlen. Vielleicht sehe er ja zu schwarz, doch dunkel dämmert es Politikern und Experten. Für seine Person wolle er eigentlich davon kein Wort mehr sprechen unter einer Bedingung: Wenn ihr nur endlich damit aufhören würdet! Aber er sprach nicht, er schrie sie an. *Aladin Adamson* wacht auf und weiß, kämpfen! Nicht mit Waffen, nicht mit Gewalt, nein. Mit Worten, die Taten sind.

Welche Antworten wollen wir einst hinterlassen haben, wenn Nachkommen fragen werden, was habt ihr gegen den Raubbau an unserer Erde getan? Wo wart ihr, als unser Lebensraum zum Müllplatz wurde? Warum habt ihr euch nicht gewehrt, als unsere Meere vergiftet und zugemüllt wurden? Es wird zunehmend schwerer, einer schleichenden globalen Resignation zu widerstehen.

Die Einprägung gleicher Verhaltensmuster in ungleiche Individuen ermöglicht, stellvertretend Glück und Unglück mit anderen zu teilen. Wenn das Ganze einen Sinn haben soll, kann das Schicksal des Einzelnen nicht isoliert betrachtet werden vom Schicksal der Nächsten. Wir Menschen aber müssen und wollen glauben, dass das Leben einen Sinn hat. In Phasen des Glücks wissen wir es sogar. Es ist jeder und jedem aufgegeben, ihren oder seinen Teil der Verantwortung zu suchen, zu akzeptieren und schließlich zu tragen, damit dieser Glaube immer wieder in Erfüllung gehen kann. Dabei kann es jedoch kein realistisches Ziel sein, ein Paradies auf Erden zu errichten, in dem alle Lebewesen immer nur unschuldig wären und nichts anderes als 'gut'.

Das höchste Ziel kann nur sein, einen Zustand zu erreichen und im Gleichgewicht zu halten, in dem die kommenden Generationen zwar keine Garantie haben, aber für alle Zeiten die *Chance*, glücklich zu werden. Und abgesehen höchstens vom Mond und ein paar – trotz aller NASA-Propaganda öden – benachbarten Planeten kann das nur zuhause sein auf unserer Erde.

Wird dieses Ziel nicht nur unverantwortlich missachtet, sondern eine Ausplünderung weiterhin technisch gefördert, dann würde dies zwar für das Universum insgesamt keinen Schaden anrichten. Bloß die Menschheit dieser Erde könnte einst vorzeitig ausgestorben sein. Ja, wen interessiere denn das schon – fragt *Hypolite Van Tast* plötzlich ganz realistisch – ihn jedenfalls nicht. Hier in Rhodos werde getanzt, und nur heute spiele die Musik, und zwar immerhin bis übermorgen, und das genüge ihm für seinen Teil. Schließlich sei er sich mit seinen Kollegen und sämtlichen Experten darüber einig, dass es ja auf längere Sicht mit einem bewohnbaren Universum überhaupt zu Ende gehe.

Doch unbeirrbar besteht *Aladin Adamson* darauf, es gehe darum, einen annähernd gleichbleibenden Zustand auf der Erde zu erreichen und zu halten, bei dem die manchmal allzu lebhaften Abläufe auf lokale Bereiche eingeschränkt blieben. Wer wohl – oder unwohl – hätte hier recht?

Schon als ich heranwuchs, konnte man wissen, dass wir Menschen seit Erfindung der Dampfmaschine über unsere Verhältnisse lebten, doch war davon im Alltag nichts zu spüren. Das ist heute ganz anders. Die seither innerhalb von nur wenigen Jahrzehnten erfolgte, noch relativ kleine Erhöhung der Durchschnittstemperatur hat den alljährlichen Winter meiner Kindheit mit Schlitten im Schnee, Schlittschuhen sowie tragfähigem und befahrbaren Eis auf der einst noch viel schöneren Mosel weitgehend abgeschafft. Nichts führt mir deutlicher als dieses winzige Beispiel vor Augen, welch *qualitative* Veränderungen – ausgelöst durch eine harmlos klingende *quantitative* von bisher nur etwa ein bis höchstens zwei Grad – unseren Kindeskindern bevorste-

hen könnten, wenn nichts geschieht. Und doch ist dies ein deut-
liches Zeichen. Wie fern dagegen scheinen abschmelzende Pol-
kappen und im Meer versinkende Inseln für spielende Kinder.

Wie jede und jeder weiß, wenn sie und er wirklich will, setzt
eine lebenswerte Zukunft voraus, dass die Menschheit nicht
ständig mehr konsumiert als auf natürliche Art nachwächst.

Wenn die Erde in einem gesunden Gleichgewicht bleiben
und nicht im Fieberwahn enden solle – fährt *Aladin Adamson*
fort – dann dürfe die Menschheit insbesondere also nicht mehr
Energie verbrauchen, als Tag für Tag von der Sonne aufgenommen werde. Alle Fortschritte und Anstrengungen würden nicht
nur nichts helfen, sondern schadeten langfristig nur, solange sie
gegen dieses Gebot verstießen. Erst vor wenigen hundert Jahren
hätten wir angefangen, unsere eigene Mutter in großem Stil aus-
zubeuten. Niemand wolle das Rad der Geschichte zurückdrehen.
Jetzt aber sei so oder so bald Schluss damit. Es habe endlich um
einen fairen Ausgleich zu gehen, damit wir es schaffen. Sonst
aber könnten wir zu den Monstern geraten, von denen sich die
Erde im Extremfall erst einmal wieder befreien müsste. Wir hätten es in der Hand, das zu verhindern. Doch sollten wir – nein,
nicht schon wieder damit anfangen – sondern endlich: es tun!

Während er hier von einem ausgewogenen Gleichgewicht
der Natur weiterspricht, hat *Mlle Bleu de Ley* längst vor Augen,
wie sich diese Feststellung unter einer Karikatur lesen würde,
die den sonst frohgemuten Evolutionsbiologen und Klimaforscher auf der Flucht vor einem Löwen mit weit aufgerissenem
Maul zeige. Sie selbst wäre, falls in der Rolle einer 'Lord-Igel-
Bewahrerin', vielleicht am meisten irritiert darüber, dass sich angesichts solcher Autorität der Löwe nicht zusammenrolle, bevor
für diesen selbst die Gefahr endlich vorüber sei.

Unkontrollierte Globalisierung wäre das dümmste Konzept
überhaupt, *Aladin Adamson* fährt fort, natürlich bringe sie
Wachstum, welches jedoch für zu viele ungefragte Menschen als
Wucherung daherkomme. Gesunde Bäume wüchsen eben nicht
in den Himmel. Und ständiges Wachstum könne nicht in allen

510

Phasen einer jeden Entwicklung richtig sein. Krankheiten wie Krebs zeigen das. Andererseits wisse er sehr gut, Fortschritte wie manche der Medizin seien für viele ein Segen, und niemand wolle für sich selbst darauf verzichten, jedenfalls nicht, solange es in Würde weitergehe.

Länger als ein Baum lebe der Wald. Die Menschheit müsse lernen zu leben wie der Wald, bevor man begonnen habe, dessen Fortbestand global zu gefährden. Angeblich zugunsten wirtschaftlichen Fortschritts für alle, doch oft nur durch Auswüchse der technischen Entwicklung. In einigen zehn, hundert – von tausend Jahren wage er gar nicht zu sprechen – würden auf der Erde viele vernünftige Menschen leben oder nur noch ziemlich wenige andere.

Woraus um Himmels willen sollte sich eine Berechtigung für nie wieder rückgängig zu machende Eingriffe ableiten lassen in den vergleichsweise kleinen – doch angesichts seiner vielfältigen Möglichkeiten unbegreiflich großen und einzigen – Lebensraum Erde, der uns heute und in Zukunft allein zugänglich sei und sein werde? – Und was ist mit dem Mars? fragt *Hypolite Van Tast* dazwischen. Der sei ja sogar noch weiter hinter dem Mond als mancher Vertreter solcher und anderer Anmaßungen, erklärt *Mlle Bleu de Ley*, und darauf pfeife sie gerne.

Was gesellschaftlich bestenfalls erreichbar sei, scheine ihm – *Aladin Adamson* wird nicht müde, das zu erläutern, bis es endlich auch von schwerhörigen Politikern verstanden werde – ein stationäres Gleichgewicht von Leben und Vergehen. Auch bei dieser Einschätzung sei natürlich zu beachten, dass stationär wieder nicht statisch bedeuten müsse, wie im Fall eines über astronomische Zeiträume zeitweilig schwankenden Zustands in einem ewig jungen Universum.

Daraus scheine zwar hervorzugehen, dass sich ein Sinn des Lebens nur gesellschaftlich definieren lasse, wobei es auf Einzelschicksale gar nicht ankomme, solange sie nicht statistische Bedeutung erlangten. Aber wolle man eine solche Sicht wirklich akzeptieren? Das dürfe doch einfach nicht wahr sein! Auch

Sigismund Sörgli ist nicht bereit, sich ohne Weiteres damit abzufinden.

Und *Borromea Worthswerd* gibt ihnen recht. Es sehe zwar tatsächlich so aus, dass sich für jeden einzelnen der Sinn seines individuellen Lebens nur mit Bezug auf ein unvergängliches Ganzes begründen lasse. Sie habe allerdings keineswegs eine Vorstellung, was unter diesem Sinn anders als Liebe zu verstehen sein könnte. Doch wisse sie genau, dass viele einfache Dinge Realität seien, obwohl auch diese niemand verstehe – gerade Leben und Tod. Wenn jetzt jemand sage, an dieser Stelle drehe sich ihre Überlegung im Kreis, dann wolle sie fröhlich bekennen, dass derjenige recht haben könne, denn es gebe hier keine geradlinige Argumentation. Sie für ihren Teil habe lediglich versucht darüber zu lernen, was Sokrates gewusst habe, der nichts gewusst habe außer mehr als andere.

An den Grenzen des Wissens

Es spricht einiges dafür, dass es noch eine andersartige Naturkraft gibt, die sich im Rahmen der Physik allerdings – wenn überhaupt – wieder nur statistisch beschreiben ließe, nämlich die Lebenskraft. Damit meine ich keineswegs dasselbe wie jene 'Vitalisten', die anorganische und organische Materie als wesentlich verschieden betrachten und nur letzterer die Lebenskraft als eine Art spezifischer Beigabe zuschreiben wollen. Ganz im Gegenteil sehe ich die organischen Formen des Lebens bereits in der anorganischen Materie angelegt. Ich schließe darauf, weil ich keine andere Möglichkeit erkennen kann, wie sich zum Beispiel die scheinbare Zufälligkeit eines Quantensprungs mit dem Prinzip von Ursache und Wirkung vereinbaren ließe.

Es ist ein Dilemma, dass heutzutage alles Mögliche und Unmögliche voreilig mit Etiketten beklebt und in Schubladen verstaut wird. Denn wahrscheinlich jeder Begriff wurde schon einmal in falschem Zusammenhang gebraucht, mit dem selbst derjenige, der ihn ganz anders verwendet, immer sprachlich in

Verbindung gebracht werden kann. Es ist deshalb oft ratsam, unverbrauchte Begriffe zu verwenden oder gar neue zu prägen. Doch ich weigere mich, das schöne Wort Lebenskraft aus meinem Sprachschatz zu streichen, nur weil es in anderem Zusammenhang etwas bedeuten könnte, was hier ausdrücklich nicht gemeint ist.

Diejenige Lebenskraft, von der ich spreche, äußert sich auch als Willenskraft oder Entschlusskraft, allerdings nicht physikalisch beweisbar. Doch weiß ich, dass es sie gibt, weil ich selbst – wie alle anderen – darüber verfüge.

Als eine denkbare Alternative allerdings steht es jedem logisch frei, an eine Vorherbestimmung der gesamten universalen Wirklichkeit einschließlich des eigenen Schicksals zu glauben. Er würde sich dann als Teil einer leerlaufenden und zugleich äußerst filigranen Maschine sehen, die seit jeher und für immer fehlerfrei funktioniert – ohne jeden Sinn! Eine solche Vorstellung passte einst in das naturwissenschaftliche Weltbild der verfrüht so genannten klassischen Physik. Eine andere in meinen Augen ebenfalls trostlose Alternative – scheinbar so recht nach dem Geschmack des zwanzigsten Jahrhunderts – bestünde darin, alles Geschehen einschließlich der eigenen Existenz dem ebenso sinnfreien Zufall zuzuschreiben. Und von der Sinnfreiheit bis zur Sinnlosigkeit ist nur ein kleiner Schritt, der zu nichts Gutem führt. An beiden Alternativen lässt sich erkennen, wie bald man mit seinem Verstand überfordert ist, wenn keine Vernunft zu Hilfe kommt.

Denn obwohl rein rational unwiderlegbar, wäre jede derartige Auffassung unvernünftig. Schlimmer noch, sie wäre unverantwortlich. Und zwar weil der, der sie vertritt, sich grundsätzlich von jeder eigenen Verantwortung für sein Handeln freispricht.

Außerdem sind gegenüber schlichten Gemütern dem Missbrauch solcher Argumentationen Tür und Tor geöffnet. Entsprechendes gilt für den Solipsisten, der sich selbst für das einzige real existierende Wesen, die ihn umgebenden Wirklichkeit aber für ein Trugbild hält. Es ist klar, dass es keinen Sinn hätte, sich gegen eine solche Art von Verblendung mit ausschließlich logischen Argumenten zu wenden. Lebenskraft und Tatkraft sind Ausdruck freien Willens, des Lebenswillens eben.

Der Mensch mag hinsichtlich Geist und Seele sein, was er mag, er ist jedenfalls Zeit seines Lebens immer auch ein physikalisches Objekt. Nach meiner Überzeugung gilt in der Natur also das Prinzip von Ursache und Wirkung. Nehmen wir es allein in dem Sinne, dass alles, was geschieht, eine Ursache hat. Andererseits können die Abläufe der Natur nicht für alle Zeiten vorherbestimmt sein. Etwa dadurch, dass sich der Zustand der Welt im nächsten Augenblick eindeutig aus der Gegenwart ergäbe. Denn wäre das der Fall, so könnte es einen freien Willen nicht geben.

Was morgen sein wird, steht nicht heute fest. Trotzdem wird alles, was morgen sein wird, seinen Grund gehabt haben. Dieser Grund lässt sich aber nicht ohne das Wirken einer Willenskraft erklären, sonst hätte sich der Zustand von morgen aus der heutigen Gegenwart zwangsläufig ergeben. Das aber ist nicht der Fall, denn im Rahmen vorhandener Möglichkeiten haben wir die Wahl, etwas zu tun oder zu lassen.

Bekanntlich hat sich die Quantenmechanik vom Determinismus der klassischen Physik längst verabschiedet, wie ihn Einstein verteidigte. Er weigerte sich zu glauben, dass es dem Elektron eines angeregten Atoms gewissermaßen freistehe, auf eine tiefere Bahn zu springen, wann es wolle. Ich allerdings glaube auch nicht, dass ein einzelnes Elektron individuell über freien Willen verfügt, sondern dass das Problem anders liegt.

Doch wenn alles seinen Grund hat, nichts aber eindeutig vorherbestimmt ist, dann kommt notwendigerweise freier Wille ins Spiel. Dieser Wille braucht keineswegs so stark zu sein, dass er Zustände nach Belieben verändern könnte. Es genügt, dass er frei genug ist, einen naturgegebenen Spielraum zu nutzen, und zwar durch Auswahl unter verschiedenen Möglichkeiten. Wessen Wille soll das nun sein, wenn es um Prozesse in der so genannten unbelebten Natur geht?

Ich denke, es gibt keine unbelebte Natur. Wie sonst soll sich aus dem Staub von Supernova-Explosionen unsere Sonne gebildet haben, auf deren besonderem Planeten Erde einst Leben entstand? Es sei denn, die ersten Formen des Lebens wären in kometenartigen Gesteinsbrocken von außerhalb gekommen. Wobei dann sofort wieder die Frage entstünde, wie zuvor das Leben in diesem Gestein entstanden wäre, so dass das ganze Problem damit nicht gelöst, sondern nur verschoben würde. Bei Voraussetzung einer Einheit der Natur aber könnte es grundsätzlich keine scharfe Trennung zwischen belebter und unbelebter Materie geben. Unter dem Eindruck der existentiellen Erfahrung eines freien Willens folgt dann die Wirklichkeit einer naturgegebenen Lebenskraft.

Zugegeben, im Rahmen konventioneller Physik mag eine solche Konsequenz klingen wie ein Witz. Und manch ein Kollege *Hypolite Van Tasts* wäre sicher in der Lage, dem Ganzen durch Gebrauch einer hochgestochenen Fachsprache einen imposanten Anstrich zu verleihen, bevor er mit so etwas herauskommt oder ganz aus dem Rahmen fällt. Solch ein 'elaborierter Code' würde verhindern, mich gegebenenfalls auslachen zu lassen. Das könnte funktionieren nach dem Prinzip der neuen Kleider. Doch nicht bei mir, weil ich: nicht will.

Ein großer Bruder des kleinen Maxwell'schen Dämons war einst von besagtem Mathematiker, Physiker und Astronomen Pierre-Simon Laplace in die Welt gesetzt worden. Dieser Mann muss von den gewaltigen Erfolgen der Newton'schen Gravitationstheorie und Mechanik, zu denen er selbst viel beigetragen hat, so begeistert gewesen sein – *Mlle Bleu de Ley* übertreibt wieder einmal respektlos: besoffen – dass er behauptete, sein unendlich intelligenter Dämon könne nicht nur die gesamte Zukunft der Welt, sondern auch ihre gesamte Vergangenheit aus dem gegenwärtigen Zustand berechnen, wenn ihm nämlich nur ein einziges Mal die Orte und Geschwindigkeiten sämtlicher Objekte bekannt wären. *Frank U. Frey* mischt sich ein, Laplace habe auf seinem hohen Ross einen Splitter im Auge übersehen, der ihn anscheinend teilweise blind gemacht hätte. Die Voraussetzung nämlich sei einfach falsch, und zwar schon damals gewesen, dass die Welt aus mehr oder weniger großen Kugeln bestünde, nur damit selbstgefällige Physiker eine Art Billard-Élitaire spielen könnten. Wissenschaft auf Basis souveräner Mißachtung vermeintlich winziger Details bei Berufung auf Dämonen nenne er Physik auf Teufel komm raus, es sei denn, jenes Genie habe sich seinerzeit einen nicht sehr kleinen Scherz erlaubt.

Auf die Frage, wo in seinem System Platz sei für Gott, soll Laplace geantwortet haben, eine solche Hypothese habe er bei seinen Berechnungen nicht gebraucht. Ich weiß nicht, was er tatsächlich daraus gefolgert hat. Doch kann ich mir nicht vorstellen, dass ein Mann von seiner überragenden Intelligenz dermaßen dumm gewesen wäre, den Schluss zu ziehen, der ihm seither unterstellt wird. – Das sei nun aber mal ein interessantes Geschäft gewesen, Umtausch Gott gegen Dämon, *Mlle Bleu de Ley* denkt an einen 'Schluss'-Verkauf. Hollywood könnte seine helle Freude daran haben.

Angenommen es wäre möglich, das zeitliche Verhalten eines Urstoffs durch eine Weltformel perfekt zu beschreiben, wobei nicht nur die Wechselwirkung atomarer Wirbel, sondern auch deren Erzeugung und Vernichtung mathematisch erfasst wäre. Wo bliebe da Raum für eine Entfaltung des freien Willens?

In dieser Fragestellung umgekehrt aber den Beweis für die Unmöglichkeit eines freien Willens zu sehen, wäre offenkundig zu billig, sagt *Borromea Worthswerd*. Denn, fährt sie fort: sie wolle ebenfalls nicht.

An dieser Stelle könnte man sich auch klarmachen, dass wir gegebenenfalls selbst aus den Wirbelteilchen bestehen, über die wir hier sprechen. Nicht nur das, jede Information über die physikalische Welt wird mit Hilfsmitteln und Geräten gewonnen, die aus ebensolchen Teilchen bestehen. Derartige Informationen aber sind naturgemäß nicht geeignet, das zeitliche Verhalten des Urstoffs selbst anders als statistisch zu beschreiben. Vielleicht aber bliebe immer noch die Möglichkeit – *Aladin Adamson* wendet das ein – dass ein Naturgesetz das Geschehen lückenlos und eindeutig erfassen und seine zukünftige Entwicklung aus dem gegenwärtigen Zustand festlegen könnte, ohne dass uns aber diese Informationen jemals vollständig zugänglich wären. Der Gedanke solch eines Versteckspiels ohne die Chance, jemals zu finden, gefalle ihr nicht, protestiert *Mlle Bleu de Ley*.

Es ist mir als Physiker etwas peinlich, das Thema Willensfreiheit im Zusammenhang mit den fundamentalen Naturkräften überhaupt anzusprechen. Ich habe so etwas in meinen Arbeiten stets sorgfältig ausgeblendet, weil sich das für einen mathematischen Wissenschaftler nicht gehört. Viel zu viel Schindluder wird mit grenzüberschreitenden Spekulationen getrieben. Doch indem ich versuche, das Thema Determinismus und Kausalität zu Ende zu denken, bleibt mir nichts anderes übrig. Um damit hier fertig zu werden, möchte ich in wenigen groben Zügen ergänzen, welches Bild sich schließlich abzeichnen könnte.

Die Vorstellungen einer für alle Zeiten vorherbestimmten Wirklichkeit sind für mich ebenso inakzeptabel wie die Vorstellungen eines immer und überall wirkenden sinnfreien Zufalls.

Elektronen in angeregten Atomen springen blind, solange ihnen ihre Umgebung kein bevorzugtes Ziel bietet. Ansonsten warten sie auf ihre Chance. So könnten erste Organismen durch Selbstorganisation auf der untersten Stufe des Lebens entstehen, und sich dann in Sprüngen zu höheren Stufen entwickeln, wobei die sprunghaften Veränderungen im Laufe der Evolution wiederum nach dem gleichen Muster in schierem Lebenswillen ihren Ursprung hätten. Dabei stünde zu erwarten, dass kleine Veränderungen, sofern sie eine Erbsubstanz betreffen, möglicherweise zunehmend größere sprunghafte Veränderungen höher entwickelter Organismen bewirken, und diese zusammen mit natürlicher Selektion schließlich durchsetzen könnten.

In den Möglichkeiten der einzelnen Quantensprünge sehe ich lediglich den Spielraum angelegt für die Entfaltung jener Lebenskraft. Was wir Willensfreiheit nennen, kann natürlich nicht einzelnen elementaren Teilchen innewohnen, sie entsteht im Zusammenspiel. Auf welcher Stufe, ich weiß nicht wo. Ich will davon auch niemanden überzeugen und nichts beweisen, ich biete vor allem die Frage an. Eines aber ist klar: denken soll jede und jeder selbst. Und soweit es letzte Wahrheiten betrifft, soll ja niemand glauben, gefeierte Experten verstünden mehr davon.

Der detaillierte Vorgang einer Auswahl muss nicht zufällig sein, um trotzdem statistische Prognosen machen zu können. Der Grund dafür liegt in der begrenzten Anzahl von Entscheidungsmöglichkeiten. Falls man den Lebenswillen als zusätzliche Kraft einbezieht, so ist das Naturgeschehen selbst nicht mehr zufällig, sondern der Eindruck des Zufalls entsteht dann erst bei statistischer Betrachtung. Dies ist jeweils wieder an Hochrechnungen nach Wahlen zu sehen, denen immer individuelle Entscheidungen zugrundeliegen.

Auch die Naturgesetze, insbesondere die einer vernünftigen Quantenmechanik, können zukünftige Abläufe nur in Form mehr oder weniger wahrscheinlicher Möglichkeiten richtig beschreiben. Das heißt aber noch lange nicht, dass diese Möglichkeiten all die Absurditäten einschließen, für welche die gegenwärtige Physik oft herhalten muss. Das Problem ist hier nicht, dass die Quantenmechanik nicht verstanden wird. Viel schlimmer ist, dass sie von zu vielen physikalischen Spekulanten *falsch* verstanden wird.

Man kann den beiden großen Theorien nicht beikommen, indem man unkritisch ihre Grenzen übersieht, daraus trotzdem seine Schlüsse zieht, und sich dann über Sensationen wundert, welche allerdings wie die vielbeschrienen Paralleluniversen natürlich nie und nimmer Realität sein werden. Nur umgekehrt wird ein Schuh draus. Es ist vernünftig, einige unverzichtbare Einsichten vorauszusetzen, und die Theorien dahingehend zu überprüfen, inwieweit ungerechtfertigte Hypothesen enthalten sind, die jenen Voraussetzungen widersprechen. Erst durch solche können sie zu haarsträubenden Schlussfolgerungen führen.

Ein berühmter Naturwissenschaftler und Autor, von dem man in den letzten Jahren nicht mehr ganz so viel gehört hat, warnt nun vor außerirdischen Besuchern, die uns aufgrund überlegener Intelligenz kolonialisieren könnten. Prompt reagiert *Mlle Bleu de Ley* und schlägt vor, diese Außerirdischen sofort per Funksignal wissen zu lassen: Danke, wir brauchen niemand, wir sind längst dabei, eine globale Kolonialisierung selbst zu erledigen.

Die Frage nach der Existenz anderer Lebewesen im Weltraum ist zwar theoretisch interessant, praktisch aber völlig weltfremd. Schon ein „Wie geht's?" von der Erde zum allernächsten Sonnensystem würde bis zum Eintreffen der Antwort einen Zeitraum von annähernd zehn Jahren in Anspruch nehmen. Vorausgesetzt, dass es erstens auf einem zugehörigen Planeten Leben gäbe, dass zweitens eine dortige Zivilisation ausgerechnet heute in Blüte stünde und nicht schon wieder verschwunden wäre – wie es auch auf der Erde irgendwann sein könnte, was hoffentlich in sehr weiter Ferne liegt – und dass man sich drittens auf Anhieb verständlich machen könnte, was ebenfalls ganz unsicher wäre. Es ist deshalb zutiefst unmoralisch, sich in Träumereien an ein Leben auf Planeten anderer Sternsysteme zu verlieren, wenn man gleichzeitig zu schwach und zu feige ist, sich angesichts aberwitziger Reisezeiten – zu messen in Tausenden von Jahren – den Realitäten zu stellen auf der von uns selbst bedrohten Erde.

Der Mensch sei Herr der Technik, erklärte einst einem Bericht meines alten Physiklehrers zufolge Fritz Straßmann. Er hatte mit Otto Hahn den Atomkern gespalten, was erst die von den Nazis vertriebene Lise Meitner und ihr Neffe Otto Frisch in den Weihnachtsferien beim Skifahren in Schweden überhaupt verstanden. Nach Straßmanns Vortrag sprang sein Auto nicht an. Lustig? Und heutzutage funktioniert die Notabschaltung auf der Bohrinsel nicht. Immer noch lustig? Oder sie funktioniert wieder einmal im Kernreaktor nicht …

Hochspezialisierte, bei allem Know-how teilweise gefährlich kindische Gentechniker und andere wollten Gott spielen und 'neues Leben' schaffen, kommentiert *Sigismund Sörgli* und fragt: Hat denn wirklich jeder Narr, der ein Streichholz gefunden hat, deshalb das Recht, mit brennender Fackel im Heuschober nach Geld zu suchen? Die Behauptung, durch Entschlüsselung des menschlichen Genoms den Bauplan des Lebens erkennen zu können, gleiche der Bewerbung eines Abrissunternehmens, den Kölner Dom in Schutt und Asche zu legen, um aus den anschließend sorgfältig zu sortierenden Steinen die ursprünglichen Pläne der beteiligten Baumeister rekonstruieren zu können.

So habe man längst auch angefangen, den Menschen einerseits auf seinen Materialwert zu reduzieren, und andererseits seine Fähigkeiten in Form von 'Humankapital' abzurechnen und zu verbuchen. *Borromea Worthswerd* berichtet, Arthur Schopenhauer habe gesagt, jeder dumme Junge könne einen Käfer zertreten, aber alle Professoren der Welt könnten keinen herstellen. Das nenne sie wahren Weitblick, denn er habe die Gentechnik ja nicht einmal gekannt. Sie also bezahle das Material – nicht nur die Elementarteilchen, sondern alle Sorten fertiger Atome – und nun baue ihr jemand ein Menschenkind.

Frankenstein sei ja bescheiden gewesen, *Mlle Bleu de Ley* findet solche Vorstellungen abscheulich. Der jedenfalls habe nie behauptet, ohne 'Fertigteile' auszukommen. Stattdessen ruft sie dazu auf, da brate ihr jemand doch lieber einen Storch. Veto, nein, das sei ganz unmöglich, empört sich *Hypolite Van Tast*, der Storch sei im akademischen Dienst seit langem anderweitig beschäftigt und deshalb definitiv unabkömmlich, denn Klappern gehöre schließlich zum Handwerk.

Manche Physiker schämen sich nicht, in den Medien berichten zu lassen, man simuliere den Urknall. Realität ist, dass man im LHC – dem nach irdischen Maßstäben gigantischen, astronomisch aber nur niedlichen Beschleuniger in Genf – Protonen aufeinander schießt. Bei arglosen Leserinnen und Lesern wird der Eindruck nie dagewesener Energien erweckt. In der kosmischen Strahlung aber treten ständig Elementarteilchen mit weit mehr als hundertfach höheren Energien auf, welche die der LHC-Protonen also um Größenordnungen übertreffen. Viele davon, die in der Atmosphäre auf andere Kerne treffen, lösen dabei ganze Kaskaden neuer Teilchen aus, die schon lange auf der Erde gemessen werden. Sämtliche nüchternen Physikerinnen und Physiker wissen das, die Medien *sollten* es wenigstens wissen, bevor sie sich selbst und ihre Informations-'Verbraucher' mit dem Gerede vom Urknall für dumm verkaufen lassen.

Zwar hat der physikalische Wahnsinn derartiger Artikel durchaus Methode, ist aber unschwer als solcher zu erkennen, insbesondere wenn auch noch fiktive kosmische Wiedergänger auftauchen in Szenarien, die sich selbst von Science-Fiction-Autoren nicht überbieten lassen. Es ist kein Zufall, dass ein CERN-Direktor gerade den Hauptdarsteller eines Films – in dem der Vatikan durch Beifügung kleiner Mengen Antimaterie zerstrahlt werden sollte – seinerzeit um die Wiedereinschaltung des LHC gebeten hat, wo bekanntlich spätestens übermorgen ein 'Gottesteilchen' gefunden wurde. Und ein News-Ableger von *Nature* hat dieses Event angekündigt. Man versteht, eine Physik, wie sie hier verkauft wird, ist vor allem eines, ein Witz: 'Die Physiker simulieren den Urknall'.

In dieser oder ähnlicher Form schrieben das daraufhin selbst ehemals seriöse Zeitungen. Wenn es aber so etwas wie jenen Urknall gegeben hätte, dann wäre dieser sicher nicht beim Zusammenprall zweier Teilchen entstanden. Schon aus der Bedeutung des Wortes folgt, dass sich ein einmalig geschehendes Ur-Ereignis weder simulieren, geschweige denn reproduzieren ließe. Doch wie das für sinnfreie Konzepte typisch ist, geraten hier sehr bald ursprünglich vernünftige Begriffe ins Schwimmen, die Sprache verwirrt sich und manch einer, der intellektuell den Boden unter den Füßen zu verlieren droht, flüchtet mit vielen anderen Experten in Größenwahn. Wenn dann auch noch ein eigentlich harmloser Spinner befürchtet, am LHC würden kleine Schwarze Löcher entstehen, welche vielleicht die Erde auffressen könnten, dann wird solch ein Humbug hochgejazzt und rund um den Globus diskutiert. Dies ist ein bemerkenswertes Beispiel einseitiger Medienakzeptanz. Denn würde ein namenloser Physiker behaupten, dass es im Universum überhaupt keine derartigen 'Löcher' gibt, so würde er nicht ernst genommen und statt-dessen totgeschwiegen.

Jeder glaubt doch zu wissen, dass die Existenz Schwarzer Löcher längst zweifelsfrei bewiesen ist, schließlich seien sich doch alle einig. Und dennoch ist es falsch. Selbst *Hypolite Van Tasts* berühmter Kollege Stephen Hawking gerät mittlerweile ins Grübeln. Wissenschaftlich erwiesen ist lediglich die Existenz extrem dichter Objekte, von denen ein super-massereiches Exemplar offenbar im Zentrum unserer Milchstraße sitzt. Keineswegs bewiesen aber ist, dass die darin aufgesogene Materie für alle Zeiten verschwunden bleibt.

Es gibt – wenn auch wenige, trotzdem aber zu viele – Wissenschaftler, mit denen man zwar Mitleid haben kann, denen man aber um Himmels Willen nichts anvertrauen darf, schon gar nicht das Schicksal von Meeren und Kontinenten. Es ist höchste Zeit, jeden derartigen Experten als gemeingefährlichen Fachidioten zu ächten, solange er nicht davon ausgeht, dass alles, was er tut, auf unvorhersehbare Weise schief gehen kann. Es ist eine Binsenweisheit, dass sich keine denkbare Katastrophe mit Sicherheit ausschließen lässt. Vielleicht nicht einmal eine undenkbare, *Borromea Worthswerd* weiß das nicht genau. Aber sie weiß, dass es nicht in erster Linie darauf ankommen dürfe, möglichst hohe Gewinne zu erzielen und Investoren reich zu machen. Jedes auch noch so unwahrscheinliche Risiko sei bereits in der Anlage der Projekte räumlich und zeitlich so zu begrenzen, dass unsere Kindeskinder die Erde dereinst in dem Zustand vorfinden könnten, in welchem sie unseren Großmüttern und Großvätern einst anvertraut worden sei. Soweit dies allerdings überhaupt heute noch möglich sei.

Damit meine ich nicht einen erhaltenswerten Zustand irgendeiner mehr oder weniger fortgeschrittenen technischen Zivilisation, sondern: die Luft zu atmen, das Wasser zu trinken, das Meer zu fischen, den Boden zu pflanzen, die Wälder zu grünen. Und zwar auch in Fukushima oder im Golf von Mexiko, überall auf der Erde. Sämtliche Projekte, die das genannte Kriterium nicht erfüllen, sollten einem rigorosen Tabu unterliegen wegen akuter Hybris, menschlicher Überheblichkeit also. Dabei wäre wirksam Sorge zu tragen, dass sich Verstöße gegen diese Regel für nichts und niemanden lohnen würden, oder selbst bei Einsatz hochentwickelter krimineller Energie überhaupt auch nur lohnen *könnten*. Die Betreiber von Kernkraftwerken sollten samt ihren Familien neben den Reaktoren wohnen, schlägt *Mlle Bleu de Ley* vor, diejenigen von Bohrinseln möglichst nah am Meer, die von Kriegen neben den Kasernen 'vor Ort'. Wie sie sich denn das vorstelle, fragt überlegen lächelnd *Hypolite Van Tast*. Ganz einfach – so wie sie's sage, antwortet sie.

Menschen dürfen träumen, was sie wollen, und ohnehin wird niemand verhindern, dass sie sich Bilder machen. Wer, außerhalb autoritärer Strukturen, wollte das auch verbieten, die Gedanken sind frei. Und zwar sollte es dabei bleiben, kein Mensch könne sie wissen, kein Jäger erschießen. Doch ob das auch für Drohnen gelte? wurde *Borromea Worthswerd* beim letzten Kongress für 'Peace of Mind' von einer Kollegin gefragt.

Ich befürchte, dass unzutreffende Ansichten über das Universum ganz konkrete politische Auswirkungen haben, und zwar im Falle quasi-dogmatischer Unterstellungen nur schlechte. Selbst wenn es irgendwo anders derartige Planeten als Mütter geben sollte, dann werden es doch niemals die unseren sein oder die unserer Kinder. Die Menschheit lebt und stirbt mit der Erde. Wer diese Wahrheit nicht wahrhaben will, ist in meinen Augen ein Schwächling.

Könnten Sie einer Person rückhaltlos trauen, von der Sie wissen, dass sie sich selbst für das Produkt eines sinnlosen Zufalls hält? fragt *Sigismund Sörgli*. Denn wie, wo, wann sollte daraus ein Sinn des Lebens entstanden sein? Wer glaube, ein noch so hochgezüchteter Computer könne jemals ein Selbstbewusstsein entwickeln, habe rein gar nichts verstanden, nicht einmal die Bedeutung des Worts 'Selbstbewusstsein', wehrt sich auch *Borromea Worthswerd* gegen indiskutable Spinnerei. Wie aber sollten sich Geld- und Geschäftemacher sämtlicher Nationalitäten und Volkszugehörigkeiten jemals für ein angerichtetes Umweltdesaster verantwortlich fühlen, wenn ihnen bei jeder Gelegenheit von einer üppig gesponserten Wissenschaft die Ausrede bestätigt werde, die Menschheit könne ja schon bald Mond oder Mars besiedeln. Und morgen die ganze Welt! *Mlle Bleu de Ley* läuft es kalt über den Rücken.

Dann wieder verschlägt es mir beinahe die Sprache, wenn ein renommierter Physiker behauptet, die Rätsel auf unserer Erde seien schon vor langer Zeit verschwunden. Weil beispielsweise die Quellen des Nils seit hundertfünfzig Jahren kein Mysterium mehr seien. Heute fotografierten Satelliten jeden Quadratmeter der Erdoberfläche, und das sei in einem gewissen Sinne traurig. – O, Gott! Wie könne ein Mensch am Beginn des 21. Jahrhunderts so buchstäblich *oberflächlich* argumentieren und sich dermaßen bar jeder Vernunft erweisen – fragt nun wieder *Borromea Worthswerd* – wenn er doch andererseits in der Lage war, geradezu artistisch mit mathematischen Formeln zu jonglieren?

Es ist in meinen Augen eine gedankenlose Variante jener physikalisch-technischen Anmaßung und Überheblichkeit, die allen menschengemachten Umweltkatastrophen einen verderblichen Boden bereitet. Und die umgekehrt gleichzeitig droht, einem menschenwürdigen Leben unserer Kinder den gerade noch vorhandenen Boden zu entziehen. Dabei hätten wir doch heute die technischen Möglichkeiten, in einer wunderbaren Welt zu leben und manches – obwohl sie schon jetzt nicht mehr sein kann, was sie einmal war – den Kindern vielleicht sogar besser zu hinterlassen als wir es vorgefunden haben.

Mlle Bleu de Ley vermutet allerdings, selbst dem Esel sträube sich inzwischen das Fell, wenn er – oft in anderem Zusammenhang – das dumme neudeutsche Geschwätz anhören müsse, die Welt zu einem 'besseren Platz' zu machen. Eine scheinheilige Aufforderung sei das mit eingebauter Versagensausrede, stellt *Borromea Worthswerd* klar. Als ob es denn für uns noch andere solcher 'Plätze' gäbe. Und auf die Frage, was koste die Welt, wer solle das bezahlen? fordert *Frank U. Frey* einen jeden – ob der das nun hören will oder nicht – freundlich dazu auf: fang' schon einmal vor deiner Nase an! Wie war das eben, wo sind die besseren Plätzchen? fragt *Hypolite Van Tast* aufgeregt, er schwärmt für die Sorte 'Süße Verführung'.

Notwendig ist nicht etwa Fortschritt um jeden Preis, vor allem nicht ins Verderben. In mancherlei Hinsicht sei sogar umgekehrt ein besonnener Rückschritt vonnöten. Wir sollten ihn tun, unverzüglich, fordert *Aladin Adamson*. Ob nun Fortschritt oder Rückschritt, ergänzt *Borromea Worthswerd*, aus dem Zusammenhang gerissen sei das alles nur leeres Gerede. In der Tat aber, wie jedes Kind wisse, sei ein Rückschritt vom Abgrund ein Fortschritt zum Leben.

Ein anderer Naturwissenschaftler hat in einer der mittlerweile nicht seltenen Fernseh-Diskussionsrunden zum Thema Urknall einen Theologen darüber belehrt, die Schöpfungsmythen seien nicht nur zu nichts nütze, sondern einfach nur falsch. Sein Unterton war dabei so, dass Religion und Naturphilosophie demnächst damit rechnen müssten, verboten zu werden, falls er die Macht dazu hätte. Der arme Mann habe nicht verstanden – *Borromea Worthswerd* fährt fort – dass die Kosmologie Teil eines Gebäudes sei, und zwar auf der Insel der Naturphilosophie in einem Meer von Schöpfungsmythen, deren Sinn sich jedem Kind, nicht aber solch einem Experten erschließe. Auf dieser Insel ruhe das Fundament der Experimentalphysik. Darüber befinde sich ein solides Erdgeschoss der Theorie. Dann kämen höhere, teilweise windige Stockwerke und ganz oben, wo das Gebäude beinahe an den Himmel stieße, bastelten viele Experten kunstvoll an der gegenwärtigen Konkordanzkosmologie.

Doch die dort entwickelten Vorstellungen lassen sich meines Erachtens weitgehend, ohne nennenswerten Verlust, auf ein entsprechendes Geschehen in einem ewigen unendlichen Universum übertragen, indem die dahinterstehenden physikalischen Überlegungen erst bei einem Zustand sehr hoher Dichte und Temperatur einsetzen, keineswegs aber bei einem ausdehnungslosen Punkt.

Es spreche viel dafür, dass von einer ganzen Reihe wortführ-render Experten – ein fragwürdigeres Kompliment als 'Experte' scheine nach allem heute kaum denkbar, meint *Mlle Bleu de Ley* – seit Jahrzehnten ziemlich viel dafür getan worden sei, eine ganze Generation junger Physiker zu verderben. Physikerinnen seien vielleicht weniger anfällig, hofft *Sigismund Sörgli*. Ein be-sonders trauriges Beispiel verderblicher Expertise biete ein oben erwähntes, noch in betagtem Alter anscheinend zu einer Liebe-dienerin des Publikumsgeschmacks und seiner Geldgeber herun-tergekommenes, einstmals hochrenommiertes Fachmagazin. Hier entblöde man sich nicht einmal mehr – *Aladin Adamson* ist nicht amüsiert – graphische Darstellungen der Unregelmäßigkei-ten der Hintergrundstrahlung als Fotos des Babyuniversums zu verkaufen. Es könnte beinahe der Eindruck entstehen, dass solch besonders üble, weil getarnte 'Science'-Fiction von denjenigen subtil, aber wirkungsvoll, gefördert werde, die anscheinend ein Interesse daran hätten oder zumindest in Kauf nähmen, jede Ehr-furcht vor der Schöpfung zu ruinieren. Stillschweigendes Motto: 'Nach uns die Sintflut!' *Mlle Bleu de Ley* kommentiert den Schlag in die Kerbe.

Was haben wortführende Eliten aus Ingeborg Bachmanns wunderbarem Satz gelernt, die Wahrheit sei den Menschen zu-mutbar? – Sehr einfach: So manche Zumutung wird heutzutage als Wahrheit verkauft. Bis in die Politik wird Expertenwissen sys-tematisch und in großem Stil vor allem eingehandelt.

Der Gebrauch sei außerordentlich bequem und schütze vor Verantwortung, solange sich das wählende und zahlende Volk so etwas gefallen lasse, weiß *Aladin Adamson*. Wenn es gut gehe, feiere der Auftraggeber 'seinen' Erfolg. Wenn es schlecht gehe, dann bedauere er mit den Worten, die Experten hätten sich leider alle geirrt. Dagegen lasse sich praktisch nichts sagen, es seien ja schließlich wieder externe 'Experten' gewesen. Doch jede konkre-te Berechtigung müsste an Verantwortung gekoppelt sein, und zwar unverschieblich und immer wirtschaftlich durchsetzbar.

Für mich verhält sich Science-Fiction zur Realität wie Selbstbeschwichtigung zur Wahrheit. Im Vergleich zu schönen Illusionen ist die Realität der pure Stoff. Manchmal allerdings ein harter, den auch nicht unbedingt jeder verträgt. Wenn wir mit Hilfe der heutigen Teleskope einiges von dem sehen, was in einem offenbar ewig jungen Universum geschieht – reale Ereignisse wie Geburt, Leben und Sterben der Sterne – dann bleibt für Fiktion als Realitätsersatz je nach Temperament nur nachsichtiges Achselzucken, mildes Lächeln oder auch pure Langeweile. So anregend Science-Fiction für viele im Kino auch sein mag, als Realitätsersatz bleibt nur ein schaler Geschmack.

Doch andererseits hätte ich höchsten Respekt vor jedem Bild der Welt – wie immer es aussehen könnte – welches das Zusammenleben besser macht. Wegen des oft fehlenden Bezugs zur Wirklichkeit aber bedeutet gerade ein mit größter Kunstfertigkeit gestricktes metaphysisches Weltbild den meisten Menschen konkret wenig oder nichts. Es taugt in vielen Fällen lediglich dazu, hochgelehrte Kollegen zu beeindrucken. *Aladin Adamson* findet das amüsant, denn das erinnere ihn an etwas anderes.

Man könne ja so naiv sein zu glauben, Frauen bedienten sich der Mode, um Männern zu gefallen. Das allerdings sei eher ein Nebeneffekt. Worum es den meisten Frauen wirklich gehe, das sei, ihre Geschlechtsgenossinnen zu beeindrucken und sie, wenn es sein müsse, auch auszustechen. Für Männer – die meisten jedenfalls – hätten sie in Beziehung auf Mode und Geschmack bestenfalls so etwas wie Verständnis oder Nachsicht, gesteht *Mlle Bleu de Ley*. Denn sie als Frau wisse, wie schlicht diese gestrickt seien, und wovon naturgemäß beeinflusst, um nicht gerade zu sagen 'gesteuert'. Das sich dort entfaltende Imponier- und Balzgehabe sei kaum weniger lustig, findet *Borromea Worthswerd*. Sie fürchte deshalb, akademische Rechthaberei sei ursprünglich ein echt männliches Phänomen. Andererseits, wer aber – ob Männlein oder Weiblein – könne sich archetypischen Verhaltensmustern vollkommen entziehen? Diese seien uns doch offenbar seit Urzeiten mitgegeben? Na, ich weiß nicht, ob das so einfach ist, sagt dazu *Dr. Dr. Ernst Hafft*.

Für eine handfeste Naturphilosophie

Auch auf Irrwegen komme man weiter, so *Mlle Bleu de Ley* zu *Hypolite Van Tast*, solange es doch vorwärts gehe. Aber wohin? Oder noch anders, *Frank U. Frey* lapidar, die Feststellung von Fortschritten beweise keineswegs, dass man sich auf dem richtigen Weg befinde. Und *Sigismund Sörgli* fragt schließlich, ob nicht jeder neue Epizykel des Ptolemäus ein echter Fortschritt für eine falsche Astronomie gewesen sei. Brav gegen den Strom! ermuntert *Aladin Adamson*. Vor jeder exakten Naturwissenschaft und darüber hinaus gehe es darum, bei jungen Menschen Begeisterung zu wecken für die wirklich großen Aufgaben, die vor ihnen lägen. *Borromea Worthswerd* stimmt dem zu, darein setze sie alle Hoffnung. Und deshalb hätten es diese jungen Menschen mehr als verdient, dass wir ihnen rückhaltlos Rechenschaft ablegten. Ja, unsere einzige Hoffnung sei, vermutet sie im Gespräch mit *Aladin Adamson* und *Mlle Bleu de Ley*, dass wir ihnen überhaupt eine gäben. Was bitte? Hoffnung! – und zwar frohgemute.

Es gibt Sprache, es gibt Wörter, es gibt Sätze, es gibt Bücher, es gibt Bibliotheken, es gibt Wissenschaft, es gibt Kunst, es gibt Leben. Und es gibt Mitteilung in jeder Form. Sprache lebt. Ziel auch der darstellenden Kunst ist es, die Wirklichkeit so präzise wie möglich zu erfassen. Die Frage ist, um welche Wirklichkeit es jeweils geht. Künstlerinnen und Künstler wissen genau, dass es dabei oft notwendig ist, unscharfe Begriffe, unscharfe Konturen, andere unscharfe Elemente zu verwenden, gerade um in deren Zusammenspiel die klarste, schärfste, aussagekräftigste Darstellung zu erreichen. Die Sprache lebt und mehr als das. Heißt es doch zu Recht, im Anfang sei das Wort gewesen. Und jenen Satz habe sie schon immer wörtlich verstanden. Wer anders könnte das sagen als selbstverständlich *Borromea Worthswerd*.

Außer für tote Dinge oder reine Fiktionen gibt es keine explizite Begriffsbestimmungen. Was es gibt sind implizite, vorläufige Definitionen. Das ist kein beklagenswerter Mangel sondern das Leben. Es gibt keine scharfen Begriffe, die zur Beschreibung der Wirklichkeit geeignet wären. Die Sprache funktioniert nicht etwa, obwohl die Begriffe unscharf sind, sondern nur, *weil* die Begriffe unscharf sind. Ein eindeutiger, scharfer Begriff 'Baum' könnte nur einen einzigen Baum bezeichnen, weil nicht ein Baum genau ist wie der andere. Da es aber viele Bäume gibt, muss das Wort hinreichend unscharf sein, um überhaupt von Bäumen sprechen zu können, vom Wald ganz zu schweigen.

Die Begriffe leben. Deshalb hat selbst der weise Karl Popper nicht unbedingt recht mit seiner Betonung der Falsifizierbarkeit und dem Beispiel vom Schwan. Sobald der erste 'schwarze Schwan' auftaucht, haben wir die Wahl, entweder den Satz 'Alle Schwäne sind weiß' zu widerlegen, indem wir feststellen: nicht alle Schwäne sind weiß. Oder durch Anpassung des entsprechenden Begriffs zu verifizieren: alle Schwäne sind weiß – der schwarze Vogel aber, der so aussieht, ist kein Schwan, sondern ein Nichtschwan. Eine kaum zu überschätzende Rolle auch für Politik und Gesellschaft spielt in diesem Zusammenhang die statistische Betrachtung. Doch sie hat ihre Tücken, und darüber aufzuklären sollte ein vorrangiges Bildungsziel sein. Wenn alle Menschen verschieden sind, was ist 'normal'?

Angesichts einer ohnehin unvermeidlichen Unschärfe der Begriffe ergibt sich eine Verpflichtung zur intellektuellen Redlichkeit. Gerade privilegierte Naturwissenschaftlerinnen und Naturwissenschaftler sind der Allgemeinheit dafür verantwortlich, nicht durch Gebrauch oder gar Prägung eines unnötig missverständlichen Jargons Verwirrung zu stiften.

An dieser Stelle ließen sich als Übersetzungshilfe plattgetretener Phrasen nun einige Einträge aus *Borromea Worthswerds* *'Das kleine Wörterbuch einer heruntergekommenen Fachsprache'* angeben. Mit einer Übersetzung von 'Phlogiston' in 'Anti-Sauerstoff' blieben diverse Aussagen einer in den Grundlagen falschen Lehre von Verbrennungsvorgängen durchaus sinnvoll. Man kann auch spielerisch Begriffe und Zahlen vertauschen. So ist das Higgs-Boson als das 'Teilchen, das den anderen die Masse gibt' in meinen Augen kaum mehr als ein neuer Beweis für die sattsam bekannte Tatsache, dass die Theorie der übrigen Teilchen nach wie vor unvollständig ist. Ein anderes Beispiel für die Verkommenheit der sogenannten Fachsprache ist der – angesichts einer vermeintlich vollständigen Beschreibung durch Masse, Drehimpuls und Ladung auf den ansonsten durchaus verdienstvollen John Archibald Wheeler zurückgehende – Satz „Ein Schwarzes Loch hat keine Haare". Soll das ein Herrenwitz sein? fragt *Borromea Worthswerd*. Jedenfalls klinge es peinlich pubertär. Präpotent im Sinne des Wortes, vermutet *Mlle Bleu de Ley*, oder vielleicht eher das Gegenteil.

Nachdem eine unspektakuläre, gleichwertige Deutungsmöglichkeit einmal erkannt ist, wäre es in seinen Augen arrogant, anmaßend, ja letztlich unanständig, der Physik weiterhin eine nichteuklidische Geometrie des dreidimensionalen 'Raums' zugrundezulegen anstatt eine solche beeinflussbarer Maßstäbe und Uhren, findet *Frank U. Frey*, weil man dadurch jeden mathematischen Hochstapler geradezu einlade, und diesen zugleich für viele arglose Menschen beinahe unangreifbar mache. Auf solch einer Basis könnten alle möglichen Scharlatane physikalisch abstruse Thesen proklamieren, solange sie sich nur der praktischen Überprüfung sowie der Überprüfung durch die allgemeine menschliche Vernunft wirksam entzögen. Kein Wissenschaftler aber habe das Recht, sich der Gesellschaft gegenüber auf ein – oft als elaborierter Code daherkommendes – elitäres Geschwafel zurückzuziehen. Mit einem Seitenblick auf den verspielten Neffen von *Mlle Bleu de Ley* erschrickt *Dr. Dr. Ernst Hafft*, als ihm zu besagter elaborierter Ausdrucksweise der Eliten unversehens ein Kalauer einfällt, und er schweigt. Einem weniger vornehmen Kollegen wäre das vielleicht nicht passiert.

Was das Universum betrifft, so bin ich mir keineswegs sicher über das, was ich weiß, aber über das, was ich zwar nicht weiß, trotzdem aber vorausgesetzt habe. Damit meine ich keine willkürlichen Hypothesen, sondern das, wovon ich als unmittelbar einleuchtende und doch unbeweisbare Gegebenheit ausgehen muss, um vernünftige Kosmologie überhaupt zu betreiben.

Die Frage lautet: Was können wir aus dem Wechselspiel von Theorie und Beobachtung über das Universum lernen? Keinesfalls kann sie lauten, wie wohl alles gewesen sein müsse, damit sich ein Konkordanzmodell unseren Vorurteilen anpassen ließe, und seien diese noch so kunstfertig mathematisch begründet. Ein seriöses Konzept wäre allein die Entwicklung einer derartigen Kosmologie im Rückblick, ausgehend von hier und heute, was naturgemäß die einzige Perspektive ist, die uns Menschen zur Verfügung steht. Umgekehrt aber wäre es eine unlösbare Aufgabe, innerhalb der Physik eine Rekonstruktion der Schöpfung seit einem ersten Beginn aus dem Nichts zu versuchen. Es wäre eine Anmaßung über die letzten Grenzen menschlichen Fassungsvermögens hinaus. Wenn unsere Mutter Erde jemals gesund werden soll, dann zum Teufel mit allen, die sein wollen wie Gott! schimpft *Aladin Adamson*. Cool bleiben! besänftigt *Borromea Worthswerd*, doch tut sie das nicht ohne Verständnis.

Den Komplex grundsätzlicher Fragen von Physik, Chemie, Biologie und Kosmologie bezeichne ich nach dem Vorbild Newtons als mathematische Naturphilosophie. Wohl wissend, dass ich dabei Gefahr laufe, mich mit diesem – heutzutage innerhalb der 'exakten' Naturwissenschaften verpönten – Begriff als ernstzunehmender Physiker bei vielen unmöglich zu machen. Der ansonsten großartige Steven Weinberg, Autor beispielsweise eines weitverbreiteten Buches über den vermeintlichen Anfang des Universums, hat sich nicht gescheut, an anderer Stelle ein Kapitel mit der Überschrift „Wider die Philosophie" zu schreiben. Ich befürchte allerdings, das ist aus seiner Perspektive leider konsequent.

Er wird dabei an manche der berufenen 'Liebhaber der Weisheit' gedacht haben, die endlos miteinander reden und streiten können, ohne dass schließlich viel mehr dabei herauskommt, als dass sie einander wechselseitig und wortmächtig ihre Reputation bestätigt hätten. Ihre Schlussfolgerungen seien 'wie in Honig geschrieben', stellte mit leichtem Bedauern einst Einstein fest.

Aber gleichzeitig ist es die Frage, ob man sich als naturphilosophisch weniger unbedarfter, seriöser Naturwissenschaftler nicht eigentlich schämen müsste, überhaupt ein Buch mit dem Titel „Die ersten drei Minuten" in die Welt gesetzt zu haben, wenn es darin um das allumfassende Universum gehen soll. Wie kann ein Autor bei solch einem Thema das Bewusstsein der winzigen Zeitspanne seiner irdischen Existenz verdrängen, die viel zu kurz ist, um der universalen Wirklichkeit Grenzen aufzeigen zu wollen. Nicht einmal die Maus, die dem Elefanten ihre Badehose angeboten hat, wäre größenwahnsinnig genug gewesen, das Universum in Schranken weisen zu wollen.

Doch das ist noch ein recht harmloses Beispiel für den Unterschied zwischen Vernunft und Verstand. Es gibt weniger harmlose.

Denn ein intelligenter Mensch kann für die Gesellschaft mancherlei sein, vom Engel bis zum Teufel. Intelligenz ist meines Erachtens nichts anderes als ein Werk-, besser noch: Denkzeug. Sie kann scharf sein wie Ockhams Skalpell. Ob Segen oder Fluch hängt allein davon ab, wozu sie benutzt wird. Der Verstand lässt sich gebrauchen zum Guten oder zum Schlechten. Doch wie unsagbar arm, wer sonst nichts hätte! Dabei ist Intelligenz nicht die Fähigkeit, lineare Gedankenketten aus einem Labyrinth um sieben Ecken zu verfolgen, sondern die meist allerdings nur intuitiv eingesetzte Fähigkeit, mehr als zwei oder drei einfache Kriterien zu verknüpfen. Ich hatte schon immer das Gefühl – *Borromea Worthswerd* erinnert sich mit Vergnügen – der gute Sherlock Holmes, Watsons Gedanken lesend, sei eine unrealistische, wenn auch amüsante Fiktion.

Wenn es um existentielle Dinge geht, dann hilft die Intelligenz, verschiedene Möglichkeiten zu erkennen und gegeneinander abzuwägen. Doch in dem Augenblick, in dem die Entscheidung getroffen wird, geschieht das nach zuvor herausgebildeten

Wahrscheinlichkeiten, und damit letztlich nicht lückenlos nachvollziehbar. Und zwar auch dann, wenn viel Zeit war. Die Vorüberlegungen mögen rational sein, ebenso die Bewältigung der Konsequenzen, doch die Entscheidung selbst hat den Charakter eines Quantensprungs. Ich nenne das 'vernunftfrei' oder *arational*, und lege Wert auf die deutliche Unterscheidung zu unvernünftig oder irrational. Es sollte mir als Physiker eine Freude sein, dazu beizutragen, einem lebendigen und zugleich toleranten Glauben Raum zu schaffen, der also mehr sein muss als Verstand, allerdings ohne dabei der menschlichen Vernunft zu widersprechen. Gibt es denn so etwas? fragt *Hypolite Van Tast*.

Wer käme schon auf die Idee, die Liebe nur den Professionellen zu überlassen? Wer wird sein Seelenheil nur bei Würdenträgern suchen? Was wird denen bleiben, die sich mit ihrer Altersvorsorge nur auf Versicherungsvertreter verlassen? Und ebensowenig könnte jemand so naiv sein, von bezahlten Politikern zu erwarten, dass ihnen immer nur und ausschließlich das Wohlergehen des Staates am Herzen liegt. Und das soll ausgerechnet in den Naturwissenschaften anders sein?

Die Grundlagen – jedenfalls die theoretischen – der Kosmologie sind zu wichtig, um sie akademisch 'funktionierenden' Herausgebern und Experten zu überlassen. Und sollte jemand fragen, was denn nun Liebe mit Physik zu tun hat, den verweise ich auf Einsteins bereits erwähnte wunderbare Rede zu Plancks 60. Geburtstag, in welcher er ein unvergleichliches Loblied auf diese Liebe gesungen hat. Und stecken nicht im Begriff Naturphilosophie, den für die Physik kein Geringerer als Isaac Newton verwendet hat, gerade die Wörter Natur, Liebe, Weisheit?

Wohlgemerkt aber, spricht er dabei nicht nur allgemein, sondern ausdrücklich von *mathematischer* Naturphilosophie. Solche Assoziationen an Newton sind mir willkommen, allerdings nicht an den Alchimisten, sondern an den Physiker. Dessen Interessen geben zugleich ein warnendes Beispiel für die niemals vollkommen trennbare Verbindung zwischen Chemie und Alchimie, zwischen Astronomie und Astrologie, zwischen Kosmologie und Mythos, wobei gerade letztere im Urknall-Modell geradezu eine Symbiose eingegangen sind.

Man sollte aufpassen, nicht auf falsche Argumente hereinzufallen, und seien sie auch von größten Autoritäten formuliert. So ist es beispielsweise Kant, der 'beweist', dass es unmöglich sei zu entscheiden, ob die Welt einen Anfang hatte oder nicht. Schon Kants Anspruch, gewisse philosophische Sachverhalte endgültig zu klären, ist außerordentlich mutig. Doch jeder darüber hinausgehende Versuch, dabei auch noch Vollständigkeit zu erreichen, wäre höchstens noch tapfer, in Wirklichkeit aber nicht nur vergeblich, sondern ganz aussichtslos. Ob philosophisch oder naturwissenschaftlich, jedes Weltsystem – welch eine Bezeichnung! – muss scheitern, das behauptet, Vollständigkeit sei erreichbar. Ein wunderbares Beispiel dafür hat unfreiwillig Hegel gegeben, der in seinem System einst 'bewiesen' hatte, dass und warum es genau sieben Planeten geben müsse. Als ihm berichtet wurde, dass soeben ein achter Planet, nämlich Neptun, entdeckt worden und deshalb sein System fehlerhaft sei, soll er geantwortet haben „umso schlimmer für die Tatsachen". Spätestens seit Hegel müsste es also vernünftigen Menschen klar sein, dass jeder, der den Anspruch erhebt, ein allumfassendes System zu entwickeln, von vornherein zum Scheitern verurteilt ist. Aber auch Kants Kategorischer Imperativ funktioniert nur theoretisch, weil bei weitem nicht in jeder Situation praxistauglich, wie aus einem bloßen Hinweis auf die Notlage von Eltern hungernder Kinder drastisch hervorgeht, oder beispielsweise auf Menschen, die gegen ihren Willen in einen Krieg geraten sind.

Bereits vor jeder Lösung entstand angesichts der hochspekulativen Urknall-Kosmologie bei mir das sichere Gefühl, Einsteins Gleichungen hatten eine neue Chance verdient. Im Einklang mit vernünftigen Grundlagen einer mathematischen Naturphilosophie musste es ein stationäres Modell einfach geben. Sonst hätte die Relativitätstheorie zur Kosmologie nicht getaugt.

Natürlich aber wäre es von wem auch immer lächerlich gewesen, den hochspezialisierten Supernova-Beobachtungsteams naturphilosophische Ratschläge zur Einrichtung ihrer Messapparaturen erteilen zu wollen. Oder gar einem Halbleiterphysiker in der Materialforschung. Dabei ist allerdings grundsätzlich der Unterschied zwischen theoretischer und instrumenteller Physik, zwischen Labor und Sternenhimmel zu beachten.

Schon die Väter der überholten Steady-State Theory verlangten einst sinngemäß, dass allen Anstrengungen einer vernünftigen physikalischen Kosmologie die Idee eines gleichbleibenden Zustands voranzustellen sei. Zwar anders als von diesen erwartet, scheint es nun doch noch ein Linienelement der Einstein' schen Gleichungen zu geben, das tatsächlich geeignet ist, ein stationäres Universum zu beschreiben. Und zwar eines, in welchem unsere kosmische Umgebung enthalten ist. Was auf dieser Basis die mathematische Methode zukünftiger Forschung betrifft, so bedürfen lediglich die Abweichungen von einem derart gegebenen universalen Hintergrund der physikalischen Erklärung.

Wie offenbar beim Nobelpreis-Komitee vor einigen Jahren, so herrscht zwar auch in den klassischen Medien oft noch der Eindruck, Physikerinnen und Physiker stünden geschlossen hinter einer Urknall-Entstehung des Universums mitsamt Raum und Zeit. Das jedoch stimmt längst nicht mehr, im Gegenteil. Anscheinend berauscht von haarsträubenden Hypothesen allerdings redeten und schrieben viel zu viele Vertreter ihrer eigenen Interessen das Publikum immer noch dumm und dümmer – *Borromea Worthswerd* hält das für möglich – bis dieses andächtig zu seinen Erleuchtern emporschaue. Dass sie nämlich Erleuchtete seien, ergebe sich, paradox, für viele oft aus unverständlichem Geschwätz, das kein Vernünftiger durchdringen werde, solange er noch seine sieben Sinne beisammen habe. Bekanntlich nur kindliche Gemüter aber trauten sich zu widersprechen.

Ich bin ein entschiedener Gegner der Auffassung, fundamentale Erkenntnisse über das Universum könnten auf Basis einer Konkordanz möglichst vieler verschiedener Wissenschaftler gewonnen werden[62], deren Argumente zu schwach sind, auch einzeln zu überzeugen. Wenn ihm selbst anfangs ein Durchblick fehlte, was oft genug vorgekommen sei, berichtet *Frank U. Frey*, sei er nie auf die Idee gekommen, Trost und Hilfe bei anderen Ratlosen zu suchen. Das jeweilige Problem hätte sich nie dadurch überwinden lassen, dass man sich auf eine zusammengestückelte Lösung geeinigt habe. In der Physik heiße sich verständigen, etwas nicht zu verstehen, lästert *Mlle Bleu de Ley*. Und dieser für Experten der angeblich so exakten Naturwissenschaft äußerst peinliche Zustand werde nach bewährtem Muster mit souveräner Arroganz durch Sprachregelungen überspielt, während in Politik und Diplomatie je nach Temperament oft bereits eine vorgebliche Ahnungslosigkeit zur Einlullung genüge.

Statt sich nun aber auf ein physikalisch angemessenes Konzept zu besinnen, versucht nahezu jeder, der auf diesem Gebiet aktiv ist, die ohnehin haarsträubenden Zumutungen des Konkordanzmodells mit teilweise noch aberwitzigeren Konstruktionen zu übertreffen. Ein Prachtexemplar ist die Stringtheorie oder besser noch: Super-Stringtheorie. Mit so super vielen 'eingerollten' Dimensionen des Raums, erläutert *Mlle Bleu de Ley*, dass es für alle – von der selbst strickenden Oma bis zu dem vornehmlich andere bestrickenden Mathematiker – die helle Freude sein möge. Aber Physiker! Der gesunde Menschenverstand bleibe stehen und staune. Zu viele aber ertrügen das nicht, flüchteten in Science-Fiction und fielen in intellektueller Verzweiflung herein auf das erwähnte Geraune von Parallel-Universen, zu denen kein Weg führe, außer angeblich durch Wurmlöcher der Raumzeit. Von anderen kindischen Phantastereien wolle sie schweigen.

Ein entsprechendes Verhalten zeigt auch arXiv, wo entgegen den eigenen Leitlinien, denen man doch ausdrücklich verpflichtet ist, Zensur ausgeübt wird. Dabei hat in meinen Augen, wer Artikel über Parallel-Universen samt jenen Wurmlöchern akzeptiert, eigentlich jede Legitimation verwirkt, irgendeinen physikalischen Beitrag abzulehnen, dessen Mathematik widerspruchsfrei und ohne handwerkliche Fehler daherkommt.

Die Angelegenheit hat nicht zuletzt einen gesellschaftspolitischen Aspekt. Man könnte geradezu diffuse kulturgeschichtliche

Interferenzen feststellen zwischen Auswirkungen eines Schwächeanfalls der Vernunft einerseits in den Grundlagen der theoretischen Kosmologie und andererseits ihrer Schwindsucht in Theorie und Praxis globaler Finanz-Derivate. Das ist nicht zu weit hergeholt, denn beide Systeme beruhen auf Anmaßung. Demzufolge sehe ich das kosmologische Konkordanzmodell mit seinem Anspruch, das gesamte Universum zu beschreiben, ebenso scheitern wie das Geschäftsmodell der in großer Konkordanz weltweit handelnden Banken. Letztere reden dreist von Selbstregulierungskräften und bedienen sich gleichzeitig ungeniert nach dem Motto 'Geld regiert die Welt', und zwar auf Basis der real existierenden Freien Marktwirtschaft. Nach einer von manchen geradezu dankbar, leider aber vollkommen falsch verstandenen 'Relativierung' vernünftiger Grundsätze und Werte – die nach meiner Überzeugung Einstein hätte in die Resignation treiben können – blüht am Ende eine globale Spekulation in nahezu allen Bereichen. Dieser Spekulation wurde durch leichtsinnige, weil unnötige Preisgabe tragfähiger Grundlagen der Physik, insbesondere der des Universums, indirekt Tür und Tor geöffnet und damit ein Spiel begonnen, das sich schließlich nicht mehr kontrollieren lässt, ohne die Regeln zu ändern.

Wie sollen sich Menschen für die Gesellschaft verantwortlich fühlen, wenn ihnen vermittelt wird, sie seien Produkte eines zufälligen Urknalls aus dem schieren Nichts und lebten in Erwartung eines öden Endes, das gemäß Konkordanzkosmologie sang- und klanglos in ein unendlich totes Universum verliefe. Selbst der als *Physiker* hervorragende Steven Weinberg verfiel in die 'Melancholie des zwanzigsten Jahrhunderts', nachdem er zuvor jenen eben erwähnten Bestseller geschrieben hatte. Da mag es dann allerdings hilfreich sein, wenn Hollywood dafür sorgt, dass solche Konsequenzen nicht allzu ernst genommen werden. Andernfalls nämlich drohen die Anhänger der Konkordanzkosmologie je nach Temperament in Depression zu versinken oder einen wilden Egoismus zu leben, bevor es bald genug angeblich zu spät sein wird für alle und alles. Es könnte insbesondere für

auf diese Weise demoralisierte Jugendliche nur konsequent sein
– *Borromea Worthswerd* hofft, dass sie damit *nicht* recht hat –
daraus die Lehren zu ziehen und immer nur und ausschließlich
an sich selbst zu denken.

Es ist aber nicht kindlich, sondern kindisch, wenn Erwachsene auf Stühle steigen, weil ihnen gesagt wird, sie seien den
Sternen dann näher. Schlimmstenfalls nehmen solche Argumente
heuchlerische Züge an. Dann nämlich, wenn sie nicht aufgrund
purer geistiger Beschränktheit sondern aus Berechnung und wider besseres Wissen verbreitet werden. Der schlechte Witz daran
wäre, dass sich die Bevölkerung einschüchtern ließe von zynisch
lächelnden Auguren, die von dem, was sie propagierten, selbst
nicht das Geringste glaubten. Religion wurde einmal als Opium
für das Volk bezeichnet, was meines Erachtens so pauschal nie
gestimmt hat. Doch unter vielen hochzivilisierten heutigen Menschen vor allem der westlichen Welt ist Religion inzwischen verpönt und hat beinahe gar keine Bedeutung mehr. An ihre Stelle
sind Wissenschaft und Kunst getreten, und zwar konsequenterweise mit all dem, was einst leider eben auch zur Religion gehört
hat. Teilweise also samt blindem Aberglauben, innerer Zensur
und einem zentralen Dogma, diesmal von der Big-Bang-
Entstehung des Universums. Und als Opium kommt das leere
Gerede von der Besiedlung des Weltraums daher, das nur in
harmlosen Fällen als Science-Fiction erkennbar wird.

Auch unter renommierten Wissenschaftlern gibt es nicht
wenige, die bei der Konkordanzkosmologie von Zumutung und
Skandal sprechen. Meist jedoch erfährt die Öffentlichkeit so gut
wie nichts von den Zweifeln, besonders wenn wieder einmal ein
unsägliches Bild des 'Babyuniversums' gezeigt oder – *Frank U.
Freys* Bezeichnung – eine andere Sau durchs globale Dorf getrieben wird. Doch die Natur braucht weder Schminke noch Flitter-
kram.

Ein Jammer, dass sich daran selbst ehemals hochseriöse
Fachmagazine beteiligen, die im Kampf um letzte Marktanteile
auf dem Weg sind, den Charakter willfähriger Propaganda-

Zeitschriften anzunehmen. Schlichte Gemüter werden mit Sensationen verwirrt, die geeignet sind, die Gesellschaft dermaßen in Ratlosigkeit zu stürzen, dass so leicht niemand mehr kritisch nach denjenigen Geldern zu fragen wagt, die für solche 'Kunststücke' aufgewendet werden. Und es entsteht leicht der Eindruck, genau das sei der Sinn der Sache.

Gigantische Vorhaben, deren Sinn und Zweck nicht mehr unmittelbar einleuchten, hat es allerdings schon immer gegeben. Eines davon soll einst zur babylonischen Sprachverwirrung geführt haben, so dass – wie gesagt wird – die Menschen einander bald nicht mehr verstanden. Smarte Pressesprecher heutiger Großprojekte könnten jenen Turmbau zu Babel wahrscheinlich aber auch anders drehen, nämlich als die Geburtsstätte einer Vielfalt wunderbarer Sprachen. Selbstüberhebung, Hybris, Größenwahn? – Wir doch nicht!

Von irritierenden, verschwiegenen, oder gar unterdrückten astronomischen Beobachtungen, die trotz allen Erfindungsreichtums nicht recht ins Konkordanzbild passen wollen, will ich hier nicht weiter sprechen[63]. Wenn die Stimmung kippt, wird meines Erachtens eine Fülle solcher Probleme ans Tageslicht kommen, die bisher – zumindest in Teilen – mittels einer etablierten Peer-review-Zensur schamhaft versteckt wurden. Eigentlich war dieses Verfahren einmal gedacht, Qualität sicherzustellen. Im Ergebnis aber wird die heute praktizierte Peer-review weiterhin manche eigenständige Idee unterschlagen, solange der Autor keinem Kreis wechselseitig erklärter Wertschätzung angeschlossen ist. Wie aber um Himmels willen sollte jemals eine große Arbeit, die möglicherweise gar auf einen Paradigmenwechsel hinausliefe, an die zwei, drei unter Tausenden überforderter 'Peers' geraten, die dieser Aufgabe überhaupt gewachsen wären?

Die Konkordanzkosmologie möge sich winden in Epizykeln, einnebeln in Formelgeschwätz, herausreden in zunehmend haarsträubende Fiktionen oder ihre Zuflucht suchen in Ammenmärchen – das helfe alles nichts, findet *Frank U. Frey*. Denn mit wenigen Argumenten, wie bereits im Kapitel über des Universums neue Kleider gezeigt, habe man das Konkordanzmodell bald am Kant-Haken der reinen Vernunft, woran sich jede und jeder, die oder den es betreffe, aus einer ansonsten selbstverschuldeten Unmündigkeit herausziehen möge. Der Spuk lasse sich also beenden. Von denen aber, die daran festhielten, werde keiner sagen können, niemand habe je etwas anderes gehört.

Künftige Generationen könnten dereinst vielleicht fragen, ob die Kosmologen nicht gesehen hätten, dass ihr Treiben nur Sinn machte, wenn sie endlich aufgehört hätten, den Kosmos mit dem Universum zu verwechseln, sorgt sich *Borromea Worthswerd*. Doch kein Experte solle sich nachträglich darauf berufen, man habe von keiner diskutablen Alternative erfahren.

Zur Arbeit über SUM hatte mir der Herausgeber eines die Mainstream-Kosmologie weltweit repräsentierenden astrophysikalischen Journals auf Nachfrage ein eMail geschrieben. Sinngemäß hieß es darin, sich für ein Modell des Universums aufgrund vernünftiger Voraussetzungen zu entscheiden, gleiche in seinen Augen einer Narretei und führe im vorliegenden Fall zu einigen ziemlich merkwürdigen Verrenkungen hinsichtlich Nukleosynthese und Hintergrundstrahlung. Ich habe darauf verzichtet, das Kompliment zurückzugeben und mit den Worten zu antworten, dass es sich erfahrungsgemäß nicht lohne, einen noch viel größeren Narren überzeugen zu wollen. Einen mathematischen Fehler hat er nicht gefunden. Ich vermute stark, er wäre dazu gar nicht in der Lage gewesen. Zu viele Herausgeber und Gutachter sind einerseits nicht frei und haben andererseits vielleicht überhaupt nur Zeit für diesen 'Job', weil sie selbst keine anspruchsvollen, aufwendigen Rechnungen durchführen können. Angesichts der Fülle völlig neuer Formeln wäre er in diesem Fall jedenfalls leicht wochenlang beschäftigt gewesen.

Dementsprechend zeigten auch die Herausgeber dreier weiterer 'Fachjournale' keine Lust, sich auf eine seriöse Alternative zur Konkordanzkosmologie überhaupt einzulassen. Der eine war zwar offenbar beeindruckt von der Menge der Arbeit, die darin stecke, wies aber darauf hin, dass leider nur 'solide Weiterentwicklungen' der gegenwärtigen Urknall-Kosmologie eine Chance hätten, wobei er ausgerechnet die hochspekulative Stringtheorie empfahl. Andere Gründe waren, die Arbeit sei zu umfangreich oder passe besser in ein anderes Journal, die üblichen Pseudo-Argumente eben. Nachdem damit bewiesen war, dass ich es einerseits ernsthaft versucht hatte – das war mir wichtig – andererseits aber niemand in der Lage war, einen objektiven physikalischen Grund für die Ablehnung, geschweige denn einen mathematischen Fehler zu nennen, habe ich das Spiel beendet, und stattdessen angefangen, etwas Besseres zu tun, nämlich dieses Buch zu schreiben. Ich hatte angekündigt, wenn nötig an die Öffentlichkeit zu gehen und Verleger samt Gutachter der führenden Fachjournale herauszufordern mit einer Feststellung und einer Frage.

Die Feststellung: SUM ist in Bezug auf das Universum die einzige heute in Betracht kommende Lösung der originalen Gravitationsgleichungen Einsteins ohne kosmologische Konstante.

Die Frage: Hat es Einstein nicht mehr verdient, von akademischen Autoritäten ernstgenommen zu werden, die doch leben wie Bienen in seinem Klee?

Die Unterstellung, eine Urknall-Entstehung des Alls samt Raum und Zeit folge zwangsläufig aus der Relativitätstheorie, enthält den eigentlichen Skandal. Die Menschheit könnte doch ihr Bild des Universums nicht von der vorübergehenden Interpretation einer zahlenmäßig noch so richtigen Theorie abhängig machen. Vor allem nicht, solange die Grundlage der Physik bisher nachweislich lückenhaft ist, was daraus hervorgeht – von den String-Spinnereien fürstlich entlohnter Schneider ganz abgesehen – dass die Relativitätstheorie mit der Quantenmechanik nach heutigem Verständnis fundamental unvereinbar wäre.

Was den naturwissenschaftlichen Anspruch überhaupt betrifft, so ist es natürlich vernünftig, bei Gewitter den Einschlag in einen Baum einer elektrischen Entladung zuzuschreiben. Aber deshalb darf man noch lange nicht auf eine vollständige objektive Erklärbarkeit der Welt schließen. Was wäre daran grundsätzlich lächerlich, den Verursacher solch eines Ereignisses wie ehedem einen Gott des Blitzes zu nennen oder ihm auch andere Namen zu geben? Nicht ein einziger Physiker weiß, was letztlich hinter dem Zufall steckt. Etwa der Flügelschlag eines Schmetterlings in Australien? Und wie wäre der dazu gekommen?

Aufgrund eines durch die Quantenmechanik widerlegten strikten Determinismus als scharfer Variante des Kausalitätsprinzips, dass nämlich eindeutige Wirkungen eindeutige Ursachen hätten und umgekehrt, sollte von verschiedenen Erklärungen ein und desselben Phänomens nur eine einzige richtig sein. Gerade das aber kann nicht jedes Detail betreffen. Denn der Begriff Phänomen bedeutet hier eine Zusammenfassung gleichartiger Ereignisse. So weist ein gespaltener Baumstamm auf die Einwirkung eines Keils hin. Ob dieser aus Holz, Stein oder Metall beschaffen war, oder ob es sich um einen Donnerkeil, einen Blitz also, gehandelt hat, wird nur bei näherem Hinsehen erkennbar, wodurch sich das übergeordnete Phänomen 'gespaltener Baumstamm' allerdings erst in einer untergeordneten Gruppe auflöst.

Eine Erklärung aber, die eine Wirkung auf Indeterminismus im Sinne grundsätzlichen Zufalls zurückführen muss, ist keine Erklärung, sondern am Ende die unvermeidliche Kapitulation des Verstandes vor den Geheimnissen der Wirklichkeit. Sämtliche angeblich objektiven ersten Erklärungen liegen immer *außerhalb* jeder Naturwissenschaft. Auf die Ängstlichkeit unmündiger Kinder haben treusorgende Ammen schon immer mit Märchen reagiert. Das vom Babyuniversum allerdings sprenge jeden Wortschatz, und zwar nicht nur den Einsteins samt tragfähigem Esel, sondern selbst den der Brüder Grimm in einem einzigen Urknall. Es sei denn, *Borromea Worthswerd* schöpft Hoffnung, dass es irgend jemandem doch noch gelänge, den faulen Zauber zu bannen.

Wer nicht in der Lage sei verständlich zu sprechen, dessen Aussage sei nichts wert. Oft sogar leider weniger als nichts, nämlich Beschiss, sagt derb wie es ist *Frank U. Frey*. Und Amtsinhaber, Funktionäre, Politiker, die sich zum angeblich ausschließlichen Wohle der Allgemeinheit auf ihre – falls ausdrücklich betonte, dann in der Regel verlogene – Selbstlosigkeit beriefen, verdienten davongejagt zu werden. Oder vielleicht geteert und gefedert? erwartungsfroh fragt *Mlle Bleu de Ley*. Sie erinnert sich dunkel an zweifelhaftes Brauchtum samt geringeltem Gauner nackt wie ein Kaiser vor den Augen des verblüfften Huckleberry Finn. Warum solle man vom großen Bruder nicht auch einmal ein vergleichsweise humanes Verfahren übernehmen? fragt sie noch unschuldig.

Ohne Max Planck auf Seiten der Annalen wäre der junge Einstein höchstwahrscheinlich gescheitert, jedenfalls stand er jahrelang kurz davor. Darüber wird zweifellos auch anlässlich der Feierlichkeiten zu *Einhundert Jahre Allgemeine Relativitätstheorie* wieder beifällig murmelnde Konkordanz herrschen, sämtliche Festredner werden sich darin einig sein. Beim interessierten Publikum könnte trotzdem der Eindruck entstehen, man sollte das Universum besser nicht den Kosmologen überlassen, und schon gar nicht unsere angeblich so kleine Erde.

Dabei ist die Erde ihrer Bedeutung nach das bei weitem größte Objekt unseres Milliarden von Sternen umfassenden Kosmos. Es kann den Atem verschlagen mitansehen zu müssen, wie intelligente Menschen die winzige Zeitspanne unserer Zivilisation maßlos überschätzen. Und so schnell könnte diese Zeitspanne zu Ende sein, wenn sich die Einstellung zumindest des täglich satten Anteils der Menschheit nicht sehr bald radikal ändert.

Unsere Erfahrungen als Teil der Geschichte des Homo Sapiens reichen ein paar tausend Jahre zurück. Es ist nicht nur zu bedenken, dass dies beinahe nichts ist gemessen an astronomischen Maßstäben. Sogar viel kürzer ist vergleichsweise die Zeitspanne rasanter technischer Entwicklung. Jeder weiß es, aber wer hat es verstanden? Noch haben wir es heute in Kopf und Hand, angesichts nahezu unbegrenzter Möglichkeiten zu entscheiden, ob die Entwicklung der Menschheit übermorgen zu einem goldenen Zeitalter führt, was allerdings nur mit Selbstbeschränkung erreicht werden kann, oder in eine globale Katastrophe. Dass wir uns in der größten selbstgemachten Krise der Menschheitsgeschichte befinden, steht für alle Vernünftigen längst außer Frage. Es gilt, eine Antwort zu finden.

Die globalen Einsätze an Umwelt und Zukunftsperspektiven, mit denen heute um alles oder nichts gespielt wird, schließen menschenverachtende Risiken ein, für die aber niemand mehr haftet von denen, die diese Risiken eingehen. Was nie wieder rückgängig zu machende Eingriffe in die Natur betrifft, so schaut die Politik schon viel zu lange tatenlos zu. Doch auch bei der nächsten Katastrophe wird es wieder heißen, jetzt sei nicht die Zeit, daraus zu lernen und konkret Konsequenzen zu ziehen. Sondern jetzt sei die Zeit, den Opfern zu helfen. Eine zynisch einkalkulierte Reaktion, immer wieder akzeptiert.

Die gegenwärtige Situation der Kosmologie wird sich am besten im Hinblick auf den weiteren Fortgang der Geschichte verstehen lassen. Die Lösung fundamentaler Probleme liegt nach meiner Überzeugung in der oben getroffenen Unterscheidung von Kosmos und Universum. Was von der heutigen Kosmologie als in unregelmäßiger Entwicklung befindliche, zeitlich veränderliche Struktur beschrieben wird, kann nicht das gesamte Universum sein.

Die gleiche Unterscheidung von Kosmos und Universum ist im alltäglichen Sprachgebrauch längst gemacht, denn so klein ist die 'Welt'. Wie sonst könne es heißen Weltmeister, Weltneuheit, Welt..., während doch viele Menschen glaubten, dass es auch außerirdische Zivilisationen gebe, fragt *Mlle Bleu de Ley*. Wären solche Bezeichnungen etwa politisch korrekt, bevor wir uns mit allen Außerirdischen gemessen hätten, ja nicht einmal über den Ausgang der letzten Wettkämpfe in der nächsten Galaxis informiert seien? Trotzdem habe sie keine Bedenken. Die genannten Begriffe seien zweifellos zulässig, weil unsere eigene kleine Welt eben nicht gleich das Universum bedeuten wolle, und nicht einmal immer als der Kosmos zu verstehen sei, in dem eine Evolution gemeinsamen Ursprungs mit einem Beginn des darin werdenden Lebens stattgefunden hätte.

Galilei soll gesagt haben „… und sie bewegt sich doch!" Wenn dieser Satz wieder den Sinn haben soll, der ihm eigentlich seit jeher zugeschrieben wird, dann hat man im Gegensatz zu der heute allgemein behaupteten Relativität jeder Bewegung zu ergänzen: „… und zwar in Bezug auf das Universum", denn dieses bewegt sich eben nicht.

Wie weit ist es von der Vermessung des Kosmos bis zur Vermessenheit der Kosmologen? Von einer angemessenen zu einer anmaßenden Interpretation der Beobachtungstatsachen genügt manchmal ein kleiner Schritt. Was hier häufig als Messung 'verkauft' wird, sind oft nur die Werte kosmologischer Modellparameter, deren Ermittlung zwar einerseits auf Experimentalphysik, andererseits aber auf höchst fragwürdigen theoretischen Voraussetzungen beruht. Das Konkordanzmodell hat etwas von einer Best-fit-Anpassung an die Supernova-Daten, allerdings nach Voraussetzung einer falschen Alternative.

Es war Einstein, der einem Bericht Heisenbergs zufolge sagte: „Erst die Theorie entscheidet darüber, was man beobachten kann." Nur die Theorie, das heißt die Kenntnis der fundamentalen Naturgesetze also, erlaube uns, aus dem sinnlichen Eindruck auf den zugrundeliegenden Vorgang zu schließen. In Anwendung auf die gegenwärtige Kosmologie ist diese Behauptung geeignet, ein verblüffendes Ergebnis zu liefern. Setzt man nämlich die Gültigkeit der ursprünglichen Gravitationsgleichungen Einsteins ohne das unnötige kosmologische Glied voraus – die durch die berühmten Effekte von Gravitationsrotverschiebung, Periheldrehung, Lichtablenkung, Laufzeitverzögerung und inzwischen viel anderes mehr experimentell einwandfrei bestätigt sind – so würde selbst jede zunächst nur spielerische Anpassung an die Supernova-Beobachtungsdaten unweigerlich auf das einfachste aller denkbaren relativistischen Modelle führen.

Was ich also auf ganz anderem Weg gefunden habe, erweist sich wider Erwarten der heutigen Experten als stationär. Frühere Forscher hätten vielleicht bereits unbewusst nach einer solchen Lösung gesucht und ein ewiges unendliches Universum gefeiert, allen voran wohl auch Einstein selbst, vermutet stark *Borromea Worthswerd*. Worauf *Frank U. Frey* erwidert, das sei eine kühne Behauptung und nicht beweisbar. Aber natürlich! entgegnet *Aladin Adamson* und lässt offen, ob er die Lösung meint, die Behauptung oder beides.

Jedes ernsthaft in Frage kommende Modell des Universums hat es verdient, allen möglichen Einwänden ausgesetzt zu werden, so wie ein Stück Stahl den Hammerschlägen ausgesetzt werden muss, um die notwendige Härtung zu erfahren. Noch vorher aber braucht es die Läuterung in der Befreiung von allen Schlacken und zuletzt dann eine zischende Abschreckung als schockartige Abkühlung im Tauchbad kühler Vernunft. Die Anwendung einer solchen Prozedur auf das Konkordanzmodell aber würde schon daran scheitern, vermutet *Sigismund Sörgli*, dass dieses gedanklich mit keiner festen Konsistenz in Verbindung gebracht werden könne. In der sich schlangenhaft windenden graphischen Darstellung seines Linienelements komme dies deutlich zum Ausdruck. Aber gerade das beweise ja die großartige Flexibilität, protestiert *Hypolite Van Tast*, die erforderlich sei, um die Urknall-Theorie den beobachteten Tatsachen anzugleichen. Kein Blatt Papier dürfe mehr passen zwischen Konkordanzmodell und Universum, triumphiert der unerbittliche Herausgeber *Ethan Fools*, dafür werde er schon sorgen.

Dem widerspricht *Frank U. Frey* – der genau weiß, dieser *Ethan Fools* meint das wörtlich – mit der Forderung, statt eines unhaltbaren, unphysikalischen Ansatzes seien im Sinne gesunder Denkökonomie so wenig Hypothesen wie möglich zugrundezulegen. Jede Verletzung der intellektuellen Redlichkeit, warnt *Mlle Bleu de Ley*, rufe doch früher oder später unweigerlich Ockham mit seinem Rasiermesser auf den Plan. Keine Panik! beruhigt *Borromea Worthswerd*, es gehe lediglich um eine sanfte, allerdings gründliche Rasur.

In diesem Sinne ist es angebracht, sich wider eine naturphilosophische Orientierungslosigkeit zu wenden. Unser Wissen ist begrenzt und wird es immer bleiben. Während sich eine Physik des Universums als mathematische Naturphilosophie auf die so genannte 'unbelebte' Natur bezieht, geht die Metaphysik darüber hinaus, indem sie sich all dem zuwendet, was nicht, oder nicht allein, physikalisch erklärbar ist. In diesem Fall stellt sich also die Frage nach der Meta-Physik einer Tohu-va-bohu-Kosmologie, wobei der Wortbestandteil 'meta' etwa für 'danach', 'dahinter' steht, oder in diesem Zusammenhang auch einfach für das, was die Physik übersteigt. Spätestens hier fängt der Mensch an zu glauben, wobei ihm vernünftige Einsichten als Grundlage dienen sollten. Dieser Bereich hinter der Physik ist naturgemäß von großer Bedeutung. Die wunderbare Wirklichkeit aber ist viel zu komplex, um aus numerisch noch so erfolgreichen Theorien voreilig und unkritisch naturphilosophische Schlüsse zu ziehen.

Erst umgekehrt wird wieder ein Schuh daraus: Wenn die Beschreibung der Wirklichkeit durch eine Theorie befremdliche Züge annimmt, dann muss das nicht an der Wirklichkeit liegen. Die Physik ist nicht zuletzt als mathematische Naturphilosophie eine schöne, um nicht zu sagen wunderbare Wissenschaft. Aber sie ist der pure Luxus im Vergleich zu den unmittelbaren Aufgaben, vor denen steht, wer nicht die Augen vor dem Leben verschließt. Mit Respekt gegenüber der Natur kann Technik ein Segen sein. Dabei kommt es darauf an, sich nach besten Kräften entschieden dem einen und einzigen Lebensraum zuzuwenden, in dem Menschen zuhause sind, und in dem die Generationen künftiger Enkelinnen und Enkel sollen leben dürfen!

Hinter jeder Physik und darüber hinaus

Einstein sagte einmal, Wissenschaft ohne Religion sei lahm, Religion ohne Wissenschaft sei blind. In diesem Sinne wirft die Entdeckung der neuen Kosmologie SUM zuletzt auch ungewöhnliche Fragen auf. Wie soll ich eine ständige Neuschöpfung in Form ewiger Wiedererstehung aus dem Wechselspiel von Gravitation und Quantenmechanik anders nennen als das Wunder eines ewig jungen Universums, in dem unser Kosmos zuhause ist. Die Wirklichkeit einer für immer lebendigen Schöpfungskraft aber ist eine göttliche Wirklichkeit. Man mag es ja nennen, wie man will, an der Tatsache ändert sich nichts. In Naturphilosophie und Religion sind verwandte Konzepte seit jeher bekannt. Das Verblüffende ist, dass sich mit SUM eines davon offenbar aus den Gleichungen Einsteins mathematisch ableiten lässt. Wer mehr über die detaillierten physikalischen Hintergründe erfahren will, mag sich in den diesem Buch zugrundegelegten Originalarbeiten zusätzlich selbst davon überzeugen.

Wenn unser evolutionärer Kosmos in einer Art Local-Bang aus so etwas wie einem universalen Chaos entstanden ist, und wenn das alles einen Sinn hat, dann war dieser Sinn bereits vor solch einem gravitativen Schöpfungsereignis angelegt. In Form ewiger Gesetzmäßigkeiten, die offenbar göttlich zu nennen sind. Das erfüllt mich mit tiefer Dankbarkeit und das glaube ich froh und voller Ehrfurcht gegenüber der Natur. Damit aber genug der direkten Rede über Empfindungen, die alle Menschen teilen mögen, gleich welcher Konfession, und sei es derjenigen Diracs. Nach einem Bericht Heisenbergs fasste Wolfgang Pauli die Position jenes genialen Physikers einst zusammen, als dieser im Gespräch den Atheismus vertrat: „Es gibt keinen Gott, und Dirac ist sein Prophet".

Nach meiner Überzeugung ist im Universum das Leben seit je angelegt, ob nun als eigenständige Qualität oder höchstwahrscheinlich in der Materie selbst. In diesem Sinne sehe ich Gott – wie und wenn es ihn gibt – in der Welt, nicht außerhalb, immanent also statt transzendent. Eine strikte Trennung zwischen belebter und unbelebter Natur scheint, wie die zwischen Körper und Seele, zunehmend fragwürdig. Lebens- und Entscheidungskraft kommen nicht von außerhalb der universalen Gegebenheit, sondern von innerhalb, allerdings nicht innerhalb dessen, was mit dem Verstand allein fassbar und jemals naturwissenschaftlich vollständig beschreibbar wäre. Doch angesichts der Willensfreiheit – über deren Existenz sich nicht streiten lässt, weil jede und jeder glaubt, was sie oder er eben: will – kann die physikalische Beschreibung gar nicht vollständig sein, und das sollte sie auch nicht versuchen.

Es gibt nicht nur äußere technische, sondern, viel wichtiger, innere prinzipielle Grenzen, die nicht zuletzt auch in der Quantenmechanik zum Vorschein kommen. Es ist allerdings erstaunlich, dass gerade große Geister wie Laplace intellektuelle Opfer einer Hybris geworden zu sein scheinen. Blindes Vertrauen in den Verstand aber kann jede Vernunft geradezu ausschließen, der betroffene Mensch wird aus dem Gleichgewicht geraten. Im Sinne Bohrs könnte dem eine gewisse Komplementarität von Vernunft und Verstand zugrunde liegen.

Ich kann die unnötige Verwirrung der gegenwärtigen Kosmologie – gehegt und gepflegt mittels akademischer Dogmatik bis hin zur dünkelhaften Borniertheit – einfach nicht länger mit ansehen, ohne an die dem bloßen Verstand überlegene Vernunft all der vielen Menschen zu appellieren, die diesem Unfug in mathematischer Ohnmacht ausgeliefert sind. Nach meinem Empfinden sind die Menschen viel stärker interessiert an den grundsätzlichen Fragen der Kosmologie als an mathematischen Kunststücken. Dabei sei es immer wieder erstaunlich, welche Dummheit sich hinter akademischem Getue verstecken könne, wundert sich *Frank U. Frey*. Es wäre feige, einem unverantwortlichen Treiben tatenlos zuzusehen, empfindet *Borromea Worthswerd*. Bis hierhin also und nicht weiter! Sie wolle sich von späteren Generationen, insbesondere auch von engagierten Kolleginnen, nicht dereinst fragen lassen: Was habt ihr dagegen getan? Warum habt ihr *nichts* dagegen getan? Vernünftige aller Länder vereinigt euch! ruft *Mlle Bleu de Ley* enthusiastisch dazwischen. Ausgerechnet diese Person, *Niesbert Nasswaitz* rümpft die Nase, *Prof. em. Blasius J. E. Pabst* schnüffelt auch schon.

Natürlich ist es ohne jeden Zweifel richtig, die Experimentalphysik an professionelle Wissenschaftler zu übertragen. Dies umso mehr, als die meisten von ihnen an komplizierten, teuren Geräten und teilweise gigantischen Maschinen arbeiten, welche anderen gar nicht zur Verfügung stehen. In der theoretischen

Physik sieht es anders aus, wobei die Übergänge fließend sind. Die alte Unterscheidung zwischen Experimentatoren und Theoretikern ist in der Praxis weitgehend dadurch aufgehoben, dass die meisten – so oder so – überwiegend an Computern arbeiten. Ähnlich verhält es sich in der Kosmologie. Solange es um instrumentelle Beobachtung geht, kommt gar nichts anderes in Frage als professionelles Teamwork. Die Daten der letzten Jahre, insbesondere die der Supernova-Ausbrüche in gigantischen kosmischen Entfernungen sind von unschätzbarem Wert, Bilder vom Hubble-Teleskop zum Teil überwältigend.

Doch in den hypothetischen Modellen der Kosmologie liegen die Dinge ganz anders. Was dabei herauskommt, wenn man das Bild vom Universum nur denjenigen Profis überlässt, die an jenen kosmologischen Messungen beteiligt sind, lässt viele den Kopf schütteln. Selbst innerhalb der Scientific Community gibt es nicht wenige – teilweise hoch renommierte – Wissenschaftler, die von Zumutung und Skandal schreiben. Beispielsweise spielt der englischsprachige Artikel eines Insiders zur Konkordanzkosmologie an auf einen bekannten Ausspruch Napoleon Bonapartes. In Übersetzung lautet der Titel „Vom Erhabenen zum Lächerlichen". Wenn es um die Grundlagen geht, muss Teamwork nicht unbedingt etwas Gutes bedeuten. Galilei hat darauf reagiert mit den Worten: „Die Autorität von Tausenden gilt in der Wissenschaft nichts gegen den Funken Verstand des einzigen."

Einige Physiker werden zitiert mit unerwartet großzügigen Zugeständnissen der Art, das Konkordanzmodell beweise nicht, dass es Gott nicht gebe, sondern nur, dass Gott nicht notwendig sei. *Mlle Bleu de Ley* meint, da werde der aber erleichtert sein!

Die Aussage jener Physiker ist allerdings weder originell, noch um einen Deut vernünftiger, als die von Laplace so, wie sie weithin missverstanden wird. Nicht wenige vertreten tatsächlich die Auffassung, eine der großen Errungenschaften der Wissenschaft sei es, intelligenten Menschen ermöglicht zu haben, nicht religiös zu sein. Und darauf seien sie stolz. Wenn sie darunter verstehen, sich nicht dogmatisch an eine bestimmte Konfession binden zu wollen, dann werden sie meines Erachtens recht haben, sollten sich aber differenzierter und etwas weniger großmäulig ausdrücken. Oder wollen sie dem von tiefer Religiosität geprägten Einstein und anderen die Intelligenz abstreiten, die sie für sich selbst lauthals in Anspruch nehmen? Schließlich habe sogar der verkappte Philosoph Karl May bei dem Gedanken an Gott einst als Westläufer Trost gefunden gegen alle faktischen Einwände eines unerbittlichen Alten Knaben – die Philologin *Borromea Worthswerd* erinnert sich – und zwar während jener Autor, ansonsten notorisch flunkernd, durch den Llano Estacado unterwegs gewesen sei. Ein ganz anderer unterschätzter Dichter habe ihn später, vielleicht widerwillig, bewundert. Doch so weit brauche man gar nicht zu gehen, um noch heute in geistiges Ödland zu geraten.

Einer sagt: „Wir können uns selbst einen Sinn geben – in der Natur werden wir ihn nicht finden." Ja, wo denn sonst? frage ich. Wenn er nichts sieht, kann es ja daran liegen, dass er sich wie ein verängstigtes Kind selbst die Augen verschließt oder einfach nur ständig im Dunkeln tappt.

Es ist jedenfalls nicht undenkbar, dass dann und wann an Orten, wo die Energiedichte gerade extrem hoch wäre, eine Art örtlich und zeitlich begrenzter 'Urknall' geschieht.

Auf diese naheliegende Idee wird leicht jeder verfallen, der nicht unseren Kosmos mit dem Universum verwechselt. Aber warum bleiben verzagte Grübler hier stehen, die vielleicht das Zeug zu mehr hätten, und fragen nicht nach der mittleren Energiedichte des Raums, in dem sich das alles abspielen müsste. Und fragen nicht nach einem Modell auf Basis der Gravitationstheorie Einsteins, das diese Dichte zu beschreiben in der Lage wäre. Mir fällt keine andere Erklärung ein, als dass hier allein der Glaube fehlt an die Möglichkeit vernünftiger Wissenschaft, Ausdruck fehlenden Urvertrauens, dass, was ist, einen Sinn hat. Niemand allerdings würde ein göttliches Prinzip jemals vollständig verstehen, insbesondere nicht im Hinblick auf jedes individuelle Schicksal.

Aus Verstand wird erst Vernunft durch Einsicht in seine Grenzen. Der Verstand ist als Denkzeug einsetzbar für richtige oder falsche Ziele. Wer sich allein auf den Verstand verlässt, wird sich bald armselig und von allen guten Geistern verlassen finden.

Als 'Gottesbeweis' taugt die moderne Kosmologie genausowenig wie alle anderen Modelle zuvor. Angesichts des unfassbaren Wunders der Schöpfung – das den Verstand eines jeden mit Vernunft begabten Menschen zuletzt in Ehrfurcht verstummen lässt – hätte Gott es nicht nötig, uns Erdlingen seine Existenz zu beweisen. Und andererseits, fragt *Borromea Worthswerd*, was müsste der Mensch eine erbärmliche Kreatur sein, der von Gott so etwas verlange.

Denen, die zumindest ein starkes Indiz brauchen, könnte die perfekte Feinabstimmung der Naturkonstanten zeigen, dass wir nicht rein zufällig entstanden sind. Einer hat einmal gesagt, wer Ohren hat zu hören, der höre. Wer dementsprechend Augen hat zu sehen, der sehe. Eine göttliche Offenbarung liegt in der Natur selbst. Diese als die Gegebenheit schlechthin, oder besser: guthin, ist das allumfassend Gegebene, dessen Existenz keiner Erklärung bedarf, und schon gar keines Beweises. Die Natur sei nach seinem Verständnis nicht das Werk eines außenstehenden Schöpfers, wie etwa eine Uhr das Werk des Uhrmachers, bekennt auch *Aladin Adamson*. *Borromea Worthswerd* greift den Gedanken auf, die unerschöpfliche Natur sei für sie viel mehr als die Uhr, sie wäre in diesem Bild Uhr und Uhrmacher zugleich.

Jener Gott, der vermöge der naturgesetzlichen Entwicklung alles macht, alles leben und sterben lässt und gleichzeitig die Wiederauferstehung in neuen Strukturen bis hin zu ganzen Kosmen ermöglicht, ist offenbar als unfassbare Wirklichkeit in der Welt, im All, innerhalb des unendlichen Universums auf immer und ewig. Einem solchen Gott kann niemand vorwerfen, dass er von außerhalb tatenlos zuschaue, wie in seiner Schöpfung Ungerechtigkeiten, Verbrechen oder die entsetzlichsten Katastrophen geschähen. Dieser Gott tut, was er kann. Er ist nicht allmächtig in der Verhinderung schrecklicher Ereignisse. Seine

Allmacht zeigt sich darin, das Universum lebendig zu erhalten, und zwar – wie es poetisch heißt – von Ewigkeit zu Ewigkeit. Amen, *Mlle Bleu de Ley* singt auch manchmal im Gospelchor.

Wäre ich in einen anderen Kulturkreis hineingeboren und dort aufgewachsen, so würde ich hier andere Worte wählen und andere Sätze schreiben. Doch kann ich mir nicht vorstellen, dass der Sinn ein anderer wäre.

In Form vorläufiger Gedanken fasst *Aladin Adamson* einige Aspekte zusammen. Jener Gott, den er in der Natur zu erkennen glaube, schenke nicht fertig den Sinn des Lebens, sondern die Chance dazu. Doch solle niemand versuchen, ihn mit kaltem Verstand fassen zu wollen. Schon die Verwendung des Wörtchens 'ihn' sei Ausdruck einer sprachlichen Unzulänglichkeit. Denn 'er' sei kein alter Mann und kein junger und bekanntlich solle niemand versuchen, sich ein Abbild zu machen, das nur ein Zerrbild werden könnte oder wieder ein goldenes Kalb. Er selbst verstehe dieses überlieferte Gebot in dem Sinne, dass jede konkrete Vorstellung von Gott falsch sein müsse. Deshalb habe dieser auch keinen Namen, er sei, der er sei.

Ludwig Wittgenstein sagte, worüber man nicht sprechen könne, darüber müsse man schweigen. Eine vornehme Haltung und doch nur eine Phrase. Denn über das, worüber man nicht sprechen kann, schweigt man auch ohne ausdrückliche Aufforderung. Andernfalls ist es eine überflüssige Feststellung. Wie dem aber auch sei, es wäre jedenfalls unredlich, einen falsch verstandenen Rat zu befolgen.

Gerade den Philosophen, welche doch die Liebe zur Weisheit wörtlich in ihrem Namen tragen, hätte von Anfang an einleuchten müssen, dass es alles andere als weise ist, sich zu überheben. Inzwischen ist ihnen diese Einsicht wieder zur Selbstverständlichkeit geworden. Es ist da eine Ironie der Geschichte, dass sich Anmaßung und Überheblichkeit heutzutage in den Bereich von Naturwissenschaft, Wirtschaft und Technik verlagert haben. Eine vernünftige Philosophie scheint hier einstweilen kaum noch eine Rolle zu spielen.

Die Physik aber sollte sich besinnen auf das, was sie kann, und unerklärliche Gründe und Tatsachen der Schöpfungsgeschichte unseres Kosmos dahin zurückgeben, wohin sie gehören. Das Bild des in einem stationären Universum überall wieder und wieder auftretenden Neubeginns evolutionärer Entwicklungen ist in vielerlei Hinsicht faszinierend. Es löst ein fundamentales Dilemma. Unter physikalischen Aspekten ist nämlich weder ein zeitlicher Anfang des gesamten Universums noch eine unbegrenzte Lebensdauer makroskopischer Strukturen überhaupt denkbar. Kant hat das geahnt.

Was hier nun über Welt und Natur gesagt ist, mag anderweitig besser gesagt sein. Dass es trotzdem hier steht, beruht auf meiner Überzeugung, dies konkret mit der Physik in Verbindung bringen zu können, wenn natürlich auch nicht in vollständigen Einklang. Als Physiker kann ich zwar nicht fragen, *warum* das ewige Universum so beschaffen ist, wie es ist. Sehr wohl aber kann ich fragen, *wie* unsere Welt, unser Kosmos nämlich, darin entstanden sei. Die Wirklichkeit eines ewig jungen unendlichen Universums aber offenbart sich darin, dass aus Chaos Struktur erwächst und die Entwicklung insbesondere auch des menschlichen Lebens einst ihren Anfang genommen hat.

Die vermeintliche Entdeckung einer beschleunigten Expansion des Universums dagegen gleicht aus meiner Sicht der vermeintlichen Entdeckung eines berühmten Seefahrers vor rund fünfhundert Jahren. Käme jemand auf den Gedanken, Columbus zu tadeln, der neue Kontinent sei gar nicht Indien gewesen?

Nachdem mehr und mehr Menschen das Vertrauen in ihre Religion verloren haben, glauben viele stattdessen heute an die angeblich objektive Naturwissenschaft. Was aber unterscheidet den Glauben an eine Urknall-Entstehung des Universums aus dem Nichts von dem Glauben an die biblische Schöpfungsgeschichte? Antwort: Die Schöpfungsgeschichte ist viel ehrlicher, indem hier jedem denkenden Menschen klar ist, dass es sich dabei um keine physikalische Theorie handeln kann. Umgekehrt aber erheben mehr und mehr Verfechter der Urknall-Kosmologie seit Jahrzehnten einen geradezu absoluten Wahrheitsanspruch für die angebliche Entstehung des gesamten Universums aus dem Nichts, und setzen damit unverzichtbare Grundlagen ihrer eigenen Naturwissenschaft außer Kraft.

Allerdings fiele es auch schwer anzunehmen, dass die verschiedenen Aspekte des Konkordanzmodells, etwa bezüglich der Hintergrundstrahlung, alle miteinander nur zufällig die Beobachtungen treffen sollten. Dabei steht immer die Frage nach Kosmos und Universum im Raum. Wie passt das zusammen? Ausgerechnet ein weiterer Blick in die Bibel könnte da hilfreich sein. Jenes 'Tohu-va-bohu' vor den Worten 'Es werde Licht' ließe sich – bei allem schuldigen Respekt – gegebenenfalls deuten als das Universum, in dem unser evolutionärer Kosmos einst entstanden ist. Wobei in jenem alles andere als sinnlosen Chaos zusammen mit den Naturgesetzen bereits auch das Leben angelegt gewesen wäre. Diese Betrachtung hat nichts zu tun mit irgendwelchen Bewegungen des 'Kreationismus' oder eines 'Intelligent Design' im Sinne willkürlicher Eingriffe in die Evolution.

Andererseits hat mit dem Satz, man müsse noch Chaos in sich haben, um einen tanzenden Stern gebären zu können, selbst der 'gottlose' Nietzsche unübersehbar auf die Genesis angespielt.

Was Zufall genannt wird, braucht einen Spielraum, damit er geschieht. Was Schöpfung genannt wird, braucht Chaos, aus dem sie entsteht. Und was steckt hinter allem, wenn nicht eine immerwährende Kraft, die ich in Ermangelung jeder verstandesmäßigen Erklärung also als göttlich bezeichnet habe. Jeder Mensch wird in eine Welt hineingeboren, die er nicht versteht, sobald er logisch zu denken beginnt. Jedenfalls nicht allein rational versteht. Gerade deshalb müssen Kinder erwachsen werden. Dabei haben sie sich an die vielen Fragen zu gewöhnen, auf die es für den bloßen Verstand keine Antwort gibt. Jedes Kind lernt mit dieser Enttäuschung zu leben. Dazu muss es nicht erst Kant studiert haben, wenn überhaupt. Von einer derartigen existentiellen Enttäuschung leben die Urknall-Kosmologen, indem sie jenes physikalische Non-Sense-Modell einer Entstehung des Universums mitsamt Raum und Zeit aus dem Nichts verkaufen, auf dessen Beipackzettel – wie sinngemäß schon zu Zeiten Galileis – zu stehen hätte: Es wird dringend davor gewarnt, unerlaubte Fragen zu stellen.

Wenn inzwischen aber viele einsehen, dass vorher etwas gewesen sein muss, so nenne ich dies das ewige Universum im Hintergrund, mögen es andere auch als Quantenschaum samt Fluktuationen in einem 'falschen' Vakuum bezeichnen oder eben als Chaos. Für mich persönlich am schönsten ist die Bezeichnung der Genesis, Tohu-va-bohu.

Die biblische Geschichte scheint hier unversehens mit anderen Schöpfungsmythen verschiedener Weltreligionen in einem nun mathematisch-physikalisch nahegelegten Weltbild zusammenzutreffen. Wie im Vorausgegangenen erläutert, sehe ich im Wechselspiel von allgemeiner und spezieller Relativitätstheorie einen makroskopischen Widerstreit der Kräfte von Gravitation und Quantenmechanik. Es grenzt in meinen Augen an ein Wunder, dass sich auf Basis der Gleichungen Albert Einsteins schließlich zusammenhängende kosmische Bereiche endlicher Ausdehnung in Raum und Zeit ganz von selbst zu ergeben scheinen – darunter unser evolutionärer Kosmos als Teil eines ewig jungen stationären Universums. Starke Konzepte Darwins und Newtons, teilweise allerdings gesehen in einem anderen Licht, stellen sich dabei ebenfalls ein.

Führen uns nicht moderne, extrem leistungsfähige Teleskope einen ständigen Kreislauf von Geburt, Leben und Tod der Sterne vor Augen? Ist es nicht Kraft und Herrlichkeit, wie aus dem Staub gewaltiger Explosionen neue Sterne entstehen?

Dagegen blass und langweilig kommen trotz künstlicher Einfärbung die Himmelskarten der Hintergrundstrahlung daher, die angeblich das 'Babyuniversum' zeigen. Je eifriger in einschlägigen Magazinen, die einmal seriöse physikalische Zeitschriften waren, und auf Pressekonferenzen – die an Hollywood-Inszenierungen erinnern – Propaganda verbreitet wird, umso nichtssagender erscheinen diese Fotos wahrscheinlich nicht nur mir. Ist es da nicht verständlich, dass das gegenwärtige kosmologische Modell in mancher Beziehung eher nach Science-Fiction als nach seriöser Wissenschaft klingt?

Bleibt zuletzt die Frage, wie weit sich die Grenzen dieses Kosmos tatsächlich erstrecken, und wo der Bereich einer zusammenhängenden physikalischen Evolution räumlich und zeitlich in das unendliche Universum übergeht.

Wenn die Nobelpreisträger des Jahres 2011 nicht bereits einen repräsentativen Teil des stationären Universums gemessen haben – das Diagramm weist allerdings darauf hin – dann hätten sie unseren Kosmos vermessen, nicht jedoch ein beschleunigt expandierendes Universum. Über das Universum als Ganzes aber gibt es keine objektive Wahrheit, bis auf die Tatsache, dass es existiert. Nichts Weiteres lässt sich hierzu endgültig sagen, und jeder darüber hinausgehende Anspruch gliche einem Versuch, die Eigenschaften eines Gottes zu beweisen. Das aber muss jeweils schon vom Ansatz her scheitern, weil es nicht Gott wäre, wenn sich seine Schöpfung durch 'Logelei' fassen ließe.

Im Hinblick auf das gesamte Universum ist und bleibt die Kosmologie auf Sterndeutung angewiesen, allerdings keineswegs im Sinne der heruntergekommenen Astrologie, die nichts mehr zu tun hat mit dem, woraus einst die Astronomie entstanden ist; ebenso wie die Chemie aus der Alchimie und die Elementarteilchenphysik aus der Suche nach der 'Materia Prima'. Viel eher könnte eine leicht verschlungene Linie von den Beobachtungen der Drei Weisen aus dem Morgenland zu den wunderbar aufschlussreichen heutigen Messungen der Supernovae führen, in denen deshalb wer will auch ein – offenbar von niemandem auf Anhieb verstandenes – Gottesgeschenk sehen mag. Auch als Stern von Bethlehem wurde zeitweilig solch eine Supernova vermutet, es wäre die größte Gabe der Hl. Drei Könige gewesen, mehr wert als Gold, Weihrauch und Myrrhe. Dass es sich seinerzeit wirklich so verhalten haben könnte, wird heute allerdings als unwahrscheinlich angesehen. Doch darauf kommt es hier gar nicht an. Es deutet lediglich darauf hin, was mich hinter aller Physik bewegt, und das ist ja nicht allein der Esel. Hin auf mein Ziel gehe ich wie Einstein auch einmal zu Fuß.

Niemand von denen, welche die gegenwärtige Urknall-Kosmologie vor vielen Jahrzehnten ursprünglich begründet haben, konnte ahnen – geschweige denn hat einer damals gewusst – wie im Tod der Sterne neues Leben entsteht. Können wir aber heute nicht dabei zusehen, wie der 'wirkliche' Gott Welten erschafft? Wird uns nicht am Himmel wie auf der Erde ein ständiger Kreislauf von Geburt, Leben und Tod vor Augen geführt? Funkelnde Sterne entstehen aus dem Staub von Supernova-Explosionen, und selbst dieser Staub ist brandneu. Der alte Stern stirbt und geht durch ein extrem dichtes Fegefeuer aus Spaltung und Fusion, um nicht für immer tot zu sein. Planeten bilden sich, und darunter wer weiß wie viele Paradiese. Unser Paradies heißt Erde. Dass wir unweigerlich wieder daraus vertrieben werden, wenn wir – wie viel zu viele Experten anscheinend derzeit – sein wollen wie Gott, bedeutet nicht, dass wir ständig und für alle Zeiten daraus verbannt bleiben müssen.

Jeder Mensch hat das Recht, an Wunder zu glauben. Am schönsten ist es, sie zu erleben. Wer unbedingt will, mag die Schöpfungsgeschichte auch buchstäblich nehmen, wenn er nur tolerant ist. Doch auch den teilweise hochintelligenten Leuten, die sich umgekehrt jeden einzelnen Buchstaben vornehmen, um dann daran herumzumäkeln, spreche ich bei all ihrem Verstand die Vernunft ab. Die Hysterie um Kreationismus und Intelligent Design wirkt auf mich abstoßend, und zwar in jeder Hinsicht.

Diejenigen nämlich, die als so genannte Naturwissenschaftler auf Vertreter einfach nur dummer Konzepte reagieren, indem sie sich ereifern und stattdessen eine physikalisch inakzeptable Entstehung des Universums aus dem Nichts mitsamt einer über interpretierten Lehre Darwins zu Dogmen erheben, sind in meinen Augen um keinen Deut besser als die jene. Wer hat Darwins Finken den Hunger, dem makroskopischen Zusammenspiel von Elementarteilchen einen Lebenswillen, dem Universum die Naturgesetze gegeben?

Year 2005 and still asking the wrong questions:

Evolution...?

or intelligent design?

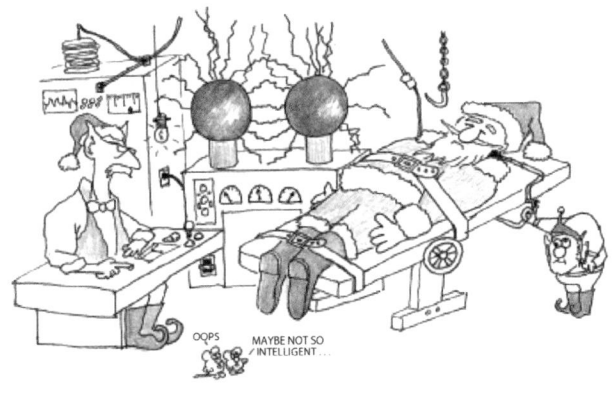

Robert T. Jantzens (dr bob's) Weihnachtskarte 05 zur Frage des Ursprungs von 'Santa Claus'

Hätte die moderne intellektuelle Elite überzeugende Antworten auf die Fragen, aus denen die Anhänger von Intelligent Design ihre Motivation beziehen, so könnten sie eigentlich doch ganz cool bleiben. Dabei weiß ich natürlich, dass da der Spaß aufhört, wo im Lehrplan Biologie plötzlich 'Kreationismus' auftaucht. Doch frage ich, wie sich andererseits überhaupt jemand aufregen kann, der sich selbst für das Produkt einer zufälligen Entstehung aus dem Nichts hält. Wie kann sich heute der wissenschaftsorientierte Mensch über den Aberglauben ärgern, dass die Welt vor sechstausend Jahren erschaffen wurde, wenn er andererseits Parallel-Universen für möglich hält, in denen er sich angeblich doch gleichzeitig darüber freut?

Eine gefährliche Dummheit liegt offenkundig auf beiden Seiten. Nach meiner Einschätzung könnte diese bei den unkritisch Wissenschaftsgläubigen zur Zeit überwiegen. Diesen sei gesagt und als Motto empfohlen, so die friedfertige *Borromea Worthswerd*: Toleranz ist angebracht, Akzeptanz bleibt vorbehalten.

Mutter Erde ist uns gegeben mit Sonne, Mond und Sternen. Welch unfassbares Geschenk! Wie armselig aber müsste einer sein, dem das nicht reicht. Es gibt keine Kreatur, die ohne Not nach mehr schreit, als sie braucht, es sei denn ein verblendeter Mensch. Unsere Zukunft auf der schönen Erde ist infolge rücksichtsloser technischer Ausplünderung des Planeten längst nicht mehr selbstverständlich. Aber – und zwar Gott sei Dank – eben nicht hoffnungslos. Wir können es immer noch schaffen.

Einerseits – *Aladin Adamson* gibt zu bedenken: Es gibt keine Erkenntnis ohne Irrtum, keinen Fortschritt ohne Katastrophen, früher waren die Auswirkungen von Irrtümern und Katastrophen begrenzt / Heute, da wir dabei sind, in Jahrzehnten Ressourcen zu verbrauchen, die in Jahrmillionen entstanden sind, und zusehen, wie die Regenwälder geopfert werden / In Kauf nehmen, dass unser Klima für immer verändert wird / Heute, da Menschen ihren einen und einzigen Lebensraum Erde aufs Spiel setzen mit dem Hintergedanken, dem ganzen Elend eines Tages auf fremde Himmelskörper zu entkommen / Da wir dabei sind, kulturelle Unterschiede einzuebnen, untätig zur Kenntnis nehmen, dass bei immer mehr Geld einzelner die Armut vieler wächst / Da wir dabei sind, die Kontrolle zu verlieren über vagabundierende Atomwaffen und resistente Virenstämme, die es vor nur wenigen Jahrzehnten noch gar nicht gab / Da es keine unentdeckten Kontinente mehr gibt, die wir kolonialisieren könnten, und keinen nie betretenen Mond / Heute ist es an der Zeit innezuhalten, sich zu besinnen, verstehen zu lernen, was wir bisher nur benutzt haben, bevor wir den falschen Fortschritt tun.

Andererseits – *Frank U. Frey* stellt dazu fest: Wären wir Menschen darauf angewiesen, nur das zu tun, was wir verstünden, nur so weit, wie wir es beherrschten, wir wären schon bald, freilich anders, am Ende.

Hypolite Van Tast möchte gern mitreden. Eure Gedichte reimen sich ja nicht einmal! sagt er. Und *Mlle Bleu de Ley* bestätigt ihm, er als Experte sei allerdings erwiesenermaßen ein wahrer Meister darin, sich auf ungereimtes Zeug einen gefälligen Vers zu machen.

Also – *Borromea Worthswerd* fasst zusammen: Für Menschheit und Natur komme es darauf an, bei allem Wagemut den Einsatz so klein wie möglich zu halten und nie die Zukunft ganzer Landstriche, Gewässer oder Völker und Gruppen aufs Spiel zu setzen. Die Risiken jedes Wagemuts aber hätten immer diejenigen auch persönlich zu tragen, die ein Wagnis eingingen, und zwar in dem gleichen Verhältnis, wie sie bei hoffentlichem Gelingen am Erfolg jeder Unternehmung beteiligt würden.

Es kann tatsächlich nur darum gehen, ein global-stationäres Gleichgewicht zu finden, das allerdings nie ein statisches sein kann. Die Menschen sind berufen, alle miteinander, jede und jeder für sich und sein Umfeld, immer wieder im Einklang mit der Natur das Wunder einer friedfertigen Welt zu schaffen, wobei friedfertig eben nie eine erzwungene friedhofstille Ruhe bedeuten würde. Auseinandersetzungen und Katastrophen wird es immer geben. Aber eben nur örtlich und zeitlich begrenzt, fordert *Sigismund Sörgli* dazwischen.

Konkordanz und Konsens seien wunderbar und erstrebenswert, wo sie über verhandelbare Inhalte erreicht werden könnten, stellt *Borromea Worthswerd* schließlich fest. Sie glaube, niemand wisse das besser als sie. Doch unverzichtbare Voraussetzungen dafür seien immer Toleranz und konkreter Respekt. Zuallererst in Form einer, wenn nicht Anerkennung, dann zumindest ehrlichen Kenntnisnahme nachvollziehbarer Interessen der Anderen. Gerade das jedoch tue ihm leid, *Hypolite Van Tast* bleibt dabei. Was er nicht verstehe, könne er auch nicht nachvollziehen. Insbesondere nicht die Grenzen seiner Einbildungskraft, lästert *Mlle Bleu de Ley*.

Zum Teufel werde, wer das Übel nur bei andern sähe, andern Menschen, anderen Völkern. Besonders schlimm, wenn er dann auch noch dem Größenwahn verfiele zu glauben, überall alles – für alle und vor allem – in seinem Interesse regeln zu können. Wenn er persönlich darüber nachdenke, dass jedes Lebewesen fressen müsse, um zu leben, bekennt *Aladin Adamson*, dann leuchte ihm sogar das Bild von der Erbsünde ein, der offenbar niemand entgehe. Und klänge es auch noch so banal, Bert Brecht habe recht mit seinem 'erst komme das Fressen, dann die Moral'.

Dementsprechend wäre es nichts als eine peinlich romantische Vorstellung zu glauben, dass einmal alle Menschen ununterbrochen in friedlicher Harmonie miteinander leben könnten. So etwas wäre ein utopisches Paradies auf Erden, aus dem wir allerdings bereits mit der Geburt vertrieben seien, glaubt *Borromea Worthswerd* zu wissen. Niemand habe die geringste Chance, vollkommen unschuldig durchs Leben zu gehen.

Höchstens einer sei dazu vielleicht je in der Lage gewesen. Darüber könne es naturgemäß zwar keine Gewissheit geben, doch daran als Idee wolle er glauben. Denn im Sinne der Nächstenliebe sei er ein Christ, sagt *Aladin Adamson*, und zwar zum einen aus nicht rational ableitbarer Überzeugung. Sowie zum anderen aufgrund nüchterner Überlegung. Er wisse, dass man denen Gutes tun müsse, die hassen. Bereits jede Lieferung von

Waffen aber werde auf lange Sicht nur zu noch mehr Unheil und Verderben führen, denn alle hätten sie wie immer Gott auf ihrer Seite[64]. Das habe nicht nur Bob Dylan besungen, sondern das sei auch auf dem Koppelschloss seines Vaters zu lesen gewesen, mit dem dieser einst als einfacher Soldat aus russischer Kriegsgefangenschaft zurückgekehrt sei. Ein internationales Symbol im Sinne jenes „Gott mit uns" solle zum Wahrzeichen für die Einsicht aller werden, dass es überhaupt keinen gerechten Krieg geben könne. Obwohl es andererseits unvermeidliche Kriege gebe, die offensichtlich geführt werden müssten. Wenn aber überhaupt, dann brauche Krieg ein UN-Mandat. Und selbst ein solches sei höchstens eine Legitimation, so lange diese Organisation nicht im Rahmen missbrauchter Globalisierung von einer einzigen Weltmacht dominiert werde.

Keine Partei könne jemals für sich in Anspruch nehmen, auch nur ein Krieg sei gerecht, ohne von vornherein in Kauf zu nehmen, dass dabei naturgemäß von beiden Seiten immer auch Gräueltaten geschähen. Vor allem aber sei ein Krieg bereits ungerecht, indem er überhaupt entstehe. In einer allseits gerechten Welt hätte er sich immer vermeiden lassen. Gerechtigkeit gebe es also nur als Ziel, manche sprächen abfällig von Utopie.

Und es sei hilflose Propaganda, ausgerechnet einem Selbstmordattentäter Feigheit vorzuwerfen, anstatt sich zu fragen, welch fortgesetzte Demütigung und im Endeffekt tödliche Erniedrigung diesen möglicherweise dazu getrieben hätte. Natürlich habe man sich gegen Terror nach Kräften zu schützen, auch *Borromea Worthswerd* lässt daran keinen Zweifel – wer würde nicht seine Liebsten und Nächsten sofort verteidigen mit allem, was er hat. Feige seien jedenfalls die Auftraggeber entsetzlicher Verbrechen, doch feige im Sinne des Wortes seien leider auch Absender und Lenker unbemannt tötender Drohnen, wenn sie den Tod Unbeteiligter in Kauf nähmen. Feige seien eigentlich immer diejenigen, die aus unangreifbarem Hintergrund andere – Feinde, Soldaten oder, ja, eigene Verbündete – für nicht selten als Überzeugung verbrämte egoistische Interessen sterben ließen.

Wer sich in sicherer Entfernung hinstelle und erkläre, dass er nicht ruhen werde, bis der Todfeind vernichtet sei, ganz gleich wo auf der Welt der sich verstecke, wer dabei unschuldige Opfer als Kollateralschäden einkalkuliere, ohne zugleich eine Bereitschaft zu zeigen, hart an eigenen Fehlern zu arbeiten, die womöglich erst mit in die Sackgasse geführt hätten, der handle als Politiker unverantwortlich und sei ein Populist. So werde auf Dauer manches noch schlimmer für alle anderen außer ihn selbst und seine unmittelbare Umgebung. Hier sei das englisch-amerikanische Wort 'Dead End Street' für Sackgasse zu ihrem Leidwesen die buchstäblich 'treffendere' Bezeichnung, selbst für *Mlle Bleu de Ley* hört an dieser Stelle jeder Spaß auf.

Die erste Voraussetzung einer angestrebten Verbesserung ist, die Realitäten anzuerkennen, so wie sie sind, ob sie einem nun gefallen oder nicht. Und bevor man seinen Feinden, und zwar schon in eigenem vitalen Interesse, Gutes tun kann, verlangt die zweite Voraussetzung, diesen Menschen unbedingt mit Respekt zu begegnen. Respekt bedeutet Achtung, obwohl nicht notwendigerweise mit zusätzlicher Hochachtung verbunden.

Ein Sinn des Daseins, der über Liebe hinausginge, wird vielleicht nur erkennbar, wenn man die individuelle Betrachtungsweise verlässt. Dabei ist allerdings klar, dass diese Sichtweise oft nicht mehr als einen schwachen Trost bieten kann und manchmal gar wie blanker Hohn klingen mag.

Dem Unglücklichen, der sich von 'Gott und der Welt' verlassen findet, hilft in diesem Augenblick kein etwa im Angesicht des ewigen unendlichen Universums lächelnder Buddha. Offenbar vielen Menschen Trost hingegen bringt dann ein nach weltlichen Maßstäben einst bei Jerusalem Gescheiterter, den ich – wie andere auch – wieder nur mittelbar kenne. Darauf möchte ich an dieser Stelle nicht ausführlicher eingehen, obwohl ich dem vertraue, was ich von ihm verstanden zu haben glaube. Wir alle sollten uns überhaupt klarmachen, dass wir keinen Anderen jemals vollständig kennen. Viele verwechseln ihr subjektives Bild mit einer objektiven Realität, wenn es so etwas überhaupt durchgängig geben kann. Was wir kennen, ist immer nur das, was bei uns angekommen ist.

Es kann sogar geschehen, dass wir eine sinnvolle Botschaft empfangen, obwohl diese bei Aussendung fehlerhaft oder durch Übermittlungsprobleme beeinträchtigt war. Zu einem weiterführenden Verständnis hilft in besten Fällen ein 'Heiliger Geist', wobei die Kehrseite dieser Medaille allerdings in der Möglichkeit gezielter Missverständnisse durch unheilige Geister liegt. In Beziehungen zwischen Menschen müssen Unschärfen also nicht zwangsläufig stören, sie können auch helfen. Bei jeder und jedem, die und der spricht, kommt es immer auch auf die jeweiligen Zuhörer an. Sonst glichen sie jenem tönenden Erz des Paulus, hätten nämlich beide Seiten die Liebe nicht. Und glichen verstimmten Schellen, die wegen verhinderter Resonanz niemals zu einer Harmonie klingen könnten.

Wenn andererseits was 'Gott' genannt wird, wie ich denke, in der Natur ist, und die Natur nicht nur wunderbar schön, sondern in mancher Beziehung auch unmenschlich grausam, dann ist leicht einzusehen, dass die Welt jeden Tag Erlösung braucht. Wer aber sollte den Vielen die bringen?

Die Menschen haben sich erkennbar damit abzufinden, dass offenbar immer auch der 'Teufel' sein Wesen treibt. Wir haben uns damit abzufinden, dass es wieder und wieder unlösbare Probleme gibt, dass nicht jedes Elend verhindert werden kann, und dass gleichzeitig jeder untaugliche Versuch dazu führen wird, noch größeres Unheil zu stiften. Äußere Einmischung führt sehr oft zu nichts Gutem. Trotzdem müssen wir tun, was wir können. Keinesfalls jedoch sollten wir tun, was wir nicht können. Insbesondere jeder größenwahnsinnige Anspruch, überall die Dinge zum Besseren zu wenden, macht alles nur schlimmer.

Viel schlimmer, wenn man sich nicht auf seine 'Nächsten' konzentriert, sondern – in völliger Mißachtung der eigenen Beschränktheit – für das angeblich immer Gute in Kriege ziehen zu müssen glaubt. Ich persönlich, das sage ich ohne Anspruch auf mehr, kann nicht erkennen, dass es auf diese Fragen eine bessere

Antwort gäbe als die jenes eben erwähnten Menschen aus Nazareth. Und zwar so wie diese Antwort ankommen *kann*, wo sie verstanden werden *will*. Und was manche vielleicht mehr beeindruckt: auch keine intelligentere. Dabei denke ich gar nicht daran, demjenigen noch die rechte Wange hinzuhalten, der mich auf die linke schlägt. Das Gebot, seine Feinde zu lieben, verlangt keineswegs eine emotionale Zuwendung. Ich denke hier nur an die praktische Forderung. Sonst aber entstehe aus jeder Demütigung eben Hass, und das scheine ihm nur natürlich, weiß *Aladin Adamson*.

Den Christen – jedenfalls denen, die sich nicht nur so nennen – sei nicht abzusprechen, dass sie einst in Berufung auf den, der sich Menschensohn genannt habe, die Botschaft der Nächstenliebe von einem einzigen auserwählten Volk zu ausnahmslos allen 'Kindern' Gottes getragen hätten. Wenn auch neben viel unbestreitbar Gutem in Missbrauch ausgerechnet dessen Namens immer wieder schlimmste Verbrechen verübt worden seien, schränkt *Borromea Worthswerd* hier ein, sie hasst Heuchelei in jeder Form. An einen eifersüchtigen Gott aber wird heute kaum noch jemand glauben, ebensowenig an eine Instanz, die – in wessen Namen auch immer – nach Belieben Menschenopfer fordern könnte. Wer allerdings keinen Unterschied mache zwischen Christen und Kirche, zwischen Glauben und Dogma, der mache nach ihrer Auffassung einen Fehler. Vielleicht am fragwürdigsten allerdings seien zynische Vertreter politischer Parteien, die sich dieses Wort auf ihre Fahnen schrieben, ohne jemals noch einen ehrlichen Gedanken daran zu verschwenden.

Sämtliche Verfahren sind abzurüsten, deren Risiken oder Auswirkungen über menschliches Maß und lokale Bereiche hinausgehen. Gleichzeitig sollte jeder angestrebte Fortschritt auf dieses Ziel beschränkt werden. Damit anzufangen haben naturgemäß jene Gesellschaften und Schichten, die derzeit auf Kosten dritter im Überfluss leben. Und zwar unabhängig davon, was jeweils 'die anderen' tun.

Worauf wollen wir warten?

Dass dieser Anhang ein persönliches Bekenntnis enthält, gilt unter Naturwissenschaftlern als unfein, um nicht zu sagen verpönt, das weiß ich wohl. Gerade aber bei einem – wie auch immer gearteten – persönlichen Bekenntnis kommt am Ende jeder an, der sich auf Kosmologie einlässt, ohne der Versuchung zu erliegen, sich zu verstecken und seinen eigenen Schlussfolgerungen den Anschein objektiver Wahrheit geben zu wollen.

Für die Entstehung der Welt lässt sich kaum ein schöneres Bild finden als uns in der Schöpfungsgeschichte gegeben ist. Doch abgesehen davon, dass die Bibel mehr ist als ein Physikbuch und es demzufolge nicht nötig hat, einen diesbezüglichen Anspruch zu erheben, scheint mir die Frage nach dem Universum zweitrangig, wenn nicht gar ziemlich belanglos, solange es ungelöste vitale Probleme höchster Dringlichkeit für die Menschheit gibt. Wichtig ist unsere Erde. Die Mutter Erde mitsamt ihren Kindern ist es, die uns am Herzen liegt.

Vom Leben zwischen deutschen Elfenbeintürmen
Ein hoffentlich nur vorübergehend aktueller
Nachtrag zu Problemen, die bald gelöst werden sollten

Ohne gestern kein heute, ohne heute kein morgen. In einiger Überspitzung könnte man sagen, die Vergangenheit werde zum Teil in der Zukunft gemacht. Beträfe dieser Satz nur das, was erst ab jetzt geschieht, so wäre er eine Binsenweisheit. So ist es aber nicht. Denn es kommt darauf an, was wir in Zukunft aus unserer Vergangenheit machen, und zwar auch aus unserer heutigen.

Als Aussteller auf dem Heimweg von einer Computermesse wurde ich vor Jahren einmal an einem unerwartet aufgetauchten Autobahnende mit hoher Geschwindigkeit aus einer viel zu spät bemerkten Kurve getragen. Es ging alles blitzschnell, stieß, rüttelte, polterte, doch plötzlich vollkommene Stille. Schwerelos, jede Kontrolle verloren. Klar, dass ich mich im freien Fall befand. Dunkelheit, kein Widerschein von Scheinwerferlicht. Einige Jahre früher war ich zwischen zwei Semestern in einer Bimsgrube

Raupe gefahren. Jetzt, in diesem Augenblick, hatte ich die schlagartige Vorstellung eines bevorstehenden 'Ausgangs' in unbekannter Tiefe. Es kann sich nur um den Bruchteil einer Sekunde gehandelt haben, aber mir schien es unfassbar lang. Nachdem wir alle aussteigen konnten, stellte es sich heraus, dass wir lediglich in weitem Bogen über die sehr hohe Böschung eines Feldwegs hinausgeflogen waren. Das Auto Schrott, eine Riesendelle im Dach, obwohl wir frontal aufgeprallt waren.

Dass wir uns vor dem Unfall angesichts des sternklaren Abendhimmels in voller Fahrt minutenlang über die 'Flucht der Spiralnebel' unterhalten hatten, und ich mich dabei wiederholt zu meinen Mitfahrern umgedreht hatte, erwähne ich nicht als Ausrede. Auch nicht in leichtsinniger Anspielung auf Thales, der nach den Sternen schaute und dabei in einen Brunnen fiel. Es war hier nur drastisch erlebt, dass ich die Chance verpasst hatte, vorher etwas Besseres zu tun. So etwas soll mir nicht noch einmal passieren. Ich möchte mir dereinst nicht vorwerfen müssen, daraus nichts gelernt zu haben und als weltfremder Hanns Guck-in-die-Luft unterwegs gewesen zu sein. Jeder Esel hätte sich in Gedanken an jenen Philosophen wohl sonst längst geweigert, auch nur einen Schritt mit mir weiterzugehen.

Einerseits mag das Folgende weglassen, wer will. Dieser Abschnitt, den ich ein Dutzend Mal gelöscht, geändert, ergänzt und wieder eingefügt habe, ist überhaupt nur in der Hoffnung geschrieben, dass er bei einer nächsten Auflage weggelassen werden kann. Für das erhabene Universum ist es jedenfalls ganz unerheblich, was hier kurz angesprochen werden soll.

Andererseits ginge es mir gegen die Natur, dieses Buch fertigzustellen, ohne in ein paar Sätzen auch auf die tagespolitische Kehrseite insbesondere der deutschen Medaille einzugehen, obwohl der Schluß anders bequemer wäre. Würde aber ein Zusammenhang mit dem Vorausgegangenen nicht ansatzweise verstanden, so wäre für mich 'Nachsitzen' angesagt..

Ich weiß, ein feiner Naturwissenschaftler tut als Autor so etwas nicht. Abgesehen von seinem speziellen Thema hält er sich als ausgewiesener Fachmann vornehm zurück. Doch es gibt Gründe, sich hier anders zu verhalten. Weder schreibe ich aus einem Elfenbeinturm, noch aus einem Wolkenkuckucksheim. Die Hoffnung also ist, dass sich so manches als bald belanglose Sorge erweist. Ich habe mich schon immer geweigert, abgeschirmt ohne Fenster zu leben, um nicht sehen zu müssen, was draußen zwischen den Türmen geschieht. Das war bereits meine Einstellung, als ich vor vielen Jahren zunächst von Beruf als Berufung nur träumen konnte. Heute aber erst recht, indem ich auch für Enkelinnen und Enkel schreibe, eigene und andere, das heißt auch für ihre Generation in der Zuversicht, dass die Zukunft besser wird, als sie es ohne die Zwischenrufe vieler werden könnte – für Emilia, Paul, Marie, Louis, Eliah, Lena, Leopold und andere, die dieses Buch vielleicht später einmal lesen werden.

Niemand würde sich mehr freuen als ich, wenn sich bald herausstellen sollte, dass einige Sorgen unberechtigt waren, indem sie sich in Wohlgefallen aufgelöst hätten. In diesem Fall wollte ich nicht müde werden, die Staatskunst unserer politischen Elite sowie die unserer Freunde zu feiern.

Es stimmt, Deutschland geht es wirtschaftlich insgesamt bestens. Und trotzdem nicht für jede und jeden so, wie es sein könnte. Daran werde sich auch solange nichts ändern, wie sich Respekt und Hochachtung gegenüber Privilegierten an deren Besitz, Geld und Luxus orientierten. *Mlle Bleu de Ley* wagt diese Prognose und fordert, das wahre Statussymbol habe sich zukünftig aus dem Betrag an Steuern abzuleiten, die jeweils gezahlt worden seien. Das Finanzamt solle goldgeprägte Ehrenurkunden ausstellen an alle, die hierin den Durchschnitt überträfen. Eine edel präsentierte Verleihung an die Besten sei jährlich im Fernsehen zu übertragen.

Der überwiegenden Mehrheit geht es hierzulande so beneidenswert gut, dass inzwischen beinahe sämtliche Regierungsvertreter dazu auffordern, sich nun außerhalb einzumischen und nicht überall stillschweigend nur zuzusehen. Anscheinend wird ihnen langweilig. Heute.

Tatsächlich könnte Deutschland viel Gutes bewirken. Zwar gäbe es auch zuhause und in der Nachbarschaft genug zu tun, insbesondere im Hinblick auf die limitierten Fähigkeiten so mancher unserer real existierenden Politiker und Politikerinnen. Doch kann ihnen vielleicht ein wenig geholfen werden, und ich – für einen kleinen Anteil – will das nun gerne versuchen.

Zwar bin ich kein Kenner internationaler Geheimdiplomatie und verborgener Interessen, doch kenne ich Deutschland. Und zwar als meinen ureigenen Lebensraum und die geliebte Sprachheimat, glücklich inmitten eines hoffentlich in wachsender Harmonie vereinten, eigenständigen Europa. Um hier nun überhaupt etwas besser machen zu können, sind zunächst mögliche Fehler einzusehen. Fernab vom tagespolitischen Getriebe kann einer kaum mehr tun als darauf hinzuweisen.

Die Sprache beeinflusst Verhalten. Historisch gesehen, fallen zu viele Landsleute von einem Extrem ins andere, indem sie sich heute oft liebedienerisch unterwerfen, wo sie noch vorgestern das genaue Gegenteil verlangten. Um es freundlich zu formulieren, beide Einstellungen taugen nichts. Weniger als nichts. In Bezug auf politische Entwicklungen hat man der unsäglichen deutschen Vergangenheit Rechnung zu tragen, deren Aufarbeitung allerdings weder in einem derzeit praktizierten Duckmäusertum gegenüber Mächtigeren, noch in Anmaßung gegenüber wirtschaftlich Schwächeren bestehen darf, sondern nach meiner Überzeugung allein in Zurückhaltung mit Ratschlägen an andere. Es gebe nichts Gutes, außer man tue es, *Borromea Worthswerd* zitiert Erich Kästner. Was aber sei hier das Gute? fragt *Sigismund Sörgli*.

Heutzutage ist es wieder einmal – nach einem überlieferten Ausspruch des altunbekannten Dichters Decimus Iunius Iuvenalis – „schwierig, keine Satire zu schreiben". Also denn weiter, aber in Kürze! fordert *Mlle Bleu de Ley*.

Natürlich mache es für unsere Politiker bei geschickter Medienpräsentation deutlich mehr her, sich am Hindukusch mit Truthähnen oder Weihnachtskerzen immer mal wieder in Kasernen zu verstecken, als jungen Menschen in Nachbarländern draußen vor unserer Haustür – inzwischen beinahe jeder Hoffnung beraubt – endlich wirksam zu helfen. Nichts sei gut in Afghanistan, sagt eine tapfere Frau, die es mit vielen Gleichgesinnten Gott sei Dank auch gibt. Sie erscheint manchen dafür als vaterlandslose Gesellin, weltfremd, unverantwortlich, geltungssüchtig, eine Gutmenschin eben, oder was es sonst an Beschimpfungen gibt.

Ein Staat aber, wenn er Waffen liefere, damit einträglichen Handel treibe, und als Motiv den Erhalt von Arbeitsplätzen oder gar eine Herstellung beziehungsweise Sicherung des Friedens vorschiebe, der habe in seinen Augen jede Berechtigung verwirkt, anderen gegenüber die Worte Frieden, Freiheit, Menschenrechte überhaupt in den Mund zu nehmen, erklärt *Frank U. Frey*. In Bezug auf derartige Lieferungen, Kriegseinsätze und entsprechende Verbiegungen des Grundgesetzes brauche man dessen heikle Artikel inzwischen anscheinend kaum noch ernstzunehmen. Umso unnachgiebiger aber werde auf die Stellen gepocht, die gerade in den Kram passten. Nur die Vorbereitung eines Angriffskrieges sei ausdrücklich strafbar, nicht dessen Führung. Auch heiße es im Zwei-plus-Vier-Vertrag buchstäblich ja nur, *„dass das vereinte Deutschland keine seiner Waffen jemals einsetzen wird, es sei denn in Übereinstimmung mit seiner Verfassung und der Charta der Vereinten Nationen"*. Für elastische Deutungen lasse das offensichtlich hinreichend Spielraum. Und was genau wäre ein Angriffskrieg?

Wer seien denn wir Deutschen, dass wir uns nicht schämten, in fremden Ländern Kriege zu führen, und das auch noch mit Motiven, die bei Teilen der jeweils 'betroffenen' Bevölkerung nur als Zynismus ankommen könnten. Klar, dass so etwas – unter selbstmitleidigem Gejammer manch scheinheiliger Gewinner – nur von einer zeitweilig irregeleiteten Partei ausgewiesener 'Friedensapostel' habe durchgesetzt werden können. Der Rückfall in Größenwahn sei erfolgt durch einen ehemals feige steinewerfenden, auch später möglicherweise von Minderwertigkeitskomplexen geplagten Turnschuhminister – analysiert *Mlle Bleu*

de Ley – der offensichtlich stolz gewesen sei und dicke getan habe, hinterher noch einmal aus sicherer Deckung mitspielen zu
dürfen, diesmal bei den richtig großen Jungs. Und der in Vorbereitung auf seine künftige Performance – ergänzt *Borromea
Worthswerd* – einer tapfer widersprechenden Partei-'Freundin'
gesagt haben solle, diese werde nie wieder etwas werden, was er
beinahe auch noch geschafft hätte. Sein Kanzler habe mit Hilfe
'entschädigter' Ratgeber, ahnungsloser Dummköpfe und eines
willfährigen Kabinettskollegen die Rente weitgehend an einen
Chef halbseidener Drückerkolonnen verscherbelt.

Fast alle also scheinen sich hierzulande neuerdings einig,
Deutschland solle in der Welt mehr Verantwortung übernehmen.
Und was wird getan? Man liefert 'aus humanitären Gründen'
Waffen in Krisengebiete, gießt damit Öl in künftiges Feuer, und
lässt gleichzeitig hilfesuchende Staatsgäste aus Ebola-Regionen
beinahe auf Knien rutschen und um ein paar Euro betteln. Bevor
sich dann freiwillige Idealisten tatsächlich erbarmen, was allerdings eine – statt barmherzige teilweise erbärmliche – Untätig-
keit unserer verantwortlichen Politiker auch noch stabilisiert.

Da sei andererseits ein beinahe rund um den Globus be-
schwichtigende Gespräche führender Nachfolger, der vielleicht
insgeheim vom Friedensnobelpreis träume, nachdem sich erwiesen habe, dass diese Auszeichnung zuweilen wohlfeil erhältlich
sei. Wie aber sollte ihm ein andersdenkendes Gegenüber jeweils
trotz bester Absichten vertrauen, solange er immer wieder im
Sinne seiner Freunde vorauseile, um zwar diplomatisch, doch
letztlich einseitig deren Interessen zu vertreten.

Warum erkläre er in der aktuellen Situation nicht erst einmal
deutlich, dass russische Anliegen seitens der – gegenwärtig nach
Osten zu großmächtig, nach Westen zu kleinmütig auftretenden
– europäischen Gemeinschaft grundsätzlich nicht weniger Respekt verdienten als amerikanische. Ohne diese ausdrückliche Voraussetzung habe sein ganzes Gerede kaum einen Zweck. Es sei
ratsam, seinen eigenen Stuhl zu 'besitzen', wenn man sich nicht

plötzlich am Boden wiederfinden wolle, gibt *Mlle Bleu de Ley* spontan zu bedenken.

Leider könne die eben erwähnte Auszeichnung – *Aladin Adamson* hat das festgestellt – bei dem ein oder anderen mit der Zeit auch die gefährliche Nebenwirkung entwickeln, einen sehr großen Staat verächtlich machen zu wollen, etwa als 'regional power'. Ein Land, das nicht weniger Grund habe, stolz zu sein, als andere, und das umgekehrt – wenn bei systematischer Bloßstellung sowie fortgesetzten Sanktionen, Bedrängungen und Demütigungen hier einmal drei, vier Sicherungen gleichzeitig durchgebrannt wären – Mutter Erde weitgehend in strahlende Asche verwandeln könnte. Aber nur wechselseitig die Vernichtung, und nur an der Oberfläche, tröstet *Hypolite Van Tast*.

Nachdem sich beispielsweise irgendwo am Rande, plötzlich unkontrollierbar, ein Grenzkonflikt entzündet hätte, der es nie und nimmer wert gewesen wäre, das Schicksal ganzer Kontinente aufs Spiel zu setzen.

Man könne von dem Präsidenten jenes zunehmend in eine gefährliche Isolation getriebenen Landes halten, was man wolle, doch jedenfalls habe er recht, wenn hoffe, dass seine „Partner die Unvernünftigkeit der Versuche erkennen, Russland zu erpressen." Und verglichen mit den leider zu oft peinlich daherkommenden Bemerkungen seines westlichen Pendants mahnt er in bemerkenswert zurückhaltenden Worten, diese „Partner" sollten sich in Erinnerung rufen, welche Konsequenzen „Uneinigkeit zwischen nuklearen Großmächten" haben könne. Diese bedauerlicherweise berechtigte Warnung sei nachdrücklich zu unterstreichen und verdiene jeden Respekt, betont *Frank U. Frey*.

Der erwähnte Nachfolger – des größten deutschen Außenministers, den es genau während dessen Amtszeit mit 'Ausflügen' in den Kosovo je gegeben habe – lasse sich samt seiner Forderung nach Respekt abservieren mit besten Wünschen für die Fußballweltmeisterschaft. Schlimmer könne eine Verachtung für legitime Interessen inländischer Staatsbürger nicht ausgedrückt werden, und noch dazu anlässlich eines Besuchs. Aber klar doch, so besänftige man lästige Narren, *Borromea Worthswerd* versteht die Behandlung genau. Treffender müsse es 'besenftigt' heißen, meint *Mlle Bleu de Ley*.

Allerdings hätten große Teile der deutschen Bevölkerung samt ihrer politischen Elite inzwischen gründlich dafür gesorgt, dass es heute rund um den Globus als Wohltat empfunden werde, wie aus 'Deutschland' inzwischen 'Schland' und – man könne Gott nicht genug danken! – aus 'Endsieg' zuletzt 'Endspielsieg' geworden sei.

Ausgerechnet von dort, wo er und seine Chefin jeweils bescheiden zu schweigen hätten, fordert er die Palästinenser dazu auf, Ruhe zu geben. Daraufhin fordert *Frank U. Frey* diesen Landsmann ebenfalls auf, nicht sehr cool allerdings, wie *Borromea Worthswerd* findet: Halt den Mund! Halt den Mund in Afghanistan! Halt den Mund in der Ukraine! Halt den Mund vor allem in Israel! Die Umsetzung nachhaltiger ziviler, kultureller und humanitärer Kooperation sei angesagt, gerade hier, nachdem eine 'Wiedergutmachung' im Sinne des Wortes fatalerweise ganz unmöglich sei.

Und schon im Kosovo hätte sich jener damals effektiv kriegstreibende Vorgänger strikt zurückhalten sollen! Halt also den Mund, halt endlich den Mund! Oder hättest du immer noch nicht kapiert, dass nicht ausgerechnet am deutschen Wesen die Welt genesen werde? Und auch nicht am Wesen einer das Spiel mit dem Feuer bis hart an die Grenzen jeder beherrschbaren Situation treibenden NATO, deren kürzlich amtierende Führung – sei es heimlich oder unheimlich – wild entschlossen schien, in so manchem Land Unfrieden zu schüren, bis es ihrer Organisation endlich auch angehöre. Sie würde hier einfach 'gehöre' sagen, ganz ohne 'an-', *Mlle Bleu de Ley* sieht das mehr realistisch.

Wie könne man nach nur fünfzig Jahren vergessen haben, dass die Welt unmittelbar vor einem Atomkrieg stand, als einst umgekehrt russische Raketen auf Kuba stationiert werden sollten. Wenn unsere Politiker und vor allem Politikerinnen wirklich etwas tun wollten, dann sollten sie die deutschen Rüstungsexporte endgültig stoppen. Oder etwa hingehen und selbst kämpfen im anderen Land? Das Schlimme sei ja nicht einmal, dass Machthaber rund um den Globus erwiesenermaßen nicht imstande wären, immer nur die 'Richtigen' zu beliefern. Tatsache sei, dass es für so etwas überhaupt keine Richtigen gäbe. Gott schütze uns vor Gutmenschen, die in Kriege ziehen! Nein, widerspricht *Borromea Worthswerd*, es müsse heißen, die in Kriege ziehen lassen.

Und dann stehe da in Danzig ein deutsches Staatsoberhaupt zum Gedenken an den Beginn des Zweiten Weltkriegs vor fünfundsiebzig Jahren und tue so, als wären an diesem Tag die Russen und nicht die Deutschen in Polen eingefallen. Wäre er recht bei Trost, dann müsse er doch wissen, dass das ja nur der Aufmarsch war. Er jammere, man habe sich doch geduldig bemüht, Russland zu integrieren. Und das während all der Jahre, in denen sich eine leichtsinnige NATO – zwar nicht vertrags- aber wortbrüchig – bis unmittelbar an Russlands Grenzen unverantwortlich ausgedehnt habe, das aber sage er nicht.

Natürlich habe jedes Land das Recht, einen Beitritt zu wünschen. Doch wer habe die Pflicht, jedem Wunsch Rechnung zu tragen? Wer wäre dazu in der Lage, unrealistische Ansprüche zu erfüllen? Ein Lump sei, wer mehr verspreche als er halten könne. Und sei nicht die Welt voller Profiteure, die von sich zu Recht behaupten könnten, ihre Opfer mit den verdrehten Köpfen hätten es nicht anders gewollt?

Sei diese Organisation etwa bei immer weiter verstärkte Militär-Präsenz dazu bereit einen Krieg mit Russland zu riskieren – um nicht zu sagen: zu provozieren – und gegen ein eventuelles Einschreiten zugunsten russischer Volksstämme mit Truppen, Panzern und Bomben vorzugehen? Was sonst aber solle auch noch das ganze Sanktionsgetue? Habe nicht nahezu jede Lawine klein angefangen? Sei nicht einst aus einem aufgeblasenen Sarajewo-Attentat ein Weltkrieg entstanden? Spätestens mit Eingliederung der verhältnismäßig sehr kleinen Staaten Lettland und

Estland mit jeweils einem Viertel und mehr russischstämmiger Bevölkerung sei die NATO für ihre ursprünglichen Mitgliedsländer höchst überflüssigerweise zum Risiko geworden. Schlicht dadurch, dass bei Eintreten eines vielbeschrienen 'Bündnisfalls' alle miteinander unweigerlich in einen Krieg verwickelt würden. Schreite aber nicht umgekehrt die USA immer wieder militärisch in fremde Länder ein, wo es bis auf einzelne Personen gar keine amerikanische Bevölkerungsgruppen gäbe? Auf einer absolut starren Zuordnung der Krim bei dogmatischer Festlegung von Grenzen für Gebiete mit überwiegend russischstämmiger Bevölkerung zu bestehen, sei grob fahrlässig. In Japan wisse jedes Kind, dass man gerade für große Gebäude – innerhalb gewisser Toleranzen – flexible Fundamente brauche. Es werde immer wieder Erdstöße geben.

Jener geschichtsvergessen auftretende Amtsinhaber habe offenbar nicht einmal verstanden, dass es überhaupt ein Volk geben könne, das partout nicht integriert werden wolle in die keineswegs immer nur feine und uneingeschränkt lautere westliche Gesellschaft. Nein, dieser bei Interviews frömmelnd auch in Kirchen posierende Pastor – *Frank U. Frey* kann sich des Eindrucks nicht erwehren – habe in einem hellsichtigen Augenblick merkwürdig scheinheilig gefragt „Bin ich das? Sind wir das? Sind wir tatsächlich so mutig, wir landläufigen Feiglinge?" Sie danke für derartige nachträgliche Verunglimpfung mutiger Bürgerrechtler, wehrt sich *Borromea Worthswerd*. Was sie denn wolle, fragt *Mlle Bleu de Ley*, der Mann habe doch später tapfer sein Bürgerrecht verteidigt, sich ungewaschen zum Staatspräsidenten küren zu lassen. Er sei durchaus kein Bruder der Gundel Gauckeley, eher vielleicht einer aus jener schwachpolitischen Familie der Stiefs. Man dürfe der sprachschöpferischen Erika Fuchs wirklich nicht böse sein, solch eine Anspielung auf Duck-Mäusertum vorweggenommen zu haben, fordert der Rabe Nimmerwahr.

Insbesondere der Ukraine sei wie anderen auch, *Frank U. Frey* erinnert sich, vor rund fünfundzwanzig Jahren die Freiheit quasi geschenkt worden, ohne Auflagen. Und was hätten Teile schließlich daraus anders gemacht, als sich – rücksichtslos gegenüber eigenen russischen Volksstämmen und anderen Verlierern einer zumindest teilweise von außen provozierten Maidan-Bewegung – dem lockenden Westen an den Hals zu werfen. *Sigismund Sörgli* befürchtet gar eine Parallele zur Anwerbung leichtsinniger junger Frauen, die sich später in EU-Land als Prostituierte wiederfänden. Überall auf der Welt gebe es schließlich immer wieder Großgewinnler, die unter Umständen auch bereit wären, ganze Völker zu verkaufen.

Zu mehr als dreißig Millionen russischer Opfer – wer hätte sie je zählen können? – die es im weiteren Verlauf des damals herbeigelogenen Krieges gekostet habe, den deutschen Naziterror zu stoppen, habe dieser unsäglich überforderte Repräsentant kein einziges Wort verloren, dem offenbar sein Amt zu Kopf gestiegen sei. Vielleicht wollte er ja nur einen anderen Schwerpunkt setzen, versucht der routiniert nichtssagende Sprecher *Niesbert Nasswaitz* zu beschwichtigen. Das ist es ja eben! insistiert *Mlle Bleu de Ley*. Mitsamt seinen Beratern werde er doch fürstlich fürs Gedenken bezahlt und nicht fürs Verschweigen. Sie für ihren Teil habe ihm das allzu leichtfertig geliehene Vertrauen jedenfalls fristlos entzogen.

Gut dass wir nicht seien wie jene Russen, *Hypolite Van Tast* wacht auf und wird nun politisch. *Aladin Adamson* entgegnet geduldig, zwar habe auch deren ehemalige Staatsführung einst üble Verbrechen verübt, nicht zuletzt am eigenen Volk. Welches aber habe nicht? Wahrscheinlich stellten Indios und Indianer oder noch andere insbesondere dunkelhäutige Bevölkerungen und Stämme manchmal die gleiche Frage, und zwar 'unerhört' im Sinne des Wortes, gibt *Borromea Worthswerd* zu bedenken. Hoch aber leben Heuchler! Nach *Mlle Bleu de Leys* Worten sei das kein Aufruf, sondern eine Feststellung. Schade, die könnten doch alle so schön für das Gute streiten, besonders in Talkshows.

Offenbar kein Politiker hierzulande, und leider auch keine Politikerin, stoppe die Unterwerfung unter Ausspähung durch 'Partner', und zwar zum Schutz vor Feinden, die wir ohne falsch verstandene Freundschaft und ohne beispielsweise unangebrachte Ramstein-Solidarität vielleicht gar nicht hätten, überlegt *Sigismund Sörgli*. Auch sei hierzulande bisher niemand in der Lage, die Verhandlungen über geradezu sittenwidrige Passagen eines Freihandelsabkommens einzustellen. Dieses werde nun sogar seitens inzwischen 'selbstloser' Koalitionspartner gepriesen, diene vor allem Weltkonzernen und werde von Lobbyisten durchgesetzt, von denen selbst raffinierte Prostituierte nur lernen könnten. Nicht einmal auszuschließen, dass dieses Abkommen – etwa bei wiederholten Anfällen einer Verwechslung von brutto und netto – auch anderweitig stümperhaft ausgehandelt werde. In unerträglich dreister Anmaßung erklärten aus anonymen Geheimzirkeln auftauchende Bürokraten gönnerhaft grinsend, sie seien doch ehrlich interessiert und gerne bereit, Anregungen ernstzunehmen. Im Klartext heiße das allerdings, sie handelten Blankoschecks aus für zukünftige Schandtaten und mögliche Erpressungsversuche, die heute ja niemand voraussähe, sonst hätte die kritische Bevölkerung ja rechtzeitig darauf hinweisen können. Selber schuld später also.

Frank U. Frey analysiert, unsere derzeitige 'Gouvernante' messe mit zweierlei Maß. Sie rede zwar kurz, so etwas gehe gar nicht. Dann aber dulde sie stillschweigend das Verhalten arroganter Freunde, denen vermeintliche Rechte zugestanden würden, die keine seien. Wohingegen sie den Russen – deren Repräsentanten sie, anstatt mit Respekt, zuletzt wie eine beleidigte Leberwurst mit Unterstellungen begegne – einseitig die von Anderen soufflierten Leviten lese und dementsprechend weiter mit Sanktionen drohe. Das westliche Bündnis habe Misstrauen gesät und gepäppelt, als es – mit doppelter Zunge sprechend – Russland einerseits mit Gerede von Partnerschaft eingeseift, und dann, bei unersättlicher Erweiterung bis hin zur geplanten Errichtung eines Raketenabwehrschilds hart an der Grenze, über den Löffel balbiert habe. Und zwar in den neunziger Jahren, als plötzlich alles hätte in Ordnung kommen können. Doch überhaupt alle Menschen hätten Rechte, zu denen „Leben, Freiheit und das Streben nach Glück gehören", nicht nur diejenigen Bevölkerungen, die uns gerade passten. Selbst renitente russische Volksstämme in der Ukraine? *Niesbert Nasswaitz* beherrscht die Kunst, sich bei Bedarf jederzeit zu entrüsten. Echt!

Warum mache sie den Mund nicht auf und informiere nicht ihre Wählerinnen und Wähler, Landsleute und Europäer über das, was sie in Telefonaten angeblich sage. Weil sie nichts zu sagen habe außer Bla-Bla? Dabei lasse sie gleichzeitig jenes erwähnte Freihandelsabkommen fertigstellen, während bereits ein 'Schiedsgericht' – bar jeder demokratischen Legitimation und geheim wie der Ku-Klux-Klan – soeben wegen des vernünftig gedachten, doch bisher schlecht gemachten, Atomausstiegs über eine Milliarden-Strafe gegen Deutschland verhandle.

Warum bestünden unsere Volksvertreter nicht darauf, dass hierzulande die Grundrechte geachtet würden. Warum breche man die Verhandlungen mit solchen 'Freunden' nicht ab, solange die sich in selbstherrlicher Anmaßung kommentarlos über alles hinwegsetzten, was ihnen nicht gefalle? Wie passe eine solche Inkonsequenz zu dem fremdinduzierten pseudo-solidarischen Gehabe im Kreise neunzehn dort schwacher Figuren, eine zwanzigste auszuschließen, weil die sich dem Weltführerschaftsanspruch einer – weit entfernt angesiedelten – Großmacht vor ihrer eigenen Haustür widersetze?

Gute Frage! findet *Mlle Bleu de Ley*, doch könne man nun nicht mehr sagen, unsere Vertreterin vor Ort bekomme öffentlich den Mund nicht auf. Oder habe sie sich nicht entrüstet – demonstrativ fertig mit den Nerven – über unterstellte kriegerische Absichten des Zwanzigsten, der sich einfach nicht belehren lassen wolle, wo sie sich doch so viel Mühe gegeben hatte? Einen guten Teil solcher Mühe hätte sie vielleicht besser an andere Adressaten gerichtet.

Angesichts des Einfallsreichtums juristisch geschützter Abzocker solle es in Zukunft unbedingt einen grundgesetzlich erweiterten Vorbehalt nachträglicher Feststellung von Sittenwidrigkeit geben, schlägt *Borromea Worthswerd* an dieser Stelle vor.

Ganz Europa brauche dringend etwas Entsprechendes, um nicht weiterhin Groß- und Weltkonzernen hilflos gegenüberzustehen.

Hausverbot endlich für alle Taschenspieler, die nicht nur mit gezinkten Karten daherkämen, sondern dazu noch als Spielregel verfügten, den vorgesehenen Opfern sei unter keinen Umständen erlaubt, in diese Karten jemals hineinzuschauen. Niemand braucht *Mlle Bleu de Ley* zu erzählen, was cool ist. Hier aber könne keine und keiner cool bleiben, und deshalb schließe sie sich einem glaubwürdigen Alten bei dessen herzerfrischend jugendlichem Aufruf an: Empört euch!

Jene in selbstverordneter Feigheit verharrende öffentliche Person sei – nachdem sie sich, solange es nichts kostete, als künftige Hüterin aller Wetter aufgespielt hätte – später zu bequem gewesen, zu einem Weltklimagipfel zu reisen. Stattdessen habe sie an einem Industriegespräch lokaler Größen teilgenommen, und dort beteuert, dass es unter keinen Umständen eine Erhöhung irgendwelcher Steuern geben werde, koste es was es wolle. Dafür aber mache sie nun ihre eigene Klimapolitik. *Borromea Worthswerd* hat gelesen, sie habe eine Runde ausgewiesener Experten um sich geschart, die sie ständig darüber informierten, woher gerade der Wind wehe, damit sie rasch wieder ihr Fähnchen richtig hinhängen könne.

So versuche sie jetzt – nachdem sie sich vergewissert habe, dass sie dafür am Ende von den meisten Kollegen gefeiert würde – hinter vorgespielter Weinerlichkeit publikumswirksam ihr 'Mütchen' zu kühlen an jenem fernen, pfui, Unhold im Osten. Doch zu einem Klimagipfel zu reisen wäre ja auch wirklich zuviel verlangt gewesen, verteidigt *Mlle Bleu de Ley*. Sie sei doch eben erst zweimal zu Fußballspielen nach Brasilien geflogen und habe dort auch jeweils gewonnen.

Manche Volksvertreter aber zeigten sich als getreue Vasallen, die selbst bei völliger Mißachtung unserer Interessen vor Freude rote Ohren kriegten, wenn sie auch nur mit dem Vornamen angesprochen würden. Es stimme nicht, dass sie dabei über den Tisch gezogen würden, denn das könne man doch vollkommen anders sehen, protestiert *Hypolite Van Tast*. Ja, hoffentlich! *Aladin Adamson* gibt nicht auf, aber: ganz von selber wird sich nix ändern. Den letzten Satz mach' ich zum Motto für den nächsten Wahlkampf, *Mlle Bleu de Ley* hat diese Idee. Und für welche Partei? Nicht für eine spezielle Partei, sondern für alle selbstdenkenden Menschen, antwortet sie. Na, so was, *Sigismund Sörgli* ist ganz verblüfft. Gibt's denn das auch?

Die roten Ohren seien ja nicht das Schlimmste, wenn eine hiesige Person mit eigenem Wendehintergrund von dem so genannten mächtigsten Mann der Welt gelegentlich mit dem Vornamen angesprochen werde. Schlimm sei, dass sie dem Anschein nach ein Gefühl der Unterwerfung auf vorab überwältigte, wie solle sie sagen, Männer ihres Kabinetts übertrage. Dabei sei die Schmeichelei, auf die manche bereitwillig hereinfielen, von geradezu beleidigender Plumpheit. Als gelegentliche Ansprechpartnerin *Lisa Müller-Mona*s kennt *Borromea Worthswerd* sich aus.

Bestimmt aber werde bald zuverlässig dafür gesorgt, dass in Deutschland keine Chlorhühnchen auf den Teller kämen. Und seit sich noch dazu eine weitere Frau – Mutter mit sowas von Hosen an! endlich auch einer ganzen Bundeswehr – um unsere bewaffneten Friedensstifter und Stifterinnen kümmere, sei 'am Ende des Tages' ebenfalls für deren demnächst in ihrer heilen kleinen Kaserne friedlich spielenden Kinderchen gesorgt. Doch mit allem anderen hätten sich die älteren Kinder des Landes dann gefälligst abzufinden. Oder wollten wir denn wirklich riskieren, einer Aufopferungsvollen im Hintergrund ernstlich Kummer zu bereiten? Diese wisse doch am besten, was gut für uns sei. *Wen* opfert sie auf? fragt *Mlle Bleu de Ley*.

Im Zweifelsfall allerdings tue sie immer das, was für sie selbst am besten funktioniere, und zwar im Sinne schieren Machterhalts. Männer könnten so etwas auch, gesteht *Frank U. Frey*. Aber nicht so scheinheilig, argumentiert *Mlle Bleu de Ley* prompt. Andererseits habe diese Volksvertreterin auch schon einmal ganz alleine eine richtige Entscheidung getroffen, gibt *Aladin Adamson* zu bedenken. Und zwar für einen Atomausstieg, das jedenfalls bleibe für unsere Kinder. Hoffentlich, *Sigismund Sörgli* ist da vorsichtig, weil er sich erinnert, dass es dieselbe war, die einst – als Umweltministerin offenbar schon blind für unerwünschte Realität – das inzwischen skandalös marode Atomlager Asse gegen bessere Alternativen durchgesetzt haben soll. Den Dreck lässt sie bis heute liegen, für andere nach ihr.

Immerhin versuche sie doch auch, diverse 'Lautsprecher' der NATO in deren Kriegsgerede und Sanktionsdrohungen zu bremsen. Aber diese Art, huch, unverbindlich zu bremsen verhindere nichts, *Frank U. Frey* ist genervt. Warum spreche sie nicht Klartext? Weil sie über keinen Klartext verfüge, antwortet er selbst. Leider ermutige sie mit ihrem Verhalten nur sämtliche gefährlichen Drängler, immer weitergehende Forderungen zu stellen und noch mehr Drohpotential aufzubauen. Jeder Hund aber werde beißen, wenn er sich erst weit genug in die Enge getrieben sehe, zieht der auch in Verhaltensforschung bewanderte *Aladin Adamson* eine Parallele. Und der Hund frage nicht vorher, ob die unerwünschte Annäherung mit angeblich besten Absichten geschehen sei. Das wisse doch jeder Esel, assistiert *Mlle Bleu de Ley*. Allerdings nur die mit langen Ohren, nicht die mit den roten.

Zwar könne man in Gesellschaft eines Tintenfischs nicht in jeder Situation klares Wasser erwarten, doch brauche es nur wenig, eine vernünftige Position deutlich zu machen. Nur Mut, fordert jetzt ausgerechnet *Sigismund Sörgli*, es würde seines Erachtens erst einmal genügen, sich höflich jede Anrede mit Vornamen zu verbitten, solange sich unsere Volksvertreter im Hinblick auf einseitig eingeforderte Solidarität gezwungen sähen, einen Asyl suchenden Mann zu ächten, der sich um ihr Land verdient gemacht habe. Sonst aber, statt sich – inzwischen längst abgehoben von plumper Agitation und Propaganda – mit Gummistiefeln im Hochwasser ablichten zu lassen, bevorzuge die hochprofessionelle Selbstdarstellerin seit einigen Jahren Fußballspieler ihrer deutschen Nation, obwohl tatsächlich nicht alle die Hymne mitsängen. Hier könne sie schließlich beim Jubeln auch mal den

Mund aufreißen, was sie sonst stets clever vermeide. Ihr auserkorener Lieblingsspieler habe jüngst bei der Rückkehr aus einem FIFA-Reservat fürsorglich den heimatlichen Boden geküsst, *Borromea Worthswerd* war ganz verblüfft. Um sich schon jetzt eine spätere Ernennung zum Papst vorzubehalten – erklärt *Mlle Bleu de Ley* – schließlich seien wir Meister der Welt und noch dazu Papst schon gewesen, dessen argloser Nachfolger leider dem trittfesten Herrscher aller Balltreter bereits Audienz gewährt habe. Außerdem – fährt sie fort – fordere sie stellvertretend für den Balltreter nichts anderes als: Santo subito! das müsse doch wohl erlaubt sein.

Eine Globalisierung von Respekt und Anerkennung wechselseitiger Nichteinmischung in innere Angelegenheiten dritter Staaten wäre ein Segen. Diese Nichteinmischung hätte sich nicht nur auf Kriegshandlungen zu beziehen, sondern auch auf Ausplünderung ohne wirksame Beteiligung der jeweiligen Bevölkerung. Umgekehrt ist vor allem Umweltschutz angesagt wie beispielsweise im Nigerdelta, das zu den am stärksten verseuchten Gebieten der Erde gehört. Eine Globalisierung weltmarktbeherrschender Wirtschaftspolitik und Geschäftsinteressen jedoch wäre ein Fluch.

In Bezug auf die schöne deutsche Sprache aber dürfen jedefrau und jedermann stolz sein, die darin ihre und seine Heimat haben, stellt *Borromea Worthswerd* fest. Diese Sprache sei ja auch die der Schweizer, wie das Einstein immer bewusst gewesen sei. Außerdem genüge es bereits, dass unter vielen anderen etwa Bach, Kant, Lessing, Lichtenberg, Schiller, Beethoven und Heine deutsch gesprochen hätten, um an Zahl nur sehr wenige zu nennen. „Denk ich an Deutschland in der Nacht, dann bin ich um den Schlaf gebracht", zitiert *Mlle Bleu de Ley* den zuletzt genannten. Und ganz in ihrem Element verfällt sie in eine Assoziation zu diesem Thema: denk ich an Deutschland dieser Tach, so find ich's entmündigt seiner Sprach. Hätte denn ein wortgewaltiger Luther – und andere bis hin zu den Brüdern Grimm – diese einst vergeblich zu blühendem Leben erweckt? Derselbe, der seinerzeit zum Thesenhammer griff, um erbärmliche Mißstände an die Tür zu nageln.

Blühend mit Unkraut und Disteln, *Aladin Adamson* sieht die Sache als Evolutionsbiologe pragmatisch: Derzeit gelte die Einschränkung leider vom kleinsten physikalischen Institut bis hin zu den Spitzen der Politik und mächtiger Interessenverbände. Mit der Sprache fange es an, und mit dem bedrohten Schutz des Gemeinwohls an Luft, Wasser, Boden höre das wahrscheinlich nicht einmal auf. Wenn es wenigstens besser stünde um das Europa der Vaterländer, wünscht *Sigismund Sörgli*. Noch viel vernünftiger wären zusammenstehende Mutterländer, *Borromea Worthswerd* weiß das.

Nicht unbedingt, nein, widerspricht *Mlle Bleu de Ley*, falls sich nämlich eine einzelne Landesmutter unversehens als Stiefmutti der Nachbarkinder entpuppe. Eine exquisite Form von Trägheit bestehe in Ablenkung durch Geschäftigkeit rund um die Uhr. So scheine es eine solche Person zu geben, die als beinahe albtraumhafte Verkörperung einer Schwarzen Null jungen Generationen in Südeuropa die Luft zum Atmen nehme. Das tue sie mit anscheinend wenig Herz, dafür mit leeren Händen in Form einer Raute – weitgehend leer für andere Empfänger als Banken – indem sie bei allem sonstigen Getue eine für chancenlose Menschen untragbare Sparsamkeit erzwingen wolle.

Während sie dazu verhelfe, ehrliche Sparer schleichend zu enteignen, und damit effektiv kleine Spekulanten züchte, schütze sie Großindustrie, Investoren, Geldinstitute. Und zwar ohne jede erkennbare Strategie außer derjenigen ihres eigenen Machterhalts. Gleichzeitig mache ein großer Bruder für alle möglichen Kriege dreist so viele Schulden – motiviert durch vorgeschobene Hilfsbereitschaft und gelegentlich auch einmal mit gefälschten Dokumenten – dass er diese ohne gezielte Geldentwertung nie werde zurückzahlen können.

Von der Sparsamkeit aber verstehe ich etwas. Wie so viele andere im Dorf hatten wir zuhause neben kleinen Feldern und einigen Wingerten – das sind Teile von Weinbergen – eine Kuh, ein Schwein, eine Geiß und ein paar Hühner mit Hahn. Ich hörte als Kind erzählen, ein Mann habe seine Ziege so weit zu Sparsamkeit erzogen, dass sie schließlich beinahe nichts mehr fraß. Schade nur, dass sie eingegangen sei, gerade ganz kurz, bevor sie überhaupt kein Fressen mehr brauchte. Ich habe keine Ahnung, wie es die Strategie jenes Mannes bis zur Anwendung in der Euro-Politik gebracht hat. Vielleicht war er ja verwandt mit jener schwäbischen Hausfrau, die inzwischen als regelmäßig zitierte Finanzexpertin groß Karriere gemacht hat.

Jetzt habe man – Egoismus pur – auch noch mit einer strangulierenden Schuldenbremse das Grundgesetz verschandelt, das selbstverständlich erst nach Beendigung der privaten Karrieren der Macher so richtig zum 'Tragen' komme, und zwar auf Kosten der Bewegungsfreiheit künftiger Generationen. Bis dahin werde bereits kräftig gespart an Brücken, Kitas, Museen, Schwimmbädern, Polizisten, Brief- und Paketträgern, Krankenhäusern und Pflegepersonal. Das sei allerdings zum Davonlaufen – *Mlle Bleu de Ley* ist kaum zu stoppen – doch ein Davonlaufen sei eben keine Alternative, solange im Sinne persönlicher Zufriedenheit nachhaltig dafür gesorgt werde, dass es anderen noch schlechter gehe. Außer den Banken. Dabei aber sei eine deutsche Frau Michel erkennbar viel zu einfältig, das internationale Inflations- und Schuldenspiel überhaupt zu verstehen. Doch das werde hierzulande sehr gerne übersehen, solange sie nicht ihre längst wohlverdiente Zipfelmütze trage.

Es wäre jedenfalls deprimierend, zur Kenntnis nehmen zu müssen, wie mit der Sprache zugleich die Sitten verkämen und umgekehrt, beklagt *Borromea Worthswerd* eine reale Gefährdung. *Aladin Adamson* rät, gegen solche Beklemmung helfe nur sich zu wehren, selbst wenn damit nichts erreicht würde, als Drangsalierten etwas Luft zu verschaffen. Er wolle nicht ersticken und verweigere, sich damit abzufinden, dass es im Zeitalter der unbegrenzten Möglichkeiten der Internet-Kommunikation nicht möglich sein sollte, wirksame Mehrheiten gegen offenbare wirtschaftliche und politische Untaten zu organisieren.

Geben
(an Reiche, Spekulanten und Banken)
ist seliger ...

denn Nehmen
(durch Arme, Stiefneffen und Leute ohne vernünftigen Job)

Alle Jahre wieder: dr bob's Weihnachtskarte, diesmal zum 'christmas spirit' 2010.

* * *

(frei übersetzt aus dem Englischen mit Austausch diverser $-Zeichen gegen € von Mlle Bleu de Ley mit freundlicher Erlaubnis von Robert T. Jantzen, drbobenterprises.com)

Und zwar spontan durch Bündelung gleichsinniger individueller Impulse zu einer Kraft, der sich kein Konzern, keine Regierung entgegenstellen könnte, ohne von der Entwicklung schließlich überholt zu werden. Leider gefährlich! befürchtet *Sigismund Sörgli*. Bekanntlich sei das ganze Leben gefährlich, entgegnet *Borromea Worthswerd*. An *Aladin Adamson* gewandt fährt sie fort, da habe er in Bezug auf die Nichtregierungsorganisation *Campact* offensichtlich einen vielversprechenden Ansatz bisher ganz übersehen. Dieser unterscheide sich ihres Erachtens deutlich von der üblichen Art Populismus, den ansonsten selbst jene öffentlichen und vereidigten Lügner nutzten, die angeblich immer nur dem Wohl der Allgemeinheit dienten, und doch mehr als alles andere erstens, zweitens, drittens an sich selber dächten.

Es falle schwer, an deren geheuchelten Gott zu glauben, sonst müsse doch ab und zu der Blitz dreinschlagen, fügt *Mlle Bleu de Ley* leichtsinnig hinzu. Wie es aussehe, pflegten einige von ihnen zwecks Ersatzgottesdienst alljährlich zu Wagners Walküren zu wallen. Wobei sich ihr ansonsten 'christliches' Bestreben zwischen allerlei adabei-Banausen anscheinend vollständig erschöpfe. Sie sollten sich besser Partei der amtlich anerkannten Scheinheiligen nennen. Nicht-anerkannte gebe es in Wartestellung genug. Was kümmere auch so manchen ihrer Genossen sein Geschwätz von gestern. An einen verdienstvollen Aufklärer international verdunkelter Machenschaften dürfe man in diesem Zusammenhang gar nicht denken. Davon nun aber endgültig genug, *Frank U. Frey* spricht ein Machtwort, obwohl: statt wallen könne es in dem grünhügeligen Fall auch wallfahren heißen.

Wo war denn nun die eingeschobene kleine Satire zu Ende? fragt *Mlle Bleu de Ley*. Ja, wenn ich das wüsste, zitiert *Borromea Worthswerd* den Autor von „Über das Verbrennen von Büchern". Immerhin klinge auch noch das folgende Beispiel danach, in dem es um eine ehemalige Ministerin ausgerechnet für Bildung und Forschung gehe, welcher der Doktortitel entzogen worden sei.

Das wäre nicht der Rede wert, hätten nicht zuvor neben Parteifreunden gerade auch führende Wissenschaftsorganisationen ihren Einfluss geltend gemacht und versucht, das Plagiatsprüfungsverfahren zu beeinflussen. Unnötig zu erwähnen, dass dies darauf abgezielt habe, den Titelentzug im Falle jener 'wohlwollenden', gut vernetzten Amtsinhaberin zu verhindern.

Ein Gipfel der Geschmacklosigkeit sei in ihren Augen mühelos erreicht worden, als ein ansonsten ehrenwerter Bundestagspräsident die Festrede zum 50-jährigen Bestehen der tapferen Hochschule abgesagt habe. Wer hat ihn irritiert, wer Druck gemacht, wer zu dieser Absage gebracht? fragt *Frank U. Frey* und berichtet, jetzt sei die hartnäckig leugnende 'Frau Doktor' dank Freundin versorgt, und zwar im Vatikan. Nicht versorgt, entsorgt, lästert *Mlle Bleu de Ley*, allerdings teuer. Sie hätte ja tatsächlich nach Rom gehen können, aber zur Buße ins Kloster! Eine bessere Aktion zum Thema Schein und Heilig falle ihr dazu nicht ein. Sie könne sich geradezu 'fremdschämen' angesichts solch verfehlter Hartnäckigkeit.

Es sei immer das gleiche, jede Macht korrumpiere Inhaber von Posten und Pöstchen, und sei sie auch noch so bescheiden, warnt *Borromea Worthswerd* sanft. Junge Menschen täten gut daran, vorsichtig zu sein, von wem sie Komplimente und Gefälligkeiten akzeptierten.

Eine globale Vernunft dürfe nicht verlangen, dass jedes einzelne Individuum immer nur vollkommen vernünftig sei, sonst bliebe sie unmöglich. Es gehe darum, dass der Unvernunft klare Grenzen gesetzt würden. Was aber vernünftig sei, ergebe sich aus dem, was jedes Land für sich beanspruchen könne, ohne dass dies auf Kosten anderer geschehe. Alle Macht gehe vom jeweiligen Volke aus, keine Organisation dürfe mächtiger sein als dieses. Kein gewählter Volksvertreter habe das Recht, ohne Befragung allgemeine Entscheidungen zu treffen oder solche zu erlauben, die nie mehr rückgängig zu machen wären. Keine Organisation habe jemals das Recht, Risiken einzugehen, die ihre konkrete Haftungsfähigkeit überstiegen.

Selbst das unverzichtbare Konzept der Demokratie habe seine Grenzen. Wenn die Gesamtheit aller über eine Maßnahme abstimmen dürfte, die einer Mehrheit von achtzig Prozent der Bevölkerung einen klaren wirtschaftlichen Vorteil in Aussicht stellte, dann würde diese wohl Zustimmung finden. Und zwar selbst dann, wenn es auf Kosten der übrigen zwanzig Prozent ginge, die sich möglicherweise bereits an der Armutsgrenze bewegten. Doch selbst das wäre noch erträglich, solange sich die Bevölkerung statistisch aus familiären Zellen – einschließlich 'Patchworkfamilien' – zu beispielsweise je vier Mitgliedern zusammensetzte, von denen abwechselnd drei für ein viertes mitsorgen könnten. Die Problematik verlange allerdings eine erkennbar angemessene Selbstbeschränkung jeder direkten Mehrheitsentscheidung.

Schöne Theorie das! bestätigt *Frank U. Frey*. Die Politik jedoch, deren Aufgabe es also wäre, den Spielraum für irrsinnige Auswüchse zu begrenzen, zeige sich in einem bemitleidenswerten, wenn nicht gar erbärmlichen Zustand, indem sie sich zu oft von denen am Gängelband führen lasse, die sie ihrerseits im öffentlichen Interesse dringend kontrollieren müsste. Der Richter verneige sich tief vor dem Betrüger. Der Minister weine beinahe vor Glück, weil er bei der Pressekonferenz neben dem Bankmanager sitzen dürfe, der soeben zwei Krümel von dem gigantischen Kuchen zurückgegeben habe, der ihm von der steuerzahlenden Allgemeinheit unsinnigerweise finanziert worden sei.

Wenn ich aber in diesem Abschnitt schon mal dabei bin, dann ist es mir als Physiker unmöglich, die folgenden Sätze nicht zu schreiben. Im Golf von Mexiko geschieht eine technische Katastrophe. Einige Menschen sterben, Unmengen von Öl gehen ins Meer. Alle sind schockiert.

Das verantwortliche Unternehmen, das den von einigen Beteiligten vorausgesehenen Unfall unglaublich leichtfertig verursacht hat, konzentriert sich erst einmal darauf, möglichst davonzukommen. Wochenlang reihen sich untaugliche Versuche einer billigsten Schadensbegrenzung aneinander. Keiner der professionellen Profiteure hatte jemals ernsthaft versucht, eine wirksame Vorsorge zu treffen. Es wird massenhaft Gift versprüht, um all das Öl, das nicht aufgefangen, abgefackelt oder abgeräumt werden kann, unter die Wasseroberfläche zu drücken.

Es hat schon immer Leute gegeben, die sich mit ihrem Besen einen Dreck um jeden Anstand kehren und Sauereien lieber verstecken. Es ist ihr Dreck, es ist auch ihr Teppich – in diesem Fall von Öl – doch weit weg ihre Wohnung, weit weg ihr eigenes sauberes Zuhause.

Die verantwortlichen Politiker, die dem unverantwortlichen Treiben vorher jahrelang zugesehen hatten oder hätten zusehen müssen, sind damit beschäftigt, sich aus der Verantwortung zu stehlen oder diese auf andere weiterzuschieben. Sie reden davon, dafür zu sorgen, dass der Schaden restlos beseitigt werde, und wissen genau, dass das nicht geht. Mit dieser Art Lügen wird die Öffentlichkeit bereits auf das nächste Desaster mental eingestellt. Natürlich kann es nicht Aufgabe der Politik sein, jede denkbare Katastrophe zu verhindern. Aber es wäre unbedingt ihre Aufgabe, jede denkbare durch menschlichen Eingriff riskierte Katastrophe schon vor deren nie sicher auszuschließendem Eintritt kompromisslos zu begrenzen.

Diejenigen, die sich miteinander auf Kosten der Umwelt verbündeten, seien besorgt, ihre jeweilige Beute schnell zu verscherbeln – vermutet *Mlle Bleu de Ley* – bevor sie bald sogar ihre eigenen Kinder angeblich ins Weltall schössen. Jeder aber wisse, dass diese Kinder stattdessen ungefragt in einem sehr irdischen Luxus landen würden. Allerdings treffe es zu, dass der Abstand zu den für dumm verkauften Zurückgelassenen dann astronomische Ausmaße angenommen haben werde. Aus den Augen aus dem Sinn. So seien viele Menschen. Was bleibe ihnen auch anderes übrig? Doch *Aladin Adamson* hält es für eine weitverbreitete Lüge, dass die Menschen mit einem Weiter-So einverstanden seien, nur weil diverse käufliche Experten und halbseidene Politiker ihnen weismachen wollten, die jeweilige Katastrophe sei tatsächlich beendet. Jeder Betroffene aber, der sich mit bleibenden Tatsachen konfrontiert sehe, solle glauben, es gehe nur um sein persönliches Pech, das da vor ihm liege; ein bedauerlicher Einzelfall.

Die Medien seien anfällig dafür, denjenigen Lumpen, der Brunnen dort bohre, wo über kurz oder lang Kinder hineinfallen müssten, hinterher auch noch als Helden zu feiern, nachdem der nämlich dabei geholfen habe, ein Opfer herauszuziehen. Wo sich dieses nicht wiederbeleben lasse, sei bedauerlicherweise der Rettungsdienst überfordert gewesen.

Das dummdreiste Geschwätz, alles sei bald wieder in Ordnung, scheine nach Katastrophen bestens geeignet, ganze Bevölkerungen überall auf dem Globus in stille Resignation zu treiben. Denn die Menschen könnten sehr wohl wissen, wenn sie manipuliert würden, viele aber fühlten sich dem hilflos ausgeliefert und wendeten sich achselzuckend ab. Früher hätten die Ureinwohner fremder Kontinente Gold für Glasperlen gegeben. Heute ließen sich die 'Eingeborenen des Planeten Erde' wider besseres Wissen dazu überreden, ihre Umwelt aus Luft, Wasser, Tieren und Pflanzen wegzugeben für gestohlenes Rohöl.

Nach seiner Überzeugung sei die Menschheit keineswegs damit einverstanden, weiterhin die Natur so zu beanspruchen, dass man bald Kontinente und Meere nicht wiedererkennen könnte, vom Wetter ganz zu schweigen. Es gebe durchaus Anhaltspunkte dafür, dass sie bereit wären, auf einiges zu verzichten. Jedoch unter der selbstverständlichen Voraussetzung, dass der Verzicht am Ende gleichermaßen alle beträfe.

Es sei für Staaten schon immer gefährlich gewesen, ein Wohlstandsgefälle gegen Nachbarn verteidigen zu wollen. Globalisierung heiße in Wirklichkeit, keinem Land, keinem Meer und keiner Bevölkerung könne es in Frieden auf Dauer besser gehen als den anderen.

Das sei auch der unabweisbare Grund dafür, dass hochindustrialisierte Staaten, die sich ihren materiellen Wohlstand nicht zuletzt auf Kosten Dritter und Vierter Welten erwirtschaftet hätten, beim Verzicht auf weitere Belastungen des Klimas und der Umwelt voranzugehen hätten. Und zwar ohne lange zu fragen, was andere täten. Sie seien doch auch ohne Rücksicht auf andere vorangegangen, als es um die Ausplünderung gegangen sei. Wer eigentlich schäme sich heute dafür?

Kein Problem – weiß *Hypolite Van Tast* – zwar handle es sich bei gegenwärtigen staatlichen Repräsentanten gelegentlich um Fehlbesetzungen, doch lasse man sich schließlich diverse Künstlerinnen und Künstler eine Menge Geld kosten, damit sie sich bei Bedarf gründlich schämten. Ja, dies gelte besonders auch für die gesetzlich verordnete Kunst am Bau, die ihr gelegentlich Tränen in die Augen treibe, *Borromea Worthswerd* kann nicht anders und ist weiterhin ehrlich. Früher sei man ja so dumm gewesen zu glauben, der Bau selbst solle ein Kunstwerk sein, was schließlich zu windschiefen Banktürmen geführt habe. Nur unter Drogen gesetzt, webten gefangene Spinnen ein ähnlich verkorkstes Netz anstatt frei frische Gespinste mit Perlen im Morgentau. Das verhalte sich grundsätzlich ähnlich wie bei einem deutschen Krustenbraten, bestätigt *Frank U. Frey*. Früher hätten Kruste und Braten noch zusammengehört. Dieses Problem jedoch sei längst leicht gelöst dadurch – ergänzt *Mlle Bleu de Ley* – dass man alles als Hackfleischbällchen serviere, am besten mit goldgelbem Genmais, wenn den allerdings auch jeder Schädling verachte.

Blut, Schweiß und Tränen habe Churchill seinen Landsleuten versprochen, um sich einem drohenden Unheil entgegenzustemmen. Und sie seien ihm gefolgt. Das beweise immerhin, dass Menschen bereit seien, für eine gute Sache selbst schwere Zumutungen in Kauf zu nehmen. Sie müssten nur verstehen wofür.

Kämen Politikerinnen und Politiker daher, und es wäre eine größere Sorge erkennbar als die um ihr nächstes Wahlergebnis, so wäre zwar die grundsätzliche Unfähigkeit manch professioneller Bekümmerer des Gemeinwohls nicht kleiner, doch fiele es leichter, ihnen jene Kompromisse nachzusehen, die gerade da, wo es um alles gehe, oft so faul seien, dass sie erbärmlich zum Himmel stänken. Ja, Eliten wären gut, aber nicht nur solche. Vielleicht solle man versuchsweise die Hälfte davon zum Teufel jagen und ihre Positionen in der staatlichen Lotterie verlosen, nicht untypisch diese Zwischenbemerkung von *Frank U. Frey*.

Milliardäre sollten die Zeit nicht damit vertun, sich für ihre Großzügigkeit feiern zu lassen, bloß weil sie plötzlich die eine Hälfte ihres Reichtums verschenken. Wären sie vorher in der Lage gewesen, zumindest einen Teil dieses Geldes überhaupt jemals redlich zu verdienen, dann sollten Sie sich jetzt besser einfach hinsetzen und für ihr neues Ziel ehrlich arbeiten. Seinetwegen auch um die Welt zu einem besseren Platz zu machen, wie es in jener verharmlosenden Phrase heiße. Als wäre dort vorher jederzeit schon ein guter gewesen. Es würde ihm allerdings bereits genügen, wenn sie endlich damit aufhörten, diese Welt weiterhin in industriell-technischem Größenwahn zu verunstalten.

Nein, aus solchen Ingredienzen lasse sich kein schmackhaftes Gericht bereiten, stellt *Hypolite Van Tast* mit Bedauern fest. Er aber hätte als erprobter Koch eine gefällige Götterspeise bereiten können, die heruntergegangen wäre wie Honig. Endlich ein Gericht? fragt *Mlle Bleu de Ley*. Aber bitte mit Pfeffer und Salz, fordert *Frank U. Frey*, der die fade Kost scheinheiliger Beschwichtigung satt hat.

Wie schön wären Eintracht und Harmonie überall! Doch nur wer hier wie dort den Teufel unberechtigter Konkordanz nicht fürchte – *Borromea Worthswerd* erinnert sich, ein Märchen in dem Sinne verstanden zu haben – der könne ihm die drei, vier goldenen Haare ausreißen und dafür ein angemessenes Bild unserer Welt gewinnen, am Ende vielleicht gar der gesamten.

Anmerkungen

Die in Anführungszeichen stehenden Titel beziehen sich, wo nicht anders zugeordnet, auf Originalarbeiten des Autors. Bei Mehrfachnennungen werden sie abgesehen von dem hauptsächlichen Auftreten unten in Kurzform zitiert. Wie im entsprechenden Verzeichnis angegeben, lassen sie sich als pdf-Dateien von den Webseiten des Autors herunterladen. Um Missverständnisse auszuschließen, sind die *Namen fiktiver Personen* – die allerdings sehr reale Entsprechungen haben – im Text kursiv geschrieben. Wer aber auf deren Zwischenrufe oder auch die Ausführungen des Anhangs lieber verzichten möchte, dem seien die oben genannten physikalischen Arbeiten noch einmal ans Herz gelegt. Das gleiche gilt für vereinzelte drastische Formulierungen, die dort selbstverständlich nicht vorkommen.

1] „A natural vierbein approach to Einstein's non-Euclidean line element in view of Ehrenfest's paradox". – *peter-ostermann/131130*. Hier, wo sich auch die Quellenangabe findet, ist Einsteins Artikel eingehend diskutiert.

2] „Zur relativistischen Behandlung einfacher Bewegungsabläufe in abgeschlossenen Systemen" – *Ph.u.D.85-1/831029*

3] „A Strange Detail Concerning the Variational Principle of General Relativity Theory" – *arXiv.org/abs/gr-qc/0410068v1*

4] Assoziativ: „Und es macht nichts, dass ich mal irre, ich hab' recht wo mir's drauf ankommt, hab' recht wo's drauf ankommt."

5] Die ganze Entwicklung ist abgesehen von der diesbezüglichen Korrespondenz, die ich bei Bedarf sehr gerne zusätzlich zur Verfügung stelle, bei arXiv dokumentiert bis zur letzten Version v4 von „A Strange Detail Concerning the Variational Principle ..." – *arXiv.org/abs/gr-qc/0410068v4*

6] „Indication from the Supernovae Ia Data of a Stationary Background Universe" – *MG12-Talk-COT2/090716* – sowie „Relativistic Deduction of a Stationary Tohu-va-Bohu Background Cosmology" – *MG12-Talk-COT3/090717*

7] s. Hinweis zu diesem Buch am Ende der Aufstellung „Artikel und Vorträge des Autors".

8] s. unten „Model of a Stationary Background Universe ..." (SUM).

9] „Der richtige Nobelpreis mit der falschen Begründung" – *peter-ostermann/111210* – Der Sachverhalt findet sich hier ausführlicher dargestellt.

10] „A Strange Detail Concerning the Conceptualization of the Hubble Constant" – *peter-ostermann/131206*. Dort mehr zu den eigentlichen Entdeckern samt Nachweis einer historischen Fehlkonzeption.

11] „Das relativistische Modell eines stationären Hintergrunduniversums und die Supernova-Ia-Daten" – *DPG-Vortrag/GR-205.2/070306/A* – und s. unten „Model of a Stationary Background Universe…" (SUM). Abgesehen von einem darin enthaltenen aktuellen Abschnitt findet sich eine solche Gegenüberstellung kompakt auch in s.o. „Der richtige Nobelpreis…".

12] Wie die hier besprochene stationäre Lösung SUM, auf die das Diagramm Bezug nimmt, erst einige Jahre nach Veröffentlichung der Supernova-Daten, doch ohne deren Kenntnis gefunden wurde, und warum sie vorher so lange verborgen blieb, darüber und über Anderes wird berichtet in s.o. „Das relativistische Modell eines stationären Hintergrunduniversums…" und vor allem in einem eigenen Abschnitt von s.u. „Model of a Stationary Background Universe…" (SUM).

13] Fred Hoyle, Geoffrey Burbidge, Jayant V. Narlikar: „A Different Approach to Cosmology".

14] „The Concordance Model - a Heuristic Approach from a Stationary Universe" – *arXiv.org/abs/astro-ph/0312655v1 – (2014 extended v6)*

15] „I'm sick and tired of hearing things from uptight, short-sighted, narrow-minded hypocritics. All I want is the truth, just gimme some truth…" – John Lennon (s.u.)

16] „Die Einweg-Lichtgeschwindigkeit auf der rotierenden Erde und die Definition des Meters" – *arXiv.org/abs/gr-qc/0208056*. Das Thema ist in dieser Arbeit eingehend behandelt, welche die Grundlage für die gesamte weitere Entwicklung bis hin zu SUM gewesen ist.

17] Nachträglich habe ich erfahren, dass dieser Sachverhalt dem Physiker Franco Selleri bekannt war. Allerdings hat er in „Bell's spaceships and special relativity", das er mir freundlicherweise schickte, daraus einen völlig falschen Schluss gezogen, den ich sofort wiedererkannte, weil ich vorher einmal beinahe selbst auf eine ähnliche Argumentation hereingefallen wäre. Es stimmt zwar, dass das Konzept einer absoluten Gleichzeitigkeit samt ausgezeichnetem Bezugssystem – das erst im Hinblick auf das Linienelement SUM von Einsteins allgemeiner Gravitationstheorie tatsächlich gerechtfertigt ist – die einfachste Beschreibung der physikalischen Realität erlaubt. Doch lässt sich dessen Existenz nicht innerhalb der speziellen Relativitätstheorie beweisen, weil das nur unter Einbeziehung der universalen Verteilung von Materie und Strahlung einschließlich eines 'Blicks aus dem Fenster' zu den Sternen gelingt, s.o. „Die Einweg-Lichtgeschwindigkeit…". Abgesehen davon, und obwohl er im Gegensatz zu Roman Sexl und anderen über das Ziel hinausgeschossen ist – ich denke daran, gelegentlich zwei meiner eMails darüber auf die Internet-Seite zu stellen – sind seine diesbezüglichen Arbeiten aber sehr interessant, in denen er teilweise mit Co-Autoren den Inhalt einiger Abschnitte vorweggenommen hat. Im Unterschied zur meiner Behandlung des Gegenstands, fehlen dort die allgemeine interne Synchronisationsbedingung für stationäre Systeme, die Richtigstellung der Meterdefinition, sowie die Diskussion des Ehrenfest'schen Paradoxons samt Nachweis der Unmöglichkeit einer scharfen Trennung von relativistischer Kinematik und Dynamik. Außerdem fehlt die ausdrückliche Feststellung, dass Atomuhren und Maßstäbe als 'natürliche' Geräte im Sinne Einsteins nicht in der Lage sind, universale Längen und Zeiten ohne Korrekturen anzuzeigen, was für die Kosmologie von fundamentaler Bedeutung ist.

18] „Zur Elektrodynamik bewegter Körper", Albert Einstein 1905 in den Annalen der Physik. Die Hervorhebung der Wörter *durch Definition* entspricht derjenigen im Original, wobei Kursiv- und Normalschrift hier aber vertauscht sind.

19] Details s.o. „Die Einweg-Lichtgeschwindigkeit...", für den entsprechenden und einige andere wichtige Abschnitte genügt dort bereits Schulmathematik. Der Lohn ist die Lichtgeschwindigkeit für Genießer.

20] Vom Bureau Internationale des Poids et Mesures (BIPM) damals erhalten „Le Système International d'Unités", 6ᵉ Éd., 1991

21] Bei Bedarf werde ich unter dem Menüpunkt 'Einsichten' unter anderen auch gerne die Ausflüchte jener nennen, die diesen Vorschlag von Berufs wegen hätten prüfen müssen. Sie werden aus Steuermitteln dafür bezahlt, scheinen sich aber mit Bezug auf übliche Beschwichtigungen und Rücksicht auf kollegiale Autoritäten um jede neue Idee herumzudrücken, welche die Mühsal und das Risiko eigener Gedanken abseits ausgetretener Pfade verlangt. Auf dieses Verhalten hat die PTB leider kein Patent, vielmehr findet es sich in einträchtiger Entsprechung ebenso an anderen Instituten, Institutionen und Redaktionen, was nach meinen Erfahrungen für den heutigen Zustand des Naturwissenschaftsbetriebs leider alles andere als untypisch zu sein scheint.

22] Diese Note von Asher Peres war unter dem – wie er mir in einem eMail kurz schrieb – von 'diesen Idioten' eigenmächtig umformulierten Titel „Defining length" 1984 bei Nature erschienen.

23] s.o. „Die Einweg-Lichtgeschwindigkeit...".

24] Die Seminararbeit des Autors wird bei Bedarf ebenfalls als pdf-Datei zur Verfügung gestellt.

25] s.o. „Die Einweg-Lichtgeschwindigkeit...".

26] Ebenso wie 'Zeitdilatation' benutze ich der Kürze halber diesen gebräuchlichen Begriff, wobei immer zu beachten ist, dass es lediglich die von Uhren angezeigten Takte sind, deren Anzahl im Vergleich zwischen verschiedenen Uhren gegebenenfalls veränderlich ist, nicht aber die universalen Zeit selbst.

27] s.o. „Die Einweg-Lichtgeschwindigkeit...".

28] „Skizze einer offenen Theorie von Elektrodynamik, Gravitation, Quantenmechanik" – *peter-ostermann/060915*

29] Auf der 85. Naturforscherversammlung 1913 in Wien hat Einstein nach seinem Vortrag „Zum gegenwärtigen Stande des Gravitationsproblems" im Verlauf einer Diskussion mit Gustav Mie diese Unterscheidung des logischen vom psychologischen Aspekt in die Bewertung der historischen Entwicklung physikalischer Theorien ausdrücklich eingeführt und zu Hilfe genommen.

30] s.o. „*A natural vierbein approach*...". – Die ganze Raum-Zeit-Problematik samt der realen Bedeutung der nichteuklidischen Geometrie ist dort zum offenbaren Erschrecken befragter Experten und ablehnender Herausgeber ausführlich behandelt.

31] s.o. „*A natural vierbein approach*...", wo die historische Entwicklung von Riemann zu Einstein mitsamt der von Poincaré aufgezeigten alternativen Deutung anhand von Auszügen der Originalarbeiten aufgeklärt ist.

32] In Arthur Schilpps „Einstein – Philosoph und Naturforscher".

33] Die Quellenangaben sämtlicher zitierter Artikel sind bei Bedarf leicht dem jeweiligen Literaturverzeichnis der betreffenden Arbeit des Autors zu entnehmen, hier beispielsweise aus dem der unter 1] genannten, wie sofort aus dem Textzusammenhang im Buch hervorgeht.

34] s.o. „Skizze...". Die mathematischen Grundlagen dieser Arbeit wurden ursprünglich beim MG11-Meeting 2006 in Berlin vorgestellt unter dem Titel „Basic relations of a unified theory of electrodynamics, quantum mechanics, and gravitation" – *MG11-Talk-A19/060727*, danach noch einmal in einem Vortrag auf der Frühjahrstagung 2007 der Deutschen Physikalischen Gesellschaft unter dem Titel „Das Variationsprinzip einer einheitlichen Theorie von Elektrodynamik, Gravitation und Quantenmechanik" – *DPG-Vortrag/MP-3.3/070306/B*

35] s.o. „Skizze ...".

36] s.o. „Zur relativistischen Behandlung einfacher Bewegungsabläufe...".

37] s.o. „Skizze ...", hier insbesondere auch eine dort enthaltene Tabelle.

38] In Übersetzung ursprünglich etwa: „Ich flicke ein Loch, in das der Regen hineinläuft und meine Gedanken daran hindert zu wandern, wohin sie wollen...". Aufgrund genannter Miss-Verständnisse im Sinne der Etymogelie *Mlle Bleu de Leys* allerdings ließe sich auch assoziieren: „Ich fixiere ein Loch, in das der Regen hineinläuft, und hör' auf, mich in Gedanken zu fragen, wohin er wohl geht..." – *englisches Original wie 4], 58] Paul McCartneys „Fixing a hole".*

39] Einsteins von ihm selbst als revolutionär bezeichnete Arbeit, die schließlich zum Begriff des Photons führte, hieß „*Über einen die Erzeugung und Verwandlung des Lichtes betreffenden heuristischen Gesichtspunkt".*

40] s.o. „Skizze...". Seit Jahren geplant und großenteils fertig ist ein anderes Buch, das alle mathematisch-physikalischen Ergebnisse zusammenfassen soll. Auch das ist ein Grund, warum ich mich entschieden habe, keine weitere Zeit mit überforderten Herausgebern zu vertun, sondern die Dinge selbst in die Hand zu nehmen.

41] „Model of a Stationary Background Universe Behind Our Cosmos" (SUM)
– *peter-ostermann/130515;* mit neuem Titel das gleiche wie *arXiv:astro-ph/0312655v6*
(47 pages, 10 figures, 1 table); als Hauptteil auch enthalten im gleichnamigen Buch
„SUM – Model of ... ". – Vorläufer sind u.a. die beiden oben genannten Arbeiten
„Indication from the Supernovae Ia Data ... " sowie „Relativistic Deduction ... ".

42] Siehe Fig.1 für das entsprechende Diagramm oder auch Table 1 für eine
Gegenüberstellung in s.o. „Model of a Stationary Background Universe ... "
(SUM), beziehungsweise s.o. „The Concordance Model ... " – *(2014 extended v6)*

43] s. vorausgegangene Anm. 42]

44] s.o. „Das relativistische Modell eines stationären Hintergrund-
universums ... ". Danach im MG12-Talk s.o. „Indication from the Supernovae Ia
Data ... " sowie zuletzt wesentlich erweitert vor allem in s.o. „Model of a
Stationary Background Universe ... " (SUM).

45] s.o. „Skizze ... ".

46] s. Anm. 44]

47] s.o. „Die Einweg-Lichtgeschwindigkeit ... ".

48] „Ein stationäres Universum und die Grundlagen der Relativitätstheorie" –
arXiv.org/abs/physics/0211054

49] s.o. „A Strange Detail Concerning the Conceptualization ... ". Dort mehr zu
den eigentlichen Entdeckern der Rotverschiebung samt Nachweis der
historischen Fehlkonzeption des Hubble-Parameters.

50] s.o. „Ein stationäres Universum ... ".

51] s.o. „Indication from the Supernovae Ia Data ... " und zuletzt in s.o. „Model
of a Stationary Background Universe ... " (SUM).

52] s.o. „Der richtige Nobelpreis ... ". Diesen Beitrag habe ich als speziellen
Glückwunsch an die SNe-Ia-Teams 2011 auf meine Webseite gestellt, nachdem
ich ihn per eMail-Anhang an die drei Preisträger geschickt hatte, wo er
wahrscheinlich im SPAM-Filter verschollen ist.

53] Aus den beiden in Anm. 6] genannten MG12-Talks hat sich s.o. „Model of a
stationary Background Universe ... " (SUM) entwickelt.

54] Die kosmischen Obergrenzen von Eigenlänge und Eigenzeit sind in einem
Abschnitt von s.o. „Skizze ... " oder auch kompakt in s.o. „Das relativistische
Modell eines stationären Hintergrunduniversums ... " mathematisch abgeleitet.

55] s.o. „The Concordance Model ... " – *(2014 extended v6)* oder s.o. „Model of a
Stationary Background Universe ... " (SUM).

56] s.o. „Model of a Stationary Background Universe ... " (SUM).

57] s. vorausgegangene Anm. 56]

58] Etwa: „Sieh mal, wie sie da steh'n die Leute, die nicht einverstanden sind,
nie gewinnen und sich fragen, warum sie nicht in meine Tür hineinkommen."
Eine freiere Übersetzung wäre vielleicht „auf diesen Trichter" statt „in meine
Tür".

59] s.o. „A Strange Detail Concerning the Conceptualization…".

60] s.o. „Ein stationäres Universum …".

61] Auf deutsch etwa: „Stell dir vor, kein Urknall; ganz leicht, wenn du willst; kein Ende von allem; über uns der offene Himmel … vielleicht bin ich ein Träumer … stell dir vor, keine -ismen; ist schwer genug; kein Zwang, kein Ertragen; und auch keine Dogmatik dazu; stell dir vor, die vielen Leben; in ihren Welten all … ". – (kosmologische Assoziation zu John Lennons „Imagine")

62] Weitere Bemerkungen dazu finden sich in s.o. „Model of a stationary Background Universe …" (SUM), oder bereits auch in s.o. „Der richtige Nobelpreis…".

63] Nur ein Beispiel ist eine hervorragende Arbeit von Lieu, Mittaz & Zhang 2006 zum Sunyaev-Zel'dovich Effekt. Es lohnt sich die erste Version bei arXiv mit der endgültig akzeptierten und schließlich in ApJ erschienenen zu vergleichen. Geplant sind zusätzliche Menüpunkte 'Einsichten' auf peter-ostermann.de beziehungswese 'Insights' auf independent-research.org.

64] „With God on Our Side", Bob Dylans Text könnte für viele Scheinheilige eine heilsame Medizin sein, wenn sie diese nur endlich einmal schlucken würden.

Artikel und Vorträge des Autors

Sämtliche hier in umgekehrter chronologischer Reihenfolge aufgeführten physikalischen Originalarbeiten des Autors lassen sich von
independent-research.org oder von der Webseite peter-ostermann.de
als pdf-Dateien herunterladen:

peter-ostermann/131206: „A Strange Detail Concerning the Conceptualization
of the Hubble Constant"
peter-ostermann/131130: „A natural vierbein approach to Einstein's non-
Euclidean line element in view of Ehrenfest's paradox"
peter-ostermann/130515: „Model of a Stationary Background Universe Behind
Our Cosmos"; mit neuem Titel das gleiche wie *arXiv:astro-ph/0312655v6*
(47 pages, 10 figures, 1 table)
peter-ostermann/111210: „Der richtige Nobelpreis mit der falschen
Begründung"
MG12-Talk-COT2/090716: „Indication from the Supernovae Ia Data of a
Stationary Background Universe" – *(komprimiert auf 3 Seiten in*
MG12-Proceedings 2012)
MG12-Talk-COT3/090717: „Relativistic Deduction of a Stationary Tohu-va-
Bohu Background Cosmology" – *(komprimiert auf 3 Seiten in*
MG12-Proceedings 2012)
DPG-Vortrag/GR-205.2/070306/A: „Das relativistische Modell eines
stationären Hintergrunduniversums und die Supernova-Ia-Daten"
DPG-Vortrag/MP-3.3/070306/B: „Das Variationsprinzip einer einheitlichen
Theorie von Elektrodynamik, Gravitation und Quantenmechanik"
peter-ostermann/060915: „Skizze einer offenen Theorie von Elektrodynamik,
Gravitation, Quantenmechanik"
MG11-Talk-A19/060727: „Basic relations of a unified theory of
electrodynamics, quantum mechanics, and gravitation" – *(komprimiert*
auf 3 Seiten in MG11-Proceedings 2008)
arXiv.org/abs/gr-qc/0410068: „A Strange Detail Concerning the Variational
Principle of General Relativity Theory" – *(2014 extended v4)*
arXiv.org/abs/astro-ph/0312655: „The Concordance Model - a Heuristic
Approach from a Stationary Universe" – *(2013 extended v6)*
arXiv.org/abs/physics/0211054: „Ein stationäres Universum und die
Grundlagen der Relativitätstheorie"
arXiv.org/abs/gr-qc/0208056: „Die Einweg-Lichtgeschwindigkeit auf der
rotierenden Erde und die Definition des Meters"
Ph.u.D.85-1/831029: „Zur relativistischen Behandlung einfacher
Bewegungsabläufe in abgeschlossenen Systemen"

Die aufgeführten Artikel und Vorträge finden sich mit einigen Überarbeitungen auch zusammengestellt in zwei Büchern „Zu Relativitätstheorie, Kosmologie und Quantenmechanik" (ISBN 978-3-941550-24-7), digIT-Verlag 2008, sowie „SUM – Model of a Stationary Background Universe Behind Our Cosmos" (ISBN 978-3-941550-25-4), digIT-Verlag 2014. Die pdf-Dateien auf den oben genannten Webseiten sind inzwischen teilweise überarbeitet. Wie in den beiden Büchern finden sich dort auch ausführliche Literaturangaben, deren Auflistung – abgesehen von diversen direkten Hinweisen im Text – im Folgenden nicht überflüssigerweise wiederholt werden soll. Zusätzlich könnte bald auch ein eigener Menüpunkt „Einsichten" auf meinen Webseiten diverse Einblicke in die aktuelle Entwicklung geben.

Literatur

Den nicht speziell mathematisch interessierten Leserinnen und Lesern seien zahlreiche sehr gute Einstein-Biographien empfohlen, darunter hervorragende wie die frühe von Carl Seelig und eine späte von Albrecht Fölsing.

In meinen Augen die vielleicht wertvollste von allen ist Abraham Pais' „Raffiniert ist der Herrgott ...". Eine gewisse Sonderstellung nimmt Klaus Hentschels reichhaltiges Werk „Interpretationen und Fehlinterpretationen der speziellen und der allgemeinen Relativitätstheorie durch Zeitgenossen Albert Einsteins" ein. Was die historische Entwicklung von den Vorsokratikern der Antike bis hinein in die Neuzeit betrifft, so hat sich Shmuel Samburskys „Der Weg der Physik – 2500 Jahre physikalischen Denkens" als wahre Fundgrube erwiesen.

Vor allem aber Einsteins höchst aufschlussreiche eigene Beiträge „Autobiographisches" und „Bemerkungen ..." in Arthur Schilpps „Einstein – Philosoph und Naturforscher" seien allen Leserinnen und Lesern ans Herz gelegt. Ansonsten sind neben den beiden wenig umfangreichen, dafür aber sehr erhellenden Schriften „Über die spezielle und die allgemeine Relativitätstheorie" sowie „Grundzüge der Relativitätstheorie" von Einstein selbst, die Fachbücher zum gleichen Thema von Max v.Laue, Wolfgang Pauli, Herman Weyl, Lew Landau mit Jewgeni Lifschitz, sowie von Steven Weinberg überaus empfehlenswert.

Die Collected Papers of Albert Einstein sind inzwischen längst unverzichtbar geworden, von denen bisher in den Bänden 1–13 sämtliche Originalarbeiten sowie die nahezu gesamte erhaltene Korrespondenz bis 1921/23 erschienen sind. Sie umfassen teilweise auch bereits einige der in Einsteins „Mein Weltbild" und „Aus meinen späteren ..." zusammengestellten Beiträge.

In diesem Zusammenhang sei auch hingewiesen auf zahlreiche wichtige zusätzliche Arbeiten verschiedener an der Herausgabe der Collected Papers verantwortlich beteiligter Autoren wie John Stachel und andere. Viele wertvolle Beiträge zum Thema 'Einstein' sind speziell am Max-Planck-Institut für Wissenschaftsgeschichte in Berlin unter Leitung von Jürgen Renn oder in dessen Umfeld entstanden.

Das Internet mitsamt der darin eingebetteten Enzyklopädie Wikipedia hat sich inzwischen schier unerschöpflich ausgewachsen. Bei dieser Gelegenheit will ich deshalb auch sehr gerne meinen Dank abstatten an selbstlose Autorinnen und Autoren. Im Zusammenhang mit Themen dieses Buches habe ich viele ihrer Beiträge, besonders auch hinsichtlich historischer Details, in der Regel als seriös und hilfreich gefunden, wie das bei fälligen Verifizierungen nahezu immer festzustellen war. Ohne den e-Print-Server arXiv.org, der sich nahezu perfekt zum Aufstöbern eignet, wäre mir, wie wohl vielen anderen, die Verfolgung aktueller Entwicklungen in den letzten fünfzehn Jahren schwer gefallen. Im fehlenden alltäglichen Umgang mit Kollegen, die oft auch beiläufig auf interessante Veröffentlichungen aufmerksam machen, lag gewiss ein Nachteil meiner Arbeitsweise.

In den Originalarbeiten des Autors findet sich eine Fülle ausführlicher Literaturangaben, deren Auflistung – abgesehen von diversen direkten Hinweisen im Text – hier nicht überflüssigerweise wiederholt werden soll.

Danke

Von Herzen danke ich meiner lieben Frau Marga für ihre Geduld, meinem Bruder und wahren Freund Wilfried, meiner treuen Schwester Ruth – nicht zuletzt auch für ihre sorgfältige Korrektur – und überhaupt der Familie, ohne die dieses Buch so nicht möglich gewesen wäre. Dabei gehen die Gedanken weiter zurück zu denen, die vorher waren, insbesondere zu dem gegenüber irdischen Autoritäten und Würdenträgern unbeirrbaren Vater sowie zu der bei aller gelebten Bescheidenheit unvergleichlich wort- und nuancenreichen Mutter. Natürlich richtet sich der Blick andererseits in die Zukunft zu Enkelkindern und all denen, die bereits unterwegs sind oder sich bald auf den Weg machen werden.

Meine beiden Söhne Matthias und Nikolas haben das Manuskript intensiv gelesen und weder mit Kritik noch mit wertvollen Fragen, Anregungen und Vorschlägen gespart. Es liegt nicht an ihnen, dass mancher Absatz des kurzen Anhangs stehen geblieben ist. Einige weitere Testleserinnen und -leser haben das Buch – mit teilweise ähnlichen Anmerkungen – ebenfalls diskutiert.

Eigene Erwähnung verdienen auch sämtliche Mitarbeiter des kleinen digIT Verlags sowie mein ehemaliges Heureka-Team. Sie haben mir geholfen, die Voraussetzungen für ein Leben als unabhängiger Physiker zu schaffen. Mein Dank gilt außerdem noch manch anderen in Bruttig-Fankel, Bremm, Cochem, München, Stuttgart, Kempten, Erftstadt, Metz, Berkeley, Berlin und andernorts, die ich nicht alle einzeln aufzählen kann. Ein spezieller Dank geht an Bob Jantzen, der großzügig erlaubt hat, drei seiner 'besinnlichen' Weihnachts-Cartoons hier zu verwenden. Viele liebe und freundliche Menschen seien daran erinnert, dass ich sie gewiss nicht vergessen habe und nicht vergessen werde. Stellvertretend seien in diesem Sinne Jim Goldberger und nicht zuletzt der stets optimistisch und weltoffen gewesene Henri Ormond genannt.

Glossar

Das folgende Glossar gibt Erkenntnisse, Folgerungen und Überzeugungen des Autors wieder, die über viele Jahre aus dessen physikalischen Arbeiten entstanden sind. Diese könnten bei eingeschworenen Urknall-Kosmologen zum Teil auf heftigen, wenn nicht wütenden Widerspruch stoßen. Mögen die berufenen 'Fachgenossen' – Einsteins Ausdruck – alles, was falsch ist, im Sinne einer vernünftigen Weiterentwicklung der Kosmologie konkret widerlegen und endgültig klären.

Allgemeine Relativitätstheorie: Albert Einstein hat für seine allgemeine Relativitätstheorie seinerzeit drei klassische Tests vorgeschlagen, die in den berühmten Effekten von Gravitationsrotverschiebung im Schwerefeld, Periheldrehung des Merkur und Lichtablenkung durch gravitative Krümmung der Strahlen instrumentell längst einwandfrei bestätigt sind. Als vierter jener historischen Tests, die sich zunächst allesamt auf die Schwarzschild-Lösung seiner Gleichungen bezogen, ist erst rund fünfzig Jahre später die Laufzeitverzögerung von Radarsignalen beim Vorbeigang an der Sonne hinzugekommen. Es ist bezeichnend, dass Einstein die Berechnung dieses vierten Effekts gewissermaßen 'vergessen' hat. Trotz aller überwältigenden Bestätigungen seiner wunderbaren Gravitationsgleichungen ist es ganz unnötig, Raum und Zeit selbst irgendwelche physikalischen Eigenschaften zuzuschreiben. Es genügt zu akzeptieren, dass es in der Natur nicht nur keine vollkommen starren Maßstäbe gibt, sondern dass solche angesichts der speziellen Relativitätstheorie sogar physikalisch unmöglich sind. Daraus nämlich lassen sich alle von der allgemeinen Relativitätstheorie in ihrer herkömmlichen Form zutreffend erfassten Ergebnisse einwandfrei ableiten. Einsteins unnötige geometrische Auffassung allerdings versagt. Der Kürze halber möchte ich deren neue Interpretation durch die Bezeichnung 'allgemeine Gravitationstheorie' oder einfach 'Gravitationstheorie' unterscheiden, und zwar im Rahmen einer künftigen → *Einheitlichen Theorie von Gravitation und Quantenmechanik* , die auch die → *Bimetrische Relativitätstheorie* einschließt.

'Alter des Universums': Im Rahmen des stationären Modells ergeben sich mathematisch gewisse prinzipiell nicht überschreitbare Obergrenzen. Diese schließen eine maximale Eigenzeit ein, die üblicherweise bisher als das 'Alter des Universums' bezeichnet wird und mit der → *Hubble-Zeit* übereinstimmt. Das neue Verständnis dieser Zeitspanne als größtmögliche Lebensdauer evolutionärer Strukturen ist insofern befriedigend, als innerhalb der Physik einerseits kein Beginn dieses Universums, andererseits aber auch keine unvergänglichen kosmischen Gebilde vorstellbar sind. In einem ewig jungen unendlichen Universum können diese zu verschiedenen Zeiten entstehen und dann zu verschiedenen Zeiten vergehen. Unser → *Kosmos* hat ein bestimmtes Alter, nicht aber das → *Universum*. Gemäß heutigem → *Konkordanzmodell* würde ein Universum, in dem es überhaupt Leben geben kann, nur vorübergehend existieren. Und zwar von all der unendlich langen Zeit, die auf den dort zugrundegelegten Urknall folgen sollte, gerade nach knapp vierzehn Milliarden Jahren, das heißt – bis auf ein paar Milliarden hin oder her – also: zufällig heute.

Anthropisches Prinzip: Ein Beispiel für die Kunstfertigkeit der Konkordanzkosmologen ist die Berufung auf ein anthropisches Prinzip, das erklären soll, dass wir heute ausgerechnet in derjenigen kurzen Epoche dieses Universums leben, in der es uns eben nur geben darf. Mit einem solchen Prinzip könnte man ebensogut rechtfertigen, dass wir uns mit unserer Milchstraße zufällig gerade im Mittelpunkt des Universums befinden.

Äquivalenzprinzip: In Anlehnung an Einstein besagt das Äquivalenzprinzip, dass die Wirkung des Schwerefelds in einem stehenden Aufzug der Wirkung einer Beschleunigung außerhalb des Schwerefelds gleichwertig sei. Heute ist es viel leichter, statt an den Aufzug an eine Raumkapsel an der Spitze einer Rakete zu denken, die vor dem Start zunächst am Boden steht, und später dann vor der Rückkehr aus der Umlaufbahn wieder die Trieb-werke einschaltet. Anders als während der als schwerelos emp-fundenen gleichmäßigen Umläufe, verspüren die Astronauten in beiden Situationen eine Kraft, die sie in ihren Sitzen hält.

Baryonische Materie: Gemäß gegenwärtigem Konkor-danzmodell entfällt auf die gewöhnliche Materie, die baryonisch genannt wird und sich aus den gewöhnlichen Atomen und ihren Bestandteilen zusammensetzt, nur ein Anteil von wenigen Pro-zent. Und selbst davon zählt wiederum nur etwa ein Zehntel zur so genannten leuchtenden Materie. Das würde bedeuten, dass wir nur einen winzigen Bruchteil dessen sähen, was existiert. Die schlichte Wahrheit scheint aber eher, dass wir beispielsweise in der → *Hintergrundstrahlung* viel mehr sehen als wir bisher wirklich verstehen. Eine gemäß SUM selbstverständliche baryo-nische Asymmetrie ist im Rahme der Konkordanzkosmologie nicht vernünftig erklärbar. Die Asymmetrie besteht darin, dass die gewöhnliche Materie des Universums den Anteil an Antima-terie weit überwiegt. Vom angeblichen Urknall aber hätte nichts übrigbleiben dürfen außer Strahlung, von der allerdings auch wieder niemand erklären könnte, wie sie aus dem Nichts ent-standen wäre, ohne zu einem ganz und gar unphysikalischen Wunder Zuflucht zu nehmen.

'Big Bang': Insofern mit diesem pseudophysikalischen My-thos eine Entstehung des ganzen Universums samt Raum und Zeit aus dem Nichts gemeint sein soll, handelt es sich um Sci-ence-'Fiktion'. Weil die meisten Urknall-Kosmologen aber mitt-lerweile endlich gemerkt haben, dass es so nicht geht, sucht man nun zunehmend Zuflucht in weiterem Non-Sense wie 'Parallel-Universen', dazwischen mit 'Wurmlöchern der Raumzeit'. Eben-so wie bei jedem anderen Auftreten mathematischer Unendlich-keiten ist hier die allgemeine Relativitätstheorie in ihrer bisheri-gen – von Einstein selbst ausdrücklich bedauerten – unvollstän-digen Form überfordert. Deshalb sind die Theoreme von Hawking und anderen, welche die Zwangsläufigkeit einer Ur-knall-Singularität angeblich bewiesen haben, schon vom Ansatz

her falsch. Was es demgegenüber offenbar gibt, sind → *Schöpfungsereignisse* als → *Local-Bangs* in originären Gravitationszentren extremer Stärke.

Bimetrische Relativitätstheorie: 'Bimetrisch' bedeutet einen Bezug auf zwei Maßsysteme, im Falle von SUM auf das euklidische des Universums gegenüber dem nichteuklidischen lokaler Maßstäbe und Uhren. Dementsprechend gibt es zwei denkbare Auffassungen der → *allgemeinen Relativitätstheorie*. Der heute durchwegs akzeptierten Auffassung Einsteins hatte bereits Nathan Rosen – auf Basis eines von Tullio Levi-Civita begründeten und von weiteren Autoren fortgeschriebenen mathematischen Ansatzes – eine andere Auffassung gegenübergestellt. Zusätzlich zu der von Rosen selbst so genannten *bimetrischen* Formulierung der allgemeinen Relativitätstheorie allerdings verfasste dieser später noch eine inzwischen widerlegte eigene Gravitationstheorie, die als 'Rosens bimetrische Theorie' bekannt geworden ist, aber nicht mit der hier aufgegriffenen Weiterentwicklung der allgemeinen Relativitätstheorie verwechselt werden darf.

Dopplerverschiebung: Bei einer realen Auseinanderbewegung zwischen Lichtquelle und Messapparatur lässt sich immer eine als Rotverschiebung bezeichnete Änderung beteiligter Wellenlängen beobachten. Dass im umgekehrten Fall eine Blauverschiebung eintritt, wird zusammenfassend als Doppler-Effekt bezeichnet. Doch ein ähnlicher Effekt, der rein gar nichts mit irgendeiner Bewegung zu tun hat, wurde schon von Einstein vorausgesagt und ist als → *Gravitationsrotverschiebung* bekannt und längst experimentell nachgewiesen.

Dunkle Materie: Ganz im Unterschied zu der aus den Supernova-Daten überflüssigerweise geschlossenen → *'dunklen Energie'* spricht sehr viel dafür, dass es die dunkle Materie wirklich gibt, jedoch nicht in ihrer derzeit unterstellten unphysikalischen, sondern in einer weit realistischeren Form. Das Konkordanzmodell unterdrückt bisher einfachste Fragen wie: Welche Temperatur hat diese dunkle Materie, die sich ja in den Rotationskurven der Galaxien als annähernd isotherme Verteilung bemerkbar macht? Wo ist ihre Wärmestrahlung, wenn nicht längst unter anderer Bezeichnung beobachtet? Nach Auffassung des Autors ist der größte – nach heutigem Verständnis der dunklen Energie zugerechnete – Anteil der kalten dunklen Materie aufgrund gleichmäßiger intergalaktischer Verteilung nicht einmal mit Hilfe des → *Gravitationslineneffekts* beobachtbar und scheint somit bis auf ihren Beitrag zur Hintergrundstrahlung tatsächlich 'dunkel'. Während die kalte dunkle Materie die dieser Strahlung durch Rotverschiebung und Absorption verlorengehende Energie aufnimmt, würde ihr im Gleichgewicht dabei durch eine Art Kondensationsprozess die zur Sternbildung erforderliche Energie entzogen.

'Dunkle Energie': Die 'dunkle Energie' sorgt für eine angeblich beschleunigte → *'Expansion des Universums'*, die allerdings niemand beweisen kann und niemand versteht. Der Grund für das fehlende Verständnis ist sehr einfach: eine derartige Expansion gibt es nicht, weder wie erwartet verzögert, noch unerwartet beschleunigt. Nach Auffassung des Autors gäbe es eine solche selbst bei Existenz einer echten → *Hubble-Konstanten* auch nicht gleichbleibend, sondern gar nicht.

Ehrenfest'sches Paradoxon: Der Umfang einer rotierenden Scheibe ist aufgrund der Bewegung durch → *Längenkontraktion* verkürzt, wohingegen Maßstäbe entlang ihres Durchmessers wegen senkrechter Orientierung gegenüber der Bewegungsrichtung keine solche Kontraktion erfahren. Das von einem mitrotierenden Beobachter gemessene Verhältnis von Umfang zu Durchmesser ergibt also nicht mehr die euklidische Kreiszahl π, sondern einen größeren Wert. Im Jahr 1909 wurde dies zuerst von Ehrenfest erkannt und von Einstein erst 1912 ausdrücklich akzeptiert, nachdem er offenbar sehr lange über das Problem nachgedacht hatte. Der größere Wert ergibt sich deshalb, weil der von außerhalb beobachtete *kontrahierte* Umfang der euklidisch richtige wäre, der vom mitrotierenden Beobachter gemessene aber nicht. Theodor Kaluza hat zwischenzeitlich – anlässlich einer äußerst knappen mathematischen Behandlung – bereits im Jahr 1910 die → *nichteuklidische Geometrie* in die Relativitätstheorie eingeführt. Unabhängig von hypothetischen Eigenschaften irgendeiner 'Raumzeit' beweist dies allerdings nicht mehr als die Ungültigkeit einer mit → *natürlichen Maßstäben und Uhren* betriebenen euklidischen Geometrie. Die geometrischen Eigenschaften realer physikalischer Objekte scheinen zwar aufgrund des Ehrenfest'schen Paradoxons zunächst nur Gegenstände in rotierenden Bezugssystemen zu betreffen, gelten dann aber mit Einsteins genialem Äquivalenzprinzip auch für alle anderen in jedem Gravitationsfeld überhaupt.

Eigenlänge und Eigenzeit: Die von Einstein als → *natürlich* bezeichneten Intervalle von Eigenlänge und Eigenzeit sind gemäß der speziellen Relativitätstheorie immer nur gemeinsam definiert, und zwar in grundsätzlich örtlich und zeitlich begrenzten, frei schwebenden lokalen → *Inertialsystemen* des Gravitationsfelds. Auch Meter und Sekunde sind diesbezüglich definiert. Zur Messung universaler Längen und Zeitspannen zwischen Ereignissen in kosmischen Entfernungen aber sind diese Definitionen unbrauchbar, denn das jedenfalls lokal veränderliche Universum lässt sich weder gestückelt ausmessen noch in solchen Eigenlängen mathematisch beschreiben.

Einheitliche Theorie von Gravitation und Quantenmechanik: In einer notwendigen Weiterentwicklung von Einsteins → *allgemeiner Relativitätstheorie* in ihrer herkömmlichen Form soll es sich bei der einheitlichen Theorie von Gravitation und Quantenmechanik – kurz in der allgemeinen Gravitationstheorie – um die makroskopische Näherung einer prinzipiell auf Vollständigkeit angelegten, auch mikroskopisch exakt gültigen, Theorie handeln. Dabei wird der → *phänomenologische Energie-Impuls-Tensor* der von Einstein im Unterschied zu Marmor als Holz bezeichneten rechten Seite seiner Gleichungen durch einen quantisierten Tensor zu ersetzen sein, welcher – wie der Name sagt – mit den Tatsachen der → *Quantenmechanik* in Einklang stehen soll. Die endgültige Bewältigung dieses Problems würde meines Erachtens so etwas wie eine oft mit dem allzu großmäuligen Stichwort 'Weltformel' angesprochene vollständige Theorie bedeuten.

Einstein-de-Sitter-Modell: Das erst mit Messung der Supernova-Daten plötzlich und unerwartet gescheiterte Einstein-de-Sitter-Modell ist entstanden, als Einstein selbst seinerzeit entschied: *„...dann fort mit dem kosmologischen Glied!"* – Dieser überfällige Abschied von der → *kosmologischen Konstanten* allerdings genügte nicht, weil er mit Willem de Sitter nicht ahnte, dass es einen → *negativen Gravitationsdruck* geben könnte.

Einstein-Tensor: Ein aus dem ursprünglich rein mathematischen Riemann-Tensor mit vier Indizes abgeleiteter und als kovariant bezeichneter symmetrischer → Tensor mit nur noch zwei Indizes, der aufgrund der Gravitationsgleichungen dem Energie-Impuls-Tensor bis auf einen konstanten Faktor gleichzusetzen ist. Im Falle des stationären SUM-Linienelements ist er unabhängig von der Zeit.

Elementarteilchen: Es gibt 24 verschiedene, auch als Fermionen bezeichnete Elementarteilchen mit halbzahligem Spin, aus denen sich die Materie zusammensetzt, und zwar 18 Quarks und 6 Leptonen. Die seltsame Übereinstimmung dieser Zahlen mit den 24 Komponenten des → *Windungstensors* springt geradezu ins Auge, wovon 18 nach mathematischer Ausdrucksweise als 'räumlich' und 6 als 'zeitlich' gelten. Für eine dazu denkbare Energiedichte lässt sich eine einfache Kontinuitätsgleichung finden, welche abgesehen von Erzeugungs- und Vernichtungsprozessen die Erhaltung der Teilchenmassen gewährleisten könnte.

Energie-Impuls-Tensor, phänomenologischer: Ein symmetrischer → Tensor hat zehn unabhängige Komponenten. Der entsprechende von Einstein benutzte phänomenologische Energie-Impuls-Tensor ist grundsätzlich mit jeder beliebigen Zusammensetzung einer ansonsten gleichen Materiedichte verträglich – was eine notwendige Voraussetzung für die Gültigkeit des fundamentalen → *Äquivalenzprinzips* darstellt – und enthält demzufolge für sich allein genommen auch keine Information über seine einzelnen Bestandteile. Im Rahmen von SUM ist es möglich, einer eindeutigen Verteilung der Energie im Gravitationsfeld auf natürliche Weise Rechnung zu tragen. Denn hier hängt die Energiedichte des Gravitationsfeldes nicht mehr ab von der Wahl eines willkürlichen Koordinatensystems. Das Modell setzt die Voraussetzung eines ausgezeichneten Bezugssystems voraus ohne jeden Verlust an physikalischer Aussagekraft.

Entropie: Als Entropie wird seit Ludwig Boltzmann der Grad statistischer Unordnung bezeichnet, der gemäß zweitem Hauptsatz der Thermodynamik in allen tatsächlich ablaufenden Prozessen unserer Umwelt nie abnehmen kann. In der Regel nimmt die Entropie sich selbst überlassener abgeschlossener Systeme stets zu, solange überhaupt etwas geschieht. Die Tatsache aber, dass die Gravitation im Unterschied zu anderen Kräften nach aller experimentellen Erfahrung immer nur anziehend wirkt, steht in einem gewissen Widerstreit mit der Entropiezunahme bei statistischer Diffusion. Nun stimmt es zwar, dass eine Umkehrung in Form abnehmender Entropie in keinem jemals von Menschen durchgeführten Experiment je beobachtet werden kann, doch das ist nicht ausgeschlossen dort, wo Gravitation und Quantenmechanik aufeinandertreffen und in Explosionen gigantischer → *supermassiver Objekte* ein neuer Anfang geschieht. Im Gegensatz zur Entropiezunahme bei Diffusionsprozessen liegt dann die Voraussetzung für eine → *physikalische Evolution,* und zwar gerade entsprechend der Weise, wie sich der im stationären Modell auftretende → *negative Gravitationsdruck* von dem stets positiven gewöhnlichen Gasdruck unterscheidet.

Euklidische und nichteuklidische Geometrie: Als die *euklidische* Geometrie wird diejenige bezeichnet, in der die Summe der Winkel aller Dreiecke genau zwei Rechte beträgt und die gewöhnlichen Sätze von Pythagoras, Thales und anderen gelten. Die in voller Allgemeinheit von Riemann entwickelte und zuerst von Kaluza in die Relativitätstheorie eingeführte *nichteuklidische* Geometrie aber dient nach Auffassung des Autors in Bezug auf den dreidimensionalen Raum allein dazu, das Verhalten realer Objekte und Maßstäbe zu beschreiben, nicht aber diesen selbst, der wie die Zeit gar keine physikalischen Eigenschaften hat. Solche Eigenschaften haben immer nur die Dinge darin. Diese einfache Interpretation genügt offensichtlich, um allen experimentellen Tatsachen der Relativitätstheorie gerecht zu werden.

Evolution, physikalische: Im Rahmen des stationären Modells wird die Ursache einer physikalischen Evolution erkennbar, die auf dem ewigen Widerstreit lokaler kosmischer Strukturen gegen Auflösung und Zerfall beruht. Dies widerspricht einer perfekt durchgängigen, gleichmäßigen universalen Verteilung. Was bisher als → *'Alter des Universums'* gedeutet wird, erscheint jetzt als mathematisch begründete maximale Lebensdauer zusammenhängender Strukturen. Sowohl lokale als auch universale Größen trachten ihre Abmessungen jeweils beizubehalten, was aber ohne ständige Neuverteilung über beliebig lange Zeiten offenbar unmöglich ist.

'Expansion des Universums': Die spontane Reaktion Einsteins als Urheber der allgemeinen Relativitätstheorie auf Georges Lemaîtres Konzept einer Expansion des Universums war, diese Idee sei vom physikalischen Standpunkt aus „abscheulich". Die Entwicklung des Modells eines ewig jungen Universums auf Basis seiner wunderbaren, bisher allerdings teilweise missverstandenen Gleichungen, zeigt, dass er wieder einmal recht hatte. Abgesehen von der inzwischen jahrzehntelangen Gewöhnung, in bisheriger Abwesenheit einer besseren Alternative, gibt es hinsichtlich der → *Rotverschiebung* keine reproduzierbaren Fakten, noch irgendwelche überprüfbaren Gründe, die das mathematische Modell eines expandierenden Universums – insbesondere nach Anwendung von → *Ockhams Rasiermesser* – notwendig machen. Für eine vermeintliche Beschleunigung der angeblichen Expansion wird heute eine eigens zu diesem Zweck erfundene → *'dunkle Energie'* verantwortlich gemacht.

Gammastrahl-Ausbruch: Gemessen werden Gammastrahl-Ausbrüche vermutlich explodierender → *Hypernovae*, von denen bekannt ist, dass sie innerhalb weniger Sekunden mehr

Energie freisetzen als die Sonne in Milliarden von Jahren. Diese *Gammablitze* können millionenfach heller sein als selbst lichtstärkste Supernovae.

Gravitationsdruck, negativer: Aus dem stationären Linienelement ergibt sich, dass hier ein negativer Gravitationsdruck auftritt, der einem Drittel der → kritischen Dichte entspricht und die Vielzahl der eingeschlossenen, nahezu frei schwebenden Spiralnebel daran hindert, sich trotz wechselseitiger Anziehung zu einem einzigen Galaxienhaufen zusammenzuklumpen. Dieser negative Druck repräsentiert sämtliche einander großräumig kompensierende Gravitationskräfte des Universums.

Gravitationslinseneffekt: Wie von Einstein richtig vorhergesagt und erstmals bei der berühmten Sonnenfinsternis 1919 von Arthur Eddington und seinen Mitarbeitern nachgewiesen, wird Licht im Gravitationsfeld abgelenkt. Eine Ablenkung würde sich aufgrund der Photonenmasse allerdings auch nach dem Newton'schen Gesetz ergeben, aber nur halb so groß wie von Einstein berechnet. Der richtige Wert beträgt beim Vorbeigang an der Sonne etwa 1,7 Bogensekunden, das sind $1,7/3600 \approx 0,0005$ Grad. Die darin steckende zusätzliche Hälfte wird heute auf die so genannte 'Krümmung des dreidimensionalen Raum' zurückgeführt, ergibt sich aber einfach aus den Bewegungsgleichungen der Einstein'schen Gravitationstheorie, die keinerlei physikalischen Eigenschaften von Raum und Zeit voraussetzen muss, um alle ihre bestätigten Ergebnisse zu liefern. In Übertragung des gleichen Phänomens auf kosmische Objekte wurde der Gravitationslinseneffekt zunächst als Lichtablenkung an Galaxien und ihren Gruppen beobachtet, inzwischen aber längst auch an Unregelmäßigkeiten und Halos der → *dunklen Materie*, was einen zusätzlichen indirekten Nachweis ihrer realen Existenz bedeutet.

Gravitationsrotverschiebung: Mit Bezug auf natürliche Uhren sind die Frequenzen charakteristischer Spektrallinien am Ort ihrer Entstehung immer und überall gleich. Von entfernten

Lichtquellen kommend sind sie umso kleiner oder größer, je tiefer oder höher das Gravitationspotential am Ort der Ausstrahlung unter oder über demjenigen am Ort der Messung liegt. Der Effekt wurde von Einstein vorausgesagt und zunächst durch astronomische Messungen überprüft. Er ist seit langem aber auch durch ein berühmtes Experiment von Robert Pound und Glen Rebka am Jefferson-Turm der Harvard-Universität unmittelbar auf der Erde bestätigt. Dabei ist klar, dass die an der Turmspitze beobachtete Rotverschiebung nichts mit einer 'Flucht' des Erdbodens zu tun hat, die bei Interpretation als Doppler-Effekt unsinnigerweise aus der Messung zu folgen schiene.

Gravitationswellen: Die zuerst am binären Pulsar PSR 1913+16 indirekt nachgewiesene Existenz von Gravitationswellen stellt alles andere als eine Bestätigung der ursprünglichen allgemeinen Relativitätstheorie dar. Ganz im Gegenteil würde ein direkter Nachweis solcher Wellen in Detektoren wie GEO600 gerade die physikalische Bedeutung derjenigen mit konstanter Geschwindigkeit gleichförmig bewegten Systeme beweisen, in denen Einsteins Näherung für schwache Felder überhaupt Gültigkeit beanspruchen kann. Genau eines davon wäre durch eine isotrope Hintergrundstrahlung als universales Ruhsystem ausgezeichnet. Sollten sich die Gravitationswellen trotz größter Anstrengungen weiterhin einer direkten Messung entziehen, dann wäre das nach Überzeugung des Autors am Ende ein Nachweis, dass die dunkle Materie etwas ganz anderes ist als heute behauptet, nämlich eine herkömmliche Verteilung mehr oder weniger großer Teilchen mit Temperatur, Strahlung und auch innerer Reibung, welche die Gravitationswellen in ihrer ursprünglichen Form absorbiert.

Heisenberg'sche Unschärfebeziehungen: In Heisenbergs berühmten Relationen sind immer kinematische mit dynamischen Unschärfen zur Planck'schen Konstanten verknüpft. Diese betreffen beispielsweise Ort und Impuls eines Teilchens in der Form, dass diese nicht beide zugleich genau feststellbar sind. Das wäre unverständlich im Fall fiktiver Punktteilchen, ist aber sofort einleuchtend im Falle mikroskopisch ausgedehnter → *Wirbelstrukturen.*

Hintergrundstrahlung: Die kosmische → *Mikrowellenstrahlung* stellt lediglich einen allerdings weit überwiegenden Anteil der gesamten Hintergrundstrahlung dar. Im Mikrowellenbereich treten dabei Überlappungen auf, die zwar klein sind, aber hinreichen könnten, den schönen Schein der Konkordanz-Welt nachträglich zu widerlegen. Bisher hilft dagegen nur eine willkürliche Zuordnung verschiedener Komponenten hinsichtlich ihrer angeblichen Entstehung. Hinzu kommen weitere Störanteile, die von den eigentlichen Meßwerten vor deren Interpretation abzuziehen sind, sich aber einem galaktischen Vordergrund nicht eindeutig zuordnen lassen.

Hubble'sches Gesetz: Das Hubble'sche Gesetz besagt, dass die Wellenlänge des Lichts extragalaktischer Strahlungsquellen umso größer beim Beobachter ankommt, je weiter entfernt diese sind. Der Rotverschiebungsparameter ist dabei die Zahl, die genau angibt, um welchen Bruchteil die jeweilige Vergrößerung stattfindet. Diese lässt sich für nicht allzu große universale Entfernungen besonders einfach berechnen als Produkt aus signifikanter → Hubble-Konstanten und universaler Entfernung. Die kosmische → *Rotverschiebung* gilt als erste Säule der Urknall-Kosmologie, indem sie dort unberechtigterweise als reine Dopplerverschiebung gedeutet wird.

Hubble-Konstante: Sorgfältig ermittelte Werte der Hubble-Konstanten haben in den letzten Jahrzehnten des vergangenen Jahrhunderts noch innerhalb einer Bandbreite von etwa 59 km/s/Mpc bis 73 km/s/Mpc gelegen, wobei km wie üblich für Kilometer, s für Sekunde und Mpc für Megaparsec steht, das sind rund 3,26 Millionen Lichtjahre. Nach der hier vertretenen Auffassung ist die universale Konstante um etwa 9 % kleiner als der entsprechende Wert in unserer lokalen Umgebung, wobei es auf die absoluten Werte nicht einmal ankommt. Im Unterschied zu einem historisch irreführenden *konventionellen* Hubble-

Parameter gibt es einen *signifikanten*, der sich gemäß SUM im stationären Modell als eine wahre Konstante erweist. Im Hinblick auf die ebenfalls zeitunabhängigen Größen der sich ergebenden Rotverschiebung selbst gibt es also keinen Grund mehr, die Hubble-Konstante weiterhin mit einem irreführenden historischen Parameter zu verwechseln.

Hubble-Zeit: Im Rahmen des Konkordanzmodells wird der Kehrwert des gegenwärtigen Hubble-Parameters als Hubble-Zeit bezeichnet. Der Kehrwert der echten Hubble-Konstanten ergibt ebenfalls eine Zeit, die nach bisherigen Vorstellungen einem 'Alter des Universums' entsprechen sollte, im Rahmen des stationären Modells aber lediglich die maximale Lebensdauer kosmischer Strukturen bedeutet.

Hubble-Länge: Aus dem gemäß SUM als echte Naturkonstante auftretenden signifikanten Hubble-Parameter lässt sich leicht auf eine universale Entfernung schließen, die im Unterschied zur üblichen Bezeichnung 'Hubble-Radius' eher Hubble-Länge zu nennen ist, denn es geht hierbei keineswegs um den Halbmesser einer Kugel. Vielmehr ist diese charakteristische Länge gleich dem Weg, den ein Lichtstrahl in der Hubble-Zeit zurücklegen kann, wobei sich die entsprechenden Maximalwerte aus den Tauglichkeitsgrenzen von → *Eigenlänge und Eigenzeit* ergeben.

Hypernovae: In kosmischen Entfernungen werden Hypernovae beobachtet, die möglicherweise auch für → *Gammastrahl-Ausbrüche* verantwortlich sind, deren Energie selbst im Vergleich mit den Supernova-Helligkeiten jede Vorstellung übersteigt. Es vermag heute niemand zu wissen, ob nicht in den als Quasare bezeichneten aktiven Kernen der Galaxien – die sich jedem direkten Einblick entziehen – irgendwann ultra-heiße lokale Verdichtungsprozesse stattfinden, die anstelle des einen einzigen vermeintlichen Urknalls während der wiederholten Freisetzung von Materie in Form von Jets mitsamt anschließender Bildung von Plasmablasen für eine ständige Nukleosynthese der leichten Elemente sorgen. Alles weitere findet dann in 'gewöhnlichen'

Supernova-Explosionen statt. Bisher unbekannte Objekte – nicht unbedingt dauernd dieselben – könnten beispielsweise Phasen als Quasare, aktive galaktische Kerne, 'Schwarze Löcher' oder eben Hypernovae durchlaufen.

Inertialsystem: Der Begriff bedeutet Trägheitssystem in dem Sinne, dass dieses System, abgesehen von der Gravitation ohne Einwirkung äußerer Kräfte, sich selbst überlassen bleibt. Ein Inertialsystem nach ursprünglicher Auffassung wäre gemäß Max v. Laue und Ludwig Lange daran zu erkennen, dass drei in verschiedene Richtungen geworfene neutrale Kugeln sich für immer geradlinig gleichförmig bewegen. Als Idealisierung hätte man sich solche Systeme unendlich ausgedehnt vorzustellen, relativ zueinander ebenfalls in geradlinig gleichförmiger Bewegung. Bei näherem Hinsehen stellt sich allerdings heraus, dass es keine idealen, sondern nur angenäherte 'lokale' Inertialsysteme geben kann, weil erstere trotz unendlicher Ausdehnung ohne Gravitation sein müssten, was unmöglich ist. Ein örtlich und zeitlich begrenzter Bereich aber heißt *lokales Inertialsystem*, wenn das Gravitationspotential im Inneren kein messbares Gefälle aufweist, so dass diesbezüglich kein Schwerefeld zu existieren scheint. Das hat zur Folge, dass sich frei fallende, hinreichend kleine Probemassen dort mit konstanten Geschwindigkeiten gegeneinander bewegen. Auch lokale Inertialsysteme sind bis auf mögliche Eigendrehimpulse darin befindlicher Teilchen rotationsfrei.

'Inflation': Als es nicht mehr anders ging, wurde – zur Behebung fataler Probleme des Urknallmodells als ansonsten völlig unmotivierte Zugabe – eine ultrakurzzeitige inflationäre Phase des Universums erfunden, die angeblich beinahe unmittelbar aus dem Nichts stattgefunden hätte. Während dieser Phase soll die Größe des Universums etwa um den Faktor einer Eins mit 40 Nullen aufgeblasen worden sein. Die damit erklärten, als glänzend bestätigt geltenden, in der Regel nachträglichen 'Voraussagen' beruhen noch teilweise auf dem mittlerweile dreißig Jahre alten ersten Inflationsmodell, das längst als untauglich erkannt

ist. Der Physiker Andrei Linde hat das Konzept einer chaotischen Inflation entwickelt, das immerhin die Fixierung auf einen einzigen Urknall aus dem Nichts effektiv aufgehoben, andererseits aber anstatt von kosmischen Bereichen in einem einzigen Universum das unsinnige Gerede von den 'Parallel'-Universen hervorgerufen hat, wovon jedes mit eigener Inflation und gegebenenfalls – eine typische Nonsense-Spekulation – mit eigenen Naturgesetzen entstanden sei.

Kausalitätsprinzip: Das Gesetz von Ursache und Wirkung heißt Kausalitätsprinzip. Determinismus als scharfe Variante, die von der Quantenmechanik offenbar erfolgreich bestritten wird, liefe darauf hinaus, dass eindeutige Wirkungen eindeutige Ursachen hätten *und* umgekehrt. Physikalisch unbestreitbar aber ist als einfachster Sonderfall darin enthalten: *Ex nihilo nihil fit* – nichts entsteht aus nichts, auch nicht das Universum. Manche Physiker versuchen zwar dagegen einzuwenden, dessen Gesamtenergie sei gerade Null. Doch sie verschweigen, dass der dazu erforderliche Gravitationsanteil gar nicht im betreffenden Einstein-Tensor enthalten ist, der gemäß der ursprünglichen allgemeinen Relativitätstheorie allein relevant wäre. Außerdem hätte man zu glauben, dass durch bloßes Umrühren von Nichts durch Niemand das Universum entstanden sei.

Konkordanzmodell: Wegen vieler Übereinkünfte trägt die hier angesprochene zahlenmäßig außerordentlich erfolgreiche Kombination diverser physikalischer Spekulationen mit handfesten Tatsachen den bemerkenswerten Namen *Cosmological Concordance Model (CCM)*. Diese Bezeichnung sagt Einiges. Sie weckt die Assoziation, dass hier der Versuch gemacht wird, das richtige Bild des Universums gewissermaßen per Abstimmung zu finden.

Kosmologische Konstante: Offensichtlich werden Einsteins originale Gravitationsgleichungen heute nicht mehr ernstgenommen. Oder hat er die kosmologische Konstante der heute angeblich das Universum beherrschenden → *'dunklen Energie'* nicht als 'größte Eselei' seines Lebens erkannt? Jener von den

Konkordanzkosmologen selbst als 'seltsames Rezept' bezeichneten Zusammensetzung entsprechend besteht die Energiedichte des Universums zu etwa einem Viertel aus Materie, wobei die übrigen drei Viertel auf die kosmologische Konstante in Form jener 'dunklen Energie' zurückzuführen wären.

Kosmologie: Die prinzipielle Lösung beinahe aller Rätsel der gegenwärtigen Kosmologie hinsichtlich Ursprung und Entwicklung unserer Welt liegt in der Unterscheidung von → *Kosmos* und → *Universum*.

Kosmos: Unter dem allgemeinen Begriff 'Kosmos' ist im Sinne einer Weltordnung jede jeweils größte Struktur zu verstehen, die eine gemeinsame evolutionäre Entwicklung genommen hat, und zwar in einem ewigen unendlichen → *Universum*. Unser Kosmos meint demzufolge diejenige größte Struktur gemeinsamen Ursprungs, die zumindest unser Sonnensystem einschließt, wahrscheinlicher aber die Milchstraße mitsamt ihrer Verwandtschaft, möglicherweise bis hin zum übergeordneten Virgo-Superhaufen. Der Kosmos wird heute mit dem Universum verwechselt, woraus sich das trotz aller numerischer Erfolge grundsätzlich unhaltbare → *Konkordanzmodell* zu ergeben scheint.

Kritische Dichte: Nur bei dieser Dichte ist der Raum mathematisch flach und es herrschen in Bezug auf hinreichend große räumliche und zeitliche Abstände die wohlvertrauten Gesetze der → *euklidischen Geometrie*. Der konkrete Wert der kritischen Dichte von Energie und Materie ist eng mit der → *Hubble-Konstanten* verknüpft, aus der sich bei vorgegebener Entfernung die beobachtbare → *Rotverschiebung* der Spektrallinien von Galaxien ergibt.

Längenkontraktion: Zuerst FitzGerald und dann Lorentz haben aus dem Michelson-Versuch richtigerweise gefolgert, dass bewegte Objekte gegenüber ruhenden um einen geschwindigkeitsabhängigen Faktor verkürzt sind. Aus dem → *Ehrenfest'schen Paradoxon* ergibt sich, dass solche Maßstäbe und andere Objekte im allgemeinen nicht nur kinematisch, sondern zusätzlich auch dynamisch verformt sind. Daraus folgt, dass eine scharfe Trennung dieser Einflüsse prinzipiell unmöglich ist, was überraschenderweise der durch die → *Heisenberg'schen Unschärfebeziehungen* gegebenen grundsätzlichen Einschränkung der Quantenmechanik entspricht.

Lichtgeschwindigkeit: Nachdem Galileo Galilei vergeblich versucht hatte, die Lichtgeschwindigkeit zu messen, ist dies erstmals Ole Rømer durch genaue Beobachtung der Jupitermonde gelungen, bevor insbesondere Armand Fizeau und Léon Foucault sowie Albert A. Michelson mit nunmehr irdischen Experimenten erfolgreich waren. In zwei berühmten Versuchen hat Michelson außerdem den Laufzeitunterschied von Lichtsignalen gemessen, die auf gleich langen Wegen – das eine in Bewegungsrichtung der Erde und das andere senkrecht dazu – zwischen Spiegeln hin und her gelaufen sind. Das Ergebnis war Null. Anders als die Systemgeschwindigkeit im Schwerefeld, beispielsweise vorbei an der Sonne, ist die lokale Einweg-Lichtgeschwindigkeit auch in allen statischen Gravitationsfeldern gleich der Naturkonstanten c. Dieser Wert gilt ebenso für die universale Lichtgeschwindigkeit, welche sich auf die Koordinaten des großräumigen Modells SUM bezieht. Unterschiede treten erst auf, wenn es nicht mehr um statische, sondern um rotierende Systeme wie dem der Erde geht, wo nur noch die lokale 2-Weg-Lichtgeschwindigkeit konstant ist.

Linienelement: Dies meint zunächst eine Formel zur Bestimmung von Entfernungen, die durch kleine Differenzen allgemeiner Koordinaten gegeben sind. Die kürzeste Linie zwischen zwei Punkten ist innerhalb einer Fläche immer dann eine krumme Geodäte und keine Gerade, wenn das mathematische Krümmungsmaß dieser Fläche von Null verschieden ist. Eine Berechnung nichteuklidischer – aus historischen Gründen deshalb auch als geodätisch bezeichneter – Abstände gelingt mithilfe des jeweiligen Linienelements im Falle systematisch veränderlicher

Maßstäbe oder aber gekrümmter Oberflächen. Bei SUM gilt für den dreidimensionalen Raum und die mathematische Zeit allein ersteres.

Local-Bangs: → *Schöpfungsereignisse,* bei denen es sich gemäß SUM um gravitative Wiedererstehungs- und Neubildungsprozesse handelt.

Masse und Energie: Es ist nicht notwendig, auf Einsteins berühmteste Formel $E = mc^2$ an dieser Stelle noch einmal einzugehen, welche die Umwandelbarkeit von Masse in Energie und umgekehrt beschreibt. Allein der Hinweis mag hier genügen, dass diese Formel überall selbstverständlich vorausgesetzt und gar nicht mehr wegzudenken ist.

Meter: Seit rund dreißig Jahren ist das Meter definiert als *„Länge der Strecke, die Licht im Vakuum während der Zeit von 1/299792458 s durchläuft".* Falls buchstäblich genommen, müsste der Erdumfang um bis zu etwa ± 60 Meter abweichen, je nachdem ob man ein Lichtsignal – etwa durch ein innen verspiegeltes Hohlkabel – ostwärts oder westwärts umlaufen ließe. Dies deshalb, weil bei Verwendung global richtig synchronisierter Uhren ein richtungsabhängiger Unterschied der → *Lichtgeschwindigkeit* existiert, der mit bis zu rund ±460 m/s der lokalen Rotationsgeschwindigkeit an ein und demselben Ort der Erde entspricht. Um unnötige Fehldeutungen zu vermeiden, müsste eine künftige Definition unmissverständlich lauten: *Das Meter ist die Länge der Strecke, die von Licht im Vakuum während der Zeitspanne von 2 mal 1/299792458 s hin und zurück durchlaufen wird.* Ein Lichtmeter ist dann also als starrer Stab mit Atomuhr an einem der beiden Enden zu denken, von der jeweils die entsprechende Gesamtzeit für Hin- und Rücklauf abzulesen wäre.

Mikrowellenstrahlung: Die kosmische Mikrowellen-Hintergrundstrahlung ist eine universale Schwarzkörperstrahlung, die bei einer Temperatur von etwa 2,7 Grad Kelvin über dem absoluten Nullpunkt dem Planck'schen Strahlungsgesetz genügt. Ihre größenordnungsmäßig richtig vorausgesagte Existenz gilt als zweite Säule der Urknall-Kosmologie. Inzwischen ist es mir allerdings gelungen, auch im Rahmen des stationären Konzepts SUM ein mathematisch perfektes Planck-Spektrum abzuleiten, das sich im wesentlichen aus rotverschobener Strahlung der 'dunklen' Materie mit wenigen anderen Beiträgen zusammensetzt. Dabei stellt sich heraus, dass eine lokale Wärmeausstrahlung hier gerade dem Energieverlust durch universale Rotverschiebung entspricht, so dass alles im Energiegleichgewicht ist, wie es sein muss.

Natürliche Maßstäbe und Uhren: Atomuhren sind natürliche Uhren, deren Funktionsweise auf der Frequenzstabilität charakteristischer Spektrallinien beruht. Stehende Wellen dieser Spektrallinien stellen natürliche Maßstäbe dar, wobei das Produkt aus Frequenz und Wellenlänge in Einstein-synchronisierten lokalen Inertialsystemen immer exakt gleich der Lichtgeschwindigkeit ist. Die darauf bezogenen Längen- und Zeitstandards lassen sich dementsprechend auch als *spektrale* oder *lokale* Einheiten zusammenfassen. Die letztgenannten Begriffe sind der missverständlichen Bezeichnung 'natürlich' vorzuziehen, weil sich die Rotverschiebung als ein nicht weniger natürlicher Maßstab erweist, der – allerdings nur statistisch – für die Messung universaler Entfernungen verwendet wird. Die sich daraus bei konstanter Lichtgeschwindigkeit ergebenden Laufzeiten sind Spannen der universalen Zeit.

Nukleosynthese: Die als primordiale Nukleosynthese bezeichnete dritte Säule des Konkordanzmodells beweist mit der weitgehend richtig ermittelten Verteilung der leichten Elemente lediglich, dass es ursprüngliche Schöpfungsereignisse gegeben hat, keineswegs aber, dass ein solches nur einmal und nur an einer einzigen Stelle in einem 'Big Bang' geschehen sein müsste.

Ockhams Rasiermesser: Eine vernünftige Theorie erlaubt keine überflüssigen Hypothesen. Das Prinzip intellektueller Redlichkeit und Sparsamkeit wird heute oft drastisch mit dem Namen Ockhams Rasiermesser oder Ockhams Skalpell bezeichnet, wobei seine Verwendung über Newton wohl bis zu den alten Griechen und insbesondere auch auf den von heutigen Physikern zu Unrecht geschmähten Aristoteles zurückgeht.

Quantenmechanik: Die Quantenmechanik lässt sich grundsätzlich verstehen und mathematisch erfassen als die Physik mikroskopischer – in Stoßprozessen gegebenenfalls entstehender und vergehender – immer aber ausgedehnter → *Wirbelstrukturen* veränderlicher Gestalt, wobei diese Wirbel als einzelne oder als gekoppelte existieren können. Dabei treten unvermeidliche 'Unschärfen' auf, solange die → *Elementarteilchen,* wie heute noch vielfach üblich, als fiktive Punktteilchen beschrieben werden.

Quasistellare Objekte: Im Unterschied zu angeblich → *'Schwarzen Löchern'* werden extrem lichtstarke Quellen auch kurz als Quasare bezeichnet.

Quasar-Verteilung: Die Verteilung der Quasare, die es nur in größeren Entfernungen zu geben scheint, wird oft auch als vierte Säule der Urknall-Kosmologie bezeichnet. Es scheinen die meisten der sehr weit entfernten Galaxien, von denen herkommend das Licht über Jahrmilliarden unterwegs war, tatsächlich jünger auszusehen. Das aber wäre, wenn *Hypolite Van Tast* mit dem Ofenrohr wieder einmal ins Gebirge schaut, in Bezug auf das Alter der beobachteten Wanderer auch nicht viel anders im Vergleich zu denen in der benachbarten Fußgängerzone.

Raum und Zeit: Auch in der allgemeinen Relativitätstheorie treten der euklidische Raum und eine absolute Zeit ohne physikalische Eigenschaften als mathematische Konzepte auf, die dort Systemkoordinaten heißen. Bei den ansonsten heute üblichen Begriffen wie 'Raumkrümmung' oder 'Raumzeit' handelt es sich lediglich um unnötig verquaste Umschreibungen der Anzeigen realer Uhren und spektraler Maßstäbe im gegebenenfalls inhomogenen Gravitationspotential. Im Rahmen der herkömmlichen Interpretation der → *allgemeinen Relativitätstheorie* gelten Raum und Zeit als vom Gravitationsfeld 'gekrümmt' und die Maßstäbe als gerade. Nach Auffassung des Autors aber verhält es sich gerade umgekehrt: Raum und Zeit sind euklidisch und somit gerade, wohingegen es die Maßstäbe und die Uhren sind, welche selbst oder in ihrer Anzeige eine 'Krümmung' erfahren.

Relativitätsprinzip: In gegeneinander geradlinig gleichförmig bewegten → *Inertialsystemen* lassen sich die Naturgesetze mathematisch so formulieren, dass sie in allen die gleiche Form annehmen. Die Umrechnung zwischen solchen Systemen erfolgt mittels Lorentz-Transformationen, deren Vorteil gegenüber anderen darin liegt, dass sie Koordinatendifferenzen liefert, die bei Verwendung natürlicher Maßstäbe und Uhren unmittelbar angezeigt werden. Der Haken an der Sache ist, dass es im Gravitationsfeld oder beispielsweise auch auf der rotierenden Scheibe nur örtlich und zeitlich begrenzte lokale *Inertialsysteme* gibt.

Rotverschiebung: Die Spektrallinien von Galaxien und anderen Licht- oder Strahlungsquellen scheinen umso mehr zum roten Ende des Spektrums – allgemein zu größeren Wellenlängen – verschoben, je weiter diese von uns entfernt sind. Beim Urknallmodell wird diese Verschiebung allgemein bezeichnet mit dem Buchstaben z im Sinne eines kosmischen → *Doppler-Effekts.* Im Rahmen eines stationären Universums (→ *SUM*) aber wird sie als eine universale Variante der herkömmlichen → *Gravitationsrotverschiebung* verstanden. Sehr große universale Entfernungen werden seit langem auf Basis der Rotverschiebung von Spektrallinien ermittelt, was bei SUM deshalb nicht nur ein sofort einleuchtendes Verfahren ist, sondern aufgrund konstanter Werte auch beweist, dass hier wie bei der gewöhnlichen Gravitationsrotverschiebung die Entfernungen gleich bleiben, von Expansion keine Spur.

Ruhsystem: Prinzipiell hätte man sich bei der Feststellung eines universalen Ruhsystems bereits mit Hubbles Entdeckung auf eine größtmögliche Gleichmäßigkeit der beobachtbaren statistischen Verteilung der → *Rotverschiebung* beziehen können, vorher auf eine mittlere Sterngeschwindigkeit Null. Grundsätzlich lässt sich immer ein ausgezeichnetes Bezugssystem finden.

Der Ausdruck 'in Ruhe' meint dann 'bezüglich der großräumig homogen-isotropen Verteilung von Materie, Impuls und Energie', was nicht unbedingt das gleiche bedeuten muss wie 'bezüglich der kosmischen Hintergrundstrahlung', obwohl es bis auf eine scheinbare dunkle Fließbewegung unter dem Stichwort 'dark flow' derzeit ganz danach aussieht. Im Unterschied zu lokalen Größen beziehen sich sämtliche einheitlichen Abmessungen von Raum und Zeit auf universale Koordinaten, die konkret aus der Rotverschiebung weit entfernter Quellen hervorgehen können.

Scheinbare Helligkeit: Im Unterschied zur absoluten Helligkeit der Sterne ist die scheinbare Helligkeit diejenige, die von der Erde aus beobachtet wird. Nach entsprechender Umrechnung wird sie aus historischen Gründen als so genannter Entfernungsmodul angegeben. Dieser ist es, dessen wechselseitige Abhängigkeit von der Rotverschiebung auch im Falle der → *Supernova-Daten* konkret als Hubble-Diagramm gemessen wurde.

Schöpfungsereignisse: Es gibt deutliche mathematische Anhaltspunkte dafür, dass ein Wechselspiel von Gravitation und Quantenmechanik auf räumlich und zeitlich begrenzte ursprüngliche Schöpfungsereignisse hinausläuft, die sich im Unterschied zu einem einzigen 'Big-Bang' deshalb auch als → *'Local-Bangs'* bezeichnen lassen. Dabei stellt sich die Frage, wie viel Raum entsprechende Vorgänge in einem ewig jungen Universum wohl tatsächlich einnehmen. Die Ausdehnungen solcher Bereiche könnten auch wesentlich kleiner sein als der → *Hubble-Radius.* Insbesondere lassen sich selbst vergleichsweise sehr kompakte → *supermassive Objekte* in Form aktiver galaktischer Kerne hier nicht von vornherein ausschließen. Diese können möglicherweise mit Abstrahlung von *Gammablitzen* in → *Hypernova*-Ausbrüchen explodieren. Es wurde beobachtet, dass sich aus Jets → *'Schwarzer Löcher'* gigantische Plasmablasen bilden, die auch immer wieder für Nachschub an unverbrauchten Wasserstoffkernen zur Entstehung 'junger' Sterne sorgen könnten.

Schwarze Löcher: Dabei kann es sich um Gravitationszentren extremer Stärke handeln, konzentriert auf so engem Raum, dass von der Oberfläche nicht einmal mehr Licht entweichen könnte. Ein solches hypothetisches Gebilde heißt Singularität. Es wird allgemein angenommen, dass im Falle super-massereicher Objekte, von denen sich eines im Zentrum unserer Milchstraße befindet, ständig aus der Umgebung angesaugte Materie unwiderruflich verschwindet. Trotzdem wird von der Materie am Rand dieses Gebildes Strahlung ausgesandt. Ich bezweifle entschieden, dass es sich tatsächlich um schwarze 'Löcher' und nicht lediglich um extrem kompakte Massen handelt. Meine persönliche Überzeugung geht darüber hinaus: die Einstein'schen Gleichungen stoßen hier an ihre Grenzen, solange auf deren rechter Seite nur ein phänomenologischer Energie-Impuls-Tensor steht. Was dort stehen müsste, ist ein realistischer Ausdruck, welcher der Quantennatur der Materie im Sinne einer einheitlichen Theorie Rechnung trägt.

Sommerfeldsche Feinstrukturkonstante: Diese Konstante ergibt sich als die rätselhafteste aller dimensionslosen Zahlen der Physik aus dem Verhältnis der Elementarladung im Quadrat zu Wirkungsquantum und Lichtgeschwindigkeit, wobei ihr Kehrwert ungefähr der Zahl 137 entspricht. Eine kleine Abweichung würde wohl bedeuten, dass eine Entstehung von Leben, so wie wir es kennen, im Universum für immer unmöglich gewesen wäre.

Steady-State Theory: Unter diesem Namen, der einen beständigen Zustand des Universums angeblich beschreibt, wurde einst ein längst an Beobachtungstatsachen gescheitertes Modell präsentiert, das entweder als leeres Universum oder aber nach Anpassung durch Fred Hoyle als von konstanter Materiedichte erfüllt anzusehen war. Erst in allerjüngster Zeit ist bekannt geworden, dass bereits Einstein selbst viele Jahre früher das Konzept dieser Theorie im wesentlichen vorweggenommen hat. Sein kurzes unveröffentlichtes Manuskript enthielt zwar einen Rechenfehler, vor allem aber scheint er schließlich keine Lust gehabt zu haben, sich auf die Idee einer ständigen Neuschöpfung von Materie aus dem Nichts einzulassen. Diese wäre dort Konsequenz seiner kosmologischen Konstanten gewesen, die er selbst kurz darauf als die 'größte Eselei' seines Lebens verworfen hat. Heute aber wird diese im Un-Sinne einer → *'dunklen Energie'* gedeutet.

SUM (Stationary Universe Model): Dieses Modell geht zurück auf eine vom Autor 2001/02 gefundene bis dahin unbekannte stationäre kosmologische Lösung der allgemeinen Relativitätstheorie. Stationäre Systeme sind einerseits zwar nicht statisch, andererseits aber gleichbleibend in ihrer Veränderlichkeit. Im einfachsten Fall gilt das für eine schwingende Saite, im vorliegenden Fall für ein lebendiges Universum. In den Jahren 2007-09 gelang der Nachweis der Verträglichkeit mit den Supernova-Ia-Messungen durch Neuauswertung der einschlägigen Daten, die nach konkreter Sichtung der überhaupt in Frage kommenden Möglichkeiten endgültig den Ausschlag gaben (neben Pre-Prints bei arXiv sind wichtige Arbeiten in dem 2008 erschienenen Buch *Zu Relativitätstheorie, Kosmologie und Quantenmechanik* zusammengestellt). Beim Marcel Grossmann Meeting (MG12) 2009 in Paris wurde eine → *Tohu-va-bohu*-Hintergrundkosmologie mitsamt mathematisch-physikalischer Begründung vorgestellt. Schließlich gelang 2013 unter dem Titel „Model of a Stationary Background Universe Behind Our Cosmos" eine soeben als Buch erscheinende geschlossene Darstellung, aus der sich auf Basis des unmittelbar einleuchtenden SUM → *Linienelements* das Bild eines ewig jungen Universums ergibt.

Sunyaev-Zel'dovich-Effekt: Der nach Rashid Sunyaev und Yakov Zel'dovich benannte Effekt beschreibt eine in gewissen Frequenzbereichen leichte Abschwächung der Hintergrundstrahlung durch Galaxienhaufen. Anders als im → *Konkordanzmodell* sollte sich dieser Effekt gemäß vorläufiger Erklärung im Rahmen von → *SUM* mit zunehmender Entfernung abschwächen und bei Rotverschiebungswerten größer als Eins allmählich verschwinden. Bemerkenswerterweise enthält der entsprechende

Katalog der PLANCK-2013-Ergebnisse tatsächlich nur Beobachtungen bis etwa zu dieser Grenze. Das ist allerdings noch kein Beweis und die provisorische Erklärung muss nicht notwendigerweise zutreffen.

Supermassive Objekte: Sowohl bei aktiven galaktischen Kernen wie auch bei vielen angeblich → *Schwarzen Löchern* scheint es sich in erster Linie um super-massereiche Körper – englisch: supermassive objects – zu handeln.

Supernova-Daten: Bei den außerordentlich wertvollen Daten der Supernovae vom Typ Ia handelt es sich um die wohl aussagestärksten kosmologischen Messwerte überhaupt. In den vergangenen zwanzig Jahren wurde die Qualität der Messtechnik sowie des gesamten Beobachtungsverfahrens beinahe sprunghaft gesteigert. Dies ist vor allem den beiden im Jahr 2011 mit dem Nobelpreis ausgezeichneten Supernova-Teams zu verdanken, die es sich zur Aufgabe machten, den Zusammenhang zwischen → *scheinbarer Helligkeit* und → *Rotverschiebung* bis hin zu größten kosmischen Entfernungen zu messen. Darin liegt zweifellos das fundamentale Kriterium zum Test unterschiedlicher kosmologischer Modelle. Denn in einzigartiger Weise sind dort zwei Größen verknüpft, die sich unabhängig voneinander bestimmen lassen. Die genannten Teams haben ihre eigentliche Aufgabe mit hervorragender Genauigkeit gelöst. Da aber die Resultate mit keinem der damals bekannten Modelle vereinbar waren, glaubten sie, daraus eine beschleunigte Expansion des Universums, angetrieben von einer mysteriösen → *'dunklen Energie'*, herauslesen zu müssen, und zwar zu ihrer eigenen Verblüffung. Vor kosmischen Zeiten soll außerdem auch eine Bremsphase gewesen sein, die wiederum nach der, von unbeschreiblicher Beschleunigung geprägten, kosmischen → *'Inflation'* stattgefunden hätte.

Synchronisation: Zwei Uhren gehen synchron, wenn ihre Anzeigen ständig miteinander übereinstimmen. Neben anderen denkbaren Möglichkeiten sind gemäß Einstein Uhren an verschiedenen Orten im Spezialfall idealisierter Inertialsysteme definitionsgemäß so zu synchronisieren, dass bei einem hin und zurück laufenden Lichtsignal die Reflexion im Zeitmittelpunkt erfolgt. Dieses zunächst willkürlich scheinende Verfahren zeichnet sich dadurch aus, dass es einem hinreichend langsamen Uhrtransport gleichwertig ist. In anderen Fällen, wie insbesondere mit Bezug auf die rotierende Erde, ist intern ein allgemeineres Verfahren erforderlich, weil eine Einstein-Synchronisation hier versagt. Das Problem wird bisher umgangen, indem man alle irdischen Abläufe auf das Schwerpunktsystem von Erde oder Sonne als jeweils näherungsweise übergeordnetes → *Inertialsystem* bezieht. Diese Methode läuft für die Milchstraße und noch größere Strukturen letztlich darauf hinaus, ein universales System zu finden, in welchem die → *Lichtgeschwindigkeit* konstant ist. Genau das ist im Unterschied zum gegenwärtigen → *Konkordanzmodell* bei der neuen SUM-Kosmologie gegeben. Eine Synchronisation heißt 'systemintern', wenn sie sich ohne Rückgriff auf ein übergeordnetes Inertialsystem durchführen lässt.

Tensor: Ein mathematisches Schema, für das bestimmte Rechenregeln gelten. Im Rahmen der Relativitätstheorie hat ein Tensor im allgemeinen 4, 4×4, 4×4×4 oder auch 4×4×4×4 Komponenten, die mithilfe von ein, zwei, drei oder auch vier angehängten Indizes unterschieden werden. Ein symmetrischer Tensor mit zwei Indizes, die beide entsprechend dem Namen vertauschbar sind, hat zehn unabhängige Komponenten, ein antisymmetrischer nur sechs. Bei einem Halb-Tensor der → *bimetrischen Relativitätstheorie* repräsentiert der eine Index die Riemann'sche Geometrie, der andere die Euklidische.

Tohu-va-bohu: Ein aus der Genesis entliehenes anderes Wort für Chaos im Sinne des statistisch-stationären Gleichgewichts eines ewig jungen Hintergrunduniversums, aus dem alles immer wieder neu entsteht, wäre möglicherweise und mit allem gebotenen Respekt: *tohu w'a-bohu*.

Universum: Als Welt-All zeichnet sich auf Basis von Einsteins Gravitationsgleichungen das physikalisch stimmige Bild eines ewigen unendlichen und doch gleichzeitig in ständiger

Veränderung begriffenen – mit einem Wort: stationären – Universums ab. Dieses aber ist keineswegs statisch wie Einstein zuerst dachte, sondern im Gegenteil höchst lebendig. Der Unterschied zwischen stationär und statisch liegt darin, dass im ersten Fall solch eine großräumig gleichbleibende Veränderlichkeit vorliegt, im zweiten Fall aber gar keine. In Bezug auf hinreichende Abstände von Raum und Zeit ist das Universum physikalisch als ewig, homogen und isotrop anzusehen, für jede andere Voraussetzung gäbe es keinen vernünftigen Grund, und im Rahmen der Physik kann es einen solchen nicht geben. Entdeckungen und Beobachtungen beispielsweise der Sloan Great Wall zeigen allerdings, dass das Universum erst über gigantische Entfernungen von einer Milliarde Lichtjahren und mehr tatsächlich als homogen und isotrop betrachtet werden kann. Dies steht im Widerspruch zu früheren Annahmen, die zuletzt der Folgerung einer beschleunigten Expansion samt Existenz einer → *dunklen Energie* zugrundegelegt wurden.

Urknall: → *'Big Bang'*

Vakuum: Der Beginn fiktiver inflationärer Phasen irgendwelcher, ohnehin buchstäblich widersinniger, 'Parallel-Universen' wird heute mit Vorliebe irgendwelchen Quantenfluktuationen eines 'falschen Vakuums' zugeschrieben, dem bezeichnenderweise allerdings jede Energiedichte abgesprochen werden muss. Diese nämlich würde die Existenz eines universalen → *Einstein-Tensors* verlangen, den es außer im Rahmen von → SUM dafür bisher gar nicht gibt. Der Grund ist, dass so etwas dort zwar einem chaotischen Inflationsszenario entsprechen könnte – plötzlich aber nicht mehr im Nichts, sondern in einem stationären Hintergrunduniversum, das jedem Modell einer einmaligen Urknall-Entstehung samt Raum und Zeit die Grundlage entzieht.

Windungstensor: Dieser eigentlich wohlbekannte mathematische Ausdruck mit drei Indizes hat wegen seiner Antisymmetrie anstatt 4×16 nur 4×6=24 unabhängige Komponenten, 18 davon nach mathematischer Ausdrucksweise 'räumlich', 6 davon 'zeitlich'. Dies deutet unmittelbar hin auf die vierundzwanzig → *Elementarteilchen* mit halbzahligem Spin. Die physikalische Existenz des Windungstensors aber würde die geometrische Interpretation im Sinne einer realen 'Raumzeit' der → *allgemeinen Relativitätstheorie* widerlegen, weil ein derartiger → *Tensor* mit einer durchgängigen Gültigkeit des → *Äquivalenzprinzips* unverträglich wäre und in diesem Rahmen somit überhaupt nicht auftreten dürfte.

Wirbelstrukturen: → *Elementarteilchen*

Zeitdilatation: Einstein hat in seiner fundamentalen Arbeit „Zur Elektrodynamik bewegter Körper" abgeleitet, dass beliebig bewegte natürliche Uhren gegenüber der Uhr eines ruhenden Beobachters langsamer gehen, wobei der Begriff 'ruhender Beobachter' sich auf ein ideales → *Inertialsystem* bezieht. Dazu hat er als Beispiel angegeben, dass eine Uhr am Nord- oder Südpol gegenüber anderen am Äquator vorgehe. In Übereinstimmung mit seiner späteren → *allgemeinen Relativitätstheorie* hat sich das allerdings als unzutreffend erwiesen. Obwohl also die Dinge nicht ganz so einfach sind, wie ursprünglich gedacht, existiert natürlich aber die als Zeitdilatation bezeichnete Verlangsamung der Ganggeschwindigkeit bewegter Uhren in Bezug auf diejenigen eines als ruhend vorausgesetzten Inertialsystems. In der gleichen Arbeit hat Einstein auch richtigerweise geschlossen, dass eine von einem ruhenden Beobachter ausgehende und zu diesem zurückkehrende Uhr nachgeht. Dieser in hypothetischer Anwendung auf biologische Uhren als Zwillingsparadoxon bezeichnete Effekt wurde mit Atomuhren zweifelsfrei bestätigt.

GsD